新形态 材料科学与工程系列教材

复合材料原理 第4版

朱和国 王天驰 李建亮 赖建中 董宇辉 编著

清华大学出版社
北京

内 容 简 介

本书首先介绍复合材料的基础部分:概论、增强体、基体、界面和复合理论,然后介绍应用最广的聚合物基复合材料、陶瓷基复合材料、金属基复合材料、纳米复合材料、遗态复合材料、超高性能水泥基复合材料、高熵合金基复合材料、生物复合材料,形状记忆(聚合物、陶瓷和金属)复合材料,最后介绍几种新型复合材料。每一部分内容均先从概念入手,再着重介绍其制备原理、材料性能及其应用。全书内容深度适中,表述繁简结合,通俗易懂。

书中采用了作者业已发表和尚未发表的图片、曲线,同时注重引入一些反映当前复合材料最新研究成果,包括复合材料的新概念、新知识、新理论、新技术和新工艺等。

本书可作为材料科学与工程学科本科生的学习用书,也可供相关学科与专业的研究生、教师和科技工作者使用。

图书在版编目(CIP)数据

复合材料原理:第 4 版 / 朱和国等编著. -- 2 版. -- 北京:清华大学出版社,2025.9.
(新形态·材料科学与工程系列教材). -- ISBN 978-7-302-70000-5
Ⅰ. TB33
中国国家版本馆 CIP 数据核字第 2025TN7717 号

责任编辑:鲁永芳
封面设计:常雪影
责任校对:欧　洋
责任印制:刘　菲

出版发行:清华大学出版社
　　　　网　　址:https://www.tup.com.cn,https://www.wqxuetang.com
　　　　地　　址:北京清华大学学研大厦 A 座　　　　邮　编:100084
　　　　社 总 机:010-83470000　　　　邮　购:010-62786544
　　　　投稿与读者服务:010-62776969,c-service@tup.tsinghua.edu.cn
　　　　质量反馈:010-62772015,zhiliang@tup.tsinghua.edu.cn
印 装 者:三河市铭诚印务有限公司
经　销:全国新华书店
开　本:185mm×260mm　　　印　张:24.5　　　字　数:595 千字
版　次:2021 年 7 月第 1 版　2025 年 9 月第 2 版　　　印　次:2025 年 9 月第 1 次印刷
定　价:85.00 元

产品编号:111192-01

《复合材料原理》于 2013 年出版以来,已再版 3 次,销量 1 万多册,深受读者青睐,令作者欣慰。复合材料的发展日新月异,为保持教材内容的现代化,结合本课题组和国内外同行的最新研究、广大读者的宝贵建议和已有的教学经验,参考国内外同类教材,对第 3 版内容进行更新和补充,具体修订如下:

(1) 新增层状异构金属复合材料,分别介绍其定义、异构强化机制、制备工艺及其性能特点和应用;

(2) 分别在聚合物基复合材料、陶瓷基复合材料、金属基复合材料章节中新增形状记忆聚合物复合材料、形状记忆陶瓷复合材料、形状记忆合金复合材料,主要介绍其记忆机制、特点、性能和应用;

(3) 对每章补充、更新部分图片,在内容上力求系统丰富、叙述简明扼要,突出重点,追踪当今复合材料发展的最新动态,与时俱进,及时反映复合材料的新概念、新技术、新知识、新理论,彰显教材内容的现代化。

总之,通过第 4 版,使本书的内容更加系统丰富、叙述更加简明扼要,时刻保持内容现代化! 全方位培养读者思考问题、分析问题和解决问题的能力,注重提高读者的自学和应用能力。

本书由南京理工大学一线教师共同编著。全书共 13 章:第 1~7 章、11 章、13 章、14 章及 8.1~8.4 节由朱和国撰写;8.5 节由董宇辉撰写;第 9 章由王天驰撰写;第 10 章由赖建中撰写;第 12 章由李建亮撰写。全书由朱和国统稿,曾海波主审。

本书参考和应用了其他一些材料科学工作者的研究成果、资料和图片,得到了南京理工大学教务处及材料科学与工程学院领导的积极支持,东南大学吴申庆教授的热情鼓励,以及吴健、黄思睿、杨泽晨等研究生的鼎力协助,在此表示深深的敬意和感谢!

由于作者水平有限,本书中定有疏漏和错误之处,敬请广大读者批评指正。

朱和国

2025 年 5 月于南京

目录
Contents

第1章

复合材料概论

复合材料是通过人工合成的新型材料,保持着各组分材料的原有特性,可通过界面结合、复合理论实现高强度、高刚度、耐腐蚀、轻量化等特性。复合材料广泛应用于航空航天(如飞机机身)、汽车(轻量化部件)、风电(叶片)、建筑(加固结构)及体育器材等领域,是现代工业技术进步的关键材料之一。本章主要概述复合材料的基本概念、应用、存在的不足和发展前景。

1.1 物质与材料

物质是不以人的意志为转移的存在,世界是由物质组成的。材料则是人类用来制造产品的物质,显然材料是有了人类后才产生的,因此材料的发展史与人类的发展史密不可分,并且人类的发展史就是以材料为标志的,如人类发展的四大阶段:①石器时代,②青铜器时代,③铁器时代,④人工合成时代等。

1.2 复合材料的定义与特点

复合材料的定义有多种,一般定义为:用经过选择、含有一定数量比的两种或两种以上的组分(或组元),通过人工复合,组成多相、三维结合且各相之间有明显界面、具有特殊性能的材料。复合材料具有以下特点:

(1) 复合材料的组分和组分间的比例均是人为选择和设计的,具有极强的可设计性;

(2) 组分在形成复合材料后仍保持各组分固有的物理和化学特性;

(3) 复合材料在设计合理的前提下,不仅具有各组分的优点,还可通过组分间的复合效应,产生单组分所不具备的特殊性能;

(4) 复合材料的性能不仅取决于各组分的性能,同时还与组分间的复合效应有关;

(5) 组分间存在着明显的界面,是一种多相材料;

(6) 复合材料是人工制备而非天然形成,自然界中业已存在的具有复合结构的物质,则是天然进化所致。如由贝壳截面的扫描电镜(SEM)照片(图 1-1(a))可见,其显微结构为层状复合结构;同样,树木的横截面也是典型的复合结构(图 1-1(b))。

需要特别指出的是,大自然中万事万物在某种意义上讲,均可看成具有复合结构的物质,简称为复合物质,如人骨结构(图 1-2)、皮肤结构等。复合结构是大自然进化的必然选择,也是提高性能的最佳途径。复合材料不同于大自然中具有复合结构的物质,两者的区别如同材料与物质的区别,复合结构的物质是大自然进化过程中逐渐形成的,是大自然的选择,不以人的意志为转移,包括人类自身,而复合材料则是由人设计、制备,具有复合结构的人工材料。

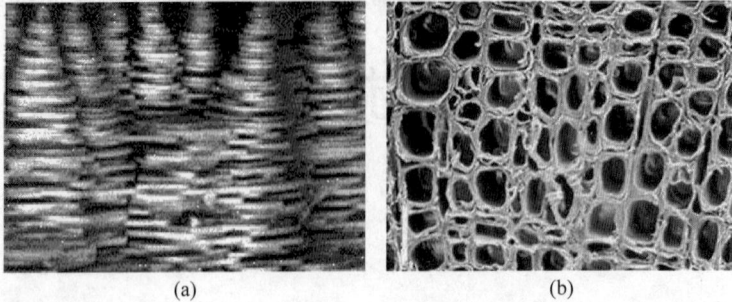

(a)　　　　　　　　　　　　　(b)

图 1-1　贝壳截面(a)和树木横截面(b)的 SEM 照片

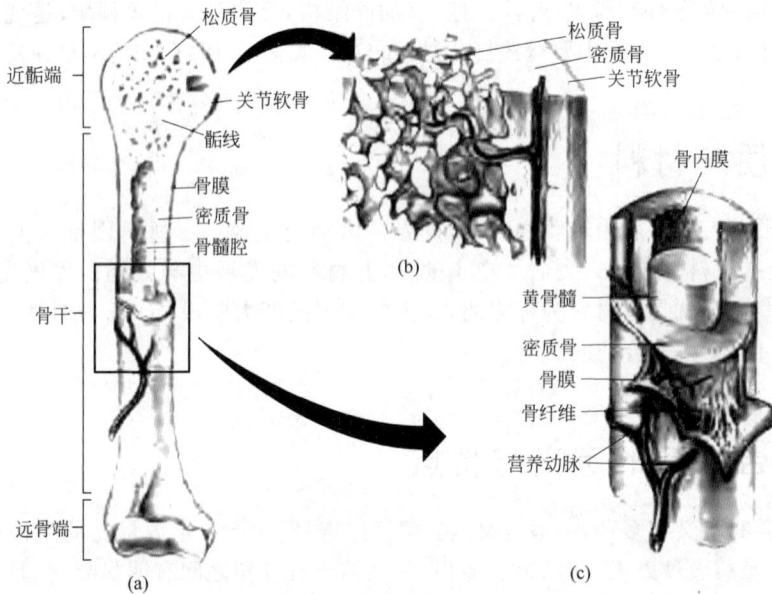

图 1-2　人体长骨结构示意图

(a) 近骺端正面解剖图;(b) 骨骺中松质骨和致密骨的三维放大图;(c) 骨干的横截面放大图

复合材料不同于合金,存在以下不同:

(1) 复合材料可具有金属特性也可具有非金属特性,而合金则以金属键为主,仅具有金属特性;

(2) 复合材料各组分之间形成明显的界面,保持各自的特性,并可在界面处发生反应形成过渡层,而合金的组元之间发生物理、化学或两者兼有的反应,是以固溶体和化合物的形式存在;

(3) 合金的热膨胀系数大,而复合材料的膨胀系数可以很小或为零,甚至负数;

(4) 从更高的层次看,合金是固溶体与化合物复合而成的复合材料。

　　复合材料也不同于化合物。化合物是组分间交换电子,发生化学反应的产物,结构已不同于任何组分,是单相结构体,而复合材料是多相,保持各组分的结构,当然在组分的界面可能会有反应层。

1.3　复合材料的组成与命名

　　复合材料是由不同组分结合而成的多相材料,各组分在复合材料中的存在形式通常有两种:一种是连续分布的相,常称为基体相;另一种为不连续分布的分散相。与连续相相比,分散相具有某些独特的性能,会使复合材料性能显著增强,常称为增强相或增强体。复合材料的命名一般根据增强体和基体的名称来命名,通常有以下三种形式。

　　(1) 以增强体名称命名,强调增强体,如碳纤维增强复合材料、陶瓷颗粒增强复合材料、晶须增强复合材料等。

　　(2) 以基体名称命名,强调基体,如金属基复合材料、陶瓷基复合材料、聚合物基复合材料等。

　　(3) 以增强体和基体共同命名,两者并重,通常用于表示某一具体的复合材料,如玻璃纤维增强环氧树脂基复合材料、陶瓷颗粒 TiB_2 增强铝基复合材料、复相颗粒($Al_2O_3+TiB_2$)增强铝基复合材料等。书写格式一般为增强体在前,基体在后,两者间由"/"分开,如($Al_2O_3+TiB_2$)/Al。有时也用下标 p、w、f 分别表示增强体为颗粒、晶须、纤维的形态,如 TiB_{2p}/Al。国际上的表示符号则由其英文首字母表示,如金属基复合材料(metal matrix composites,MMCs)、聚合物基复合材料(polymer matrix composites,PMCs)、陶瓷基复合材料(ceramic matrix composites,CMCs)。

1.4　复合材料的分类

　　复合材料的分类方法有多种,通常是按基体、增强体或用途的不同进行分类。

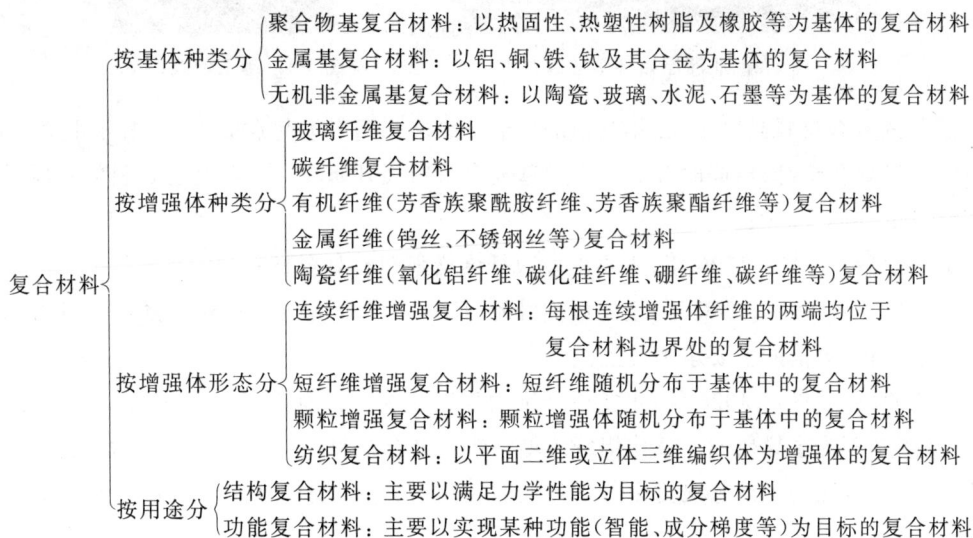

复合材料
- 按基体种类分
  - 聚合物基复合材料:以热固性、热塑性树脂及橡胶等为基体的复合材料
  - 金属基复合材料:以铝、铜、铁、钛及其合金为基体的复合材料
  - 无机非金属基复合材料:以陶瓷、玻璃、水泥、石墨等为基体的复合材料
- 按增强体种类分
  - 玻璃纤维复合材料
  - 碳纤维复合材料
  - 有机纤维(芳香族聚酰胺纤维、芳香族聚酯纤维等)复合材料
  - 金属纤维(钨丝、不锈钢丝等)复合材料
  - 陶瓷纤维(氧化铝纤维、碳化硅纤维、硼纤维、碳纤维等)复合材料
- 按增强体形态分
  - 连续纤维增强复合材料:每根连续增强体纤维的两端均位于复合材料边界处的复合材料
  - 短纤维增强复合材料:短纤维随机分布于基体中的复合材料
  - 颗粒增强复合材料:颗粒增强体随机分布于基体中的复合材料
  - 纺织复合材料:以平面二维或立体三维编织体为增强体的复合材料
- 按用途分
  - 结构复合材料:主要以满足力学性能为目标的复合材料
  - 功能复合材料:主要以实现某种功能(智能、成分梯度等)为目标的复合材料

1.5　复合材料的发展史

　　复合材料的发展史与材料的发展史相互交融、密不可分。如远古时代的篱笆墙，现在非洲原始部落仍在沿用（图1-3）。我国的漆器、城墙砖的黏结材料等均是复合材料，特别值得一提的是春秋时期（距今约2500年）越王勾践的宝剑（图1-4），宝剑的青铜合金是由铜、锡以及少量的铝、铁、镍、硫等按照严格的配比组成的。剑脊含铜较多，能使剑韧性好，不易折断。而刃部含锡高，硬度大，使剑非常锋利。花纹处含硫高，硫化铜可以防止锈蚀，以保持花纹的艳丽。虽然是同一把剑，不同部位却有着不同金属配比的铸造工艺，这种工艺称为复合金属工艺——功能梯度。复合金属工艺在世界上很多国家直到近代才开始出现，而中国早在两千多年前的春秋时期就已经掌握了这项技术。此外，采用两次铸造技术在其刃部复合一层含锡量较高的青铜，并在锡青铜的表面涂覆一层硫化铜（含铬和镍）制成花纹，使其内柔外刚，刚柔相济，可看成最早的包层金属复合材料。1965年，其在湖北江陵楚墓出土时仍锋利无比，寒光逼人，能轻轻划破20页的宣纸，着实令世人叹为观止。

图1-3　非洲原始部落的篱笆墙　　　　图1-4　越王勾践的宝剑

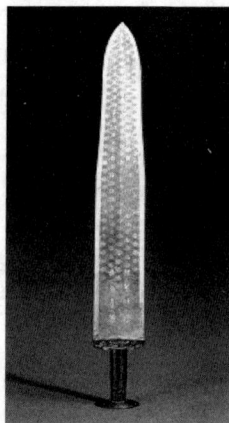

　　近代的复合材料是以1942年制出的玻璃纤维增强塑料为起点的，随后相继开发了硼纤维、碳纤维、氧化铝纤维，同时开始对金属基复合材料展开研究。纵观复合材料的发展过程，可以将其分为四个阶段。

　　第一阶段：1940—1960年，主要以玻璃纤维增强塑料复合材料为标志。

　　第二阶段：1960—1980年，主要以碳纤维、Kevler纤维增强环氧树脂复合材料为标志，并被用于飞机、火箭的主要承力件上。

　　第三阶段：1980—1990年，主要以纤维增强铝基复合材料为标志。我国以上海交通大学、东南大学等为主导研究了氧化铝纤维增强铝基复合材料，东南大学吴申庆教授将其应用于铝活塞，显著提高了活塞火力岸的耐热性能和耐磨性能，成倍延长了活塞的使用寿命，并在德国马勒公司得到推广应用。

第四阶段：1990 年至今，以多功能复合材料为主，如智能复合材料、功能梯度复合材料等。

以上四个阶段的发展模式如图 1-5 所示。

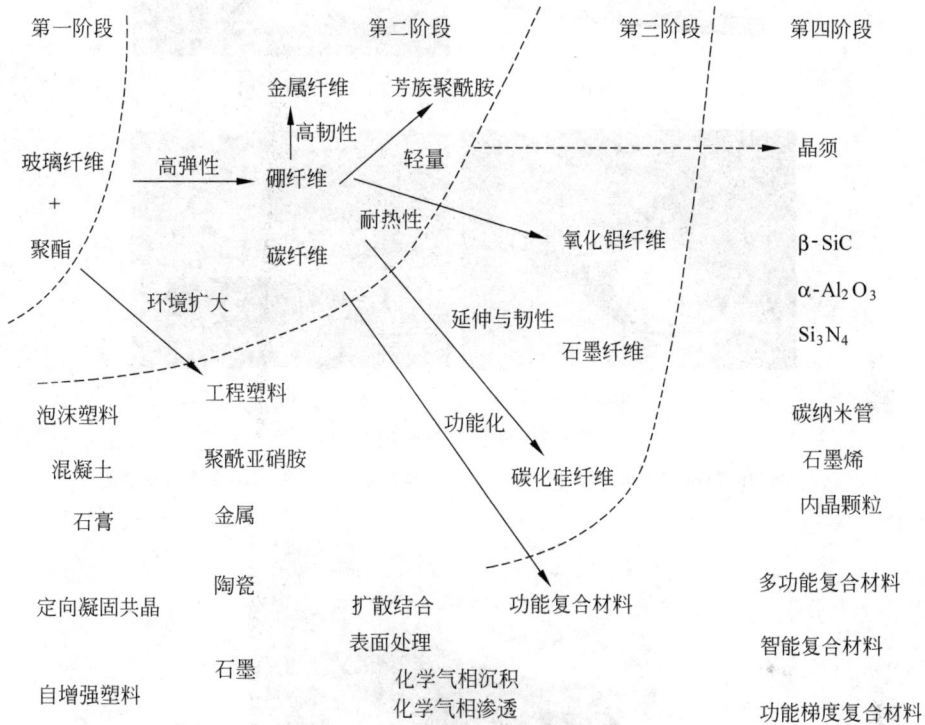

图 1-5　复合材料四个阶段的发展模式

1.6　复合材料的应用

随着科技的日新月异，复合材料的制备方法不断创新，各种新型复合材料也随之层出不穷，复合材料的应用更是无处不在，不仅在导弹、火箭、卫星、飞船等高科技工业中，而且在航空、汽车、电子、船舶、建筑、桥梁、机械、医疗、体育等各领域均有广泛应用。图 1-6 为复合材料的应用举例。其中美国的隐身艇是使用碳纤维复合材料一次成型制造的，在整体制造成型过程中不用焊接，更无需铆接。

ZPM 公司制造的水上机器人（图 1-7），是主要基于 Arovex^{TM} 型碳纳米管增强碳纤维预浸料制成的一款轻型复合材料船只，可用于近海环境实时监测、资源探测、海洋灾害预警和防治等多种用途。空客 A350 上使用复合材料的比例已达 52%（图 1-8）。最新资料表明，美国波音公司将使客机使用复合材料的比例提高到 80%，复合材料可以像布料一样进行裁剪组装（图 1-9），复合材料在航空领域的应用前景十分广阔！

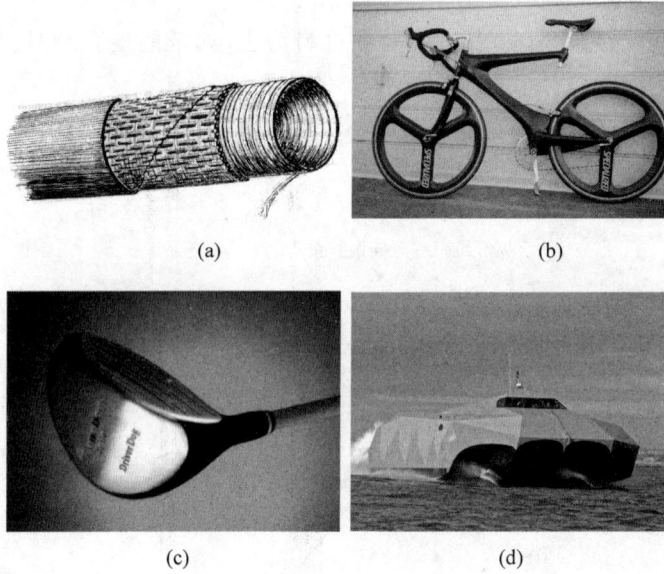

(a)　　　　　　　　　　　　　(b)

(c)　　　　　　　　　　　　　(d)

图 1-6　复合材料应用举例

（a）碳纤维撑杆；（b）碳纤维自行车；（c）碳纤维高尔夫击球头；（d）碳纤维隐身艇

图 1-7　水上机器人

机翼

机身

尾翼

铝/铝锂合金：框、肋、
地板梁、起落架舱

钛：起落架、吊挂、连接件

翼身整流罩

A350-900XWB
材料分析(%)
包括起落架

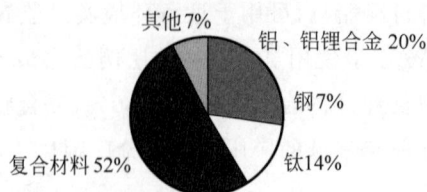

其他7%

铝、铝锂合金 20%

钢7%

钛14%

复合材料 52%

图 1-8　A350 飞机的材料比例

江苏恒神股份有限公司(江苏镇江丹阳航空产业园)生产的航空复合材料、碳纤维 T800 等,年产量达千吨级(图 1-10)。该公司的其他复合材料、预浸料,已经应用于国产大飞机 C919 及 CR929。T800 可广泛应用于航空、航天、高铁、赛车、海洋工程等广泛的领域。尤其是作战飞机,高强低密度的航空复合材料的运用,意味着具有更大的载弹量和航程。美国五代机的航空复合材料的运用比例已达空重的 20% 以上,我国的 J20 仅有 8% 左右。此外 T1000、T1200 等也将走出实验室,进入应用行列。

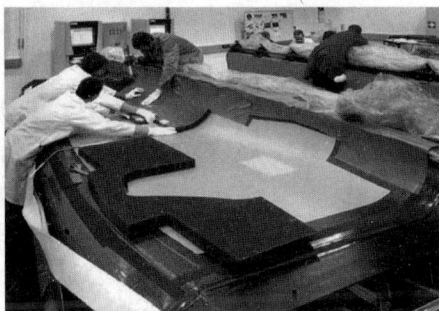

图 1-9 裁剪中的航空复合材料   图 1-10 碳纤维 T800 生产线

1.7 复合材料的发展方向

1. 功能复合材料

过去的复合材料主要集中在结构应用,目前,充分利用复合材料设计自由度大的特点,已拓展到功能复合材料领域,具体如下。

(1) 电功能:导电、超导、绝缘、吸波(电磁波)、半导体、电屏蔽或透过电磁波、压电与电致伸缩等;

(2) 磁功能:永磁、软磁、磁屏蔽和磁致伸缩等;

(3) 光功能:透光、选择滤光、光致变色、光致发光、抗激光、X 射线屏蔽和透 X 射线等;

(4) 声功能:吸声、声呐、抗声呐等;

(5) 热功能:导热、绝热与隔热、耐烧蚀、阻燃、热辐射等;

(6) 机械功能:阻尼减振、自润滑、耐磨、密封、防弹装甲等;

(7) 化学功能:选样吸附和分离、抗腐蚀等。

功能复合材料的研究成果与应用已与结构复合材料并驾齐驱,同放异彩!

2. 多功能复合材料

充分运用复合材料的多相性,发展多功能复合材料,甚至功能与结构复合的新型复合材料,如隐身飞机的蒙皮采用了吸收电磁波的功能复合材料,而其本身又是高性能的结构复合材料。多功能复合是复合材料发展的方向之一。

3. 机敏复合材料

机敏复合材料是指具有传感功能的材料与具有执行功能的材料通过某种基体复合在一起的功能复合材料。当连接外部信息处理系统时,可把传感器给出的信息传达给执行材料,使之产生相应的动作，从而构成机敏复合材料系统。机敏复合材料可实现自诊断、自适应和自修复，广泛应用于航空、航天、建筑、交通、水利、卫生、海洋等领域。

4. 智能复合材料

智能复合材料是在机敏复合材料的基础上增加了人工智能系统，对传感信息进行分析、决策，并指挥执行材料做出相应的优化动作。显然，智能材料对传感材料和执行材料的灵敏度、精确度和响应速度均提出了更高的要求，智能复合材料是功能复合材料发展的最高境界。

5. 纳米复合材料

纳米复合材料是复合材料的研究热点之一，包括有机-无机纳米复合材料和无机-无机纳米复合材料两大类。有机-无机纳米复合材料又分为三种：①共价键型，采用凝胶溶胶法制备，无机组分硅或金属的烷氧基化合物经水解、缩聚等反应形成硅或金属氧化物的纳米粒子网络，有机组分以高分子单体引入网络，原位聚合形成；②配位键型，将功能无机盐溶于带配合基团的有机单体中，使之形成配位键，然后进行聚合形成纳米复合材料；③离子型，通过对无机层状物插层制得，层状硅酸盐的片层之间表面带负电，先用阳离子交换树脂借助静电吸引作用进行插层，而该树脂又能与某些高分子单体或熔体发生作用，从而形成纳米复合材料。无机-无机纳米复合材料一般采用原位反应法制得，如通过原位反应在陶瓷基或金属基体中反应产生无机纳米颗粒，制备无机-无机纳米复合材料。

6. 仿生复合材料

依靠大自然的进化，万事万物基本是复合结构的物质，且结构非常合理，可以认为是最佳选择，这也是复合材料研究的重要参考对象。如图1-1(a)中的贝壳，是由无机成分与有机质成分呈层状交替叠层而成，具有很高的强度和韧性。竹子的结构也是一种典型的复合结构，表层为篾青，纤维外密内疏，并呈正反螺旋分布。

7. 分级结构复合材料

分级结构(hierarchical structure)尚无统一的确切定义，一般指不同尺度或不同形态的多相物质相对有序排列所形成的结构(图1-11)。该结构常见于大自然中，如蜘蛛网(图1-12)、竹子、树木等，目前分级结构已被用于制备生物材料、高分子材料和陶瓷材料。分级结构复合材料本质上也是一种仿生复合材料。

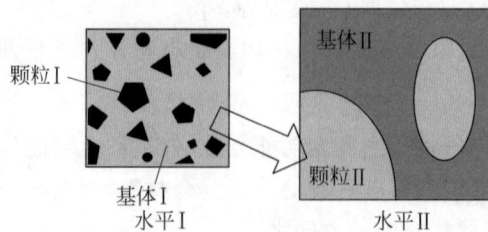

图 1-11　分级结构示意图

如何组建分级结构，形成新型结构复合材料是复合材料研究的最新方向。

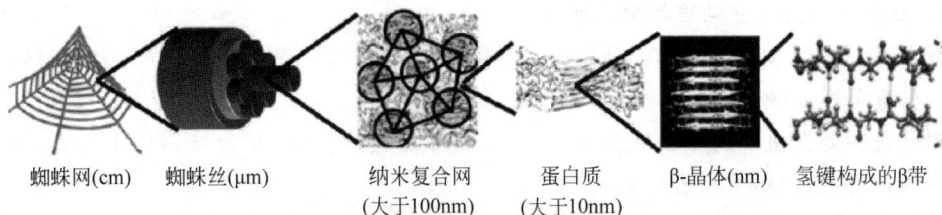

蜘蛛网(cm) 蜘蛛丝(μm) 纳米复合网 蛋白质 β-晶体(nm) 氢键构成的β带
(大于100nm) (大于10nm)

图 1-12 蜘蛛网的分级结构示意图

8．遗态复合材料

遗态复合材料是利用大自然的生物、植物自身独特的结构和形态,通过结构和形态的遗传、化学组分的变异处理,制备保持自然界生物精细形貌和结构的新型复合材料。不同于仿生复合材料和分级结构复合材料,遗态复合材料是沿用生物、植物自然界进化的结构构建复合材料,即保留了原始结构。而分级结构复合材料是仿照大自然中具有的不同尺度的独特结构而制备的复合材料,结构与大自然中的分级结构相似。

1.8 复合材料研究存在的问题

1．界面结构研究

界面是影响复合材料性能的最重要问题,因此,对界面组织结构的研究成了复合材料研究的重要组成部分,还应在以下几方面展开研究：界面结构表征方法的完善,界面改性、界面应力研究,功能复合材料中的界面功能传递行为研究等。

2．可靠性研究

可靠性问题是制约复合材料发展的关键问题。发展一种新型复合材料有时不是短时间内可实现的,比如美国波音公司的客机舵杆使用的是 SiC 增强的铝基复合材料,在使用多年后出现增强体与基体界面分离的现象,这将给飞机安全带来重大的隐患。2012年,伦敦夏季奥运会撑竿跳高选手使用的复合材料撑杆发生了断裂(图 1-13),严重威胁到了运动员的生命安全。因此,复合材料作为结构材料中的重要一支,其可靠性需要深入研究,长时间跟踪观察,只有通过不断改进方案、优化设计,进一步完善界面结构,方能开发出安全可靠的复合材料。

图 1-13 断裂的撑竿

3．复合材料的设计与制备方法研究

随着科技的进步,尤其是计算机技术的发展,新的设计、优化方法不断出现与完善,如虚拟设计、计算机模拟等,更为复杂的复合材料可通过虚拟设计和计算机模拟来实现和完成。

4. 复合材料的综合处理与再生研究

复合材料的综合处理与再生是复合材料能否持续发展的重要一环,废弃复合材料如何才能像合金那样回炉重熔是摆在复合材料工作者面前的重要课题,是一项十分艰巨的任务。

当前我国处在重要的发展机遇期,各行各业都在迅速发展,复合材料也不例外,尽管存在诸多困难,但已取得了不小进展。

我国自主制备的阻燃玻璃纤维/环氧、玻璃纤维/酚醛复合材料,已成功应用于运-20飞机(图1-14)的厨舱隔板、地板等部位。此外,研究人员还创新性地通过分子结构设计、合成和配方组合优化等技术手段,发明了一种兼具绿色阻燃、低烟低毒和低热释放功能的新型预浸料复合材料,其综合性能达到了空客、波音公司选用的顶尖舱内复合材料水平,已成功应用于运-20飞机的舱内壁板和天花板等部位。我国首款自主研发的全复合材料轻型公务机也已下线(图1-15),机体全部采用了碳纤维复合材料,显著改善了性能指标。

图 1-14　运-20飞机

图 1-15　我国首架全复合材料轻型公务机

1.9　复合材料的发展前景

我国专家陈祥宝发明新型潜伏性固化剂,室温下跟环氧树脂反应非常缓慢,但在 $60\sim80℃$ 时能迅速与环氧树脂发生化学反应,再通过控制固化剂在环氧树脂中的溶解性和形态,将固化剂制成在室温状态下不溶于环氧树脂的颗粒,这样使固化剂与树脂反应的接触面较小,但温升至 $60℃$ 时,固化剂颗粒熔化,扩大了反应面积,使复合材料迅速固化。低温固化高性能复合材料,解决了复合材料成本过高的问题,而且还具有与中温、高温固化复合材料一样高的性能。

中国科学院王奇等创造性地采用低温等离子体技术成功制备出分散性良好的石墨烯铂纳米复合材料。相关成果已发表在《应用物理快报》上。石墨烯铂纳米复合材料可以提高燃料电池的反应效率,在航天、航空、能源、环境等领域有着极为广阔的应用前景。然而传统化学手段制备的石墨烯贵金属复合材料需要用化学试剂来还原制备贵金属单质,比如铂、金等。并且使用表面活性剂提高纳米金属颗粒的分散性,会影响材料本身的性质,且制备过程冗长、带来环境污染问题。在一个自制的电感耦合等离子体放电装置里,预先放置氧化石墨烯和氯铂酸的混合物,然后通入氩气等离子体直接作用在混合物上,氧化石墨烯被迅速转变为石墨烯,同时氯铂酸被还原为铂单质,一步便制得石墨烯-铂纳米复合物,这种方法快速、便捷、环境友好,避免了使用化学还原剂,为制备石墨烯贵金属颗粒开辟了新的思路和方法。同时,研究人员在等离子体技术制备氮掺杂石墨烯-铂纳米复合材料的研究中,也取得了相应进展。他们通过使用其他气体如氢气、氨气等,对氧化石墨烯进行等离子体处理,可以直接制得氮-掺杂石墨烯,进而用前述方法制得不同基底的贵金属-掺杂石墨烯纳米复合物。将其应用到电催化氧化甲醇,能显著提高电催化性能,优于商用催化剂和目前报道的其他铂基催化剂。

可见,创新可以驱动进步、创新可以改变世界,只要复合材料工作者不断努力、不断创新,我国复合材料的未来一定会更美好!

本章小结

本章全面综述了复合材料的起源与发展、定义与特点,分别介绍了复合材料与复合物质和合金的异同,指出了复合材料存在的不足与发展方向。

复合材料是由人设计、制备,具有复合结构的人工材料。复合物质则是大自然进化过程中逐渐形成的,是大自然的选择,不以人的意志为转移的客观存在,包括人类自身也是一种复合物质。合金是一种金属中加入另一种金属或非金属,并以金属键为主的物质,组成合金的组元以两种基本相(固溶体和化合物)形式存在,从这个层次看,合金也是一种复合材料。

性能可靠是结构复合材料的关键,仿生复合和分级结构复合是结构复合材料的发展方向。

思考题

1. 简述物质与材料的区别与联系。
2. 简述复合材料与合金的异同点。
3. 复合材料的性能特点是什么?
4. 复合材料的基本组成有哪些?
5. 分析影响复合材料性能的核心因素。
6. 复合材料存在的不足有哪些?
7. 简述复合材料在人们日常生活中的应用。
8. 简述复合材料在航空、航天领域的应用前景。

选择题和答案

第**2**章

增 强 体

　　增强体是复合材料的核心组分,在复合材料中起到增强、增韧、耐磨、耐热、耐蚀、抗热振等提高和改善性能的作用。增强体按几何形状可分为:零维(颗粒、微珠(空心、实心))、一维(纤维)、二维(片状)晶板(宽厚比>5)、三维(编织)。而习惯上常分为纤维、晶须和颗粒三大类,纤维又分为无机纤维与有机纤维两类,本章主要按纤维、晶须和颗粒这三类进行介绍。

2.1　纤维类增强体

　　纤维是具有较大长径比(l/d)的材料,与块状材料相比可以较大地发挥其固有的强度,是较早应用的增强体。纤维因自身尺寸的原因,容纳不了大尺寸的缺陷,因而具有较高的强度。此外,因柱状材料的柔曲性正比于$1/(E\pi d^4)$,而纤维直径小,一般在微米级,因而纤维具有良好的柔曲性,但纤维强度的分散性较大,如图 2-1 所示。

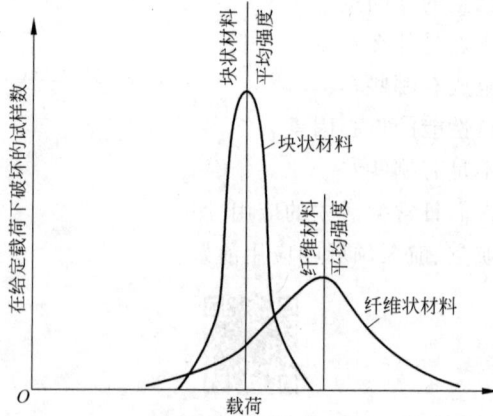

图 2-1　纤维状材料和块状材料的平均强度和离散系数

　　纤维类增强体根据其性质又可分为无机纤维增强体、有机纤维增强体两大类,每一类又可进一步分为若干个小类(图 2-2)。

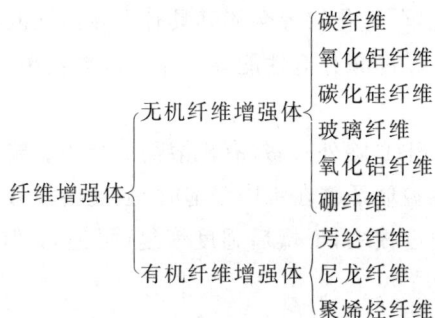

图 2-2 纤维增强体的分类

形成纤维的材料一般为元素周期表右上角的部分元素：Be、C、B、Al、Si 及其与 N 和 O 的化合物。作为增强体，一般应具有高比强度、高比模量、与基体相容性好、成本低、工艺性能优、高温抗氧化性强、环境相容性好等特点。为进一步提高纤维增强体的性能，其技术关键和改进的方向主要在以下三个方面：

(1) 分子结构 { 分子设计技术：刚性高分子、柔性高分子
分子结构：取向度、分子量及其分布、均匀性

(2) 纤维结构 { 纤维化技术：高效纤维化、细直径化、高取向化
消除结构缺陷技术：高度纯化、减少缺陷、表面处理

(3) 元素组成 { 某种元素注入技术
某种元素消除技术

2.1.1 玻璃纤维

玻璃纤维(图 2-3)是非晶型无机纤维，主要成分为二氧化硅(SiO_2)与 Ca、B、Na、Al、Fe 等的氧化物。SiO_2：形成骨架，具有高的熔点；BeO：提高模量，但毒性大；B_2O_3：提高耐酸性，改善电性能、降低熔点、黏度，降低模量和强度。

1. 性能

1) 力学性能

应力-应变曲线为直线，无屈服、无塑性、呈脆性特征；拉伸强度高，可达 1750MPa；模量较低，$E=70$GPa；相对密度为 2.55；热膨胀系数为 4.7×10^{-6} K^{-1}；强度随着纤维直径的减小而增强，随湿度的增加而减小，强度的分散性较大。

图 2-3 玻璃纤维

2) 热性能

导热性：成纤维前热导率为 2508J/(m·K)，成纤维后热导率为 125.4J/(m·K)。耐热性：较高，软化点为 550~580℃，热膨胀系数为 4.8×10^{-6}℃$^{-1}$。玻璃纤维热处理(升温再降温的过程)使微裂纹增加，强度降低。

3) 电性能

①电绝缘性能优。体积电阻率为 10^{11}~10^{18}Ω·cm。注意：第一，在玻璃纤维中加入

大量的氧化铁、氧化铅、氧化铜、氧化铋等会使其具有半导体性能；第二，在纤维表面涂覆石墨或金属可成为导电纤维。②高频介电性能好。介电常数较小，介电损耗低。

4）耐介质性能

玻璃：具有良好的耐酸（HF 除外）、碱、有机溶剂的能力；玻璃纤维：由于表面增加，耐蚀能力比块体玻璃差。注意玻璃纤维在水中浸泡时，强度会降低；干燥后，可部分恢复。玻璃纤维与水的物理作用使强度损失，干燥后强度恢复（可逆）；但玻璃纤维与水发生化学作用时强度损失不可逆。

2. 结构

玻璃纤维为无定形结构（图 2-4），三维网络结构，无长程有序特征，具有各向同性。

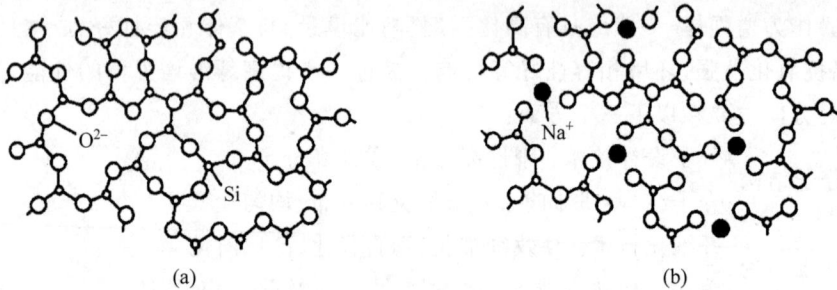

图 2-4　玻璃的无定形结构
（a）玻璃网络结构的二维图像；（b）当 Na_2O 加入（a）中网络时的变化

迄今，玻璃的确切结构还存在争论，目前最接近实际的两种假说分别为微晶结构假说和网络结构假说。微晶结构假说认为玻璃由硅酸盐或二氧化硅的微晶子组成，在微晶子之间由硅酸盐过冷溶液填充；网络结构假说则认为玻璃是由二氧化硅四面体、铝氧四面体或硼氧三角体相互连接而成的三维网络，网络的空隙由 Na、K、Ca、Mg 等的阳离子填充。二氧化硅四面体的三维结构是决定玻璃性能的主要基础，填充物为网络改性物。

3. 分类

依据不同，纤维的分类也不同。若根据成分（不同含碱量）可分为：无碱（E 玻璃），中碱，有碱（A 玻璃），特种玻璃纤维（Al-Mg-Si；Si-Al-Mg-Ca），高硅氧玻璃纤维，石英玻璃纤维。若根据单丝直径可分为：粗纤维（$30\mu m$），初级纤维（$20\mu m$），中级纤维（$10\sim20\mu m$），高级纤维（$3\sim10\mu m$，纺织纤维），超细纤维（小于 $4\mu m$）。从外观可分为：连续纤维、短切纤维、空心玻璃纤维、玻璃粉、磨细纤维等。根据纤维特性可分为高强、高模、耐碱、耐酸、耐高温及普通玻璃纤维等。

4. 制备

制备方法有十几种，但主要是两种：坩埚法和池窑法。

1）坩埚法

坩埚法示意图如图 2-5 所示，其工艺流程如下：

玻璃球 → 坩埚 → 单纤维 → 集束器 → 纺丝机 → 纤维丝

　　　　　↑　　　　　　　　　　　↑
变压器　　　　　　　浸润剂

控温仪

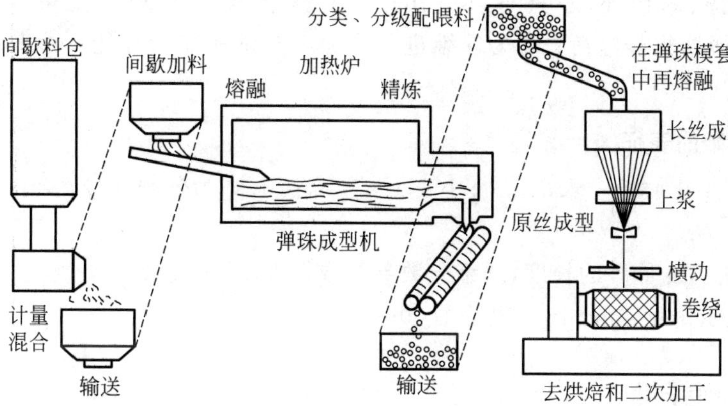

图 2-5　坩埚法示意图

　　坩埚底部漏板上有数百个小孔(喷丝孔)，玻璃纤维在重力作用下流出，经集束器、纺丝器收集至转筒。牵拉速度为 $600\sim1200$m/min，最高达 $3500\sim4800$m/min。坩埚一般为铂铑坩埚，也可采用刚玉坩埚。

　　2) 池窑法

池窑法示意图如图 2-6 所示，其工艺流程如下：

配合料→熔窑→通路→漏板→单纤维→单丝上浆器→集束器→纺丝机→原丝筒

　　　　↑
控温仪→变压器

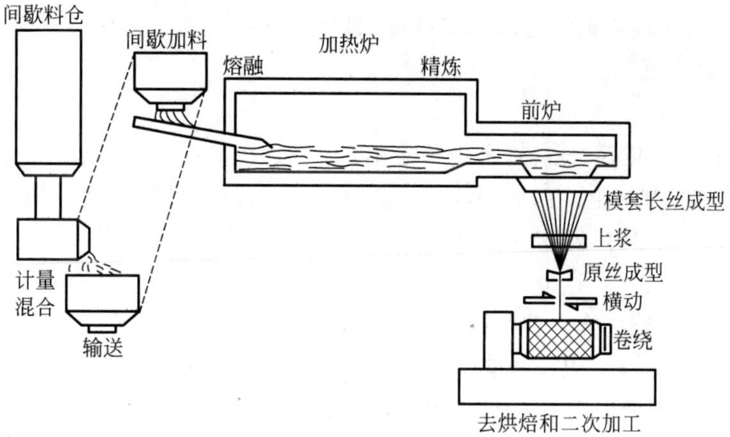

图 2-6　池窑法示意图

混合好的玻璃配料在窑内熔融,经澄清均化,直接流入装有许多铂铑合金的成型通路中,玻璃液经漏板流出,再纺丝制成玻璃纤维。与坩埚法相比,池窑法少了玻璃球的制备过程及二次融化过程,故可节能 50% 左右。

玻璃纤维的直径受坩埚内玻璃液的高度、漏板孔直径和绕丝速度的控制。纤维绕丝前应给纤维上浆,即涂浸润剂(石蜡、聚酯酸乙烯酯等两种含乳化聚合物)。浸润剂除了防止纤维间摩擦、划伤外,还具有以下作用:① 黏结作用,使单丝集束成原纱或丝束;② 防止纤维表面聚集静电荷;③ 为纤维进一步加工提供所需的性能;④ 表面改性便于与基体结合。

5. 玻璃纤维的表征

(1) 定长法:国际统一表示法"×××tex",其中"tex"为公制称号,表示 1000m 长原纱的质量(g)。

(2) 质量法:1g 原纱的长度,纤维支数=纤维长度/纤维质量。

如 40 支表示每克 40m,4tex 表示 1000m 长原纱 4g。

2.1.2　硼纤维

硼原子序数为 5,相对原子质量为 10.8,熔点为 2050℃,电子构型 $1s^2 2s^2 2p^1$,硬度仅次于金刚石,难以直接制成纤维。硼纤维是通过在芯材(钨丝、碳丝或涂炭、涂钨的石英纤维,一般直径为 $3.5\sim50\mu m$)上沉积不定型的原子硼形成的一种无机复合纤维,直径 $100\sim200\mu m$。它具有高强度、高模量和高硬度,强度达 5.1GPa,是高性能复合材料的重要纤维增强体之一,1956 年首次产生于美国。

1. 分类

根据芯材的不同,硼纤维可分为钨芯硼纤维、碳芯硼纤维和石英纤维硼纤维等。

2. 制备

通过化学气相沉积(CVD)法使硼沉积在钨丝或其他纤维状芯材上制得连续单丝。芯材:钨丝、碳丝、炭涂层或钨涂层的石英纤维,具体方法有两种:卤化硼反应法(常用)和氢化硼热分解法(强度低)。

1) 卤化硼反应法

由硼砂制成三卤化硼(BX_3),再由气态 BX_3 与氢气反应($2BX_3+3H_2 \Longrightarrow 2B+6HX$)生成硼,沉积在芯丝载体上。因沉积温度较高(1160℃),故芯材需采用钨丝或碳丝方可。反应流程如图 2-7 所示,反应器有立式、卧式之分。根据芯材的不同,其制备过程又分为钨丝和碳丝两种。

(1) 钨丝沉积制硼纤维。芯材钨丝直径为 $10\sim12\mu m$,流程如下:

$$钨丝→清洗室→沉积室→涂覆室→BF$$

① 清洗:钨丝表面采用 NaOH 溶液清洗表面氧化物,钨丝直径降至 $13\mu m$ 左右。

② 第一沉积室:沉积室温度控制在 $1120\sim1200℃$,此时室中发生化学反应

$$2BCl_3 + 3H_2 \longrightarrow 2B + 6HCl\uparrow \qquad (2\text{-}1)$$

注意:该阶段仅有少量的硼沉积。

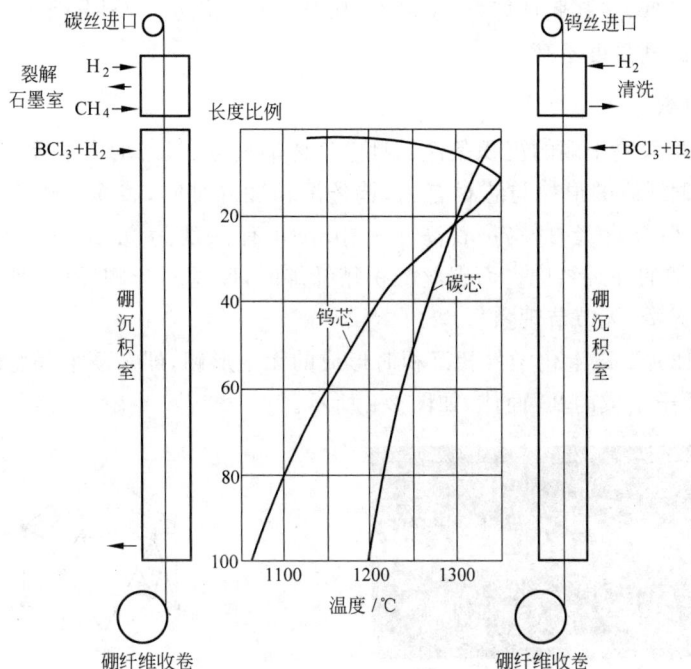

图 2-7 硼沉积流程图与反应室温度分布

③ 第二沉积室：沉积室温度控制在 $1200 \sim 1300℃$，沉积速度加快，制得硼纤维。

④ 涂覆室：将硼纤维置入涂覆室，涂覆层的形成主要通过通入 H_2、BCl_3、CH_4 等气体，在涂覆室发生以下反应：

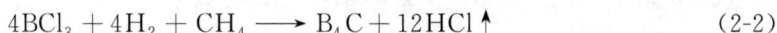

$$4BCl_3 + 4H_2 + CH_4 \longrightarrow B_4C + 12HCl\uparrow \tag{2-2}$$

在硼纤维的表面产生 B_4C 沉积，涂层厚度一般在 $3\mu m$ 左右，涂覆表面的目的主要是便于与基体的结合。一般情况下，在芯材钨丝沉积硼纤维时，根据沉积温度条件的不同，芯材表面会产生一系列钨与硼的化合物 W_2B、WB、W_2B_5、WB_4 等。这些硼钨化合物均是通过硼在钨中扩散形成的，一般为 W_2B_5、WB_4，当加热过长时，将完全转化为稳定的 WB_4，此时，硼纤维的直径由 $10 \sim 12\mu m$ 增至 $17.5\mu m$ 左右。

（2）碳丝沉积制 BF。芯材碳丝直径为 $33\mu m$ 左右，制备流程如下：

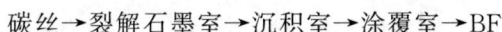

碳丝 → 裂解石墨室 → 沉积室 → 涂覆室 → BF

碳丝沉积制 BF 的流程与钨丝相似，只是将清洗室改为裂解石墨室，先在碳纤维上涂一层 $1 \sim 2\mu m$ 厚的裂解石墨以缓冲硼在沉积过程中形成的残余应力。由于碳与硼的热膨胀系数差异大，会在碳芯中产生较大的拉伸残余应力，若不及时释放，甚至可使碳芯一节节地断裂。

注意：①卤化硼价格昂贵，每次仅有 10% 转化为硼，需回收；②反应器的两端采用惰性气体密封，消除了以往汞密封对环境的污染、纤维表面的机械损伤以及汞污染纤维所造成的沉积缺陷。

2）氢化硼热分解法

芯材：一般为碳涂层或钨涂层的石英纤维，沉积温度不能高，相比于卤化硼法，该法具有反应温度相对较低、热膨胀性能好、密度低、比模量高等优点,但外层硼与芯材的结合强度不高,且含气体,故其强度不高。

3. 结构与组织

硼纤维的结构取决于硼的沉积条件、温度、气体的成分、气态动力学等因素。

(1)形貌。硼纤维的形貌与芯材有关,钨丝沉积硼纤维时,表面构成不规则的小节,形成"玉米棒"状;小节直径 $3\sim7\mu m$、高 $1\sim3\mu m$,并有深度为 $0.25\sim0.75\mu m$ 的节间沟(图 2-8),构成粗糙的外观结构。而碳丝沉积硼纤维时,碳丝不与硼反应,且比钨轻,气相沉积硼的纤维表面光滑,无节节现象。

(2)结构。1200℃以上化学气相沉积时形成的无定形硼,即β-菱形晶胞结构,其基本单元是由 12 个硼原子组成的 20 面体,如图 2-9 所示。

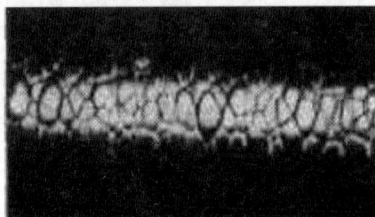

图 2-8　硼纤维的"玉米棒"结构　　　图 2-9　12 个硼原子形成的 20 面体结构

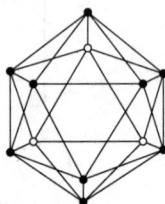

当温度低于1200℃,如果还能产生结晶硼时,一般是形成 α-菱形六面体晶胞结构。沉积法形成硼纤维,通常希望是无定形结构。由 X 射线和电子衍射分析可知,无定形结构实际上是晶粒直径为 2nm 左右的微晶结构(β-菱形)。当温度超过 1300℃时,出现晶态硼,会降低硼纤维的强度,故沉积温度应控制在 1300℃以下。

4. 硼纤维的残余应力

由于硼纤维是在高温下化学沉积形成的,在沉积过程中芯丝处在牵伸状态,将产生变形应力、硼微晶的生长应力、芯材与外层硼由于热胀不一引起的错配应力等,以上诸因素均会引起硼纤维的残余应力。芯材不同,产生的残余应力也不同。钨芯硼纤维中,硼扩散到钨芯以及钨转化为硼化物均会引起体积膨胀,使芯处于压缩状态,即在钨芯中产生压缩应力,而在硼层中产生周向的拉伸应力(图 2-10)。

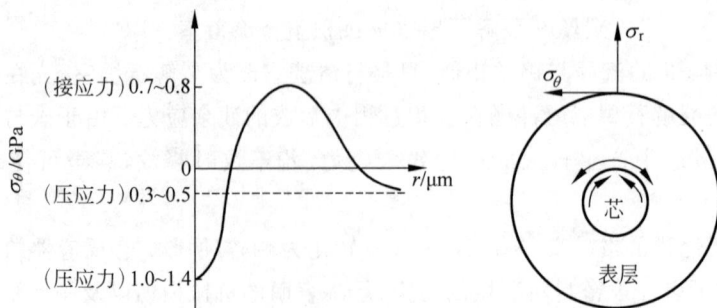

图 2-10　硼纤维横截面上残余应力的分布

碳芯硼纤维中的残余应力不同于钨芯硼纤维。因为碳不与硼发生反应,生成碳硼化合物,引起体积膨胀,故碳芯受拉伸残余应力。注意两种芯材的硼纤维在高温沉积室取出时,由于冷却速度快,在硼纤维表层区域均会产生一定的径向压缩应力。该径向压缩应力使纤维表面难以产生微裂纹核,从而使硼纤维具有耐磨损、耐腐蚀的特点,并容易适应对纤维的操作处理。

5. 结构缺陷

硼纤维本质上是脆性材料,其强度呈离散分布,并强烈地受缺陷控制,造成强度离散分布的原因在于其表面缺陷、芯与覆盖层之间的界面孔洞、径向裂纹和残余应力等因素的作用。硼纤维的表面缺陷可以通过抛光、腐蚀等方法予以消除。如果表面缺陷消除,其内部缺陷就将成为控制强度的主要因素。图 2-11 即钨芯硼纤维的界面孔洞,孔洞的横向尺寸为纳米级,造成硼与芯材外层的硼化钨反应层之间交界处的性能不延续,使结合界面不能有效传递载荷,造成强度下降。可通过控制芯材结构、芯材与硼沉积层之间的结合来改善界面结构,提高硼纤维的界面结合强度。

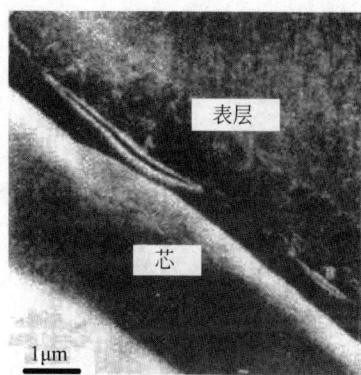

图 2-11 钨芯硼纤维中芯与覆盖层之间的孔洞

6. 硼纤维的表面涂层

由于硼纤维的表面能高,在复合材料中易被基体浸润,反应生成第二相,且第二相一般为脆性相,将严重影响界面结合强度,削弱复合材料的强度,因此需对硼纤维表面进行涂层,一般为 SiC、BN、B_4C 等。

SiC 层:通过二甲基二氯硅烷气体分解成 SiC 沉积到硼纤维上,厚度 $2.5\mu m$,β-SiC 形式,$\{111\}$//纤维轴,SiC 层阻止了界面的有害反应。

BN 层:1000℃加热硼纤维,表面氧化成 B_2O_3,1100℃时氨化处理,反应产生 BN,注意要反应完全,否则 B_2O_3 将影响性能。BN 层使其强度显著提高。

B_4C 层:通过三氯化硼与甲烷气体反应生成 B_4C 沉积。可有效阻挡硼纤维与金属基体(Al、Ti 或 Ti 合金)反应。

7. 性能

硼纤维为脆性材料,抗拉强度为 3.10～4.13GPa,杨氏弹性模量为 420GPa,剪切弹性模量为 165～179GPa;密度只有钢材的 1/4,约 $2.6g/cm^3$,泊松比为 0.21,热膨胀系数为 $(4.68～5.0)\times10^{-6}℃^{-1}$;抗压缩性能好;在惰性气体中,高温性能良好;在空气中超过 500℃时,强度显著降低。

2.1.3 碳纤维

碳纤维是有机纤维经固相反应转变而成的一种多晶纤维状聚合物,是一种无机非金属材料,碳含量 95% 以上,不再属于有机纤维的范畴,也不是无机纤维,直径约 $8\mu m$。图 2-12

为常用的短切碳纤维。碳的序数为 6，密度为 $2.268g/cm^3$，存在形式：C_{60}、碳纳米管、金刚石、石墨等，特别是石墨（图 2-13、图 2-14）为六方结构。层面内键强度为 627kJ/mol，层间范德瓦耳斯力为 5.4kJ/mol，各向异性，层内 $E=1000GPa$，垂直方向 $E=35GPa$。当层面方向与纤维轴向一致时，则可获得高模量的碳纤维，石墨层卷曲即成碳纳米管，层层分离则成石墨烯，均是重要的增强体。

图 2-12　短切碳纤维

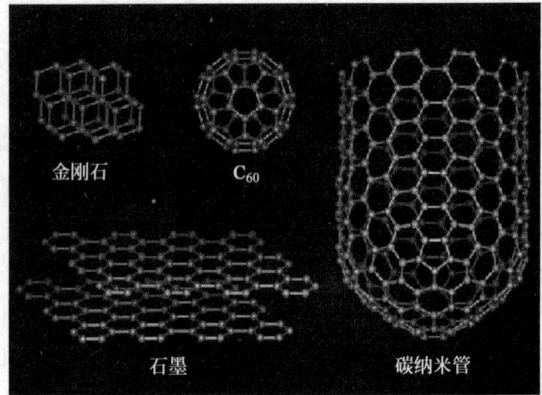

图 2-13　碳的存在形式

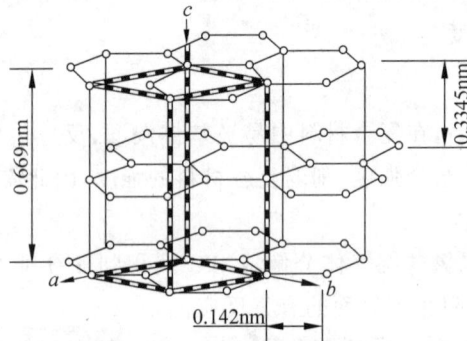

图 2-14　石墨的六方结构

1. 分类

碳纤维的分类方法有多种：

（1）按性能可分为高性能级与通用性能级两大类。高性能级又分为高强型、超高强型、中模型、高模型和超高模型；通用性能级又分为耐火纤维、碳质纤维、石墨纤维等三类。

（2）按原丝类型分为聚丙烯腈（PAN）基、黏胶基、沥青基、木质素纤维基及其他有机纤维基碳纤维。

（3）按功能可分为结构碳纤维、耐焰碳纤维、活性碳纤维、导电碳纤维、润滑碳纤维和耐磨碳纤维等。

2. 制备

碳纤维一般通过有机纤维作为先驱丝进行碳化或直接通过气相生长法获得。气相生长法与碳晶须的气相生长法相似，本节主要介绍有机纤维碳化法。

1) 有机纤维碳化法

并非所有的有机纤维都能通过碳化制得,有机纤维需满足以下条件:①碳化过程不熔融,保持纤维形态;②碳化收率(碳纤维量/原丝质量)高;③碳纤维强度、模量等符合设计要求;④能获得稳定连续的长丝。而符合这些条件的常用有机纤维有聚丙烯腈、黏胶纤维(人造丝)和沥青纤维等三种。

有机纤维碳化法的一般步骤如下:

(1) 纺丝:运用湿法、干法或熔融法进行纺丝;

(2) 牵引:100~300℃进行牵引;

(3) 稳定化:400℃加热氧化,使先驱丝不熔、不溶,以防止高温时粘连,又称预氧化处理;

(4) 碳化:1000~2000℃进行碳化处理,去除多数非碳元素,使其形成碳纤维;

(5) 石墨化:2000~3000℃进行石墨化热处理,使碳纤维转变为石墨纤维。

2) 以聚丙烯腈为先驱丝制备碳纤维实例

图 2-15 聚丙烯腈纤维

聚丙烯腈纤维(图 2-15)的分子式为 $\vdash CH_2 - CH \dashv_n$,密度为 $0.91g/cm^3$,弹性模量大于 $3.5GPa$,当量直径为 $100\mu m$,抗拉强度大于等于 $420MPa$,熔点大于 $160℃$;化学性能:耐酸、耐碱、无毒无味。

工艺流程(图 2-16)为纺丝→牵伸→稳定(预氧化)→碳化→石墨化。

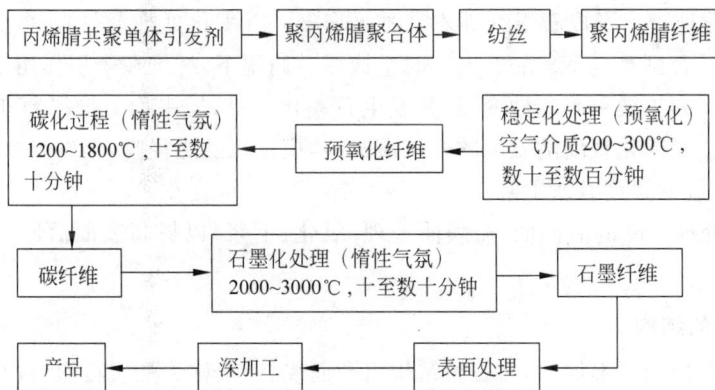

图 2-16 聚丙烯腈纤维碳化流程

(1) 纺丝:有干法、湿法、熔融纺丝法三种,因聚丙烯腈受热(28~300℃)分解而不熔融,故不能熔融纺丝,只能采用湿法纺丝在水中挤压成丝,或干法纺丝在空气中挤压成丝。

(2) 预氧化处理:通过环化、脱氢、氧化产生梯形结构。

预氧化处理需具备以下条件:①氧化性气氛。②聚丙烯腈纤维呈牵引状态,其作用可使氧化反应初期由柔性聚合物分子链所形成的刚性梯形聚合物结构尽可能沿着纤维轴取向,使纤维的密度变大,强度与模量提高。③温度由 200℃升至 300℃(升温速率为 1~3℃/min)。预氧化过程中,当温度由 200℃升至 300℃时,牵引力由大(牵伸率=4%~5%)到小(牵伸率=0)。通过预氧化处理可避免直接碳化处理时爆发产生有害的闭环和脱氢等放热反应,防止后序工序中纤维熔并,使氧进入纤维结构可达 9%,碳含量也增加,纤维颜色由白变黑。

（3）碳化处理。碳化需在高纯氮气或氩气气氛中进行，以防止高温氧化。碳化温度范围在 1000～1500℃，碳化过程中聚丙烯腈纤维依次经历以下阶段：①300～700℃，线型高聚物断链开始交联；②400～700℃，碳含量增加，H/C 比值减小；③600～700℃，N/C 和 O/C比值减少，形成碳素缩合环，且环数逐渐增加；④700～1300℃，逐步形成碳素环状结构并长大，并随碳化温度的提高，其强度和模量均提高，但当碳化温度高于 1500℃时，拉伸强度逐渐下降，而弹性模量继续增加（图 2-17）。因此，制取高强度聚丙烯腈碳纤维的碳化温度应低于 1500℃。此外，因碳化过程需要一定的时间，故升温速率不宜过快，当然过慢会延长生产周期和降低生产效率。

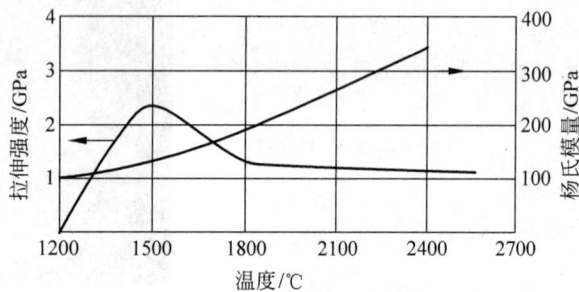

图 2-17　碳纤维强度和模量随热处理温度的变化曲线

通过碳化处理使纤维进行热分解，逐渐形成近似石墨的循环层面结构，使大部分非碳原子（N、O、H 等）以分解物的形式被排出，此时的碳纤维碳含量在 90% 以上。

（4）石墨化处理。形成石墨纤维才需要此步骤。石墨化处理温度在 3000℃左右，氩气气氛，不用氮气，否则 C 与 N_2 在 2000℃时生成氰。高温下，纤维在牵引作用下，可借助于多重滑移系的运动和扩展引起塑性变形，并发生石墨化结晶，层平面方向平行于纤维轴方向，形成石墨纤维。石墨化程度随温度的升高而提高，模量也随之提高，但纤维中的裂纹与缺陷将随之增加，纤维的强度有所下降。

（5）表面处理。碳的活性低，需表面处理（氧化、上浆）以提高表面活性，从而提高复合材料的性能。

3. 碳纤维的结构

碳纤维的结构相当不均匀，由三种结构组合而成，一般称为乱层石墨结构。第一种结构为基本单元层，即平面石墨层；第二种结构为石墨微晶，即由数张至数十张石墨层片组成；第三种结构是由石墨微晶组成的狭长带状的原纤，原纤方向与纤维轴方向大致平行（图 2-18）。在碳纤维的纵向和横向均有复杂的交联。因此，碳纤维的断裂形态也很独特，首先发生断裂的是那些与纤维轴方向不一致的石墨层，如图 2-19 所示。注意，石墨晶结构是三维有序的六方晶体点阵结构，其价键性质见表 2-1。

表 2-1　石墨晶的价键性质

位　置	价　键	键长/nm	键强度/(kJ/mol)	E/GPa
层面	共价键	0.142	630	1000
层间	共价键	0.335	5.46	35

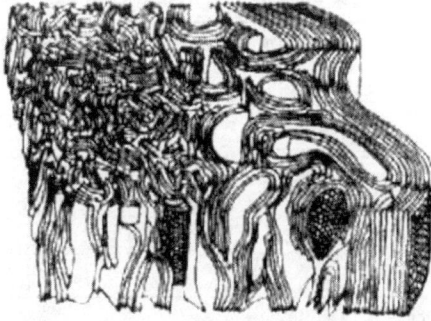

图 2-18 碳纤维的皮芯结构

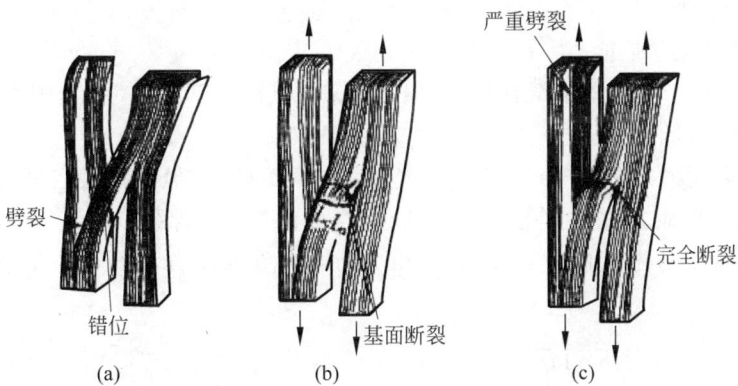

图 2-19 碳纤维的拉伸断裂模型

(a)一个错位微晶连接两个平行于纤维轴取向的微晶;
(b)错位微晶的基面在所施加的应力下断裂;(c)错位微晶完全断裂

4. 性能

1) 碳纤维的力学性能

碳纤维的力学性能见表 2-2。

表 2-2 碳纤维的力学性能

碳 纤 维	抗拉强度/MPa	弹性模量/GPa	延伸率/%
聚丙烯腈(高强度)碳纤维	3430	225	1.5
聚丙烯腈(高弹性模量)碳纤维	2450	392	0.6
黏胶(低弹性模量)碳纤维	686	39	1.8
黏胶(高弹性模量)碳纤维	2744	490	0.6
沥青(低弹性模量)碳纤维	784	39	2.0
沥青(高弹性模量)碳纤维	2450	343~490	0.5~0.7

2) 碳纤维的物理性能

碳纤维的物理性能见表 2-3。

表 2-3　碳纤维的物理性能

碳　纤　维		密度/(g/cm³)	杨氏模量/GPa	电阻率/(×10⁻⁴ cm)
黏胶碳纤维		1.66	390	10
聚丙烯腈碳纤维		1.74	230	18
沥青碳纤维	LT	1.60	41	100
	HT	1.60	41	50
中间相沥青碳纤维	LT	2.1	340	9
	HT	2.2	690	1.8
单晶体石墨纤维		2.25	1000	0.4

注：HT——高温热处理；LT——低温热处理。

3）碳纤维的化学性能

（1）能被硝酸、硫酸、次氯酸钠侵蚀，但一般来说其耐化学药品性属于优异级。

（2）吸水率极低，一般在 0.03%～0.05%。

（3）中等温度（400℃）时会被氧化剂氧化生成 CO、CO_2，但不接触空气或氧化气氛时，具有突出的耐热性能，故在中等温度以上工作时，应注意气氛保护。

（4）耐热性能与温度的关系如图 2-20 所示，由图可知石墨纤维具有优异的耐高温性能。

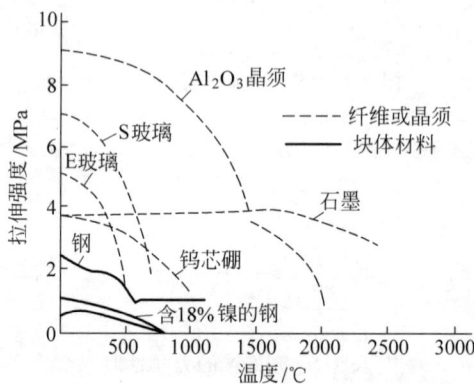

图 2-20　一些纤维、晶须、合金的强度与温度的变化关系

（5）耐油、抗辐射、能吸收有毒气体，减速中子等。

（6）耐磨性能优。

利用浓硫酸、浓硝酸、次氯酸、重铬酸等可将表面碳氧化成含氧基团，显著提高碳纤维与基体的黏结性。

总之，碳纤维具有低密度、高强度、高模量、耐高温、抗化学腐蚀、低电阻、高导热、低热膨胀、耐化学辐射等性能特点；此外，碳纤维还具有柔顺性和可编织性，比强度、比模量优于其他纤维。但碳纤维也具有性脆，抗冲击性和高温抗氧化性差，异形，直径不均匀，表面污染，内部污染，外来杂质，织构不均匀，各种裂缝、空穴、气泡等不足。

2.1.4　SiC 纤维

SiC 纤维直径为 $0.1\sim1\mu m$，长度为 $20\sim50\mu m$，是典型的陶瓷纤维，如图 2-21 所示。

图 2-21　SiC 纤维及其编织带
(a) SiC 纤维丝；(b) SiC 纤维编织带

1. 分类

根据形态分为连续纤维、短切纤维；按集束状态分为单丝、束丝两种。通常用于复合材料的 SiC 纤维有以下几种：

(1) CVD 法 SiC 纤维：CVD 法制备的有芯、连续、多晶、单丝纤维。

(2) 尼卡纶(Nicalon)SiC 纤维：用先驱体转化法制备的连续、多晶、束丝纤维。

(3) SiC 晶须：气-液-固法制备的具有一定长径比的单晶纤维。

2. 性能特点

(1) 力学性能：主要为尼卡纶的力学性能(表 2-5)。

(2) 热性能：热性能优良，1000℃ 以下，力学性能基本不变，可长期使用；1300℃ 以上，性能下降。

(3) 耐化学性能：耐化学性能优良，80℃ 以下耐强酸(HCl、H_2SO_4、HNO_3)，用 30% NaOH 浸蚀 20h，纤维质量仅失去 1% 以下，且力学性能不变；与金属在 1000℃ 以下也不发生反应，且有良好的浸润性，宜制金属基复合材料。

(4) 耐辐射和吸波性能：SiC 的吸波能力超强，是最有效的吸波材料；对 3.2×10^{10} 中子每秒的快中子辐射 1.5h 或在能量为 10^5 中子伏特、200ns 的强脉冲 γ 射线照射下，其强度均无明显下降。

总之，SiC 纤维具有高的比强度、比模量，高温抗氧化性，优异的耐烧蚀性、耐冲击性和一些特殊功能(吸波隐身)，增强铝基复合材料可用于飞机、导弹、发动机的高性能结构件。此外，SiC 纤维可增强聚合物基复合材料吸或透雷达波的能力，可用于雷达天线罩、火箭、导弹、飞机的隐身材料及火箭推进剂传送系统等。

3. 制备

SiC 纤维的制备方法主要有两种：化学气相沉积法和先驱体法。

1) 化学气相沉积法

化学气相沉积法是在底丝上沉积 SiC 而形成，其原理是将钨丝或碳丝作为芯丝，通 H_2 清

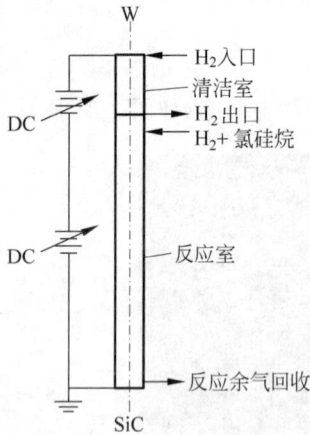

图 2-22　柱形反应室

洗表面后送入柱形反应室(图 2-22)。反应室中通入氢气(70%)和氯硅烷(30%)混合气体,芯丝被高频(60MHz)加热或直流(250mA)加热,沉积室温度在 1200℃以上,发生分解反应:$CH_3SiCl \longrightarrow SiC + 3HCl$,产生的 SiC 沉积在芯丝表面即形成 SiC 纤维。

先驱气体(原材料):氯硅烷包括甲基二氯硅烷、甲基三氯硅烷、乙基三氯硅烷、四氯硅烷($SiCl_4$+烷烃)。甲基二氯硅烷的生产速率最高,沉积温度低,但表面粗糙,拉伸强度低;甲基三氯硅烷与乙基三氯硅烷制得的 SiC 纤维表面光滑,但沉积速度低。故通常采用混合先驱气体,沉积温度高,生产速率高,但粗晶,强度降低。供丝速度快时纤维直径细。钨芯 SiC 纤维的结构如图 2-23 所示。

图 2-24 为碳芯 SiC 纤维的横截面示意图。共有四层:①芯,$d=33\mu m$,为钨丝或碳丝。②芯涂层(热解碳),$1.5\mu m$,增加热传导,缓冲碳芯与沉积层间热膨胀系数不一致导致的不匹配。③SiC 沉积层,约 $50\mu m$,又包含四层:SiC-1,$6\mu m$(内);SiC-2,$4.5\mu m$;SiC-3,$4.5\mu m$;SiC-4,$35\mu m$(外)。晶粒尺寸增加,取向不同,缺陷增加。④纤维表面涂层(热解碳),$3\mu m$,又分为三个亚层:Ⅰ——最表层,富碳,易与金属基体反应结合;Ⅱ——缓冲层;Ⅲ——最里层,Si:C→1:1,能保持纤维强度,又称保护层。最外涂层的作用是弥合 SiC 表面的裂纹,提高强度;为陶瓷基复合材料提供弱界面,提高韧性;与金属基体反应,提高结合强度。CVD 法 SiC 纤维的性能见表 2-4。

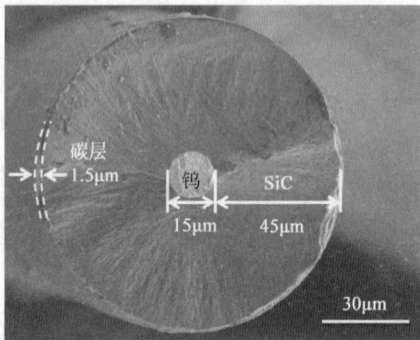

图 2-23　钨芯 SiC 纤维的结构

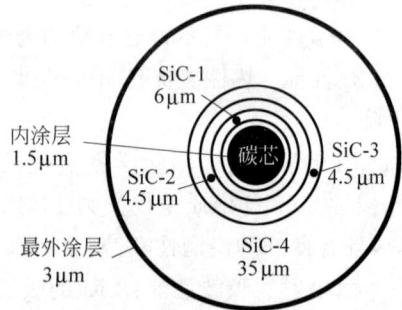

图 2-24　碳芯 SiC 纤维的横截面示意图

表 2-4　CVD 法 SiC 纤维的性能

性　能	钨　芯		碳　芯	
直径/μm	102	142	102	142
拉伸强度/GPa	2.76	2.76~4.46	2.41	3.4
拉伸模量/GPa	434~448	422~448	351~365	400
密度/(g/cm³)	3.46	3.46	3.1	3.0
热膨胀系数/(×10⁻⁶℃⁻¹)	4.0~4.5	4.5	3.4~4.3	3.5
表面涂层	富碳或 SiC 层			

　　CVD法SiC纤维适用于金属基、聚合物基、陶瓷基等,其中钛基复合材料已进入实用化研制阶段。

　　2) 先驱体法

　　先驱体法制备SiC纤维是由日本东北(Tohoku)大学的矢岛圣使(Yajinma)在1975年研制成功,1983年由日本的碳公司生产,商品名为尼卡纶。此后,对其进行了一系列的改进,形成了多种不同的型号,主要有三类:尼卡纶SiC纤维、超耐热型SiC纤维、低含氧量型SiC纤维。其中耐热型又有HL-200、Tyranno-LOXM(1200℃)、Hi-Nicalon、Tyranno-LOXE(1500℃)以及Hi-Nicalon-S和Sylrenmic(1700℃)等多种。我国的国防科技大学也进行了该项研究,并取得了成功。

　　(1) 制备:将有机碳化硅化物,通过加添加剂,加热或光辐射缩聚反应成Si-C为主链的碳化硅高聚物,然后将其熔解抽丝,经预氧化和碳化处理制得SiC纤维。以典型尼卡纶SiC纤维为例,其工艺流程如图2-25所示。

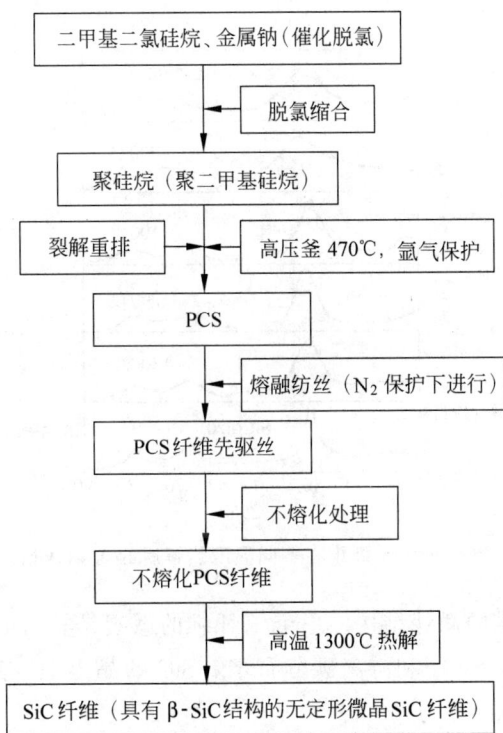

图 2-25　尼卡纶 SiC 纤维制备工艺流程

　　制备过程分四个阶段:聚碳硅烷制备、熔融纺丝、不熔化处理、高温烧成。

　　① 聚碳硅烷(PCS)制备。由原料二甲基二氯硅烷、金属钠在N_2气氛中130℃脱氯,制得聚二甲基硅烷。然后有三种方法获得PCS:直接在氩气气氛高压釜中加热到450～470℃聚合得PCS;在聚二甲基硅烷中加1%～5%的二苯基二氯硅烷,引入苯环,制得PCS,并使其强度提高近3倍;在聚二甲基硅烷中添加3%～4%的聚硼二苯基硅氧烷(派松(Python)),可直接在常压下、N_2气氛中350℃加热6h转化为PCS。

　　② 熔融纺丝。将PCS在N_2中350℃熔融,不断搅拌,喷丝板纺丝得到PCS纤维先驱丝。

③ 不熔化处理。先驱丝在空气中加热或被高能粒子辐照,表面生成不熔不溶的网状交联含氧 PCS,即不熔不溶处理(预氧化处理或稳定化处理)。目的是 PCS 纤维先驱丝在后续的工艺中不黏,保持原丝形状。此时先驱丝增重 13%～15%。靠空气中氧的作用使 PCS 表面的链交联固化,以防止在随后的高温中熔并。

④ 高温烧成。在惰性或真空气氛中烧成,有三个变化过程:室温约 550℃,PCS 先驱丝从外到内逐步热交联,放出 CO、CO_2、$C_n H_{2n+2}$ 等气体;550～800℃,侧链有机团热分解,放出 H_2、CH_4 等气体,纤维收缩,这是从有机物向无机物过渡的关键阶段;800～1250℃,无定形 SiC 向 β-SiC 微晶转变,放出 H_2、CH_4 等气体,并可适当牵引,使微晶取向和控制纤维收缩。烧成过程中的关键点:(i)控制升温速率,一般为 100℃/h 为宜;(ii)选择高温转化(热解)温度,一般为 1200～1300℃;(iii)给先驱丝施加张力;(iv)采用自然冷却方式降温。图 2-26 为 900～1500℃热解 SiC 纤维的 X 射线粉体衍射图谱,由图可见,当热解温度不超过 1000℃时,SiC 纤维具有非晶结构,即无定形结构;当热解温度超过 1300℃时,纤维晶化,纤维强度也随之下降。

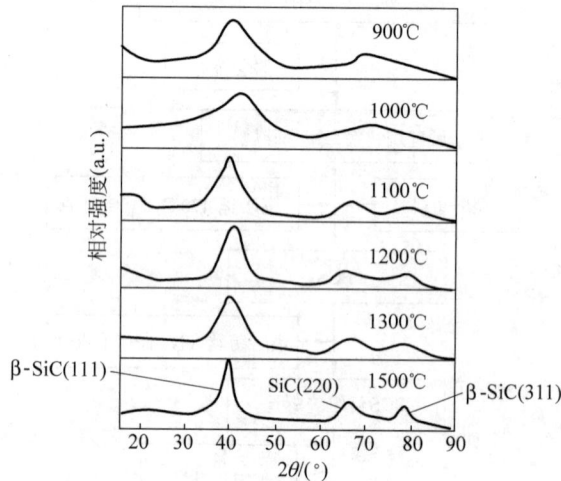

图 2-26　尼卡纶纤维在不同温度热解后的 X 射线衍射谱

(2) 尼卡纶 SiC 纤维的微观结构。尼卡纶纤维的微观结构(图 2-27):β-SiC 微晶呈立方晶型,同于金刚石结构,SiO_2 和游离碳分布于 β-SiC 的晶界上。其质量分数为 SiC 63%、SiO_2 21.5%、游离碳 15.5%。

(3) 尼卡纶纤维的品种及其主要性能。尼卡纶 SiC 纤维的主要品种及典型性能见表 2-5。

虽然尼卡纶纤维使用温度可达 1200℃,仍不能满足更高温度的要求。先驱体法制得的 SiC 纤维不是纯的 SiC,其元素组成为 Si、C、O、H,质量分数分别为 55.5%、28.4%、14.9% 和 0.13%。且由于氧的存在,于 1300℃以上会释放 CO 和 SiO 气体,纤维减重,纤维中的孔洞扩展,β-SiC 晶粒长大,使纤维力学性能降低。为此,降低含氧量,可提高耐热性能,当其化学组成接近理论成分时,可进一步提高纤维的耐热性能。聚合物转化的 SiC 纤维有望取代 Ti 合金,使发动机、机翼及起落架轻量化。飞机表面若用 SiC/Al 复合材料,可提高表面抗高温的能力,同时还具有隐身功能。

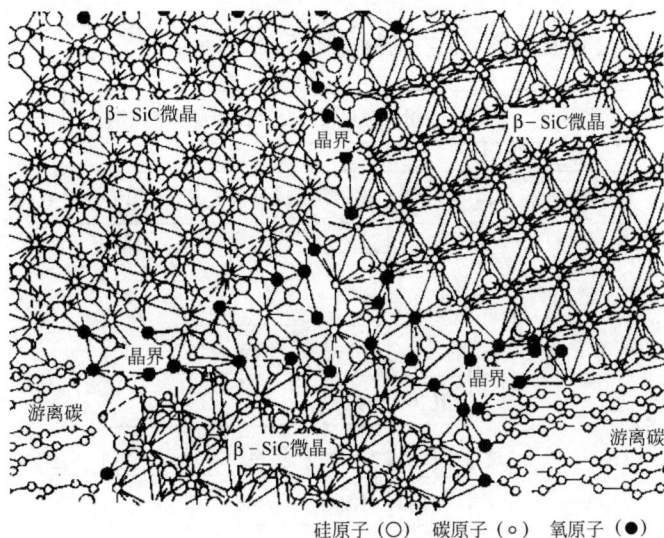

硅原子（○） 碳原子（◦） 氧原子（●）

图 2-27 尼卡纶纤维的微观结构

表 2-5 尼卡纶 SiC 纤维的主要品种及典型性能

性 能	通 用 级	HVR 级（NL-400）	LVR 级（NL-500）	碳涂层（NL-607）
长丝直径/μm	14～12	14	14	14
丝数/束	250～500	250～500	500	500
纤度/(g/(1000m))	105～210	110～220	210	210
拉伸强度/MPa	3000	2800	3000	3000
拉伸模量/GPa	220	180	220	220
伸长率/%	1.4	1.6	1.4	1.4
密度/(g/cm^3)	2.55	2.30	2.50	2.55
电阻率/($\Omega \cdot$ cm)	10^3～10^4	10^6～10^7	0.5～5.0	0.8
热膨胀系数/($\times 10^{-6}$ K^{-1})	3.1	2.94	2.8～3.5	3.1
比热容/(J/(kg · K)^3)	1140	700～1200	700～1200	1140
热导率/(W/(m · K))	12	10～20	10～20	12
介电常数	9	6～9	6～9	12

2.1.5 氧化铝纤维

氧化铝纤维是以 Al_2O_3 为主要成分,并含有少量的 SiO_2、B_2O_3 或 ZrO_2、MgO 等的陶瓷纤维。

1. 制备

氧化铝纤维的制备方法有多种,常见的有杜邦法、拉晶法、住友法、溶胶-凝胶(sol-gel)法等。

1）杜邦法

该法是美国杜邦公司发明的，工艺流程如图 2-28 所示。

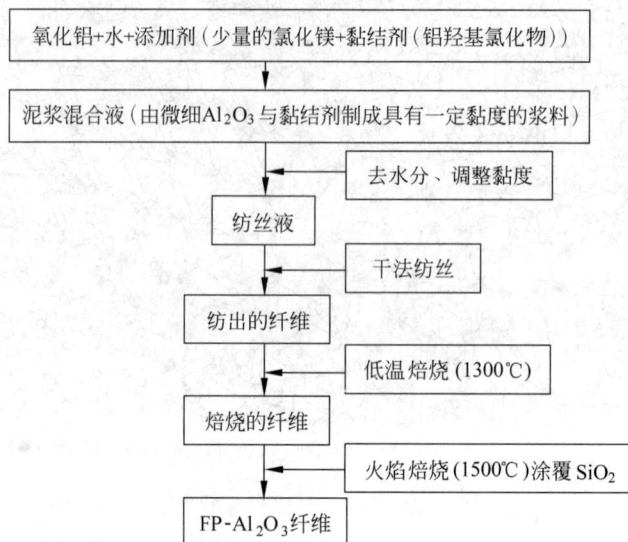

图 2-28　杜邦法工艺流程

制备过程中 Al_2O_3 没有熔化，制得的 FP-Al_2O_3 纤维为多晶结构，晶粒直径为 $0.5\mu m$ 左右，表面粗糙，熔点为 $2045℃$，拉伸强度大于 1380MPa，杨氏模量为 383GPa。

2）拉晶法（α-Al_2O_3 熔化）

拉晶法是利用制造单晶的方法制备氧化铝纤维。将 Mo 制细管放入 α-Al_2O_3 熔池中，利用毛细现象，使 α-Al_2O_3 液升至 Mo 管顶部，在 Mo 管顶部放置一个 α-Al_2O_3 晶核，慢速向上提拉，提拉速度为 150mm/min，即可制得单晶 α-Al_2O_3 纤维。拉晶法制得的氧化铝纤维为单晶，直径为 $50\sim500\mu m$，拉伸强度为 2350MPa，弹性模量为 450GPa，最高使用温度可达 $2000℃$，但在 $1200℃$ 时的强度仅为室温强度的 1/3。

3）住友法

该法为日本住友化学公司采用，原料为有机铝化物（聚铝硅烷），加等量水，经水解，聚合得到聚合度为 100% 的聚铝氧烷，将其溶入有机溶剂中，再加入作为硅成分、可提高耐热性的硅酸酯等辅助剂，制成黏稠液，经浓缩、脱气，纺丝得到先驱丝，再将先驱丝 $600℃$ 加热，使侧基团分解逸出，$950\sim1000℃$ 焙烧得连续束丝氧化铝纤维。主要成分为 γ-Al_2O_3（70%～90%）+SiO_2（10%～30%），凝聚多晶结构，晶粒直径 5nm 左右，每束 1000 根，每根 $9\mu m$。拉伸强度 1900MPa，弹性模量 210GPa，密度 $3.3g/cm^3$，相比于 FP-Al_2O_3，强度、模量要低一点，这是烧成后有纺丝液残留所致。

4）溶胶-凝胶法

该法由美国 3M 公司（Minn Mining Man Co.）采用。是将含有纤维所需的金属和非金属元素的溶体，即金属醇盐化合物，包括有机铝化合物，即含甲酸离子和乙酸离子的氧化铝溶胶、硅溶液（含 Si）、硼酸（含 B），用乙醇或酮作为溶剂制成溶胶，水解、聚合生成可纺丝的凝胶，纺丝，先驱丝在张力下、$1000℃$ 以上焙烧，即得氧化铝无机纤维。成分为混合多晶纤维，由 Al_2O_3（62%）、B_2O_3（14%）和 SiO_2（24%）组成。商品名为 Nextel312。

2. 性能

氧化铝纤维具有优异的力学性能,耐高温,可长期在 1000℃ 以上使用;1250℃时保持室温性能的 90%(表 2-6),具有极佳的耐化学性能与抗氧化性能。而碳纤维在 400℃时会氧化燃烧,不被熔融金属浸蚀。表面活性好,无需表面处理即可很好地与金属和树脂复合,制备复合材料。绝缘性能佳,与玻璃钢相比,其介电常数和损耗正切小,且随频率变化小,电波透过性更好。用其增强的复合材料具有良好的抗压性能,压缩强度是玻璃纤维增强塑料(GFRP)的 3倍以上,耐疲劳强度高,经 10^7 次交变载荷加载后强度不低于其静强度的 70%。可广泛应用于冶金、陶瓷、机械、电子、建材、石化、航天航空、军工等行业热加工领域作隔热内衬。

表 2-6 常用氧化铝纤维的成分与性能

纤维种类	密度/ (g/cm³)	使用温度/ ℃	拉伸强度/ MPa	拉伸模量/ GPa	直径/ μm	生产厂家
FP-Al₂O₃(α-Al₂O₃)	3.95	1100	1.47	383	19	杜邦(美)
γ-Al₂O₃+SiO₂	3.3	1300	1.86	206	17	住友化学(日)
α-Al₂O₃,δ-Al₂O₃+SiO₂	3.25	1600	1.96	294	3	ICI(英)
单晶	4.0	2000	2.35	451	250	TYCO(日)
α-Al₂O₃ Nextel312	2.59	1300	1.72	147	11	3M(美)

2.2 晶须类增强体

晶须是指直径小于 $3\mu m$ 的单晶体生长的短纤维。与纤维相比存在以下区别:①它是单晶,缺陷少、强度高、模量大;②直径小(小于 $0.1\mu m$)、长径比大(l/d>数十)、缺陷极少、强度高、弹性模量大。主要有陶瓷晶须(氧化物(Al₂O₃)和非氧化物(SiC)晶须)和金属晶须(Cu、Cr、Fe、Ni 等)两大类。

2.2.1 制备

晶须的制备方法有多种,常用的有焦化法(制 SiC 晶须)、气液固法(制 SiC 及 C 晶须)、CVD 法(制 SiC 晶须)、气相反应法(制碳及石墨晶须)、气固法(制石墨晶须)和电弧法(制碳及石墨晶须)等。

1. 焦化法

用于制备 SiC 晶须,原料为稻谷,稻谷在生长过程中从土壤以单硅酸的形式吸收了大量的 SiO₂,存留在纤维素结构内,并大部分在稻谷中。焦化法制备 SiC 晶须的工艺流程如图 2-29 所示。

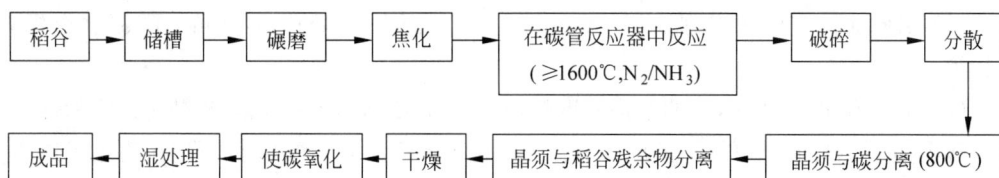

图 2-29 焦化法制备 SiC 晶须的工艺流程

焦化过程在温度为 700℃、隔离氧的条件下进行，产生大致等量的 SiO_2 和碳。焦化后的稻谷再在碳管中惰性气氛(N_2)或还原气氛(NH_3)下，加热到 1600℃ 以上 1h，发生如下反应：$SiO_2+C \longrightarrow SiC+CO$。反应产物有 SiC_w、自由碳和 SiC_p，三者并存，其中 SiC_w 与自由碳在 800℃ 下分离后，再与稻谷残余物分离，分离后的 SiC_w 中还含有少量的 SiC_p，通过湿处理即可实现两者分离，最终获得长径比约为 50 的 SiC 晶须。

2. 气液固法

气液固(VLS)法是一种组合法，在制备 SiC 晶须的过程中同时存在气体、液体和固体三种物质形态。气体物质由甲烷(CH_4)、氢(H_2)和 SiO 组成，其中 SiO 是由 $SiO_2(g)+C(s) \longrightarrow SiO(g)+CO(g)$ 反应产生。基质板上放置固态催化剂(过渡族金属球，如直径为 $30\mu m$ 的钢球)，加热至 1400℃ 时，通入原料蒸气，固态催化剂成为熔球，它从过饱和的原料蒸气中萃取出 C 原子和 Si 原子，在基板上反应并生长成 SiC 晶须。SiC 晶须长 $10\mu m$，等效直径约 $5.9\mu m$，拉伸强度为 $1.7\sim23.7GPa$，该法还可制 Si、Al_2O_3、MgO、BW 等晶须。

3. CVD 法

运用 CVD 法同样也可制 SiC 晶须，方法有两种：①在 H_2 气氛中，有机硅化合物在 $1000\sim1500℃$ 发生热分解 $CH_3SiCl_3 \longrightarrow SiC+3HCl$，生成的 SiC 沉积在基板上长成晶须；②在 $1200\sim1500℃$ 下，运用 H_2 分别与 $SiCl_3$ 和 CCl_4 的混合物还原出 Si 与 C，两者再结合生成 SiC，在基板上长成 SiC 晶须。晶须直径为 $0.2\sim1.5\mu m$，$l/d=50\sim1000$。

4. 气相反应法

该法主要用于制备 Al_2O_3 晶须。首先在炉中装入铝和氧化铝的混合粉末，通入 H_2 与 H_2O 蒸气的混合物，发生如下反应：

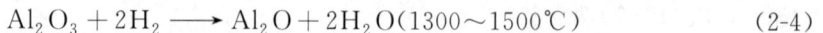

$$2Al+H_2O \longrightarrow Al_2O+H_2(1300\sim1500℃) \tag{2-3}$$

$$Al_2O_3+2H_2 \longrightarrow Al_2O+2H_2O(1300\sim1500℃) \tag{2-4}$$

生成的 Al_2O 易挥发，转移到炉的另一端发生歧化反应：

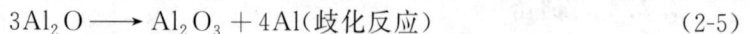

$$3Al_2O \longrightarrow Al_2O_3+4Al(歧化反应) \tag{2-5}$$

气相反应法产生的 Al_2O_3 晶须，密度为 $3.9g/cm^3$，熔点为 2082℃，拉伸强度为 21GPa，弹性模量为 434GPa。气相反应法还常用于制备石墨晶须，即以低沸点烃为碳源，在氩或氮或超细过渡金属(Fe、Co、Ni)催化剂存在下于 $500\sim1000℃$ 反应而得。

5. 气固法

气固(VS)法常用于制备石墨晶须。即在 CO 气氛中，把孪晶的 β-SiC 加热至 1800℃ 以上，活性高的热解碳以高度旋转的 β-SiC 为基质平行堆积(薄层)或垂直生长成晶须，过程分为两步：

(1) 生成非晶质柱状体，直径 $3\sim6\mu m$，长 1mm，正锥角 141°，下锥角 40°，温度平稳时，柱状体均匀一致。

(2) 温度升至 2000℃，碳的过饱和度提高，气态碳在非晶质碳柱上凝结生成石墨晶须。

石墨晶须还可通过更简洁的电弧法制备，即在半惰性的气氛中，以石墨作为电极通高压直流电，借助电极附近电弧的作用，使石墨升华，然后凝结成石墨晶须。

2.2.2　晶须的性能

常见晶须的性能见表 2-7。

表 2-7　常见晶须的性能

晶　　　须	熔点/℃	密度/(g/cm^3)	拉伸强度/GPa	比强度/($\times 10^6$ cm)	弹性模量/($\times 10^2$ GPa)	比模量/($\times 10^8$ cm)
Al$_2$O$_3$	2040	3.96	21	54	4.3	11
BeO	2570	2.85	13	47	3.5	13
B$_4$C	2450	2.52	14	57	4.9	20
SiC	2690	3.18	21	67	4.9	16
Si$_3$N$_4$	1960	3.18	14	45	3.8	12
C(石墨)	3650	1.66	20	123	7.1	44
K$_2$O(TiO$_2$)$_n$	1300~1370	3.2	5~8	21.9	2.8	7.5
Cr	1890	7.2	9	13	2.4	3.4
Cu	1080	8.91	3.3	3.8	1.2	1.4
Fe	1540	7.83	13	17	2.0	2.6
Ni	1450	8.97	3.9	4.4	2.1	2.4

特别需要指出以下两点：

（1）SiC 晶须的结构有 α-SiC(六方)和 β-SiC(立方)两种,应用较多的为 β-SiC。

（2）晶须的一般形态为棒状,如钛酸钾晶须(图 2-30),而氧化锌晶须则具有棒状和三维四针状两种形态,它是迄今所有晶须中唯一一种具有空间立体结构的晶须。

三维四针状氧化锌晶须(tetra-needle like ZnO whiskers,T-ZnO$_w$)如图 2-31 所示,20 世纪 40 年代被发现,最早由日本松下产业于 1989 年研制成功。三维四针状氧化锌晶须外观呈白色疏松状,粉体有一个核心,从核心径向方向伸展出四根针状晶体,每根针状晶体均为单晶体微纤维,任意两根针状体的夹角为 109°。晶须的中心体直径为 0.7~1.4μm,针状体根部直径为 0.5~14μm,针状体长度为 3~300μm。ZnO 晶须为单晶体六方晶系铅锌矿结构,沿着六方晶系的 c 轴方向生长出 4 根针状结晶体。位错小、缺陷少、纯度高(99.95%),典型的物理性能见表 2-8。

图 2-30　钛酸钾晶须

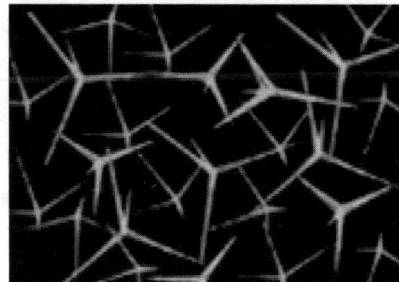

图 2-31　三维四针状氧化锌晶须

表 2-8　三维四针状氧化锌晶须的物理性能

材料	物理性能						
	密度/ (g/cm³)	升华点/ ℃	直径/ μm	长度/ μm	电阻率/ (Ω·cm)	膨胀系数/ (×10⁻⁶℃⁻¹)	伸长率/ %
氧化锌晶须	5.78	1720	0.14~14	3~300	7.14	4	3.3

三维四针状氧化锌晶须可用作增强体,具有以下性能特点。

(1) 超高强度:四针状氧化锌晶须几乎没有结构缺陷,属于理想的结晶体,具有极高的力学强度和弹性模量,拉伸强度和弹性模量分别达到 1.0×10^4 MPa 和 3.5×10^5 MPa,接近理论强度值。

(2) 各向异性:四针状结构具有各向异性特征,但更易实现各向同性的增强和改性作用。

(3) 优异的耐热性:氧化锌的熔点高于 1800℃,四针状氧化锌晶须可耐近 1720℃ 的高温,常压下空气中 1000℃ 以上可能导致部分尖端纳米结构受损。

(4) 可调的电学性能:氧化锌属于 N 型半导体,可以通过掺杂等手段控制其导电、压电、压敏等电学性能。

(5) 纳米半导体活性:由于结构的特殊性,其表现出特殊的尖端纳米活性;由于非严格化学配比的半导体特性,其具有释放活性氧的作用;宏观表现为高效、广谱、持久的抗菌和环境净化作用。

2.3　颗粒类增强体

颗粒也是一种有效的增强体,颗粒增强复合材料的发展十分迅猛,主要用作金属基、聚合物基和陶瓷基复合材料的增强体,在基体中颗粒增强体的体积分数一般在 15%～30%,特殊时也可为 5%～75%。颗粒增强体根据其变形性能可分为刚性颗粒与延性颗粒两种。刚性颗粒一般为陶瓷颗粒,常见的有 SiC、TiC、B_4C、WC、Al_2O_3、MoS_2、TiB_2、BN、石墨等。其特点是高弹性模量、高拉伸强度、高硬度、高的热稳定性和化学稳定性,可显著改善和提高复合材料的高温性能、耐磨性能、硬度和耐蚀性能,是制造热结构零件、切削刀具、高速轴承等的候选材料。延性颗粒主要是金属颗粒,加入陶瓷、玻璃和微晶玻璃等脆性基体中,可增强基体材料的韧性。

若根据其产生的方式不同可分为外生型和内生型两大类。外生型颗粒的制备与基体材料无关,是通过一定的合成工艺制备而成。而内生型颗粒则是选定的反应体系在基体材料中,在一定的条件下通过化学反应原位生成,基体可参与或不参与化学反应。原位反应产生的增强体颗粒直接位于基体材料中,因而相比于外生型颗粒具有以下特点:颗粒表面无污染,与基体界面干净无反应层,界面结合强度高,热力学稳定性强,颗粒分布均匀。控制反应工艺,可调整颗粒尺寸,甚至可以原位反应产生纳米级颗粒并在基体中弥散分布。内生型颗粒研究是复合材料的一个重要方向,也是当前复合材料研究的热点之一。

颗粒增强复合材料的力学性能取决于颗粒的种类、形貌、直径、在基体中的分布、体积分数及其与基体的结合界面。

2.3.1 颗粒增强体的制备

1. 外生型颗粒的制备

外生型颗粒的制备方法有多种,常见的有液相法、气相法。其中液相法包括沉淀法、溶胶-凝胶法、溶剂蒸发法和液相界面反应法等四种,气相法根据加热方式的不同可分为等离子合成、激光合成、金属有机聚合物的热解等方法。以下介绍几种常用颗粒粉体。

1)SiC 颗粒

SiC 的结构有 α、β 两种,制备方法不同。α-SiC 颗粒一般采用艾奇逊(Acheson)法合成,其工艺过程为:用石墨颗粒将置于固定壁上的电极连通成为芯棒,通电后,在电极上产生高温,导致充填在其周围的硅石和焦炭等配料发生还原反应生成 SiC。同时形成由芯棒表面向外的温度梯度,在芯棒外侧生成梯度分布的 α-SiC、β-SiC 和未反应区。在形成一定量的 α-SiC 后,开炉,选出 α-SiC 晶块,击碎、水洗、脱碳、除铁、分级,即可获得不同粒度的 α-SiC 颗粒。其中击碎法通常采用球磨机或粉碎机在干或湿的状态下进行,还可在液体或一定气氛(Ar)中进行。分级法也有干(气流)、湿(水流)两种,分级后若再经两次盐酸处理和一次氢氟酸处理,即可获得更细的 α-SiC 粉末。

β-SiC 颗粒的制备同样为碳还原 SiO_2 法。在电炉中高温下还原石英砂,发生如下反应:

$$SiO_2 + 3C \longrightarrow SiC + 2CO \tag{2-6}$$

生成的 SiC 颗粒中含有少量的游离硅、石英砂和氧化铁等杂质,残余碳含量大于 1%,当碳化硅含量在 96% 左右时,颗粒为绿色,为 94% 左右时,颗粒为黑色。

为制备高纯、细小的 SiC,还可采用:①硅烷与碳氢化合物反应;②三氯甲基硅烷热解;③聚碳硅烷 1300℃ 以上热分解等方法。

2)Si_3N_4 颗粒

Si_3N_4 颗粒有 α、β 两种晶型,α 型为低温型,β 型为高温型,均为六方晶系。Si_3N_4 颗粒的制备有四种方法。

(1)硅粉直接氮化法:

$$3Si + 2N_2 \longrightarrow Si_3N_4 \tag{2-7}$$

原料 Si 可以是气、液、固三态,氮化反应温度低于硅的熔点,生成的 Si_3N_4 凝结成块,经研磨后获得 Si_3N_4 颗粒。通常在 N_2 中加入氨(5%~10%)和铁为催化剂,以生成 SiO 来加速氮化反应。该法生产成本较高,且纯度较低。工业上的 Si_3N_4 颗粒大多采用该法制得。在反应的初期控制 N_2 流量,并避免局部过热超过 Si_3N_4 的熔点,使 β 型相增多。

(2)二氧化硅还原和氮化法:

$$3SiO_2 + 6C + 2N_2 \longrightarrow Si_3N_4 + 6CO \tag{2-8}$$

该法采用高比表面积的 SiO_2 与过量的碳在低于 1450℃ 下进行。过量的碳可使 SiO_2 反应更完全,反应速度快,能直接得到细颗粒的 Si_3N_4。但过程较为复杂,易产生纤维状物质,应控制好反应速度,避免 SiC 的生成。若在反应体系中预先加入 Si_3N_4 颗粒作为晶种,还可进一步促进反应,并能很好地控制颗粒的形状和尺寸。该法生产成本较低,是生产 Si_3N_4 颗粒的主要方法。

（3）亚胺硅或氨基硅的分解：

$$3Si(NH)_2 \longrightarrow Si_3N_4 + 2NH_3 \tag{2-9}$$

$$3Si(NH_2)_4 \longrightarrow Si_3N_4 + 8NH_3 \tag{2-10}$$

该法主要用于实验室里的少量制造。

（4）卤化硅或硅烷与 NH_3 直接进行气相反应：

$$3SiCl_4 + 16NH_3 \longrightarrow Si_3N_4 + 12NH_4Cl \tag{2-11}$$

$$3SiCl_4 + 4NH_3 \longrightarrow Si_3N_4 + 12HCl \tag{2-12}$$

该法也主要用于实验室里的少量制造。近年来，开发了多种 Si_3N_4 的新型制备工艺，如溶胶-凝胶转化法、金属有机氨化物的液相还原、等离子体或激光催化的气相反应法及聚合物热解法等。

3）氧化铝颗粒

氧化铝颗粒是最为常用的增强体颗粒之一，熔点为 2050℃，硬度是氧化物中最高的，氧化铝的晶型高达 24 种，但粉体中主要为 α 和 γ 两种。其他晶型如 δ、ξ 等含量极少。α-Al_2O_3 最为稳定，六方刚玉结构，是 1200℃ 以上唯一可用作结构材料与电子材料的稳定形式，而 γ-Al_2O_3 一般只用于催化作用。本书主要介绍 α-Al_2O_3 颗粒的制备。氧化铝颗粒有工业用普通颗粒和高纯、超细、活性氧化铝颗粒两种供应状态。

（1）工业用普通氧化铝颗粒。该种颗粒采用天然铝矾土（$Al_2O_3 \cdot 2H_2O$），经碱液浸取、煅烧制取。由于碱液中金属离子的存在会导致氧化铝制品产生气孔和玻璃相，故需进行除碱处理，即采用 200℃ 水浸 2h 处理，可使碱含量降低至 0.03%～0.05%。或采用煅烧法，即加 1% 的硼酸在 1400℃ 左右煅烧，使碱生成挥发性强的偏铝酸钠或偏铝酸钾除去，粉体中的 Na、K 含量由 0.3%～2% 降至 0.05%，同时粉体中的 γ-Al_2O_3 转化为 α-Al_2O_3。该法中的煅烧是最后也是最重要的一道工序，只有通过煅烧温度和时间的合理选择，方可使 γ-Al_2O_3 转化为 α-Al_2O_3。

（2）高纯、超细、活性氧化铝颗粒。该种颗粒有三种制取方法。

① 铝铵矾热解法。

$$Al_2(NH_4)_2(SO_4)_4 + 24H_2O \xrightarrow{1000℃} \gamma\text{-}Al_2O_3 + 3SO_3 + SO_2 \xrightarrow{1100\sim1300℃} \alpha\text{-}Al_2O_3$$

采用多次重结晶的硫酸铝铵快速加热至 1000℃ 分解，制得分散性好、比表面积大的 γ-Al_2O_3，再经 1100～1300℃ 的煅烧，γ-Al_2O_3 转化为 α-Al_2O_3。

② 高压釜法。用高纯铝（99.99%）直接在 300～500℃ 的高压釜（34～340Pa）中氧化生成 γ-Al_2O_3，再经高温煅烧转化为 α-Al_2O_3。

③ 低温化学法。将一定浓度的 $Al_2(SO_4)_3$ 溶液喷入干冰或丙酮冷却的己烷液内，使液滴速冷成珠状，再将该冻珠脱水干燥，经 1050～1300℃ 热分解产生 γ-Al_2O_3，再经高温煅烧转相，获得以 α-Al_2O_3 为主的颗粒粉体。

4）炭黑

炭黑主要用于聚合物基复合材料，尤其是橡胶工业，约占使用量的 90%，其次是油墨、涂料和塑料等产品的生产。

（1）分类。根据炭黑的制造方法的不同，可分为接触法炭黑、炉法炭黑、热裂解法炭黑等三种。接触法炭黑又分为槽法炭黑、混气炭黑和滚筒炭黑等三种。槽法炭黑是用天然气和油气混合为原料,经不完全燃烧并在槽铁上冷却沉积、收集加工形成的炭黑。炉法炭黑又有油炉法炭黑和气炉法炭黑之分。油炉法炭黑是指油类喷入特制的圆形反应炉内经不完全燃烧、急冷、收集形成的炭黑。炉法炭黑对合成橡胶的适应性较好。热裂解法炭黑是天然气经热裂解反应生成的炭黑。

(2) 炭黑的组成与结构。炭黑除了主要成分碳(90%～99%)外,还有其他成分,如氧(0.1%～8%)、氢(0.1%～0.7%)和硫(0～0.7%)等。炭黑属于不定型碳,乱层微晶结构(图 2-32)。微晶平均由 3～4 个层间距为 0.34～0.38nm 的乱层面构成。高温处理后的炭黑会发生部分石墨化,此时的炭黑具有准石墨微晶结构,呈同心取向状(图 2-33)。炭黑粒径范围为 10～500μm,属胶体粒子范围。炭黑在生长过程中先形成基本凝聚体粒子(10～300nm),再不断生长成不规则的聚熔体,即一次结构。一次结构的形状有球形、椭球形和纤维形三种。一次结构之间以范德瓦耳斯键彼此结合,形成粒径更大的二次结构。二次结构十分脆弱,易被剪切力破坏。

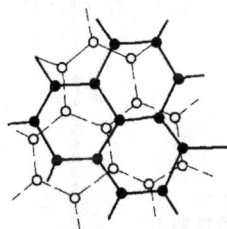 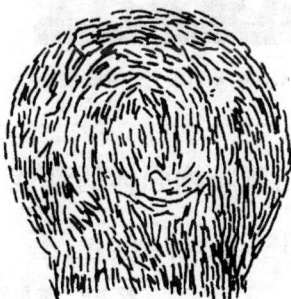

图 2-32　炭黑乱层微晶结构　　　　图 2-33　炭黑同心取向状

(3) 炭黑的性质。炭黑的性质主要由粒径、结构性、表面的化学性质决定。①粒径指炭黑的平均直径,粒径越小,其比表面积越大,活性越强,用于胶料可增加胶料的混炼时间和发热量,显著提高对硫化胶的补强作用。②结构性指炭黑的一次结构与二次结构的总和,大小反映炭黑粒子熔合成链状三维空间结构的程度。结构性越高,对橡胶的补强作用越强,在涂料中的分散也越容易。③表面的化学性质主要是指表面粗糙度的大小及含氧官能团的多少。粗糙度越大、活性越强,补强性能越好;含氧官能团越多,对硫化速度的影响就越大。

5) B_4C 颗粒

B_4C 颗粒也有立方和斜方六面体两种结构,通常以斜方六面体结构为主。制备方法常有两种:①将 B_2O_3 与碳在熔炉中反应;②用镁还原制备 B_4C,反应式为

$$2B_2O_3 + 6Mg + C \longrightarrow B_4C + 6MgO \qquad (2\text{-}13)$$

反应温度为 1000～1200℃,反应强烈,放热量大,最终产物需用 H_2SO_4 或 HCl 酸洗,再用热水洗涤干净、烘干可获得细、纯不含碳的 B_4C 颗粒。

2. 内生型颗粒的制备

内生型颗粒是通过选定的反应体系在一定的条件下在基体中原位反应产生的,内生型颗粒与复合材料同时形成。由于化学反应需满足一定的热力学和动力学条件,因此,可选的反应体系不多,常见的有 Al-Ti(TiO_2)-B(C,B_2O_3)、Al-ZrO_2-B(C,B_2O_3)、Al-Cr$_2O_3$、Al-NiO_2 等,基体一般为陶瓷或金属。常见的制备方法有自蔓延法、热爆反应法、接触反应法、

气液固反应法、混合盐法、机械合金化法、微波反应合成法等（将在金属基复合材料部分介绍）。图 2-34 为 Al-TiO$_2$-B$_2$O$_3$ 体系反应产生的内生型（Al$_2$O$_3$ + TiB$_2$）复相颗粒，白色颗粒为 Al$_2$O$_3$，棕色颗粒为 TiB$_2$。图 2-35 为 Al-ZrO$_2$ 体系反应产生的内生型复相颗粒（Al$_2$O$_3$ + Al$_3$Zr）增强的铝基复合材料，块状颗粒为 Al$_3$Zr，细小颗粒为 Al$_2$O$_3$。

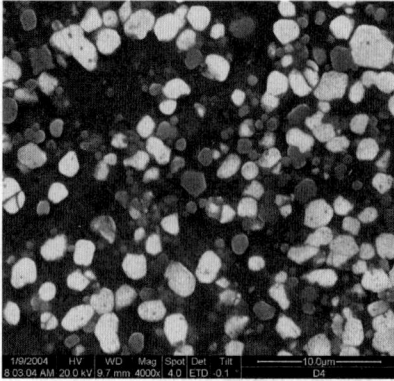
图 2-34　（Al$_2$O$_3$ + TiB$_2$）复相颗粒

图 2-35　铝基复合材料（Al$_2$O$_3$ + Al$_3$Zr）/Al

2.3.2　常用颗粒增强体的性能

常用颗粒增强体的性能见表 2-9。

表 2-9　常用颗粒增强体的性能

颗粒名称	密度/ （g/cm^3）	熔点/ ℃	热膨胀系数/ （×10^{-6}℃$^{-1}$）	热导率/ （W/(m·K)）	硬度/ GPa	抗弯强度/ MPa	弹性模量/ GPa
SiC	3.21	2700	4.0	100～490	27	400～500	300～450
B$_4$C	2.52	2450	5.73	30～42	30	300～500	300～400
TiC	4.92	3200	7.4	25～30	26	500	410～450
Al$_2$O$_3$	3.98	2050	9.0	20～30	15～20	300～500	300～400
Si$_3$N$_4$	3.2～3.35	2100 分解	2.5～3.2	15～30	14～17	900	330
3Al$_2$O$_3$·2SiO$_2$	3.17	1850	4.5～5.5	10～15	10～15	200～300	150～200
TiB$_2$	4.5	2980	6.2	25～32	25～32	400～1000	465～550

2.4　微珠

除了以上常用颗粒作为增强体外，还有微小球体颗粒增强体，简称微珠增强体，微珠有空心和实心之分。实心微珠的制备相对简单，一般通过块体粉碎、表面光滑化形成，如将玻璃击碎成粉，通过火焰，表面熔融，表面张力的作用可使表面光滑、球化，形成实心微珠。空心微珠的制备相对复杂，其直径一般为数微米，根据生产原料的不同，可将空心微珠分为无机、有机和金属三种。常见的制备方法如下：

（1）喷气封入法。将原料加热熔融后，向其中喷入空气，冷却后凝固或析出，形成空心微珠。

（2）气化原料中加入挥发成分。加热原料,使原料中的挥发性成分汽化,产生的气体固定在小球壳体中,形成空心微珠。

（3）芯材被覆成型法。将微米级的粒子用原料涂覆,加热熔融,再除去芯材形成空心微珠。

（4）发泡剂法。在原料中加入发泡剂,加热后发泡剂分解产生气体,使原料熔融的同时形成空心微珠。

（5）碳空心法。把含有碳的有机物珠体在惰性气氛中加热分解,形成碳空心微珠。

空心玻璃微珠主要由美国的 3M 公司生产,我国通过不懈努力也研制出了高性能空心玻璃微珠,如图 2-36 所示。空心玻璃微珠具有隔热保温、吸声的特点。若在空心玻璃微珠表面镀上镍、钴等金属,还能吸波隐形。空心玻璃微珠聚氨酯材料有效解决了海底管道输送原油时的保温难题,空心玻璃微珠复合材料已在新疆油田开始应用。

图 2-36 空心玻璃微珠
(a) 微珠粉体;(b) 单个微珠;(c) 同尺寸微珠;(d) 异尺寸微珠

2.5 碳纳米管

碳纳米管是由石墨中一层或若干层碳原子卷曲而成的笼状"纤维"。根据石墨层数的不同,碳纳米管分为单壁管和多壁管两种;若根据碳六边形网格沿管轴取向的不同,可将其分为锯齿形、扶手椅形和螺旋形三种(图 2-37)。多壁管的外部直径为 $2\sim30\,\text{nm}$,长度为 $0.1\sim50\,\mu\text{m}$,单壁管的外部直径和长度分别为 $0.75\sim3\,\text{nm}$ 和 $1\sim50\,\mu\text{m}$。一般而言,单壁管的直径小,缺陷少,具有更高的均匀一致性。

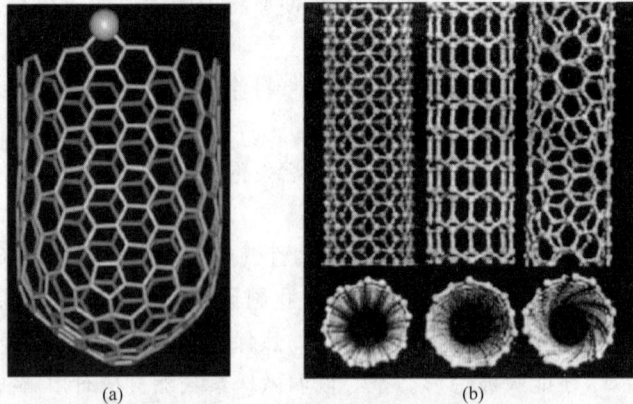

图 2-37 单壁碳纳米管及其三种类型

(a) 单壁碳纳米管；(b) 锯齿形、扶手椅形和螺旋形

单壁碳纳米管的杨氏模量为 1054GPa，多壁管则高达 1200GPa，比一般碳纤维高一个数量级。碳纳米管的拉伸强度为 50～200GPa，约是高强钢的 20 倍，而密度只有钢的 1/6，如果用碳纳米管做绳索，从月球上挂到地球表面，它将是唯一不被自重所拉断的绳索。碳纳米管的化学性能稳定，仅次于石墨，在真空或惰性气氛中能够承受 1800℃以上的高温，被认为是理想的聚合物基复合材料的增强体。

碳纳米管的常见制备方法主要有三种：电弧放电法、激光蒸发法和化学气相沉积法。

2.5.1 电弧放电法

采用石墨电极（阴、阳）在直流电源作用下引弧放电（图 2-38），形成高温（2700～3700℃），渗有过渡金属 Fe、Co、Ni 催化剂的阳极石墨蒸发，碳原子在催化剂的作用下在阴极重组形成碳纳米管。该法可生产比较完整的单壁管和多壁管，但碳纳米管无序、易缠结、纯度低，产率 30％左右。

2.5.2 激光蒸发法

采用 CO_2 激光或 Nd/YAG 激光作用渗有过渡金属 Fe、Co、Ni 或其合金的碳靶（图 2-39），产生高温蒸发，在低压惰性气氛中形成碳纳米管。该法制得的一般为单壁碳纳米管或单壁碳纳米管束，管径可通过激光脉冲来控制，碳纳米管的纯度低，且易缠结。

2.5.3 化学气相沉积法

碳源（碳原子数小于或等于 6 的碳氢化合物及 CO、CO_2 等），高温裂解生成碳原子（图 2-40），附着在过渡金属催化剂纳米颗粒上，并在催化剂的作用下形成碳纳米管。催化剂的作用原理是过渡金属能与碳原子形成亚稳定的碳化合物，并且碳原子能在这些金属中很快渗透，因此沉积在过渡金属纳米颗粒某一面上的碳原子可渗透到颗粒的另一面而形成碳纳米管。

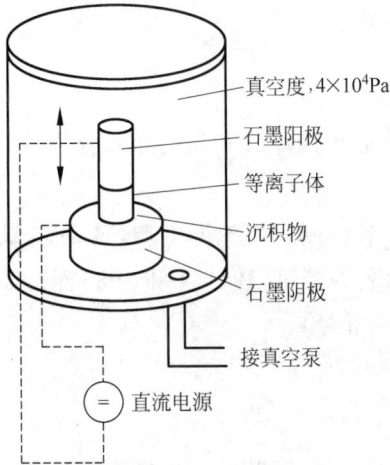

图 2-38　直流电弧法原理图

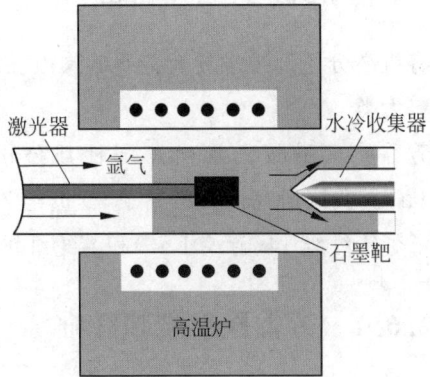

图 2-39　激光蒸发法原理图

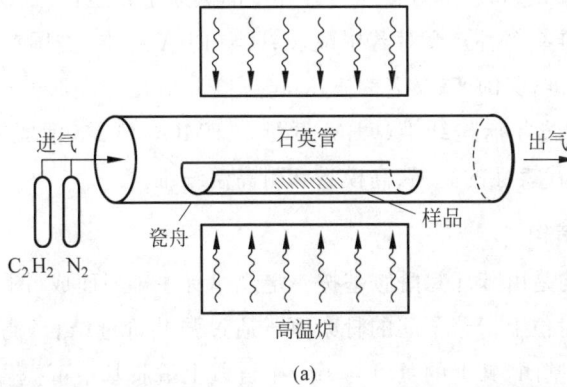

(a)

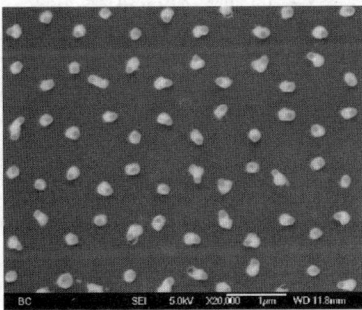

(b)

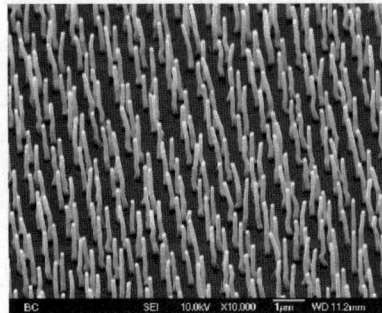

(c)

图 2-40　化学气相沉积法原理图(a)及碳管生长(b)、(c)

必须指出的是,碳纳米管虽然具有优异的力学、电学、热学性能,但是其复合材料性能远未达到人们的预期,主要原因在于其分散、含量、取向、界面和长径比等方面尚存在问题。采用碳纳米管与聚合物机械混合的方法很难解决上述问题。为此,人们提出制备复合材料的纳米增强体,其中最有效的就是"bucky paper",或称"bucky film""nanotubes sheet"等,中文称为碳纳米纸、碳纳米薄膜或碳纳米无纺布和碳纳米纤维(CNT yarn,CNT fiber)。

2.6　有机高分子纤维

有机高分子纤维主要有芳香族聚酰胺纤维、芳香族聚酯纤维和超高相对分子量聚乙烯纤维三大类。

芳香族聚酰胺纤维由美国杜邦公司于 1968 年研制，1972 年生产，商品名凯夫拉（Kevlar）。我国研究该纤维始于 20 世纪 70 年代，命名为芳纶，1981 年和 1985 年分别研制成功了芳纶纤维 14（芳纶 I 号）和芳纶纤维 1414（芳纶 II 号）。

2.6.1　芳香族聚酰胺纤维

芳香族聚酰胺纤维是由芳香族聚酰胺树脂纺成的纤维，而芳香族聚酰胺树脂是由酰胺键与两个芳香环连接而成的线性聚合物。大分子中至少有 85% 的酰胺直接键合在芳香环上，每个酰胺基中的氮原子和羰基直接与芳香环中的碳原子相连，并置换出其中的一个氢原子。芳香族聚酰胺纤维有多种：聚对苯甲酰胺纤维（PBA 纤维，美国产）、聚对苯二甲酰对苯二胺纤维（PPTA 纤维，美国产，又名为 Kevlar 纤维）、对位芳酰胺共聚纤维（Technora 纤维，日本产）、聚对芳酰胺并咪唑纤维（CBM 纤维，APMOC 纤维，俄罗斯产）。其中 PPTA纤维是应用最广、最具代表性的高强、高模量和耐高温纤维。

1. PPTA 纤维的结构

PPTA 的分子结构是由苯环和酰胺基按一定规律有序排列而成（图 2-41(a)、(b)），酰胺基的位置接在苯环的对位上。分子间的骨架原子通过强共价键结合，高聚物分子间是酰胺基，由于酰胺基是极性基团，其上的氢可与另一个链段上酰胺基中可提供电子的羰基结合成氢键，构成梯形聚合物，该种聚合物具有良好的规整性，因而具有高度结晶性。高度结晶性和聚合物链的直线度导致纤维具有高的堆垛效应和高的弹性模量。平行于分子链方向为强共价键，垂直于分子链方向为氢键，故轴向强度、模量高。苯环难以旋转，大分子链具有线型刚性伸直链构型，从而有高强度、高模量和耐热性。

PPTA 高分子的晶体结构为单斜晶系，每个单胞中含有两个大分子链，碳链轴平行于分子链方向，链间由氢键交联形成片层晶，层间严格对齐。结构中层片晶堆积占优势，呈晶体区，只有很少的非晶区。纤维中分子在纵向近乎平行于纤维轴取向，而在横向平行于氢键片层辐射取向。在液晶纺丝时，常有少量的正常分子杂乱取向，称为轴向条纹或氢键片层的打褶，形成 PPTA 纤维辐射状打褶结构（图 2-41(c)）。

2. PPTA 纤维的制备

1）工艺流程

PPTA 纤维生产工艺流程如图 2-42 所示。

2）具体步骤

(1) PPTA 分子（树脂）的合成。PPTA 分子（树脂）由低温（20℃）缩聚反应获得。制备

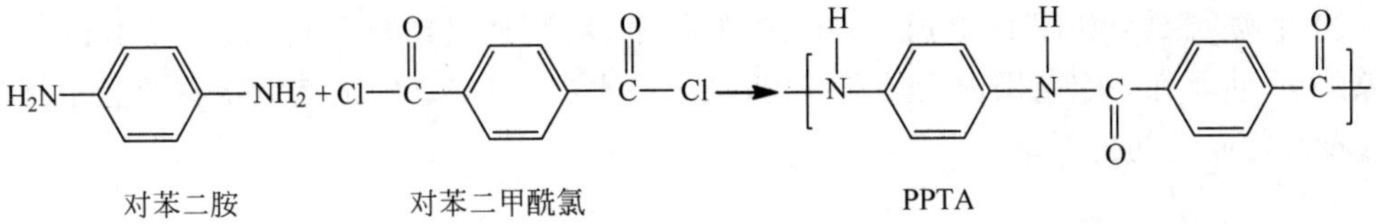

(2-14)

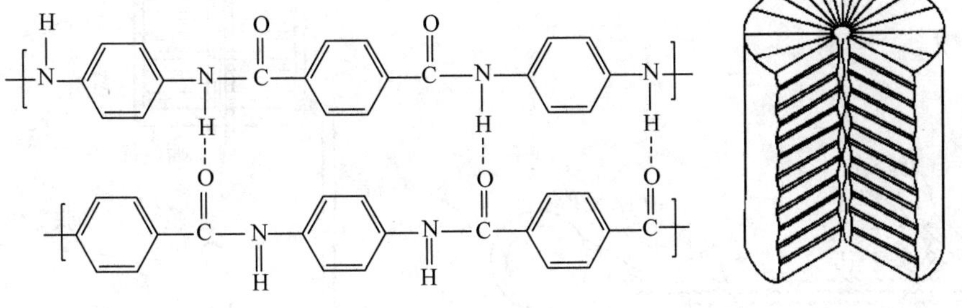

图 2-41　PPTA 分子反应式(a)、排列(b)及辐射状打褶结构(c)

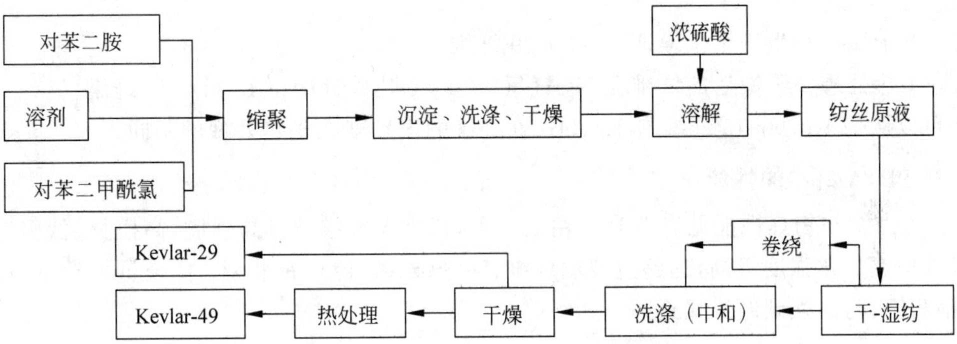

图 2-42　PPTA 纤维生产工艺流程

原料对苯二胺＋对苯二甲酰氯，其化学结构式为 $\left[\begin{array}{c}\text{...}\end{array}\right]_n$，Kevlar-

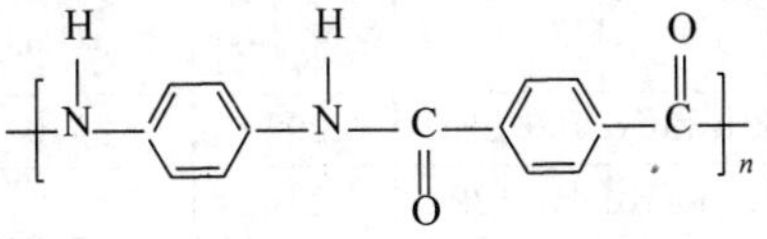

29 纤维为聚对苯酰胺，化学结构式为 $\left[\begin{array}{c}\text{...}\end{array}\right]_n$。

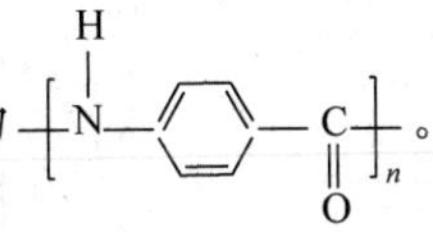

（2）纺丝。将 PPTA 聚合物溶解在浓硫酸(100%)中，配比为 PPTA/硫酸＝20/100，PPTA 高聚物在浓硫酸中形成向列型液晶态，呈一维取向有序排列，形成液晶液。液晶液又称为明胶，液晶态纺丝时，丝的强度高、模量大。纺丝的方法有湿纺、干喷、干喷-湿纺三种。

① 湿纺：将明胶从针孔挤出，进入冷凝液体快速冷却(湿)，最后在惰性气氛中热处理。

② 干喷：将明胶由喷丝嘴喷出，经过一段空气(干)快速拉伸使分子取向，最后进行热处理。

③ 干喷-湿纺：如图 2-43 所示，在 100℃ 以下，明胶通过纺丝孔挤出，经过 1cm 的空气间隙（干），使丝在一定范围内旋转和排列，进入冷水（0～4℃）中，洗涤后绕在筒管上得到高结晶度和定向的初生纤维。

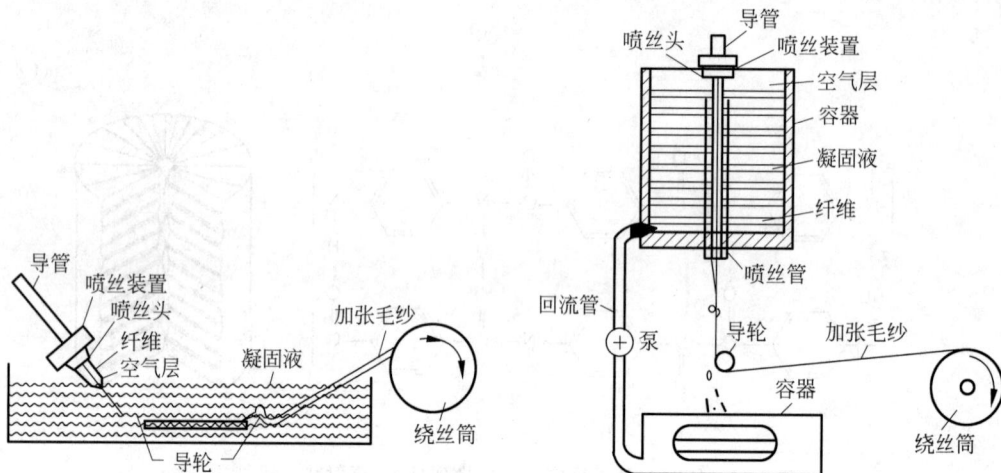

图 2-43　PPTA 纤维干喷-湿纺示意图

（3）干燥。初生纤维干燥即 Kevlar-29 纤维。

（4）热处理。干燥后的纤维在 N_2 气氛中 550℃ 热处理即得 Kevlar-49 纤维。

可以认为 Kevlar-49 纤维与 Kevlar-29 纤维的区别就在于热处理的不同。

3. PPTA 纤维的性能

（1）力学与物理性能见表 2-10。由表可见，PPTA 纤维具有高强度、高模量、低密度、韧性好等特点。比强度极高，远超过玻璃纤维、碳纤维、硼纤维、钢和铝；比模量也超过玻璃纤维、钢和铝，与高强碳纤维接近。

表 2-10　PPTA 纤维的力学与物理性能

纤　　维	韧性/ (cN/tex)	拉伸强度/ MPa	弹性模量/ GPa	断裂应变/ %	吸水率/ %	密度/ (g/cm³)	分解温度/ ℃
Kevlar R Ⅰ 和 Kevlar-29	205	2900	60	3.6	7	1.44	约 500
Kevlar Ht 和 Kevlar-129	235	3320	75	3.6	7	1.44	约 500
Kevlar He 和 Kevlar-119	205	2900	45	4.5	7	1.44	约 500
Kevlar Hp 和 Kevlar-68	205	2900	90	3.1	4.2	1.44	约 500
Kevlar-49	205	2900	120	1.9	3.5	1.45	约 500
Kevlar Hm 和 Kevlar-149	170	2400	160	1.5	1.2	1.47	约 500

注：cN/tex 为比强度单位，反映单位线密度下的断裂应力。1cN 表示 1cm＝0.01N；1tex 表示每 1000m 长度的纤维质量为 1g。

（2）化学性能。对中性药品的抵抗力较强，但易受各种酸碱的侵蚀，对强酸的抵抗力更差；由于极性基团酰胺基，故耐水性差。

（3）摩擦性能优异，特别是增强热塑性基体时，其耐磨性更好。

（4）电绝缘性良好。

不足：耐光性差，易光致分解；溶解性差；抗压强度低；吸湿性强。

2.6.2 芳香族聚酯纤维

芳香族聚酰胺纤维是通过溶致性液晶纺丝、干燥、热处理等工艺获得的，具有高的力学性能、耐高温性能和热稳定性能，但制备工艺较为复杂，于是人们采用热致性液晶制备有机纤维，即芳香族聚酯纤维，从而使工艺简化，成本大幅降低。

1. 制备

芳香族聚酯纤维的制备工艺有多种，最典型的有三种，对应的商品名分别为 Ekonol、X-TG 和 P(HBA/HNA)。

（1）Ekonol 纤维。由美国金刚砂(Carborundum)公司研制。原料为乙酰氧基苯甲酸、p,p'-二乙酰氧基联苯、对苯二甲酸及间苯二甲酸。原料在一定条件下通过缩聚反应生成缩聚芳酯，反应式为

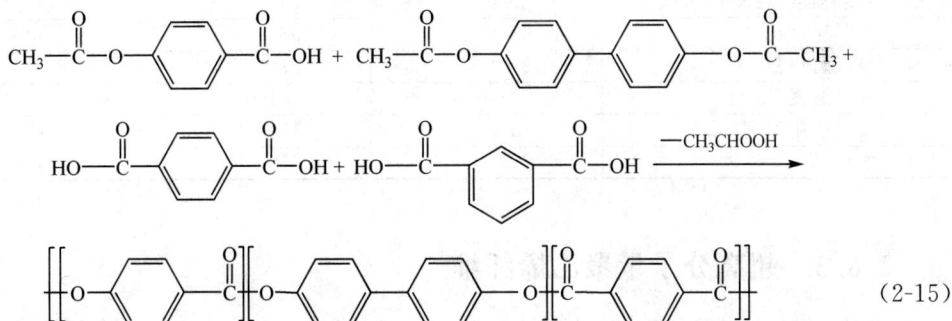

$$(2\text{-}15)$$

（2）X-TG 纤维。由美国斯特曼(Eastman)公司开发。原料为乙酰氧基苯甲酸、对苯二甲酸乙二酯。原料在一定条件下共聚反应生成共聚芳酯，反应式为

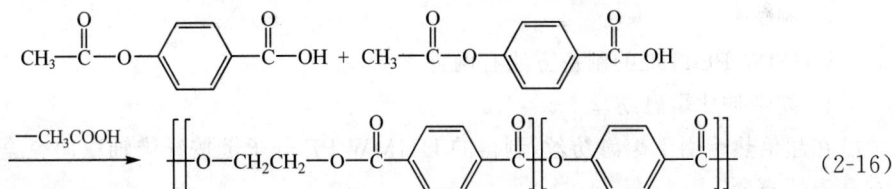

$$(2\text{-}16)$$

（3）P(HBA/HNA) 纤维。由美国塞拉尼斯(Celanese)公司研制成功。原料为对乙酰氧基萘甲酸和 6-乙酰氧基-2-萘甲酸。原料在一定条件下通过共聚反应生成共聚芳酯，反应式为

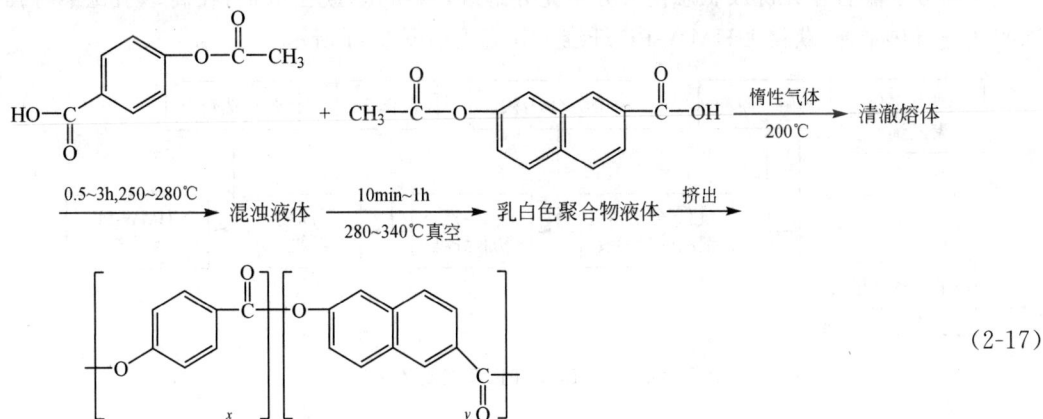

$$(2\text{-}17)$$

由聚合反应产生的芳香族聚酯在熔融状态下直接倒入料斗中,在螺杆挤压机的作用下由纺丝甬道出丝,然后由导丝器导入卷丝筒,该纤维又称为 Vectran 纤维。

2. 结构与性能

芳香族聚酯液晶大分子呈向列型有序状态,分子间平行排列,并沿分子链的长轴方向呈有序性,纤维内部由近似棒状的晶粒组成层状结构。表 2-11 为两种芳香族聚酯纤维的性能。

表 2-11　两种芳香族聚酯纤维的性能

性　　能	Vectran(高强)	Vectran(高模)	Ekonol
密度/(g/cm^3)	1.41	1.37	1.40
拉伸强度/(cN/dtex)	22.9	19.4	27.3
伸长率/%	3.8	2.4	2.6
拉伸模量/(cN/dtex)	528	774	968
湿态强度/(cN/dtex)	22.9	19.4	27.3
干湿强度比	98	98	98
极限氧指数	29	27	—
分解温度/℃	>400	>400	—
最高使用温度/℃	150	150	150
熔点/℃	250	250	350

2.6.3　超高分子量聚乙烯纤维

超高分子量聚乙烯(ultra-high molecular weight polythylene,UHMW-PE)纤维是指相对分子量在 10^6 以上的聚乙烯纺出的纤维,工业上一般使用的相对分子量在 3×10^6 左右。

1. 制备

UHMW-PE 纤维的制备方法有两种。

1) 高牵伸比熔融纺丝

在超倍热牵引下熔融纺丝,制得的 UHMW-PE 分子链按纤维轴取向完全伸直,纤维具有高弹性模量。

2) 冻胶纺丝

将高分子聚合物在冻胶状态使大分子充分解缠,再纺丝,脱去溶剂,在高牵引比下对强冻胶丝进行热牵伸,获得 UHMW-PE 纤维。其流程如图 2-44 所示。

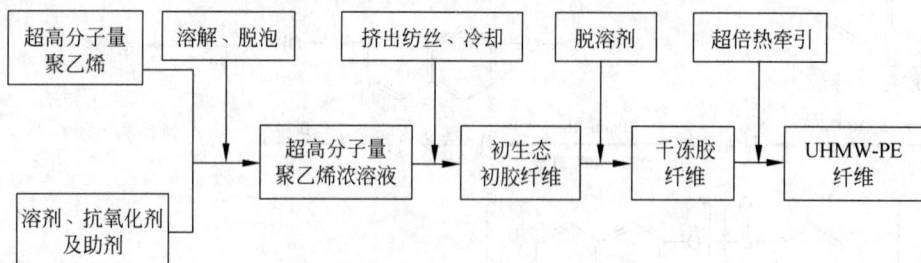

图 2-44　UHMW-PE 纤维制备流程

具体过程如下：

(1) 冻胶配制。冻胶又称凝胶，原料是超高分子量的聚乙烯，颗粒直径小于$200\mu m$，堆积密度为$0.35\sim0.45g/cm^3$，UHMW-PE 纤维具有平面锯齿形简单结构，无庞大侧基，主分子链间无强结合键，缺陷少，可施加高倍率牵伸。配制工艺：溶剂为十氢萘，温度$150℃$，浓度5%。

(2) 形成初生冻胶原纤维。纺丝温度为$150\sim250℃$，纺丝速度为$1\sim2m/min$。

(3) 获得干冻胶丝条(脱去溶剂)。

(4) 超倍热牵引，牵引倍数高于20。

2. UHMW-PE 纤维的力学性能

UHMW-PE 纤维的力学性能见表 2-12。

表 2-12 UHMW-PE 纤维的力学性能

纤 维	密度/(g/cm^3)	拉伸强度/GPa	拉伸模量/GPa	断裂伸长率/%
Spectra-900(美国)	0.97	2.56	119.51	3.5
Spectra-1000(美国)	0.97	2.98	170.73	2.7
Tekumiron(日本)	0.96	2.94	98	3.0
Dyneema SK-77(荷兰)	—	3.77	136.59	—

2.7 金属丝

用作增强体的金属丝主要有高强钢丝、不锈钢丝和难熔金属丝等。金属丝的制备工艺如下：

合金熔炼 $\xrightarrow{铸造}$ 盘条 $\xrightarrow{热拔}$ 粗丝 $\xrightarrow{冷拔、退火}$ 金属丝

常见金属丝的性能见表 2-13。

表 2-13 常见金属丝的性能

金属丝	直径/μm	密度/(g/cm^3)	弹性模量/GPa	拉伸强度/MPa	熔点/K
W	13	19.4	407	4020	3673
Mo	25	10.2	329	2160	2895
钢	13	7.74	196	4120	1673
不锈钢304	80	7.8	196	3430	1673
Be	127	1.83	245	1270	1553
Ti		4.51	132	1679	1941

高强钢丝、不锈钢丝可用于增强铝基复合材料，日本开发的一种低碳高强钢丝强度超过5000MPa，增强铝基复合材料，用于制备汽车发动机零件。而钨钍丝等难熔金属丝主要用于增强镍基高温合金，提高其耐热性能。如用钨钍丝、钨丝增强镍基合金可使其高温持久强度

提高 1 倍以上，高温抗蠕变能力也明显提高。钢丝可用于增强水泥基复合材料，镀铜钢丝还可强化轮胎，提高轮胎的承载能力。

2.8　石墨烯

2004 年，英国曼彻斯特大学物理学家安德烈·海姆和康斯坦丁·诺沃肖洛夫，成功从石墨中分离出石墨烯，证实它可以单独存在。两人也因"在二维石墨烯材料的开创性实验"共同获得 2010 年诺贝尔物理学奖。

石墨烯是构成下列碳同素异形体的基本单元：碳纳米管和富勒烯、石墨、木炭。

石墨烯是目前世界上最薄却最坚硬的纳米材料，是人类已知强度最高的物质，比钻石还坚硬，强度比世界上最好的钢铁还要高 100 倍。作为单质，它在室温下传递电子的速度比已知导体都快。它几乎是完全透明的，只吸收 2.3% 的光。热导率高达 5300W/(m·K)，高于碳纳米管和金刚石，电阻率只约 $10^{-6}\Omega\cdot cm$，比铜或银的更低，是目前世界上电阻率最小的材料。石墨烯电池的充电速度是传统电池的 100 倍。

石墨烯及其高分辨透射电子显微镜（HRTEM）如图 2-45 所示，可作为功能复合材料的第二相，如石墨烯/铂纳米复合材料等。

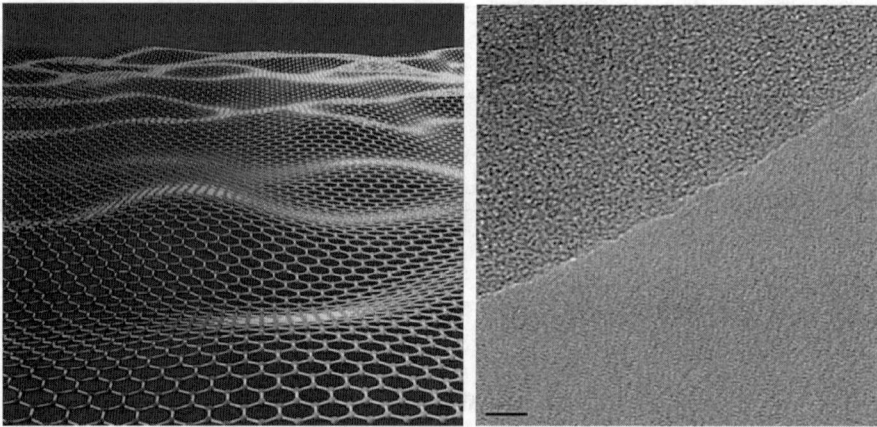

图 2-45　石墨烯及其 HRTEM 图

本章小结

增强体是复合材料的三要素（基体、增强体和界面）之一，在复合材料中起到增强、增韧、耐磨、耐热、耐蚀、抗热振等提高和改善性能作用。增强体种类繁多，按几何形状可分为：零维（颗粒、微珠（空心、实心））、一维（纤维）、二维（片状）晶板（宽厚比＞5）、三维（编织）；而习惯上分为纤维、晶须和颗粒三大类，纤维还可分为无机纤维与有机纤维两类。

1. 纤维

$$\text{纤维增强体}\begin{cases}\text{有机纤维增强体}\begin{cases}\text{芳纶纤维}\\\text{尼龙纤维}\\\text{聚烯烃纤维}\end{cases}\\\text{无机纤维增强体}\begin{cases}\text{碳纤维}\\\text{氧化铝纤维}\\\text{SiC 纤维}\\\text{玻璃纤维}\\\text{硼纤维}\end{cases}\end{cases}$$

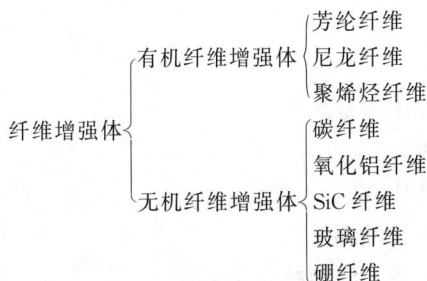

其中,应用前景最好的是碳纤维。

2. 晶须

晶须是指直径小于 $3\mu m$ 的单晶体生长的短纤维,相比于纤维相具有单晶、直径小(小于 $0.1\mu m$)、长径比大($l/d>$数十)、缺陷少、强度高、弹性模量大等特点。

(1) 晶须的分类:

$$\text{晶须}\begin{cases}\text{陶瓷晶须}\begin{cases}\text{氧化物晶须}\\\text{非氧化物晶须}\end{cases}\\\text{金属晶须}\end{cases}$$

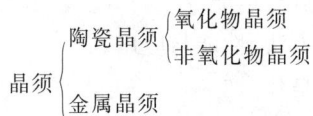

(2) 晶须的制备方法:焦化法(制 SiC 晶须)、气液固法(制 SiC 及 C 晶须)、CVD 法(制 SiC 晶须)、气相反应法(制碳及石墨晶须)和气固法(石墨晶须)、电弧法(制碳及石墨晶须)等。

3. 颗粒

颗粒是一种有效增强体,根据其形变性能可分为刚性颗粒与延性颗粒两种。

刚性颗粒一般为陶瓷颗粒,常见的有 SiC、TiC、B_4C、WC、Al_2O_3、MoS_2、TiB_2、BN、石墨等。其特点是高弹性模量、高拉伸强度、高硬度、高的热稳定性和化学稳定性,可显著改善和提高复合材料的高温性能、耐磨性能、硬度和耐蚀性能,是制造热结构零件、切削刀具、高速轴承等的候选材料。

延性颗粒主要是金属颗粒,加入陶瓷、玻璃和微晶玻璃等脆性基体中,可增强基体材料的韧性。

若根据其产生的方式不同还可分为外生型颗粒和内生型颗粒两大类。

外生型颗粒的制备与基体材料无关,是通过一定的合成工艺制备而成。

内生型颗粒则是选定的反应体系在基体材料中,在一定的条件下通过化学反应原位生成,基体可参与或不参与化学反应。原位反应产生的增强体颗粒直接位于基体材料中,因而相比于外生型颗粒具有以下特点:颗粒表面无污染,与基体界面干净无反应层,界面结合强度高,热力学稳定性强,颗粒分布均匀,控制反应工艺可调整颗粒尺寸,甚至可以原位反应产生纳米级颗粒并在基体中弥散分布。内生型颗粒研究是复合材料的一个重要方向,也是当前复合材料研究的热点之一。

思考题

1. 复合材料中增强体的作用是什么？
2. 增强体的种类有哪些？
3. 纤维与晶须的区别是什么？
4. 玻璃纤维结构的两种假说是什么？
5. 比较玻璃纤维两种制备方法的特点。
6. 玻璃纤维的性能特点有哪些？
7. 简述硼纤维的结构特点与性能。
8. 试述硼纤维表面涂层的作用。
9. 碳的同素异构体有哪几种？
10. 碳纤维石墨化处理的作用是什么？
11. 简述 SiC 纤维的结构特点与性能。
12. 简述氧化铝纤维的制备方法、性能与应用。
13. 晶须增强体的性能特点是什么？
14. 简述常见颗粒增强体的种类、特点。
15. 碳纳米管的制备工艺有哪些？各有何特点？
16. 简述微珠在航空、航天中的应用。

选择题和答案

第3章

复 合 理 论

  复合材料是经过选择、含有一定数量比的两种或两种以上的组分(或组元),通过人工复合,组成多相、三维结合,且各相之间有明显界面、具有特殊性能的材料。其中连续分布的相称为基体相;不连续分布的相,通过与基体的界面结合,会使复合材料性能显著增强,称为增强相或增强体。显然,基体、增强体及两者的结合界面构成了复合材料的三大要素。因此,组分相(基体、增强体)的合理设计、组分相间的复合机理(复合效应与增强原理)就构成了复合材料的复合理论。本章将就这几个方面分别介绍。

3.1 复合材料设计原理

  复合材料设计不同于传统材料的设计。传统材料设计是根据项目的使用目的和性能要求,拟定其材料、结构、工艺及费用等方面的计划与估算,类似于材料选择,而非严格意义上的材料设计。较少考虑材料的结构与制造工艺问题,设计与材料具有一定意义上的相对独立性,但复合材料的性能与结构、工艺具有很强的依赖性,可使某一方向上具有较强的性能,即具有可设计性,是一种可设计的材料。复合材料设计也不同于冶金设计,即根据性能要求、工艺特点所进行的成分设计。

  例如,瓶压为 p(图 3-1),传统材料的设计为选择不同的材料,然后确定其尺寸。为此,考虑到管壁的径向应力较小,可忽略不计,按平面应力计算,仅考虑轴向和周向应力。

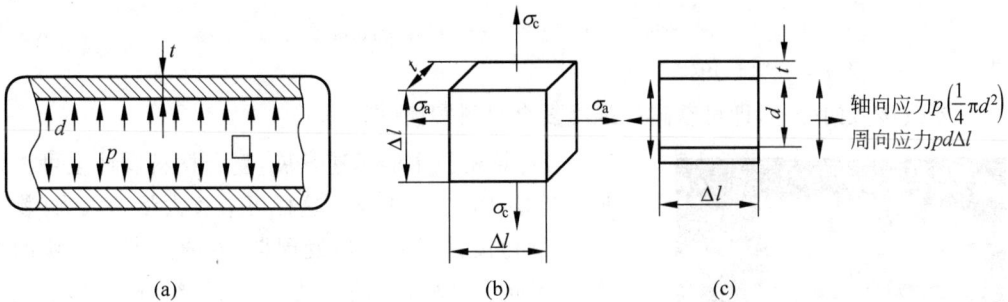

图 3-1 圆筒应力分析

(a) 内压为 p 的圆筒;(b) 应力单元;(c) 受力分析

轴向、周向的力平衡方程分别是

$$轴向：p\left(\frac{1}{4}\pi d^2\right)=\sigma_a t(\pi d) \tag{3-1}$$

$$周向：2\sigma_c t\Delta l=pd\Delta l \tag{3-2}$$

由式(3-1)、式(3-2)分别得 $\sigma_a=\dfrac{pd}{4t}$，$\sigma_c=\dfrac{pd}{2t}$，即 $\sigma_c=2\sigma_a$。

令 $\sigma_c\leqslant[\sigma]$，算得壁厚 $t\geqslant pd/(2[\sigma])$。因此，危险发生在周向，按周向设计时，势必导致轴向材料浪费。传统设计的流程为：选材料→查许用应力$[\sigma]$→定壁厚→计算用量→确定加工方法→计算成本。传统设计不必考虑材料如何制备，而复合材料的设计不仅要考虑原材料，还要考虑复合工艺、组分的比例、排布等，可实现等强度设计。

如该压力容器采用纤维增强的复合材料时，可进行如下的等强度设计(图 3-2)。

设沿纤维方向的应力为 σ_f，其在轴向和周向能提供的强度可通过网格理论计算，如图 3-3 所示。

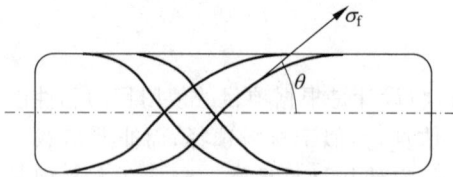

图 3-2　纤维增强复合材料的等强度设计

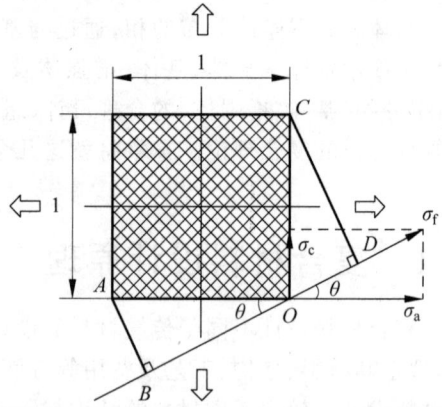

图 3-3　纤维缠绕网格理论受力分析示意图

单位边长为 1 的网格中，轴向纤维的有效面积为总面积在垂直于纤维轴方向上的投影，即 $CD=CO\times\cos\theta=1\times\cos\theta$；同理周向纤维的有效面积为 $AB=AO\times\sin\theta=1\times\sin\theta$。所以轴向和周向纤维提供的强度分别为

$$\sigma_c=\sigma_f\sin\theta\times(1\times\sin\theta)=\sigma_f\sin^2\theta \tag{3-3}$$

$$\sigma_a=\sigma_f\cos\theta\times(1\times\cos\theta)=\sigma_f\cos^2\theta \tag{3-4}$$

因为 $\sigma_c=2\sigma_a$，得 $\theta=54°44'08''$。

只要按该方向分布，即可获得等强度复合材料圆筒(图 3-4)。

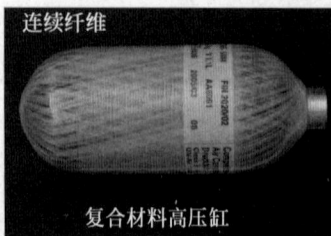

图 3-4　等强度复合材料圆筒

随着计算机技术的迅速发展，复合材料设计也可在计算机上以虚拟的形式进行。这样可省大量的人力、物力和财力，缩短设计时间和研发周期，并通过不同模块的组合，研究不同组分材料的最佳复合方式、组分比例，研究每一参数对复合材料性能的影响规律，并在计算机上实现虚拟设计及对复合材料进行全面评价，从而进一步优化设计。

3.1.1 复合材料设计的类型

（1）安全设计。在使用条件下不致失效，主要为强度和模量。

（2）单项性能设计。使复合材料的某项性能符合要求。如吸波、透波、零膨胀等，在满足单项主要要求时，还要兼顾其他要求综合考虑。

（3）等强度设计。使其性能的各向异性符合工作条件和环境要求的方向性。

（4）等刚度设计。要求材料的刚度满足对于构件变形的限制条件，并没有过多的冗余。

（5）优化设计。目标函数极值化，如最低成本、最长寿命、最小质量等。

3.1.2 复合材料的设计步骤

（1）确定设计目标。

根据材料的使用性能、使用条件、约束条件，确定设计目标。使用性能包括：①物理性能，如密度、导热性、导电性、磁性、吸波性、透光性等；②化学性能，如抗腐蚀性、抗氧化性；③力学性能，如强度、硬度、韧性、耐磨性、抗疲劳性、抗蠕变性等要求。使用条件包括使用温度、环境气氛、载荷性质、接触介质等。约束条件包括资源限制等。

（2）选择组分材料。

根据复合材料应具有的性能，选择组分材料（基体与增强体），包括组分材料的种类、比例、几何形状、分布形式等，组分材料的选择应明确以下几点：

① 由于组分种类的限制，其性能不可能呈连续函数而只能是呈阶梯形式变化；

② 应明确各组分在复合材料中所承担的功能；

③ 能使各组分在复合材料中的预定功能得到充分发挥。

同时还应注意以下几点：

① 各组分材料的相容性（物理、化学、力学的相容性）；

② 按照各组分在复合材料中所起的作用来确定增强组分的形状（颗粒、纤维、晶须及其编织状等）；

③ 复合后，各组分能保持各自的优异性能，产生所需要的复合效应。

基体材料的选择主要取决于其使用环境，一般由使用温度来决定。

① 当使用温度<300℃时，一般选聚合物为基体；

② 当使用温度为300～450℃时，一般选 Al、Mg 等金属及其合金为基体；

③ 当使用温度<650℃时，选 Ti 及其合金为基体；

④ 当使用温度为650～1260℃时，选高温合金或金属间化合物为基体；

⑤ 当使用温度为980～2000℃时，选陶瓷为基体。

（3）选择制备方法，确定工艺参数。

制备方法有很多种，各有特点，需要针对设计要求进行合理选择，必要时对工艺进行优化。选择时注意以下几点：

① 制造过程中尽量不对增强体造成污染、损伤；

② 使增强体按预定方向排列、均匀分布；

③ 基体与增强体界面结合良好；

④ 准备组分材料、制备设备，试制样品；

⑤ 测定样品性能，利用损伤力学、强度理论、断裂力学等手段，分析样品的损伤演化和

破坏过程；

⑥ 对样品进行可靠性、安全性和经济性分析,总结经验,进一步优化设计。

3.1.3　复合材料设计的新途径

1. 复合材料的一体化设计

一体化设计即材料—工艺—设计综合考虑、整体设计的方法。

2. 复合材料的软设计

软设计即利用软科学理论(模糊理论、混沌理论)、手段来进行复合材料设计的方法。例如,将复合材料最大拉应力准则 $\sigma \leqslant 1000$MPa 作为设计基准进行设计时,有很多不足:①$\sigma = 999$MPa 与 $\sigma = 1001$MPa 无实质性区别,但根据准则,前者可行,后者就不允许了。其实这里允许的概念是模糊的,不是绝对的,该问题只有用软科学解决。②材料及其结构在使用过程中存在许多不确定的随机因素,确定性判据忽略了这些随机性因素,不能说明结构在使用期间的可靠性。软设计可克服以上不足,具有以下优点:首先,克服传统设计的机械性。由于软设计的强度允许范围具有一定的模糊性和随机性,如果某一个次要构件的应力稍大于许用应力,只要总的方案可行,仍可采用。而传统设计,尤其是计算机设计时,任何约束条件轻微破坏,整个方案即被否决,这样可能会错过最佳方案,软科学即可解决这个矛盾。其次,复合材料的性能受诸多因素如组分材料的尺寸、体积分数、分布、界面形态、成型工艺等的影响,这些因素存在着较大的不确定性和模糊性,这些不确定性可由软科学来解决。最后,复合材料在使用过程中影响环境载荷的不确定性因素较多,使得载荷很难用函数关系准确表达,因而载荷具有随机性、模糊性和不确定性,同样,这些问题可以通过软科学得到解决。

3. 复合材料的宏观、细观(介观)及微观设计

首先,通过对复合材料的细观和微观力学分别研究,建立起复合材料的细观、微观结构参数及各组分材料特性与复合材料宏观性能的定量关系,将复合材料均匀化,然后将其作为一个整体进行宏观分析,研究它们的平均应力场和动态响应,并考虑组分材料的性能和细观结构的随机性以及它们之间破坏的相关性建立耗散结构理论模型,进行复合材料设计。

该法的优点如下:

(1) 建立起复合材料的宏观性能与组分材料性能及细观结构之间的定量关系;

(2) 揭示出不同组分材料复合具有不同宏观性能(如强度、刚度及断裂韧性)的内在机制;

(3) 根据需要选取合适的组分材料,设计最优的复合材料结构。

4. 复合材料的虚拟设计

复合材料的虚拟设计是一种运用虚拟技术进行设计的方法,过程复杂,必须由计算机完成。美国波音 777 客机,从整机设计、制造、各部件性能测试到组装等就是通过虚拟设计来实现的。其流程框图如图 3-5 所示。

虚拟设计具有以下优点:

(1) 可以研究任何一个设计参量单独变化时对复合材料及其结构性能的影响规律,如材料常数、宏细与微观结构的几何参数、边界条件、初始条件等的变化对复合材料结构的强度、刚度、稳定性、可靠性等的影响。它不像模型实验那样要求实验时各物理量在满足相似性原理的情况下才能将实测结果近似地应用到实际结构上。

（2）避免复合材料及其结构的制造过程和重复性实验。

（3）复合材料及其结构的设计、制造、性能优化及性能测试均可在计算机上完成，可大大缩短研制周期。

（4）处理数学上无法求解或现有条件无法实现的过程。

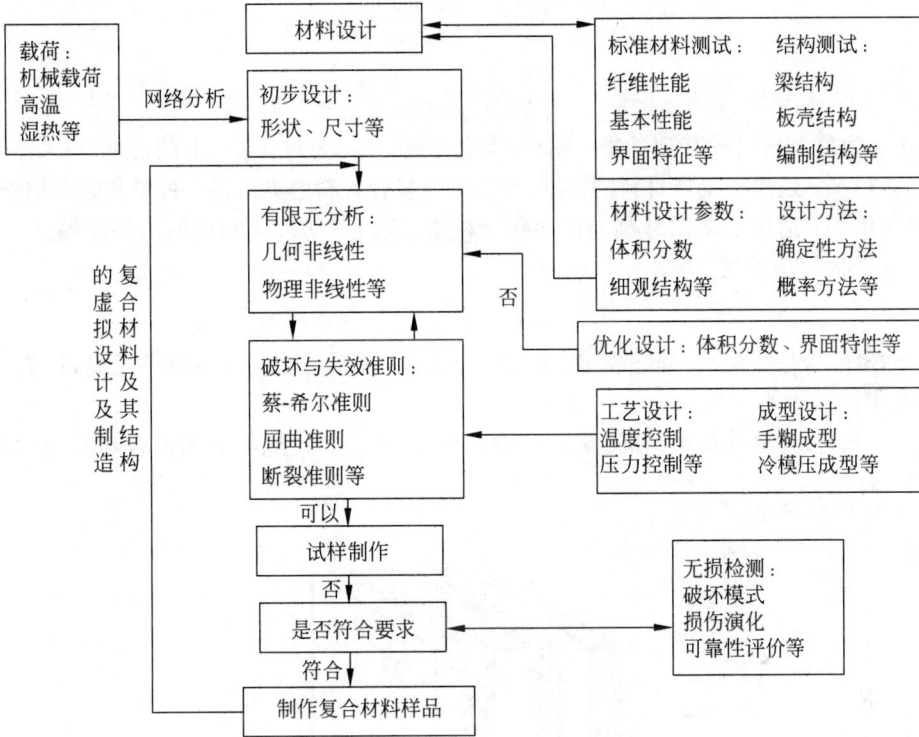

图 3-5　复合材料虚拟设计流程框图

3.2　复合材料的复合效应

复合效应是指将组分 A、B 两种材料复合起来，得到同时具有组分 A 和组分 B 的性能特征的综合效果。复合效应分为线性和非线性两大类，线性效应与非线性效应又分为若干小类（图 3-6）。

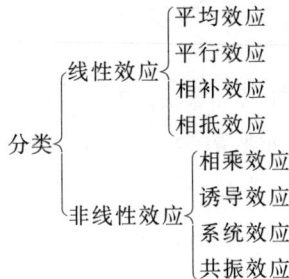

图 3-6　复合效应的种类

3.2.1　线性效应

1. 平均效应

平均效应又称为混合效应，即复合材料的某项性能等于组成复合材料各组分的性能乘以该组分的体积分数之和，可表示为

$$K_c = \sum K_i V_i \quad （并联模型） \tag{3-5}$$

$$\frac{1}{K_c} = \sum \frac{1}{K_i} V_i \quad （串联模型） \tag{3-6}$$

式中：K_c 为复合材料的某项性能；V_i 为体积分数；K_i 为与 K_c 对应的性能。

并联模型：适用于复合材料的密度、单向纤维复合材料的纵向杨氏模量和纵向泊松比等。

串联模型：适用于单向纤维的横向杨氏模量、纵向剪切模量和横向泊松比等。

将两者合写于一式，为

$$K_c^n = \sum K_i^n V_i \tag{3-7}$$

$n=1$ 时，为并联模型，描述密度、单向纤维纵向（平行于纤维方向）杨氏模量、纵向泊松比等（图 3-7）。

$n=-1$ 时，为串联模型，描述单向纤维的横向杨氏模量、纵向剪切模量和横向泊松比等（图 3-7）。

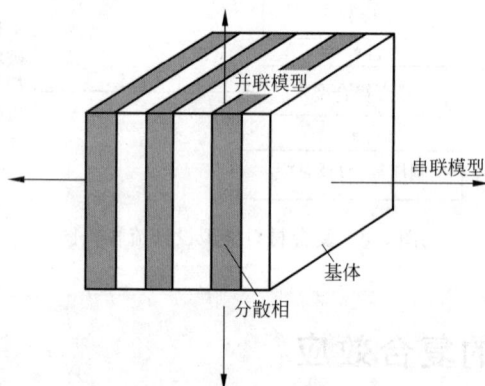

图 3-7　复合材料的串、并联模型

$n=-1\sim+1$ 时，为混合模型，可描述某项性能（如介电常数、热导率）随组分体积分数的变化规律（图 3-8）。

2. 平行效应

平行效应是一种最简单的线性复合效应，表示为 $K_c \cong K_i$，即复合材料的某项性能与某一组分的该项性能相当。如玻璃纤维增强环氧树脂的耐蚀性能与基体环氧树脂的相当。

3. 相补效应

相补效应是指组分复合后，互补缺点，产生优异的综合性能，可表示为 $C=A\times B$，是一种正的复合效应。

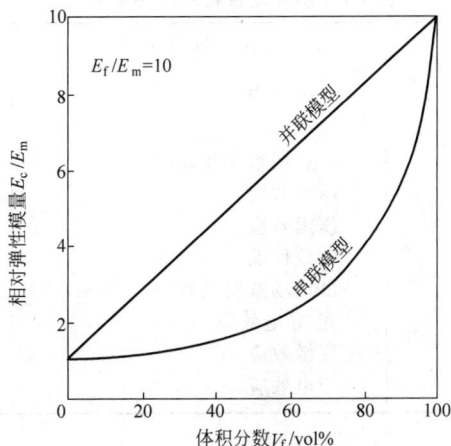

图 3-8 复合法则计算的复合材料特性的上、下限

4. 相抵效应

相抵效应是指各组分之间产生性能相互制约,使复合材料的性能低于混合定律的预测值,是一种负的复合效应。可表示为 $K_c < \sum K_i V_i$,如陶瓷基复合材料,复合不佳时,会产生相抵效应。

3.2.2 非线性效应

非线性效应包括相乘效应、诱导效应、系统效应与共振效应。

1. 相乘效应

相乘效应是指把两种具有能量(信息)转换功能的组分复合起来,使它们相同的功能得到复合,而不同的功能得到新的转换,表示为 $(X/Y) \cdot (Y/Z) = X/Z$。例如,石墨粉增强高聚物基复合材料作温度自控发热体。其工作原理为:高聚物受热膨胀遇冷收缩,而石墨粉的接触电阻因高聚物基体的膨胀而变大和高聚物的收缩而变小,从而使流经发热体的电流随其温度变化自动调节,达到自动控温的目的。

温度↑→基体高聚物膨胀→石墨粉接触电阻↑→电流↓→温度↓→维持温度不变。

(基体:热→变形)·(增强体:变形→电阻)=复合材料:热→电阻

功能复合材料的相乘效应有多种,见表 3-1。

2. 诱导效应

诱导效应是指在复合材料两组分(两相)的界面上,一相对另一相在一定条件下产生诱导作用(如诱导结晶),使之形成相应的界面层。这种界面层结构上的特殊性使复合材料在传递载荷的能力上或功能上具有特殊性,从而使复合材料具有某种特殊的性能(一组分通过诱导作用使另一组分材料的结构改变从而改变整体性能或产生新的效应)。

3. 系统效应

系统效应是指将不具备某种性能的各组分通过特定的复合状态复合后,使复合材料具

表 3-1　功能复合材料的相乘效应

A 组元性质 X/Y	B 组元性质 Y/Z	相乘性质 X/Z
压磁效应	磁阻效应	压阻效应
压磁效应	磁电效应	压电效应
压电效应	(电)场致发光效应	压力发光效应
磁致伸缩	压电效应	磁电效应
磁致伸缩	压阻效应	磁阻效应
光电效应	电致伸缩	光致伸缩
热电效应	(电)场致发光效应	红外光转换可见光效应
辐照-可见光效应	光-导电效应	辐射诱导导电
热致变形	压敏效应	热敏效应
热致变形	压电效应	热电效应

有单个组分不具有的某种新性能。如彩色胶卷,利用其能分别感应蓝、绿、红三种感光剂层,即可记录各种绚丽的色彩。

4. 共振效应

共振效应又称为强选择效应,是指某一组分 A 具有一系列的性能,与另一组分复合后,能使 A 组分的大多数性能受到抑制,而使其中某一项性能充分发挥。如要实现导电不导热,可以通过选择组分和复合状态、在保证导电组分导电性。同时,抑制其导热体来实现。一定几何形态的材料均有固有频率,通过其适当组合时可以产生吸震功能等。

3.3　复合材料的增强机制

增强体主要包括纤维、颗粒和晶须,因此,对应的增强有颗粒增强、纤维增强、晶须增强以及颗粒与纤维复合增强,其中晶须增强主要用于陶瓷增韧和增强。基体主要分金属、高聚物和陶瓷三种,其中陶瓷基复合材料的增强和增韧机制比较独特,于 3.4 节单独介绍。

3.3.1　颗粒增强机制

颗粒作为增强体在基体中弥散均匀分布,阻碍位错运动引起位错塞积,增加位错密度强化基体,提高复合材料的强度。当颗粒强硬且与基体非共格时,位错与颗粒作用时无法切过只能绕过;当颗粒自身强度不高,其尺寸又相对较大时,位错与颗粒作用是切过颗粒,因此,颗粒增强机制主要分颗粒切过和未切过以及其他颗粒强化机制。

1. 颗粒切过增强机制

当颗粒直径较大,且自身强度也不高时,外部载荷除了主要由基体承担外,颗粒也承担部分载荷并约束基体的变形。颗粒阻碍位错运动的能力越强,其强化效果越好。在外加载荷的作用下,位错滑移受阻,并在颗粒上产生应力集中,其值为

$$\sigma_i = n\sigma \tag{3-8}$$

式中,n 是应力集中因子,由位错理论得

$$n = \frac{\sigma D_f}{G_m b} \tag{3-9}$$

式中：G_m 为基体的剪切模量；D_f 为颗粒间距；b 为柏氏矢量的大小。

此时颗粒上的应力集中值为

$$\sigma_i = \frac{\sigma^2 D_f}{G_m b} \tag{3-10}$$

如果颗粒与基体的界面结合良好，或有共格关系，且外加应力又足够大，位错可以通过颗粒，即发生位错切过现象（图 3-9）。位错切过颗粒同样可以强化材料，此时的强化机制有以下几种。

1）有序强化机制

当颗粒与基体共格时，位错切过，滑移面两侧形成两个反相畴。滑移面为反相畴界，反相畴界能量高，需附加应力补偿，使复合材料得到强化。

2）界面强化机制

位错切过，增加了颗粒与基体的界面，界面能增加，也需外力补偿，从而使复合材料得到强化。

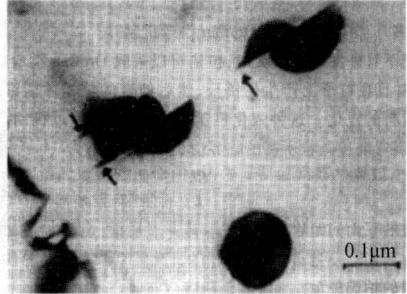

图 3-9　位错切过基体中颗粒的
透射电子显微镜（TEM）图

3）共格应变强化机制

当颗粒与基体存在共格关系时，产生的应变场将与位错发生作用，对位错产生排斥或吸引作用力，使位错靠近或离开颗粒时均需附加应力。

4）层错强化机制

当颗粒与基体结构相差较大时，两者的层错能不同，扩展位错宽度将发生变化，位错会受到附加力的作用。

5）弹性模量强化机制

如果基体与颗粒的弹性模量不同，当位错切过第二相颗粒时，位错应变能发生变化，需要增加外力。

6）安塞尔-勒尼尔强化机制

安塞尔-勒尼尔等将颗粒的断裂作为复合材料屈服的判据，即认为颗粒上的切应力等于颗粒自身的断裂应力时，复合材料便发生屈服，引起塑性形变。设颗粒的断裂应力为 σ_p，且 $\sigma_i = \sigma_p$，再令 $\sigma_p = \dfrac{G_p}{c}$，则有

$$\sigma_i = \frac{G_p}{c} = \frac{\sigma^2 D_f}{G_m b} \tag{3-11}$$

式中：c 为常数；G_p 为颗粒的剪切模量。由此可得复合材料的屈服强度为

$$\sigma_y = \sqrt{\frac{G_m G_p b}{D_f c}} \tag{3-12}$$

再将体视关系 $D_f = \sqrt{(1 - V_p)\dfrac{2 d_p^2}{3 V_p}}$ 代入，得

$$\sigma_y = \sqrt{\frac{\sqrt{3} G_m G_p b \sqrt{V_p}}{\sqrt{2} d (1 - V_p) c}} \tag{3-13}$$

由上式可知,颗粒尺寸越小,体积分数越高,颗粒对复合材料的强化效果越好。此时的颗粒尺寸一般为 $1\sim50\mu m$,颗粒间距为 $1\sim25\mu m$,颗粒体积分数为 5%～50%。当颗粒尺寸较小时,颗粒一般不会发生切过现象,此时颗粒与位错的作用机理发生变化,其增强机制转变为未切过增强机制。

2. 颗粒未切过增强机制

1) 低温、高外加应力——位错绕过理论

当颗粒尺寸较小,自身强度较高,弥散分布于基体中时,颗粒无法被位错切过,此时的外加载荷主要由基体承担。弥散颗粒阻碍位错运动的能力越强,其增强效果越好。这与合金中时效析出强化机制相似,可用位错绕过理论即奥罗万(Orowan)机制来解释。图 3-10 为位错通过基体中的弥散颗粒时出现拱弯现象,并留下位错环,从而形成弥散强化机制。

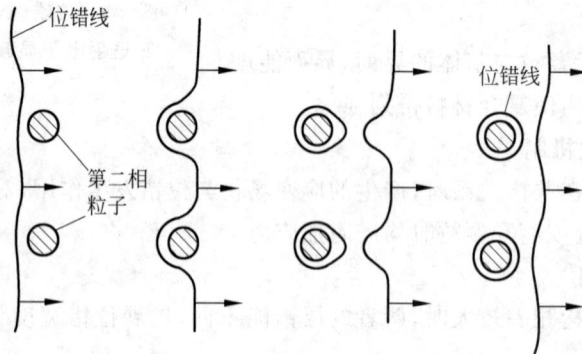

图 3-10　奥罗万增强机制示意图

位错通过弥散颗粒时,由于坚硬颗粒的阻挡,位错弯曲,在剪应力 τ_i 的作用下,弯曲的曲率半径为

$$R = \frac{G_m b}{2\tau_i} \tag{3-14}$$

式中:b 为柏氏矢量的大小;G_m 为基体的剪切模量。

当剪切应力大到使位错的曲率半径为 $\frac{1}{2}D_f$ 时,基体中发生位错运动,复合材料产生塑性变形,此时的剪切应力为复合材料的屈服强度:

$$\tau_c = \frac{G_m b}{\sqrt{\frac{2d_p^2}{3V_p}(1-V_p)}} = \frac{G_m b}{D_f} \tag{3-15}$$

显然,τ_c 为位错绕过颗粒所需的临界应力,又称为奥罗万应力,表示为 τ_O。所以,微粒尺寸越小,体积分数越高,强化效果越好。

由断裂学理论得:基体的理论断裂应力为 $\frac{1}{30}G_m$,基体的屈服强度为 $\frac{1}{100}G_m$。它们分别为发生位错运动所需剪切应力的上、下限,代入式(3-15)得到颗粒间距的上、下限分别为 300nm 和 10nm,即当颗粒直径在 10～300nm 时,颗粒具有弥散增强作用。一般情况下,增

强体体积分数 V_p 为 1%～15%，颗粒直径 d_p 为 1～100nm。

注意：留下的位错环间接使颗粒尺寸增大，颗粒间距变小，同时位错环间存在着相互作用力，会使位错的绕过变得更加复杂。

2) 高温、低外加应力——位错攀移机制

高温下使用的复合材料，会发生蠕变现象。此时位错一般不会以奥罗万形式绕过颗粒，留下位错环，而是以攀移方式越过，且攀移绕过颗粒所需的临界应力小于奥罗万应力。设位错绕过颗粒所需的应力（门槛应力）为 τ_{th}，当外应力小于 τ_{th} 时，蠕变可以忽略，而当外应力大于门槛应力时，蠕变显著。

门槛应力：

$$\tau_{th} \approx (0.4 \sim 0.7)\tau_O \tag{3-16}$$

式中：τ_O 为奥罗万应力。

根据位错攀移方式的不同，攀移分为整体攀移与局部攀移两种。局部攀移（图 3-11）：位错线中部分攀移，如 BC 段攀移，而其他段未攀移，由图可见局部攀移时位错会在 A、D 两点处形成尖锐接触，即形成位错线能量不稳定的尖锐弯曲。整体攀移（图 3-12）：位错线全部发生了攀移，FG 段外，其他段 EF 和 GH 均发生了攀移，位错在 E、H 接触处变得平缓。

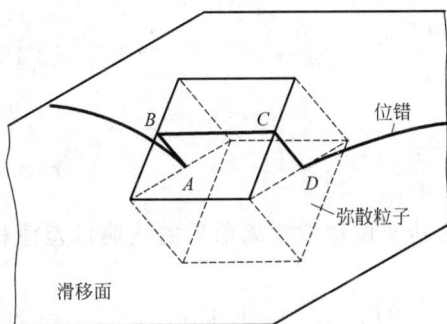

图 3-11　局部攀移示意图

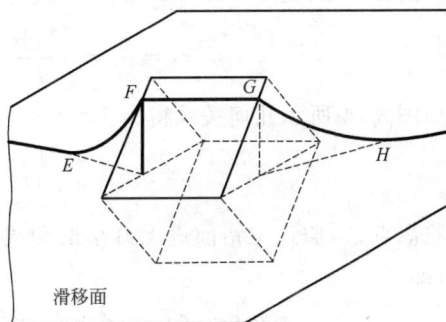

图 3-12　整体攀移示意图

位错到底采用何种方式攀移颗粒呢？研究结果表明，位错局部攀移时的门槛应力估算为 $\tau_{th} \approx (0.4\sim0.7)\tau_O$，该值与实际蠕变所测门槛值基本吻合。然而，许多研究者认为局部攀移时位错线存在着尖锐的弯曲（A、D 点），从位错线的张力和能量角度考虑，这是很不稳定的，它会通过内部的扩散迅速地使尖锐的弯曲部分松散开，趋于整体攀移的位错状态，即从局部攀移转向了整体攀移。而整体攀移的门槛应力较小，理论估算仅为 $\tau_{th} \approx 0.04V_f\tau_O$（$V_f$ 为颗粒的体积分数）。如此小的门槛应力与实际情况相差较大，因此，位错的攀移机制研究尚未完全成熟，需做进一步的深入研究。该矛盾如何解决？大量研究发现，高温下，位错线与颗粒之间存在相互吸引力，该引力可使位错线与颗粒相互吸附在一起，从而使局部攀移变得稳定和可能。图 3-13 为钢中位错攀移过颗粒时的 TEM 照片，表

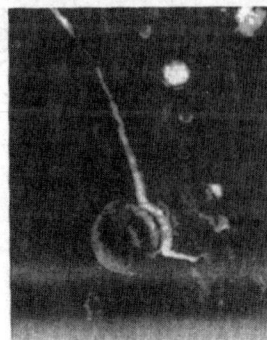

图 3-13　位错与粒子作用的 TEM 图

明位错攀移粒子后并非与粒子分离，而是被牢牢粘住，即两者间存在着吸引力，因此，若使位错从粒子脱离侧分离必须施加一定的外力方可，该外力即脱离门槛应力。

脱离门槛应力，即位错攀移越过粒子后从粒子处脱离所需的最大应力值，该力起因于能量的变化。设与粒子接触处位错段的线张力为 T_{AC}，即

$$T_{AC} = KT_{CD} \tag{3-17}$$

式中：K 为松弛参数，0~1；T_{CD} 为远离粒子处位错的线张力，$T_{CD} \approx \frac{1}{2}G_m b^2$；$G_m$ 为基体的剪切模量；b 为柏氏矢量的大小。当 $K=1$ 时，即粒子与位错间无吸引力，无松弛产生，位错线各部分的能量均相同。当 $K=0$ 时，位错完全松弛，位错与粒子之间引力最大，粒子的行为与空位相似，也就是说，位错与粒子脱离前是相接触吸附在一起的，接触部位的线张力为非接触部位的 K 倍（KT_{CD}）。当外加应力大于或等于脱离门槛应力值时，位错将与粒子脱离，从而摆脱粒子的吸引，位错全部不与粒子接触，位错线上各处的张力相同，均为 T_{CD}。而吸附处的张应力 $T_{AC} < T_{CD}$，故使位错线从稳定的低张应力 T_{AC} 转换到高张应力 T_{CD} 时，必须有外加切应力作用方可，这是脱离门槛应力 τ_d 的来源。τ_d 的大小可通过理论推导获得，过程如下。

由皮奇-凯勒（Peach-Koehler）等式得到

$$\tau_d = \frac{F}{bl} = \frac{2T_{CD}}{bl} \times \frac{F}{2T_{CD}} = \frac{2T_{CD}}{bD_f} \times \frac{F}{2T_{CD}} \tag{3-18}$$

由如图 3-14 所示几何关系得

$$\frac{F}{2T_{CD}} = \cos\frac{\theta}{2} = \frac{dy}{dl_2} \tag{3-19}$$

在脱离点 A，假设位错前进无穷小的距离 dy 所做的功与位错线脱离前后的线能量差值相等，即

$$\tau_d bl\, dy = T_{CD} \times 2dl_2 - T_{AC} \times 2dl_1 = 2T_{CD}(dl_2 - K\,dl_1) \tag{3-20}$$

即

$$\tau_d = \frac{2T_{CD}(dl_2 - K\,dl_1)}{bl\,dy} \tag{3-21}$$

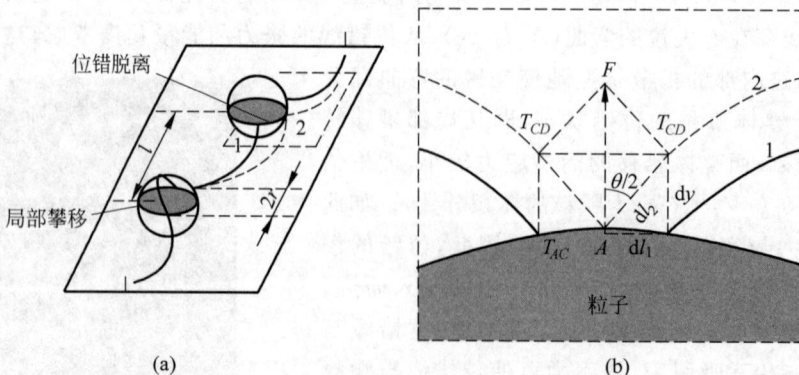

图 3-14　位错脱离粒子侧示意图

结合式(3-18)及图 3-14(b)得

$$\frac{\mathrm{d}l_2 - K\mathrm{d}l_1}{\mathrm{d}y} = \frac{F}{2T_{CD}} = \frac{\mathrm{d}y}{\mathrm{d}l_2} \tag{3-22}$$

$$(\mathrm{d}l_2)^2 = (\mathrm{d}l_1)^2 + (\mathrm{d}y)^2$$

由式(3-17)及图 3-14(b)得

$$\mathrm{d}l_1 = K\mathrm{d}l_2 \tag{3-23}$$

由式(3-22)与式(3-23)得

$$\frac{\mathrm{d}y}{\mathrm{d}l_2} = \sqrt{1-K^2} \tag{3-24}$$

因为 $T_{CD} \approx \frac{1}{2}G_m b^2$, $\tau_O = \frac{G_m b}{D_f}$,故得

$$\tau_O = \frac{2T_{CD}}{bD_f} \tag{3-25}$$

最终得

$$\tau_d = \tau_O \sqrt{1-K^2} \tag{3-26}$$

由式(3-26)可知脱离门槛应力是奥罗万应力 τ_O 和松弛参数 K 的函数。在位错脱离粒子时需一个脱离门槛应力,同样在位错攀移粒子时也需一个攀移门槛应力。由于局部攀移门槛应力与实测值较为吻合,故一般假定蠕变中的位错攀移均为局部攀移,此时局部攀移的平均门槛应力为

$$\tau_{c,ave} = 0.4K^{5/2}\tau_O \tag{3-27}$$

由式(3-26)和式(3-27)可知脱离门槛应力和攀移门槛应力均与松弛参数 K 和奥罗万应力 τ_O 有关,关系如图 3-15 所示。两曲线的交点值 $K=0.94$,当 $K<0.94$ 时,位错的运动由脱离门槛应力控制,此时体系的门槛应力为脱离门槛应力;当 $K>0.94$ 时,位错的运动由局部攀移门槛应力控制,此时体系的门槛应力为局部攀移门槛应力。

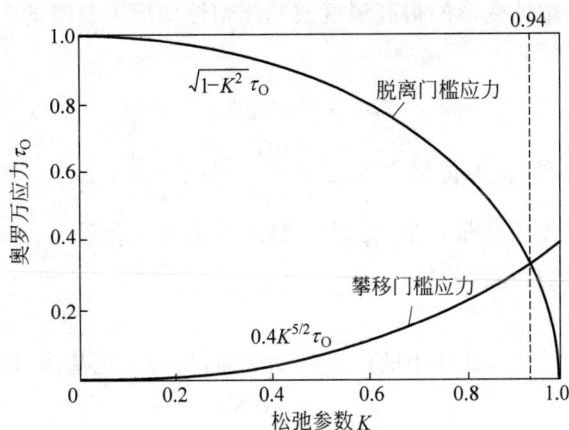

图 3-15 脱离门槛应力和攀移门槛应力与松弛参数 K 的变化关系

3. 颗粒增强的其他机制

颗粒的增强机制除了上述的切过与被切过两大类之外，还有其他的增强机制。

1) 霍尔-佩奇（Hall-Petch）强化机制

基体中的增强体颗粒除了能钉扎基体中的位错外，还能钉扎基体的晶界、亚晶界，使基体的晶粒难以长大，细化基体晶粒，从而达到细晶强化的目的。

由霍尔-佩奇关系式

$$\sigma_s = \sigma_0 + K_s d^{-\frac{1}{2}} \tag{3-28}$$

式中：σ_s 为屈服强度；σ_0 为基体的屈服强度；K_s 为常数；d 为晶粒的平均直径。

当基体晶粒尺寸由 d_1 细化为 d_2 时，强度增量为

$$\Delta\sigma_s = K_s(d_2^{-\frac{1}{2}} - d_1^{-\frac{1}{2}}) = \beta d_1^{-\frac{1}{2}} \left(\frac{1-V_f}{V_f}\right)^{\frac{1}{6}} \tag{3-29}$$

式中，β 是和一系列因素有关的因子，一般取 $0.1\mathrm{MPa/m}^{1/2}$。

注意：霍尔-佩奇强化是通过增强体颗粒的钉扎作用，细化基体晶粒所起的细晶强化作用实现的，它是一种非直接的强化机制。

2) 残余应力场强化机制

增强体颗粒与基体存在膨胀系数与弹性模量的差异，其中弹性模量差异仅在复合材料受到外应力作用时才产生微观应力再分布效应，对力学性能的影响很小，而膨胀系数的差异则会在颗粒四周产生残余应力场，该应力场导致在基体中扩展的裂纹偏转方向，裂纹偏转方向时需消耗更多的能量，从而使复合材料增韧补强。单个球形颗粒四周产生的应力场可表示为

$$\sigma_r = -2\sigma_\theta = p = \frac{(a_m - a_p)\Delta T}{(1-\nu_m)/(2E_m) + (1-2\nu_p)/E_p} \tag{3-30}$$

式中：σ_r 和 σ_θ 分别为球形颗粒边界的径向正应力和切应力；ν_m 和 ν_p 分别为基体和颗粒的泊松比；E_m 和 E_p 分别为基体和颗粒的弹性模量；a_m 和 a_p 分别为基体和颗粒的膨胀系数；ΔT 为基体不产生塑性变形的最高温度或基体塑性变形可忽略的温度与室温的差。

其强化效果为

$$\Delta\sigma_{CTE} = \alpha G_m b \sqrt{\rho}$$

式中：α 为位错强化效率；ρ 为位错密度，$\rho = \dfrac{12V_p \Delta T \Delta\alpha_{CTE}}{bd(1-V_p)}$；$\Delta\alpha_{CTE}$ 为基体与增强体热膨胀系数之差；ΔT 为温度变化量；$\Delta\sigma_{CTE}$ 为热错配导致的强化效果；b 为柏氏矢量的大小；d 为颗粒直径；V_p 为颗粒体积分数。

3) 位错强化机制

由于残余应力场的作用，基体中的位错密度增加，从而强化基体，位错密度的增量为

$$\Delta\rho = \frac{\Delta\alpha \Delta T N A}{b} \tag{3-31}$$

式中：ΔT 为热错配应变；$\Delta\alpha$ 为基体与颗粒的膨胀系数差；N 为粒子数目；A 为每个粒子的总表面积；b 为柏氏矢量的大小。

假设粒子为立方形，

$$\Delta\rho = \frac{\Delta\alpha\,\Delta T V_{\mathrm{f}}}{bd} \tag{3-32}$$

式中：V_{f} 为颗粒体积分数；d 为颗粒直径。

位错对强度的贡献额通常由下式表示：

$$\Delta\sigma = kG_{\mathrm{m}}b\sqrt{\Delta\rho} \tag{3-33}$$

式中：G_{m} 为颗粒的剪切模量；k 为系数；b 为柏氏矢量的大小。

4. 影响颗粒强化的因素

影响颗粒强化的因素较多，除了颗粒的自身性质以及与基体的结合界面外，还有基体的性质、制备工艺等。

1）颗粒的性质

颗粒的性质如强度、硬度以及形状、体积分数、在基体中的平均间距和分布均直接影响其增强效果，其中颗粒直径 d_{p}、体积分数 V_{f}、平均间距 λ 三者间存在以下关系：

$$\lambda = \frac{2}{3}d_{\mathrm{p}}\left(\frac{1}{V_{\mathrm{f}}}-1\right) \tag{3-34}$$

此外，颗粒在基体中的化学热稳定性、扩散性、界面能、膨胀系数等也是重要的影响因素。

2）结合界面

良好的结合界面，可有效传递载荷，颗粒强化基体，起到增强作用。这就要求增强颗粒在基体中不溶解，与基体不发生化学反应，界面能小。

3）基体的性质

同样的增强体颗粒、体积分数，加入的基体不同，其增强效果也不同，这主要是基体本身的性质以及界面结构不同的缘故。

4）制备工艺

增强体颗粒如何进入基体，并能在基体中均匀分布，与制备工艺相关。特别是当增强体颗粒为原位化学反应产生时，分布均匀、尺寸细小、与基体的界面干净、结合强度高、强化效果好。反之，当颗粒直接由外界加入，特别是颗粒尺寸较细时，表面活性增强而难以加入基体，在界面结合处易发生反应，存在过渡层，影响界面结合强度和增强效果。因此，制备工艺同样直接影响颗粒的增强效果。

3.3.2 纤维增强机制

纤维增强复合材料的基体一般为聚合物，结构设计一般采用层板理论。层板理论中，纤维增强复合材料被认为由单向层片按照一定的顺序叠放而成（图 3-16），显然，复合材料的性能与组分性能、组分分布以及组分间的物理、化学作用有关。

1. 单向排列连续纤维增强原理（单向长纤维）

1）纵向强度与刚度

（1）应力-应变曲线的初始阶段。

假设：①连续纤维增强复合材料层板受纤维方向的拉伸力作用；②纤维的性能均匀、直径一致、分布平行；③纤维与基体的结合良好，不会有滑脱现象；④忽略纤维与基体间的热膨胀系数、泊松比及弹性模量的差异所引起的附加应力。由此可以认为复合材料的纵向

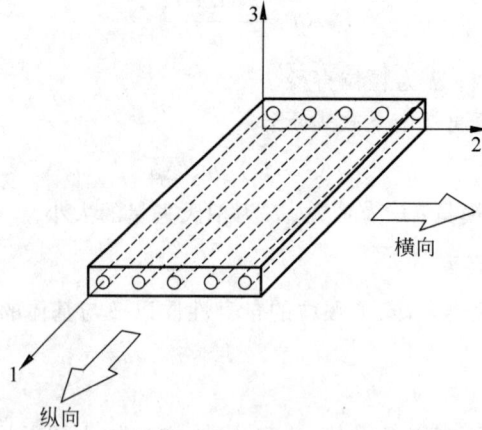

图 3-16　单向纤维增强复合材料的单层板

应变相同，且此时的基体、纤维、复合材料具有相同的应变，即

$$\varepsilon_c = \varepsilon_f = \varepsilon_m \tag{3-35}$$

式中：ε_c 为复合材料的应变；ε_f 为纤维的应变；ε_m 为基体的应变。

由于沿纤维方向的外力是由纤维和基体共同承担的，即

$$\sigma_c A_c = \sigma_f A_f + \sigma_m A_m \tag{3-36}$$

A 为组分材料的横截面面积，上式可以转化为

$$\sigma_c = \sigma_f A_f / A_c + \sigma_m A_m / A_c \tag{3-37}$$

对于平行纤维增强的复合材料，体积分数即面积分数，

$$\sigma_c = \sigma_f V_f + \sigma_m V_m \tag{3-38}$$

由式（3-35）可知，复合材料、纤维和基体三者的应变相同，对应变求导得

$$\frac{\mathrm{d}\sigma_c}{\mathrm{d}\varepsilon} = \frac{\mathrm{d}\sigma_f}{\mathrm{d}\varepsilon} V_f + \frac{\mathrm{d}\sigma_m}{\mathrm{d}\varepsilon} V_m \tag{3-39}$$

如果复合材料的应力-应变曲线为线性，则 $\dfrac{\mathrm{d}\sigma}{\mathrm{d}\varepsilon}$ 为应力-应变曲线中的斜率，即弹性模量 E 应为常数，为此，式（3-39）可改写为

$$E_c = E_f V_f + E_m V_m \tag{3-40}$$

由式（3-38）和式（3-40）可知，纤维和基体对复合材料的应力、弹性模量的贡献正比于各自的体积分数，这种关系称为混合法则，也可推广到多组分的复合材料中。

当基体和纤维均为线弹性时，其承担的应力与载荷如下：因为 $\varepsilon_c = \varepsilon_m = \varepsilon_f$，即 $\dfrac{\sigma_c}{E_c} = \dfrac{\sigma_m}{E_m} = \dfrac{\sigma_f}{E_f}$，所以得

$$\frac{\sigma_f}{\sigma_m} = \frac{E_f}{E_m}, \quad \frac{\sigma_f}{\sigma_c} = \frac{E_f}{E_c} \tag{3-41}$$

由式（3-41）可见，复合材料中各组分材料（基体、增强体）的应力承载比等于相应的弹性模量之比，因此，为了有效利用纤维的高强度，应使纤维具有比基体更高的弹性模量。复合材料中纤维与基体的载荷承载比为

$$\frac{P_f}{P_m} = \frac{\sigma_f A_f}{\sigma_m A_m} = \frac{V_f E_f}{V_m E_m} = \frac{E_f}{E_m} \cdot \frac{V_f}{1-V_f} \tag{3-42}$$

由式(3-42)可见,纤维与基体的载荷承载比不仅与纤维和基体的弹性模量比有关,还与纤维的体积分数有关。纤维与复合材料的承载比为

$$\frac{P_f}{P_c} = \frac{\sigma_f A_f}{\sigma_f A_f + \sigma_m A_m} = \frac{E_f/E_m}{E_f/E_m + E_m/E_f} = \frac{E_f}{E_c}V_f \tag{3-43}$$

由式(3-43)可知,纤维与复合材料的承载比不仅与纤维和复合材料的弹性模量比有关,还与纤维的体积分数有关,图 3-17 为组分材料的载荷承载比与纤维体积分数的关系曲线。

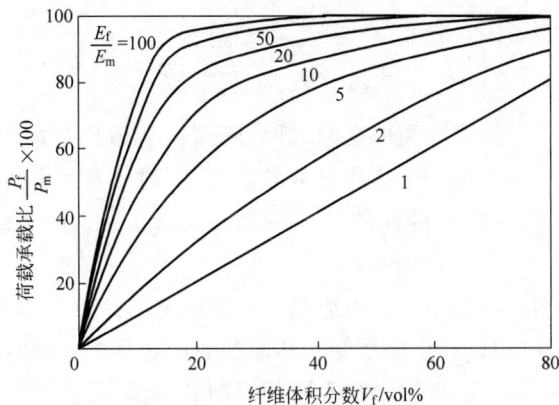

图 3-17 纤维与基体的荷载承载比与纤维体积分数的变化关系

由图 3-17 可知,当纤维体积分数、纤维与基体的弹性模量比越大,纤维与基体的载荷承载比就越大。因此,在给定的纤维/基体系统,应尽可能提高纤维的体积分数,但体积分数过高时,会导致基体与纤维的浸润困难,界面结合强度下降,气孔率增加,反而导致复合材料的性能变坏。

(2)复合材料初始变形后的行为。

复合材料的变形一般有四个阶段:①纤维与基体均为线弹性变形;②纤维为线弹性变形,但基体为非线弹性变形;③纤维与基体均为非线弹性变形;④纤维断裂,复合材料断裂。对于金属基体,由于基体的塑性较好,第二阶段的占有时间较长,此时复合材料的弹性模量

$$E_c = E_f V_f + \left(\frac{d\sigma_m}{d\epsilon}\right)_{\epsilon_c} V_m \tag{3-44}$$

式中:ϵ_c 为复合材料应变;$\left(\dfrac{d\sigma_m}{d\epsilon}\right)_{\epsilon_c}$ 为应力-应变曲线在 ϵ_c 处的斜率。脆性复合材料观察不到第三阶段。

(3)断裂强度。

对于纵向受载的单向纤维增强的复合材料,当纤维达到其断裂应变时,复合材料开始断裂。当基体的断裂应变大于纤维的断裂应变,理论计算时一般假设所有的纤维在同一应变值断裂。如果纤维的断裂应变值比基体的小,在纤维体积分数足够大时,基体不能承担纤维断裂后转移的全部载荷,则复合材料断裂。在这种情况下,复合材料的纵向断裂强度可以认为与纤维断裂应变值对应的复合材料应力相等,由混合法得复合材料的纵向断裂强度

$$\sigma_{cu} = \sigma_{fu} V_f + (\sigma_m)_{\varepsilon_f}(1 - V_f) \tag{3-45}$$

式中：σ_{cu} 为复合材料的抗拉强度；σ_{fu} 为纤维的抗拉强度；ε_f 为纤维断裂时的应变；V_f 为纤维的体积分数；σ_m 为基体断裂时的应力。

当纤维体积分数很小时，基体能够承担纤维断裂后转移的全部载荷，随基体应变增加，基体进一步承载，并假设在复合材料应变高于纤维断裂应变时纤维完全不能承载。此时复合材料的纵向断裂强度为

$$\sigma_{cu} = \sigma_{mu}(1 - V_f) \tag{3-46}$$

式中，σ_{mu} 为基体的抗拉强度。联立式（3-45）和式（3-46），得纤维控制复合材料断裂所需的最小体积分数

$$V_{min} = \frac{\sigma_{mu} - (\sigma_m)_{\varepsilon_f}}{\sigma_{fu} - (\sigma_m)_{\varepsilon_f}} \tag{3-47}$$

当基体断裂应变小于纤维断裂应变时，纤维断裂应变值比基体大的情况与纤维增强陶瓷基复合材料的情况一致。在纤维体积分数较小时，纤维不能承担基体断裂后所转移的载荷，则在基体断裂的同时复合材料断裂，由混合法得复合材料的断裂强度

$$\sigma_{cu} = \sigma_f^* V_f + \sigma_{mu}(1 - V_f) \tag{3-48}$$

式中：σ_{mu} 为基体的抗拉强度；σ_f^* 为对应基体断裂应变时纤维所承受的应力。

当纤维体积分数较大时，纤维能承受基体断裂后所转移的全部载荷，如果基体能够继续传递载荷，则复合材料可以进一步承载，直至纤维断裂，此时复合材料的断裂强度为

$$\sigma_{cu} = \sigma_{fu} V_f \tag{3-49}$$

同理可得控制复合材料断裂所需的最小纤维体积分数为

$$V_{min} = \frac{\sigma_{mu}}{\sigma_{fu} + \sigma_{mu} - \sigma_f^*} \tag{3-50}$$

2）横向弹性模量与强度

（1）哈尔平-提萨（Halpin-Tsia）公式。

对于单向纤维增强复合材料的横向弹性模量，哈尔平与提萨提出了计算公式

$$E_T = \frac{1 + \xi \eta V_f}{1 - \eta V_f} \tag{3-51}$$

式中，$\eta = \dfrac{\dfrac{E_f}{E_m} - 1}{\dfrac{E_f}{E_m} + \xi}$，$\xi$ 为与纤维几何、堆积几何及载荷条件有关的参数。哈尔平与提萨提出在纤维截面为圆形和方形时，ξ 等于 2，矩形时为 $2a/b$，a/b 为矩形截面尺寸比，a 为加载方向。

图 3-18 为横向弹性模量与基体弹性模量比随纤维体积分数的变化关系曲线，由图可知，横向弹性模量与基体弹性模量比随着纤维体积分数的增加而增加，其增加速度在同一纤维体积分数时，随纤维与基体弹性模量比的增加而增加。

（2）横向强度。

由于纤维在与其相邻的基体中所引起的应力和应变将对基体产生约束，复合材料的断裂应变比未增强基体低得多，因此，与纵向强度不同，纤维不仅没起到增强作用，反而削弱了

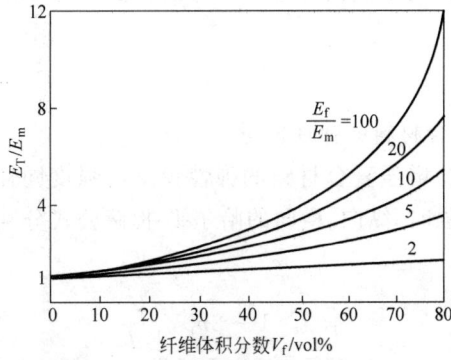

图 3-18　横向弹性模量与基体弹性模量比随纤维体积分数的变化关系

复合材料的横向强度。假设复合材料横向强度 σ_{Tu} 受基体强度 σ_{mu} 控制,同时可用一个强度衰减因子 S 来表征复合材料强度的降低,则该因子与纤维、基体性能及纤维体积分数有关。且有

$$\sigma_{Tu} = \sigma_{mu}/S \tag{3-52}$$

按传统材料强度方法,可以认为强度衰减因子 S 就是应力集中系数 S_{CF} 或应变集中系数 S_{SF}。若忽略泊松效应,则 S_{CF}、S_{SF} 分别为

$$S_{CF} = \frac{1 - V_f\left(1 - \dfrac{E_m}{E_f}\right)}{1 - \sqrt{\dfrac{4V_f}{\pi}\left(1 - \dfrac{E_m}{E_f}\right)}} \tag{3-53}$$

$$S_{SF} = \frac{1}{1 - \sqrt{\dfrac{4V_f}{\pi}\left(1 - \dfrac{E_m}{E_f}\right)}} \tag{3-54}$$

若已知 S_{CF}、S_{SF},即可方便计算复合材料的横向强度 σ_{Tu},关键是如何获得 S_{CF} 和 S_{SF}。采用现代方法,即通过对复合材料应力或应变状态的了解便可以计算得到 S_{CF} 和 S_{SF},即得到 S。为此,可以用一个适当的断裂判据来确定其断裂,一般使用最大形变能判据,即当任何一点的形变能达到临界值时,材料发生断裂。此时,强度衰减因子 S 可以写成

$$S = \frac{\sqrt{U_{max}}}{\sigma} \tag{3-55}$$

式中: U_{max} 为基体中任何一点的最大归一化形变能; σ 为外加应力。对于给定的 σ, U_{max} 是纤维体积分数、纤维堆积方式、纤维/基体界面条件及组分性质的函数。该法较为精确、严格和可靠。

仿照颗粒增强复合材料的经验公式,可以得到复合材料横向断裂应变的表达式

$$\varepsilon_{cb} = \varepsilon_{mb}(1 - \sqrt[3]{V_f}) \tag{3-56}$$

式中: ε_{cb} 为复合材料的横向断裂应变; ε_{mb} 为基体的横向断裂应变。

若基体和复合材料存在线弹性应力-应变关系,也可得到复合材料的横向断裂应力

$$\sigma_{Tcb} = \frac{\sigma_{mb}E_T(1 - \sqrt[3]{V_f})}{E_m} \tag{3-57}$$

注意：以上公式的推导均是假设纤维与基体的界面结合良好，断裂发生在基体或界面附近。

2. 短纤维增强原理

1）单向短纤维增强复合材料的弹性模量

单向短纤维（取向一致）增强复合材料的弹性模量与强度同样可运用哈尔平-提萨公式进行分析研究。短纤维增强时，纵向、横向的哈尔平-提萨公式分别表示如下。

纵向弹性模量：

$$\frac{E_L}{E_m} = \frac{1 + 2\eta_L V_f \dfrac{l}{d}}{1 - \eta_L V_f} \tag{3-58}$$

式中，$\eta_L = \dfrac{\dfrac{E_f}{E_m} - 1}{\dfrac{E_f}{E_m} + 2\dfrac{l}{d}}$。

由式（3-58）表明：单向短纤维的纵向弹性模量与纤维的长径比、纤维体积分数和纤维/基体弹性模量比有关。

横向弹性模量：

$$\frac{E_T}{E_m} = \frac{1 + 2V_f \eta_T}{1 - \eta_T V_f} \tag{3-59}$$

式中，$\eta_T = \dfrac{\dfrac{E_f}{E_m} - 1}{\dfrac{E_f}{E_m} + 2}$。

由式（3-59）表明：单向短纤维的横向弹性模量仅与纤维体积分数和纤维/基体弹性模量比有关，而与纤维长径比无关，等同于连续纤维。

设纤维/基体模量比分别为 20 和 100，纵向弹性模量与纤维长径比的关系曲线如图 3-19 所示。

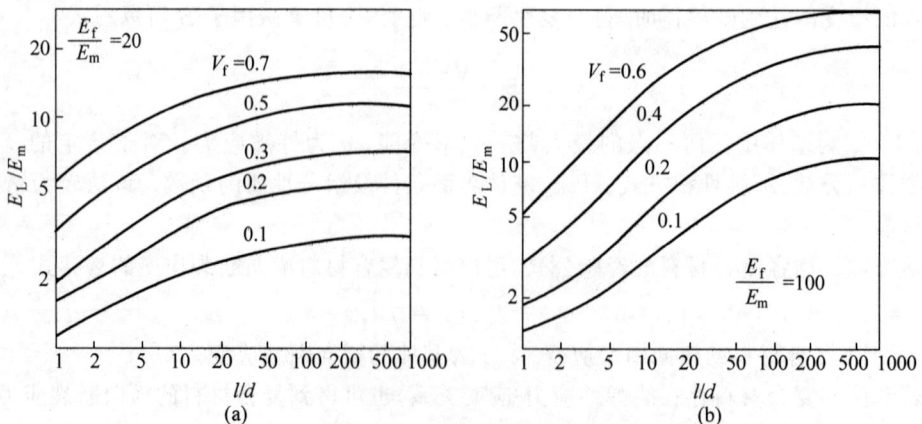

图 3-19　纵向弹性模量与纤维长径比的关系曲线

(a) $E_f/E_m = 20$；(b) $E_f/E_m = 100$

对于平面内随机取向的短纤维复合材料,弹性模量可用经验公式计算:

$$E_{\text{random}} = \frac{3}{8}E_L + \frac{5}{8}E_T \tag{3-60}$$

2)单向短纤维增强复合材料的抗拉强度

单向短纤维增强复合材料的纵向应力可由混合法则得

$$\sigma_c = \bar{\sigma}_f V_f + \sigma_m V_m \tag{3-61}$$

式中,$\bar{\sigma}_f$ 为纤维的平均应力。若已知纤维的平均应力,则纤维增强复合材料的平均应力为

$$\left.\begin{array}{ll} \sigma_c = \dfrac{1}{2}(\sigma_f)_{\max} V_f + \sigma_m V_m & (l < l_f) \\[3mm] \sigma_c = (\sigma_f)_{\max}\left(1 - \dfrac{l_f}{2l}\right) V_f + \sigma_m V_m & (l > l_f) \end{array}\right\} \tag{3-62}$$

式中:l 为纤维长度;l_f 为载荷传递长度;V_f 为纤维体积分数;V_m 为基体体积分数。当 $l \gg l_f$ 时,$\left(1 - \dfrac{l_f}{2l}\right) \to 1$,式(3-62)第二式可写成

$$\sigma_c = (\sigma_f)_{\max} V_f + \sigma_m V_m \quad (l \gg l_f) \tag{3-63}$$

式(3-61)~式(3-63)均可用于复合材料强度的计算。

当纤维长度短于临界长度(l_c)时,最大纤维应力小于纤维平均断裂强度,无论外应力多大,纤维都不会断裂。此时,复合材料的断裂发生在基体或界面,复合材料的抗拉强度近似为

$$\sigma_{cu} = \frac{\tau_y l V_f}{d} + \sigma_{mu} V_m \quad (l < l_c) \tag{3-64}$$

当纤维长度大于临界长度(l_c)时,纤维应力可以达到其平均强度,此时,可以认为当纤维应力等于其强度时,纤维发生断裂,复合材料开始破坏,其抗拉强度为

$$\sigma_{cu} = \sigma_{fu}\left(1 - \frac{l_c}{2l}\right) V_f + (\sigma_m)_{\varepsilon_f^*} V_m \quad (l > l_c) \tag{3-65}$$

$$\sigma_{cu} = \sigma_{fu} V_f + (\sigma_m)_{\varepsilon_f^*} V_m \quad (l \gg l_c) \tag{3-66}$$

式中,$(\sigma_m)_{\varepsilon_f^*}$ 是纤维断裂应变为 ε_f^* 时所对应的基体应力,可以近似地用基体抗拉强度 σ_{mu} 来代替。

以上讨论的均为纤维体积分数高于临界值,基体不能承担纤维断裂后所转移的全部载荷,纤维断裂时复合材料立刻断裂的情况。与连续纤维增强复合材料类似,可以得出最小体积分数

$$V_{\min} = \frac{\sigma_{mu} - (\sigma_m)_{\varepsilon_f^*}}{\sigma_{fu} + \sigma_{mu} - (\sigma_m)_{\varepsilon_f^*}} \tag{3-67}$$

与连续纤维复合材料相比,短纤维复合材料具有更高的 $V_{\min}$,原因是短纤维不能全部发挥增强作用,但在纤维长度远大于载荷传递长度、平均纤维应力接近纤维断裂强度时,短纤维增强复合材料力学行为就类似于长纤维了。

如果纤维体积分数小于 $V_{\min}$,当所有纤维断裂时复合材料也不会断裂,这是由于纤维断裂后残留的基体横截面能够承担全部载荷。只有在基体断裂后才会发生复合材料的断

裂，此时复合材料的断裂强度为

$$\sigma_{cu} = \sigma_{mu}(1 - V_f) \quad (V_f < V_{min}) \tag{3-68}$$

造成短纤维断裂的另一重要因素是纤维端部造成相邻基体中严重的应力集中，这种应力集中会进一步降低复合材料的强度。

3.3.3　复合材料物理性能的复合原理

1. 热导率

1）单向复合材料纵向、横向热导率的估算

（1）单向复合材料的纵向热导率：

$$\kappa_{cL} = \kappa_{fL}V_f + \kappa_m V_m \tag{3-69}$$

式中：κ_{cL} 为复合材料的纵向热导率；κ_{fL} 为纤维的纵向热导率；κ_m 为基体的热导率；V_f 和 V_m 分别为纤维和基体的体积分数。

（2）单向复合材料的横向热导率：

$$\kappa_{cT} = \kappa_m + \frac{V_f(\kappa_{fT} - \kappa_m)\kappa_m}{0.5V_m(\kappa_{fL} - \kappa_m) + \kappa_m} \tag{3-70}$$

式中：L 表示纵向；T 表示横向；f 表示纤维；m 表示基体。

2）二维随机短纤维复合材料

纤维排布平面法线方向的热导率为

$$\kappa_{cN} = \kappa_m \kappa_f V_f[(\kappa_f - \kappa_m)(S_{11} + S_{33}) + 2\kappa_m]/A \tag{3-71}$$

式中，

$$A = 2V_m(\kappa_f - \kappa_m)^2 S_{11}S_{33} + \kappa_m(\kappa_f - \kappa_m)(1 + V_m)(S_{11} + S_{33}) + 2\kappa_m^2 \tag{3-72}$$

S_{11} 为形状因子，与短纤维的形状有关：当短纤维是椭圆形截面的粒状体（a_1、$a_2 \ll a_3$）时，则 $S_{11} = a_2/(a_1 + a_2)$，$S_{33} = 0$。当短纤维是圆形截面（$a_1 = a_2 \ll a_3$）时，

$$\kappa_{cN} = \kappa_m[(3\kappa_m + \kappa_f)V_f]/[2(\kappa_m + \kappa_f) + (\kappa_m - \kappa_f)V_f] \tag{3-73}$$

3）三维随机短纤维复合材料

三维随机短纤维复合材料可视为各向同性，其热导率为

$$\kappa_c = \kappa_m \frac{\kappa_m V_f(\kappa_m - \kappa_f)[(\kappa_f - \kappa_m)(2S_{33} - S_{11}) + 3\kappa_m]}{3V_m(\kappa_f - \kappa_m)^2 S_{11}S_{33} + \kappa_m(\kappa_f - \kappa_m)R + 3\kappa_m^2} \tag{3-74}$$

式中，$R = 3(S_{11} + S_{33}) - V_f(2S_{11} + S_{33})$。当短纤维是圆形截面柱状形时，热导率为

$$\kappa_c = \kappa_m \frac{V_f(\kappa_m - \kappa_f)\left(\frac{7}{2}\kappa_m - \kappa_f\right)}{\frac{3}{2}(\kappa_f - \kappa_m) + (\kappa_m - \kappa_f)V_f} \tag{3-75}$$

4）颗粒复合材料

当颗粒为球形时，复合材料的热导率为

$$\kappa_c = \kappa_m \frac{(1 + 2V_p)\kappa_p + 2(1 - V_p)\kappa_m}{(1 - V_p)\kappa_p + (2 + V_p)\kappa_m} \tag{3-76}$$

2. 热膨胀系数

（1）当两种各向同性的组分材料复合后，复合材料的热膨胀系数 α_c 为

$$\alpha_c = \frac{(\alpha_1 K_1 V_1 + \alpha_2 K_2 V_2)}{K_1 V_1 + K_2 V_2} \tag{3-77}$$

式中：α_1、α_2 分别为两种组分材料的热膨胀系数；K_1、K_2 分别为两种组分材料特定的弹性常数；V_1、V_2 分别为两种组分材料的体积分数。

（2）当两种组分材料的泊松比相等时，可用弹性模量 E 代替 K，则有

$$\alpha_c = \frac{(\alpha_1 E_1 V_1 + \alpha_2 E_2 V_2)}{E_1 V_1 + E_2 V_2} \tag{3-78}$$

（3）当物理常数差别不是很大时，可采用下式作为第一近似计算式：

$$\alpha_c = \sum \alpha_i V_i \tag{3-79}$$

式中，V_i、α_i 分别为组分 i 的体积分数和热膨胀系数。

3. 电导率

（1）单向纤维复合材料，若基体的电导率大于纤维的电导率，则有

① 纵向电导率

$$C_L = C_m (1 - V_f) \left(1 - \frac{1.77 V_f}{1 - V_f} T^{-108}\right) \tag{3-80}$$

式中：C_L 为纵向电导率；C_m 为基体电导率；V_f 为纤维体积分数；T 为热力学温度。

② 横向电导率

$$C_T = 0.5(1 - 2V_f)(C_m - C_f)\{1 + [1 - 4C_f C_m/(1 - 2V_f)^2 (C_f - C_m)^2]^{\frac{1}{2}}\} \tag{3-81}$$

式中：C_m 和 C_f 分别为基体和纤维的电导率；T 为热力学温度。

（2）对于颗粒增强复合材料，其电导率为

$$C_c = C_m \frac{(1 + 2V_p)C_p + 2(1 - V_p)C_m}{(1 - V_p)C_p + (2 + V_p)C_m} \tag{3-82}$$

式中：V_p 为颗粒的体积分数；C_c、C_m 和 C_p 分别为复合材料、基体和颗粒的电导率。

3.4　陶瓷基复合材料的强韧机制

由于陶瓷的脆性大，故引入第二相组分材料（颗粒、晶须、纤维等）的主要目的除了增强外，更重要的是增韧。陶瓷基复合材料中的增强体同样也有纤维（长、短）、晶须和颗粒等三种。纤维（长、短）包括碳纤维、玻璃纤维、硼纤维等三种。碳纤维应用较多，主要采用有机母体的热氧化和石墨化制取。玻璃纤维的成本低廉，表面常涂有一层保护膜，一方面可保护自身，另一方面可增强与基体的连接。硼纤维是将无定形硼沉积在钨丝或碳丝上形成的，既属于多相，又是无定形。晶须是指具有一定长径比（长 $30 \sim 100 \mu m$，直径 $0.3 \sim 1 \mu m$）的单晶体，常用于陶瓷基复合材料的晶须有 SiC、Al_2O_3、Si_3N_4 等。颗粒的增韧效果虽比不上晶须和纤维，但制备工艺简单、成本低廉，常用的颗粒有 SiC、Si_3N_4 等。

3.4.1　纤维的强韧机制

1. 单向排布长纤维陶瓷基复合材料

纤维主要从以下三个方面使陶瓷强韧化（图 3-20）：①裂纹的扩展因纤维受阻，从而提高断裂强度；②基体与纤维界面的脱黏、桥联、拔出、断裂等消耗能量，强度和韧性同步提高；③纤维断裂不在同一平面，使裂纹转向，扩展阻力增加，使陶瓷韧性提高。其中纤维脱黏是纤维桥联、拔出的前提条件，要使纤维脱黏能够发生，要求纤维与基体的界面结合强度适中，当基体主裂纹扩展到界面时，首先发生界面脱黏，使主裂纹发生偏转，从而避免主裂纹直接通过纤维产生过早断裂。纤维拔出是纤维增韧最主要的机制，通过纤维拔出过程的摩擦耗能，使复合材料的断裂功增大，纤维拔出过程的耗能取决于纤维拔出长度和脱黏面的滑移阻力。如果滑移阻力过大，纤维拔出长度较短，增韧效果差；如果滑移阻力过小，尽管纤维拔出长度较长，但摩擦耗功较小，增韧效果不好，同时强度也较低。纤维拔出长度取决于纤维强度的分布、界面滑移阻力。为此在构建纤维增韧陶瓷基复合材料体系时，应考虑以下几点：

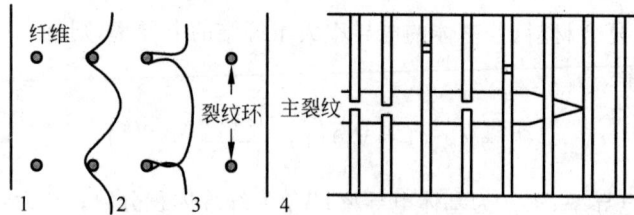

图 3-20　裂纹垂直于纤维方向扩展示意图

（1）合适的增强体纤维，因为复合材料的最大断裂强度是由纤维的强度决定的，所以纤维应具有较高的强度、弹性模量和较大的断裂应变，同时要求纤维强度具有一定的韦布尔（Weibull）分布；

（2）良好的界面结合，即纤维与基体陶瓷的界面具有良好的化学相容性和物理性能的匹配性；

（3）适中的界面性能，界面性能适中，满足界面脱黏的要求，滑移阻力适中，既能较好地传递载荷，又能有较长的纤维拔出，达到较好的增韧效果。

注意：单向排列纤维会使复合材料存在各向异性。

2. 多向排布纤维增强陶瓷基复合材料

可将纤维多向分布，如图 3-21 所示。纤维多向分布可实现复合材料的各向同性，但制备工艺复杂，分布不易均匀。纤维直线分布，可使纤维充分发挥最大的结构强度。通过改变纤维的根数和股数，相邻束的间距，织物的体积密度，以及纤维的总体积分数即可满足性能要求。短纤维与晶须相似，请见晶须的强韧机制（3.4.2节）。

3.4.2　晶须的强韧机制

晶须的强韧机制主要包括晶须桥联、晶须拔出与裂纹偏转，前两者为主因。

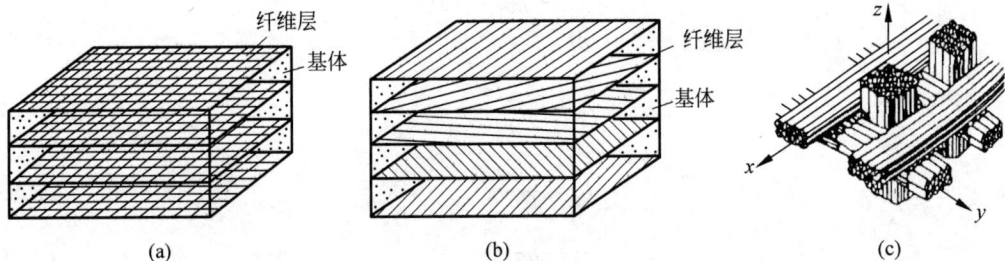

图 3-21 纤维的多向分布

（a）纤维布同向；（b）纤维布不同向；（c）纤维三维编织态

1. 晶须桥联

晶须桥联是指在基体出现裂纹后，晶须承受外界载荷并在基体裂纹相对的两面之间形成桥联结构（图 3-22），晶须因自身的弹性作用，产生了一个使基体闭合的作用力 $T(u)$，从而消耗外加载荷做功使材料韧性增加。闭合力的大小为

$$T(u) = \sigma_{wf} V_w \tag{3-83}$$

式中：$T(u)$ 为闭合力；V_w 为晶须体积分数；σ_{wf} 为晶须的断裂强度。

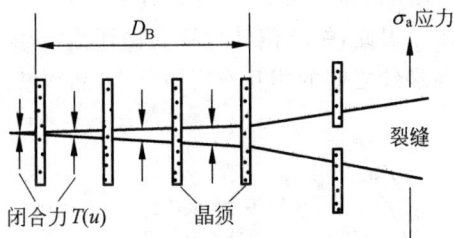

图 3-22 晶须的桥联强韧机制

桥联区的长度为

$$D_B = \frac{\pi r \nu \gamma_m E_c}{24(1-\nu^2)\gamma_i E_w} \tag{3-84}$$

式中：E_c 和 E_w 分别为复合材料与晶须的弹性模量；γ_m 和 γ_i 分别为基体与界面的断裂能。

晶须桥联对增韧的贡献为

$$\Delta K_B = \sigma_{wf}\sqrt{\frac{V_w r E_c \gamma_m}{6(1-\nu^2)E_w \gamma_i}} \tag{3-85}$$

由式（3-85）可知，提高晶须增韧的途径有：①增加晶须直径 $2r$；②增加晶须体积分数 V_w；③提高复合材料的弹性模量 E_c；④提高基体界面能 γ_m 等。

2. 晶须拔出

当晶须与陶瓷基体的界面结合强度（界面剪切强度）较低，或晶须自身较长（大于 $100\mu m$）时，晶须易被拔出，此时晶须拔出成了增韧的主要形式。晶须拔出时作用在晶须上的最大拉伸应力为

$$\frac{\mathrm{d}\sigma}{\mathrm{d}l} = \frac{2\tau_i}{r} \tag{3-86}$$

$$\sigma_t = \frac{2\tau_i l_c}{r} = \sigma_{wf} \tag{3-87}$$

$$l_c = \frac{\sigma_{wf} r}{2\tau_i} \tag{3-88}$$

$$\tau_i = \mu\sigma_n \tag{3-89}$$

式中：l_c 为晶须的拔出长度；τ_i 为界面剪切强度；μ 为界面滑动摩擦系数；σ_n 为作用于界面上的正应力。当界面剪切强度较低时，对应于所有垂直于裂纹面的晶须拔出对韧化的贡献为

$$\Delta K_{PO} = \sigma_{wf}\sqrt{\frac{\pi r V_w E_c}{2\tau_i}} \tag{3-90}$$

由式（3-90）可知，τ_i 较大时，晶须拔出对韧化贡献较小。

3. 裂纹偏转

裂纹在基体的传播过程中，晶须会对裂纹的扩展产生阻挡作用，使裂纹扩展方向发生偏转，从而干扰应力场，使裂纹尖端的应力集中程度降低，增加了裂纹扩展路径，如图 3-23 所示，起到了阻碍裂纹扩展的作用。因此，裂纹偏转增韧是由于裂纹偏转机制在起作用。裂纹偏转主要是由于增强体晶须与裂纹之间的相互作用而产生，晶须增强体的长径比越大，裂纹偏转增韧的效果越好。

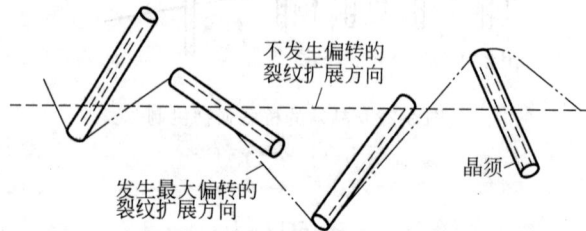

图 3-23　晶须的裂纹偏转强韧机制

4. 晶须强韧的影响因素

1）晶须直径

晶须含量一定时，对于一定的外加应力和晶须长度，作用在晶须上的界面剪切应力与拉伸应力的比随晶须直径的增加而线性增加。故随着晶须直径的增加，其剪切应力提高，不利于界面脱黏拔出，其增韧贡献下降。

2）晶须强度

晶须强度提高，增韧效果增强。

3）晶须表面化学特性

影响界面结合强度，晶须表面化学特性取决于晶须的表面特性、体系组成、制备工艺及基体与晶须间的作用。

4）体系组成

不同体系影响界面的残余应力，而界面的残余应力与界面滑移阻力密切相关。

5）基体的弹性模量

由式（3-85）或式（3-90）可知，E_c 提高，晶须桥联和晶须拔出对陶瓷增韧的贡献均有增加。

6）晶须表面涂层

涂层会影响界面结合强度，从而影响增韧机制，影响增韧效果。通过控制表面涂层，改变界面结合强度，当界面结合强度由高转低时，增韧机制由桥联增韧逐渐变为拔出增韧。

7）晶须的分散性

晶须在基体中分散性要好，否则晶须团聚，将严重影响整体的烧结过程，形成气孔和大缺陷的聚集区；此外，还会造成有的区域不含晶须，起不到晶须增韧的效果。

注意：（1）晶须因强度高、长度短，故与基体的界面结合长度短，拔出时也很少有断裂现象。此外，晶须较短，位向随机，相互间易桥联。

（2）晶须的拔出长度存在一个临界值 l_{PO}。

① 当晶须的某端距主裂纹距离小于这个临界值时，晶须从该端拔出，此时的拔出长度小于临界拔出长度 l_{PO}。

② 当晶须的两端到主裂纹的距离均大于临界拔出长度 l_{PO} 时，晶须在拔出过程中断裂，断裂长度仍小于临界拔出长度。

（3）界面结合强度直接影响晶须的增强和增韧，并存在一个最佳值。过高，晶须将与基体一起断裂，限制了晶须拔出，从而减少了晶须的拔出对增韧的贡献，但有利于载荷转移，提高了增强效果；过低，晶须的拔出功下降，对增韧、增强均不利。

（4）晶须是一种致癌物质，因此在使用或制备晶须的过程中应进行有效的自我保护。

3.4.3 颗粒的增韧机制

将颗粒引入脆性陶瓷，既可增强又可增韧，是一种最为简单常用的增韧手段。根据颗粒在增韧过程中是否发生相变，增韧机制分为相变增韧机制与非相变增韧机制。而非相变增韧机制又包括热膨胀失配增韧机制、应力诱导微裂纹区增韧机制、残余应力场增韧机制、颗粒的裂纹桥联增韧机制等四种。下面先讨论颗粒的非相变增韧机制。

1. 颗粒非相变增韧机制

1）热膨胀失配增韧机制

假定第二相颗粒为球形（图 3-24），且与基体不发生化学反应，在一无限大的基体中存在一球形颗粒，因与基体的热膨胀系数、弹性模量等存在差异，所以在冷却收缩时该颗粒将受到一个力 F 的作用：

$$F = \frac{2\Delta\alpha\Delta T E_m}{1 + \nu_m + 2(1 - 2\nu_p)\dfrac{E_m}{E_p}} \tag{3-91}$$

式中：$\Delta\alpha = \alpha_p - \alpha_m$；$\nu$ 和 E 分别为泊松比和弹性模量；p 代表颗粒；m 代表基体；ΔT 为材料降温过程中开始产生残余应力与冷却到室温之间的温差。

当忽略颗粒应变场之间的相互作用，即仅考虑一个颗粒的应变场时，该内应力将在基体中到颗粒中心 O 的距离为 R 的 A 处产生正应力（径向）σ_r 和切向应力 σ_τ。

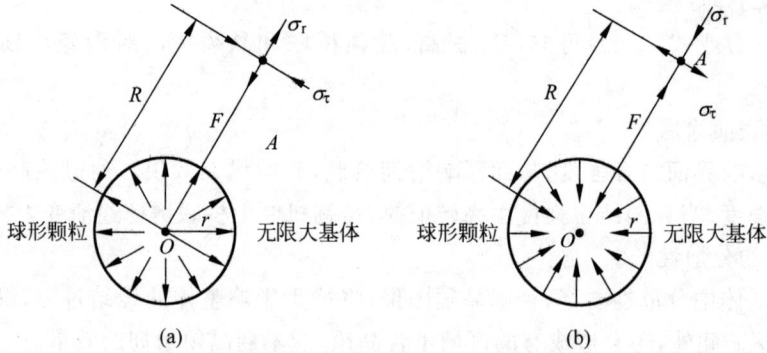

图 3-24　球形颗粒在基体中引起的残余应力

(a) $\Delta\alpha = \alpha_p - \alpha_m > 0$；(b) $\Delta\alpha = \alpha_p - \alpha_m < 0$

$$\sigma_r = F\left(\frac{r}{R}\right)^3 \tag{3-92}$$

$$\sigma_\tau = -\frac{1}{2}F\left(\frac{r}{R}\right)^3 \tag{3-93}$$

式中：r 为颗粒半径；R 为应力场中某点 A 至颗粒中心 O 的距离。

当 $\Delta\alpha > 0$，即颗粒的热膨胀系数大于基体的膨胀系数时，$F > 0$。由式(3-92)和式(3-93)得 $\sigma_r > 0$，$\sigma_\tau < 0$。表明在第二相颗粒内产生等静拉应力，基体径向处于拉伸状态，切向处于压缩状态，即在环绕颗粒的基体中产生径向拉应力和周向压应力。当应力足够大时，将在基体中产生具有收敛性的周向微裂纹。

当 $\Delta\alpha < 0$ 时，$F < 0$，$\sigma_r < 0$，$\sigma_\tau > 0$，表明在第二相颗粒内产生等静压应力，基体径向处于压缩状态，切向处于拉伸状态，即在环绕颗粒的基体中产生径向压应力和周向拉应力。当应力足够大时，将在基体中产生具有发散性的径向微裂纹。

注意：

(1) 颗粒中等静拉应力和等静压应力均是在室温下存在的；高温时颗粒膨胀量大于基体($\Delta\alpha > 0$)，但颗粒中不产生内应力；冷却时颗粒收缩量大产生等静拉应力。

(2) 由于热失配，在第二相颗粒及周围基体产生残余应力场。

(3) σ_r 和 σ_τ 的大小均与 $\left(\frac{r}{R}\right)^3$ 有关。

(4) 第二相颗粒产生的残余应力场 F 与第二相颗粒的粒径 r 无关。

由于 σ_r 和 σ_τ 的大小均与 $\left(\frac{r}{R}\right)^3$ 成正比，因此，当粒径 r 增加时，σ_r 和 σ_τ 将显著增大。

一旦粒径高于某一临界值时，基体中的残余应力将足够大，在 $\Delta\alpha > 0$ 时，会产生周向微裂纹，而在 $\Delta\alpha < 0$ 时，则产生径向微裂纹。

临界值的大小取决于与微开裂相关的断裂能的大小。故需考虑颗粒及基体中储存的弹性应变能 U_p 和 U_m。

$$U_p = 2\pi\frac{F^2(1-2\nu_p)r^3}{E_p} \tag{3-94}$$

$$U_m = \pi \frac{F^2 (1 + \nu_m) r^3}{E_m} \tag{3-95}$$

储存的总弹性应变能为

$$U_{SE} = U_p + U_m = 2\pi k F^2 r^3 \tag{3-96}$$

式中：$k = \dfrac{1 + \nu_m}{2E_m} + \dfrac{1 - 2\nu_p}{E_p}$；$F$ 为残余应力。

现有理论表明：当 E_m 与 E_p 相当时，不论 $\Delta\alpha$ 正负，都能收到增韧效果。

对于单晶细晶陶瓷，增韧机制主要靠裂纹偏转，断裂方式主要是裂纹沿晶界扩展，引入第二相后，将产生更大的偏转，消耗更多的断裂能，从而有更好的增韧效果。

当 $\alpha_p > \alpha_m$ 时，由于基体中的压应力 σ_τ 和拉应力 σ_r 的共同作用，当裂纹靠近颗粒时，并不是直接向颗粒方向扩展，而是在基体中沿着 σ_τ 方向扩展，绕过颗粒后，又沿原方向扩展，这样增加了裂纹的扩展路径，加大了扩展阻力，从而起到增韧的作用，如图 3-25 所示。

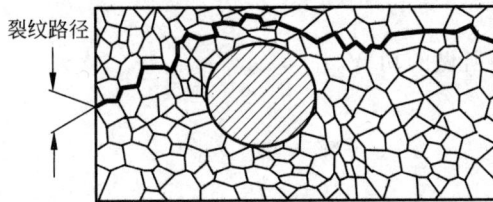

图 3-25 $\Delta\alpha = \alpha_p - \alpha_m > 0$ 时裂纹扩展路径

注意：在颗粒直径与基体晶粒直径相近时，残余应力场引起的裂纹偏转较小；当颗粒直径比基体晶粒直径大很多时，偏转路径更大，增韧效果更好。

当 $\alpha_p < \alpha_m$ 时，由于基体周向拉应力 σ_τ 和径向压应力 σ_r 的共同作用，当裂纹遇到颗粒时，裂纹将沿着原方向向颗粒与基体的界面扩展，且周向拉应力 σ_τ 还会促使裂纹向界面处扩展，在裂纹尖端扩展至界面处，如果裂纹尖端的集中应力小于界面结合力和颗粒自身的断裂强度，裂纹停止扩展，界面起到阻止钉扎的作用。若外载进一步加大，裂纹会继续扩展，此时的裂纹扩展路径有两种可能：①穿晶扩展，如图 3-26(a) 所示；②沿晶界（或相界），绕过颗粒后继续扩展，如图 3-26(b) 所示。到底是哪种路径，主要取决于平衡状态裂纹扩展的能量消耗量。

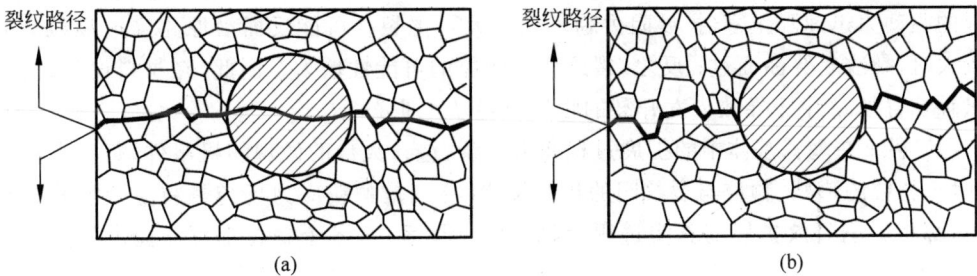

图 3-26 $\alpha_p < \alpha_m$ 时复合材料中裂纹的扩展路径

(a) 裂纹穿晶；(b) 裂纹沿晶

如果不考虑应力场在裂纹扩展过程中的作用，并假设颗粒为球形，且刚好处在某一主裂纹的延长线上，此时，裂纹穿过时需克服两方面的阻碍：

（1）颗粒开裂产生新生表面所需的表面能 γ_p；

（2）克服颗粒内等静压力所做的功 W_1。

即

$$\gamma_p = 2\pi r^2 \gamma_{sp} \tag{3-97}$$

$$W_1 = \frac{1}{2}\pi F r^2 u_1 \tag{3-98}$$

式中：γ_{sp} 为颗粒平均表面能；u_1 为裂纹在颗粒内张开的距离。

则裂纹穿过颗粒外加应力需做的总功为

$$W_t = \gamma_p + W_1 = 2\pi r^2 \gamma_{sp} + \frac{1}{2}\pi F r^2 u_1 \tag{3-99}$$

当裂纹在基体界面扩展时，也需克服两方面的阻碍：

（1）界面断裂能 γ_b；

（2）克服界面压应力所做的功 W_2。

即

$$\gamma_b = 4\pi r^2 \gamma_{int} \tag{3-100}$$

$$W_2 = \frac{1}{3}\pi F r^2 u_2 \tag{3-101}$$

式中：γ_{int} 为界面单位面积的断裂能；u_2 为裂纹在界面处张开的距离。

则裂纹沿两相界面扩展时，外加应力需做的总功为

$$W_i = \gamma_b + W_2 = 4\pi r^2 \gamma_{int} + \frac{1}{3}\pi F r^2 u_2 \tag{3-102}$$

单相材料时，界面断裂能一般比晶体表面能小一半以上；双相材料时，界面断裂能比晶体表面能小得更多，即 $\gamma_p \gg \gamma_b$。

由于陶瓷材料的弹性应变很低（小于 0.1%），故可以假定裂纹在界面处张开的距离近乎相等，即 $u_1 \approx u_2$，再比较式（3-98）和式（3-101）可得 $W_1 > W_2$。因此 $W_t > W_i$，故裂纹更易沿相界面扩展。

注意：

（1）当颗粒直径较大时，主裂纹扩展至晶界发生偏转，且一旦界面产生次生裂纹，裂纹扩展的驱动力迅速降至零（扩展阻力趋于无穷大），主裂纹可能反而沿原路穿过颗粒。故颗粒较大时，裂纹易穿晶而过；反之，裂纹绕过颗粒的可能性增大。因此，在材料设计时，一般要求颗粒直径 d 小于导致自发开裂的临界直径 d_c，即 $d < d_c$。

（2）裂纹在陶瓷基体中的扩展过程非常复杂，包含大量的微观随机事件，每一颗粒所处的环境、颗粒的形状、颗粒与裂纹间的相对位置，特别是颗粒应力场与颗粒应变场间的相互作用，都将影响裂纹扩展的真实过程，因此，同一体系中，各个颗粒都可能提供不同的增韧机制。

（3）如果 $\alpha_p \approx \alpha_m$，则颗粒的残余应力场就很小，此时弹性模量 E 将起决定作用。当 $E_p > E_m$ 时，在颗粒周围的很小范围内，产生与外应力方向一致的应力集中，并引起裂纹沿颗粒与基体的相界面扩展。此时选用较大颗粒对实现裂纹偏转有利。

2) 应力诱导微裂纹区增韧机制

当 $\Delta\alpha<0,d<d_c$（颗粒临界直径）时，由于外加应力的作用，在扩展中的裂纹尖端附近将出现一个微裂纹区，如图 3-27 所示。且产生应力诱导微裂纹开裂时，第二相颗粒的直径应在最小直径与临界直径之间，即 $d_{min}<d<d_c$。

d_c 与 d_{min} 的大小分别为

$$d_c=\frac{40\gamma_{int}}{E_m(e^T)^2} \qquad (3\text{-}103)$$

$$d_{min}=\frac{17\gamma_{int}}{E_m(e^T)^2} \qquad (3\text{-}104)$$

式中，e^T 是由于膨胀系数不同引起的应变，大小为 $3\Delta\alpha\Delta T$。

图 3-27 应力诱导微裂纹区

当 $d>d_c$ 时，材料从制造温度冷却到室温将产生自发开裂；当 $d<d_{min}$ 时，外加应力不能在裂纹尖端诱发微裂纹；当 $d_{min}<d<d_c$ 时，可产生微裂纹的宽度为

$$h=\frac{8}{\pi}\left[\frac{K}{(d_c/d-1)E_me^T}\right]^2 \qquad (3\text{-}105)$$

式中，K 为应力强度因子。h 远小于裂纹长度 c，即 $h\ll c$，由此可导出在引入均匀颗粒时的断裂能为

$$\gamma=\frac{4V_pK^2}{\pi E_m(d_c/d-1)}+\gamma_0 \qquad (3\text{-}106)$$

式中：V_p 为颗粒的体积分数；γ_0 为本征断裂能。当裂纹扩展使应力强度因子达到临界值 K_c 时，有

$$K^2=K_c^2=E\gamma \qquad (3\text{-}107)$$

则

$$\frac{\gamma}{\gamma_0}=\frac{1}{1-\delta} \qquad (3\text{-}108)$$

$$\delta=\frac{4V_p}{\pi(d_c/d-1)} \qquad (3\text{-}109)$$

导致自发微开裂的颗粒临界尺寸为

$$d_c=\frac{\delta K_{IC}^2\left[\frac{1}{2}(1+\nu_m)+(1-\nu_p)\right]}{(E_m\Delta\alpha\Delta T)^2} \qquad (3\text{-}110)$$

式中：K_{IC} 为微开裂区的断裂韧性；δ 为 2～8 的常数，$\delta=\frac{4V_p}{\pi(d_c/d-1)}$，$V_p$ 为颗粒体积分数。

注意：①在 $d_{min}<d<d_c$ 时，裂纹尖端会产生微裂纹，但在 d_c 较小时，产生微裂纹的颗粒直径 d 也很小，此时颗粒易团聚成大颗粒，当团聚颗粒直径大于 d_c 时，导致冷却过程自发开裂。这是某些颗粒增强陶瓷基复合材料的韧性提高而强度下降的主要原因。②增加颗粒体积分数 V_p 和加入超过 d_{min} 的尺寸较大的颗粒，可以提高应力诱导开裂增韧效果，但过

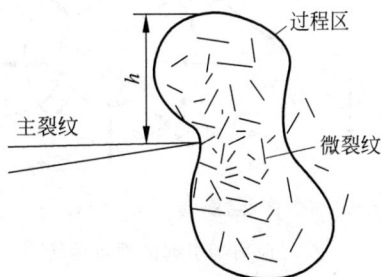

度增加颗粒体积分数和直径,易导致微裂纹的连通,反而对材料的强度不利。

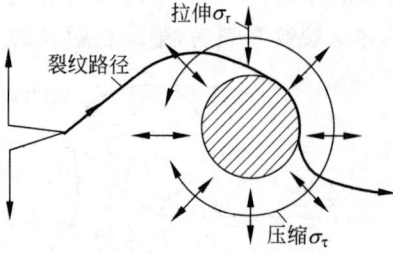

图 3-28　$\alpha_p > \alpha_m$ 时残余
应力场引起的裂纹偏转

3）残余应力场增韧机制

当第二相颗粒的直径小于 d_{min} 时,外加应力不能导致微裂纹增韧,但可通过裂纹尖端与颗粒周围应力场的相互作用产生裂纹偏转而增韧,即残余应力场增韧机制,如图 3-28 所示。

颗粒陶瓷基复合材料中存在周期性的残余应力场。复合材料的断裂韧性为

$$K_{IC} = K_{I0} + 2q\sqrt{\frac{2D}{\pi}} \tag{3-111}$$

式中:K_{I0} 为基体的临界强度因子;D 为压应力区长度,对均匀半径,$D = \lambda - d$,λ 为相邻颗粒的间距,$\lambda = 1.085d/(V_p)^{1/2}$;$q$ 为基体内的平均应力场,大小为

$$q = \frac{2E_m\nu_p\beta\varepsilon}{A} \tag{3-112}$$

其中的 ε 为由于线膨胀系数之差在颗粒内部引起的应变,A 和 β 分别为

$$A = (1-\nu_p)(\beta+2)(1+\nu_m) + 3\beta V_p(1-\nu_m) \tag{3-113}$$

$$\beta = \frac{(1+2\nu_m)E_p}{E_m(1-2\nu_p)} \tag{3-114}$$

断裂韧性的增加值 $\Delta K_{IC} = K_{IC} - K_{I0}$ 的表达式为

$$\Delta K_{IC} = 2\left(\frac{2E_m\nu_p\beta\varepsilon}{A}\right)\left[\frac{2d(1.085-\nu_p^{1/2})}{\nu_p^{1/2}}\right]^{1/2} \tag{3-115}$$

当取一定的 ν_p 时,ΔK_{IC} 与颗粒直径的平方根成正比,因此,对于残余应力场增韧而言,增加颗粒直径有利于提高增韧效果,但前提条件是 $d < d_{min}$。

4）颗粒的裂纹桥联增韧机制

裂纹桥联发生在裂纹尖端后方,由某纤维状结构单元(称为桥联体,如纤维、晶须、棒状晶粒或细长晶粒)连接裂纹的两个表面,并提供一个使裂纹面相互靠近的力 $T(u)$,$T(u)$ 即裂纹闭合力。这样导致应力强度因子随裂纹扩展而增加。颗粒有脆性与延性之分,桥联时呈现出不同的特性。

（1）脆性颗粒。

当裂纹遇上脆性颗粒时,可使其穿晶断裂(第 1 颗粒),也可沿晶界扩展(第 2 颗粒),而第 3、第 4 颗粒则为裂纹桥联。增韧值与桥联体粒径的平方根成正比,推导过程如下。

设裂纹尖端的断裂韧性为 K_D,裂纹根部桥联产生的平均闭合力为 $T(u)$,如图 3-29 所示。

因应力强度因子具有加和性,外加应力强度因子 K_A 与由裂纹长度决定的断裂韧性 K_{RC} 相平衡,即

$$K_A = K_{RC} = K_D + K^{cb} = E_c(J_0 + \Delta J^{cb})^{1/2} \tag{3-116}$$

式中:K^{cb} 为平均闭合力导致的增韧值;E_c 为复合材料的弹性模量;J_0 为复合材料裂纹

尖端的能量耗散率；ΔJ^{cb} 为裂纹桥联导致的附加能量耗散率，且

$$\Delta J^{cb} = 2\nu \int_0^u T(u)\,\mathrm{d}u \tag{3-117}$$

$u_{\max}$ 为桥联区裂纹张开的最大距离（在最后一个桥联体处），对沿晶断裂方式，假设桥联颗粒的一半被拔出时失去桥联作用，即 $u_{\max} = \dfrac{d}{2}$，对式（3-117）积分得

$$\Delta J^{cb} = \frac{1}{2} A^{gb} \tau^{gb} d \tag{3-118}$$

式中：A^{gb} 为桥联颗粒的体积分数；τ^{gb} 为每个桥联颗粒拔出时所需的摩擦剪应力。

将式（3-118）代入式（3-116），可知裂纹桥联增韧值与桥联体粒径的平方根成正比。

（2）延性颗粒。

延性是物理术语，指材料的结构、构件或构件的某个截面从屈服开始到达最大承载能力，或到达以后而承载能力还没有明显下降期间的变形能力。当裂纹遇到延性颗粒时，复合材料的断裂韧性可明显提高。图 3-30 为延性颗粒裂纹桥联模型示意图。第 1、第 2 颗粒为穿晶断裂；第 3 颗粒为塑性变形并桥联了裂纹；第 4 颗粒也桥联了裂纹，但未发生塑性变形。裂纹尖端至其后方的距离 D 之间，桥联的颗粒产生了使裂纹闭合的力。

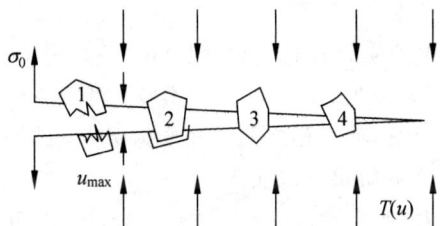

图 3-29　脆性颗粒桥联模型　　　　图 3-30　延性颗粒裂纹桥联模型

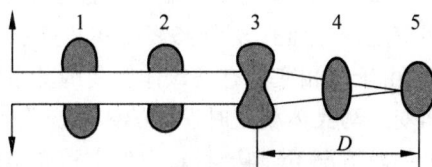

延性颗粒的增韧机制包括：裂纹尖端屏蔽，主裂纹周围微开裂，裂纹延性桥联。

裂纹尖端屏蔽是由于裂纹尖端的塑性变形消耗能量增韧；主裂纹周围微开裂则是由于微裂纹消耗能量增韧；裂纹延性桥联也是靠桥联颗粒的塑性变形消耗能量增韧。

断裂韧性的表达式为

$$K_{IC} = K_{cm} + K_b + K_s \tag{3-119}$$

式中：K_{cm} 为基体的临界断裂因子；K_b 为延性颗粒桥联增韧值；K_s 为塑性变形过程区的增韧值，

$$K_s = \frac{0.31 E_m e^T \sqrt{w}(1-2\nu_p)}{1-\nu_p^2} \tag{3-120}$$

式中，w 为塑性变形过程区的宽度。

当基体与延性颗粒的线膨胀系数和弹性模量均相等时，利用裂纹延性桥联可以达到最佳的增韧效果。

2. 相变增韧机制

由于材料的断裂过程一般要经历弹性变形、塑性变形、裂纹形核与扩展等过程，只是某个阶段所经历的时间长短不同。因此，为了增韧，只有尽可能提高其断裂能。对金属而言，

塑性功是断裂能的主要部分，而陶瓷材料主要是靠共价键和离子键结合，晶体结构较为复杂，室温下几乎没有可动位错，塑性功很小，故需通过其他途径来增加陶瓷材料的断裂能，第二相颗粒的马氏体型相变即有效途径之一，能发生相变的颗粒有 SiO_2、ZrO_2 等。但能发生马氏体型相变的是 ZrO_2，因此本节仅介绍 ZrO_2 颗粒在陶瓷基复合材料中的相变增韧机制。

1）ZrO_2 相变增韧机制

从低温到高温，ZrO_2 依次经历 3 种同质异构转变。

单斜相 m（monoclinic；$a_m = 0.51507$nm，$b_m = 0.52028$nm，$c_m = 0.53156$nm；$\beta = 99.194°$，$\alpha = \gamma = 90°$；稳定温度范围：0～1205℃）

↓

四方相 t（tetragonal；$a_t = 0.5071$nm$=b_t$，$c_t = 0.5188$nm；$\beta = \alpha = \gamma = 90°$；稳定温度范围：1205～2377℃）

↓

立方相 c（cubic；$a_c = b_c = c_c = 0.5117$nm；$\beta = \alpha = \gamma = 90°$；稳定温度范围：2377～2710℃）

即

$$\text{m-ZrO}_2 \underset{950℃}{\overset{1170℃}{\rightleftharpoons}} \text{t-ZrO}_2 \overset{2370℃}{\rightleftharpoons} \text{c-ZrO}_2 \rightleftharpoons \text{L}$$

在 ZrO_2 由高温到低温的降温过程中，同样发生同质异构转变（c→t→m）。其中 t→m 的相变过程伴随有 3%～5% 的体积膨胀，加热至 1170℃ 时，m-ZrO_2→t-ZrO_2，将发生体积收缩，由于该相变具有马氏体转变的基本特征，故称 t 相与 m 相之间的相变为 ZrO_2 的马氏体相变。马氏体相变时发生的体积变化使 ZrO_2 的增韧效果得以实现。

一般情况下，陶瓷材料中发生相变会引起内应力，产生裂纹，导致材料开裂，因此，在陶瓷材料中一般视相变为不利因素，应尽量避免。但在特定情况下，可通过相变增韧陶瓷。ZrO_2 的相变增韧即通过四方相向单斜相马氏体转变来实现陶瓷增韧的。马氏体相变是一级相变，具有以下特征：

（1）无成分变化（非扩散型转变）。原子的配位数不变，原子位移一般不超过一个原子间距，相变无热、无扩散，相变激活能小，相变速度快，接近声速，比裂纹扩展速度快 2～3 倍，为吸收断裂能和增韧提供了必要条件。

（2）有体积变化。同质异构体的比体积不同，相变时伴有体积变化。降温相变（t→m），体积膨胀；反之，升温相变（m→t），体积收缩。

（3）相变具有可逆性，并受体积变化与切应变所产生的应变能的影响。故有一温度区间，而非一个温度点，如图 3-31 所示。

马氏体转变为四方相到单斜相：在一定的温度范围内进行（$T_{Ms} \sim T_{Mf}$）。$T_{Ms} = 920℃$，$T_{Mf} = 700℃$，加热时发生可逆转变，（$T_{Ts} \sim T_{Tf}$）。ZrO_2 为单元系，两相平衡时，由相律得自由度应为零，但有一个转变温度范围，因为

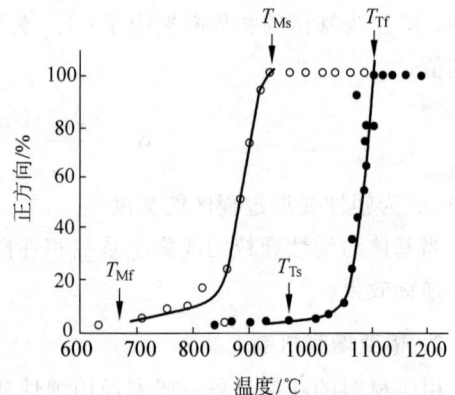

图 3-31　ZrO_2 可逆马氏体相变的温度范围

转变时有体积变化,产生应力,故相率 $f=C-P+1$ 应为 $f=C-P+2$。

由图 3-31 可知:升温至 1170℃时,m→t,单斜结构转变为四方结构,体积收缩;在冷却至 950℃时,t→m,四方结构变为单斜结构,体积膨胀;两者的转变温度不同,表明有多晶转变的滞后现象。

ZrO_2 增韧是靠其从四方相到单斜相发生马氏体相变、引起体积膨胀实现的。

2）应力诱导马氏体相变增韧

高温相 t-ZrO_2 在向低温相 m-ZrO_2 转变过程中,由于发生马氏体相变,体积膨胀 3%～5%,使得未转变的 t-ZrO_2 受压,或原基体中业已存在足够的压应力,使 ZrO_2 的马氏体相变受到抑制而停止,部分未转变的高温相 t-ZrO_2 保留至室温。此外,由于相变温度随颗粒尺寸的减小而降低,故当颗粒尺寸足够小时,其相变温度可能降到室温以下。此时,高温相同样也可保留至室温。因此,只要对高温相 t-ZrO_2 存在足够的压应力,或 t-ZrO_2 的粒度又足够细,均可使马氏体的相变温度降至室温以下,实现高温相 t-ZrO_2 在室温下存在。若所有高温相未发生马氏体相变,全部保留至室温,称为全稳定相 ZrO_2;若仅有部分高温相保留至室温,则称部分稳定相 ZrO_2。一旦高温相在室温下存在的条件被破坏,如基体中产生拉应力,使压应力得到松弛,高温相 t-ZrO_2 将发生马氏体相变,转变成 m-ZrO_2,导致体积膨胀,并在基体中产生微裂纹。主裂纹尖端是应力集中区,如图 3-32 所示,强大的拉应力使尖端处的四方结构高温相发生马氏体相变,转变成单斜结构的低温相,并伴有体积膨胀,消耗裂纹尖端弹性应变能,从而使裂纹尖端弥合,集中的应力得以释缓,裂纹的扩展得到阻止;基体膨胀在基体中产生的微裂纹也要吸收部分主裂纹扩展的能量,再加上相变本身也要消耗能量,所有这些均有利于材料韧性的提高。

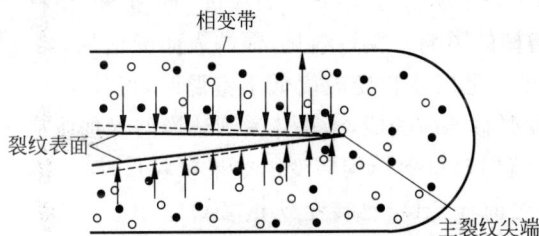

• 表示马氏体相变了的 m-ZrO_2;○ 表示未马氏体相变的 t-ZrO_2。

图 3-32 相变增韧示意图

由单位体积的四方相向单斜马氏体转变的自由能变化为

$$\Delta G_{t\to m} = -\Delta G_{ch} + \Delta G_{str} + \frac{S}{V}\Delta G_{sur} \tag{3-121}$$

式中:$\Delta G_{t\to m}$ 为单位体积 t-ZrO_2 向 m-ZrO_2 转化引起的自由能变化;V 和 S 分别为与相变相关的体积和表面积;ΔG_{ch} 为 t-ZrO_2 与 m-ZrO_2 之间的化学自由能差;ΔG_{str} 为相变弹性应变能的变化;ΔG_{sur} 为单斜相与基体的界面能和四方相与基体的界面能之差。

当外力诱导四方向单斜转变时,单位体积自由能的变化为

$$\Delta G_{str} + \frac{S}{V}\Delta G_{sur} - \Delta G_{ext} = -\Delta G_{ch} - \Delta G_{ext} + \Delta G_{barrier} \tag{3-122}$$

式中:ΔG_{ext} 为外加应力作用能密度;$\Delta G_{barrier}$ 为表面能与应变能之和。

激发相变所需的临界应力为

$$\sigma_c = \frac{-\Delta G_{ch} + \Delta G_{barrier}}{\varepsilon^t} \tag{3-123}$$

式中：ε^t 为四方相变膨胀应变；ΔG_{ch} 为相变驱动力，指四方相与单斜相化学自由能之差；$\Delta G_{barrier}$ 为相变阻力，指相变弹性应变与表面能之和。

当 ΔG_{ch} 不足以克服 $\Delta G_{barrier}$ 的抵制作用时，ZrO_2 发生相变只能借助于外力。因此，陶瓷基体中，$\Delta G_{barrier}$ 的存在有利于断裂能的提高。为此，可通过引入稳定剂（Y_2O_3、CeO_2、MgO 等）降低 ΔG_{ch}，从而使 ZrO_2 以四方相存在，或通过分散四方相 ZrO_2 细化其晶粒，提高 ZrO_2 马氏体相变应变能和表面能，增加相变阻力，也可使 ZrO_2 以四方相存在。因为相变的条件为 $\Delta G_{t \to m} \leqslant 0$，即

$$-\Delta G_{ch} - \Delta G_{ext} + \Delta G_{barrier} \leqslant 0 \tag{3-124}$$

可改写为

$$\Delta G_{ext} \geqslant -\Delta G_{ch} + \Delta G_{barrier} \tag{3-125}$$

故相变的应力条件为

$$\sigma_c = \frac{-\Delta G_{ch} + \Delta G_{barrier}}{\varepsilon^t} \tag{3-126}$$

注意：

（1）含有介稳四方相 ZrO_2 的陶瓷受力产生裂纹时，裂纹尖端的应力为张应力，介稳四方相 ZrO_2 的四周为压应力，两者相互作用，降低了四周对 ZrO_2 的压应力，触发 t-ZrO_2 向 m-ZrO_2 马氏体转变，并伴有体积膨胀，消耗裂纹尖端的弹性应变能，使裂纹尖端的应力集中度下降，相当于增加了一个闭合力，阻止了裂纹进一步扩展，使材料的韧性提高。

（2）颗粒尺寸对增韧的影响。颗粒细化，颗粒表面能增加，相变阻力增加，相变温度下降，当 ZrO_2 颗粒尺寸小到足以使相变温度低于室温时，可使 t-ZrO_2 保持到常温。这样陶瓷基体中就储存了相变弹性压应变能，当基体受到适当的外加张应力时，其对 ZrO_2 的束缚得以缓释，将发生四方结构向单斜结构转变。如果颗粒尺寸较大，则其相变温度在常温以上，那么在冷却至室温之前，t-ZrO_2 已转变成 m-ZrO_2。

（3）基体的化学组分。能溶于 ZrO_2 中的掺杂物都或多或少地减小 ZrO_2 的相变自由能差，即降低相变驱动力，使相变温度下降，有利于增韧。

（4）t-ZrO_2 相的含量。t-ZrO_2 相的含量越高，可相变的 ZrO_2 相越多，相变的断裂韧性越高。这与稳定剂的加入量有关，如不加稳定剂，即使颗粒尺寸小至 $0.025\mu m$，可相变的 t-ZrO_2 量仍然很少。另外，需特别指出的是，并非所有的 t-ZrO_2 都能发生马氏体相变。研究表明，t-ZrO_2 相变还与结晶取向、结晶结构以及在晶体中的位置有关。例如，在 t-ZrO_2 增韧 Al_2O_3 陶瓷中，包裹在 Al_2O_3 晶粒内的 t-ZrO_2 最难相变，处于晶界交叉位置的次之，相邻还有 t-ZrO_2 在一起的更次之，而多颗粒聚集在一起的 t-ZrO_2 则最易相变。包裹在 Al_2O_3 晶粒内的 t-ZrO_2 很难得到松弛，故最难相变；而聚集态的 t-ZrO_2 由于处在最弱的抑制状态，故也最易相变。

3）相变诱发微裂纹增韧

介稳相 t-ZrO_2 马氏体转变为 m-ZrO_2 时体积膨胀，在基体中产生微裂纹。这样无论是 ZrO_2 陶瓷在冷却过程中产生的相变诱发微裂纹，还是在主裂纹尖端处的应力集中诱发相变

导致的微裂纹,都将起到分散主裂纹尖端能量的作用,从而提高了材料的断裂能,该种增韧称为微裂纹增韧。

在含介稳相 t-ZrO$_2$ 的陶瓷复合材料中,主裂纹的尖端一般有一个较大范围的相变诱导微裂纹区,如图 3-33 所示。此时,通过减小 t-ZrO$_2$ 相的尺寸,并适当控制颗粒分布状态和粒径尺寸范围,就可有效阻止裂纹的扩展,提高陶瓷材料的韧性。

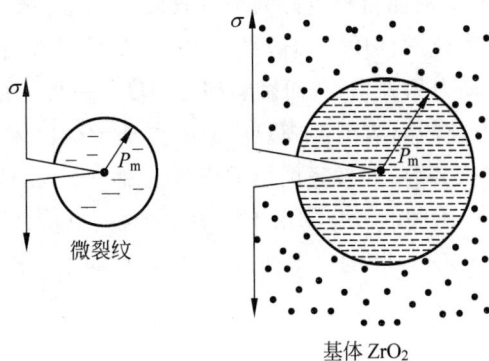

图 3-33　含 ZrO$_2$ 陶瓷基体中的主裂纹尖端的相变诱发微裂纹区

总之,微裂纹的增韧机制是通过弥散分布在陶瓷基体中的介稳相 t-ZrO$_2$ 在一定条件下发生马氏体相变,体积膨胀,由之诱发弹性压应变能或诱发微裂纹,从而吸收主裂纹的能量,阻碍主裂纹扩展,达到韧化、提高强度的目的。

因此,合理控制弥散粒子 t-ZrO$_2$ 的相变过程对增韧效果十分重要。主要从以下几方面着手。

(1) 控制弥散粒子 ZrO$_2$ 的尺寸。因为粒子尺寸决定其相变温度,尺寸越小,相变温度越低。当粒子的相变温度为正常相变温度(1100℃左右)时,该粒子的尺寸称为正常相变临界尺寸。同理称粒子相变温度为室温时的尺寸为室温相变临界尺寸。①若粒子尺寸高于正常相变所对应的临界尺寸,则所有介稳相 t-ZrO$_2$ 均已发生马氏体相变。室温时,陶瓷基体中 ZrO$_2$ 均以马氏体相 m-ZrO$_2$ 存在,并已产生大量的微裂纹。由于此时的马氏体相变是突发性的,故微裂纹的尺寸也较大,虽会导致主裂纹在扩展过程中分岔,但对陶瓷基体的韧性提高作用不大。②若粒子尺寸介于室温相变临界尺寸与正常相变临界尺寸之间,陶瓷基体会有相变诱发诱导微裂纹,陶瓷材料的韧性明显提高。③若粒子尺寸小于室温相变临界尺寸,陶瓷基体不含有相变诱导微裂纹,而存在相变弹性压应变能。只有当陶瓷基体受到外力作用时,克服相变应变能对主裂纹扩展所起的能垒作用,t-ZrO$_2$ 粒子发生马氏体相变,并诱发微裂纹。由于相变弹性应变能和微裂纹的作用,陶瓷基体的韧性有较大提高,其强度也有相应提高。

(2) 控制弥散粒子 ZrO$_2$ 的粒径范围。由于粒径决定其相变温度,所以当粒径分布范围较宽时,其相变温度范围也较宽,相变诱发微裂纹过程变得更加复杂。实践表明,不同的粒径范围对应不同的韧化机制,因此,应尽量减小粒径的分布范围。

(3) 弥散粒子的最佳体积分数和弥散程度。一般而言,弥散粒子的体积分数提高,可以提高韧化作用区的能量吸收密度,但过高会导致粒子聚集,微裂纹合并,降低韧化效果。因此,粒子体积分数应控制在一最佳值。同样,粒子分布不均匀时,基体中会出现局部含量过高,甚至聚集,或含量不足等现象,且均匀弥散是粒子最佳体积分数发挥作用的前提。

（4）陶瓷基体与弥散粒子线膨胀系数的匹配。弥散粒子与基体的线膨胀系数相近时,一方面可以保持基体与 ZrO_2 粒子在冷却过程中的界面结合力,另一方面又能在 t-ZrO_2 向 m-ZrO_2 转变时诱发微裂纹,从而得到更好的增韧效果。

（5）弥散粒子 ZrO_2 的化学性质。弥散粒子 ZrO_2 的化学组分决定其相变前后的化学自由能差,决定了相变驱动力的大小,从而影响相变温度。一般采用氧化物与固溶剂使亚稳的高温相保存至室温。有效的固溶剂需满足:①阳离子半径比较小;②具有立方结构,对阳离子配位数为8;③能与 ZrO_2 在较宽的组成温度范围内形成稳定的萤石型固溶体;④在 ZrO_2 中的溶解变化较大。不同的氧化物由于阳离子半径、电荷、浓度以及氧化物的晶体结构等特性的不同,影响着 t-ZrO_2 相的稳定性、结晶形态和加工工艺,从而影响其显微结构和力学性能。

本章小结

复合材料主要由基体、增强体及两者的结合界面三大要素组成。由组分相（基体、增强体）的合理设计、组分相间的复合机理（复合效应与增强原理）构成了复合材料的复合理论。复合材料设计不同于传统材料的设计,也不同于冶金设计,主要包括安全设计、单项性能设计、等强度设计、等刚度设计、优化设计等。设计新途径主要有复合材料的一体化设计,复合材料的软设计,复合材料的宏观、细观（介观）及微观设计以及复合材料的虚拟设计等。之所以进行复合,关键是存在复合效应,可以实现一些单组分不具有的性能。复合效应主要包括线性和非线性两大类,其中线性效应包括平均效应、平行效应、相补效应和相抵效应,非线性效应包括相乘效应、诱导效应、共振效应和系统效应。复合材料的增强主要有颗粒增强、纤维增强、晶须增强以及颗粒与纤维复合增强。其中颗粒常用于金属基体和高分子基体增强,而颗粒也可用于陶瓷增韧,纤维一般用于高分子基体增强,晶须主要用于陶瓷增韧。

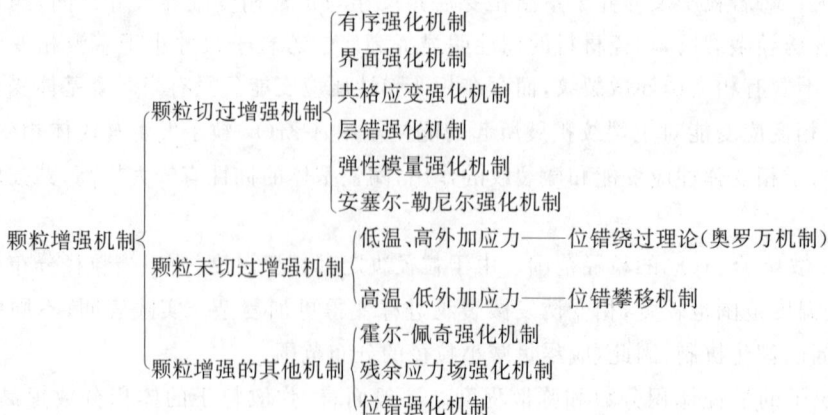

颗粒增强机制
- 颗粒切过增强机制
  - 有序强化机制
  - 界面强化机制
  - 共格应变强化机制
  - 层错强化机制
  - 弹性模量强化机制
  - 安塞尔-勒尼尔强化机制
- 颗粒未切过增强机制
  - 低温、高外加应力——位错绕过理论（奥罗万机制）
  - 高温、低外加应力——位错攀移机制
- 颗粒增强的其他机制
  - 霍尔-佩奇强化机制
  - 残余应力场强化机制
  - 位错强化机制

$$\begin{cases} E_c = E_f V_f + E_m V_m \\[2mm] \sigma_{cu} = \sigma_{fu} V_f + (\sigma_m)_{\varepsilon_f} (1 - V_f) \\[2mm] E_T = \dfrac{1 + \xi \eta V_f}{1 - \eta V_f} \\[4mm] \sigma_{Tcb} = \dfrac{\sigma_{mb} E_T (1 - \sqrt[3]{V_f})}{E_m} \end{cases}$$

长纤维(单向长纤维)

弹性模量

取向一致　纵向：$\dfrac{E_L}{E_m} = \dfrac{1 + 2\eta_L V_f \dfrac{l}{d}}{1 - \eta_L V_f}$；横向：$\dfrac{E_T}{E_m} = \dfrac{1 + 2V_f \eta_T}{1 - \eta_T V_f}$

取向随机　$E_{random} = \dfrac{3}{8} E_L + \dfrac{5}{8} E_T$

复合材料平均应力
$$\begin{cases} \sigma_c = \dfrac{1}{2} (\sigma_f)_{max} V_f + \sigma_m V_m \quad (l < l_f) \\[4mm] \sigma_c = (\sigma_f)_{max} \left(1 - \dfrac{l_f}{2l}\right) V_f + \sigma_m V_m \quad (l > l_f) \end{cases}$$

复合材料抗拉强度
$$\begin{cases} \sigma_{cu} = \sigma_{fu} \left(1 - \dfrac{l_c}{2l}\right) V_f + (\sigma_m)_{\varepsilon_f^*} \cdot V_m \quad (l > l_c) \\[4mm] \sigma_{cu} = \sigma_{fu} V_f + (\sigma_m)_{\varepsilon_f^*} \cdot V_m \quad (l \gg l_c) \\[4mm] \sigma_{cu} = \dfrac{\tau_y l V_f}{d} + \sigma_{mu} V_m \quad (l < l_c) \end{cases}$$

纤维增强机制 — 短纤维

复合材料的物理性能主要取决于各组分材料的物理性能和体积分数,主要有热导率、热膨胀系数和电导率的复合。

陶瓷基复合材料复合的目的主要是增韧,增韧体主要是纤维和晶须。纤维主要靠:①纤维阻挡裂纹扩展;②基体与纤维界面的脱黏、桥联、拔出、断裂等消耗能量;③纤维断裂不在同一平面,使裂纹转向,扩展阻力增加,实现增韧。晶须则是靠晶须桥联、晶须拔出与裂纹偏转达到增韧。颗粒引入脆性陶瓷中,既可增强又可增韧,是一种最为简单常用的增韧手段。根据颗粒在增韧过程中是否发生相变,增韧机制分为相变增韧机制与非相变增韧机制。而非相变增韧机制又包括热膨胀失配增韧机制、应力诱导微裂纹区增韧机制、残余应力场增韧机制、颗粒的裂纹桥联增韧机制等四种。

思考题

1. 什么是复合材料的复合效应?复合效应有哪几种?
2. 复合材料的设计步骤有哪些?
3. 如何利用相乘效应使复合材料具有磁阻效应?
4. 颗粒增强机制是什么?
5. 简述长纤维的增强机制。
6. 试述晶须增强机制。
7. 颗粒强化机制是什么?影响颗粒强化的因素有哪些?
8. 颗粒切过、未切过的增强机制各是什么?
9. 什么是脱离门槛应力和松弛参数?其影响因素各是什么?

10. 简述陶瓷基复合材料的强韧机制。

11. 影响晶须对陶瓷材料强韧化作用的因素有哪些？

12. 简述 ZrO_2 相变增韧机制。

13. 提高 $t\text{-}ZrO_2$ 相变过程对增韧效果的措施有哪些？

14. 为使亚稳的高温相保存至室温，需添加氧化物和固溶剂，固溶剂需满足哪些条件？

15. 发生 ZrO_2 马氏体相变的热力学与动力学条件分别是什么？

16. 能发生相变的物质有哪些？它们是否均具有相变增韧的功能？为什么？

选择题和答案

第4章

复合材料的界面理论

界面与基体和增强体构成了复合材料的三大核心,界面是基体与增强体之间的桥梁,直接决定着复合材料的性能。因此,界面研究成为提升复合材料性能的关键。本章主要介绍界面的基本概念、不同基体时的界面特性、界面表征及其优化设计。

4.1　复合材料界面的基本概念

4.1.1　界面的定义

复合材料是两种或两种以上不同组分材料以微观或宏观的形式复合而成的多相材料。组分材料间存在着结合层(区域),并非单纯的几何面,该层具有一定的厚度(数十纳米至数十微米),结构既不同于基体也不同于增强体,而另成一相或多相,并随基体和增强体材料的不同而不同,是基体与增强体材料连接的纽带,也是载荷传递的桥梁。该区域内的材料特性(元素的浓度、晶体结构、原子的配位、弹性模量、密度、热膨胀系数等)不连续的区域称为界面。材料特性不连续的表现有渐变和陡变两种。界面也可定义为基体与增强体之间化学成分有显著变化、能够彼此结合、传递载荷的微小区域。由于组分材料的不同,在界面处通过元素的扩散溶解或化学反应产生的不同于基体和增强体的新相称为界面相。显然,界面的组成、结构直接影响载荷的传递和复合材料的性能,良好的界面结合不仅可在基体与增强体之间起着传递载荷的作用,还可延缓应力集中和降低应变局域化的程度。因此,非常有必要对复合材料界面进行控制、设计和改进研究,该工作称为界面工程。

4.1.2　界面的种类

(1) 复合材料的界面按其微观特性分为共格、半共格和非共格三种(图4-1)。共格界面的界面能较低,是一种理想的原子配位(界面没有弹性变形,界面能接近于零)。通常情况下,两侧结构常数的差异使界面存在弹性变形。

(2) 界面按其宏观特性可分为:①机械结合界面,即靠增强体的粗糙表面与基体摩擦力结合的;②溶解与润湿结合界面,即界面发生原子扩散和溶解,溶质原子过渡带结合的;③反应结合界面,即界面发生了化学反应产生化合物结合的;④交换反应结合界面,即界面

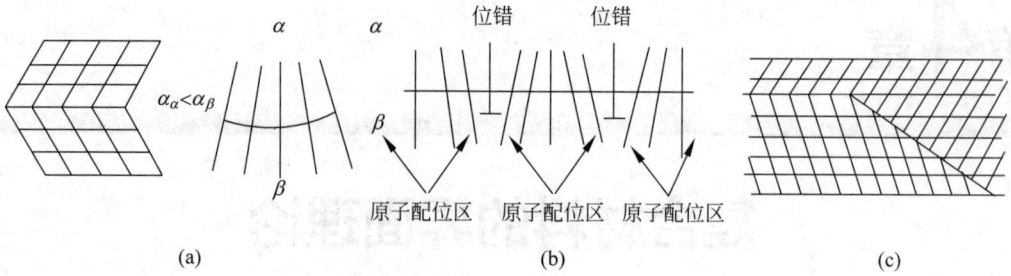

图 4-1　复合材料的界面类型

(a) 一般共格界面；(b) 半共格界面；(c) 非共格界面

不仅发生化学反应生成化合物结合，还通过扩散发生元素交换形成固溶体；⑤混合结合界面，即以上几种方式组合的形式结合。

4.1.3　界面的作用

界面是复合材料的三大要素（基体、增强体和界面）之一，界面的作用可归为以下几种效应。

（1）传递效应：基体通过界面将载荷传递给增强体，界面起到载荷传递的桥梁作用。

（2）阻断效应：适当的界面可阻止基体中裂纹的扩展，中断材料破坏，减缓应力集中、位错运动等。

（3）不连续效应：在界面上产生物理性能如抗电性、电感应性、磁性等不连续性及界面摩擦等现象。

（4）散射和吸收效应：光波、声波、热弹性波、冲击波等在界面产生散射和吸收，出现透光性、隔热性、隔声性及耐机械冲击性等。

（5）诱导效应：一种物质的表面结构（增强体）使另一种物质的表面结构（基体）因诱导效应而发生改变，由此产生一些现象，如强的弹性、低的膨胀性、耐热性和耐冲击性等。

界面上产生的以上效应，是任何单组分材料都不具备的特性，这对复合材料具有重要作用。如颗粒均匀分布于金属基体中可有效阻碍基体中的位错运动，强化基体，提高复合材料的性能。纤维增强聚合物基复合材料中，界面可阻碍裂纹的进一步扩展。在陶瓷基复合材料中，控制颗粒或晶须与基体的界面可起到增韧作用。因而对复合材料，界面结构的改善与控制可有效提高复合材料的性能。

界面效应既与界面的结合状态、形态和物理化学性质等有关，又与界面两侧组分材料间的浸润性、相容性和扩散性密切相关。

4.1.4　界面的润湿性

润湿性是指固体-液体在分子水平上紧密接触的可能程度，或液体在固体表面自动铺展的程度。高的润湿性是形成良好界面结合的必要条件。润湿性可采用液体与固体的润湿角 θ（又称接触角）来表征。润湿角越小，润湿性越好。

从热力学观点考虑两表面结合与其表面能的关系，一般用表面张力表征其表面能，即

$$\gamma = \frac{\partial F}{\partial A} T \cdot V \tag{4-1}$$

式中：γ 为表面张力；F 为自由能；A 为表面积。

表面张力实际上是在温度 T、体积 V 不变的条件下，自由能随表面积增加的量。

润湿性的液滴模型如图 4-2 所示，三相结合点 A 受到三个力的作用，分别为 γ_{LS}、γ_{LG}、γ_{SG}，即液体-固体、液体-气体、固体-气体的界面张力。由于形成界面时，两表面消失，自由能下降，这种自由能的下降可定义为黏合功 W_A，即将单位黏附界面分开所需的功。

$$W_A = \gamma_{SG} + \gamma_{LG} - \gamma_{LS} \tag{4-2}$$

因为 $\gamma_{SG} \approx \gamma_S$，$\gamma_{LG} \approx \gamma_L$，所以

$$W_A = \gamma_S + \gamma_L - \gamma_{LS} \tag{4-3}$$

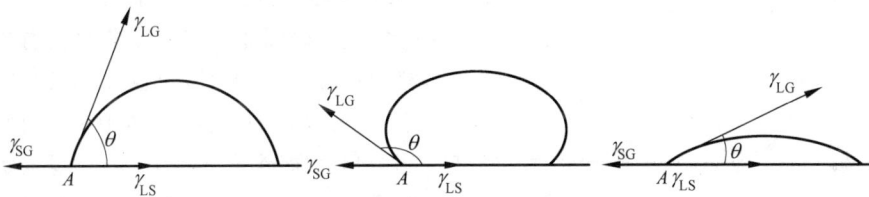

图 4-2　润湿性的液滴模型

任何物体均有减小自身表面能的倾向。由 A 点三力的平衡关系得

$$\gamma_L \cos\theta = \gamma_S - \gamma_{SL} \tag{4-4}$$

$$W_A = \gamma_S + \gamma_L - \gamma_{SL} = \gamma_L \cos\theta + \gamma_L = \gamma_L(1 + \cos\theta) \tag{4-5}$$

因为 W_A 是界面的黏合功，其值越大表明界面结合力越大，界面强度越高。

当 $\theta = 0°$ 时，$\cos\theta = 1$，$W_A = 2\gamma_L$ 最大，表明液体不成液滴，全部铺在固体表面上，完全润湿，同时 $\gamma_S = \gamma_L$。

当 $\theta = 180°$ 时，完全不润湿，液滴与固体点接触。

当 $0° < \theta < 90°$ 时，部分润湿。

当 $90° < \theta < 180°$ 时，不完全润湿。

由上分析可知，润湿的条件为

$$\gamma_{LS} + \gamma_L < \gamma_S \tag{4-6}$$

莲花出淤泥而不染，其表面为纳米物质，与污物等完全不润湿（图 4-3(a)），同样纳米涂料可使污物自由滑落而起到去污的作用（图 4-3(b)）。

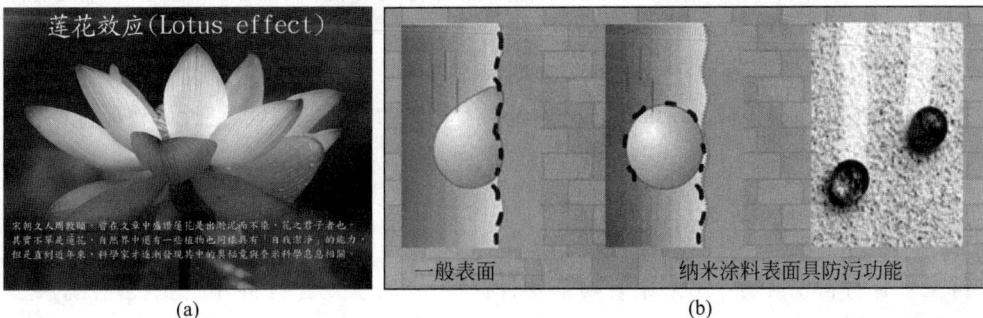

图 4-3　出淤泥不染的莲花及纳米涂料

影响润湿性的因素有：

（1）固体表面的原始状态。如吸附的气体、氧化膜等使润湿角增大，润湿性下降。

（2）固体表面的粗糙度。提高粗糙度可使润湿角减小，润湿性提高。

（3）固体或液体中的夹杂物或固体与液体间的反应产物。夹杂物或反应产物可改变固体的表面性质，如粗糙度等。

改善润湿性的基本途径如下：

（1）表面处理，如清除杂质、气泡、氧化膜等；表面涂层，如电镀、化学镀、化学气相沉积等。

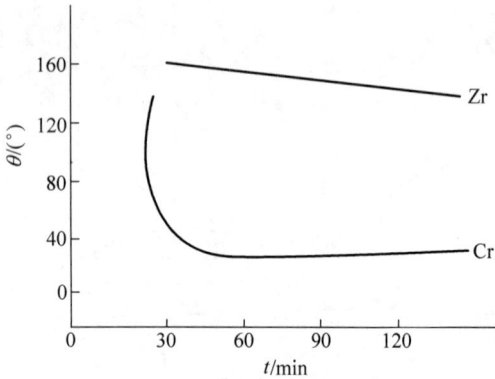

图 4-4　熔化时间对润湿角的影响

（2）改变成分，如金属基复合材料采用基体合金化。纯金属的表面张力高，难以润湿纤维，合金化可使合金元素在表面富集，降低金属表面能。如碳纤维增强铜基复合材料，在基体为纯铜时，润湿角 $\theta=120°>90°$，处于不润湿状态；当在基体中加入 1% Cr 时，润湿角 θ 降至 $50°<90°$，处于润湿状态；当加入 1% V 时，润湿角 θ 同样降至 $68°$。可见，合适的合金元素可显著改善界面润湿性。熔化时间也对润湿角产生显著影响，如图 4-4 所示。

（3）温度。温度提高，润湿性改善，过高，则会导致过热、氧化、界面反应产生脆性相等。

（4）液体压力。增加液体压力，便于液体润湿固体。如液体进入纤维需克服纤维之间的毛细管压力

$$P_c = 4\gamma_{LG}\frac{V_f}{d_f}\cos\theta \tag{4-7}$$

式中：V_f 为纤维的体积分数；d_f 为纤维直径；θ 为润湿角。当 $\theta<90°$ 时，$\cos\theta>0$，$P_c>0$，液体自动润湿固体纤维；当 $\theta>90°$ 时，$\cos\theta<0$，$P_c<0$，液体需克服 P_c 方可渗入固体纤维。

（5）气氛。γ_{SG}、γ_{LG} 随气体性质的不同而不同。例如：含 10% 的 O_2 时，Ag 的表面张力由 $1.2J/m^2$ 降为 $0.4J/m^2$，此时很易润湿 Ni 涂层的 Al_2O_3 晶须。

需指出的是，润湿性与结合概念存在着区别与联系。结合是相邻两相形成的原子或分子水平的界面接触，结合强度可从弱的范德瓦耳斯力到强的共价键力。结合可发生在固-液相之间或固-固相之间。固-固结合可评价和估计复合材料的性能，固-液结合可评价和估计工艺的可行性和质量。润湿性则是指固体与液体在分子水平上紧密接触的可能程度。润湿角小于 $90°$，表明润湿性良好；润湿角大于 $90°$，表明润湿性差。润湿性只用于说明不同物态（固态和液态）之间的接触情况，它是评价复合材料体系工艺性的重要概念，润湿性好将促进结合。

4.2　常见复合材料的界面

常见复合材料主要有三种：聚合物基复合材料、金属基复合材料、陶瓷基复合材料。其界面的形成机制分述如下。

4.2.1　聚合物基复合材料的界面

1. 界面的形成

聚合物基复合材料是由增强体(纤维、颗粒、晶须)与聚合物基体(热固性或热塑性树脂)复合而成的多相材料。根据基体的特性不同,聚合物基复合材料分为热塑性复合材料和热固性复合材料两类。热塑性复合材料的成型分两步进行:①热塑性聚合物基体的熔体和增强体之间的接触与润湿;②复合后体系的冷却凝固成型。由于热塑性聚合物熔体的黏度很高,很难通过渗透使熔体填充增强体之间的空隙。热固性聚合物基复合材料的成型方法不同于热塑性聚合物基复合材料,其基体黏度较低,又可溶于溶剂中,有利于基体对增强体的浸润。

聚合物基复合材料的界面是在成型过程中形成的,分为两个阶段。

(1) 基体与增强体的接触与润湿。

由于增强体对基体分子中的各种基团或基体中各组分的吸附能力不同,增强体总是要优先吸附那些降低其表面能的物质或基团,因此聚合物的界面结构与本体不同。

(2) 聚合物的固化。

该阶段聚合物通过物理或化学的变化而固化,形成固定界面层。该阶段受第一阶段的影响,同时它直接决定所形成界面层的结构。以热固性树脂的固化为例,树脂的固化反应可借助固化剂或靠本身基团的反应来实现。在由固化剂来固化的过程中,固化反应是以固化剂为中心的辐射状向四周扩展,最后形成中心密度大、边缘密度小的非均匀固态结构。密度大的部分称为胶粒,密度小的部分称为胶絮。有些树脂本身基团反应的固化过程也出现类似的现象。

界面层可以看成一个单独的相,但是界面相又依赖于两边的相。界面与两边的相结合状态对复合材料的性能起着重要作用。界面层的结构主要包括界面结合力的性质、界面层的厚度、界面层的组成和微观结构。界面结合力存在于两相之间,可分为宏观结合力和微观结合力。宏观结合力是由裂纹及表面的粗糙产生的机械咬合力,而微观结合力包括化学键和次价键,这两种键的相对比例取决于其组成成分和表面性质。化学键的结合力最强,对界面结合强度起主要作用。因此,为提高界面结合力,要尽可能多地向界面引入反应基团,增加化学键的比例。如碳纤维增强复合材料可通过低温等离子处理提高界面的反应性,增加化学键比例,达到提高复合材料性能的目的。

界面及其附近区域的性能、结构均不同于组分本身,因而构成界面层。界面层是由纤维与基体的结合界面以及基体和纤维表面的薄层构成。从微观上看,界面区可看成由表面原子及表面亚原子构成,但影响界面区的亚原子层有多少,目前尚不清楚。一般情况下,聚合物基体表面层的厚度为增强的无机纤维的数十倍,它在界面层中所占的比例对复合材料的性能影响很大。界面层的总厚度一般为数十纳米。

2. 界面结合类型

(1) 物理结合界面,通过范德瓦耳斯力、机械互锁(如表面粗糙度)或静电吸附形成的界面,如未处理的碳纤维/热塑性聚合物界面。界面结合力较弱,易受环境(湿度、温度)影响。

（2）化学结合界面，通过共价键、离子键或氢键连接，如硅烷偶联剂处理的玻璃纤维/环氧树脂界面。界面结合强度高，稳定性好，但需精确控制反应条件。

（3）扩散结合界面，基体与增强体分子链相互扩散形成互穿网络，如部分相容的热塑性共混物。界面模糊，韧性提升，但依赖于材料相容性。

（4）过渡层界面，通过添加第三相（如纳米粒子）形成的梯度过渡层，如碳纳米管改性的环氧复合材料。界面可调控应力分布，但工艺复杂。

3. 界面结合机理

复合材料是一种由基体、增强体和界面组成的多相材料，其性能取决于基体、增强体和界面。界面是产生复合效应的根本原因。界面层使基体与增强体形成一个整体，并通过它传递应力。若增强体与基体的相容性不好，界面不完整，则应力的传递面仅为增强体总面积的一部分，增强体没有得到充分利用。因此，为使复合材料具有较高的性能，就需具有完整的界面层。

在结构复合材料中，界面对力学性能的作用尤为显著。界面结合牢固，不仅可以提高纤维复合材料的纵向拉伸强度，还可提高横向和层间的拉伸强度与剪切强度、拉伸模量与剪切模量。但陶瓷和玻璃纤维的韧性差，如果界面很脆，断裂应变很小而强度很大，则纤维的断裂可能引起裂纹沿垂直于纤维方向扩展，诱发相邻纤维相继断裂，导致这种复合材料的韧性很差。但是，如果界面结合较弱，则纤维断裂引起的裂纹可以改变方向沿界面扩展，遇到纤维缺陷或薄弱环节裂纹再次穿过纤维，继续沿界面扩展，形成曲折的扩展路径，这就需要消耗较多的断裂功。因此，如果基体和界面的断裂应变均较低，应适当减弱界面强度以提高复合材料的断裂韧性。

界面作用机理是指界面发挥作用的微观机理，目前的理论有多种，其中最重要的是第一种理论，其他理论还需进一步完善。

1）浸润吸附理论

该理论是齐斯曼（Zisman）于1963年提出的，认为如果增强体能被液态基体充分浸润不留空隙，则界面结合强度将高于基体的内聚强度；否则，在界面产生空隙，成为应力集中区，引发裂纹核，发生开裂。

由4.1.4节界面的润湿性讨论可知，热力学分析仅能说明表面结合的内在因素，表示结合的可能性，这里没有时间概念，而动力学能反映实际界面结合的外界条件，如温度、压力等的影响，表明结合过程的速度问题。因此，需同时考虑界面结合的热力学和动力学，为此，齐斯曼于1963年提出了产生良好界面结合的两个基本条件：

（1）液体的黏度尽量低。

（2）γ_S 略大于 γ_L。

液体在固体上扩展与温度等活化条件有关，用效率因子表示为

$$\phi = \frac{W_A}{2\sqrt{\gamma_S \gamma_L}} \quad (0.8 < \phi < 1) \tag{4-8}$$

式中，ϕ 为效率因子。

注意：长期以来，人们有一个模糊的概念，认为复合材料中增强体的表面粗糙度越大，界面结合就越好。随着表面粗糙度的增加，界面的机械咬合效果会更好，实际上测出的表面

积尽管很大,但有相当多的空穴,黏稠的聚合物基体无法进入。能进入的量由经验公式表示为

$$Z^2 = \frac{K\gamma\cos\theta t\delta}{\eta}$$ (4-9)

表明流入量 Z 与表面张力 γ、润湿角 θ、时间 t、孔径 δ 成正比,而与黏度 η 成反比,K 为比例常数。

一般纤维表面上 80% 的孔径在 30nm 以下,而树脂分子的尺寸约在 100nm,同时黏度也较大,浸渍固化的时间也不可能很长,因此,表面上这些不能被树脂填充的孔反而成了应力集中的部位和界面脱黏的缺陷。

2) 化学键理论

化学键理论认为,要使两相之间实现有效结合,两相表面应含有能发生化学反应的活性官能团,通过它们的化学反应与化学键结合形成界面(图 4-5(a))。如果两相间不能直接进行化学反应形成化学键,也可加入偶联剂,通过偶联剂的桥梁作用使化学键相互结合(图 4-5(b))。

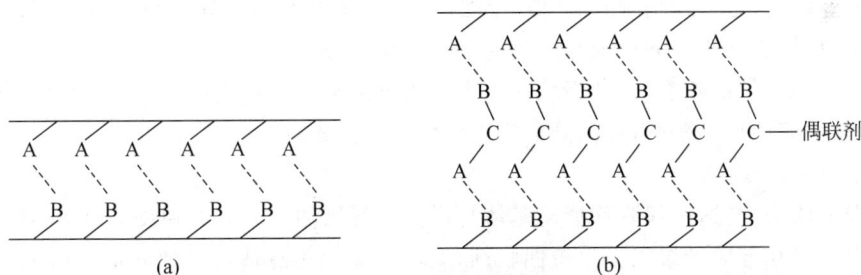

图 4-5 界面化学键结合
(a) 两相间直接化学反应形成化学键结合;(b) 两相间通过偶联剂形成化学键结合

注意:有些现象难以用化学键理论进行解释。例如,有些偶联剂不含有与基体树脂起反应的基团,却有较好的处理效果。按化学键理论,基体与增强体之间只需要单分子层的偶联剂就可以了,实际上偶联剂在增强体表面上不是单分子层而是多分子层。

3) 物理吸附理论

该理论认为,纤维与树脂基体之间的界面结合是靠机械咬合和基于次价键作用的物理吸附。偶联剂的作用主要是增加基体与纤维表面间的浸润。该理论也存在不足,因为一些实验表明偶联剂的作用未必能增加树脂对增强体的浸润,甚至适得其反。该理论可作为化学键理论的一种补充。

4) 过渡层理论

该理论认为,在增强体与基体间形成一过渡层,以缓解松弛基体与增强体在成型过程中因膨胀系数的差异引起的界面残余应力。该理论又称为变形层理论,也存在不足。难以解释用传统的处理方法,界面上的偶联剂数量不足以满足应力松弛的需求。因此,在该理论的基础上又提出了有限吸附理论和柔性层理论,即认为塑性层不仅由偶联剂组成,还由优先吸附形成的柔性层组成,柔性层的厚度与偶联剂在界面区的数量有关。该理论对石墨纤维增强聚合物复合材料比较适合。

5）拘束层理论

该理论认为，界面区的弹性模量介于树脂基体和增强体之间时，可均匀地传递应力。吸附在硬质增强体上的聚合物基体比其本体更加聚集和紧密，且聚集密度随着到界面区的距离增加而减小，这样在增强体与基体之间就形成了一个模量从高到低的梯度减小的过渡区。由于该理论缺乏必要的实验依据，接受者不多。

6）扩散层理论

该理论是博罗兹崔（Borozncui）首先提出的，认为聚合物的相互黏结是由表面上的大分子相互扩散形成的。两相的分子链相互扩散、渗透、缠结形成界面层。扩散过程与分子链的分子量、柔性、温度、溶剂等因素有关。相互扩散实际上是界面中发生互溶，黏结的两相之间的界面消失，变成一个过渡区，因此对其黏结强度有利。当两种聚合物的溶解度参数接近时，就容易发生互溶和扩散，得到较高的黏结强度。

该理论也存在不足，因为聚合物与无机物间不会发生界面扩散、互溶等现象，扩散层理论就不能解释该种材料的黏结现象。

7）减弱界面局部应力作用理论

该理论认为，基体与增强体纤维之间的处理剂提供了一种具有"自愈能力"的化学键。在载荷作用时，它处于不断形成与断裂的动态平衡状态。低分子物质（主要是水）的应力浸蚀使界面区的化学键断裂，而处理剂在应力作用下能沿增强体表面滑移，使已断裂的化学键愈合，而此时应力得到松弛，界面处的应力集中也得到缓解。

8）静电吸引理论

该理论认为，合适的偶联剂能使基体与增强体纤维的表面具有相反的电荷，从而形成界面结合力。如在玻璃纤维表面涂覆偶联剂，玻璃的氧化物有适用于偶联剂水溶液的 pH，能够使纤维表面显示阴离子或阳离子特性。当复合材料的不同组分表面带有异性电荷时将发生静电吸引实现结合。当然，静电吸引理论并非复合材料界面结合的主要原因，而且如果水等强极性溶剂存在，还可能会发生放电，使该结合力下降。该理论不足是不能圆满解释属性相近的聚合物也能牢固相粘结的事实。

注意：聚合物基复合材料的界面作用机制有可能不仅是上述理论中的一种，而是两种甚至两种以上的理论共同作用的结果。

4. 改善界面结合的原则

1）改善树脂基体对增强体的浸润度

无论是热固性还是热塑性聚合物基复合材料，也无论是采用什么方式形成的界面结合，其先决条件是聚合物基体对增强体材料要充分浸润，使界面不出现空隙和缺陷。因为界面不完整会导致界面应力集中及传递载荷的能力下降，从而影响复合材料的性能。

2）适度的界面黏结

界面黏结过强起不到增韧作用，过弱则又起不到增强作用。因此应根据具体要求设计合理的界面黏结，即进行界面优化设计。

3）减小残余应力

界面处存在的残余应力会使界面传递载荷的能力下降，最终导致复合材料的性能降低，若能在界面产生一塑性层，则可产生形变以缓解界面残余应力，从而吸收导致微裂纹增长的能量，抑制微裂纹尖端的扩展，提高复合材料的性能。

4）调节界面内应力,减缓应力集中

纤维与基体之间的应力传递主要依赖于界面的剪切应力,界面传递应力的能力大小取决于界面的黏结情况。而界面的不完整性和缺陷会引起界面的应力集中,而应力集中首先会引起应力集中点的破坏,形成新的裂纹,并产生新的应力集中,从而使界面的传递能力下降。如在两相间引入易变形的柔性界面层,则可使界面处的应力集中得到分散,使应力均匀传递。另外,当结晶性热塑性聚合物为基体时,在成型过程中,纤维表面对结晶性聚合物将产生界面结晶成核的效应,同时,界面附近的聚合物分子链由于界面结合以及纤维与聚合物物理性质的差异而产生一定程度的取向,易在纤维表面产生横晶,造成纤维与基体间结构的不均匀性,并出现界面应力集中,影响应力传递,导致复合材料的性能下降。此时,可通过适当的热处理,消除或缓解界面因横晶出现的内应力,有效提高界面的剪切屈服强度,避免复合材料的力学性能降低。

4.2.2 金属基复合材料的界面

金属基复合材料是指增强体(纤维、晶须、颗粒等)与基体(金属或其合金等)复合形成的多相复合材料。增强体可以直接从外界加入基体形成复合材料,即外生金属基复合材料。也可通过在基体中的化学反应原位产生增强体形成复合材料,即内生金属基复合材料,又称为原位金属基复合材料,关于内生金属基复合材料的具体内容详见第 7 章。

1. 界面结合类型

(1) 物理结合界面,通过基体金属与增强体的物理互锁(如粗糙表面)或熔融金属的润湿性(如铸造法)结合,如未涂层碳化硅颗粒(SiC_p)与铝基体的界面。界面结合强度较低,易在载荷下发生脱黏,但对热循环稳定性较好。

(2) 扩散结合界面,高温下金属原子与增强体发生互扩散,形成无化合物过渡层,如钛合金(Ti-6Al-4V)与连续碳纤维的界面。界面结合强度中等,界面厚度受温度和时间控制。

(3) 化学反应界面,金属与增强体发生化学反应生成金属间化合物或陶瓷相(如碳化物、氧化物),如铝基体与碳纤维反应生成脆性 Al_4C_3(需避免),钛基体与 SiC 纤维反应生成 $TiC + Ti_5Si_3$ 层。界面脆性高,可能降低韧性,但可提高高温稳定性。

(4) 涂层修饰界面,在增强体表面预沉积涂层(如 C、TiB_2、SiO_2)以调控反应性或润湿性,如 SiC 纤维表面涂覆 C 层(防止与钛基体过度反应)、B_4C 颗粒表面包覆 Ti(改善与铝基体的润湿性)等。该种界面可平衡结合强度与化学稳定性,但工艺复杂。

(5) 纳米结构界面,通过纳米颗粒(如 CNTs、石墨烯)或梯度层设计优化界面性能,如铝基体中石墨烯纳米片增强的界面。该界面兼具高强度和韧性,但对分散性要求苛刻。

注意:金属基复合材料的界面类型还与复合工艺有关,如内生金属基复合材料的界面均为干净型,无反应过渡层或界面相出现。

2. 界面结合机理

1）物理结合

该理论认为,界面的结合是组分材料借助其表面的粗糙形态而产生的机械咬合,并借助基体收缩应力抱紧纤维产生的摩擦结合。结合强度的大小与纤维表面的粗糙程度密切相关,对应于界面类型Ⅰ。

注意：该种结合虽是一种纯的物理作用，与化学作用无关，即无化学键力存在，但有范德瓦耳斯力存在。

2）溶解与浸润结合

该理论认为，基体与增强体虽无界面化学反应，但会发生原子的相互扩散，使液态金属基体与增强体发生浸润或局部互溶从而形成界面结合力。为改善增强体与基体的浸润，可对增强体表面进行处理。如增强体纤维表面一般存在氧化膜，该氧化膜会阻碍液态金属对纤维的浸润，若对纤维进行表面处理，如利用超声波通过机械摩擦力的作用清除氧化膜，可显著减小液态金属对纤维的润湿角，从而改善浸润，提高界面结合力。当然，浸润还与复合温度密切相关，随着复合温度的提高，液态金属的黏度减低，浸润程度增加，界面结合力增强。如液态铝与碳纤维只有在 $1000℃$ 以上时，接触角方才小于 $90°$，此时铝液才可浸润碳纤维。

3）化学反应结合

该理论认为，基体与增强体间通过化学反应形成化学键，由化学键提供结合力。对应于界面类型Ⅲ。此时，界面形成反应层，反应层往往不仅形成单一化合物，可能有多种化合物共同产生。一般随着反应程度的增加，界面结合强度也增加，但界面反应产物多为脆性相，故当界面层厚度达到一定程度时，界面残余应力可使界面破坏，反而降低界面结合强度。此外，某些纤维表面吸附空气发生氧化作用，也能形成某种形式的化学反应结合。如硼纤维增强铝基复合材料时，硼纤维与氧作用生成 BO_2，与铝液复合时又使 BO_2 还原，界面产生 Al_2O_3 形成氧化结合。但有时氧化作用会降低纤维强度，无益于界面结合，应尽量避免。

注意：实际金属基复合材料中，界面结合往往不是一种结合方式，而是多种方式的组合。如将硼纤维增强铝基复合材料于 $500℃$ 进行热处理，可发现在原来物理结合的界面上出现了 AlB_2，表明热处理过程中发生了界面化学反应，此时的界面结合就成了物理结合与化学反应结合的组合方式。

3. 界面稳定性的影响因素

金属基复合材料的界面稳定性明显高于聚合物基复合材料，故可在更高的温度环境中工作。复合材料能否耐高温，不仅与基体、增强体有关，还与其结合界面密切相关，在基体和增强体已选定的条件下，改善界面结构，提高界面稳定性是提高复合材料高温性能的有效途径。然而，影响金属基复合材料的界面稳定性的因素有哪些？主要包括物理和化学两个方面。

1）物理方面

物理方面的不稳定因素主要是指在高温条件下增强体与基体之间的熔融。如粉末冶金制成的钨丝增强镍基复合材料，由于成型温度较低，钨丝尚未溶入基体，因此其强度基本不变，但如果在 $1100℃$ 使用 $50h$，则因钨丝溶入基体合金而使其直径降为原来的 60% 左右，强度明显降低。但在某些场合这种增强体与基体的熔融并不一定产生不良效果。如钨铼合金丝增强铌合金时，钨也会溶入铌基体中，但形成了强度很高的钨铌合金，对钨铼合金丝强度的损失起到补偿作用，强度反而有所提高。对于碳纤维增强镍基复合材料，界面还会出现先溶解再析出新相的现象。如在 $600℃$ 以上，该复合材料中的碳纤维会溶入镍基体中，然后再析出石墨，由于碳变成石墨，其密度增加，体积减小，留出空隙，为镍溶入碳纤维扩散提供了空间，致使碳纤维强度下降。随着温度的升高，镍溶入碳纤维的含量增加，碳纤维强度进一步降低。

2）化学方面

化学方面的不稳定性主要与复合材料在加工使用过程中的界面化学反应有关。它包括连续界面反应、交换式界面反应和暂稳态界面变化等现象。其中连续界面反应对复合材料的力学性能的影响最大。界面反应产物多数比增强体脆，在外载作用下易首先产生裂纹。此外，化合物的生成也可能对增强体的性能有影响。基体与增强体间的化学反应可发生在化合物与增强体之间的接触面，即增强体一侧；也可发生在化合物与基体之间的接触面，即基体一侧；还可同时发生在两个接触面上，一般发生在基体一侧较为多见。交换式界面反应的不稳定因素主要出现在含有两种或两种以上的合金基体中。该过程一般分为两步：①增强体与合金基体生成化合物，此化合物暂时包含了合金中的所有元素；②由热力学定律可知，增强体总是优先与基体中的某一合金元素反应结合，因此，原先生成的化合物中的其他元素将与邻近基体合金中的这一元素起交换反应直至达到化学平衡。交换反应的结果是，最易与增强体元素起反应的合金元素将富集在界面层中，不易或不能与增强体反应的基体中的合金元素将在邻近界面的基体中富集。有研究认为，基体中不易形成化合物的元素向基体中的扩散控制着整个过程的速度。因此，可通过选择合适的合金元素来降低交换反应的速度。交换反应的不稳定因素不一定有害，有时还会有益。如硼纤维增强钛合金基复合材料中，由于钛与硼的反应自由能低，故优先结合生成 TiB_2，使得那些不易或不能与硼反应的元素在界面附近富集，形成硼向基体扩散的阻挡层，故降低了反应速度。

暂稳态界面变化是由于增强体表面局部存在氧化膜。如硼纤维/铝复合材料，若采用固体扩散法的制备工艺，界面上将产生氧化膜，但它的热稳定性差，易发生球化而影响复合材料的性能。

界面结合状态对金属基复合材料沿纤维方向的拉伸强度影响很大，对剪切强度和疲劳性能也有不同程度的影响。界面结合强度适中，可使复合材料具有最佳的拉伸强度。一般情况下，界面结合强度越高，沿纤维方向的剪切强度越大。交变载荷时，复合材料界面的松脱导致纤维与基体界面摩擦生热，加剧破坏过程。因此，要改善复合材料的疲劳性能，界面强度应稍强一些。

4. 残余应力

金属基复合材料中，由于增强体与金属基体的膨胀系数的差异一般较大，复合成型后会产生残余应力。若基体的韧性较强，热膨胀系数也较大，复合后基体中易产生拉伸残余应力，而增强体，尤其是纤维多为脆性材料，其热膨胀系数较小，复合后增强体中易出现压缩残余应力。因此，不能选用模量很低的基体和模量很高的纤维复合，否则纤维容易发生屈曲。在金属基复合材料中，基体与增强体的热膨胀系数相差不宜太大，以免复合材料出现过高的残余应力。

5. 金属基复合材料界面的典型结构

1）有界面反应的界面结构

轻微反应能有效改善基体与增强体的润湿和结合。但严重反应会造成增强体损伤和形成脆性相，非常有害。C/Al 复合材料在制备工艺参数合适时，界面反应轻微，仅形成少量细小的 Al_4C_3 反应物，如图 4-6(a)所示。但在制备温度过高、冷却速度较慢时，将发生严重的界面反应，形成大量条块状 Al_4C_3，如图 4-6(b) 所示。

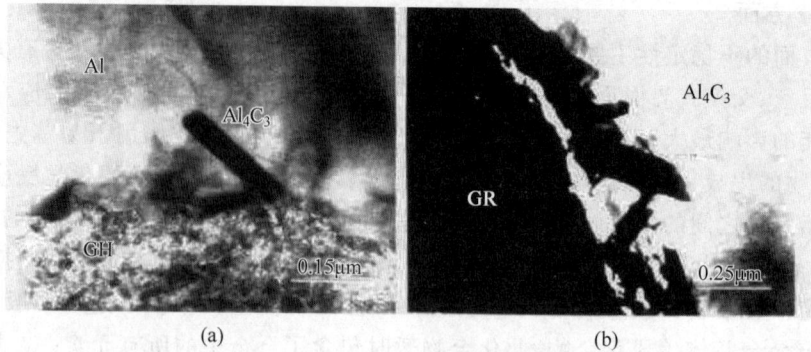

(a)　　　　　　　　　　　　(b)

图 4-6　C/Al 复合材料的界面析出相

(a) 冷却速度 23℃/min；(b) 冷却速度 6.5℃/min

2) 有元素偏聚和析出的界面结构

金属基复合材料的基体一般为合金，很少用纯金属，基体合金中含有多种合金元素时，有些合金元素将与基体金属生成金属间化合物析出，如铝中加入铜、镁、锌等合金元素形成铝合金时，基体中会析出 Al_2Cu、Al_2CuMg、Al_2MgZn 等金属间化合物。

3) 增强体与基体直接进行原子结合的界面结构

由于金属基复合材料组成体系和制备方法的特点，多数金属基复合材料的界面结构比较复杂，存在不同类型的界面结构，只有少数金属基复合材料，尤其是内生增强金属基复合材料，界面干净、无反应产物或析出相，形成原子直接结合的界面结构。如 $Al\text{-}ZrO_2\text{-}C$ 体系热爆反应合成制备内生颗粒 ZrC、Al_2O_3 复合增强的铝基复合材料，其增强体颗粒 ZrC、Al_2O_3 与铝基体界面干净，如图 4-7 所示。图 4-8 则为 $Al\text{-}ZrO_2\text{-}B$ 体系热爆反应合成颗粒 ZrB_2 与铝基体界面的 HRTEM 图，由图可见界面干净平直，无中间相存在，为直接的原子结合。

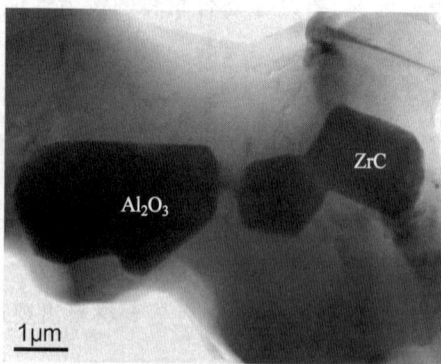

图 4-7　内生颗粒 ZrC、Al_2O_3
与铝基体的界面 TEM 图

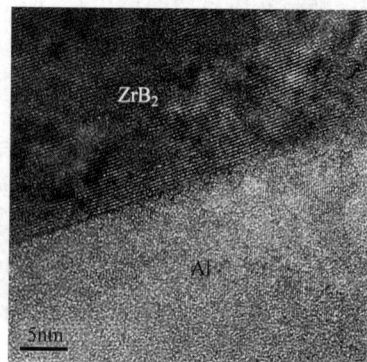

图 4-8　内生颗粒 ZrB_2
与铝基体界面的 HRTEM 图

4) 其他类型的界面结构

位错结构：界面处由于热错配应力的作用产生的界面结构。

成分梯度结构：在界面处发生元素的扩散、吸附和偏聚等所形成的界面结构。

6. 金属基复合材料的界面反应

1）增强金属基体与增强体界面结合强度

界面结合强度随界面反应的强弱程度而改变,界面结合强度对复合材料内的残余应力、应力分布、断裂过程均产生重要作用,直接影响复合材料的力学性能。

2）产生脆性的界面反应产物

如 AlC_3、AlB_2、AlB_{12}、$MgAl_2O$ 等界面反应物在增强体表面产生,并呈一定的形状,如块状、棒状、针状和片状等,反应严重时可在增强体表面形成脆性层。因热膨胀系数的差异,反应层与基体出现了缝隙,从而影响界面的应力传递,降低了复合材料的性能(图 4-9)。

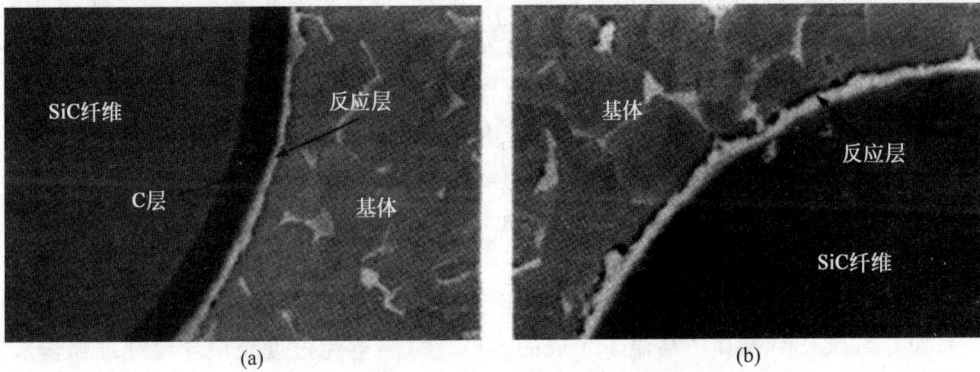

图 4-9　SiC 纤维与钛合金基体的界面

(a) SiC(C)/Ti-6Al-4V；(b) SiC/Ti-6Al-4V

3）造成增强体损伤和改变基体成分

例如,SiC/Al,界面反应严重时,会增加基体中 Si 的含量,界面反应程度可分为三种:弱——有利;适中——有利或有害;强——非常有害。实验发现,三种类型的复合材料,其冲击断裂过程如图 4-10 所示。

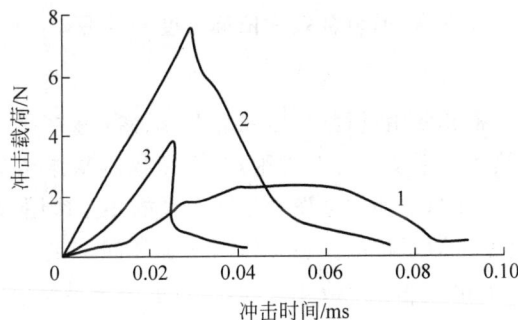

1-弱界面结合；2-适中界面结合；3-强界面结合。

图 4-10　三种复合材料的冲击载荷-冲击时间的关系曲线

（1）弱界面结合,复合材料虽具有较大的冲击能量,但冲击载荷值较低,刚性很差,整体抗冲击性能差。

（2）适中界面结合,此时冲击能量和最大冲击载荷都比较大。冲击能量具有韧性破坏特征,界面既能有效传递载荷,使纤维充分发挥高强、高模的作用,提高抗冲击能力；又能使纤维和基体脱黏、纤维拔出、摩擦，从而提高塑性能量的吸收。

（3）强界面结合，复合材料呈脆性破坏，冲击性能差。

由以上分析可知，适度的界面反应可有效提高复合材料的力学性能，但如何控制呢？常见的途径有增强体的表面涂层处理，金属基体的合金化，制备工艺的选择，复合工艺参数的控制等。

4.2.3 陶瓷基复合材料的界面

1. 界面结合类型

陶瓷基复合材料（ceramic matrix composites，CMCs）的界面是基体陶瓷与增强体（如纤维、晶须、颗粒等）之间的关键区域，其核心作用是调控载荷传递、缓解脆性断裂，从而赋予材料高韧性。与金属基或聚合物基复合材料不同，陶瓷基界面需在高温、氧化等极端环境下保持稳定。

（1）弱结合界面，通过低界面能材料（如热解碳 PyC、BN、石墨）的涂层或反应抑制，形成可滑移的弱结合层。如 SiC 纤维/SiC 基体中的 PyC 界面层（$100 \sim 500$ nm），Al_2O_3 纤维/莫来石基体中的 BN 界面层。该种界面允许纤维与基体在载荷下发生可控脱黏，通过纤维拔出和裂纹偏转耗能。

（2）反应结合界面，基体与增强体在高温下发生有限反应，生成薄反应层（如氧化物、硅化物），如 C 纤维/SiC 基体中高温下生成的 SiO_2 层（需避免过度反应导致纤维损伤），SiC 纤维/Al_2O_3 基体中可能形成的 Al_4C_3（需抑制）。反应层过厚会降低界面韧性，需精确控制工艺（如 CVD 沉积速率）。

（3）纳米结构界面，引入纳米颗粒（如 CNTs、SiC 纳米线）或多层结构（如 PyC/SiC 交替层），如 SiC 纤维/SiC 基体中 SiC 纳米线增强的界面。该种界面可提升界面强度，同时保留一定滑移能力，但制备难度高。

（4）自愈合界面，界面层含氧化活性组分（如 B_4C、SiBCN），在裂纹暴露于高温氧化环境时生成玻璃相（如 B_2O_3、SiO_2）封填裂纹，如 SiC/SiC 复合材料中的 SiBCN 界面层。该种界面可显著提高抗氧化性和寿命，但愈合效率依赖温度和环境。

2. 界面的稳定性

在外生复合材料的制备和使用过程中，增强体与基体间总存在一定的相互作用，因此，复合材料要达到理想的热力学平衡状态非常困难，必须控制基体与增强体间相互作用的数量和速率。一般情况下，基体与增强体会发生不同程度的相互作用，由于界面是化学成分和结构突变的区域，必然会发生原子扩散。在基体与增强体间满足反应所需的热力学和动力学条件时，会在界面处发生化学反应形成化合物，也可能未满足反应条件，无反应物生成。

（1）界面处无反应物，只形成固溶体。界面上形成的固溶体并不导致复合材料的力学性能降低，主要是增强体材料因扩散消耗导致强度降低。

（2）界面处有反应物，当反应物形成反应层时，反应层厚度将显著影响复合材料的性能。以纤维增强体为例，纤维横截面为圆形，故界面反应层为空心圆筒状。适度的反应有利于材料强度的提高，即随着反应层厚度的增加，强度提高，在反应层厚度达到一定值时，强度开始下降，此时的反应层厚度定义为第一临界厚度；当反应层厚度进一步增加时，脆性化合物层破坏，强度大幅降低，直到某一厚度时，强度又趋于稳定不再降低，该反应层厚度为第二临界厚度(图 4-11)。

如在利用 CVD 技术制备碳纤维/硅复合材料时,反应层为 SiC,第一临界厚度为 0.05μm,此时的抗拉强度为 1800MPa;第二临界厚度为 0.58μm,抗拉强度降为 600MPa。而在碳纤维/铝复合材料中,反应层为 Al_4C_3,第一临界厚度为 0.1μm 时,抗拉强度为 1150MPa;第二临界厚度为 0.76μm 时,抗拉强度降为 200MPa。

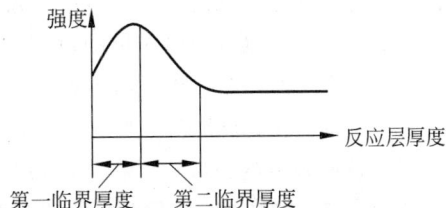

图 4-11　反应层厚度对复合材料强度的影响

一般而言,基体与增强体之间的相互作用不足和过量对材料的性能都不利,反应不足,复合材料的强度低,过量则引起界面脆化,降低复合材料的强度。因此,需根据实际情况,有时需促进反应,增强界面结合,有时又需抑制界面反应。如氮化硅陶瓷具有强度和硬度高、耐腐蚀、抗氧化、抗热震性强等优点,但其断裂韧性和烧结性较差,为此,在氮化硅中添加纤维或晶须,可有效提高其断裂韧性;加入助烧剂 6% Y_2O 与 2% Al_2O_3 等,可改善其烧结性能。在碳纤维增强氮化硅基复合材料的制备过程中,复合工艺对界面结构的影响较大。当采用无压烧结时,碳与硅反应十分严重,电镜观察发现纤维表面粗糙,纤维四周存在许多空隙,显然这将严重削弱增韧效果;若采用热等静压工艺时,由于压力较高,温度相对较低,界面处的反应受到抑制,界面无反应发生,也无裂纹和空隙,是比较理想的物理结合。

注意:在内生增强陶瓷复合材料中,增强体与基体的界面始终干净、无反应物产生,这与内生金属基复合材料一样。这是因为增强体是在基体中通过化学反应产生的,热力学稳定,界面处不会再有反应发生。

3. 界面的控制

界面是影响复合材料性能的核心要素,需对其进行控制,常见的方法如下。

1) 增强体表面改性

改变增强体的表面性质是使用化学手段控制界面的方法。例如,在 SiC 晶须表面形成富碳结构的方法,是在纤维表面以 CVD 或 PVD 的方法进行 BN 或碳涂层等处理。这些方法的目的是防止增强体与基体间发生界面反应,从而获得最佳的界面力学特性。改变增强体表面性质的目的是改善基体与增强体间的结合力。

2) 向基体添加特定元素

用烧结法制备陶瓷基复合材料中,为了便于烧结,常在基体中添加一些元素。有时是为了使纤维与基体发生适度的反应以控制界面。如在 SiC 增强玻璃陶瓷中,晶化处理时会产生裂纹,当加适量的 Nb 后,在热处理过程中发生反应生成 NbC 相,获得最佳界面,达到增加韧性的目的。

3) 增强体表面涂层

增强体表面涂层技术是非常实用的界面控制方法之一,主要包括化学气相沉积、物理气相沉积及其他方法如喷镀法、喷射法等。在陶瓷、玻璃基复合材料中,使用较多的涂层材料有 C、BN、Si、B 等。

(1) CVD。通常是将热的纤维穿过反应区,由反应区中进行的热分解或其他气体反应产生的蒸发物质沉积在纤维表面上形成涂层。涂层厚度一般为 0.1~0.5μm。涂层的主要目的是防止成型过程中纤维与基体反应,或调节界面剪切破坏能量以提高剪切强度。目前,该法已用于多种纤维增强体，如 SiC 纤维、B 纤维等。

（2）PVD。由类似于 CVD 的过程组成。不同的是该法的沉积物质不是由化学反应生成，而是通过加热蒸发或离子溅射产生。

（3）其他方法，如喷镀法、喷射法，即采用喷镀或喷射技术将目标物质固定在纤维表面形成涂层。这些技术的目标主要在于制备复合材料时促进基体与增强体间的浸润，因而不大关心涂层的完整性和结构。涂层的目的还在于形成阻碍扩散的覆盖层，以保护纤维不受化学侵蚀。

4. 热残余应力

热残余应力是指在复合过程中，因基体与增强体的热膨胀系数不同，冷却成型后，在界面附近的基体或增强体中产生的应力。当增强纤维轴向的热膨胀系数小于基体沿纤维轴向的热膨胀系数时，且复合材料的当前温度低于其制备温度，如果制备温度降至室温时，复合材料中纤维的轴向应力为压应力，而基体沿纤维的轴向应力为拉应力，说明纤维在界面处沿纤维轴向受到压缩作用，而基体在界面处沿纤维方向受到拉伸作用。

在陶瓷基复合材料中，往往出现纤维的热膨胀系数大于基体沿纤维轴向的热膨胀系数，此时纤维的轴向受到拉应力，而基体在界面处沿纤维轴向受到压应力。当复合材料受到轴向拉伸时，此残余应力将使基体增加抵抗产生横向开裂的能力，因而基体在界面处的残余应力是设计陶瓷基复合材料所追求的一种重要的增韧机制。

热残余应力在纤维与基体的界面处引起的应力集中相当大，有时会造成较软的组分材料发生塑性变形，若组分材料均为脆性，则可能产生裂纹。

4.3 增强体的表面处理

表面处理是指在增强体的表面进行涂层，该涂层具有浸润剂、偶联剂和助剂等功能，利于增强体与基体间形成一个良好的界面结构，从而改善和提高复合材料的各种性能，这样的处理过程称为增强体的表面处理。本章主要介绍常见纤维增强体的表面处理。

4.3.1 玻璃纤维

常用表面处理剂为有机铬络合物类，主要由有机酸与氯化铬的络合物组成，无水条件下的结构式为"A"。有机铬络合物的品种较多，应用最广的是甲基丙烯酸氯化铬配合物（Volan，沃兰），结构式为"B"。用作偶联剂时，水解使配合物中的氯原子被羟基取代，并与吸水的玻璃纤维表面的硅羟基形成氢键，干燥脱水后配合物之间以及配合物与玻璃纤维之间发生醚化反应形成共价键结合。

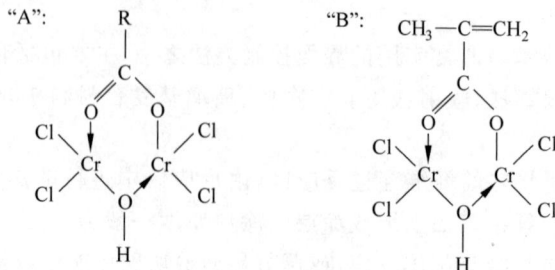

1. 沃兰作用原理

1) 沃兰水解

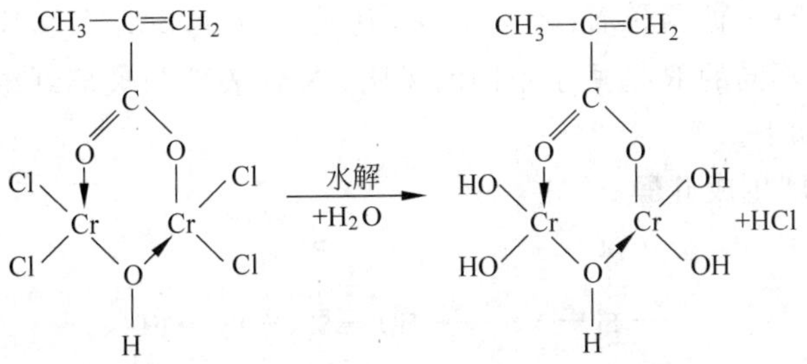

$$CH_3-C=CH_2 \quad \xrightarrow[\text{+H}_2\text{O}]{\text{水解}} \quad CH_3-C=CH_2 \quad +HCl$$

2) 玻璃纤维吸水,生成羟基

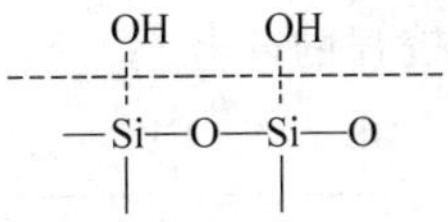

3) 沃兰与吸水的玻璃纤维表面反应

(1) 沃兰之间及沃兰与玻璃纤维表面之间形成氢键。

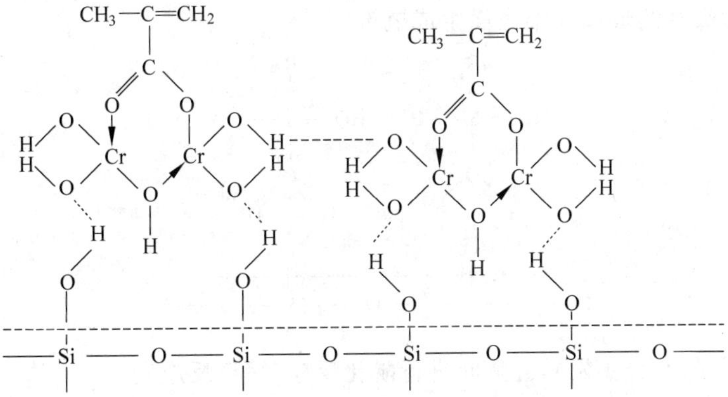

(2) 干燥(脱水),沃兰之间及沃兰与玻璃纤维表面之间发生缩合-醚化反应。

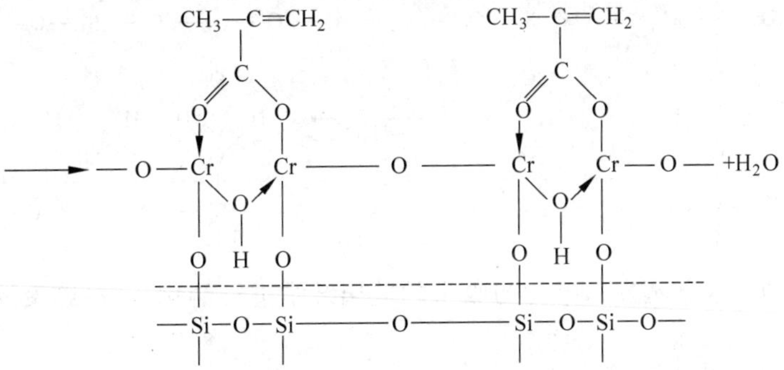

通过以上三步作用,偶联剂与纤维良好结合。接着偶联剂的官能团 $R(CH_3-C=CH_2)$ 和 $Cr-OH(Cr-Cl)$ 与基体树脂发生反应,从而纤维与基体通过偶联剂的桥梁作用良好地结合在一起。实验表明,纤维与树脂的界面结合强度随着铬含量的增加而提高。开始,铬只与玻璃纤维表面的负电位位置接触,随着时间推移,铬的聚集量逐渐增加,尽管铬聚集量中只有 35% 与玻璃纤维产生化学键合,但所起的作用却超过其余 65% 的铬。因为铬的化学键合作用比铬的物理吸附作用高约 10 倍。铬络合物本身之间脱水程度越高,聚合度越大,处理

效果越好。

2. 有机硅烷作用机理

除了沃兰外,还有一种偶联剂:有机硅烷,其通式为 $R_n SiX_{(4-n)}$,R 代表能与树脂反应或互溶的有机基团,不同的 R 适用于不同的树脂;X 代表能与玻璃纤维表面发生反应的官能团。其作用机理如下。

1）有机硅烷水解生成硅醇

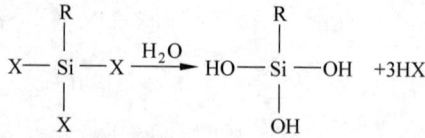

2）玻璃纤维表面吸水生成极性较强的硅羟基

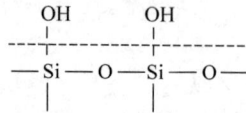

3）硅醇与吸水的玻璃纤维表面反应

（1）硅醇与吸水的玻璃纤维表面生成氢键。

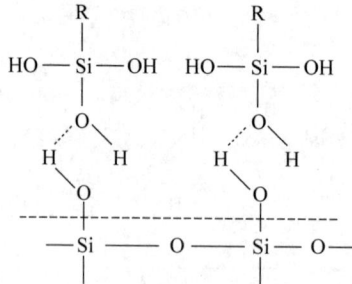

（2）低温干燥（水分蒸发）,硅醇间进行醚化反应（缩聚反应）。

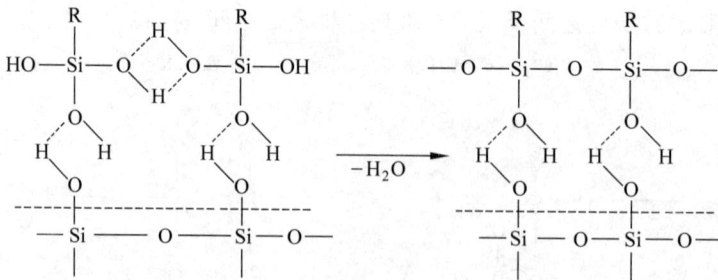

（3）高温干燥（水分蒸发）,硅醇与吸水的玻璃纤维进行醚化反应（缩聚反应）。

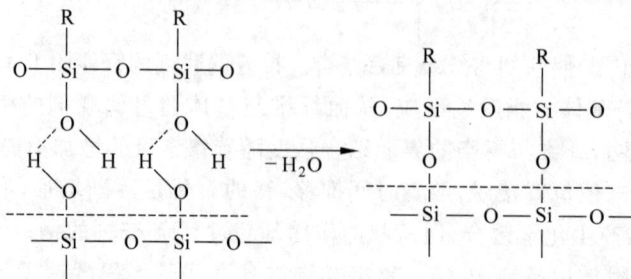

通过以上三步,偶联剂与纤维良好结合,偶联剂上的官能团 R 同样将与基体作用联结在一起。

有机硅偶联剂中,X 基团的种类和数量对偶联剂的水解、缩聚速度、与玻璃纤维的偶联效果、纤维与基体的界面结合特性等均有较大影响。常用的 X 基团为甲氧基(—OCH_3)或乙氧基(—OC_2H_5),X 基团的数目一般以三个为宜,可使纤维与基体间形成硬度较大、亲水性较强的界面区域。因为仅含有一个 X 水解基团时,形成的界面区域往往显示出较强的憎水性;当含有两个 X 水解基团时,所得界面区域的硬度较小,这对玻璃纤维增强弹性体或低模量热塑性树脂体系更为合适。

表面处理剂处理玻璃纤维的方法主要有以下三种。

(1) 前处理法。将处理剂在玻璃纤维抽丝的过程中涂覆在玻璃纤维上,故又称增强型浸润剂。制成的复合材料可以直接使用,无需处理。特点是工艺设备简单,纤维的强度保持较好,但目前尚未有理想的增强型浸润剂。

(2) 后处理法。分为两步进行:首先,除去抽丝过程中涂覆在纤维表面的纺织浸润剂;其次,纤维经处理剂浸渍、水洗、烘干,使纤维表面涂上一层处理剂。该法适用性广,是目前国内外最常用的方法,但设备要求多,成本高。

(3) 迁移法。将化学处理剂加入树脂胶黏剂中,在纤维浸胶过程中,处理剂与经过热处理后的纤维接触,在树脂固化时产生偶联作用。该法的处理效果比不上前两种方法,但工艺简便,适用该种方法的处理剂有 KH550(A-1100)和 B201 等。

常用的纤维表面处理偶联剂见表 4-1。

表 4-1 常用纤维表面处理偶联剂

种类	牌号		化学名称	结构式	适用基体类型	
	国内	国外			热固性	热塑性
有机化合物	沃兰	Volan	甲基丙烯酸氯化铬配合物	CH_3 $C=C$ $O—CrCl_2$ OH CH_2 $O—CrCl_2$	酚醛、聚酯、环氧	PE、PM、MA
硅烷偶联剂	KH-550	A-1100 3100W ATM-9	γ-氨丙基三甲氧基硅烷	$H_2N(CH_2)_3Si(OCH_3)_3$	环氧、酚醛、三聚氰胺	PA、PC、PVC、PE、PP
	KH-560	A-187 Y-4087 Z-6040 KBM-503	γ(2,3-环氧丙氧基)丙基三甲氧基硅烷	$CH_3—CH(CH_2)_3O(CH_2)Si(OCH_3)_3$ O	聚酯、环氧、酚醛、三氧氰胺	PA、PC、PS、PP
	KH-570	A-174 Z6030 KBM-503	γ-甲基丙烯酸丙酯基三甲氧基硅烷(γ-MPS)	O $CH_2=C—C—O—(CH_2)_3Si(OCH_3)_3$ CH_3	聚酯、环氧	PS、PE、PMMA、PP、ABS
	KH-590	A-189 Z-6060 Y-5712 KBM-803	γ-硫基丙基三甲氧基硅烷(γ-SPS)	$HS(CH_2)_3Si(OCH_3)_3$	天然橡胶、丁苯橡胶	PVC、PU、PSt、PSu

种类	牌号		化学名称	结构式	适用基体类型	
	国内	国外			热固性	热塑性
钛酸酯偶联剂	GR-201/NDZ-201	KR-38S (Kenrich)	异丙基三(二辛基焦磷酸酰氧基)钛酸酯	$C_{56}H_{112}O_{16}P_4Ti$: $(CH_3)_2CHO-Ti[O-P(=O)(OC_8H_{17})-O-P(=O)(OC_8H_{17})_2]_3$	适用范围广,主要用于改进工艺性能	
	HY-101	KR-TTS	单烷氧基三(硬脂酰氧基)钛酸酯	$C_{57}H_{110}O_7Ti$: $(CH_3)_2CHO-Ti[O-C(=O)-C_{17}H_{35}]_3$		
	HY-109	KR-9S	异丙基三(十二烷基苯磺酰基)钛酸酯	$C_{63}H_{100}O_{12}S_3Ti$: $(CH_3)_2CHO-Ti[O-S(=O)_2-C_6H_4-C_{12}H_{25}]_3$		
	YB-302	KR-138S	二焦磷酸氧基羟乙酸钛酸酯	$C_{28}H_{60}O_{22}P_4Ti$: $TI[OP(O)(OC_8H_{17})OP(O)(O^-)O]_2[OCH_2COO]\cdot H_2O$		
	HY-75	Tyzor AA-75(杜邦)	双(乙酰丙酮基)二异丙基钛酸酯	$C_{16}H_{28}O_6Ti$: $(CH_3)_2CHO-Ti[O-C(CH_3)=CH-C(O)-CH_3]_2-OCH(CH_3)_2$		
	HY-401	KR-41B/KR-418	四异丙基二(二辛基亚磷酸酰氧基)钛酸酯	$C_{44}H_{92}O_8P_2Ti$: $(CH_3)_2CHO-Ti[OP(OC_8H_{17})_2]_2-OCH(CH_3)_2$		

　　玻璃纤维表面除了采用偶联剂,即通过调节偶联剂的化学组成和结构,提高玻璃纤维与树脂基体的界面结合强度,形成理想的界面结构,从而获得综合性能优良的玻璃纤维复合材料,还可采用接枝、等离子体处理等方法对玻璃纤维进行表面处理,但相关报道较少。

4.3.2　碳纤维

　　由于碳纤维具有沿纤维轴择优取向的同质多晶结构,使其与树脂的界面结合力不大,特别是石墨碳纤维,故未经表面处理的碳纤维增强复合材料,其层间剪切强度都不高,为此,需对碳纤维进行表面处理,常见的方法有氧化法、表面晶须化法、蒸气沉积法、电聚合法、电沉积法、等离子体法、溶液还原与净化法和涂覆偶联剂法等。

1. 氧化法

　　氧化法是最早采用的碳纤维表面处理方法,该法又分为气相氧化、液相氧化和阳极电解氧化等三种。

　　1) 气相氧化法

　　将碳纤维直接在氧化剂(空气、氧气、臭氧、二氧化碳等)气氛中加热到一定温度,保温一定时间即可。如常采用空气气氛,加热至400℃,保温1h,再加热至600℃,保温3～4h。通过改变氧化剂种类、处理温度和时间,即可改变纤维的氧化程度。该法设备简单、操作方便、易连续化生产,但氧化程度难以控制,常因过度氧化而严重影响纤维的力学性能。

　　2) 液相氧化法

　　碳纤维置于一定温度的氧化剂中(浓硝酸、磷酸、次氯酸钠、$KMnO_4/H_2SO_4$ 等),保温一定时间后洗涤即可。如采用浓硝酸于 120℃,保温 24h,洗涤干净,碳纤维与树脂基体的层间剪切强度可提高一倍以上。该法处理效果比较缓和,对碳纤维的力学性能影响较小,可增加碳纤维表面的粗糙度和羧基含量,提高层间剪切强度,但工艺复杂,环境负担重,工业上应用较少。

3）阳极电解氧化法

以碳纤维为阳极,Ni 板或石墨作阴极,在含有 NaOH、HNO₃、H₂SO₄、NH₄HCO₃ 等物质的电解质溶液中,通电数秒至数十分钟不等,处理后洗涤干净。电解产生的新生态氧对纤维表面进行氧化刻蚀,使碳纤维的表面粗糙度提高,结合强度提高。处理后的碳纤维与环氧树脂复合后,层间剪切强度可提高 60% 以上。

2. 表面晶须化法

将碳纤维在 1100～1700℃ 的晶须生长炉中表面沉积生长 β-SiC 晶须,晶须改变了碳纤维的表面形状、表面面积、表面活性,提高了碳纤维与基体的黏结力,当表面晶须含量为 64% 时,层间剪切强度达 14.3GPa。

3. 蒸气沉积法

在 1000℃ 条件下裂解乙炔或甲烷,生成的碳沉积在碳纤维上,沉积的碳活性大,易于树脂润湿,可显著提高层间剪切强度。沉积法对碳纤维力学性能的影响很小,主要是利用涂层增加纤维与基体间的界面结合力。该涂层往往具有一定的厚度和韧性,可以缓减界面内应力,起到保护界面的作用。

4. 电聚合法

以碳纤维为阳极,在电解液中加入带不饱和键的丙烯酸酯、苯乙烯、乙酸乙烯、丙烯腈等单体,通过电极反应产生自由基,在纤维表面发生聚合反应形成含有大分子支链的碳纤维。电聚合法速度快,仅需数秒到数分钟,对纤维几乎无损伤。经电聚合法处理后的碳纤维增强复合材料的层间剪切强度和冲击强度均有一定程度的提高。

5. 电沉积法

电沉积法与电聚合法相似,即利用电化学法使聚合物沉积在碳纤维的表面,从而改善纤维表面对基体的黏附作用,提高界面结合强度。若使含有羧基的单体在纤维表面沉积,则碳纤维增强环氧树脂时,界面处可形成化学键,有利于提高复合材料的剪切性能和抗冲击性能。

电沉积法与电聚合法不仅能提高复合材料的力学性能,还有可能减少碳纤维复合材料燃烧破坏时纤维碎片引起的公害。如通过电沉积法与电聚合法在石墨碳纤维表面形成的磷化物或有机磷钛化物涂层,可起到阻燃作用。

6. 等离子体法

等离子体是指含有电子、离子、自由基或激发的分子、原子的电离气体,它们均为发光体和呈电中性,可由电学放电、高频电磁振荡、激波、高能辐射(如 α 射线、β 射线)等方法产生。等离子体通常分为三种:热等离子体、低温等离子体和混合等离子体。热等离子体是由大气电弧、电火花和火焰产生,气体的分子、离子和电子均处于热平衡状态,温度高达数千摄氏度。低温等离子体是利用辉光放电形成的。混合等离子体则是在常压或略低的压力下由电晕放电(导线或电极表面的电场强度超过碰撞游离阈值时发生的气体局部自持放电现象,因在黑暗中形同月晕而得名）、臭氧发生器等产生。目前，应用最多的是低温等离子体。

低温等离子体纤维表面处理是一种气固相反应，可以使用活性气体（如氧气）或非活性气体（如氩气），也可使用饱和或不饱和的单体蒸气。等离子体处理所需的能量远低于热化学反应，改性只发生在纤维表面，处理时间短而效率高。用 O_2 低温等离子处理石墨碳纤维的表面后，可使复合材料的剪切强度提高一倍以上。通过等离子体处理，在碳纤维表面接枝丙烯酸甲酯、顺丁烯二酸酐、内次甲基四氢邻苯二甲酸酐等能有效提高碳纤维，与基体的界面结合强度。

7. 溶液还原与净化法

采用三氯化铁（1%～5%苯溶液或水溶液）为处理液和 10%硫酸为净化液，让碳纤维通过并干燥、加热，使纤维表面物质分解，其产物与惰性碳纤维发生还原反应，生成活性较高的碳，使碳纤维易与树脂润湿，从而提高界面结合强度。

8. 涂覆偶联剂法

直接在碳纤维表面涂覆钛酸酯或聚二氯二甲基硅烷偶联剂，偶联剂涂层可填平碳纤维表面上的空隙、缝隙等缺陷，然后在 1000℃惰性气氛中加热 6h，可促进碳纤维与树脂结合。

4.3.3　PPTA 纤维

相对于碳纤维，其表面处理的方法不多，目前主要基于化学键理论，通过有机化学反应和等离子体处理，在纤维表面引进或产生活性基团，从而改善界面黏结性能。

有机化学反应法：常采用强酸、强碱等试剂，但会对纤维的力学性能产生不利影响，不常用。

等离子体法：对纤维性能的影响较小，且界面结合的改善效果显著，故该法应用较多。

Kevlar 纤维经可聚合的单体气体等离子体处理后，可在纤维的表面或内部发生接枝反应，不仅提高界面结合力，还可使纤维在断裂破坏时不发生劈裂。通过控制接枝聚合物的结构还可设计具有不同性质的界面区域，使复合材料具有更好的综合性能。

4.3.4　超高分子量聚乙烯纤维

聚乙烯纤维仅由 C 和 H 组成，无任何极性基因，这些纤维很难与基体形成良好的界面结合，影响复合材料的整体性能。常用方法为等离子体处理法。聚乙烯若在 He、Ar、H_2、N_2、CO_2、NH_3 等离子体中处理，主要是被热蚀，交联很少，但经 O_2 等离子体处理后交联深度可达 30nm，并伴随发生氧化和引入许多羰基和羧基。在频率为 40MHz 的氧等离子体处理装置、功率为 7～100W、压力为 13～26Pa 条件下处理超高分子量聚乙烯纤维 300s 后，纤维与环氧树脂的界面黏结强度提高 4 倍以上。但随着等离子体处理深度的增加，纤维自身的性能受到较大损伤。利用高分子共混技术，在超高分子量聚乙烯冻胶纺丝溶液中混入乙烯-乙酸乙烯共聚物，可制成共混改性超高分子量聚乙烯纤维。该种纤维增强环氧树脂有较好的界面黏结性能，对纤维自身的性能影响较小，且工艺简单，操作方便。

4.3.5　硼纤维

硼纤维常用于金属基体如钛、铝、镁、铜、铁等。其中钛的比强度高，中等温度下高于铝合金,在航空航天领域应用广泛,但钛的刚性差,如采用硼纤维增强钛,则可获得强度和刚度均很高的钛基复合材料。但钛基体与硼纤维在界面处易发生化学反应形成界面层,在外载作用下,界面层因自身脆性而产生裂纹,并与纤维中原有的裂纹共同作用,从而增加材料脆性,降低材料性能。如果界面层诱发的裂纹尺寸小于纤维中的原有裂纹,复合材料的强度不会因界面层的裂纹而受到削弱,此时的破坏仍由纤维中的原有裂纹决定。但若界面层的裂纹核大于纤维中的原有裂纹,则该裂纹将向纤维中扩散,致使纤维断裂,复合材料破坏。界面的脆性层在一定的形变条件下将发生破断,而破断形变量的大小取决于该裂纹的大小,裂纹的大小又依赖于脆性层的厚度。当脆性界面层裂纹引起的应力集中程度小于纤维原有缺陷的应力集中程度时,该界面层裂纹不会影响复合材料的强度,但当裂纹增多、尺寸增加时,复合材料的强度将逐渐减小,一旦超过某一临界尺寸后,界面层的破裂立即引起纤维断裂,导致复合材料整体破坏。因此,为改善界面性能,提高复合材料强度,必须控制界面层厚度,即控制界面反应。如工艺上采用快速制备以减少反应时间,或低温复合以降低反应速度,或纤维涂层以减小表面活性,抑制界面反应发生等。

利用 CVD 技术在硼纤维表面形成碳化硅或碳化硼涂层(惰性),可以抑制热压成型时硼与钛的界面反应。此外,通过化学反应原位产生增强体,其界面干净,无反应层,界面结合强度高,复合材料性能优异。

当硼纤维应用于铝合金时,可充分利用硼纤维的强度和刚度,制成的硼纤维增强铝基复合材料可应用于涡轮发动机的风扇叶片、飞机蒙皮和翼梁等。但硼与铝易发生反应生成 AlB_2,硼被氧化生成低熔点的 B_2O_3,这些均影响界面结合强度。为此,在硼纤维表面涂覆碳化硅有助于改善浸润性和抑制界面反应,或采用惰性气氛下成型也可有效阻止硼和铝的氧化反应。应注意的是,硼纤维表面涂覆氮化硼也可有效阻止界面反应,但会给界面结合带来不良影响。

4.4 复合材料的界面表征方法

复合材料的界面是影响性能的核心环节,对界面的形态、成分、结构、残余应力、结合强度等进行有效表征十分重要,常用的表征手段有透射电子显微镜(TEM)、扫描电子显微镜(SEM)、高分辨透射电子显微镜(HRTEM)、俄歇能谱(AES)、原子力显微镜(AFM)、X 射线电子能谱(XPS)及拉曼光谱(或拉曼探针)、X 射线衍射(XRD)等。

4.4.1 界面形态的表征

复合材料中基体与增强体之间以界面结合,而界面是具有一定厚度的界面层,界面层的厚度和形态又与增强体表面性质及基体材料的组成和性质有关,同时还受复合材料制备工艺的影响。界面的形态反映了界面的微观结构,通过对界面形态的研究能直观了解复合材料的界面性质与其宏观力学性能的关系。采用的手段主要是 TEM、SEM、HRTEM 等。具体内容请参考相关文献[2]。

4.4.2 界面微观结构的表征

界面微观结构主要是指界面区域的结晶学结构和其他聚集态结构，采用的手段主要有 TEM、HRTEM、AFM 及拉曼光谱等。聚合物基复合材料的界面微观结构主要采用拉曼光谱和 AFM 研究，结晶学结构主要采用 TEM 和 HRTEM。我国学者采用 CF/PEEK 模型体系，运用拉曼光谱表征其界面微观结构。此外，拉曼光谱还可通过增加扫描次数或改变激光波长等方法，研究碳纤维/线型聚合物界面的近程结构。具体内容请参考相关文献[2]。

4.4.3 界面成分的表征

界面成分是指界面区域的化学元素组成，包括给定微区的元素组成和某给定元素在界面区域的分布。常用手段是 TEM 或 SEM 附带的电子探针，在观察界面形貌和组织结构的同时进行元素分析。SEM 中的背散射电子像也能提供化学成分的信息。其他可用于界面成分分析的手段还有电子能量损失谱术（EELS）、二次离子质谱术（SIMS）、俄歇电子能谱（AES）和 X 射线光电子能谱（XPS）等。具体内容请参考相关文献[2]。

4.4.4 界面结合强度的表征

1. 原位测试法

原位测试法又分为界面微脱黏法和顶出法两种。

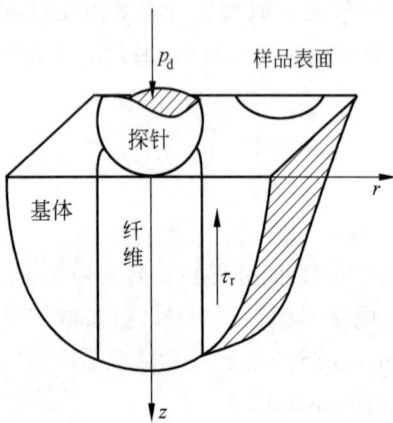

图 4-12 微脱黏法测试原理示意图

1) 界面微脱黏法

在显微镜下用金刚石探针对复合材料中选定的单根纤维的端部施加轴向载荷（图 4-12），使这根纤维端部在一定深度范围内的纤维与周围基体脱黏；记录发生脱黏时的压力 p_d，建立以该纤维中心为对称轴的纤维、基体、复合材料的微观力学模型；进行有限元分析并输入纤维、基体及复合材料的弹性参数和纤维直径、基体厚度及微脱黏力，计算出无限靠近纤维周围表面基体中的最大剪切应力，此即纤维与基体间的界面剪切强度。

2) 顶出法

单纤维和束纤维界面强度顶出法测试装置如图 4-13 所示。其原理是在光学显微镜下，借助于精密定位机构，由金刚石探针对复合材料试样中选定的单根纤维施加轴向压力，得到受压纤维端部与周围基体发生界面脱黏或单纤维被顶出时的轴向压力。再根据微观力学模型，通过有限元方法分析计算出界面结合强度。顶出试样厚度是影响测试结果的重要因素。试样太厚，纤维无法被顶出；试样太薄，制样困难。该法测试精度高，操作方便，能得到不同层次的剪切强度。

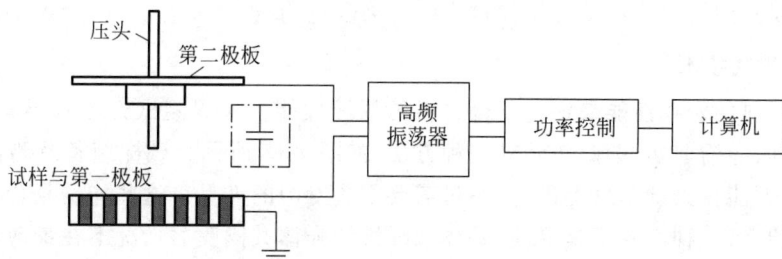

图 4-13　顶出法测试装置

2. 声显微技术

声显微技术是在声耦合剂的帮助下,利用不同组织结构对声衰减性能的差异进行成像的技术。它是一种新发展的技术,关键设备是声学显微镜。该技术的优点是不仅可以观测光学不透明材料的表面、亚表面的状态和性质,还可观测材料内部的结构和性质。国内采用德国产的高分辨声学显微镜,声耦合介质为水,工作频率为 2.2GHz,装置示意图如图 4-14 所示。研究表明,经过表面处理的 SiC/陶瓷复合材料,其 SiC 纤维表面与基体结合牢固,复合材料在冷却过程中发生了平稳缓慢的晶化过程,纤维内部和四周出现了周期性的某种力学不均匀性,相当于声显微照片中的明暗相间的同心圆图案。这种明暗差别反映了材料的声衰减性能不同,说明材料的致密性有环形不均匀现象。

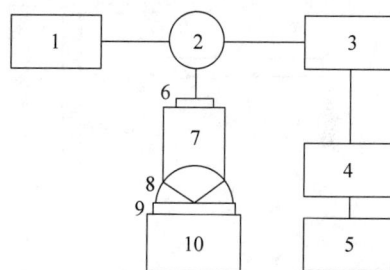

1-脉冲发射电路;2-环行器;3-接收放大电路;
4-计算器;5-显示器;6-压换能器;7-声透镜;
8-耦合器;9-样品;10-扫描平台。

图 4-14　声显微实验装置示意图

3. 声发射技术

运用声发射技术可以测定单纤维复合材料剪切强度和纤维的临界断裂长度。以往用显微镜通过光学测量确定纤维的断裂位置很麻烦,并要求试样透明,对不透明的聚合物基、金属基和陶瓷基复合材料无能为力。采用声发射仪确定含有单纤维聚合物基复合材料试样的纤维断裂位置,以了解纤维断裂的长度分布,由力学模型计算纤维和基体间的界面剪切强度 τ,即

$$\tau = K\frac{\sigma d}{2L} \tag{4-10}$$

式中:L 为实际测出的最小断裂长度平均值;σ 为纤维断裂强度;d 为纤维的直径;K 为常数,取 0.75。

4. SEM 原位拉伸法

利用特殊的拉伸装置和标准试样,在 SEM 中进行动态拉伸实验,电镜观察并记录试样中裂纹核的形成、扩展直至试样断裂的全过程。可研究复合材料在受力条件下断裂过程及界面不同状态对复合材料断裂历程的影响,以进一步改进复合材料的成型工艺和界面设计。该法直观、清晰、可靠,应用较为广泛。对复合材料的增强机理研究尤为合适,因为通过它可

十分清晰地观察到增强体在动态拉伸过程中的力学行为。

5. 宏观测试技术

以复合材料的宏观性能来评定复合材料的界面性能。宏观测试方法有层间剪切、横向（或偏轴）拉伸、导槽剪切、圆筒扭转等四种方法，如图 4-15 所示。试样制备及测试过程均比较简单，可在万能拉力试验机上进行，不过需要配置专门的夹具。这些均是复合材料界面强度敏感的实验，每一种实验都是界面、基体和纤维增强体共同受力情况下在最薄弱环节首先破坏的复合材料宏观实验。得到的强度也是与基体、增强体纤维的体积分数、分布及其性质，复合材料中孔隙及缺陷的数量与分布等有关。研究表明：孔隙率每增加 1%，短梁剪切强度下降 7%；横向拉伸强度对孔隙率及缺陷则更加敏感，因此，宏观实验对复合材料界面性能的相对比较无法得出独立的界面强度值。

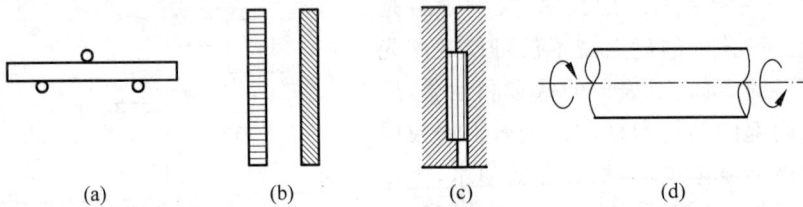

图 4-15　宏观测试方法
（a）层间剪切；（b）横向（或偏轴）拉伸；（c）导槽剪切；（d）圆筒扭转

此外，还有扭辫分析法、单纤维拔出测试法等，其中单纤维拔出测试法也是评价纤维表面改性效果和复合材料界面质量的重要方法，但操作十分麻烦。

4.4.5　界面残余应力的表征

由于界面层厚度小，故界面残余应力的测定较为困难。目前，界面残余应力的测定方法一般采用 XRD 法或中子衍射法。两种方法的原理相同，只是中子的透射深度更大，可探测深层应力，且探测范围较大。但受中子源的限制，中子衍射应用很少。X 射线的穿透能力有限，测定的仅是材料表层的残余应力。鉴于上述两种方法的局限性，通常改用同步辐射连续 X 射线能量色散法和拘束电子衍射法测定复合材料界面附近的应力及其变化。前者的特点：X 射线的强度高，约为普通 X 射线强度的 10^5 倍；X 射线的波长在 $1 \times 10^{-11} \sim 4 \times 10^{-8}$ m 内连续。因此，该法有较强的穿透性，又有对残余应变梯度的高空间分辨率，可测量界面附近急剧变化的残余应力。目前，应用最广的是传统的 XRD 法及电阻应变片法。

1. XRD 的应力测定原理

该方法的思路：残余应力→晶体中较大范围内均匀变化→d 变化→$\sin\theta = \dfrac{n}{2d}\lambda$ 变化→峰位位移→$\Delta\theta$ →$\dfrac{\Delta d}{d} = \varepsilon \rightarrow \sigma$。具体的测定步骤如下：

（1）分别测定工件有界面应力和无界面应力时的衍射花样；
（2）分别定出衍射峰位，获得同一衍射晶面所对应衍射峰的位移量 $\Delta\theta$；
（3）通过布拉格方程的微分式求得该衍射面间距的弹性应变量；

（4）由应变与应力的关系求出界面应力的大小。

2. 电阻应变片法

该法是一种简单直观的应力分析方法，其原理是根据金属电阻丝承受拉伸或压缩变形的同时，电阻将发生变化。在一定应变范围内，电阻丝的电阻改变与应变成正比。测试时，将一根高灵敏度电阻应变丝置入复合材料的界面层，基体固化收缩产生的残余应力作用于这根电阻应变丝上，使之发生变形而进一步导致丝的电阻发生变化，再经桥电路，将电阻变化转化为电桥两端的不平衡电压信号，由该信号推求界面层的残余应力。该法一般只适用于表面区，因为镶入界面的电阻应变丝易被损坏，同时也影响了界面区的应力分布，使测定结果失真。

此外，还可用激光拉曼光谱法测量界面层相邻纤维的振动频率，根据纤维标定确定界面层的残余应力。

4.4.6 增强体表面性能的表征

由于纤维的表面特性直接关系到复合材料的界面，同样有必要对其进行表征。常见的方法有 X 射线光电子能谱（XPS）、扫描隧道电镜（STM）、表面力显微镜（IFM）等。

1. XPS

XPS 原理是利用电子束作用于靶材后，产生的特征 X 射线（光）照射样品，使样品中原子内层电子以特定的概率电离，形成光电子（光致发光），光电子从产生处输运至样品表面，克服表面逸出功离开表面，进入真空被收集、分析，获得光电子的强度与能量之间的关系谱线，即 X 射线光电子谱。显然，光电子的产生依次经历电离、输运和逸出三个过程，而后两个过程与俄歇电子一样，因此，只有深度较浅的光电子才能能量无损地输运至表面，逸出后保持特征能量。与俄歇能谱一样，它仅能反映样品的表面信息，信息深度与俄歇能谱相同。由于光电子的能量具有特征值，因此可根据光电子谱线的峰位、高度及峰位的位移确定元素的种类、含量及化学状态，分别进行表面元素的定性分析、定量分析和化学状态分析。

2. STM

STM 的基本原理示意图如图 4-16 所示。将待测导体作为一个电极，另一极为针尖状的探头，探头材料一般为钨丝、铂丝或金丝，针尖长度一般不超过 0.3mm，理想的针尖端部只有一个原子。针尖与导体试样之间有一定的间隙，共同置于绝缘性气体、液体或真空中，检测针尖与试样表面原子间隧道电流的大小，同时通过压电管（一般为压电陶瓷管）的变形驱动针尖在样品表面精确扫描。目前，针尖运动的控制精度已达 0.001nm。代表针尖的原子与样品表面原子并没有接触，但距离非常小（小于 1nm），于是形成隧道电流。当针尖在样品表面逐点扫描时，就可获得样品表面各点的隧道电流谱，再通过电路与计算机的信号处理，可在终端的显示屏上呈现出样品表面的原子排列等微观结构形貌，并可拍摄、打印输出表面图像。

虽然高分辨电子显微镜可以观测到亚微米结构，但制样困难，得不到实际空间像。而STM 可以深入纳米尺度甚至原子结构，能得到实际空间的真实像，同时制样简单，不破坏样品，可在大气条件下直接观察，但试样需导电方可。

3. IFM

IFM 即扫描探测显微镜，是新问世的复合材料界面微观力学性能测试仪。采用自平衡

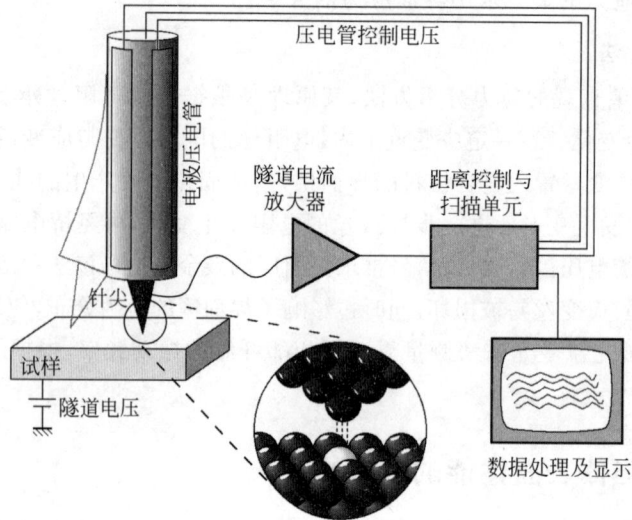

图 4-16　STM 原理示意图

差示电容测力的方法，如图 4-17 所示，它可以测定两种材料的亚接触和接触间的力的信息，同时还为界面黏结、界面化学性质对复合材料界面微观力学性能的影响提供独特信息。

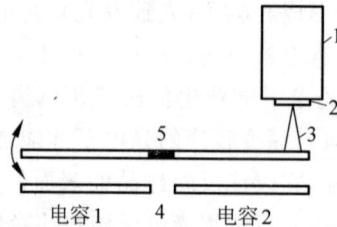

1-xyz 位移压电操纵器；2-试样；
3-探针；4-电容基片；5-扭力棒。
图 4-17　IFM 测试原理示意图

4.5　界面的优化设计

　　复合材料的界面非常复杂和重要，是组成复合材料的三大要素（基体、增强体和界面）之一，也是影响复合材料性能的核心环节。因界面涉及的因素较多，如组分材料、制备工艺、环境以及这些因素的相互影响，只有采用系统工程的方法方可圆满解决。图 4-18 为复合材料界面优化设计的系统工程图。由图可知，首先，要充分了解复合材料中涉及的界面结构和对性能的要求。其次，从模拟件入手进行各种界面行为的考察。在此基础上决定界面应具有的结构和性质，由此制备复合材料试件，测试有关性能，并与原定要求进行对比、分析，根据结果考虑进一步改善和优化的措施。最后，在进行实际构件制造时，还要针对其工艺的现实性、经济性、资源供应等方面进行综合评价，才能正式付诸实施。随着复合材料各种基础数据的积累和计算机技术的进步，复合材料的界面优化设计将完全由计算机完成。

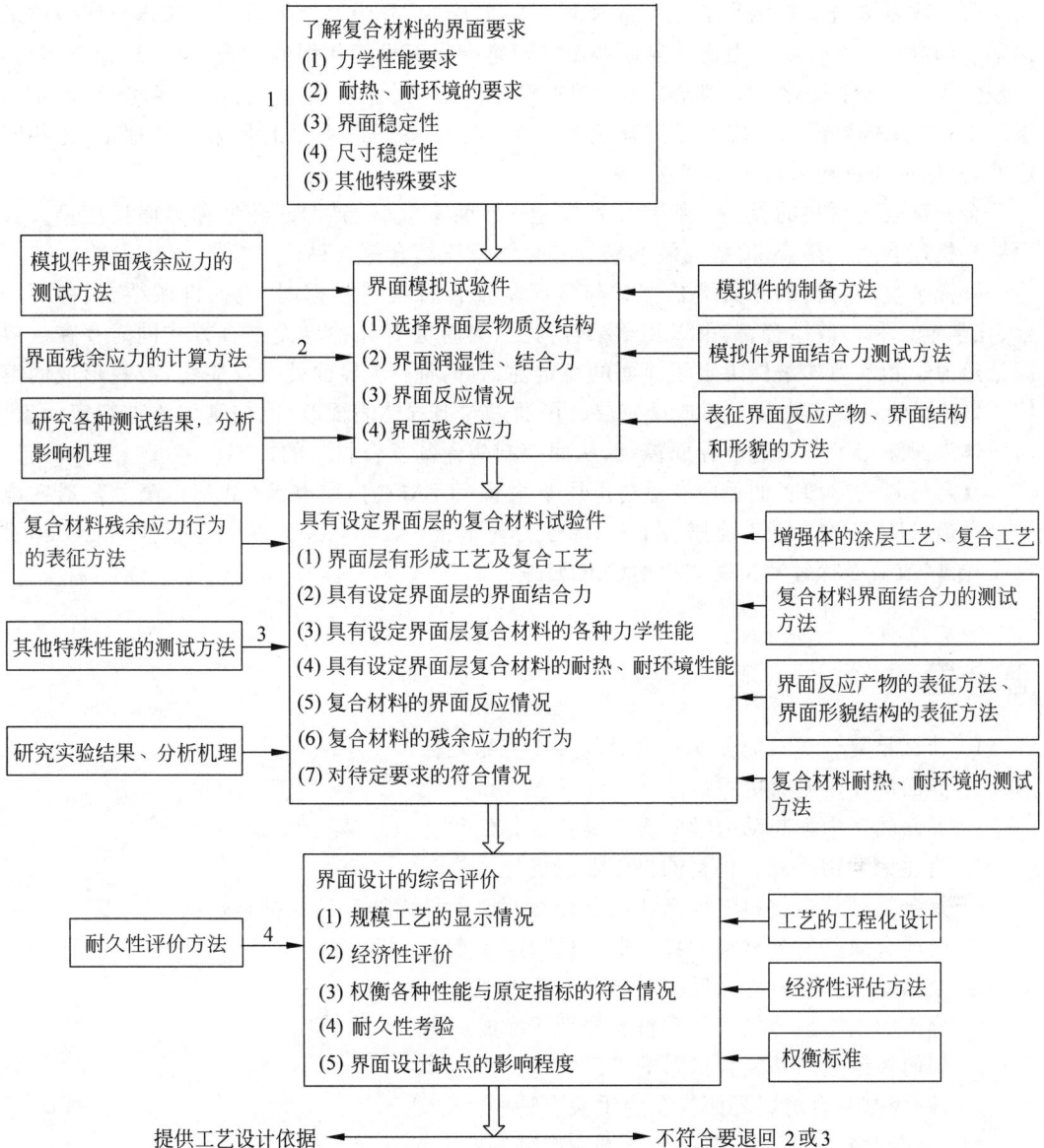

图 4-18　复合材料界面优化设计的系统工程图

本章小结

　　界面是指基体与增强体之间化学成分有显著变化的、能够彼此结合、传递载荷的微小区域。界面的组成和结构直接影响载荷的传递和复合材料的性能。对复合材料界面进行控制、设计和改进研究的工作称为界面工程。界面按其微观特性分为共格、半共格和非共格 3 种；若按其宏观特性可分为机械结合界面、溶解与润湿结合界面、反应结合界面、交换反应结合界面和混合结合界面等 5 种。界面具有传递效应、阻断效应、不连续效应、散射和吸收效应及诱导效应等功能，通过界面结构的改善与控制可有效提高复合材料的性能。

聚合物基复合材料的界面是在成型过程中形成的,分为两个阶段:①基体与增强体的接触与润湿;②聚合物的固化。界面作用机理是指界面发挥作用的微观机理,理论有多种:①浸润吸附理论;②化学键理论;③物理吸附理论;④过渡层理论;⑤拘束层理论;⑥扩散层理论;⑦减弱界面局部应力作用理论;⑧静电吸引等。最重要的是第一种理论,也相对成熟,其他理论都还需进一步完善。

金属基复合材料的界面一般有 3 种类型:界面平整型、界面凹凸型和界面反应型。界面结合机理有物理结合、溶解与浸润结合和化学反应结合等 3 种。

陶瓷基复合材料的界面结合方式与金属基复合材料基本相同,包括机械结合、物理结合、化学结合和扩散结合,其中以化学结合为主,有时会有几种界面结合方式同时存在。界面处热力学和动力学条件决定了界面的稳定性,有两种:①界面处无反应物,或只形成固溶体;②界面处有反应物甚至形成反应层。可通过对增强体表面改性、向基体添加特定元素、增强体表面涂层等方法进行界面控制,从而控制陶瓷基复合材料的性能。

复合材料的界面表征手段有透射电子显微镜(TEM)、扫描电镜(SEM)、高分辨透射电子显微镜(HRTEM)、俄歇能谱(AES)、原子力显微镜(AFM)、X 射线光电子能谱(XPS)及拉曼光谱(或拉曼探针)、X 射线衍射(XRD)等。

思考题

1. 什么是复合材料的界面? 界面的种类有哪几种?
2. 界面的作用有哪些?
3. 界面的热力学与动力学的含义是什么?
4. 简述聚合物基复合材料的界面形成机理。
5. 聚合物基复合材料的界面特点是什么? 改善界面结合的原则是什么?
6. 简述金属基复合材料的界面形成机理与特点。
7. 金属基复合材料界面反应对界面结合性能有何影响?
8. 分析内生增强金属基复合材料界面干净的原因。
9. 如何控制金属基复合材料的界面?
10. 陶瓷基复合材料界面控制的手段有哪些?
11. 复合材料的界面形态的表征方法有哪些?
12. 复合材料的界面结合力的表征方法有哪些?
13. EDS 分析与 XRD 分析的应用分别是什么? 两者有何区别?
14. STM 和 AFM 均可反映界面形貌,两者的原理有何不同? 使用条件分别是什么?
15. 界面的残余应力如何表征?
16. 如何实现界面的优化设计?

选择题和答案

第5章

聚合物基复合材料

聚合物基复合材料(polymer matrix composites,PMCs)由于其轻质、高强度、可设计性强等优势,广泛应用于航空航天、汽车、建筑、电子、医疗等领域。本章主要介绍聚合物基复合材料的基本概念、制备工艺及其力学性能,及应用渐广的形状记忆聚合物复合材料。

5.1 聚合物基复合材料概述

5.1.1 聚合物基复合材料的分类

凡以聚合物为基体的复合材料统称为聚合物基复合材料。聚合物基复合材料的分类有多种不同的划分标准,若按增强纤维的种类可分为:玻璃纤维增强聚合物基复合材料、碳纤维增强聚合物基复合材料、硼纤维增强聚合物基复合材料、芳纶纤维增强聚合物基复合材料及其他纤维增强聚合物基复合材料。若按增强体种类可分为:纤维增强聚合物基复合材料、晶须增强聚合物基复合材料、颗粒增强聚合物基复合材料等。若按基体聚合物的性能可分为:通用型聚合物基复合材料、耐化学介质型聚合物基复合材料、耐高温型聚合物基复合材料、阻燃型聚合物基复合材料等。应用最为广泛的是按聚合物基体的结构形式来分类,此时,聚合物基复合材料可分为热固性树脂基复合材料与热塑性树脂基复合材料。

5.1.2 聚合物基复合材料的特点

1. 高的比强度、比模量

多数聚合物基复合材料的密度仅为 $1.4\sim2.0\mathrm{g/cm^3}$,只有普通钢密度的 $1/5\sim1/4$、钛合金密度的 $1/3\sim1/2$,而机械强度却达到甚至超过金属材料。因此,聚合物基复合材料的比强度、比模量均较大,如高模量碳纤维增强环氧树脂基复合材料的比强度为钢的 5 倍、铝合金的 4 倍,比模量为铝、铜的 4 倍。

2. 抗疲劳性能好

金属材料的疲劳破坏常常是没有明显预先征兆的突发性破坏。而聚合物基复合材料中,纤维与基体的界面能有效阻止裂纹的扩展,破坏过程是渐进的,有明显的预兆。多数金属材料的疲劳强度为拉伸强度的 $1/3\sim1/2$,而聚合物基复合材料的疲劳强度可达其拉伸强

度的 $70\%\sim80\%$。

3. 减震性好

聚合物基复合材料的界面具有吸震能力,振动阻尼能力强,吸震性能好。高的自振频率可以避免工件在工作状态下出现早期破坏,而结构的自振频率除了与自身结构形状有关外,还与工件材料的比模量平方根成正比。因聚合物基复合材料的比模量大,故在结构合理时,可以显著提高工件的自振频率,再加上界面又具有吸震能力,故聚合物基复合材料工件的减震性能优异。

4. 耐烧蚀性卓越

聚合物基复合材料的比热容大,熔化热、汽化热也高,故在高温下能吸收大量的热,具有良好的耐烧蚀性能。

5. 可设计性强,成型工艺简单

可以通过改变增强体的种类、体积分数、分布形式及基体种类等满足对复合材料结构与性能的要求,且制造过程多为整体成型,无需二次加工,故聚合物基复合材料的可设计性强、成型工艺简单。

6. 过载时安全性能好

由于复合材料中的增强体具有一定量,纵使有少量增强体发生了破坏,其承受的载荷还会重新分布,不至于使工件在短期内失去承载能力。尤其是纤维、晶须等增强体,其过载能力更强,安全性更好。

当然,聚合物基复合材料也存在一些不足:抗冲击强度差、纤维增强的聚合物基复合材料的横向强度和层间剪切强度低。此外,在湿热环境下性能会发生变化。

5.1.3　聚合物基复合材料的发展历程

1. 早期萌芽阶段（20 世纪初期）

1907 年贝克兰（Baekeland）发明的酚醛树脂是一种热固性树脂,为复合材料提供了基体材料。酚醛树脂与纤维（如木粉、石棉）复合可用于电器绝缘和耐热部件。

2. 关键突破阶段（1940—1950）

以玻璃纤维增强聚合物基复合材料为标志。20 世纪 30 年代玻璃纤维在美国问世,1938 年美国欧文斯科宁（Owens Corning）公司实现玻璃纤维的工业化生产。1942 年,美国开发出玻璃纤维增强聚酯树脂复合材料,并用于第二次世界大战中的军用雷达罩、船舶部件等。20 世纪 50 年代环氧树脂出现,因其优异的黏接性和耐腐蚀性成为航空复合材料的主要基体,在航空、航天领域得到广泛应用。

3. 高性能化时代（1960—1980）

以碳纤维的产生为标志。20 世纪 60 年代英国开发出高模量碳纤维,70 年代后碳纤维增强环氧树脂（CFRP）用于飞机（如波音 757/767）的次级结构件制造。1971 年杜邦公司发明凯夫拉（Kevlar）纤维,引入该纤维可显著提升聚合物基复合材料的抗冲击性能。20 世纪 80 年代后,聚醚醚酮（PEEK）、聚苯硫醚（PPS）等耐高温热塑性树脂基复合材料出现,它们适合快速成型和回收。

4. 多元化阶段(1990—20 世纪 10 年代)

树脂传递模塑(RTM)、真空辅助成型(VARTM)等工艺显著降低了生产成本,使 PMCs 广泛应用于汽车、风电和体育用品。2000 年后,随着纳米黏土、石墨烯等纳米填料被引入,赋予聚合物基体增强、阻燃或导电功能。亚麻、剑麻等天然纤维与生物降解树脂(如 PLA)结合的复合材料,可用于环保包装和内饰材料。

5. 发展趋势(20 世纪 20 年代后)

PMCs 成为航空主流材料,如波音 787 机身中碳纤维复合材料占 50%,空客 A350 中占 53%。2020 年,生物基 PMCs 的成本降低至石油基 PMCs 的 1.5 倍,随着技术的进步,这一差距有望进一步缩小。当前形状记忆、自修复聚合物复合材料已成为该领域的研究热点。

5.2 聚合物基体

5.2.1 聚合物的基本概念

1. 定义

所谓聚合物是一种分子量很大的化合物,其相对分子量多数在 5000～1000000。它是由小分子在一定的条件下聚合而成,这种小分子聚合形成大分子的过程称为聚合反应。

2. 聚合物的组成

聚合物主要由单体、链节、聚合度、分子量(平均分子量)等组成。单体是指形成聚合物的小分子化合物。如高聚物聚乙烯,是由小分子化合物乙烯聚合反应而成,该小分子化合物乙烯为聚乙烯的单体。链节则是构成聚合物的基本结构单元。如聚乙烯的结构式为

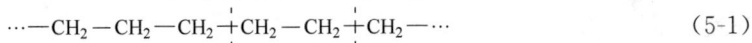

$$\cdots-CH_2-CH_2-CH_2 \vert CH_2-CH_2 \vert CH_2-\cdots \tag{5-1}$$

可简写为 $\vert CH_2-CH_2 \vert_n$,是由 n 个 $-CH_2-CH_2-$ 结构单元连接而成,该结构单元称为链节,n 称为聚合度。高分子运动时的运动单元不是单键或链节或整个分子,而是一些相联系的链节,该运动单元称为链段。高分子的运动就是链段的协同移动实现的。

3. 聚合物的合成

聚合物的合成是把低分子化合物(单体)聚合起来形成高分子化合物的过程。其所进行的反应为聚合反应,聚合反应又分为加聚反应和缩聚反应两类。

1) 加聚反应

加聚反应是指一种或多种单体相互加成而连接成聚合物的反应。该反应无副产物,因此生成的聚合物具有与单体相同的成分。仅为一种单体的加聚反应称为均加聚,不同单体的加聚反应称为共加聚。

例如:(1) 均加聚。丁二烯在催化剂的作用下可均加聚合成均聚物顺丁橡胶,反应如下:

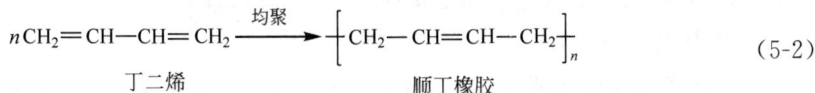

$$n CH_2=CH-CH=CH_2 \xrightarrow{\text{均聚}} \vert CH_2-CH=CH-CH_2 \vert_n \tag{5-2}$$

丁二烯　　　　　　　顺丁橡胶

（2）共加聚。丁二烯与苯乙烯单体共加聚反应合成共聚物丁苯橡胶，反应如下：

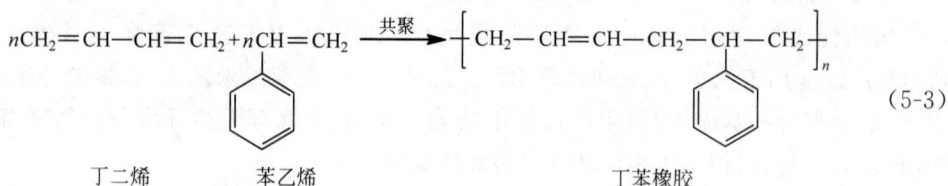

$$n\text{CH}_2=\text{CH}-\text{CH}=\text{CH}_2 + n\text{CH}=\text{CH}_2 \xrightarrow{\text{共聚}} \left[\text{CH}_2-\text{CH}=\text{CH}-\text{CH}_2-\text{CH}-\text{CH}_2\right]_n \tag{5-3}$$

丁二烯　　　　苯乙烯　　　　　　　　　　　　丁苯橡胶

2）缩聚反应

缩聚反应是指一种或多种单体相互加成而连接成聚合物的同时还有低分子副产物析出的反应。因此，生成的聚合物（缩聚物）与单体成分不同。该类反应比加聚反应复杂得多。仅为一种单体的缩聚反应称为均缩聚，不同单体的缩聚反应称为共缩聚。

例如：（1）均缩聚。氨基己酸进行缩聚反应生成聚酰胺 6（尼龙 6），反应如下：

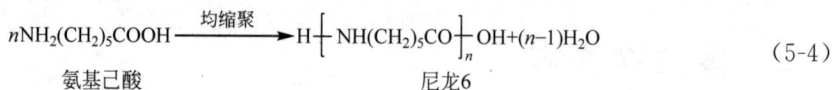

$$n\text{NH}_2(\text{CH}_2)_5\text{COOH} \xrightarrow{\text{均缩聚}} \text{H}\left[\text{NH}(\text{CH}_2)_5\text{CO}\right]_n\text{OH} + (n-1)\text{H}_2\text{O} \tag{5-4}$$

氨基己酸　　　　　　　　　　　　　尼龙6

（2）共缩聚。尼龙 66 为己二胺和己二酸缩聚合成，反应如下：

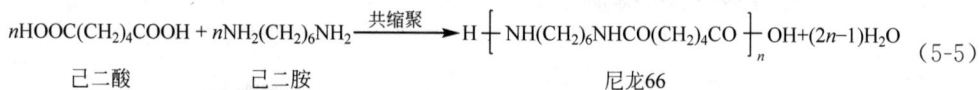

$$n\text{HOOC}(\text{CH}_2)_4\text{COOH} + n\text{NH}_2(\text{CH}_2)_6\text{NH}_2 \xrightarrow{\text{共缩聚}} \text{H}\left[\text{NH}(\text{CH}_2)_6\text{NHCO}(\text{CH}_2)_4\text{CO}\right]_n\text{OH} + (2n-1)\text{H}_2\text{O} \tag{5-5}$$

己二酸　　　　　　己二胺　　　　　　　　　　　　尼龙66

4. 聚合物链骨架的几何形态

1）线型

整个聚合物分子呈细长线条状，通常卷曲成不规则的线团（图 5-1(a)），但受拉伸时可以伸展为直线。乙烯类的高聚物，如高密度聚乙烯、聚氯乙烯、聚苯乙烯等均为线型聚合物。线型聚合物分子由于分子链间没有化学键，能相对移动，可在一定的溶剂中经过溶胀阶段溶解；可在加热时经过软化过程而熔化，因而易于加工，可反复使用，并具有良好的弹性和塑性。

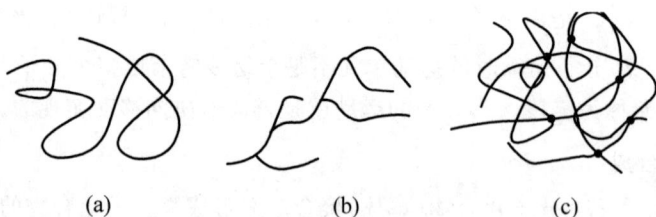

(a)　　　　　　　　(b)　　　　　　　　(c)

图 5-1　高聚物的形状示意图

2）支链型

在主链上有一些或长或短的小支链，整个分子呈枝状（图 5-1(b)）。具有这种结构的有聚乙烯、接枝型 ABS 树脂和耐冲击型聚苯乙烯等。它们能在适当的溶剂中溶解，加热时也能熔融，但由于分子不易规整排列，分子间的作用力小，对溶液的性质有一定的影响。与线型高聚物相比，支链型分子溶液的黏度、强度和耐热性能都较低。故支化一般对高聚物性能的影响是不利的，支链越复杂和支化程度越高，影响越大。

3）网状型（梯形）

分子链之间通过支链或化学键连在一起的所谓交联结构，在空间呈网状（图 5-1(c)）。

硫化橡胶、热固性塑料等均为交联结构。整个高聚物是由化学键固结起来的不规则网状大分子,所以非常稳定,不溶解于溶剂,也不能加热熔融,具有良好的耐热性、耐溶性、尺寸稳定性和机械强度,但弹性和塑性较低。

5. 聚合物分子凝聚态结构

聚合物分子凝聚态结构主要有气态、液态和固态三种,其中固态又分为晶态(聚合物分子有序排列的状态),非晶态(无定形)(聚合物分子近程有序、远程无序的排列状态),混合态(晶态与非晶态的混合态)。混合态中,晶体部分所占的质量分数称为结晶度。高聚物的结晶程度与聚合物的分子结构密切相关。

(1)结构简单、规整度高、对称性好的大分子容易结晶。如聚乙烯分子链具有简单、对称的—CH_2—CH_2—结构单元,故容易形成晶体。然而晶态聚乙烯被氯化而生成氯化聚乙烯时,由于分子链结构的对称性被打破,以及 CHCl 基团的体积比 CH_2 的大,结晶能力降低,故氯化聚乙烯具有非晶态结构。

(2)等规高聚物的结晶能力强。一般而言,主链上的取代基较小时易结晶,具有较大侧基的聚合物难结晶。如聚甲基丙烯酸甲酯、聚苯乙烯等都是非晶态高聚物,因为它们主链上有较大的侧基。但通过定向聚合的方法合成的聚丙烯等聚合物,它们虽有较大侧基,但只要这些侧基在空间排列是规整的,也能形成晶态高聚物。

(3)缩聚物均能结晶。一般缩聚物的主链上不存在不对称的碳原子,故主链总是规整的。另外,大分子主链上往往有极性基团,使分子间有较大的作用力,甚至产生氢键。这些均有利于结晶和晶体的稳定性。故聚酰胺、聚对苯二甲酸乙二醇酯和聚碳酸酯都是很好的晶态高聚物。

6. 聚合物的物理、力学状态

1) 线型无定形(非晶态)高聚物的三种力学状态(图 5-2)

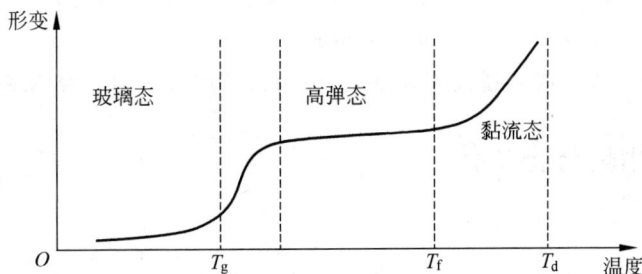

T_g-玻璃化温度;T_f-黏流温度;T_d-分解温度。

图 5-2　线型无定形(非晶态)高聚物的三种力学状态示意图

线型无定形(非晶态)高聚物的三种力学状态:玻璃态、高弹态、黏流态。

T_g 以下形变小,弹性模量高,刚硬,处于玻璃态;T_g 以上形变大,弹性模量显著降低,高聚物极富有弹性,处于高弹态;T_f 以上,弹性模量进一步降低,高聚物黏性流动,处于黏流态。三种力学状态的意义:塑料,即室温下处于玻璃态的高聚物;橡胶,即室温下处于高弹态的高聚物;流动树脂(胶黏剂),即室温下处于黏流态的高聚物。

2) 晶态高聚物的力学状态(线型)

A. 一般分子量的晶态高聚物

有明确的熔点，熔点以下变形小，为坚硬的晶体状态，无链段运动，故无高弹态，高于 T_m(熔点)进入黏流态。共有两态：晶态和黏流态。

B. 分子量较大的晶态高聚物

分子量较大的晶态高聚物具有与一般分子量高聚物相同的熔点 T_m，但高于 T_m 后，分子转为无规排列，因链长，还不能进行整个分子的滑动，而只能发生链段运动，出现高弹态。当温度升至 T_f 时，整个分子流动进入黏流态。故共有三态：晶态、高弹态和黏流态。

C. 非完全晶态的高聚物

存在无定形区，有链段运动的可能。共有三态：玻璃态、高弹态和黏流态。

3) 体型高聚物的力学状态

当体型高聚物轻度交联时，运动阻力小，有链段运动，存在玻璃态和高弹态。但交联无法流动，故无黏流态。

当体型高聚物交联程度增加时，交联点间的距离变短，链段运动的阻力增加，玻璃化温度提高，高弹区缩小。当交联程度继续增加至一定值时，链段运动消失，仅有玻璃态。

高聚物主要有三种：

(1) 合成塑料。以合成树脂为主要原料，加入添加剂形成，可在加热、加压条件下塑造成一定形状的产品，因是塑造成型故称塑料。合成树脂主要有酚醛树脂、聚乙烯等，是塑料的主要组成成分，决定塑料的主要性能，同时还起到黏结剂作用；添加剂主要包括填料、固化剂、增塑剂、稳定剂、润滑剂、着色剂、阻燃剂等，对塑料起改性作用。

(2) 合成橡胶。由生胶炼成。橡胶属于完全无定形聚合物，它的玻璃化转变温度低，分子量往往很大，甚至大于几十万。有线型、支链和交联三种典型结构。

(3) 合成纤维。由树脂纺丝、反应烧结而成。

橡胶或塑料可作为基体制备高聚物基复合材料，应用最多的高聚物基体为树脂。

5.2.2　常用聚合物基体

1. 分类

按热加工特性可将聚合物基体分为热固性树脂与热塑性树脂两大类。其中热固性树脂包括不饱和树脂、聚酯树脂、环氧树脂、酚醛树脂、聚氨酯、聚丙烯树脂、呋喃树脂等；而热塑性树脂包括聚丙烯、聚酰胺、聚碳酸酯、聚醚酮等。若按工艺可将聚合物基体分为手糊用树脂、喷射用树脂、胶衣用树脂等；按用途则分为耐热树脂、耐候性树脂、阻燃树脂等。

2. 基体的选择原则

基体的选择原则包括：①满足使用性能；②对增强体有良好的润湿性和黏结性；③合适的黏度和流动性；④固化条件适当，即室温、中温、无压或低压下固化；⑤制品脱模性好；⑥价格合理等。

3. 热固性树脂基体

常见热固性树脂材料的物理性能见表 5-1。

表 5-1 常见热固性树脂材料的物理性能

性 能	聚酯树脂	环氧树脂	酚醛树脂	双马来酰亚胺	聚酰亚胺	有机硅
密度/(g/cm³)	1.10~1.40	1.2~1.3	1.30~1.32	1.22~1.40	约 1.32	1.70~1.90
拉伸强度/MPa	34~105	55~130	42~64	41~82	41~82	21~49
弹性模量/GPa	2.0~4.4	2.75~4.10	约 3.2	4.1~4.8	约 3.9	约 1
断裂伸长率/%	1.0~3.0	1.0~3.5	1.5~2.0	1.3~2.3	1.3~2.3	约 1
24h 吸水率/%	0.15~0.60	0.08~0.15	0.12~0.36	—	—	—
热变形温度/℃	60~100	100~200	78~82	—	—	—
线膨胀系数/℃$^{-1}$	5.5×10^{-5}~10×10^{-5}	4.6×10^{-5}~6.5×10^{-5}	6×10^{-5}~8×10^{-5}	—	—	3.08×10^{-4}
固化收缩率/%	4~6	1~2	8~10	—	—	4~8

1) 不饱和聚酯树脂

由不饱和二元酸或酸酐混以一定量的饱和二元酸或酸酐与饱和的二元醇缩聚获得线型初聚物,再在引发剂的作用下固化交联成三维网状分体型大分子。常用的不饱和二元酸或酸酐为顺丁烯二酸酐,饱和二元酸或酸酐为邻苯二甲酸酐,二元醇为 1,2-丙二醇,三者物质的量比为 1:1:2.15。合成后溶于苯乙烯形成低黏度树脂。

根据不饱和聚酯树脂的组成和结构,可分为五种:顺丁烯二丙胺型、丙烯酸型、丙烯酯型、二酚基丙烷型、乙烯基酯型。

不饱和聚酯树脂耐水、稀酸、稀碱的性能较好,耐有机溶剂的性能较差,力学性能、介电性能均较好。耐热性较差,密度为 1.11~1.20g/cm³,固化体积收缩率大,价廉、制造方便。固化后的不饱和树脂很硬,呈褐色半透明状,易燃,不耐氧化和腐蚀。主要用途为制作玻璃钢材料。

2) 环氧树脂

环氧树脂是含有两个或两个以上环氧基团的聚合物。据其分子结构可分为五种类型。

①缩水甘油醚类 $\left(R{-}O{-}CH{-}CH_2 \atop O\right)$,②缩水甘油胺类 $\left(R{-}\overset{O}{\overset{\|}{C}}{-}O{-}CH_2{-}CH{-}CH_2 \atop O\right)$,③缩水甘油酯类 $\left({R \atop R'}N{-}CH_2{-}CH{-}CH_2 \atop O\right)$,④线性脂肪族类 $\left(R{-}CH{-}CH{-}R'{-}CH{-}CH{-}CH_2 \atop O \quad\quad O\right)$,⑤脂环族类 $\left(O\begin{matrix} & H \\ & C \\ HC & \diagup\diagdown & CH \\ & R & \\ HC & \diagdown\diagup & CH \\ & C \\ & H \end{matrix}O\right)$。

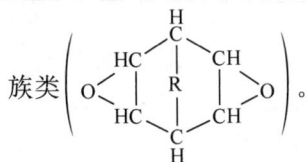

以缩水甘油醚类为例,环氧树脂由环氧氯丙烷与双酚 A(二酚基丙烷)在氢氧化钠的作用下聚合而成,如图 5-3 所示。控制反应条件,如物质的量比、反应温度等,可获得重复单元数 $n=0{\sim}19$ 的环氧树脂。

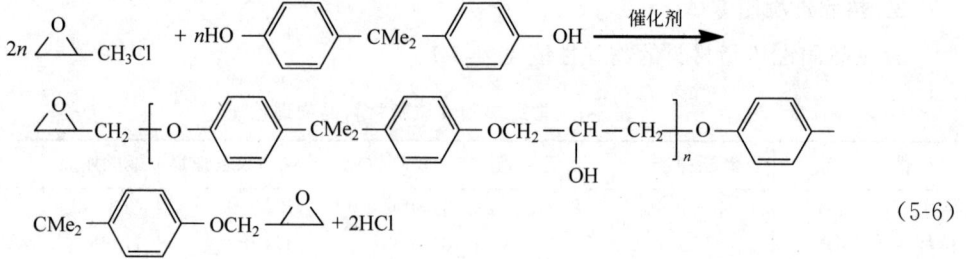

$$(5-6)$$

图 5-3　双酚 A 型环氧树脂合成总反应

当 $n=0\sim1$ 时，为浅黄色液态树脂，可熔可溶；当 $n=1\sim1.8$ 时，为半固态树脂；当 $n>1.8$ 时，为固态树脂。

环氧树脂具有适应性强（可选用的固化剂、改性剂等种类繁多）、工艺性好、黏附力强、成型收缩率低、力学性能优良、尺寸稳定、绝缘性好、化学稳定性好等特点。国产双酚 A 的牌号及特性见表 5-2。

表 5-2　环氧树脂的品牌及特性（国产双酚 A 型）

牌号	原牌号	平均相对分子量	环氧值/(mol/(100g))	环氧当量/g	室温黏度/(Pa·s)
E-51	618	～380	0.48～0.54	190	≤2.5(转化点 40℃)
E-44	6101	450	0.41～0.47	250	12～20
E-42	634	—	0.38～0.45	—	21～27
E-20	601	～950	0.18～0.22	500	64～76
E-12	604	1400	0.09～0.14	900	85～95

注：(1)挥发分 E-51<2%，其他≤1%；(2)有机氯值≤0.02mol/(100g)；(3)无机氯值≤0.001mol/(100g)。

表 5-2 中的环氧值是指每 100g 树脂中所含环氧树脂的物质的量；环氧当量则是 1g 当量环氧基的环氧树脂的质量(g)，等于环氧值的倒数乘以 100。有机氯含量是指分子中未发生闭环反应的那部分氯醇基团的含量。

3）酚醛树脂

酚醛树脂是以酚类化合物与醛类化合物缩聚而成的树脂。应用最多的酚醛树脂是苯酚与甲醛的缩聚物。酚有苯酚、间甲苯酚、3,5-二甲酚、双酚 A、间苯二酚等五种（图 5-4），应用最多的是苯酚；醛主要有甲醛、多聚醛、糠醛等，应用最多的是甲醛。

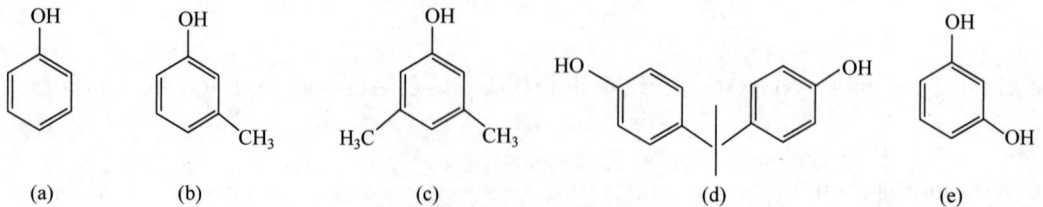

图 5-4　五种酚的结构式

(a) 苯酚；(b) 间甲苯酚；(c) 3,5-二甲酚；(d) 双酚 A；(e) 间苯二酚

酚类与醛类化合物在碱性和酸性条件时可分别缩聚获得热固性和热塑性两种酚醛树脂。

碱性条件即在碱性催化剂如 NaOH、氨水、Ba(OH)$_2$ 等的作用下，酚与醛类化合物反应

产生热固性酚醛树脂,如图 5-5 所示。此时反应分两步进行:

(1) 甲醛与苯酚的加成反应,生成多种羟甲酚,形成一元酚醇和多元酚醇的混合物。

(2) 羟甲基酚的缩聚反应。此反应有两种可能:①两个羟甲基间的脱水反应生成甲醚键但不稳定;②羟甲基与酚环上邻、对位的活泼氢反应,形成亚甲基桥(—CH$_2$—)。

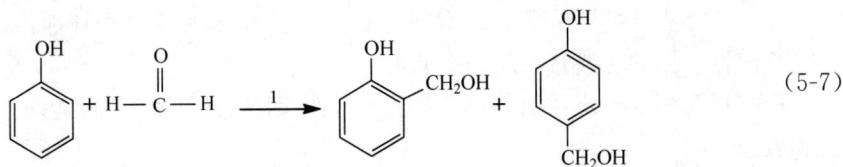

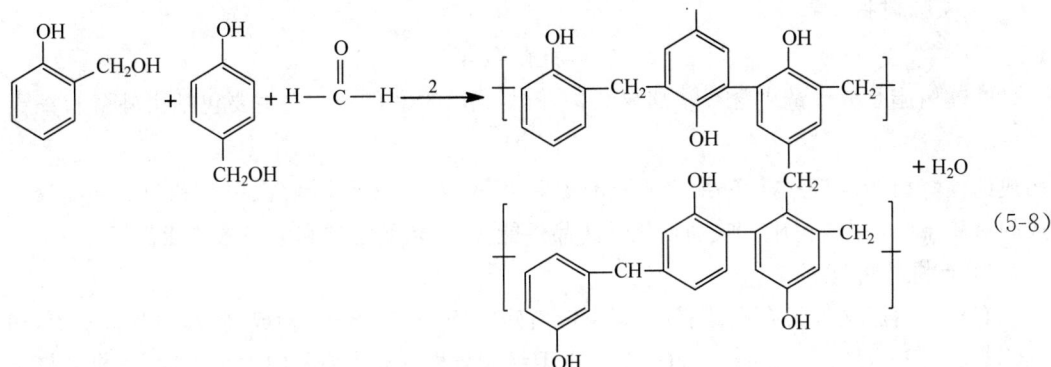

$$(5-7)$$

$$(5-8)$$

图 5-5 碱性条件下热固性酚醛树脂的合成

酸性条件(强酸性:pH<3)、酚过量、酚/醛的物质的量比为 1:0.8~1:0.86 时,酚与醛类化合物反应产生热塑性酚醛树脂,此反应分三步进行(图 5-6):

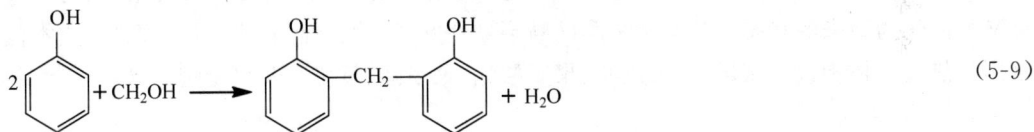

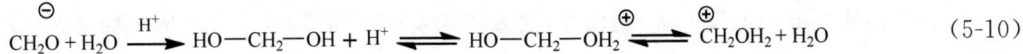

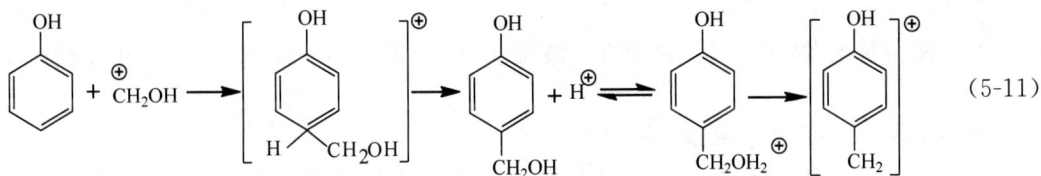

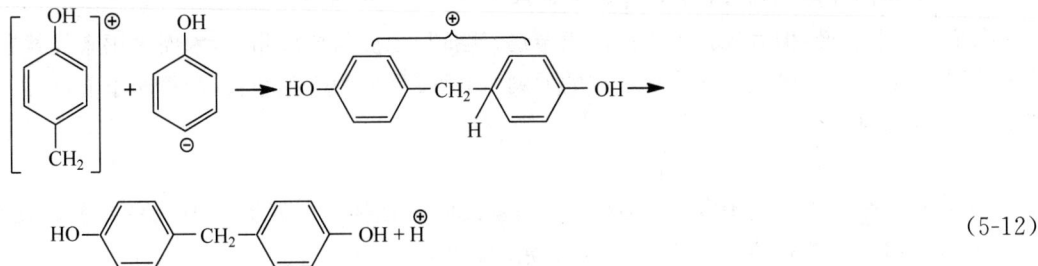

$$(5-9)$$

$$(5-10)$$

$$(5-11)$$

$$(5-12)$$

图 5-6 酸性条件下热塑性酚醛树脂的合成

（1）甲醛与苯酚首先在酸性条件下结合生成二酚基甲烷,酚醛树脂大分子链中约有 5 个酚环,平均相对分子量 500 左右。

（2）在酸催化条件下的反应是与甲醛或它的甲二醇形式的质子性质有关的亲电取代反应,生成碳鎓离子。脱水的碳鎓离子立即与游离酚反应,生成质子氢和二酚基甲烷。

（3）二酚基甲烷与甲醛缩聚,使分子链进一步增长,并通过酚环邻位或对位连接起来。

热固性树脂的主要特性与用途见表 5-1。

酚醛树脂的电绝缘性能、力学性能、耐水性、耐酸性和耐烧蚀性能均十分优良,成型能力也比较强。

4）呋喃树脂

呋喃树脂是分子链中含有呋喃环结构 $\begin{bmatrix} CH-CH \\ \| \quad \| \\ CH-CH \\ \diagdown O \diagup \end{bmatrix}$ 的聚合物。它主要包括由糠醇自缩聚而成的糠醇树脂,糠醛与丙酮缩聚而成的糠醛-丙酮树脂,以及由糠醛、甲醛和丙酮共缩聚而成的糠醛-丙酮-甲醛树脂。呋喃耐化学药品性能优良,热稳定性和电绝缘性能良好。

5）有机硅树脂

有机硅树脂又称为有机硅氧烷,其主链由硅(—Si—O—Si—)构成,侧基为有机基团,如—CH₃、—CH₆H₅、CH₂══CH—等。由于组成与相对分子质量的大小不同,有机硅聚合物可分为液态(硅油)、半固态(硅脂),两者均为线型低聚物。有机硅树脂的耐热性和电绝缘性能优异,疏水性好,成型能力强,但其力学性能差。

4. 热塑性树脂基体

热塑性树脂一般为线型高分子化合物。它们可溶于某些溶剂,受热可熔化、软化,冷却后又可固化为原来的状态。热塑性树脂的断裂韧性好、耐冲击性强,成型加工简单,成本低。常用的热塑性树脂包括聚烯烃、聚酰胺、聚碳酸酯、聚甲醛、氟树脂及聚醚醚酮等。

1）聚烯烃

聚烯烃树脂主要包括聚乙烯、聚丙烯、聚苯乙烯及聚丁烯等,其中聚乙烯产量最大,应用最广。

2）聚酰胺

聚酰胺俗称尼龙,是一种主链上含有酰胺基团 $\begin{bmatrix} -NH-C-C- \\ \| \\ O \end{bmatrix}$ 的聚合物,可由二元酸与二元胺缩聚而得,也可由丙酰胺自聚而成。

尼龙是结晶性聚合物,酰胺基团间由氢键相连,具有良好的力学性能。与金属材料相比,尼龙的刚性稍逊,但其比拉伸强度高于金属,比抗压强度与金属相当,因而可用来代替金属。尼龙首先是作为最重要的合成纤维的原料,而后发展成为工程塑料,产量居于前位。

3）聚碳酸酯

聚碳酸酯是分子主链中含有 $\begin{bmatrix} & O \\ & \| \\ -ORO-C- \end{bmatrix}$ 基团的聚合物。根据 R 基种类的不同,可分为脂肪族、脂环族、芳香族及脂肪-芳香族聚碳酸酯等多种类型。

聚碳酸酯呈微黄色,既硬又韧,具有良好的耐蠕变性、耐热性及电绝缘性。不足的是制品易发生应力开裂,耐溶剂、耐碱性差,高温下易发生水解。

4）聚甲醛

聚甲醛是分子链中含有($-CH_2-O-$)基团,没有侧链,高密度、高结晶性的线型聚合物。有共聚甲醛和均聚甲醛两种。共聚甲醛是三聚甲醛与少量的二氧五环的共聚物。均聚甲醛的力学性能稍好,但其稳定性不如共聚甲醛。

聚甲醛的拉伸强度达70MPa,可在104℃以下长期使用,脆化温度为−40℃,吸水性较小,可在许多场合替代钢、铜、铝、锌及铸铁。

5）氟树脂

氟树脂是指含氟单体的均聚物或共聚物,主要包括聚四氟乙烯、聚偏氟乙烯、聚三氟氯乙烯和聚氟乙烯等,其中应用最多的是聚四氟乙烯。

聚四氟乙烯的分子式为$-(CF_2-CF_2)_n$,是高度结晶的聚合物,分解温度为400℃,可在260℃下长期工作,力学性能优异。最突出的优点是耐化学腐蚀性极强,能耐王水及沸腾的氢氟酸,有"塑料王"之称。

6）聚醚醚酮

聚醚醚酮(PEEK)有两种制备方法:方法一为将4,4′-二氟二苯甲酮、对苯二酚、二苯砜混合搅匀,加热至180℃,N_2保护。加无水Na_2CO_3,反应升温至210℃保温1h,再升至250℃保温1h,最后升至320℃保温2.5h。冷却反应物为淡黄色固体,粉碎后,再用丙酮、水、丙酮-甲醇溶液反复洗涤,除去二苯砜和无机盐,140℃下真空干燥,得到纯聚醚醚酮。注意二苯砜为溶剂,反应式为

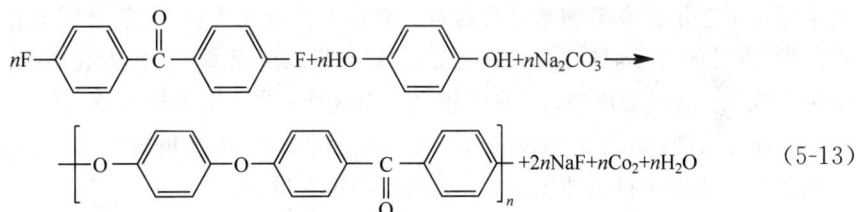

$$\tag{5-13}$$

方法二为将4,4′-二氯苯酮和对苯二酚钠缩聚反应获得,其反应式为

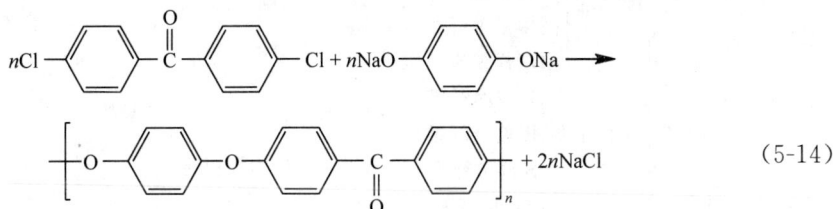

$$\tag{5-14}$$

聚醚醚酮的热稳定性好,热变形温度在160℃左右,熔点为334℃,在空气中420℃失重2％左右,超过500℃才显著失重。最高长期使用温度达200℃,在200℃下工作时间可达5×10^4h,若加入30％纤维,连续使用温度可达310℃。具有优良的化学稳定性、优良的长期耐蠕变性能和耐疲劳性能。在X射线、β射线、γ射线高剂量照射下,性能无明显下降,具有优良的电绝缘性、阻燃性能,对碳纤维具有良好的黏结性等。聚醚醚酮可注射、挤出、吹塑加工成各种制品;用于熔体贴合、模塑、制成纤维、薄膜;航天中,PEEK树脂纤维基纤维复合

材料被用来制雷达罩、无线电设备罩、电动机零件、高强高模、耐热的飞机部件等。

5.3　聚合物基复合材料的制备工艺

聚合物基复合材料的制备工艺由成型与固化两个阶段组成,主要包括预浸料的制造、制件的辅层、固化及制件的后处理与机械加工等工序。它不同于其他复合材料的制备,具有以下两个特点:

(1) 聚合物基复合材料的制备过程与制品的成型可同时完成,也就是说材料的制备过程即产品的生产过程。

(2) 聚合物基复合材料的成型方便。聚合物在成型时可利用基体的流动性和纤维增强体的柔软性,方便地在模具中成型。一种复合材料可采用多种不同的工艺成型。

所谓预浸料,是将树脂体系浸涂到纤维或纤维织物上,通过一定的处理后储存备用的半成品。根据实际需要,按照增强材料的纺织形式,预浸料可分为预浸带、预浸布、无纺布等;按纤维的排列方式有单向预浸料和织物预浸料之分;按纤维类型则可分为玻璃纤维预浸料、碳纤维预浸料和有机纤维预浸料等。一般预浸料在18℃下存储以保证使用时具有合适的黏度、辅覆性(指预浸料与模具不同表面之间的适应性)和凝胶时间等工艺性能,聚合物基复合材料的力学及化学性能在很大程度上取决于预浸料的质量。常见的预浸料用基体与增强体如图5-7所示。

依据聚合物基复合材料的性能要求,选定合适的纤维和树脂后,复合材料的性能主要取决于制备工艺了。高聚物基复合材料的制备工艺有几十种,它们之间既存在着共性又存在着区别,常见的有16种:①手糊成型;②真空袋压法成型;③压力袋成型;④树脂注射和树脂传递成型;⑤喷射成型;⑥真空辅助注射成型;⑦夹层结构成型;⑧模压成型;⑨注射成型;⑩挤出成型;⑪纤维缠绕成型;⑫拉挤成型;⑬连续板材成型;⑭层压或卷制成型;⑮热塑性片装模塑料热冲压成型;⑯离心浇铸成型。

本书仅介绍其中的几种,其他请参考相关书籍。

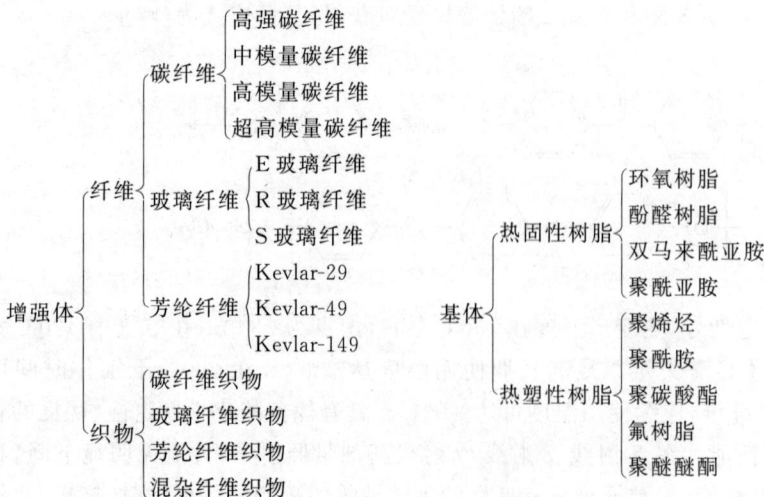

图 5-7　预浸料用基体与增强体

5.3.1　预浸料的制备工艺

1) 热固性预浸料的制备

按照浸渍设备或制造方式的不同,热固性预浸料的制备方法分为辊毂缠绕法和陈列排布法。若按照浸渍树脂状态可分为湿法(溶液浸渍法)和干法(热熔法)。

(1) 溶液浸渍法。

溶液浸渍法基本原理示意图如图 5-8 所示,将树脂基体各组分按规定的比例溶解于低沸点的溶剂中,使之成为一定浓度的溶液,然后将纤维束或织物以规定的速度通过基体溶液,使其浸渍上定量的基体溶液,并通过加热除去溶剂,使树脂得到合适的黏性。纤维束经过几组导向辊,去除多余的树脂,随后缠绕在辊筒上,沿辊筒纵向切开,可获得一张单向的预浸料。很显然,溶液浸渍法是一种湿法工艺。

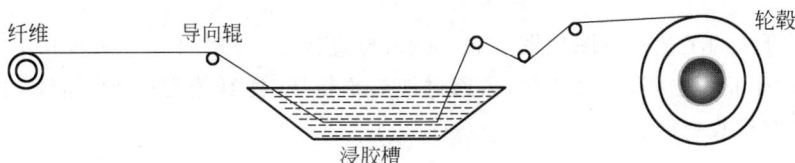

图 5-8　溶液浸渍法的原理示意图

多束纤维或织物的浸渍工艺过程:从纱架引出纤维束,调整张力,使之基本相等,整径、分散和展平,进浸胶槽浸渍,再挤胶去除多余的树脂、入烘箱挥发溶剂,再经检测装置检查树脂含量和预浸料质量,最后用隔离纸或压花聚乙烯薄膜覆盖收卷。多束纤维或织物的浸渍可采用卧式或立式预浸机,前者占地面积大,加热通道距离长,工艺控制相对困难,因此,目前采用立式工艺和设备,其示意图如图 5-9 所示。

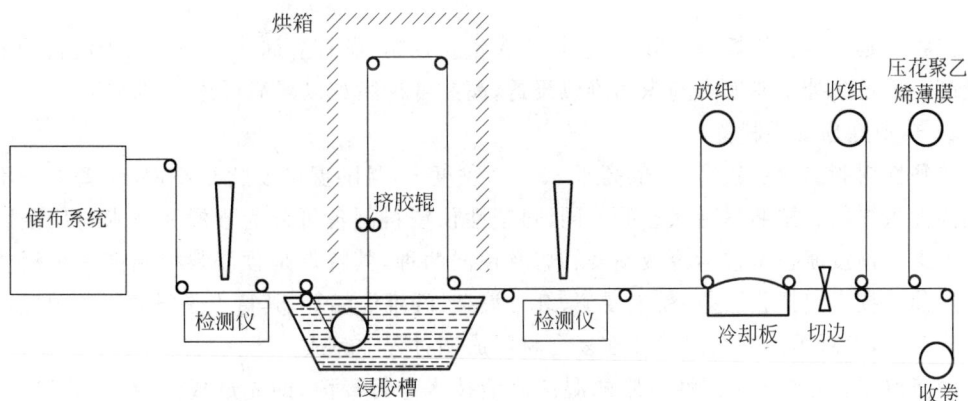

图 5-9　溶液浸渍法立式浸渍过程示意图

溶液浸渍法可使纤维增强体浸透,可制薄型或厚型预浸料,且设备造价低廉。预浸料有溶剂残留,成型时易形成孔隙,影响复合材料的性能。

(2) 热熔法。

热熔法是在溶液浸渍法的基础上发展而来,避免因溶剂问题带来的不足。根据工艺步骤的差异可分为直接熔融法和胶膜压延法两种。直接熔融法工艺如图 5-10 所示，树脂熔融后由漏斗漏到隔离纸上，刮刀使之均匀分布，经导向辊与整径后的平行纤维或织物叠合，再通过热毂使树脂熔融浸渍纤维，经辊压充分浸渍，冷却收卷。

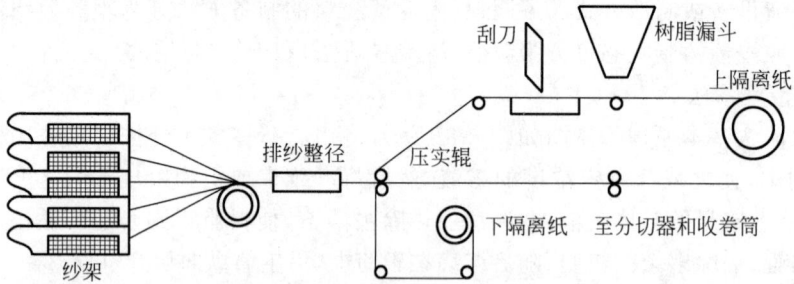

图 5-10　直接熔融法工艺示意图

胶膜压延法的工艺示意图如图 5-11 所示，与直接熔融法相似，一定数量的纤维束经整理排布后，加于胶膜之间，呈夹心状，再通过加热辊挤压，使纤维浸嵌在树脂膜中，最后加隔离纸载体压实至收卷筒。

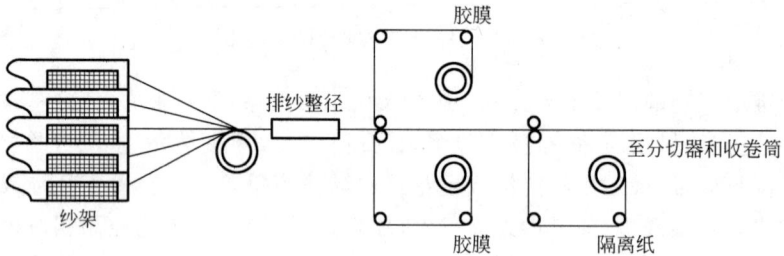

图 5-11　胶膜压延法工艺示意图

胶膜压延法较直接熔融法效率高、树脂含量易控制、没有溶剂，工艺安全、预浸料的外观质量高。不足之处是厚度大的织物难以浸透，高黏度树脂难以浸渍纤维。

2）**热塑性预浸料制备**

热塑性树脂的熔点较高，一般高于 300℃，黏度大，且随温度变化很小，故制备方法不同于热固性预浸料。按照树脂状态的不同，热塑性预浸料制备可分为预浸渍技术与后浸渍技术两大类。预浸渍技术包括溶液预浸和熔融预浸两种，其特点是预浸料树脂能完全浸渍纤维。后预浸技术包括膜层叠、粉末浸渍、纤维混杂、纤维混编等，其特点是浸渍料中树脂以粉末形式存在，对纤维的完全浸渍要在复合材料成型过程中完成。

溶液浸渍：类似于热固性树脂的湿法浸渍技术进行浸渍，即先形成溶液、然后浸渍，该工艺的优点是可使纤维完全被浸渍，并获得良好的纤维分布，可采用热固性树脂的设备和浸渍工艺，因此该工艺的特点也与热固性树脂湿法浸渍技术相似。注意该法只适用于可溶性树脂，而溶解性差的树脂应用受到限制。

熔融浸渍：将树脂熔融，挤出到专用的模具中，纤维通过后经辊压制成预浸料，如图 5-12 所示。该法简单有效，适合所有的热塑性树脂，但要使高黏度的熔融态树脂在较短的时间内完全浸渍纤维是相当困难的，这需要树脂的熔体黏度尽可能低，且在高温浸渍时的稳定性要好。

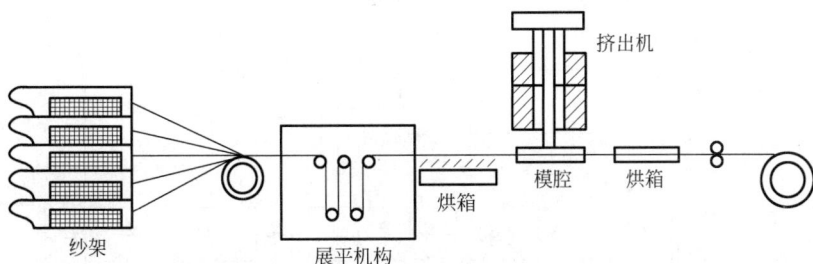

图 5-12 熔融浸渍预浸料示意图

膜层叠：将基体制成薄膜与增强体纤维编织物（图 5-13），按一定要求排布后一起受热、受压，基体薄膜熔化，从而浸渍增强纤维编织物，制成平板或其他一些形状简单制品的方法。增强体一般采用编织物，使之在高温、高压浸渍过程中不易变形，该工艺适用性强，设备简单。

粉末浸渍：将基体以粉末的形式与增强体纤维混合，或将粉末均匀置入纤维编织物的缝隙中，通过加热、加压、保温等过程，使基体粉末熔化并浸渍纤维的方法。该法制备的预浸料具有一定的柔软性，辅层工艺性好，比膜层叠工艺的浸渍质量高，成型工艺性好，是一种被广泛采用的制备方法。

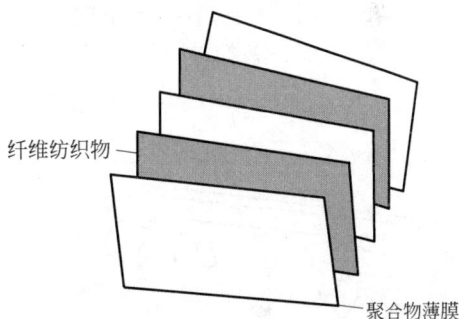

图 5-13 膜层叠法制备预浸料结构示意图

纤维混杂：先将基体纺成纤维，再与增强体纤维混编（图 5-14），或与基体共同纺成混杂纤维，受热时基体纤维熔化，从而浸渍增强纤维。该工艺简单，预浸料有柔性，易于辅层操作，但与膜层叠工艺一样，在成型阶段需要足够高的温度、压力及足够的时间，且浸渍难以完全。

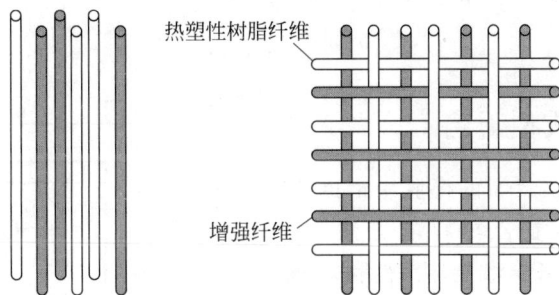

图 5-14 增强体纤维与热塑性树脂纤维的混纺和混编形式

5.3.2　手糊成型工艺

手糊成型工艺是聚合物基复合材料中较早采用和较简单的方法。其工艺流程及示意图分别如图 5-15 和图 5-16 所示。

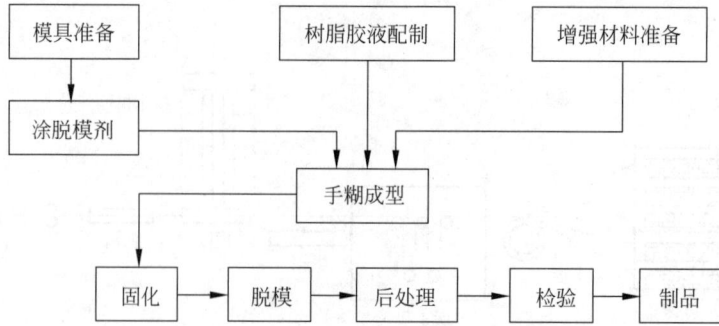

图 5-15　手糊成型工艺流程

　　需注意在手糊成型时,易在增强体纤维与基体液间产生气泡,此时需用压辊或刮刀等工具挤压增强织物,排除气泡,使纤维均匀浸胶。常见的脱模剂有石蜡、黄油、甲基硅油、聚乙烯醇水溶液、聚氯乙烯薄膜等。使用的模具主要有木模、石膏模、树脂模、玻璃膜、金属模等。最常用的树脂是能在室温固化的聚酯和环氧树脂。该工艺的优点:①不受尺寸限制,特别适用于尺寸大、批量小、形状复杂的产品生产,如卫星抛物面天线及太阳能电池帆板等,如图 5-17 所示;②设备简单、成本低廉;③工艺简单;④易满足产品设计要求;⑤制品树脂含量高,耐腐蚀。不足:生产效率低,劳动强度大,质量不易控制,产品力学性能较低。

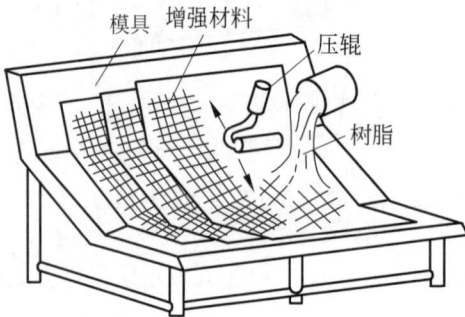

图 5-16　手糊成型工艺示意图

图 5-17　手糊成型工艺应用
（a）抛物面天线；（b）太阳能电池帆板

5.3.3　模压成型工艺

　　模压成型工艺是在封闭的模腔中借助于加热、加压固化成型复合材料的方法,如图 5-18 所示。适用于纤维增强热固性和热塑性树脂基复合材料的成型,其流程如图 5-19 所示。

　　模压成型工艺的优点:高效;尺寸准;表面光洁;无需二次加工;重复性好;易机械化。但也有不足:模具设计复杂;压机的投资成本高;工件尺寸不宜大等。该工艺特别

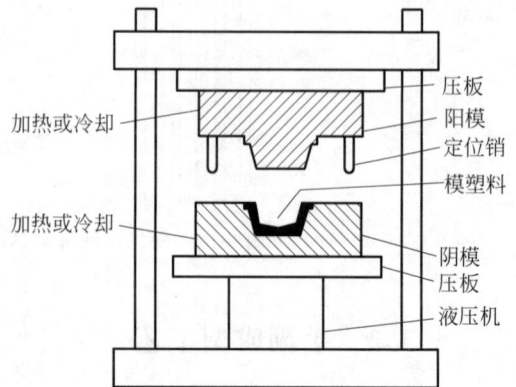

图 5-18　模压成型示意图

适合数量大、尺寸小的制品,如汽车保险杠、整体浴室等,如图 5-20 所示。

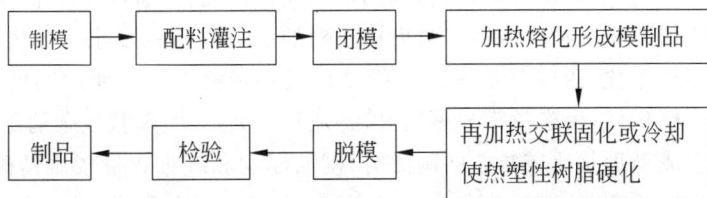

图 5-19　模压成型流程

(a)　　　　　　　　　　　(b)

图 5-20　模压成型工艺的应用

(a) 汽车保险杠;(b) 整体浴室

5.3.4　喷射成型工艺

　　喷射成型工艺是用喷枪将纤维和雾化树脂同时喷射到模具表面,经辊压、固化制备复合材料的方法,该工艺类似于手糊成型,树脂采用雾化的形式,并以一定压力喷射到模具表面,故其致密性和均匀性明显提高,是手糊成型的一种半机械化形式,喷射成型工艺流程如图 5-21 所示。

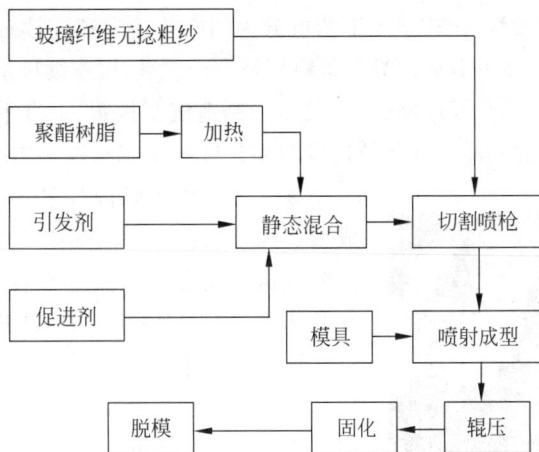

图 5-21　喷射成型工艺流程

根据树脂和固化剂的混合方式以及树脂和纤维的混合方式，喷射成型工艺可分为枪内混合和枪外混合两种。一般低压下，树脂和固化剂在枪内混合，而短切纤维和树脂在枪外混合较好，并称之为低压无气喷射成型。喷射成型对原料有一定的要求。如树脂体系的黏度应适中，使树脂易于雾化、脱除气泡和润湿纤维以及不带静电等。使用的模具与手糊法类似，而劳动强度大幅降低，生产效率显著提升，并能制作大尺度、形状复杂的制品。该工艺也有一些不足，如在成型形状比较复杂的制品时，制品厚度和纤维含量较难精确控制，树脂含量一般在60%以上，孔隙率较高，制品强度较低，施工现场污染和浪费较大。喷射成型工艺常用于制作浴盆、汽车壳体、船身、舞台道具、容器、安全帽等。

5.3.5　拉挤成型工艺

拉挤成型是将浸渍过的树脂胶液的连续纤维束或带状织物在牵引装置的作用下通过成型模定型，在模中或固化炉中固化，制成具有特定横截面形状和长度不受限制的复合材料型材的方法。图5-22为拉挤成型工艺示意图。整个装置主要由基体浸渍装置、预成型模、主成型模加热装置、牵引装置和切断装置等五个部分组成。

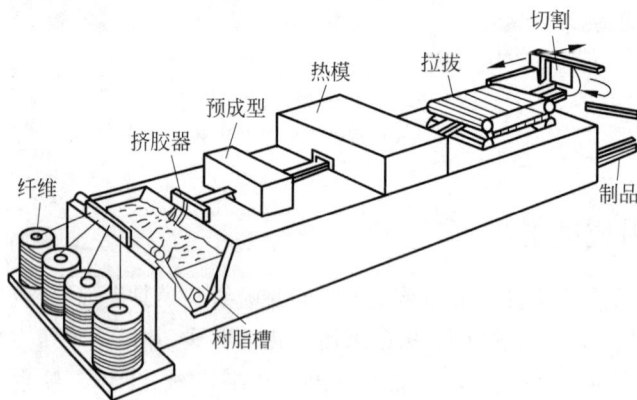

图 5-22　拉挤成型工艺示意图

根据工艺过程的连续性，拉挤成型工艺可分为间断拉挤型和连续拉挤型两种。早期主要是间断拉挤型，后来在直线形等截面复合材料型材生产领域，被连续拉挤型取代。间断拉挤型已演变为拉模成型，即拉挤与模压结合，主要用于制造汽车板簧、工具手柄之类截面积不变而截面形状改变的直或弯的制品。现代拉挤成型复合材料有95%以上均采用连续拉挤成型。

图 5-23　各种拉挤成型的复合材料型材

该工艺可用于热固性和热塑性基体复合材料的成型。用于拉挤成型的热固性基体主要有聚酯树脂、乙烯基树脂及环氧树脂和改性丙烯酸树脂等。热塑性基体主要有 ABS、PA、PC、PEC、PEEK 等。

该工艺的特点：①生产效率高，便于实现自动化；②增强材料一般在40%~80%，能充分发挥增强体的作用；③加工量少；④生产过程中的树脂损耗少；⑤制品的纵向与横向强度可以调整；⑥长度可根据需要进行切割等。图5-23为各种拉挤成型的复合材料型材。

5.3.6 连续缠绕工艺

连续缠绕工艺是将浸过树脂液的纤维或布带,按照一定的规律缠绕在芯模上,然后固化成型的一种复合材料制备工艺。该工艺的原理示意图如图 5-24 所示。纤维通过树脂槽后,用轧辊除去纤维中多余的树脂。为改善工艺性能和防止纤维表面损伤,也可在纤维表面涂覆一层半固化的树脂,或直接使用预浸料。纤维缠绕方式和角度由计算机控制。缠绕达到预定厚度后,根据所选用的树脂类型,在室温或加热箱中固化、脱模获得复合材料。

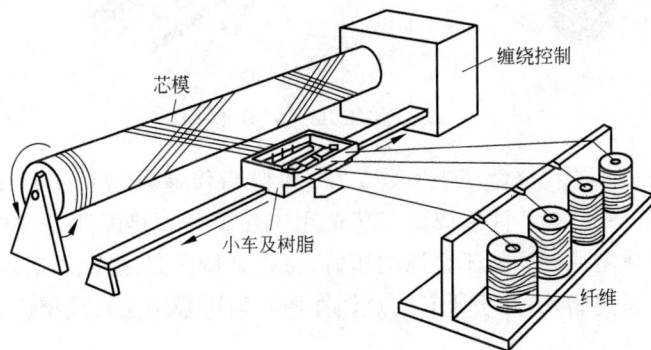

图 5-24 连续缠绕工艺原理示意图

根据基体的浸渍状态,连续缠绕工艺可分为干、湿两种,其工艺流程如图 5-25 所示。湿法缠绕是将增强材料浸渍液态基体和缠绕成型相继连续进行。干法缠绕又称为预浸带缠绕,为浸渍工艺和缠绕成型分别进行。

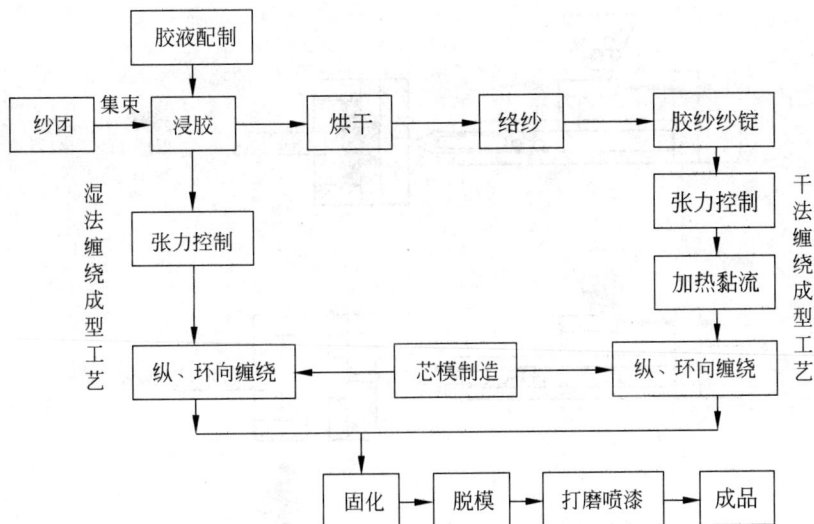

图 5-25 干、湿法连续缠绕工艺流程

缠绕工艺的优点：①纤维按预定要求排列的规整度和精度均较高；②可实现等强度设计，充分发挥增强纤维的增强作用；③结构合理，比强度大、比模量高；④质量稳定，生产效率高。不足是设备投资大。该工艺最宜大批量生产，图 5-26 为该工艺缠绕中的容器。

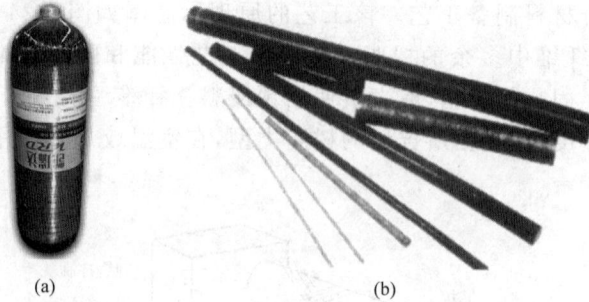

(a)　　　　　　　(b)

图 5-26　缠绕的压力容器(a)与管材(b)

此外，还有其他如注射成型工艺（图 5-27）和树脂传递模塑（resin transfer molding，RTM）成型工艺（图 5-28）等。注射成型工艺适用于热塑性和热固性复合材料，但热塑性应用最为广泛。注射成型原理类似于金属的压铸，特点是精度高、生产周期短、效率较高、易实现自动控制。除了氟树脂外，几乎所有的热塑性树脂均可采用注射成型。

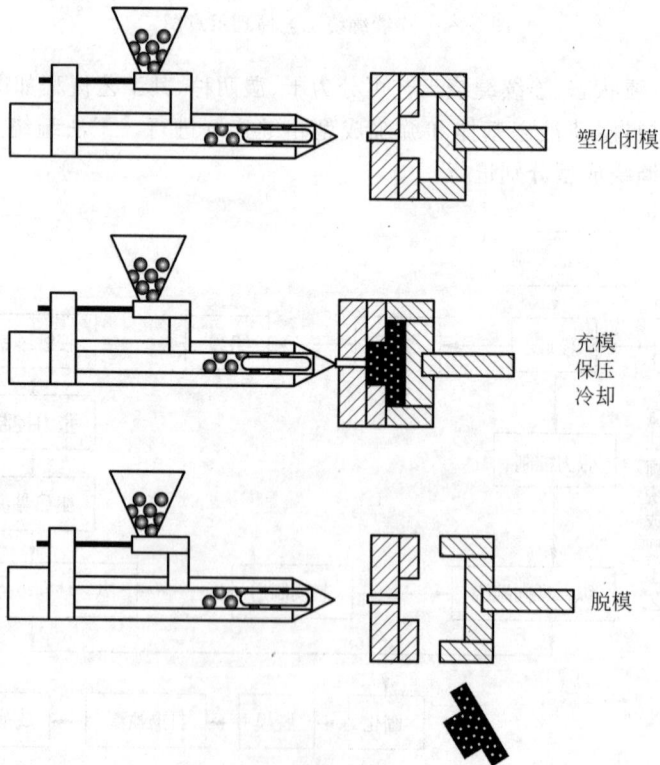

塑化闭模

充模
保压
冷却

脱模

图 5-27　注射成型工艺过程示意图

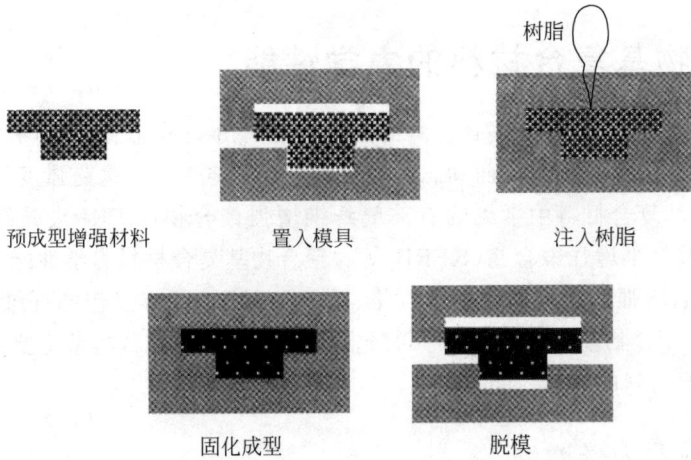

预成型增强材料　　置入模具　　注入树脂

固化成型　　脱模

图 5-28　树脂传递模塑成型工艺示意图

树脂传递模塑成型工艺是一种闭模成型工艺,其流程如图5-29所示。特点是:①设备投资少,可采用低吨位压机,并能生产较大制品;②制品表面光滑、尺寸稳定,容易组合;③可有加强筋、镶嵌物和附着物,设计灵活;④制模时间短,短期内即可投产;⑤对树脂和填料的适用性广泛;⑥生产周期短、劳动强度低、原料消耗少;⑦产品后加工量少;⑧闭模成型,单体(苯乙烯)挥发少,环境污染小。此工艺已广泛应用于建筑、交通、通信、卫生、航天飞机等领域。

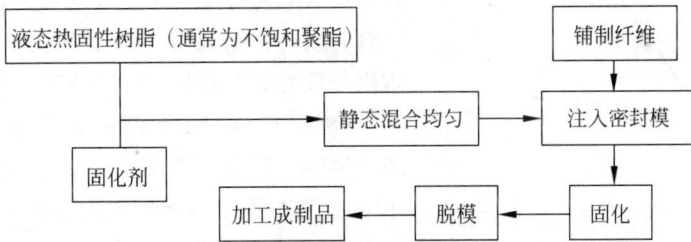

图 5-29　树脂传递模塑成型工艺流程图

RTM成型技术的关键之一是适于RTM工艺的低黏度、长使用期、力学性能优异的树脂体系。国内已经研制了满足不同使用温度要求,适宜RTM工艺的树脂基体,如环氧树脂3266、5284和双马来酰亚胺(BMI)6421、9731、QY8911-Ⅳ等RTM树脂体系,其中3266已经用于飞机螺旋桨桨叶,其他树脂体系正在歼击机、直升机和大型飞机上进行验证考核。几种典型RTM成型聚合物基复合材料的主要性能见表5-3。

表 5-3　典型 RTM 成型聚合物基复合材料的主要性能　　单位:℃

树　脂	使用温度	固化温度	注射温度
3266	70～80	120	40～50
5284	130～150	180	60～80
BMI6421	150～170	210	100～120
9731	315	350	280

5.4 聚合物基复合材料的力学性能

根据外力的特征,聚合物基复合材料的力学性能可分为静态和动态两种。静态力学性能包括拉伸、压缩、弯曲、扭转等,而动态力学性能包括断裂韧性、蠕变强度、疲劳强度、冲击韧性等。聚合物基复合材料中常见的有玻璃纤维增强聚合物(GFRP)、碳纤维增强聚合物(CFRP)和芳酰胺纤维增强聚合物(KFRP)等。聚合物基复合材料力学性能的主要因素是增强体、基体和界面,增强体的形式主要有纤维、晶须和颗粒;纤维又包括纤维的种类、体积分数、分布形式等。聚合物基复合材料中应用最多的增强体为纤维,故本节主要介绍纤维增强聚合物(FRP)基复合材料的力学性能。

5.4.1 静态力学性能

纤维增强聚合物基复合材料一般是完全弹性的,没有屈服点或塑性区。图 5-30 为典型复合材料及低碳钢的拉伸应力与应变的关系曲线。由图可以看出,聚合物基复合材料的断裂应变一般较小,与金属相比,断裂功小、韧性差。

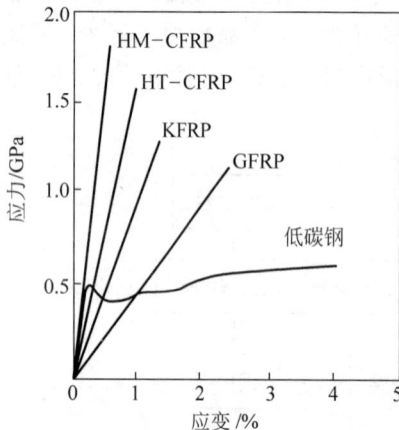

图 5-30　典型复合材料及低碳钢
的拉伸应力与应变的关系曲线

在纤维含量一定的条件下,纤维增强聚合物基复合材料的纵向拉伸强度和弹性模量由纤维控制。其纵向压缩强度受纤维类型、纤维准直度、界面黏结情况、基体模量等因素的影响较大。除了个别品种的聚合物基复合材料外,绝大多数聚合物基复合材料的纵向压缩强度都低于其拉伸强度,在增强体体积分数为 60% 时,一般 GFRP 的纵向压缩强度为 500~800MPa,CFRP 的纵向压缩强度为 1000~1500MPa。纤维增强聚合物基复合材料的横向拉伸强度受基体或界面控制,由于存在应力集中,故低于基体强度。CFRP 为 40~60MPa,APC-2 的横向拉伸强度最高,达 80MPa。KFRP 的横向拉伸强度最低,一般仅为 30~40MPa,GFRP 居中。同样,由于基体及界面的黏结情况控制的层间剪切强度一般也以 CFRP 最大(100MPa),GFRP 次之(70~80MPa),KFRP 最小(约 40MPa)。

纤维增强聚合物基复合材料的高温力学性能主要受基体控制,基体的热变形温度高、模量的高温保持率高,则其高温性能就好,图 5-31 和图 5-32 分别为典型聚合物基复合材料的抗弯模量和抗弯强度随温度变化的关系图。由图可知,聚酰亚胺(polyimde resin,PR)和耐热热塑性基体复合材料(heat resistant thermoplastic matrix composites,HRTMCs)具有最好的高温性能,不饱和聚酯复合材料(unsaturated polyester composites,UPCs)耐热性能较低。半晶聚合物(如 PEEK 等)复合材料在其玻璃化温度区间性能出现明显下降,但在其后比较高的温度(240℃)以上时仍保持足够高的性能。

碳纳米管(CNT)可作为一种纳米尺度的增强材料加入树脂基体中以提高传统纤维增

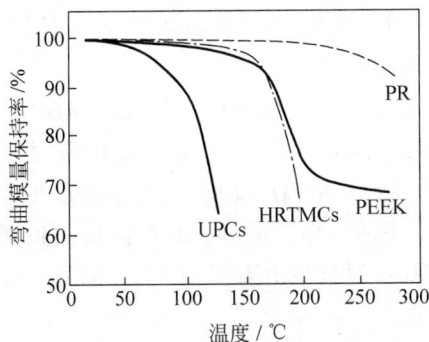

图 5-31 FRP 在高温下抗弯模量保持率

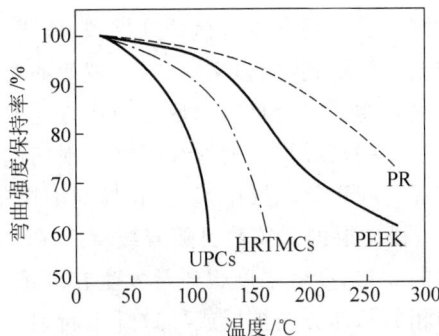

图 5-32 FRP 在高温下抗弯强度保持率

强复合材料的力学性能、导热性能和导电性能等。复合材料断裂韧性和剪切强度提高的基本原理在于碳纳米管横跨在基体裂纹中间,阻止了基体裂纹的继续扩展,如图 5-33 所示。将 CNT 添加到环氧树脂基体中,其碳纤维复合材料的断裂韧性和低温抗微裂纹的能力明显提高。若在 PA6 中添加碳纳米管,则可提高 CNT 改性 PA6 的模量,从而导致玻璃纤维增强 CNT 改性 PA6 复合材料的抗弯强度和压缩强度明显提高。

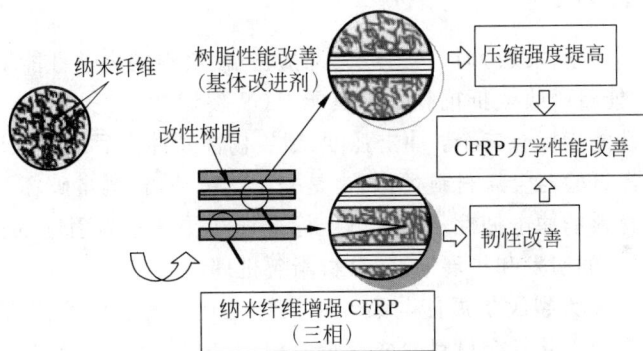

图 5-33 CNT 提高多尺度混杂复合材料断裂韧性和力学性能的原理示意图

5.4.2 疲劳性能

疲劳是指材料在低于静态强度极限的动态载荷反复作用下,经过一定时间发生破坏的现象。疲劳破坏时的强度一般低于其相应的静态强度,这与疲劳载荷的性质密切相关。低碳钢的疲劳强度仅为静态拉伸强度的 1/3 左右。材料的疲劳性能用疲劳强度来表征。而疲劳强度是先测定材料的疲劳曲线,即疲劳断裂时的最大应力与其对应的应力循环次数的关系曲线,再作出疲劳曲线的水平渐近线,该水平渐近线所对应的强度即疲劳强度。复合材料疲劳曲线的测定一般采用三点弯曲疲劳仪进行(图 5-34)。疲劳性能的影响因素较多,包含材料本身及试验参数

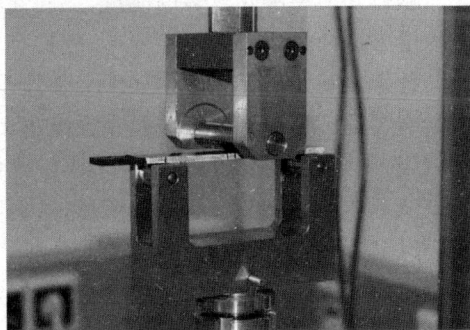

图 5-34 三点弯曲疲劳仪试验装置

两大部分。材料本身包括纤维类型、体积分数、基体种类、纤维排列、界面性质等；而试验参数包括载荷形式、应力交变频率、载荷的对称系数、环境条件等。

聚合物基复合材料的疲劳损伤首先发生在与载荷方向垂直或成较大角度的辅层中，特别是从那些富纤维处的裂纹开始。损伤起源于纤维与基体的脱黏，并且通常沿纤维-基体界面扩展。在正交辅层中，裂纹在横向辅层中产生并扩展到整个辅层宽度，但不能穿过相邻的 0°层。横向层的裂纹数目随着载荷的循环数或应力水平的增加而增加。对单向层或角辅层板中的 0°层，疲劳强度也通常发生在纤维与基体的界面，裂纹可沿着界面扩展，也可穿过纤维向相邻基体方向扩展或导致纤维断裂。

交变载荷会引起复合材料的内部损伤，导致材料的弹性模量和静态强度下降。当内部损伤累积到一定程度时，会发生断裂。通常把复合材料在交变应力作用下发生断裂作为复合材料的失效准则。在同样条件下，聚合物基复合材料的疲劳性能要优于金属材料的。而高模量的 CF、KF 或 BF 增强塑料的疲劳性能优于 GFRP。聚合物基复合材料的纵向疲劳强度随纤维体积分数的增加而增加，这与 FRP 静态强度随纤维体积分数的增加而增加一致。

5.4.3　冲击韧性

复合材料在受到冲击性载荷时，会造成内部损伤，使材料的力学性能下降，因而，受冲击载荷时的力学响应、能量吸收或抵抗裂纹扩展能力（断裂韧性）是复合材料的重要性能。通常表征复合材料韧性的指标有三个：冲击强度、断裂韧性及冲击后压缩强度。

复合材料的冲击试验与金属材料类似，也是采用落锤冲击，测量破坏一个标准样所消耗的能量来评定复合材料的冲击韧性。同时测定标准样在受冲击后引起的损伤、破坏及吸收的能量，由此确定裂纹的引发和扩展情况，分析断裂机理。

韧性指数（DI）定义为裂纹扩展能与裂纹引发能之比。对于完全脆性材料，该值为零，值越大韧性越好。聚合物基复合材料的能量吸收包括纤维破坏、基体变形、纤维脱黏、纤维拔出、分层裂纹等过程。

纤维裂纹数目对总冲击能无直接显著影响，但它能非常显著地影响破坏模式，因而也就影响了总冲击能。通常韧性纤维如玻璃纤维、K 纤维增强塑料具有比较高的冲击强度，而脆性纤维复合材料如 CFRP 或 BFRP 冲击强度较低。因而，常采用韧性的 GF 或 KF 与脆性的 CF 或 BF 混杂的方法来改善 CFRP 或 BFRP 的脆性。

基体变形要吸收较多的能量，热固性基体通常较脆，变形小，因而冲击强度低，而热塑性基体通常可产生较大的塑性变形，故具有较高的冲击强度。

纤维与基体的界面黏结强度会强烈影响聚合物基复合材料的冲击破坏模式，包括纤维的断裂、脱胶、分层等。纤维脱黏会吸收大量的能量，因而，如果聚合物基复合材料的脱黏程度较大，则可明显提高冲击韧性。当纤维中的裂纹没有能力扩展到韧性基体中时，纤维常常可以从基体中拔出并引起基体变形，这会明显增加断裂能。分层裂纹通常吸收比较大的能量，分层的增加会显著提高冲击能。

目前，纤维增强聚合物基复合材料的宏观动态力学性能已得到较好的描述，并建立起了复合丝束模型一维本构方程。但多数研究还只限于宏观上的表述，并未涉及细观分析，故有待于进一步从细观力学和显微观测等方面深化。

5.5 聚合物基复合材料的界面

聚合物基复合材料的界面是决定复合材料力学性能的核心因素,因此对复合材料的界面研究是必不可少的。由于聚合物基复合材料不具导电性,不可用 SEM 直接观察,若采用喷金处理,虽可以观察其形貌,但界面的微观结构不清晰,又由于高聚物的非晶特性,TEM只能观察其无定形结构,故界面研究主要分析界面组成物的形貌、形成和分布等情况,采用的手段多为原子力显微镜和拉曼光谱。

图 5-35 为显微拉曼光谱仪将激光穿透基体聚焦于纤维表面测得的三种 SiC 纤维增强复合材料纤维表面(界面)的拉曼光谱。前两种(a 和 b)复合材料的基体为玻璃,分别为 JG6 和 Pyrex;第三种(c)复合材料的基体为环氧树脂,增强体均为 SiC,三谱线形状相似。其中位于 1350cm^{-1} 和 1600cm^{-1} 的两个峰源于界面的自由碳,界面中的 SiC 则引起位于 830cm^{-1} 附近的第三峰。1600cm^{-1} 峰由结构完善的石墨单晶所引起(G 峰),强度为 I_G,而位于 1350cm^{-1} 的 D 峰来源于多晶石墨,强度为 I_D。

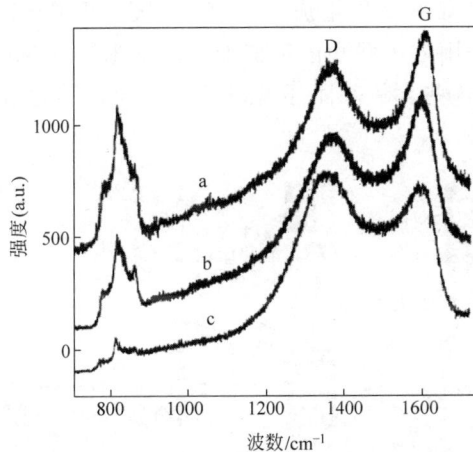

图 5-35 SiC/JG6、SiC/Pyrex、SiC/环氧树脂复合材料纤维表面的拉曼光谱

由经验方程可得石墨微晶粒的大小为

$$L_a = 44\left(\frac{I_G}{I_D}\right) \tag{5-15}$$

由此可以分析比较不同基体中界面处石墨微晶粒的尺寸大小。

界面处的拉曼光谱也反映纤维表面(界面)化合物组成在材料制备过程中的变化。图 5-35 中有三条拉曼光谱位于 830cm^{-1} 附近,来源于界面中 SiC 的拉曼峰强度。纤维内部的拉曼光谱也出现类似的峰。两种玻璃基复合材料界面处的 830cm^{-1} 峰与其纤维内部及树脂基复合材料纤维内部的 SiC 拉曼峰有近似的强度,但都显著大于树脂基复合材料纤维表面该峰的强度。考虑到 SiC 纤维优良的热力学稳定性和复合材料的常温制备工艺,树脂基与纤维表面不应发生任何化学反应,基体内纤维与原材料纤维的表面应具有相同的化学组成,故 830cm^{-1} 峰很大程度上取决于尼卡纶纤维中 SiC 的浓度。所以,两种玻璃基复合材料界面处的 SiC 浓度显著高于树脂内纤维表面的,亦即原材料纤维表面的 SiC 浓度。

在碳纳米管增强聚合物基复合材料中,由于碳纳米管几乎是由排列成正六边形的 sp^2 杂化的碳原子组成,因此它对绝大多数有机物来说是惰性的。这种惰性导致纳米复合材料的界面黏结很差,影响复合材料的性能提高。对 CNT 进行官能化改性是改善复合材料界面的首要方法。官能化的主要方法可分为三大类:①通过化学反应在 CNT 的表面接枝化学基团;②使用有机高分子物理缠绕包裹 CNT 来改善 CNT 与其他有机物的相容性;③采用物理方法使 CNT 的两端打开,然后将有机分子填充到 CNT 内部的空腔中。

CNT 的侧壁化学接枝法是改善复合材料界面和 CNT 分散性最有效的方法。化学接枝法主要通过卤化、氢化、开环加成、自由基加成、亲电加成、接枝大分子和加成无机化合物的方式实现。自由基加成是 CNT 改性最常用的有效方法,图 5-36 是碳纳米管侧壁发生加成反应的各种官能化方法。在卤化反应中,接枝在 CNT 侧壁上的氟原子可以进一步被烷基、氨基等其他基团所取代。若将引发剂引发的丙烯酸缩水甘油酯环氧树脂自由基加成到 CNT 的侧壁,可改善 CNT 与环氧基体的界面。采用间氯过氧化苯甲酸氧化 CNT,使 CNT 侧壁的碳碳双键氧化牛成环氧基团,从而提高 CNT 与环氧树脂基体的界面结合和力学性能。若采用浓硝酸和浓硫酸处理碳纳米管,CNT 侧壁氧化成含氧官能团(如羧基、羟基、羰基等),这些含氧基团还可以进一步通过酯化、酰胺化等反应接枝环氧、氨基等官能团。

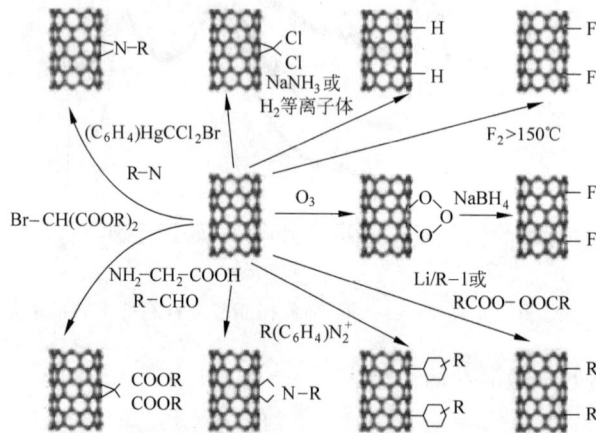

图 5-36　碳纳米管侧壁发生加成反应的各种官能化方法

5.6　形状记忆聚合物复合材料

尽管形状记忆聚合物具有形变量大,形变加工方便,形状恢复温度易于调节,保温和绝缘性能好,易着色,不锈蚀,质轻和价廉等优异特性,但是仍存在明显的缺点,如力学强度和模量比较低,形状回复力比较小,刚性和硬度低,稳定性较差,易燃烧,耐热性差,易老化和使用寿命短。若在形状记忆聚合物中加入增强材料(如纤维、颗粒等),则制备成的形状记忆聚合物复合材料(shape memory polymer composites,SMPC)具有成本低、易加工、质量轻的特点,具有广阔的应用前景。为此,根据增强材料的种类不同,形状记忆聚合物复合材料可分为颗粒增强型、短纤维增强型、混杂增强型、连续纤维增强型等,但形状记忆行为的驱动因素仍然是热、光、电、磁等。形状记忆聚合物及其复合材料已成为智能复合材料研究的热门领域之一。

5.6.1 记忆机制

形状记忆聚合物复合材料的记忆机制即形状记忆聚合物的记忆机制。形状记忆聚合物可看成由固定相和可逆相组成的两相结构,固定相的作用是初始形状的记忆和恢复,可逆相的作用则是保证可以改变形状,第二次变形和固定则是由可逆相完成。固定相可以是聚合物的交联结构、部分结晶结构、玻璃态或分子链的缠绕等。可逆相则为产生结晶与结晶熔融可逆变化的部分结晶相,或发生玻璃态与橡胶态可逆转变(玻璃化转变温度 T_g)的相。固定相和可逆相具有不同的软化温度。形状记忆聚合物可按其固定相的不同而分为两类:热塑性形状记忆聚合物和热固性形状记忆聚合物。热塑性聚合物的固定相可以是聚合物的玻璃态、部分结晶结构或高分子链之间的缠结,热固性聚合物的固定相则是聚合物的交联结构。

聚合物通常借助热刺激产生形状记忆,其转变过程中分子结构演变如图 5-37 所示。具体机理可用聚降冰片烯为例说明,如图 5-38 所示。

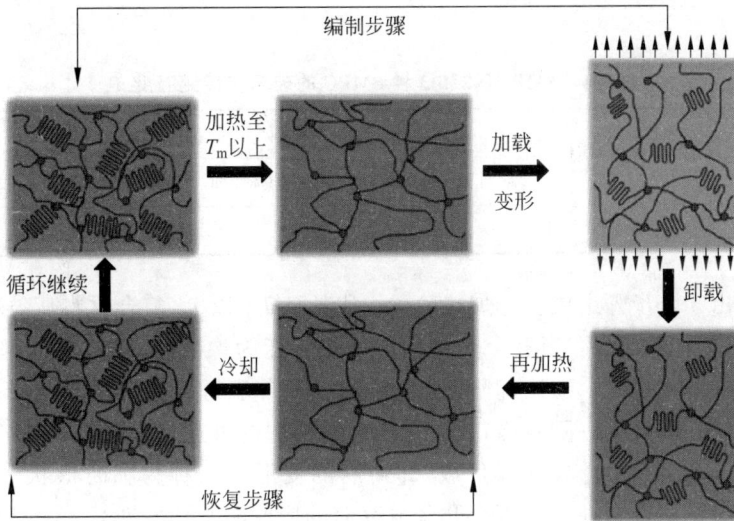

图 5-37　SMP 形状记忆转变过程中分子结构演变示意图

聚降冰片烯(图 5-38)平均相对分子质量达 300 万以上,玻璃化转变温度 T_g 为 35℃,其固定相为高分子链的缠结交联结构,以玻璃态转变相为可逆相,在黏流态的高温下进行加工一次成型,分子链间的相互缠绕使一次成型的形状固定。接着在低于黏流态转变温度 T_f、高于 T_g 的温度条件下施加外应力作用,分子链沿外应力方向取向而变形,并冷却至 T_g 温度以下使可逆相硬化,强迫取向的分子链"冻结",使二次成型的形状固定。二次成型的制品若再加热到 T_g 以上进行热刺激,可逆相熔融软化使其分子链解除取向,并在固定相的恢复应力作用下逐渐达到热力学稳定状态,材料在宏观上表现为恢复到一次成型的形状。应该指出,不同的形状记忆聚合物,其固定相和可逆相各不相同,因而热刺激的温度也不相同。除了热刺激方法可产生形状记忆外,通过光照、通电或用化学物质处理等方法刺激也可产生形状记忆功能。

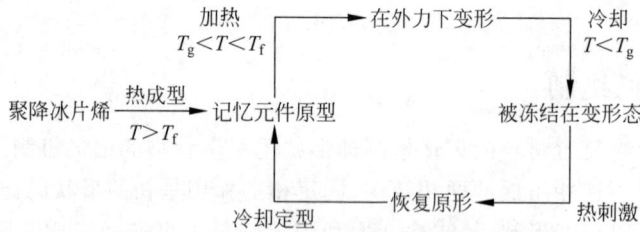

$$
\begin{array}{ccc}
& \xrightarrow{\ \text{加热}\ } \text{在外力下变形} & \text{冷却} \\
& T_g < T < T_f & T < T_g \\[1ex]
\text{聚降冰片烯} \xrightarrow[T>T_f]{\text{热成型}} \text{记忆元件原型} & & \text{被冻结在变形态} \\[1ex]
& \text{恢复原形} \longleftarrow & \text{热刺激} \\
\text{冷却定型} & &
\end{array}
$$

图 5-38　聚降冰片烯的形状记忆效应

5.6.2　常见形状记忆聚合物复合材料

1. 热驱动形状记忆聚合物复合材料

将树脂 Araldite LY556 双 4(2.3 环氧丙氧)苯基丙烷和硬化剂 Aradur HY951(三亚乙基四胺)按化学计量比 7.65∶1 混合,在室温下的真空烘箱中脱气 15min,得环氧树脂基形状记忆聚合物(SMP)。选择玻璃纤维、碳纤维与天然玄武岩纤维,使用手铺技术、室温下固化 24h 然后再脱模制造了 3 种 SMPC 片,每种包含 4 层纤维。3 种 SMPC 的玻璃化转变温度见表 5-4。

表 5-4　SMP 基体和 3 种 SMPC 的玻璃化转变温度 T_g

玻璃化转变温度	环氧树脂基体	形状记忆聚合物复合材料		
		碳纤维/环氧树脂	玻璃纤维/环氧树脂	玄武岩纤维/环氧树脂
T_g/℃	62.1	63.0	63.6	64.6

记忆过程由 5 个步骤组成。①加热阶段:升温至 T_g 以上,复合材料从玻璃态变成橡胶态,刚度降低。②加载阶段:当复合材料均匀加热转变为橡胶态后,施加外部载荷或力,直到达到设定的应变或形状。③冷却阶段:复合材料冷却至远低于其玻璃化转变温度(T_g),并维持所施加的外部载荷。随着冷却,材料微观结构中的可逆交联冻结,将材料固定在其变形的形状。④卸载阶段:释放外部负载,卸荷后的变形形状称为临时形状。⑤恢复阶段:变形后的材料加热回升至 T_g,使其交联释放存储的应变能并开始恢复。

采用手动折叠 90°固定角(θ_{max})的固定率(fixity ratio,R_f)和恢复率(recovery rate,R_r)表征形状记忆特征和记忆性能。

$$
R_f = \frac{L_2}{L_1} \times 100\% \tag{5-16}
$$

$$
R_r = \frac{D_2}{D_1} \times 100\% \tag{5-17}
$$

式中,D_1、D_2、L_1、L_2 分别表示初始高度、最终高度、变形和固定的变形,如图 5-39 所示。

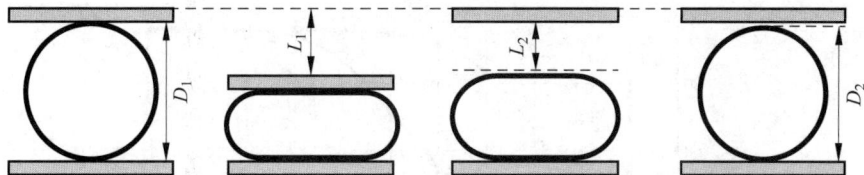

图 5-39　R_f 和 R_r 参数评价示意图

图 5-40 为玄武岩纤维、玻璃纤维和碳纤维增强双酚 A 型环氧树脂 SMPCs 从开始（0s）到 60s 再到 120s 两阶段的形状恢复过程，玄武岩纤维和玻璃纤维增强 SMPCs 表现出优良的形状固定性，R_f 分别为 94.6% 和 96.0%（表 5-5）。然而，碳纤维增强 SMPCs 由于刚度高，加载过程中的弹簧恢复效应显著，R_f 为 92.9%。在恢复过程中，碳纤维增强 SMPCs 仅180s 内恢复其形状，恢复速率最高。与玻璃纤维增强 SMPCs 相比，玄武岩纤维增强 SMPCs 最初的恢复速率较慢。然而，在 40s 后，玄武岩纤维增强 SMPCs 快速恢复，几乎在200s 完成恢复，而玻璃纤维增强 SMPCs 恢复时间最长，为 220s（图 5-41）。所有 SMPCs 都显示出良好的形状记忆性能，恢复率达 96%～97%。如图 5-41 所示。

表 5-5　SMPCs 样品的固定率和恢复率　　　单位：%

形状记忆聚合物复合材料	R_f	R_r			
		开始	60s	120s	结束
玄武岩纤维/环氧树脂	94.6	5.4	27.7	71.4	96.1
碳纤维/环氧树脂	92.9	7.1	66.0	94.6	96.4
玻璃纤维/环氧树脂	96.0	4.0	30.6	69.0	96.8

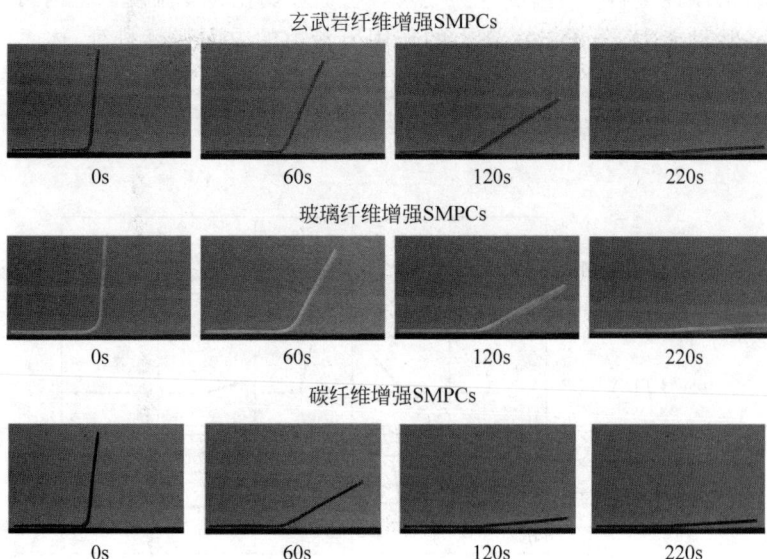

图 5-40　加热时玄武岩纤维、玻璃纤维和碳纤维增强 SMPCs 的恢复过程

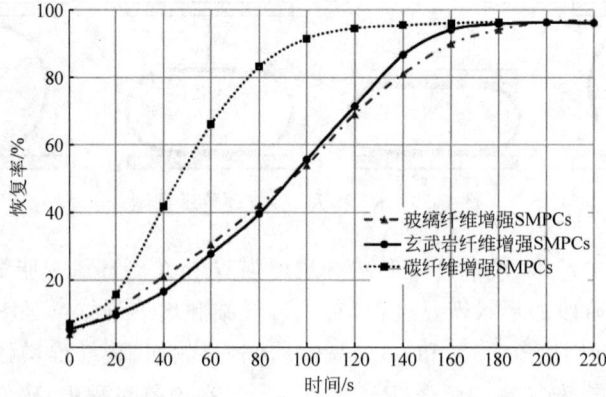

图 5-41　变形的 SMPCs 样品随时间的恢复率

2. 光驱动聚多巴胺/水性环氧树脂形状记忆复合材料

利用聚多巴胺（polydopamine，PDA）具有良好的光热效应，将其置入聚合物水性环氧树脂（water-borne epoxy，WEP）基体中，可以利用近红外光（near infrared，NIR）驱动复合材料形状恢复。光驱动的本质是通过光热效应产生的热进行驱动。

将不同 PDA 含量的复合材料（30mm×3mm×0.4mm）样条在高温下折叠并赋形，如图 5-42 所示，并用近红外光自上而下照射样品弯折点来研究不同 PDA 含量对样品形状恢复时间的影响。从图 5-42 可以清楚地观察到，当 PDA 含量为 0.1wt%时，形状恢复在 13s 内完成，随着 PDA 含量的增加形状恢复的时间逐渐缩短，在 PDA 含量为 1.0wt%时样品仅需 6s 即可恢复到其最初的直线形。形状记忆的本质是熵的变化，从分子结构层面分析，当聚合物处于低温环境时，交联点间的分子链无规排布，且聚合物的链段被冻结，此时体系的熵值最高，表现为刚性塑料；当温度升高到聚合物的玻璃化转变温度以上时，此时分子链的活性增加，具备运动能力，分子链在外力的作用下沿力的方向择优排列，体系的熵值降低；当温度降低到聚合物的玻璃化转变温度以下时，聚合物的分子链被冻住，形成临时形状；再次将温度升高到聚合物的玻璃化转变温度以上时，分子链自发地恢复到体系熵值最大的初始形状。

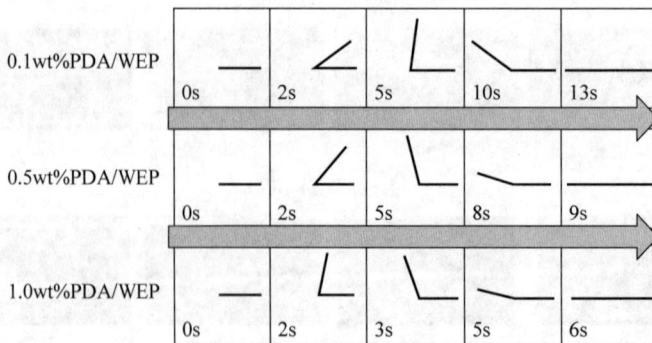

图 5-42　不同 PDA 含量的 PDA/WEP 复合材料的形状恢复时间

3. 电驱动 LM-SMP、PI/LM-SMP 复合材料

在聚合物基体中引入导电填料(如碳纳米管(CNT)、碳纳米纤维(CNF)、石墨烯(GN)和碳黑(CB)等),创建一个有效的导电路径,然后施加电压,使导电填料成为热源,并将热能传递到聚合物基体中,使 SMP 的温度升高。当温度达到转变温度时,触发 SMP 产生形状记忆效应。因此电驱动的本质是通过电热效应产生的热进行驱动。

将液态金属(liquid metal,LM)镓锌合金填充至聚己内酯(polycaprolactone,PCL)中制成 LM-SMP 复合薄膜,镓锌合金的流动性也使 LM-SMP 薄膜具有突出的变形能力,可以弯曲和折叠。LM-SMP 薄膜的电阻沿拉伸方向迅速下降。

PCL 是一种典型的形状记忆聚合物。将 LM 填充到 PCL 后,得到的 LM-SMP 复合薄膜保持了形状记忆性能。LM-SMP 薄膜的形状记忆行为是基于 PCL 的结晶而实现的。图 5-43(a)为纯 PCL 和 LM-SMP 复合薄膜的结晶和熔融行为的差示扫描量热法(DSC)曲线。纯 PCL 薄膜和 LM-SMP 复合薄膜的熔融温度约为 61℃,结晶度约为 64%。LM-SMP 的结晶温度(28℃)略高于纯 PCL 的(25℃)。这一现象表明,虽然结晶较困难,但加入 LM 后,PCL 的结晶几乎不受影响。由于 LM 的过冷效应,在图 5-43(a)中没有出现 LM 的峰值。当最低测试温度从 0℃ 调整到 -20℃ 时,LM 的吸热峰出现在 28℃ 左右。然而 CNTs-SMP 的熔融温度降低到 58℃ 左右,结晶温度上升到 40℃ 左右,结晶度为 43%,远低于纯 PCL(64%)。说明由于碳纳米管的长宽比较大,与基体 PCL 的相互作用较强,刚性碳纳米管限制了分子链的迁移,阻碍了 PCL 的结晶。这表明,LM-SMP 可以更好地维持 PCL 分子链的迁移和结晶能力,从而保持形状记忆性能。

图 5-43(b)为 DMA 记录的 LM-SMP-50% 的形状记忆过程;ε_m 和 ε_u 分别代表在 55℃ 和 5℃ 加载时的应变。将样品加热到 55℃ 并保持 5min,进行单轴拉伸,应力为 1.7MPa、拉伸时间 17min,得到的瞬时应变 ε_m 为 230%,然后保持拉伸状态冷却到 5℃,固定其形状。再将样品重新加热到 55℃,同时去除载荷使其形状恢复。形状固化率为 95%,形状恢复率为 99%,具有良好的形状记忆效果。相同条件下的 CNTs-SMP-50% 的形状恢复率为 99%,形状固化率仅为 82%,且最高 ε_m 仅为 10% 左右,远低于 LM-SMP-50% 的。因而与碳基 SMP 相比,LM-SMP 具有高形状固化率和形状恢复率,具有优异的形状记忆性能。

如图 5-43(c)所示,这是因为 PCL 晶体段作为开关阈,PCL 非晶段作为骨架。将 LM-SMP 薄膜加热到高温可以增加分子链的迁移率,且开关域具有高的弹性。外部应力使薄膜容易变形,并导致聚合物链具有取向性。大分子构象的变化伴随着熵的变化,使材料处于高能状态。当冷却到结晶温度时,LM-SMP 薄膜分子链开始结晶。当在薄膜上施加外部电压时,通过焦耳加热激活,从而驱动分子链回到最低能状态,恢复形状。将 LM 引入 PCL 并没有改变其形状记忆效应。同时,所得到的 LM-SMP 具有高电导率(10Ω)。

矩形 LM-SMP-50% 样品(45mm×5mm×5mm×0.4mm)的形状记忆性能测试是在外部 $2V_{DC}$ 下进行的。先将样品加热到 $T_{high}=55℃$,然后将薄膜拉伸到 50% 的应变,再冷却到 $T_{low}=20℃$ 以固定形状。最后,将样品通过铜电极连接到直流电源上。由于焦耳加热效

(a)

(b)

(c)

晶体区
非晶区

(d)

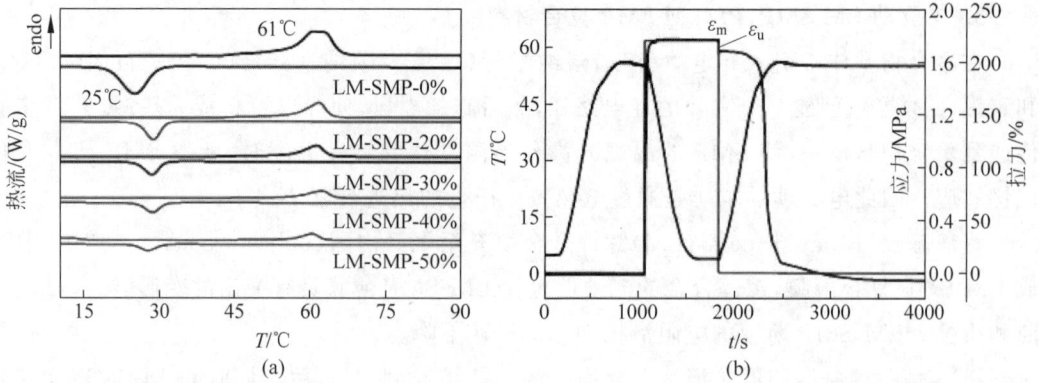

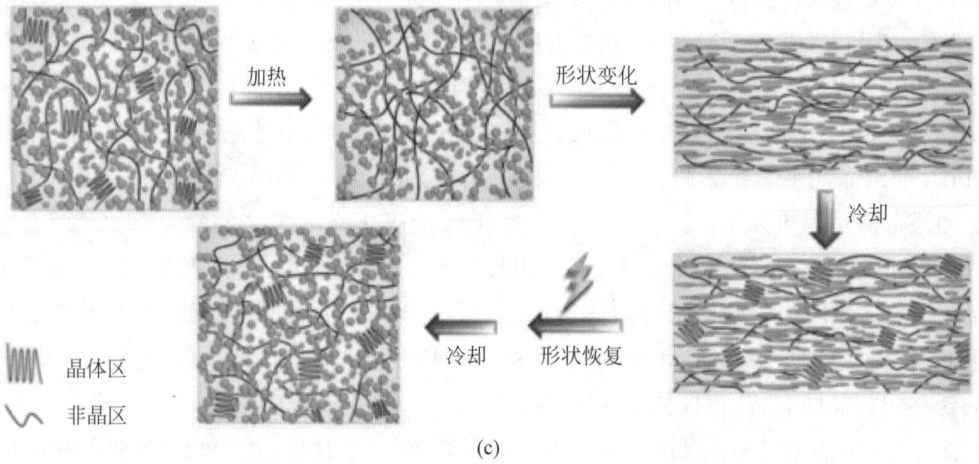

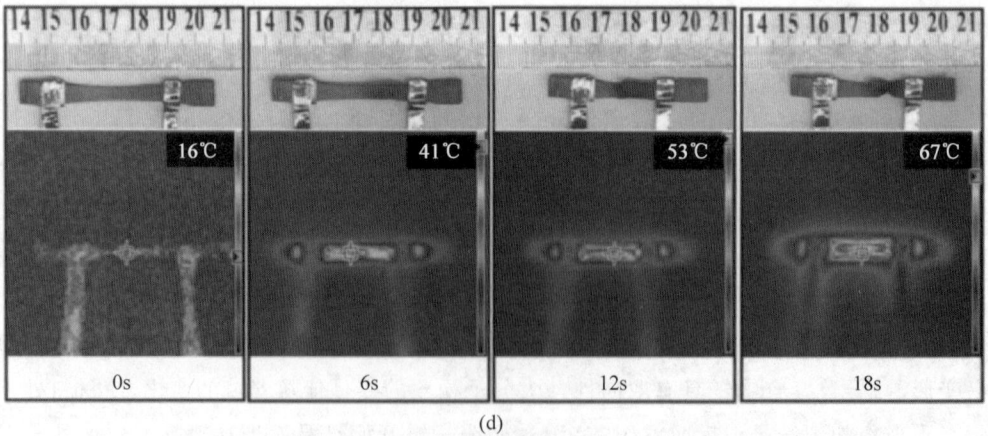

图 5-43　（a）不同体积分数液态金属的 LM-SMP 复合薄膜的差示扫描量热法曲线；（b）由
DMA 记录的 LM-SMP-50％的形状记忆过程，ε_m 和 ε_u 分别代表在 55℃时加载和 5℃
时外部应力恢复时的应变；（c）LM-SMP 复合薄膜形状记忆过程的机理示意图；
（d）50％预拉伸的 LM-SMP-50％复合薄膜在 2V 直流下恢复到原始形状，在 18s 内完
成，显示形状记忆过程

应,50%的薄膜被有效加热,18s后恢复到原始长度(图5-43(d)),表明电触发形状记忆性能十分出色。

4. 磁驱动碳基铁颗粒/PDMS形状记忆聚合物复合材料

磁致形状记忆聚合物是在形状记忆聚合物中加入磁性粒子(铁氧体、碳基铁颗粒等),通过交流磁场的作用诱导磁性粒子产生热量从而实现热诱导相变。

将碳基铁颗粒引入聚二甲基硅氧烷(poly dimethylsiloxanes,PDMS)聚合物,制备了具有磁性的超疏水微阵列表面。如图5-44所示,在外加磁场作用下,聚合物的硬度增加,微阵列处于直立状态,接触角(contact angle,CA)和滚动角(scroll angle,SA)分别为150.9°和8°。另外,去除磁场后,PDMS的硬度下降,片层进入坍塌状态,CA和SA分别变为105.6°和180°。通过改变磁场强度,可以调节SMP表面的疏水性和附着力。超疏水SMP的磁驱动激活可用于控制特定磁场条件下无破坏性液滴的传输和收集,并通过改变磁场方向调节颜色转变。

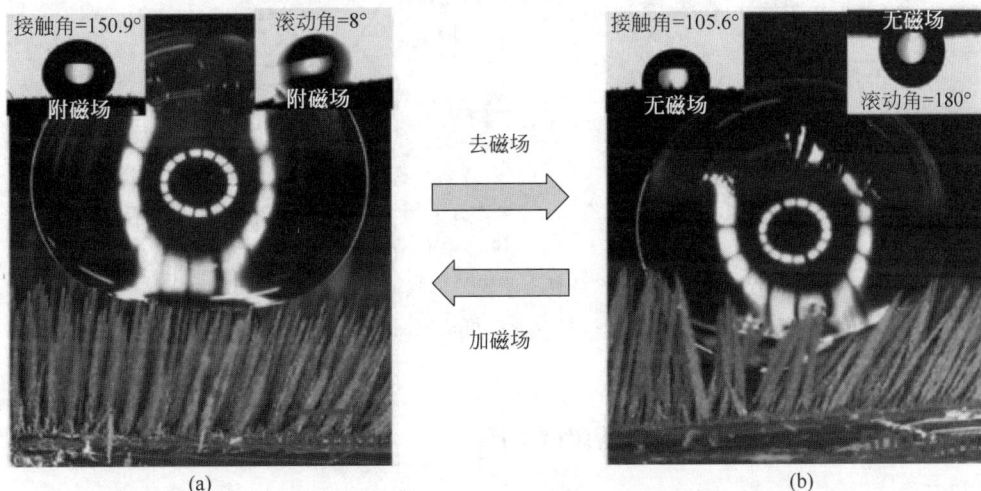

图5-44 碳基铁颗粒/PDMS形状记忆聚合物复合材料表面光学显微照片

(a) 加磁场;(b) 去磁场

5. 溶液驱动形状记忆聚合物复合材料

溶液中的溶质可以激活超疏水的SMPC。将运用模板法制备的分层柱状结构超疏水聚氨酯层(h-PU)和溶胶-凝胶法制备的聚氨酯-纤维素(PU-C)层粘贴,得到超疏水h-PU/PU-C复合薄膜。研究发现,该薄膜在拉伸后失去超疏水性;然而,在水中浸泡后,该薄膜的形状和超疏水性能得到恢复。

复合薄膜的表面被层状结构的柱所覆盖,如图5-45(a)所示,使薄膜具有超疏水性。拉伸后,复合薄膜材料表面相邻柱之间的间距显著增加,薄膜失去了超疏水性。然而,当薄膜在水中浸泡仅3min时,其表面的柱恢复了初始状态,从而使薄膜恢复了超疏水性。图5-45(b)为复合薄膜的形状记忆机制示意图。干燥的PU-C薄膜在氢键作用下形成了由可渗透性纳米纤维素组成的刚性网络结构，被吸收的水分子和纤维素在薄膜湿润后形成氢键，软化的薄膜可以被拉伸成不同的形状。干燥后，薄膜重新建立了一个新的刚性网络结构，从而阻止了 h-PU 基体恢复其弹性，并保持了被拉伸薄膜的临时状态。在薄膜被重新润湿后，涂层纤维素的透水网络结构被破坏，薄膜软化。由于聚氨酯弹性高，薄膜恢复到了初始状态，经过再干燥后，恢复了薄膜表面的微观结构，从而恢复了薄膜的粗糙度和超疏水性。

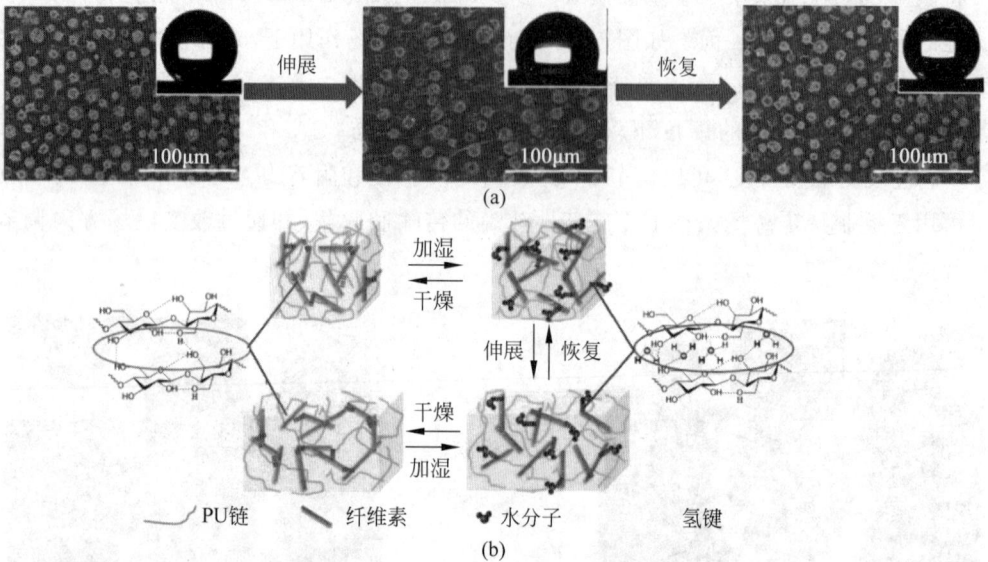

图 5-45 　（a）h-PU/PU-C 复合薄膜的形状记忆过程的 SEM 照片；
（b）h-PU/PU-C 复合薄膜可切换润湿机制示意图

5.7　聚合物基复合材料的应用

目前，航空航天领域广泛应用的聚合物基复合材料主要包括高性能连续纤维增强环氧、双马和聚酰亚胺基复合材料。聚合物基复合材料具有高比强度和比模量、抗疲劳、耐腐蚀、可设计性强、便于大面积整体成型等特点，已经成为继铝合金、钛合金和钢之后最重要的航空结构材料之一，在航空航天等领域得到广泛应用。聚合物基复合材料在飞机上的应用，可以实现 15%～30% 的减重效益，这是使用其他材料所不能实现的。因此聚合物基复合材料的用量已经成为航空结构先进性的重要标志。如碳纤维增强聚合物基复合材料在波音 787 中的使用量已上升至重量的 50%，而波音 777 仅为 12%，可见聚合物基复合材料在航空领域的应用前景非常诱人，图 5-46 所示为多种不同材料的断裂韧性与比强度的关系，由图可知聚合物基复合材料的断裂韧性虽比金属低，但其比强度高，综合性能最为优异，是航空材料的最佳选择。

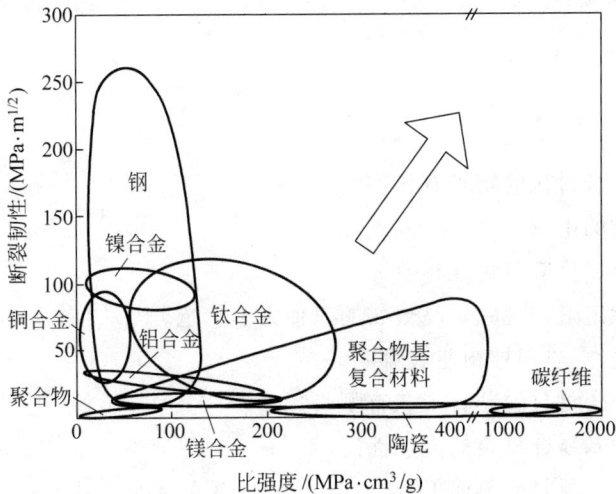

图 5-46 多种不同材料的断裂韧性与比强度的关系

本章小结

聚合物是一种分子量很大的化合物,其相对分子量在 5000～1000000,主要由单体、链节、聚合度、分子量(平均分子量)等组成。它是把低分子化合物(单体)通过加聚反应和缩聚反应聚合起来形成的,其凝聚态结构主要有气态、液态和固态三种。其中固态又分为晶态(聚合物分子有序排列的状态),非晶态(无定形,聚合物分子近程有序、远程无序的排列状态),混合态(晶态与非晶态的组合)。混合态中,晶体部分所占的质量分数称为结晶度。聚合物的结晶程度与聚合物的分子结构密切相关。线型无定形(非晶态)高聚物的三种力学状态为玻璃态、高弹态、黏流态。晶态高聚物的力学状态(线型)取决于分子排列的规整程度和分子量大小,一般分子量的晶态高聚物有两态——晶态和黏流态;分子量较大的晶态高聚物有三态——晶态、高弹态和黏流态;非完全晶态的高聚物也有三态——玻璃态、高弹态和黏流态。而体型高聚物的力学状态为玻璃态和高弹态。工程上应用的高聚物主要有三种:合成塑料、合成橡胶、合成纤维。

凡以聚合物为基体的复合材料统称为聚合物基复合材料。若按增强纤维的种类可分为玻璃纤维增强聚合物基复合材料、碳纤维增强聚合物基复合材料、硼纤维增强聚合物基复合材料、芳纶纤维增强聚合物基复合材料,以及其他纤维增强聚合物基复合材料。若按增强体种类可分为纤维增强聚合物基复合材料、晶须增强聚合物基复合材料、颗粒增强聚合物基复合材料等。若按基体聚合物的性能可分为通用型聚合物基复合材料、耐化学介质型聚合物基复合材料、耐高温型聚合物基复合材料、阻燃型聚合物基复合材料等。按基体特性还可分为热固性树脂基复合材料与热塑性树脂基复合材料。聚合物基复合材料具有高的比强度、比模量,抗疲劳性能好,减震性好,耐烧蚀性卓越,可设计性强,成型工艺简单,过载时安全性能好等特点。

形状记忆聚合物复合材料具有成本低、易加工、质量轻等特点,可分为颗粒增强型、短纤维增强型、混杂增强型、连续纤维增强型等，其驱动因素为热、光、电、磁等。

思考题

1. 聚合物基复合材料的特点有哪些？
2. 简述聚合物的组成。
3. 聚合物的合成反应有哪几种？
4. 简述线型无定形(非晶态)高聚物的三种力学状态。
5. 常见的热固性、热塑性树脂有哪些？
6. 聚合物基复合材料的制备工艺有哪些？
7. 简述聚合物基复合材料的力学性能。
8. 聚合物基复合材料的界面形貌、成分、结合力等的表征方法有哪些？
9. 简述聚合物基复合材料的性能特点。
10. 简述聚合物基复合材料的应用前景，尤其是在航空航天领域的应用前景。

选择题和答案

第**6**章

陶瓷基复合材料

陶瓷基复合材料(ceramic matrix composites,CMCs)具有耐高温、硬度高、耐磨损、耐腐蚀及相对密度小等许多优良性能。但它同时也具有致命的弱点——脆性,这一弱点正是目前陶瓷材料的使用受到很大限制的主要原因,因此,增韧是陶瓷研究的重点。有关陶瓷的增韧机理请见第 3 章,本章主要介绍几种常见陶瓷基复合材料的制备、特性及其应用。

6.1 陶瓷基复合材料的基体与增强体

6.1.1 陶瓷基复合材料的基体

陶瓷材料中的化学键一般为介于共价键和离子键间的混合键。可由各组成元素的电负性即获得电子的能力表征结合键与离子键或共价键的接近程度(离子键或共价键的比例),元素的电负性见表 6-1。陶瓷中离子键比例的计算经验公式为

$$P_{AB} = 1 - \exp\left[-\frac{1}{4}(x_A - x_B)^2\right] \tag{6-1}$$

式中,$x_A - x_B$ 越大,离子键越强,反之其共价键的比例越大;$x_A = x_B$ 时为完全的共价键。

表 6-1 元素的电负性

Li	Be	B											C	N	O	F
1.0	1.5	2.0											2.5	3.0	3.5	4.0
Na	Mg	Al											Si	P	S	Cl
0.9	1.2	1.5											1.8	2.1	2.5	3.0
K	Ca	Se	Ti	V	Cr	Mn	Fe	Co	Ni	Cu	Zn	Ga	Ge	As	Sc	Br
0.8	1.0	1.3	1.5	1.6	1.6	1.5	1.8	1.8	1.8	1.8	1.6	1.6	1.8	2.0	2.4	2.8
Rb	Sr	Y	Zr	Nb	Mo	Tc	Ru	Rh	Pd	Ag	Cd	In	Sn	Sb	Te	I
0.8	1.0	1.2	1.4	1.6	1.8	1.9	2.2	2.2	2.2	1.9	1.7	1.7	1.8	1.9	2.1	2.5
Cs	Ba	La-Lu	Hf	Ta	W	Re	Os	Ir	Pt	Au	Hg	Tl	Pb	Bi	Po	At
0.7	0.9	1.1-1.2	1.3	1.5	1.7	1.9	2.2	2.2	2.2	2.4	1.9	1.8	1.8	1.9	2.0	2.2
Fr	Ra	Ac	Th	Pa	U	Np-No										
0.7	0.9	1.1	1.3	1.5	1.7	1.3										

脆化的根本原因在于其共价键,因为位错在共价键中移动的派纳力大。常见陶瓷的电负性差及离子性与共价性的比例见表 6-2。

表 6-2　常见陶瓷的电负性差及离子性与共价性的比例

项　　目	CaO	MgO	ZrO$_2$	Al$_2$O$_3$	ZnO	ZrO$_2$	TiN	Si$_3$N$_4$	BN	WC	SiC
电负性差	2.5	2.3	2.1	2.0	1.9	1.7	1.5	1.2	1.0	0.8	0.7
离子性比例	0.79	0.73	0.67	0.63	0.59	0.51	0.43	0.30	0.22	0.15	0.12
共价性比例	0.21	0.27	0.33	0.37	0.41	0.49	0.57	0.70	0.78	0.85	0.88

氧化物的电负性差大于非氧化物的,其离子性高于碳化物和氮化物。

陶瓷材料的典型结构如图 6-1 所示,包括:①闪锌矿结构;②铅锌矿结构;③NaCl 结构;④CsCl 结构;⑤β-方石英结构;⑥金红石结构;⑦ 萤石结构;⑧赤铜矿结构;⑨刚玉结构等。

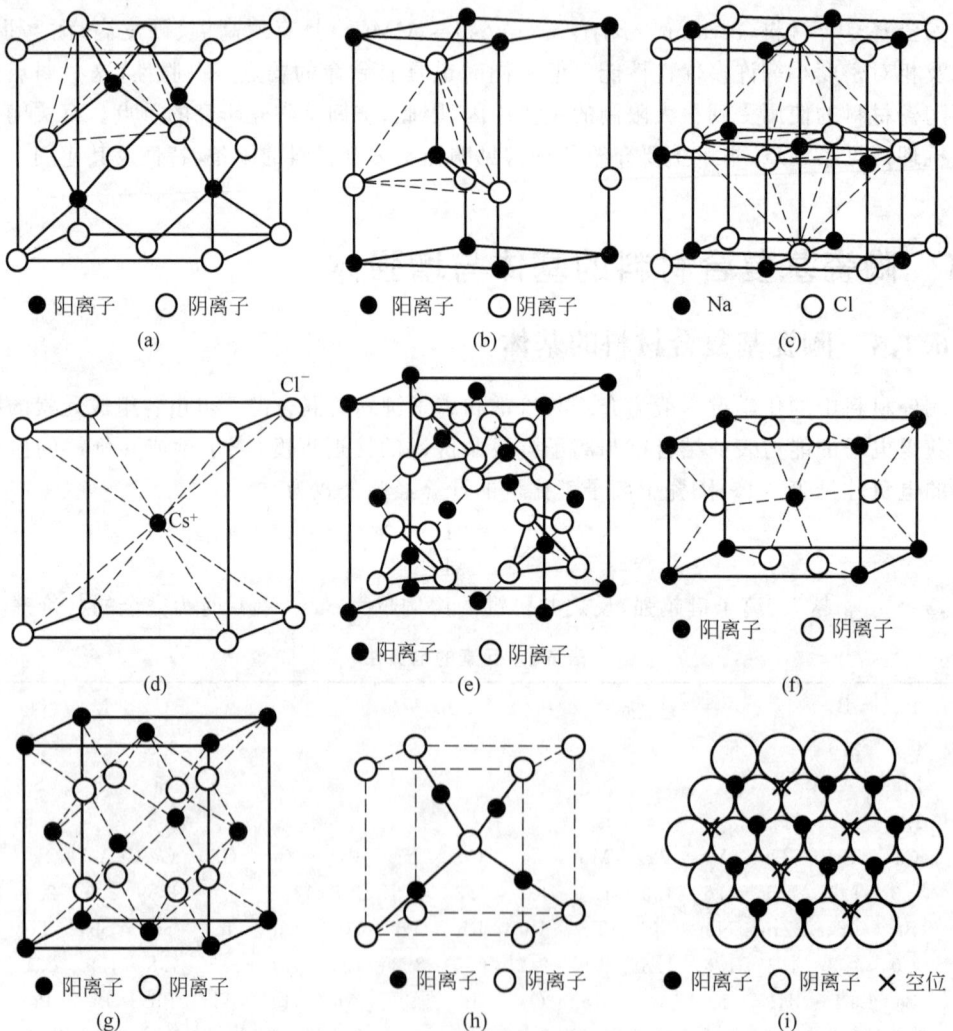

图 6-1　陶瓷材料的典型结构

(a) 闪锌矿结构;(b) 铅锌矿结构;(c) NaCl 结构;(d) CsCl 结构;
(e) β-方石英结构;(f) 金红石结构;(g) 萤石结构;(h) 赤铜矿结构;(i) 刚玉结构

陶瓷材料中的硅酸盐结构较为复杂,其普遍特点是存在$[SiO_4]^{4-}$结构单元,主要有锆英石和镁橄榄石,如图 6-2 和图 6-3 所示。硅酸盐晶体根据$[SiO_4]^{4-}$的连接方式,可分为五种结构类型,见表 6-3。硅氧四面体的空间构型如图 6-4 所示。

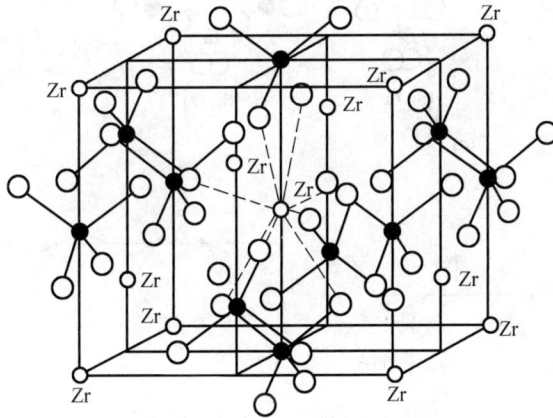

图 6-2 锆英石结构

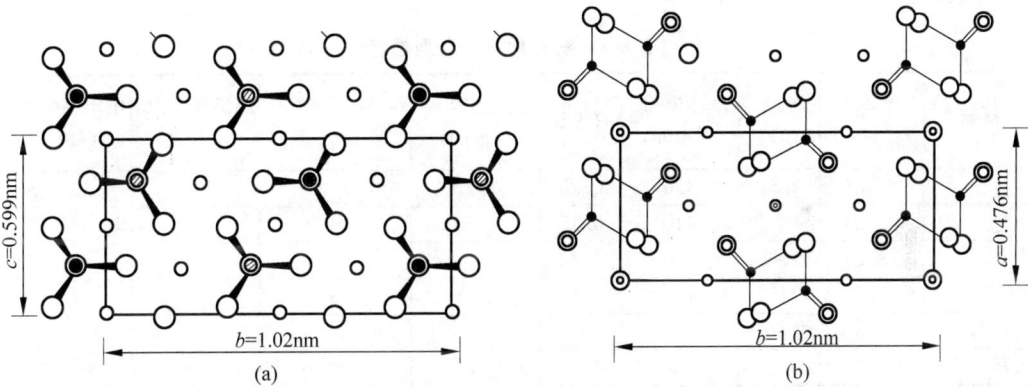

图 6-3 镁橄榄石结构

表 6-3 硅酸盐晶体结构类型

结构类型	$[SiO_4]^{4-}$ 共用 O^2	形状	络阴离子	Si∶O	实 例
岛状	0	四面体	$[SiO_4]^{4-}$	1∶4	镁橄榄石 $Mg_2[SiO_4]$
组群状	1	双四面体	$[Si_2O_7]^{6-}$	2∶7	硅钙石 $Ca_3[Si_2O_7]$
	2	三节环	$[Si_3O_9]^{6-}$	1∶3	蓝锥矿 $BaTi[Si_3O_9]$
		四节环	$[Si_4O_{12}]^{8-}$		斧石 $Ca_2Al_2(Fe,Mn)BO_3[SiO_{12}]OH$
		六节环	$[Si_6O_{16}]^{12-}$		绿宝石 $Be_3Al_2[Si_6O_{16}]$
链状	2	单链	$[Si_2O_6]^{4-}$	1∶3	透辉石 $CaMg[Si_2O_6]$
	2,3	双链	$[Si_4O_{11}]^{6-}$	4∶11	透闪石 $Ca_2Mg_5[Si_4O_{11}](OH)_2$
层状	3	平面层	$[Si_4O_{10}]^{4-}$	4∶10	滑石 $Mg_3[Si_4O_{10}]$
架状	4	骨架	$[SiO_2]$	1∶2	石英 SiO_2
			$[(Al_xSi_{4-x})O_8]^{x-}$		钠长石 $Na[AlSi_3O_8]$

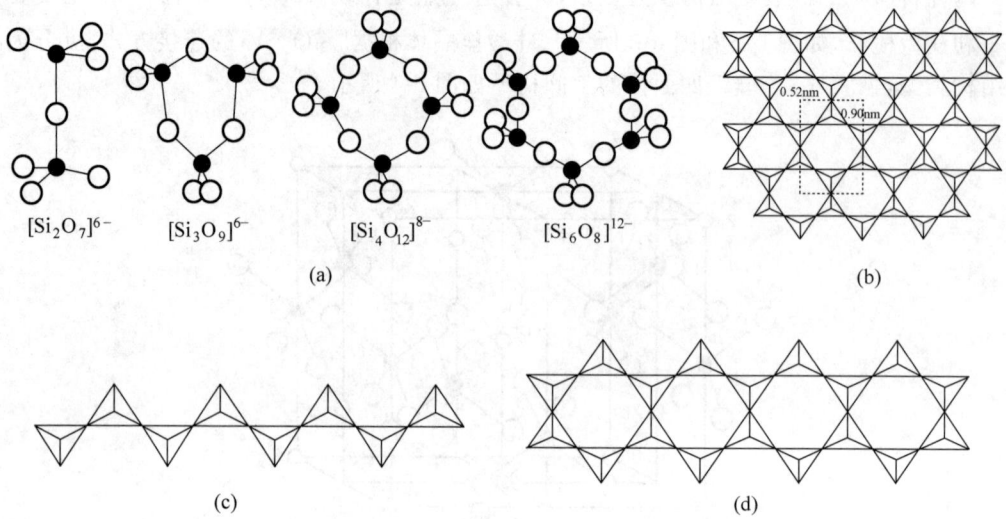

[Si_2O_7]^{6-} 　　[Si_3O_9]^{6-} 　　[Si_4O_{12}]^{8-} 　　[Si_6O_8]^{12-}

(a)

(b)

(c)　　　　　　　　　　　(d)

图 6-4　硅氧四面体的空间构型

(a) 孤立时的各种形状；(b) 层状结构；(c) 单链结构；(d) 双链结构

陶瓷材料的典型性能见表 6-4。

表 6-4　陶瓷材料的典型性能

材料	密度/(g/cm^3)	熔点/℃	弹性模量/MPa	泊松比	比热容/$(J/(g \cdot K))$	热导率/$(W/(m \cdot K))$	热膨胀系数/$(\times 10^{-6}K^{-1})$	电阻率(25℃)/$(\Omega \cdot m)$
Al_2O_3	3.99	2.50	390	0.23	1.25	6.0	8.0	$>10^{15}$
SiC	3.2	约2500	440	0.15	1.25	40	4.5	约1
Si_3N_4	3.2	1900	300	0.22	1.25	15	3	—
B_4C	2.5	2450	440	0.18	2.11	5	5.5	0.5
立方 BN	3.5	约3000	—		2	—		—
六方 $BN_\perp$	2.3	—	45	—	—	21	7.5	10^{11}
六方 $BN_{//}$	2.3	—	70			14	0.8	
AlN	3.26	2300	320	0.25	1.1	50	6	2×10^{12}
TiB_2	4.5	2980	570	0.11	1.23	25	5.5	10^{-3}
TiC	4.9	3070	450	0.18	0.85	约30	8.5	5×10^5
TiN	5.4	3090	—		0.85	约30	8.5	5×10^5
$MoSi_2$	6.25	2100	400	0.17	0.56	20	8.5	5×10^5
$t\text{-}ZrO_2$	6.1	2400	—		0.7	1~2	12	—
$m\text{-}ZrO_2$	5.55	—	240	0.3	—	1~2	15	—
莫来石	2.8	1850	150	0.24	1	5	5.5	

6.1.2　陶瓷基复合材料的增强体

陶瓷基复合材料的增强体通常也称为增韧体，一般有纤维（长、短）、晶须和颗粒三种。其制备工艺见第 2 章。用于陶瓷基复合材料的纤维主要有碳纤维、玻璃纤维和硼纤维等，其中碳纤维的应用较多。纤维表面涂有一层保护膜，一方面保护自身，另一方面增强纤维与基体的连接。硼纤维既属于多相,又属于无定形。因它是将无定形硼沉积在钨丝或碳丝上形成的。无定形硼纤维的强度下降到晶体硼的一半左右。晶须为一定长径比(长 $30\sim100\mu m$,直径 $0.3\sim1\mu m$)的单晶体,常用晶须有 SiC、Al_2O_3、Si_3N_4 等。颗粒的增韧效果比不上纤维和晶须,常见的颗粒有 SiC、Si_3N_4 等。

6.2 陶瓷基复合材料的种类

因陶瓷材料具有脆性,增韧是陶瓷复合研究的主要目的。陶瓷复合材料强韧化的途径有颗粒弥散增韧、纤维(晶须)补强增韧、层状复合增韧、金属复合增韧及相变增韧(指 ZrO_2),可见第 3 章。本章主要介绍常见的陶瓷基复合材料。陶瓷基复合材料的分类方法很多,常见的有以下几种。

1. 按材料作用分类

(1) 结构陶瓷基复合材料,用于制造各种受力零部件。

(2) 功能陶瓷基复合材料,具有各种特殊性能(如光、电、磁、热、生物、阻尼、屏蔽等)。

2. 按增强材料形态分类

(1) 颗粒增强陶瓷基复合材料。

(2) 纤维(晶须)增强陶瓷基复合材料。

(3) 片材增强陶瓷基复合材料。

用作陶瓷基复合材料的增强体主要包括颗粒、纤维(晶须)和陶瓷薄片,后者研究还不够成熟,本书不作介绍。

颗粒增强体按其相对于基体的弹性模量大小,可分为两类:一类是延性颗粒,主要通过第二相粒子的加入在外力作用下产生一定的塑形变形或沿晶界滑移产生蠕变来缓解应力集中,达到增强增韧的效果,如一些金属陶瓷、反应烧结 SiC、SHS 法制备的 Ti/Ni 复合材料等均属此类;另一类是刚性颗粒。延性颗粒主要是指金属,刚性粒子则是陶瓷。但不论哪类颗粒,根据其大小及其对复合材料性能产生的影响,又可进一步分为颗粒弥散强化复合材料和真正颗粒复合材料。其中弥散粒子十分细小,直径从纳米级到几微米,主要利用第二相粒子与基体晶粒之间的弹性模量和热膨胀系数上的差异,在冷却中粒子和基体周围形成残余应力场。这种应力场与扩展裂纹尖端应力交互作用,从而产生裂纹偏转、绕道、分支和钉扎等效应,对基体起增韧作用。

弥散相选择的一般原则如下。

(1) 弥散相往往是一类高熔点、高硬度的非氧化物材料,如 SiC、TiB_2、B_4C、BN 等,基体一般为 Al_2O_3、ZrO_2、莫来石($3Al_2O_3 \cdot 2H_2O$)等。此外,ZrO_2 相变增韧粒子是近年来发展的一类新型颗粒增强体。

(2) 弥散相必须有最佳尺寸、形状、分布及数量,对于相变粒子,其晶粒尺寸还与临界相变尺寸有关,如 t-ZrO_2,尺寸一般应小于 $3\mu m$。

(3) 弥散相在基体中的溶解度需很低,且不与基体发生化学反应。

(4) 弥散相与基体需有良好的结合强度。

真正颗粒复合材料指的是含有大量的粗大颗粒,这些颗粒不能有效阻挡裂纹扩展,设计这种复合材料不是为了提高强度,而是为了获得不同寻常的综合性能,如混凝土、砂轮磨料等为此类颗粒复合材料。

纤维或晶须增强陶瓷时的选择原则如下。

(1) 尽量使纤维在基体中均匀分散,多采用高速搅拌、超声分散等方法,湿法分散时,常常采用表面活性剂避免料浆沉淀或偏析。

(2) 弹性模量要匹配,一般纤维的强度、弹性模量要大于基体材料的。

(3) 纤维与基体要有良好的化学相容性,无明显的化学反应或形成固溶体。

(4) 纤维与基体热膨胀系数要匹配,只有纤维与基体的热膨胀系数相差不大时才能使纤维与界面结合力适当,保证载荷传递,并保证裂纹尖端应力场产生偏转及纤维拔出。对热膨胀系数相差较大的,可采取在纤维表面涂层或引入杂质使纤维-基体界面产生新相缓冲其应力。

(5) 纤维体积分数应适量,过低力学性能改善不明显,过高纤维不易分散,不易致密烧结。

(6) 纤维直径必须在某个临界直径以下。一般认为纤维直径尺度与基体晶粒尺寸应在同一数量级。

片材增强陶瓷基复合材料实际上是一种层状复合材料,该材料的诞生源于仿生的构思。陶瓷基层状复合材料是由层片状的陶瓷结构单元和界面分隔层两部分组成。陶瓷基层状复合材料的性能主要是由这两部分各自的性能和两者界面的结合状态决定。陶瓷结构单元一般选用高强结构陶瓷材料,在使用中可以承受较大的应力,并具有较好的高温力学性能。目前,研究中较多采用的是 SiC、Si_3N_4、Al_2O_3 和 ZrO_2 等作为基体材料,此外再加少量烧结助剂以促进烧结致密化。界面分隔材料的选择与优化也十分关键,正是这层材料形成了整体材料特殊的层状结构,使承载过程发挥设计的功效。一般来说,不同基体材料需选择不同的界面分隔材料。

片材增强陶瓷时的选择原则如下。

(1) 应选择具有一定强度,尤其是具有高温强度的材料,以保证在常温下正常使用及在高温下不发生大的蠕变。

(2) 界面分隔层要与结构单元具有适中的结合。既要保证它们之间不发生反应,可以很好地分隔结构单元,使材料具有宏观的结构,又要能够将结构单元适当地"黏接"而不发生分离。

(3) 界面层与结构单元有合适的热膨胀系数匹配,使材料中的热应力不对材料造成破坏。

在界面分隔材料的选择中,处理好分隔材料与基体材料的结合状态和匹配状态尤为重要,这将直接影响材料宏观结构所起作用的程度。

由于基体材料不同,选择的界面分隔材料差别也很大。目前研究较多的是以石墨(C)作为 SiC 的夹层材料(SiC/C 陶瓷基层状复合材料),以氮化硼(BN)作为 Si_3N_4 的夹层材料(Si_3N_4/BN 陶瓷基层状复合材料),此外还对 Al_2O_3/Ni、TZP/ Al_2O_3、Ce-TZP/Ce-TZP-Al_2O_3 等材料体系也有一定研究。

3. 按基体材料分类

(1) 氧化物陶瓷基复合材料。

（2）非氧化物陶瓷基复合材料。

（3）微晶玻璃基复合材料。

（4）碳/碳复合材料。

氧化物陶瓷主要有 Al_2O_3、SiO_2、ZrO_2、MgO、ThO_2、UO 和 $3Al_2O_3 \cdot 2SiO_2$ 等；氧化物陶瓷主要由离子键结合，也有一定比例的共价键。它们的结构取决于结合键的类型、各种离子的大小，以及在极小空间保持电中性的要求。纯氧化物陶瓷的熔点多数超过 2000℃。随着温度的升高，氧化物陶瓷的强度降低，但在 1000℃ 以下强度的降幅不大，高于此温度后大多数材料的强度剧烈降低。纯氧化物陶瓷在任何高温下都不会氧化，所以这类陶瓷是很有用的高温耐火结构材料。

非氧化物陶瓷是指金属碳化物、氮化物、硼化物和硅化物等，主要包括 SiC、TiC、B_4C、ZrC、Si_3N_4、TiN、BN、TiB_2 和 $MoSi_2$ 等。非氧化物陶瓷不同于氧化物陶瓷，主要由共价键结合而成，但也有一定的金属键。这类化合物在自然界很少存在，大多需要人工合成。它们是特种陶瓷特别是金属陶瓷的主要成分和晶相。由于共价键的结合能一般很高，因而由这类材料制备的陶瓷一般具有较高的耐火度，高的硬度（有时接近金刚石）和高的耐磨性（特别对浸蚀性介质）。但这类陶瓷的脆性都很大，并且高温抗氧化能力一般不高，在氧化气氛中将发生氧化而影响材料的使用寿命。

微晶玻璃是向玻璃中引进晶核剂，通过热处理、光照射或化学处理等手段，使玻璃内均匀地析出大量微小晶体，形成致密的微晶相和玻璃相的多相复合体。通过控制析出微晶的种类、数量、尺寸等，可以获得透明微晶玻璃、膨胀系数为零的微晶玻璃及可切削微晶玻璃等。微晶玻璃的组成范围很广，晶核剂的种类也很多，按玻璃组成，可分为硅酸盐、铝硅酸盐、硼硅酸盐、硼酸盐及磷酸盐 5 大类。用纤维增强微晶玻璃可显著提高其强度和韧性。

碳/碳复合材料是以碳或石墨纤维为增强体，碳或石墨为基体复合而成的材料。它几乎全由碳元素组成，故可承受极高的温度和极大的加热速率。碳/碳复合材料具有高的烧蚀热、低的烧蚀率，抗热冲击，并能在超高温环境下仍有高强度，其抗热冲击和抗热诱导能力极强，且具有良好的化学惰性。

6.3 陶瓷基复合材料的制备工艺

陶瓷基复合材料主要包括颗粒、纤维（晶须）和片材增强陶瓷基复合材料。这三种材料的制备工艺不尽相同，一般均由以下几个环节组成：基体与增强体的粉体制备，成型和烧结，现分述如下。

6.3.1 粉体制备

粉体主要用作基体及增强体中的增韧颗粒。粉体制备可分为机械制粉和化学制粉两种。化学制粉可得到性能优良的高纯、超细、组分均匀的粉料，其粒径可达 $10\mu m$，是一类很有前途的粉体制备方法。但这类方法需要较复杂的机械设备，制备工艺要求严格，因而成本较高。机械制备多组分粉体工艺简单、产量大，但得到的粉体组分分布不均匀，特别是当某种组分很少的时候，而且该方法常会给粉体引入杂质。如球磨时，磨球及滚筒内衬的磨损物都将进入粉料。机械制粉一般有球磨和搅拌振动磨等方法。其中球磨是最常用的一种粉碎和混合的方法。近年来行星式球磨机（又称高能球磨机）克服了旧式球磨机转速的限制，大大提高了球磨效率，常用于机械合金化的研究。注意在球磨过程中需要某种气氛或气氛保护时，应选用可抽真空的球磨罐进行。也可在液态下球磨，细化、混合后再挥发液态溶剂。

化学制粉可分为固相法、液相法和气相法三种。液相法是目前工业和实验室广泛采用的方法，主要用于氧化物系列超细粉体的合成。近年来发展起来的多组分氧化物制粉技术有液相共沉积法、溶胶凝胶法、冰冻干燥法、喷雾干燥法及喷雾热分解法等。气相法多用于制备超细高纯的非氧化物粉体，该法是利用挥发性金属化合物的蒸气通过化学反应合成所需物质的粉体。

此外，利用反应放热合成陶瓷粉体也较多，如自蔓延高温燃烧合成，主要是利用起始材料之间的燃烧反应放热，为未反应区提供能量，使之满足燃烧条件，顺利燃烧，实现全部反应。

必须指出的是，增强体中的增韧颗粒也可用以上提到的机械法和化学法制备；除此以外，还可用物理法，即蒸发-凝聚法，就是将金属原料加热（用电弧或等离子流等）到高温，使之汽化，然后急冷，凝聚成粉体，该法可制备出超细的金属粉体。

6.3.2　成型

有了良好的粉体，成型就成了获得高性能陶瓷复合材料的关键。坯体在成型中形成的缺陷会在烧成后显著地表现出来。一般成型后坯体的密度越高则烧成中的收缩越小，制品的尺寸精度越容易控制。陶瓷的成型方法主要有模压成型、等静压成型、热压铸成型、挤压成型、轧膜成型、注浆成型、流延法成型、注射成型、直接凝固成型和泥浆渗透法等。

1. 模压成型

模压成型是将粉料填充到模具内部，通过单向或双向加压，将粉料压成所需形状。这种方法操作简便，生产效率高，易于自动化，是常用的方法之一。但模压成型时粉料容易团聚，坯体厚度大时内部密度不均匀，制品形状可控精度差，且对模具质量要求高，复杂形状部件的模具设计较困难。模压成型的粉料含水量应严格控制，一般应干燥至含水量不超过$1\%\sim2\%$（质量分数）为宜。为了提高坯料成型时的流动性，增加颗粒间的结合力和提高坯体的强度，在模压坯料中一般加入各种有机胶黏剂。常用的胶黏剂有石蜡、聚乙烯醇、聚乙酸乙烯酯和羧甲基纤维素等。

2. 等静压成型

一般等静压指的是湿袋式等静压（也称为湿法等静压）。等静压成型就是将粉末料装入橡胶或塑料等可变形的容器中，密封后放入液态油或水等流体介质中，加压获得所需的坯体。这种工艺较大的优点是粉料不需要加胶黏剂，坯体密度均匀性好，所成型制品的大小和材质几乎不受限制，并具有良好的烧结性能。但此法坯体的形状和尺寸可控性差，而且生产效率低，难以自动化批量生产。因而出现了干式等静压的方法（干袋式等静压）。这种成型方法是将加压橡胶袋封紧在高压容器中，加料后的模具送入压力室中，加压成型后退出来脱模。也可将模具固定在高压容器中，加料后封紧模具加压成型，此时模具不和压力液体直接接触，可以减少模具的移动，不需调整容器中的液面和排出多余的空气，因而能加速取出压好的坯体,实现连续等静压。但是这种方法只是在粉料周围受压,粉体的顶部和底部都无法受到压力。而且这种方法只适用于大量压制同一类型的产品,特别是几何形状简单的产品。

3. 热压铸成型

热压铸成型是将粉料和蜡(或其他有机高分子黏结剂)混合后,加热使蜡(或其他有机高分子黏结剂)熔化,使混合料具有一定流动性,然后将混合料加压注入模具,冷却后即可得到致密的、较硬实的坯体。这种方法适用于形状较复杂的构件,易于大规模生产。缺点是坯体中的蜡含量较高(质量分数约23%),烧成前需排蜡。薄壁且大而长的制品易变形弯曲。

排蜡是将坯体埋入疏松、惰性的保护粉料中,这种保护粉料又称为吸附剂,它在高温下稳定,又不易与坯体黏结,一般采用煅烧的工业氧化铝粉料。在升温过程中,石蜡虽然会熔化、扩散、挥发和燃烧,但有吸附剂支持着坯体,而坯体中粉料之间也有一定的烧结出现,因而坯体具有一定的强度。通常排蜡温度为900~1100℃。

热压铸成型的工艺特点是采用熟料,即坯料需预先煅烧,一是为了形成具有良好流动性的铸浆,二是为了减小陶瓷件的收缩率,提高产品的尺寸精度。进行热压铸时铸浆温度、模具温度、压力大小及其持续时间是控制的关键。采用石蜡作为黏结剂时,铸浆温度应小于100℃。

4. 挤压成型

挤压成型就是利用压力把具有塑性的粉料通过模具挤出,模具的形状就是成型坯体的形状。挤压成型适合挤制棒状、管状(外形可以是圆形或多边形)的坯体。这种方法要求陶瓷粉料具有可塑性,即受力时具有良好的变形能力,而且要求成型后粉料能保持圆形或变形很小。黏土质坯体很适合这种方法成型。对非黏土质陶瓷粉料可通过引入各种有机塑性黏结剂获得可塑性。挤压成型是在挤压机上进行的,挤压机一般分为卧式和立式两种,前者用于挤压较大型的瓷棒或瓷管,后者用于挤压小型瓷棒或瓷管。常用的有机黏结剂有糊精、桐油、羧甲基纤维素和甲基纤维素水溶液等。

5. 轧膜成型

轧膜成型是将加入黏结剂的坯料放入同向滚动的轧膜之间,使物料不断受到挤压,得到薄膜状坯体的一种成型方法。通过调节轧膜之间的距离,可以调整薄膜的厚度。这种方法具有工艺简单、生产效率高、膜片厚度均匀、设备简单等优点,能够成型出厚度很小的膜片。轧膜料常用的黏结剂有聚乙烯醇(聚合度为1400~1700为宜)水溶液和聚乙酸乙烯酯(聚合度为400~600为宜)。配制轧膜料时,聚乙烯醇水溶液一般用量在30%~40%,聚乙酸乙烯酯用量在20%~25%,还要外加2%~5%的甘油以增加塑性。当瓷料呈中性或弱酸性时,用聚乙烯醇为好;当瓷料呈中性或弱碱性时,用聚乙酸乙烯酯较好。

6. 注浆成型

注浆成型是一种古老的成型工艺,是在石膏模中进行的,即把一定浓度的浆料注入石膏模中,与石膏相接触的外围层首先脱水硬化,粉料沿石膏模内壁成型出所需形状。一般地,坯体粉料:水=100:(30~50),当加入0.3%~0.5%阿拉伯树胶时,坯料的含水量可降到22%~24%。这种工艺的优点是可成型形状相当复杂的制品。

7. 流延法成型

流延法成型是将粉料与适当的黏结剂混合后制成流延浆料,然后通过固定的流延嘴,依靠料浆自身质量将浆料刮成薄片状流在一条平移转动的环形钢带上,经过上下烘干道,钢带又回到初始位置时就得到所需的薄膜坯体。流延法成型的优点是生产效率比轧膜成型大大提高,易于连续自动生产;流延膜的厚度可薄至 $2\sim3\mu m$,厚至 $2\sim3mm$,膜片弹性好,坯体致密。

8. 注射成型

陶瓷注射(注模)成型与塑料的注射成型原理类似,但过程更复杂。注射成型是把陶瓷粉料与热塑性树脂等有机物混炼后得到的混合料在注射机上于一定温度和压力(高达130MPa)下高速注入模具,迅速冷凝后脱模取出坯体。成型时间为数十秒,然后经脱脂可得到致密度达 60% 的素坯。

9. 直接凝固成型

直接凝固成型是新近发明的一种很有前景的新型成型技术。它巧妙地把胶体化学与生物化学结合起来,其思路是利用胶体颗粒的静压或位阻效应首先制备出固相体积分数高、分散性好的悬浮体或浆料,同时引入延迟反应的催化剂。料浆注入模具后,通过酶在料浆中的催化反应,或增加高价盐浓度,或使底物和酶反应释放出 H^+ 或 OH^- 来调节体系的pH,从而使体系的 ξ 电位移向等电位点,使泥浆聚沉成型。直接凝固成型技术可成型出高固相体积分数(50%～70%)且显微结构均匀、形状复杂的陶瓷坯体,特别适用于制备大截面尺寸试样。此外,该工艺所用的有机物量为 0.1%～1.0%,因此不需要专门的脱脂过程。所用的模具结构简单,材料成本也较低。

10. 泥浆渗透法

泥浆渗透法是先将陶瓷基体坯料制成泥浆,然后在室温使其渗入增强物预制纤维,再干燥就得到所需的陶瓷基复合材料的坯体。

6.3.3　烧结

烧结是指陶瓷坯料在表面能减少的推动力下通过扩散、晶粒长大、气孔和晶界逐渐减少而致密化的过程。烧结机制经过长期的研究,可归纳为:①黏性流动;②蒸发与凝聚;③体积扩散;④表面扩散;⑤晶界扩散;⑥塑性流动等。烧结是一个复杂的物理、化学变化过程,是多种机制组合作用的结果。陶瓷材料常用的烧结方法有普通烧结、热致密化方法、反应烧结、微波烧结及放电等离子烧结等。

1. 普通烧结

陶瓷材料烧结主要在隧道窑、梭式窑、电窑中进行。采用什么烧结气氛由产品性能需要和经济因素决定,可以用保护气氛(如氢气、氩气、氮气等),也可在真空或空气中进行。因为纯陶瓷材料有时很难烧结,所以在性能允许的前提下,常添加一些烧结助剂,以降低烧结温度。例如,在对 Al_2O_3 的烧结中添加少量的 TiO_2、MgO 和 MnO 等,在 Si_3N_4 的烧结中添加 MgO、Y_2O_3、Al_2O_3 等,添加剂的引入使晶格空位增加,易于扩散,从而降低烧结温度。有些添加剂的引入会形成液相,由于粒子在液相中的重排和黏性流动的进行,从而可获得致密产品并可降低烧结温度。如果液相在整个烧结过程中存在,称为液相烧结;如果液相只在烧结开始阶段存在,随后逐步消失,则称为瞬时液相烧结。尽可能降低粉末粒度也是促进烧结的重要措施之一,因为粉末越细、表面能越高,烧结越容易。

2. 热致密化方法

热致密化方法包括热压、热等静压等。热致密化方法价格昂贵、生产效率低,但对于一些性能要求高又十分难烧结的陶瓷却是最常用的方法。因为该法在高温下施压,有利于黏性和塑性流动,从而有利于致密化。热致密化方法比普通烧结法可在更低温度、更短时间内使陶瓷材料致密,且材料内部的晶粒更加细小。

3. 反应烧结

反应烧结是通过化学反应直接形成陶瓷材料的方法。反应烧结可以是固-固、固-液,也可以是气-固反应。反应烧结的特点是坯块在烧结过程中尺寸基本不变,可制得尺寸精确的构件,同时工艺简单、经济,适于大批量生产。缺点是合成的材料常常不致密,造成材料力学性能不高。目前反应烧结仅限于少量几个体系:氮化硅(Si_3N_4)、氧氮化硅(Si_2ON_2)和碳化硅(SiC)等。

反应烧结 Si_3N_4 是将多孔硅坯体在 1400℃左右和烧结气氛 N_2 下发生反应形成的。由于是放热反应,所以正确控制反应速率十分重要。如果反应速率过高,将会使坯块局部温度超过硅的熔点,这将阻碍反应的进一步进行,随着反应的进行,氮气扩散越来越困难,所以反应很难进行彻底,产品相对密度较低,一般只能达到理论密度的 90% 左右。

反应烧结 SiC 是将 SiC-C 多孔坯块用液态硅在 1550~1650℃下浸渍反应而制成的,它的致密性高,但会含有 8%~10% 的游离 Si,使其高温性能降低。

4. 微波烧结

微波是波长为 1~1000mm 的电磁波,微波加热是一种新型的加热技术。它是利用物质在微波作用下发生的电子极化、原子极化、界面极化、偶极转向极化等方式,将微波的电磁能转化为热能,微波加热具有整体性、瞬时性、选择性、环境友好性、安全性及高效节能等特点。

传统加热,即加热是以对流、辐射、传导三种形式进行的,受热块体表面温度高,心部温度低,特别是反应时表面温度会急速升高,块体的热应力也随之骤增,甚至使块体开裂。故传统加热存在着以下不足:①受热体的热应力大,易开裂;②能耗高;③制备周期长;④组织易粗化;⑤环境负担重等。

根据材料在微波场中的吸波特性可将其分为:①透波型材料,主要是低损耗绝缘体,如大多数高分子材料及部分非金属材料,可使微波部分反射及部分穿透,很少吸收微波;②全反射型微波材料,主要是导电性能好的金属材料,这些材料对微波的反射系数接近 1;③微波吸收型材料,主要是介于金属与绝缘体的反射电介质材料,包括纺织纤维材料、纸张、木材、陶瓷、水、石蜡等。

微波烧结技术制备出的陶瓷及其复合材料有 Al_2O_3、Al_2O_3-B_4C、Y_2O_3-ZrO_2、Al_2O_3-SiC 等。微波加热是将材料自身吸收的微波能转化为材料内部分子的动能和势能,热量从材料内部产生,不同于传统加热。在这种体加热过程中,电磁能以波的形式渗透到介质内部引起介质损耗而发热,可实现材料整体同时均匀加热,材料内部温度梯度很小甚至没有,故其内部热应力很小,因此微波烧结陶瓷可以实现快速升温,其升温速率甚至可高达 5000~6000℃/min。

在微波电磁能的作用下,材料内部分子或离子动能增加,降低了烧结活化能,从而加速了陶瓷材料的致密化速度,缩短了烧结时间。同时由于扩散系数提高,材料晶界扩散加强,提高了陶瓷材料的致密度,从而实现了材料的低温快速烧结。因此,采用微波烧结,烧结温度可以低于常规烧结且材料性能会更优。例如,在1100℃下微波烧结 Al_2O_3 陶瓷 1h,材料密度可达96%以上,而常规烧结需在1600℃以上。

运用微波加热技术可实现多种反应体系的复相陶瓷合成,如 Al-TiO_2-C、Al-TiO_2-$H_3B_2O_3$、Al-ZrO_2、Al-Ni_2O_3 等。

图 6-5 为 Al-Ni_2O_3 体系在微波加热时的反应结果组织图,反应产物为 Al_3Ni 和 Al_2O_3,由其升温曲线(图 6-6)可见,在温度升至700~800℃时即发生化学反应,升温过程仅需 8min 左右。由于腔体温度仍是室温,故其能耗极小,所需能量为传统加热的 1/5~1/3,且环境友好,操作简单。不过需指出的是,微波反应合成可降低反应活化能,显著加快反应速率,存在非热效应。有学者认为这是因为微波频率与分子转动频率相近,微波被极性分子吸收时,会与分子的平动能发生自由交换,从而降低了反应活化能,促进反应进程,即存在微波非热效应;但也有学者认为微波加热的能级太小(微波光子能量≈1J/mol),不能激发

图 6-5　Al-Ni_2O_3 体系微波反应结果组织图

分子进入高能级(化学键能通常大于 300J/mol,即使氢键键能也有数十焦每摩尔),故认为不存在所谓的非热效应。刘韩星等研究表明,微波合成 $SrTiO_3$、$BaTiO_3$ 时的反应活化能明显降低,分别为 129kJ/mol 和 42.26kJ/mol,仅为传统合成时的 1/3 和 1/5,认为存在微波非热效应,并认为微波对反应扩散的增强作用主要表现在扩散系数及指前因子的增加和扩散

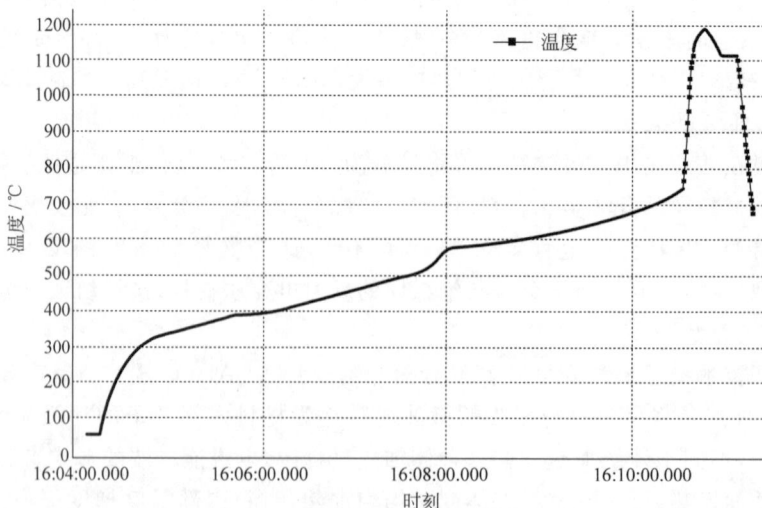

图 6-6　Al-Ni_2O_3 体系微波加热过程温度变化曲线

推动力的增强。翟华嶂等在微波烧结 Cr_2O_3-Al_2O_3/Al_2O_3 双层陶瓷复合材料中,发现固有扩散过程加快以及存在扩散的各向异性,认为这是微波非热效应诱发的。由此可见,关于微波作用机理和非热效应的研究非常复杂,迄今为止未有一个令人信服的结论,有待于进一步地深入研究。

5. 放电等离子烧结

等离子体是物质在高温或特定激励下的一种物质状态,是除固态、液态和气态以外,物质的第四种状态。等离子体是电离气体,是由大量正负带电粒子和中性粒子组成,并表现出集体行为的一种准中性气体。等离子烧结是指利用脉冲能、放电脉冲压力和焦耳热产生的瞬时高温场实现烧结过程的方法,因而也称为放电等离子烧结(SPS),为了使材料能快速致密化,一般在等离子烧结过程中对被烧样品施加压力。

SPS 的工艺特点:加热均匀,升温速度快,烧结温度低,烧结时间短,生产效率高,产品组织细小均匀,能保持原材料的自然状态,可以得到高致密度的材料,还可烧结梯度材料以及复杂工件。

6.4 氧化物陶瓷基复合材料

氧化物陶瓷作为基体的复合材料在陶瓷基复合材料中占有较大比例。氧化物陶瓷基体研究得较多的是 Al_2O_3 和 ZrO_2。

6.4.1 Al_2O_3 基复合材料

氧化铝陶瓷是以 α-Al_2O_3 为主晶相的陶瓷材料。Al_2O_3 陶瓷是研究得较早的陶瓷材料,具有高强度、高硬度、耐高温、耐腐蚀等优异性能,不足是脆性很大、韧性差。人们通过材料复合的方法改善了韧性,主要途径有颗粒弥散、纤维(晶须)补强、层状复合。

1. 颗粒强化 Al_2O_3 基复合材料

1) 刚性颗粒强化 Al_2O_3 基复合材料

刚性颗粒在这里是指陶瓷颗粒。尽管陶瓷颗粒的增韧效果不如纤维和晶须,但如果颗粒种类、粒径、含量选择得当,仍有一定增韧效果,同时还会改善其高温性能,而且颗粒强化复合材料的工艺比较简单,因此研究颗粒增韧陶瓷基复合材料还是很有意义的。用来强化 Al_2O_3 的陶瓷颗粒主要有 TiC、SiC、ZrO_2 和 Si_3N_4 等。TiC 颗粒对 Al_2O_3 陶瓷有比较有效的增韧、增强效果。但 TiC_p/Al_2O_3 体系在烧结时会发生反应,并产生气体,所以烧结比较困难,一般需添加助烧剂,或采用压力烧结。Si_3N_4 具有较高的硬度和高的导热性,加入 Al_2O_3 中能提高陶瓷的强度和韧性,尤其是抗热冲击性能。由于 Si_3N_4 是很难烧结的材料,因而 Si_3N_4/Al_2O_3 复合材料需要热压或热等静压烧结。这种材料可用作刀具,且适合切削 45HRC 的镍铬铁耐热合金材料,切削速度比硬质合金刀具高数倍。

ZrO_2 颗粒强韧化 Al_2O_3,除了弥散增韧作用外,主要是其相变增韧起作用。由于 ZrO_2 颗粒弥散分布在 Al_2O_3 基体中,材料的韧性有很大的提高,但其强度有少许降低。该材料作为强韧材料其耐磨性能也很优越,在机械方面得到了应用,而且也可作为切削工具材料使用,在切削碳钢的实践中得到了应用。

此外,纳米颗粒复相增韧研究已成为陶瓷基复合材料研究的热点之一。近些年,在世界范围内掀起了一股研究"纳米颗粒复相陶瓷"的热潮,在陶瓷基体中引入纳米级的第二相增强粒子,通常在增强体粒径小于 300nm 时可以使陶瓷材料的室温和高温性能大幅度提高,特别是抗弯强度。如将 5%(体积分数)300nm 的 SiC 颗粒引入 Al_2O_3 陶瓷基体中,陶瓷的强度可达 1GPa 以上,并且这一强度可一直保持到 1000℃ 以上。同时,SiC 颗粒的加入使 Al_2O_3 陶瓷的断裂韧性 K_{IC} 由原来的 $3.25MPa \cdot m^{1/2}$ 上升到 $4.70MPa \cdot m^{1/2}$。

形成内晶型复相陶瓷是陶瓷材料增韧的有效方法之一,是将微纳米双相陶瓷颗粒混合、挤压、高温烧结,使微米颗粒长大、晶界迁移或晶粒合并,将纳米颗粒包裹其中形成的,其韧性得到显著改善。但微纳米双相陶瓷颗粒均是外加的,表面易被污染,通过高温烧结后形成的是内晶型复相陶瓷而非颗粒,不能直接用作增强体。若能通过反应技术产生两种增强体,再利用反应热使之内晶化生长,形成纳米相位于微米颗粒中的内晶颗粒,将能产生强而韧的新型增强体。此时的微纳米相均是反应生成,无污染、界面干净、结合强度高,增韧效果将更优异。且反应形成所需时间短、能耗少,成本低。因此,通过反应生成强而韧的新型增强体——内晶颗粒将具有广阔的应用前景。

图 6-7 为在一定条件下反应生成的内晶颗粒,可见纳米颗粒 TiB_2 进入了微米颗粒 Al_2O_3 中,可显著增韧 Al_2O_3 陶瓷。此外,分级结构也可增韧陶瓷,即由微纳米颗粒均匀分布于基体颗粒的晶界,组建陶瓷材料的分级结构(图 6-8)。实验结果表明分级结构同样也可显著提高陶瓷材料的韧性,但其增韧机制尚在研究之中。

图 6-7　内晶颗粒

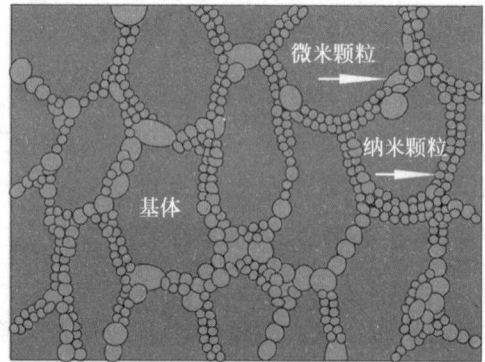

图 6-8　分级结构

2) 延性颗粒强化 Al_2O_3 基复合材料

延性颗粒强化 Al_2O_3 基复合材料,在这里指的是用金属颗粒增韧 Al_2O_3 陶瓷,常用的金属有 Cr、Fe、Ni、Co、Mo、W、Ti 等。金属粒子的加入可以显著提高陶瓷基体的韧性,这类材料常被称为金属陶瓷。这里主要介绍 Al_2O_3-Cr 复合材料。

Al_2O_3-Cr 之间的润湿性并不好,但铬粉表面容易氧化生成一层致密的 Cr_2O_3,因此可通过形成 Cr_2O_3-Al_2O_3 固溶体降低它们之间的界面能,改善润湿性。为了使金属铬粉部分氧化,工艺上常采取的措施有:①在烧结气氛中加入微量的水汽或氧气;②在配料时用一部分氢氧化铝代替氧化铝,以便在高温下分解出水蒸气使铬氧化;③在配料中用少量的 Cr_2O_3 代替金属铬。

　　Al_2O_3-Cr 金属陶瓷所用的原料是纯度为 99.5% 的 α-Al_2O_3 和纯度为 99% 的 Cr 粉。将 α-Al_2O_3 和 Cr 粉共同干磨或湿磨至需要的粒度。可以用陶瓷成型方法成型,包括注浆成型,也可以用浸渍法成型。Al_2O_3-Cr 材料烧结一般在氢气中进行,烧结温度为 1550～1700℃。在正式烧结之前可以控制气氛使铬粉氧化生成 5%～7% 的氧化铬。除用普通方法烧结 Al_2O_3-Cr 金属陶瓷外,还可以用加热烧结,如热压烧结和热等静压烧结。

　　Al_2O_3 和 Cr 的热膨胀系数相差较大,易在材料内部形成内应力使材料的力学性能下降。如果在 Cr 中添加金属 Mo,形成的 Cr-Mo 合金在一个相当宽的范围内具有与 Al_2O_3 十分接近的热膨胀系数,因此 Al_2O_3-(Cr、Mo)金属陶瓷有更好的机械性能,但由于 Mo 的抗氧化性能很差,所以这种金属陶瓷的高温抗氧化性能也差一些。表 6-5 列出了一些 Al_2O_3-Cr 金属陶瓷的组分和性能的关系,从表中可知,随着 Al_2O_3-Cr 金属陶瓷中 Cr 含量的增加,材料的室温和高温强度上升,但其弹性模量减小。

表 6-5　Al_2O_3-Cr 金属陶瓷的组分和性能的关系

性　　能	70Al_2O_3-30Cr	28Al_2O_3-72Cr	34Al_2O_3-52.8Cr-13.2Mo	34Al_2O_3-66Cr	23Al_2O_3-77Cr
烧结温度/℃	1700	1675～1700	1730		
开孔隙率/%	<0.5	0	0～0.3		
密度/(g/cm³)	4.60～4.65	5.92	5.82		
热膨胀系数 (25～1315℃)/ (×10^{-6}℃$^{-1}$)	9.45	10.35	10.47		
热导率/ (W/(m·K))	9.21				
弹性模量 (20℃)/GPa	362.60	323.4			
抗弯强度 20℃ (1315℃)/MPa	337.3 166.6	548.8 240.1	597.8 267.5	596.8	
抗拉强度 20℃ (1100℃)/MPa	240.1 127.4	267.5 150.9	363.6 185.2	363.6	144.1

　　由于 Al_2O_3-Cr 金属陶瓷具有优良的高温抗氧化性、耐腐蚀性和较高的强度,从而获得了比较普遍的应用,如导弹喷管的衬套、熔融金属流量的控制针、热电偶保护套、喷气火焰控制器、炉管、火焰防护管、机械密封环等。

2. 晶须强化 Al_2O_3 基复合材料

　　用纤维增强 Al_2O_3 陶瓷材料鲜见报道。用陶瓷晶须强化 Al_2O_3 陶瓷的研究比较成熟,尤其是 SiC 晶须。

　　SiC_w/Al_2O_3 陶瓷复合材料的烧结一般比较困难,多采用热压法制造。如用平均粒度为 0.5μm、纯度为 99.9% 的 Al_2O_3,与平均直径为 0.2～0.5μm 的 SiC 晶须,湿式混合,干燥制粒,采用热压烧结,烧结温度为 1500～1727℃,压力为 200MPa,保温时间为 1h。在复合材料 SiC_w/Al_2O_3 中,当 SiC 晶须添加量为 40%(体积分数)时,其断裂韧性是 Al_2O_3 基体的 2 倍多。为了进一步提高材料的韧性,有人在 SiC_w/Al_2O_3 材料中添加 ZrO_2,形成的

Al_2O_3-15％ SiC_w-15％ ZrO_2 复合材料的断裂韧性达到 8.4MPa·$m^{1/2}$，抗弯强度达到了 1191MPa。表 6-6 为 SiC 晶须增强 Al_2O_3 基复合材料的力学性能。SiC 晶须增强 Al_2O_3 基复合材料由于硬度、强度、断裂韧性都很高，而且热传导性好，所以有望在高温领域中得到应用。但现在由于其制作成本较高，主要应用领域为小型、形状较简单的切削工具，例如木工钻头、卷线导轨等。由于该材料在高温合金等难切削材料中体现出优越性，有望成为新型切削工具材料。

表 6-6　SiC 晶须增强 Al_2O_3 基复合材料的力学性能

陶瓷复合材料	强度/MPa	断裂韧性/(MPa·$m^{1/2}$)
Al_2O_3	500	4
Al_2O_3/SiC_w(20％)	800	8.7
Al_2O_3/ZrO_2(TZP)(0～50％)	500～1000	5～8
Al_2O_3/ZrO_2(TZP)(15％) SiC_w(15％)	1100～1400	6～8

注：括号内的数字为体积分数；TZP 指四方氧化锆多晶体（tetragonal zirconia polycrystal）；w 指晶须（whisk）。

总体来说，在 Al_2O_3 中添加 TiC 等过渡金属的碳化物、氮化物，ZrO_2 等氧化物颗粒或晶须等，可得到强韧化的 Al_2O_3 基复合材料，它们在许多领域都得到应用，但需改进的地方还很多。

6.4.2　ZrO_2 陶瓷基复合材料

一般在 ZrO_2 中加入第二相主要是为了提高材料的室温和高温强度并抑制晶粒生长。如引入 10％～40％（质量分数）Al_2O_3 于 Y-TZP 中可使其高温强度提高 2～4 倍，同时还能抑制 TZP 材料的低温老化。复合非氧化物 SiC 及其晶须等也有显著的作用，但在工艺上存在如何解决其氧化及烧成的问题。

将 25％（质量分数）的板状 α-Al_2O_3 加入 Y-TZP 中可改善烧结密度，提高高温强度，在 800℃ 时可提高 11％，在 1300℃ 可提高 16％，1300℃ 时的韧性可提高 33％。这主要是因为板状 α-Al_2O_3 引入新的增韧机制，材料中不仅有相变增韧，而且有裂纹偏转、沿晶断裂、拔出等机制；于 1500℃ 烧成的（2.5％～3％（质量分数））Y-TZP/尖晶石-Al_2O_3 复合材料，平均抗弯强度为 900～1050MPa；在 Mg-PSZ 中复合尖晶石和 Y_2O_3 反应得到新型微晶 PSZ，其断裂韧性可达 10MPa·$m^{1/2}$ 以上，而强度为 500～700MPa。可见，ZrO_2 陶瓷基复合材料具有优异的力学性能。

但 PSZ 基材料制备需要高温固溶、急冷和热处理等工艺，而 TZP 基材料制备需要严格控制 t-ZrO_2 的晶粒尺寸，在 100℃ 以上的中低温区长期使用时性能下降，所以寻找价廉有效的制备方法、提高相的稳定性是该材料走向应用的关键。因此尽管 ZrO_2 陶瓷基复合材料具有高强、高韧（在目前陶瓷材料中韧性最高）、耐磨、耐蚀、耐高温并且在高温下可导电等优良特性，应用前景良好，但真正投入应用的并不多。

此外，还有用金属强化 ZrO_2 的复合材料，如 ZrO_2-W 金属陶瓷。用粒度为 2～3μm 的稳定化 ZrO_2 粉与粒径约 300 目的钨粉混合成型后，在 1000℃ 的真空中预烧，最后在氢气保护、1780℃ 下烧成。这种材料耐磨、耐温、抗氧化和耐冲击性能均良好，是一种好的火箭喷嘴材料。

当然，ZrO_2 可作为第二相加入其他陶瓷基体中，利用 ZrO_2 的相变进行增韧，同样，ZrO_2 也可加入金属陶瓷中，如在 WC-20％ Co 中添加适量的 ZrO_2 可以显著提高其耐磨性。在 ZrO_2 含量为 4％～5％ 时，耐磨性最好，这是由于其表面摩擦压应力作用诱发 ZrO_2 的 t→m 相变。ZrO_2 的含量对该金属陶瓷的硬度及力学性能均产生影响,如图 6-9 和图 6-10 所示。不同目标条件下,ZrO_2 添加量的最佳值不同。图 6-9 表明在 ZrO_2 的添加量(质量分数)低于 6% 之前,复合材料硬度随 ZrO_2 的添加量增加而增加,在增至 6% 时升至最高值,随后又随 ZrO_2 添加量的增加而降低。图 6-10 则表明 ZrO_2 的添加量在 4% 左右时,其抗弯强度和冲击韧性最优。

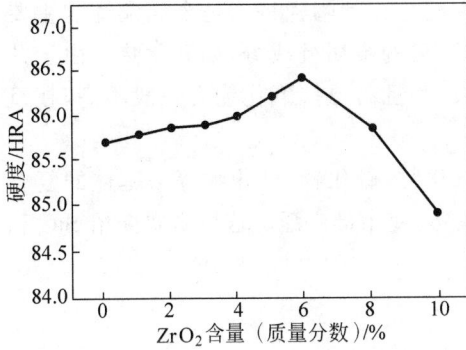

图 6-9　ZrO_2 的含量对金属陶瓷硬度的影响

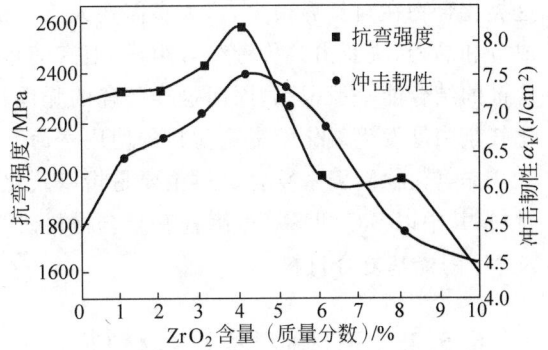

图 6-10　ZrO_2 的含量对金属陶瓷力学性能的影响

目前,有关 ZrO_2 复相陶瓷的应用研究仍是热点之一,7YSZ 在航空发动机上燃烧室用作隔热障层,如图 6-11 所示。

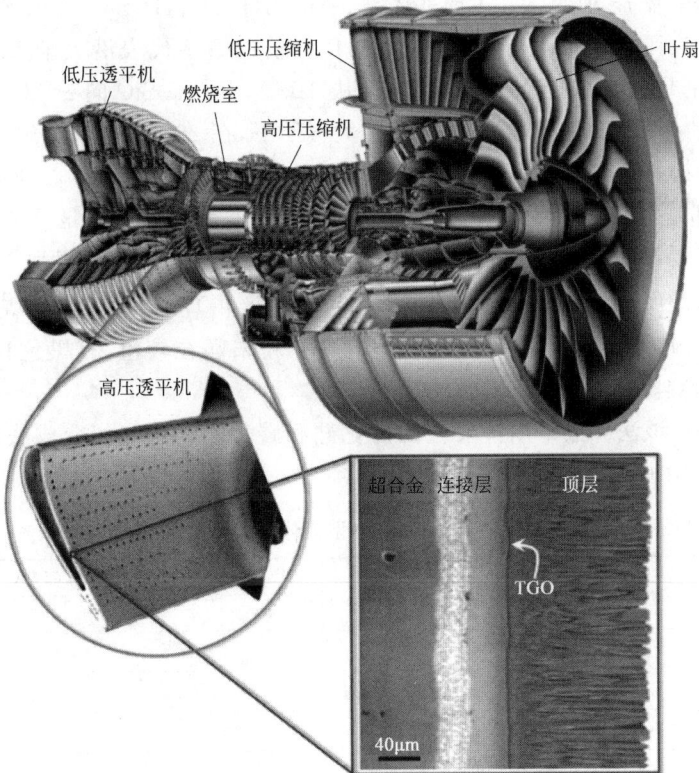

图 6-11　GP7200 航空发动机透平片及其 7YSZ 隔热障层

6.5 非氧化物陶瓷基复合材料

非氧化物陶瓷指的是不含氧的金属碳化物、氮化物、硼化物和硅化物等。而每一类又有许多化合物，如碳化物中有 SiC、TiC、B_4C、ZrC、HfC、VC 和 NbC 等。不同于氧化物陶瓷，这类化合物在自然界很少有，大多需要人工合成。它们是特种陶瓷特别是金属陶瓷的主要成分和晶相，主要由共价键结合组成，但有的也含有一定的金属键成分，如硅化物。由于共价键的结合能一般很高，因而这类陶瓷的脆性都很大，并且高温抗氧化能力一般不高，在氧化气氛中易发生氧化而影响材料的使用寿命。

非氧化物陶瓷基复合材料主要是指以碳化物、氮化物、硼化物、硅化物等为基体的复合材料，其中以 SiC 和 Si_3N_4 陶瓷基复合材料研究最成熟，使用最广泛。这里主要介绍 SiC 和 Si_3N_4 陶瓷基复合材料。

6.5.1 SiC 陶瓷基复合材料

1. SiC 陶瓷基体

SiC 陶瓷具有良好的高温强度、高温稳定性和高温抗氧化能力。但由于 C 和 Si 原子的电负性之差 $\Delta = 2.5 - 1.8 = 0.7$，Si—C 间键力很强，共价键占 88%，为共价键化合物，具有金刚石结构。SiC 有 75 种变体。主要变体是 α-SiC、6H-SiC、4H-SiC、15R-SiC 和 β-SiC。符号 H 和 R 分别表示六方和斜方六面结构，H、R 之前的数字代表沿 c 轴重复周期的层数。α-SiC、β-SiC 分别是高温和低温稳定型结构。从 2100℃ 开始 β-SiC 向 α-SiC 转变，到 2400℃ 时转变迅速发生。SiC 没有熔点，在一个标准大气压下，在 2830℃ 左右分解。

SiC 晶体结构是由 Si—C 四面体组成。Si—C 四面体类似 Si—O 四面体。所有的 SiC 晶体结构变体都是由 Si—C 四面体构成，不同之处在于是平行结合还是反平行结合。表 6-7 列出了几种 SiC 晶型变体的晶格常数。SiC 粉体制备方法主要有以下两种。

（1）还原法。该法是利用 SiO_2—C 还原反应，工业上主要用石英砂加焦炭直接通电还原，温度通常在 1900℃ 以上。这种方法制备的 SiC 粉末颗粒较粗，有黑色和绿色两类，SiC 含量越高，其颜色越浅，高纯的 SiC 应为无色。

（2）气相法。该法一般采用挥发性的卤化硅和碳化物利用气相合成法制取，或者用有机硅化物在气体中加热分解的方法制取。

表 6-7 几种 SiC 晶型变体的晶格常数

晶型	结晶结构	晶格常数/Å	
		a	c
α-SiC	六方	3.0817	5.0394
6H-SiC	六方	3.073	15.1183
4H-SiC	六方	3.073	10.053
15R-SiC	斜方六面（菱形）	12.69	37.70（$\alpha = 13°54.5'$）
β-SiC	面心立方	4.349	

SiC 陶瓷的理论密度是 $3.21g/cm^3$。由于它主要是由共价键结合,很难采用通常离子键结合材料(如 Al_2O_3、MgO 等)那种由单纯化合物进行常压烧结的途径来制取高致密的 SiC 材料,一般采用一些特殊工艺手段或依靠第二相物质。常用的制造方法有如下几种。

(1) 反应烧结(包括重结晶法)。该法是用 α-SiC 粉末与碳混合,成型后放入盛有硅粉的炉子中加热至 $1600\sim1700℃$,熔渗硅或使硅的蒸气渗入胚体与碳反应生成 β-SiC,并将胚体中原有的 SiC 结合在一起。

(2) 热压烧结。该法要加入 B_4C、Al_2O_3 等烧结剂,常压烧结,一般是在 SiC 粉体中加入 $B(B_4C)$-C、Al(AlN)-C、Al_2O_3 等,烧结温度高达 2100℃。

(3) 浸渍法。该法是用聚碳硅烷作为结合剂加到 SiC 粉体中,然后烧结得到多孔 SiC 制品,再置于聚碳硅烷中浸渍,在 1000℃ 下再烧结,使其密度增大,如此反复进行,其密度可达到理论密度的 90% 左右。

SiC 的制备工艺条件及其制成品性能列于表 6-8 中,从表中可知,热压 SiC 陶瓷的致密度较高,强度也是最高的。

表 6-8　SiC 的制备工艺条件及其制成品性能

材　　料	制备温度/℃	抗弯强度/ (室温,三点)/MPa	密度/ (g/cm³)	弹性模量/ (×10³MPa)	线膨胀系数 (20~1000℃)/ (×10⁻⁶℃⁻¹)
热压 SiC	1800~2000	718~760	3.19~3.20	440	4.8
CVD SiC 涂层	1200~1800	731~993	2.95~3.21	480	—
重结晶 SiC	1600~1700	约 170	2.60	206	—
烧结 SiC(渗入 SiC-B₄C)	1950~2100	约 280	3.11		—
烧结 SiC(渗入 B)	1950~2100	约 540	3.10	420	4.9
反应烧结 SiC	1600~1700	159~424	3.09~3.12	380~420	4.4~5.2

需指出的是,SiC 陶瓷是强烈的微波吸收材料,也是隐身材料的重要组成部分,可利用微波吸热对其烧结成型。SiC 粉体还可作为微波助吸剂,用于金属基复合材料的反应合成,详细内容见第 7 章。

尽管优化 SiC 陶瓷的烧结工艺能改善其力学性能,其抗弯强度可达 $700\sim800MPa$,但其断裂韧性最高只能达到 $5\sim6MPa\cdot m^{1/2}$,限制了它作为结构材料的应用范围。为了提高 SiC 陶瓷的力学性能,尤其是断裂韧性,需要对 SiC 陶瓷进行强韧化,其途径主要有颗粒弥散、晶须和纤维强韧化。

2. 颗粒弥散强化 SiC 基复合材料

颗粒弥散强化复合材料主要有以下强化机制:分担载荷、残余应力和裂纹偏转等。这些强化机制适用于 SiC 陶瓷基的增强体有碳化物、硼化物颗粒等。在强化中残余应力起的作用大,这是由于增强相与基体 SiC 陶瓷之间的热膨胀系数相差较大,从而产生了残余应力,使裂纹发生偏转。

3. 晶须增强 SiC 基复合材料

现在虽然有很多种陶瓷晶须,但为了适用于 SiC 的强化,必须考虑其在工艺温度下的稳定性，所以仍主要选择 SiC 晶须。在使用 SiC 晶须强化 SiC 时，由于强化相与基体属于同一种材料，所以不存在弹性模量和热膨胀系数的差别，也就不存在颗粒弥散强化 SiC 复合材料中残余应力的韧化。一般认为，在此类材料中主要的韧化机理是裂纹在扩展时遇到高强度的晶须，裂纹会发生偏转或沿着晶须与基体扩展，这样就增加了材料的断裂功，从而使断裂韧性增加。该系列材料的制造方法有化学气相渗透（CVI）法、有机硅聚合物浸渍烧成法等。在 2000℃ 热压时晶须发生再结晶可使韧性提高。另有报道将晶须作为原材料进行烧结，断裂韧性达到 $7.3\text{MPa} \cdot \text{m}^{1/2}$。为了控制界面，对 SiC 晶须施以碳涂层，然后进行热压，在 1800℃下使材料致密化。

4. 连续纤维强化 SiC 基复合材料

连续纤维强化 SiC 基复合材料所使用的纤维主要有碳纤维和 SiC 纤维，其制备方法有泥浆浸渗和混合工艺、化学合成工艺（溶胶-凝胶及聚合物前驱体工艺等）、熔融浸渗工艺、原位（in-situ）化学反应（CVD、CVI、反应烧结等）等几种。为了保护纤维，要求工艺温度尽可能低，并防止纤维与基体材料发生反应。为了制造具有复杂形状的部件，常采用有机硅聚合物浸渍烧成法或 CVI 法（图 6-12）。首先将纤维编织成构件形状的预制体，然后利用 CVI 法制备界面层，再沉积基体使复合材料致密化，接着是机加工，最后制备表面保护涂层，从而形成 SiC_f/SiC 复合材料。

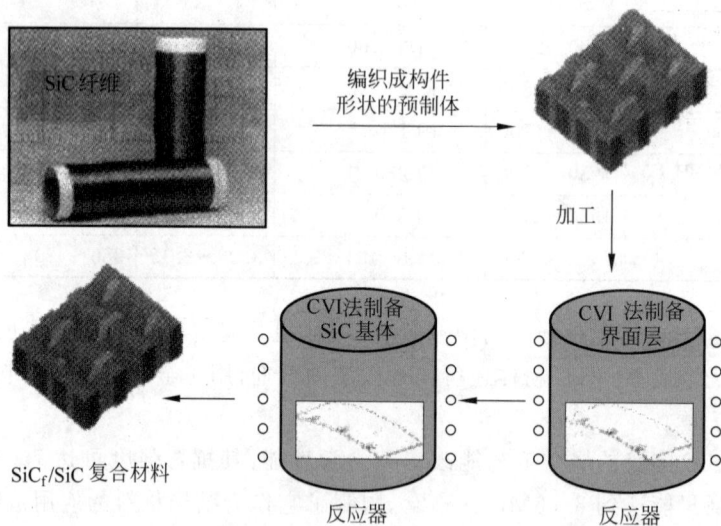

图 6-12 CVI 技术制备 SiC_f/SiC 复合材料工艺过程

纤维与基体的中间层称为界面层。界面层的特征决定了增强纤维与基体间相互作用的强弱，对增韧效果影响显著。为了改善 SiC_f/SiC 复合材料的力学性能，近年来发展了 BN、热解碳（PyC）、B_4C 等界面层。纤维经过表面涂层处理增加界面层后，可避免增强纤维损伤，提高材料强度；而且较好的界面结合（界面结合的强度稍低于基体和增强纤维）有利于更好地增强材料韧性。用热解碳涂层改性碳纤维（C_f）和 SiC 纤维（SiC_f）增强的 SiC 复合材料具有优异的性能，其室温和高温抗弯强度都很高，尤其是 SiC_f/SiC 复合材料的室温抗弯强度达到 860MPa，1300℃抗弯强度为 1010MPa，见表 6-9。C_f/SiC 和 SiC_f/SiC 复合材料的断裂韧性比 SiC 基体提高数倍，C_f/SiC 复合材料的断裂韧性（K_{IC}）达 $20.0\text{MPa} \cdot \text{m}^{1/2}$，而

SiC_f/SiC 复合材料的断裂韧性更是高达 $41.5MPa \cdot m^{1/2}$,见表 6-10。它们都达到了金属材料的水平,增韧效果非常显著。

表 6-9　C_f/SiC 和 SiC_f/SiC 复合材料的室温和高温抗弯强度

材料	抗弯强度/MPa			剪切强度/MPa	拉伸强度/MPa
	室温	1300℃	1600℃		
C_f/SiC	460	447	457	45.3	323
SiC_f/SiC	860	1010		67.5	551

表 6-10　C_f/SiC 和 SiC_f/SiC 复合材料的断裂韧性和断裂功

材　　料	断裂韧性/($MPa \cdot m^{1/2}$)	断裂功/(kJ/m^2)
C_f/SiC	20.0	10.0
SiC_f/SiC	41.5	28.1

纤维强化 SiC 复合材料已在航空航天领域得到广泛应用。它在液体火箭中作为分级火箭的大型无冷却喷嘴使用,在高温下获得了比传统耐热金属更长的寿命,作为隔热材料,其耐热温度可达 1700℃,可用于航空发动机;与金属材料相比可以使质量减轻 40%,它已在 MI-RAGE2000 和 RAFLE 战斗机中使用。C_f/SiC 复合材料具有耐高温、抗氧化、密度低、耐腐蚀、抗热震及抗烧蚀等优异性能,已用于欧洲阿里安第三节液氢液氧推力室喷管。用 C_f/SiC 替代金属材料能够提高液体火箭发动机机身部使用温度,降低发动机结构质量。如法国 SEP 公司研制的 C/SiC、SiC/SiC 复合材料逐步取代 Nb、Mo、Hf 等高温合金,其质量轻,比金属喷管质量轻 50% 以上;使用温度提高,可达 1800℃,且无需冷却;烧蚀率小,可重复使用。美国的道康宁公司研制的 $3DC_f/SiC$ 复合材料已在航天飞机发热瓦、航空发动机推力室等得到应用。国内也已开展该陶瓷复合材料制造液体火箭发动机喷管的应用研究。

6.5.2　Si_3N_4 陶瓷基复合材料

Si_3N_4 有两种晶型,β-Si_3N_4 是针状结构,α-Si_3N_4 是颗粒状结构。两者都属于六方晶系,都是由 $[Si_3N_4]^{4-}$ 四面体公用顶角构成的三维空间网络。β 相是由几乎完全对称的 6 个 $[Si_3N_4]^{4-}$ 组成的六方环层在 c 轴方向重叠而成。而 α 相是由两层不同且有形变的非六方环层重叠而成。α 相结构的内部应变比 β 相大,故自由能比 β 相高。

在 1400~1600℃,α-Si_3N_4 会转变为 β-Si_3N_4,但并不是说 α 相是低温型的,β 相是高温型的。因为:①在低温相变合成的 Si_3N_4 中,α 相和 β 相可同时存在;②通过气相反应,在 1350~1450℃ 可直接制备出 β 相,看来这不是从 α 相直接转变而来的。α 相转变为 β 相是重建式转变,除了两种结构有对称性高低的差别外,并没有高低温之分。只不过 α 相的对称性较低,容易形成,β 相是热力学稳定的。

注意:两种晶型的晶格常数 a 相差不大,而在 c 轴上,α 相是 β 相的两倍左右。两个相的密度几乎相等,相变中没有体积变化。α 相的热膨胀系数为 $3.0 \times 10^{-6}℃^{-1}$,β 相的热膨胀系数为 $3.6 \times 10^{-6}℃^{-1}$。两相晶格常数的对比见表 6-11。

表 6-11　Si_3N_4 两相的晶格常数及密度

相	晶格常数/Å		单位晶胞分子数	密度/(g/cm^3)
	a	c		
α-Si_3N_4	7.748 ± 0.001	5.617 ± 0.001	4	3.184
β-Si_3N_4	7.608 ± 0.001	2.910 ± 0.001	2	3.187

Si_3N_4 粉体的制备方法主要有以下几种。

（1）硅粉直接氮化。该法是将硅粉放在氮气或氨气中加热到 1200～1450℃发生反应，生成 Si_3N_4 粉。

（2）二氧化硅还原氮化。该法是将硅石与碳混合物在氮气中加热到高温发生反应 $3SiO_2+6C+2N_2 \rightleftharpoons Si_3N_4+6CO\uparrow$，形成 Si_3N_4 粉。

（3）亚胺和胺化物热分解法，又称为 $SiCl_4$ 液相法。$SiCl_4$ 在 0℃干燥的乙烷中与过量的无水氨气反应，生成亚氨基硅($Si(NH)_2$)、氨基硅($Si(NH)_4$)和 NH_4Cl。真空加热，除去 NH_4Cl，再在高温惰性气氛下加热分解可获得 Si_3N_4 粉。

（4）化学气相沉积法。该法是将 $SiCl_4$ 或 SiH_4 与 NH_3 在约 1400℃的高温下发生气相反应形成高纯 Si_3N_4 粉。其反应方程为

$$3SiCl_4+16NH_3 \rightleftharpoons Si_3N_4+12NH_4Cl \tag{6-2}$$

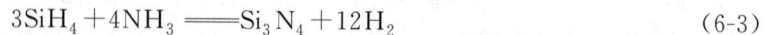

$$3SiH_4+4NH_3 \rightleftharpoons Si_3N_4+12H_2 \tag{6-3}$$

Si_3N_4 陶瓷常用的烧结方式有以下几种。

（1）反应烧结。反应烧结是将硅粉以适当方式成型后，在高温炉中用氮气进行氮化：$3Si+2N_2 \rightleftharpoons Si_3N_4$，反应温度为 1350℃左右。为了精确控制试样的尺寸，还常把反应烧结后的制品在一定氮气压力下于较高温度下再次烧成，使之进一步致密化，这就是所谓的反应烧结氮化硅（RBSN）的重烧结或重结晶。

（2）热压烧结。热压烧结是用 α-Si_3N_4 含量高于 90%的 Si_3N_4 细粉，加入适量的烧结助剂（如 MgO、Al_2O_3 等）在高温（1600～1700℃）和一定压力下烧结而成。

（3）常压烧结。Si_3N_4 陶瓷热等静压烧结也是可行的，由于其压力比热压的高，烧结温度一般要低 200～300℃。

将高纯 Si_3N_4 进行固相烧结是极其困难的，加入烧结助剂使其在烧结过程中出现液相，对于常压烧结是必需的。为保证 Si_3N_4 陶瓷的正常烧结，常压烧结时，Si_3N_4 粉要细，α-Si_3N_4 含量要高。有效的烧结助剂有 MgO、Y_2O_3、CeO_2、ZrO_2、BeO、Al_2O_3、Se_2O_3、La_2O_3 和 SiO_2 等。

近年来研究较多的体系是在常压烧结中固溶相当数量的 Al_2O_3 形成 Si_3N_4 固溶体，即赛龙（Sialon）陶瓷。这种材料可添加烧结助剂进行常压或热压烧结，还可与其他陶瓷形成复合材料。表 6-12 列出了 Si_3N_4 陶瓷的制备工艺与性能。

表 6-12　Si_3N_4 陶瓷的制备工艺与性能

类　　型	抗弯强度（四点）/MPa			弹性模量/GPa	线膨胀系数/℃$^{-1}$	热导率/$(W/(m \cdot K))$
	室温	1000℃	1375℃			
热压（加 MgO）	690	620	330	317	3.0×10^{-6}	15～30
烧结（加 Y_2O_3）	655	585	275	276	3.2×10^{-6}	12～28
反应结合（2.43g/cm^3）	210	345	380	165	2.8×10^{-6}	3～6
β-赛龙（烧结）	485	485	275	297	3.2×10^{-6}	22

(1) 颗粒强化 Si_3N_4 基复合材料。

颗粒强化陶瓷材料尽管比晶须、纤维的效果差一些,但仍然是有效的,而且该方法工艺简单、价格便宜、易于大规模生产。用于对 Si_3N_4 进行颗粒弥散增强的颗粒主要有 SiC 和 TiN 等。

SiC 颗粒的大小和含量对复合材料的韧性和强度的影响是显著的,在其极限粒径(d_c)以下,增加 SiC 颗粒的体积含量和粒径可以提高增韧效果。SiC 颗粒对 Si_3N_4 基体的增强、增韧除了传统的弥散强化外,它在烧结过程中会阻碍基体 Si_3N_4 的晶粒长大。

增强相 SiC 的粒径对材料的力学性能有较大影响。随着 SiC 粒径的增加,材料的强度先提高后降低,使材料增强的粒径范围小于 $25\mu m$。SiC 颗粒作为第二相加入材料中将对基体 Si_3N_4 的晶界移动产生一个约束力。研究表明,含有 SiC 的材料中基体 Si_3N_4 的粒径明显小于不含 SiC 的粒径,且有随着 SiC 粒径减小,基体晶粒尺寸逐渐减小的趋势。这说明加入 SiC 的确有阻碍基体晶粒长大的作用。研究还表明,随着第二相 SiC 粒径的增加,材料的韧性先下降后提高再下降,使材料增韧的粒径范围在 $30\sim50\mu m$。

TiN 颗粒对 Si_3N_4 有显著的强韧化作用,并可实现电火花线切割,因为 TiN 具有高导电率。为了使 TiN_p/Si_3N_4 材料易于烧结,在对其热压烧结时一般要加烧结助剂,如 Al_2O_3、Y_2O_3 等。注意:TiN 颗粒对 Si_3N_4 陶瓷的硬度有微小的降低作用。

(2) 晶须强化 Si_3N_4 基复合材料。

晶须强化 Si_3N_4 基复合材料的主要制造方法有反应烧结和添加烧结助剂烧结等。添加烧结助剂烧结法又可分为热压和热等静压(HIP),以及陶瓷的一般制造方法——常压烧结法。反应烧结是将金属硅粉与晶须混合,烧结时硅与氮气反应生成 Si_3N_4。但是这样所得的材料气孔较多,力学性能较低。为了得到高密度的材料,可采用二段烧结法。在硅粉中加入烧结助剂,氮化后升至更高的温度烧结而得到致密的材料。添加烧结助剂热压法是将 Si_3N_4 粉、烧结助剂和晶须混合后放入石墨模具,边加压边升温。由于晶须可能阻碍烧结时 Si_3N_4 基体中物质的迁移,所以烧结比较困难。为了提高密度,需要施加压力。采用较多的方法是热压,此时晶须在与压力垂直的平面内呈二维分布。热压所得到的制品形状比较简单且成本较高,使其应用受到了限制,现在主要应用于切削工具。

反应烧结法制备的 SiC_w/Si_3N_4 材料的抗弯强度可达 900MPa,随着 SiC 晶须含量的升高,材料的断裂韧性可明显改善。用热压法制备,再用 HIP 处理得到含 30% 晶须的 Si_3N_4 基陶瓷复合材料,抗弯强度为 1200MPa,断裂韧性为 $8MPa \cdot m^{1/2}$。还有在 Si_3N_4 中添加烧结助剂(Y_2O_3、$MgAl_2O_4$)与 SiC 晶须混合成型后再在 1MPa 氮气气氛中 1700℃ 下预烧结,然后进行 HIP 烧结($1500\sim1900℃$,2000MPa),所得 SiC_w/Si_3N_4 材料的抗弯强度可达 900MPa,断裂韧性为 $9\sim10MPa \cdot m^{1/2}$。

HIP 制得的 SiC_w/Si_3N_4 材料具有良好的性能,在转缸式发动机中作为密封件得到了应用。在汽车中应用也得到了良好的效果。SiC_w/Si_3N_4 材料还在重油、原油火力发电的火焰喷嘴中得到了应用。火焰喷嘴内部温度达 1200℃,外部空气冷却,在厚度方向温差较大,而且在紧急停止时需用含饱和水蒸气的空气急冷。

(3) 长纤维强化 Si_3N_4 基复合材料。

长纤维强化 Si_3N_4 基复合材料的制备方法有反应烧结法、添加烧结助剂法等。此外还有陶瓷基复合材料所特有的方法,如液态硅氮化法(Lanxide 法)、CVI 法以及聚合物热分解法等。

反应烧结法是在纤维预制体中加入金属硅粉末,在硅的熔点(1300～1400℃)附近,长时间(50～150h)与氮气反应,生成 Si_3N_4 基体。该工艺的特点是形成材料的形状和尺寸与预制体基本一致,易于制备复杂形状构件,大大减少陶瓷材料的加工。

传统的烧结方法至今仍是 Si_3N_4 基复合材料的有效制备方法之一。一般需要 1750℃ 以上的高温、良好的烧结助剂以及足够的压力。需对纤维进行涂层,以避免或降低界面反应;添加烧结助剂($LiF-MgO-SiO_2$)和热膨胀调节剂,可以使烧结温度降低到 1450～1500℃。碳纤维强化 Si_3N_4 基复合材料,虽然抗弯强度提高不大,但其断裂功为 $4770J/m^2$,提高了 200 倍,断裂韧性为 $15.6MPa \cdot m^{1/2}$,提高了 2 倍。

液态硅氮化法是将具有一定形状的纤维预制体置于液态硅之上,硅向纤维渗透的同时氮化,从而生成 Si_3N_4 和 Si 结合的基体。该法制备的 SiC 纤维增强 Si_3N_4 基复合材料的抗弯强度为 392MPa,抗拉强度为 334MPa,断裂韧性为 $18.5MPa \cdot m^{1/2}$。

CVI 法是用 $SiCl_4$、NH_3 等气体通过纤维预制体,控制反应温度、气体压力和流量,在纤维上沉积出由气体反应形成的高纯度、均匀的 Si_3N_4。为防止损伤增强纤维,通常在 1000～1500℃ 的低温下进行。形成的复合材料一般含有 10% 左右的气孔,且难以进一步致密化。CVI 法过程很长,一般需要数日到数周的时间,因此该工艺指标材料生产效率低、成本较高。

聚合物热分解法中的聚合物比陶瓷粉末泥浆更容易浸渍,形成陶瓷的温度非常低。最早有人将 SiC 纤维编织物在聚合物中浸渍后,再在 1200℃ 下烧成得到 SiC_f/Si_3N_4 复合材料。其后制出了碳纤维、Al_2O_3 纤维、Si_3N_4 纤维等浸渍的材料,具有较好的性能,且在 800℃ 下还可以保持常温的性能。

该材料的韧性已经达到了铸铁的水平。该类材料可望在航空、航天领域得到应用。低成本的材料和加工方法是其走向实际应用的关键。

6.6 碳/碳复合材料

6.6.1 碳/碳复合材料的特点

石墨因其具有耐高温、抗热震、导热性好、弹性模量高、化学惰性以及强度随温度升高而增加等性能,是一种优异的、适用于惰性气氛和烧蚀环境的高温材料,但韧性差,对裂纹敏感。碳/碳复合材料除能保持碳(石墨)原来的优良性能外,又克服了它的缺点,因而具有以下特点。

(1) 复合材料全由碳元素组成,碳原子间具有极强的亲和力,从而使碳/碳复合材料不论在低温还是高温,都有良好的物理性能、化学性能和力学性能。

(2) 密度小(小于 $2.0g/cm^3$),仅为镍基高温合金的 1/4,陶瓷材料的 1/2,具有极高的比强度和比弹性模量。

(3) 高的烧蚀热、低的烧蚀率,且烧蚀均匀,可承受 3000℃ 的高温,在火箭发动机喷管、喉衬等应用中均具有无与伦比的优越性。

(4) 耐磨性能优异,摩擦系数小,性能稳定,是各种耐磨部件的最佳候选材料。

(5) 具有良好的生物相容性,与人体骨骼的密度和模量相当,是制备人体骨骼、牙齿等的理想候选材料。

鉴于碳/碳复合材料具有的一系列优异性能,它们在宇宙飞船、人造卫星、航天飞机、导弹、原子能、航空以及一般工业部门中都得到了日益广泛的应用。它们作为飞行器部件的结构材料和热防护材料,不仅可满足苛刻环境的要求,还可以大大减轻部件的质量,提高有效载荷、航程和射程。例如,碳/碳复合材料作导弹的鼻锥时,烧蚀率低且烧蚀均匀,从而可提高导弹的突防能力和命中率。

6.6.2　碳/碳复合材料的制备工艺

碳/碳复合材料根据增强体的增强方式可分为单向、双向及多向三种。单向增强碳/碳复合材料,一维方向上的强度显著提高,其他方向的强度比较薄弱。双向增强的碳/碳复合材料在织物平面内的强度较高,在其他方向上的性能很差。多向增强的碳/碳复合材料甚至可实现各向同性。通过选择合适的纤维种类、控制纤维方向及该方向上的体积含量、纤维间距、基体密度和工艺参数,可以得到预期性能的碳/碳复合材料。

碳/碳复合材料的制备过程主要包括增强体碳纤维及其织物的选择、基体碳前驱体的选择、碳/碳复合材料预成型体的成型工艺、碳基体的致密化工艺以及最终产品的加工与检测等。其制造工艺流程如图 6-13 所示。

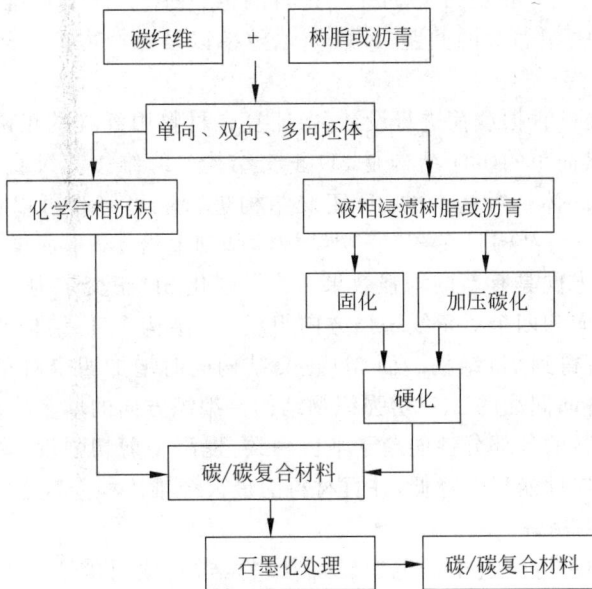

图 6-13　碳/碳复合材料制造工艺流程

1. 碳纤维预制体的制备

1) 碳纤维的选择

碳/碳复合材料的性能首先取决于碳纤维的质量,碳纤维的级别见表 6-13。碳纤维的选择依据为材料用途、使用环境以及得到易于渗碳的预制件。用作结构材料时选择高强度和高模量的纤维,纤维的模量越高,复合材料的导热性越好;密度越大,热膨胀系数越低。

要求热导率低时，则选择低模量的碳纤维。一束纤维中通常含有 1000～10000 根单丝，纱的粗细决定着基体结构的精细度。有时为了满足某种编织结构的需要可将不同类型的纱合在一起。碳纤维纱上涂覆薄涂层的目的是为编织方便和改善纤维与基体的相容性，但经表面处理后的碳纤维与基体的界面结合不能过好，否则会使复合材料呈脆性断裂。故要选择合适的上胶胶料和纤维织物的预处理，以保证碳纤维表面具有合适的活性。

表 6-13　碳纤维的级别

性　　能	级　　别			
	低	中	高	超高
拉伸强度/GPa	≤2.0	2.0～3.0	≥3.0	>4.5
拉伸模量/GPa	≤100	≥320	≥350	≥450

2）碳纤维编织结构的设计

按产品的形状和性能要求，先把碳纤维成型为所需结构形状的毛坯，以便进一步进行碳/碳复合材料的密化工艺。单向(1D)增强可在一个方向上得到最高拉伸强度的碳/碳复合材料。双向(2D)编织物常采用正交平纹和 8 枚缎纹碳布。编织物的性能取决于相邻两股纱的间距、纱的尺寸、每个方向上纱的含量、纱的充填效率以及编织图案的复杂性，缎纹织物的强度较高。

三向(3D)织物的两个正交方向上纤维是直的，第三个方向上纤维有弯曲。3D 织物的性能也与纱束的粗细、相邻纱的间距、纱的充填效率以及每个方向上纱的含量有关。纱越细，它们的间距越小。

多向编织技术能够根据载荷进行设计，保证复合材料中纤维的正确排列方向及每个方向上的纤维含量。最简单的多向结构是 3D 正交结构。纤维按三维直角坐标轴 x、y、z 排列，形成直角块状预制体。对基本的 3D 正交结构进行适当修改可以得到 4D、5D、7 D 和 11D 增强织物结构。5D 结构是在 3D 正交结构的基础上沿 xy 平面增加两个增强方向，使其在 x-y 面内 ±45° 方向具有新的增强效果。为了强化 3D 正交结构，增强平面间材料的性能，可由三个正交方向和四个对角线增强方向组成 7D 结构。7D 结构如果去掉其最基本的 3D 正交增强向，即可得到 4D 结构。而 3D 正交结构同时增加四个对角线向和四个对角面向将产生一种基本各向同性的 11D 增强织物结构。编织方向的增多改善了 3D 编织物的非轴线向的性能，使材料的各部分性能趋于平稳一致，提高了剪切强度，降低了材料的膨胀系数，但材料的轴线方向性能稍有降低，并且材料的最大纤维体积分数也降低。

3）多向预制体的制备

制备多向预制体的方法有干纱编织、穿刺织物结构、预固化纱结构及上述各种方法的组合。

(1) 干纱编织。干纱编织是制造碳/碳复合材料预制体最常用的一种方法。按需要的间距，先编织好 x 方向和 y 方向的非交织直线纱，x、y 层中相邻的纱用薄壁钢管隔开，预制体编织到需要的尺寸时，去掉这些钢管，用垂直(z 方向)的碳纤维纱取代之。预制体的尺寸取决于编织设备的大小。根据各个方向上纤维分布的不同，可以得到不同密度的预制体。用圆筒形编织机能使纤维按环向、轴向、径向排列，因此能制得回转体预制件。先按设计做好孔板，将金属杆插入孔板，编织机自动地织好环向和径向纱，最后编织机自动去除金属杆，以碳纤维纱取代之。

（2）穿刺织物结构。如果用二向织物代替三向干纱编织预制体中 x、y 方向上的纱便得到穿刺织物结构。其制法是将二向织物层按设计穿在垂直（z 方向）的金属杆上，然后用碳纤维纱或经固化的碳纤维-树脂杆换下金属杆即得最终预制体。在 x、y 方向可用不同的织物，在 z 方向也可用各种类型的纱。同种碳纱用不同方法制得的预制体的特征有明显的差别。穿刺织物结构预制体的纤维总含量和密度均较高。

（3）预固化纱结构。预固化纱结构与前两种结构不同，不用纺织法制备。这种结构的基本单元体是杆状预固化碳纤维纱，即单向高强碳纤维浸渍酚醛树脂再固化后得的杆。这种结构中比较有代表性的是四向正规四面体结构，即纤维按三向正交结构中的四条对角线排列，它们之间的夹角为 70.5°。预固化杆的直径为 $1\sim1.8\mathrm{mm}$。为得最大填充密度，杆的截面呈六角形，碳纤维的最大体积含量为 75%。根据预先确定的几何图案很容易将预固化的碳纤维杆组合成四向结构。

用非纺织法也能制造多向圆筒结构。先将预先制得的石墨纱-酚醛预固化杆径向排列好，在它们的空间交替缠绕已涂树脂的环向和轴向纤维纱，缠绕结束后进行固化得到三向石墨-酚醛圆筒预制体。

2. 预制体与碳基体的复合（致密化工艺）

由纤维编织成的预制体是疏松的，需向内渗碳而使其致密化，以实现预制体与碳基体的复合，故复合过程实为预制体的渗碳致密化过程。对预制体渗碳的方法有液相浸渍和化学气相沉积两种。

1）液相浸渍工艺

液相浸渍工艺仍是制造碳/碳复合材料的一种主要工艺，它是将上述各种增强坯体和树脂或沥青等有机物一起进行浸渍，并用热处理方法在惰性气氛中将有机物转化为碳的过程。浸渍剂有树脂和沥青，浸渍工艺包括低压、中压和高压浸渍工艺。

（1）基本原理。

树脂、沥青含碳有机物，主要是一些芳香族热固性树脂（如酚醛、呋喃、环氧）、煤沥青和石油沥青、沥青树脂混合物等，它们受热后会发生一系列变化。以树脂为例，其典型变化过程是：树脂体膨胀→挥发物（残余溶剂、水分、气体等）逸出→高分子链断裂、自由基形成→芳香化，形成苯环→芳香化结构增长→结晶化，堆积成平行碳层（层面内碳原子排列成六角环形，层间无规律）→堆积继续增长→无规则碳或部分石墨化碳。树脂碳的结构，由其形成的复合材料的性能在很大程度上取决于含碳有机物的种类及致密化过程的工艺条件。

（2）树脂系统的选择。

为使树脂在热解过程中尽可能多地转变为碳，且不出现结构缺陷，要求树脂、沥青等含碳有机物应具备下列特性：①残碳率高，残碳率高可减少反复浸渍碳化次数，减少碳化过程的收缩；②碳化时应有低的蒸气压，使分解形成的低分子物并不挥发掉，而是进一步环化；③碳化不应过早地转变为坚硬的固态；④固化后树脂、沥青的热变形温度高；⑤固化、碳化时不易封闭坯体的孔隙通道。

（3）液相浸渍法工艺。

典型工艺过程是：浸渍→碳化→石墨化。经过这些过程后，碳/碳复合材料制品仍为疏松结构，内部含有大量孔隙空洞，需反复进行浸渍→碳化等过程，使制品孔隙逐渐被充满，达到所需要的致密度。为了使含碳有机物尽可能多地渗入纤维束中，可采用加压浸渍→加压碳化工艺,所加压力小至几个标准大气压,大到成百上千个标准大气压。液相浸渍法采用常规的技术容易制得尺寸稳定的制品,缺点是工艺繁杂,制品易产生显微裂纹、分层等缺陷。

2) 化学气相沉积工艺

化学气相沉积是将碳氢化合物,如甲烷、丙烷、天然气等通入预制体中,并使其分解,析出的碳沉积在预制体中。该方法的关键是热分解的碳在预制体中的均匀沉积。预制体的性质、感应器的结构、气源和载气、温度和压力都将影响过程的效率、沉积碳基体的性能及均匀性。化学气相沉积有等温法、热梯度法、差压法、脉冲法及等离子体辅助化学气相沉积法等。

(1) 等温法。

等温法是指将预制体放在低压等温炉中加热,导入碳氢化合物及载气,碳氢化合物分解后,碳沉积在预制体中的方法。为了使碳均匀沉积,温度不宜过高,以免扩散速度过快,也即温度应该控制得使碳氢化合物的扩散速度低于碳的沉积速度。用等温法制得的碳/碳复合材料中碳基体沉积均匀,因而其性能也必将均匀,可进行批量生产,但沉积时间较长很容易使材料表面产生热裂纹。该法工艺简单,但周期长,制品易产生表面涂层,最终密度也不高。

(2) 热梯度法。

如图 6-14 所示,将感应线圈和感应器的几何形状做得与预制体相同,接近感应器的预制体外表面是温度最高的区域,在坯体内外表面形成一定温度差。碳氢气体在坯体低温表面流过,依靠气体的扩散作用,反应气体扩散进孔隙内进行沉积。由于反应气体首先接触的是低温表面,因此,大量的沉积发生在样品里侧,表面很少沉积甚至没沉积,随着沉积过程的进行,坯体里侧致密化,内外表面温差越来越小,沉积带逐渐外移,最终得到从里至外完全致密的制品。此法周期较短,制品密度较高,不足是重复性差,不能在同一时间内沉积不同坯体和多个坯体,坯体的形状也不能太复杂。

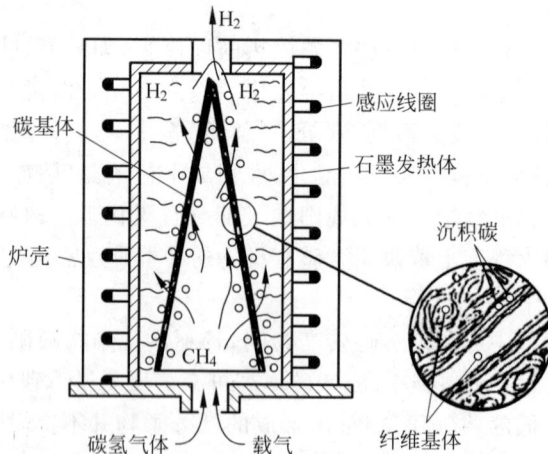

图 6-14　热梯度法沉积炉示意图

(3) 差压法。

差压法是温度梯度法的变形,通过在织物厚度方向上形成压力梯度促使气体通过织物间隙,将预制体的底部密封后放入感应炉中等温加热,碳氢化合物以一定的正压导入预制体内,在预制体壁两侧造成压差,迫使气体流入孔隙,从而加快沉积速度,形成碳/碳复合材料。此法沉积速度快,沉积渗透时间较短,沉积的碳均匀,制品不易形成表面涂层。

（4）脉冲法。

如图 6-15 所示,在沉积过程中,利用脉冲阀交替地充气和抽真空,抽真空过程有利于气体反应产物的排除。由于脉冲法能增加渗透深度,故适用于碳/碳复合材料后期致密化。

（5）等离子体辅助 CVD(PACVD)法。

在常规的 CVD 技术中需要用外加热使初始反应的碳氢气体分解,而在 PACVD 技术中是利用等离子体中电子的动能激发气相化学反应。PACVD 的辉光放电等离子体是施加

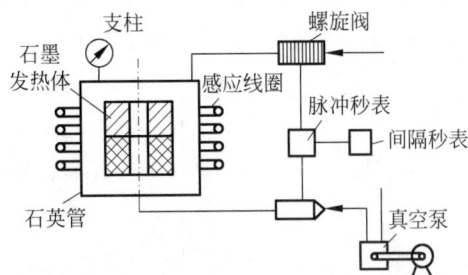

图 6-15　脉冲法沉积碳示意图

高频电场电离的低压和低温气体。等离子体的电离状态是由其中高能电子以某种方式维持的,施加电场时,由于电子质量轻,所以传递电子的能量高。同时等离子体中电子与离子质量的差别,限制了电子将能量传递给离子,结果电子的动能被迅速增加到能发生非弹性碰撞的程度,此时高能电子引起电离,并通过与碳氢气体分子的相互作用而形成自由基,自由基在坯体里聚合形成沉积碳。由于等离子体有较高的能量,所以在相当低的温度(典型值低于 300℃)下激发化学反应,由于其非平衡性,等离子体不会加热碳氢气体和胚体。但 PACVD 与常规的 CVD 的化学反应热力学原理不同,形成的沉积碳结构差别很大。

CVD 法的主要问题是沉积碳的阻塞作用形成很多封闭的小孔隙,随后长成较大的孔隙,因此得到的碳/碳复合材料的密度较低,约为 $1.5 g/cm^3$。将 CVD 法与液相浸渍法联合应用,可以提高材料的致密度,例如,用酚醛树脂降低浸渍-碳化,密度为 $0.98 g/cm^3$,然后进行等温 CVD 使密度达到 $1.43 g/cm^3$,最后再进行酚醛树脂浸渍使密度达到 $1.53 g/cm^3$。

总之,CVD 工艺适合多向碳/碳复合材料的生产,尽管 CVD 技术限制了复合材料的致密度,但 CVD 的显著优点是基体性能好,且可以与其他致密化工艺一起使用,充分利用各自的优势。

6.6.3　碳/碳复合材料的性能

碳/碳复合材料的制备要经历十分复杂的过程,在此过程中纤维、基体均要发生不同的物理化学变化并产生相互作用,包括如下几点:

（1）有机浸渍剂热解为基体碳时会发生 $60\%\sim65\%$ 的体积收缩,产生严重的工艺应力,导致复合材料损伤;

（2）碳纤维/树脂界面转化为碳纤维/碳基体界面,界面特性发生变化;

（3）织物编织、热处理、工艺应力及纤维/基体相互作用引起纤维性能变化;

（4）纤维/基体热膨胀失配,热处理时会产生严重的热应力和材料损伤。

碳/碳复合材料的性能与碳纤维的品种、预制体编织物结构、基体的前驱体以及制备工艺等有关。

1. 力学性能

碳/碳复合材料为脆性材料,断裂破坏时应变很小,为 $0.12\%\sim2.4\%$,但其应力-应变

曲线上却有"假塑性效应"，即有塑性变形阶段。原因可能是增强体的取向变化，导致裂纹不能进一步迅速扩展，如图 6-16 所示。施加载荷的初期呈现线性，随后出现假塑性现象。卸荷后出现残余形变，再加载时，不再有塑性变形了，但同样出现线性变形，即有双线性特性。假塑性效应可有效提高其使用可靠性。

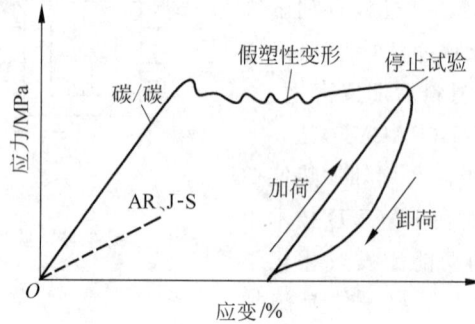

图 6-16　碳/碳复合材料的假塑性断裂行为

碳/碳复合材料的强度与增强纤维的方向和含量密切相关，在平行于纤维轴向的方向上的拉伸强度和模量较高，在偏离纤维轴向方向上的拉伸强度较低。一般来说，随着纤维体积分数的增加，碳/碳复合材料的强度和模量升高，即符合以下规律：

$$\sigma_c(z) \approx V_f(z)\sigma_f \tag{6-4}$$

$$\sigma_c(z,x) \approx V_f(z,x)\sigma_f \tag{6-5}$$

$$\sigma_c(x,y,z) \approx V_f(x,y,z)\sigma_f \tag{6-6}$$

式中：σ_c 为复合材料的强度；V_f 为纤维的体积分数；σ_f 为纤维强度；x、y、z 为纤维方向。

由于碳/碳复合材料制造工艺复杂，并经高温处理，碳纤维在工艺过程中损伤严重，致使碳纤维在碳/碳复合材料中的强度保持率较低。如单向碳/碳复合材料的最高拉伸强度为900MPa，抗弯强度达1350MPa。由于纤维织构的影响，碳/碳复合材料的力学性能表现出明显的差异性。

界面是复合材料的重要微结构，高性能复合材料主要依赖纤维/基体间的强界面结合传递载荷，但界面结合强度太高也会使复合材料表现出均匀脆性材料的行为。如果界面结合强度适当，裂纹将在界面偏转，材料表现出"伪塑性"和非线性。纤维/基体界面结合强度主要依赖纤维表面性能、基体和工艺条件，在结构复合材料中为了改善界面结合强度，通常采取纤维表面处理的方法来实现。碳/碳复合材料兼备碳和碳纤维增强体的突出性质，碳纤维赋予此复合材料高强度和抗冲击性，如果没有这种增强体，碳基体不可能具备这种性能。在中温时，碳/碳复合材料的强度约比超耐热合金低；但在高温条件下，金属合金的强度迅速下降，碳/碳复合材料的强度反而略有提高。

表 6-14 列出了浸渍法制备的高模量碳/碳复合材料的力学性能。由表可知，经表面处理的高模量碳纤维/碳复合材料增强方向的压缩强度、剪切强度和弹性模量均优于高强碳纤维复合材料，拉伸强度、抗弯强度基本相当，但前者的韧性大大高于后者。随着纤维体积含量的增加，复合材料的强度和模量也提高，但在一点上纱的股数过多时模量虽然仍呈上升趋势，强度却有所下降，这是因为在制造预制体时，在比较窄的地方引入如此多的纤维容易使纤维断裂。

表 6-14　浸渍法制备的高模量碳/碳复合材料的力学性能

性　能		平行		垂直	
		HTU	HMS	HTU	HMS
模量/GPa	拉伸	125	220		
	压缩	10	250	7.5	
强度/MPa	拉伸	600	575	4	5
	压缩	285	380	25	50
	弯曲	1250～1600	825～1000	20	80
	剪切	20	28		
断裂韧性/(kJ/m²)		70	20	0.4	0.8

注:HMS 为表面处理高模量纤维;HTU 为表面未处理高强度纤维。

用缎纹织物作预制体的碳/碳复合材料的性能比用平纹织物作预制体的高,见表 6-15。高模量织物复合材料与低模量织物复合材料相比,导热性好、热膨胀系数小。

表 6-15　用缎纹织物作预制体的碳/碳复合材料 x、y 方向的力学性能

性　能		WCA 织物	转 45°的 WCA 织物	GSGC-2 织物	Thornel 50 缎纹织物
拉伸	强度/MPa	35.1	32.4	35.1	104.7
	模量/GPa	6.9	11.0	11.0	57.9
	断裂应变/%	0.8	0.8	0.6	0.2
压缩	强度/MPa	56.5	48.2	58.6	90.9
	模量/GPa	7.5	17.9	19.2	70.3
	断裂应变/%	1.2	0.5	0.6	0.2

表 6-16～表 6-18 中归纳了碳基体的前驱体种类及渗碳方法与碳/碳复合材料性能的关系。CVD 渗碳能得到较好的纤维-基体界面以及较好性能的基体,因此该复合材料的性能也较好,见表 6-18。CVD 法制得的复合材料性能较好的另一个原因是该法的工艺温度约为1100℃,而浸渍树脂或沥青后需要在更高的温度下处理。

表 6-16　树脂/沥青浸渍与 CVD 制碳/碳复合材料的性能比较

性能	树脂/沥青浸渍	CVD	性能	树脂/沥青浸渍	CVD
密度/(g/cm³)	1.65	1.5	抗弯强度/MPa	68.9	142.6
拉伸强度/MPa	82.7	120.6	剪切强度/MPa	27.6	51.7

表 6-17　不同前驱体制碳基体对穿刺织物碳/碳复合材料性能的影响

性　能		基体前驱体			
		酚醛树脂	酚醛树脂+CVD 碳	亚肉桂基萜合成沥青	LTV 合成沥青
弯曲,z 方向	强度/MPa	89.6	108.9	102.7	153.6
	模量/GPa	27.56	24.1	32.4	32.4
压缩,x,y 方向	强度/MPa	56.5	73.0	50.3	71.7
	模量/GPa	7.6	6.9	6.9	10.3

表 6-18　基体前驱体及渗碳方法对三向碳/碳复合材料环拉伸性能的影响

基体前驱体及 渗碳方法	密度/ (g/cm³)	拉伸强度/ MPa	拉伸模量/ GPa	断裂应变/ %
酚醛	1.62	118.5	70.3	0.18
高固体酚醛	1.65	106.8	64.8	0.17
高熔点酚醛	1.64	94.4	106.1	0.08
低熔点酚醛	1.65	128.2	64.1	0.05
等温 CVD,未石墨化	1.59	113.7	77.2	0.15
等温 CVD/酚醛	1.73	106.8	77.9	0.13
差压 CVD,未石墨化	1.35	136.4	68.2	0.20
差压 CVD,石墨化	1.28	130.2	61.3	0.20
差压 CVD/酚醛	1.58	128.2	64.1	0.20

　　由表 6-18 可知,以酚醛树脂和 CVD 碳为组合前驱体以及以亚肉桂基芐合成沥青为前驱体的复合材料的弯曲和压缩性能并不完全优于单用酚醛树脂为前驱体的复合材料。LTV 合成沥青由于能改善浸润性和纤维-基体的界面结合强度,因此,由它制得的复合材料的性能明显优于其他各种前驱体。用不同渗碳方法以及不同基体前驱体得到的碳/碳复合材料环的拉伸性能的比较(表 6-18)表明,以 CVD 法制得的复合材料的性能较优。浸渍法处理循环的次数对 z 方向上的复合材料的拉伸强度和模量没有影响,但石墨化后拉伸性能下降,在 y 方向上石墨化后拉伸性能增加。

　　图 6-17 为孟松鹤团队研制的碳/碳复合材料的显微组织形貌。从图中可以清晰观察到编织纤维束的几何分布,x、y 向碳纤维束截面近似为椭圆形,走向具有非直线性,呈现波纹状;z 向穿刺纤维束截面近似为圆形,均匀地从 x、y 向碳布中穿过,纤维束较平直。其单轴拉伸及双轴压缩应力-应变曲线分别如图 6-18 和图 6-19 所示。研究表明:三维机织碳/碳复合材料的压缩行为表现为非线性、脆性断裂;双轴载荷作用下非线性特征更为显著,压缩模量随应力的增加而增大,强度与模量相较于单轴有较大幅度增加,双轴压缩载荷作用下材料的强化效应显著;试样破坏位置并未出现在试样中心区,而是发生在试样的加载端部或

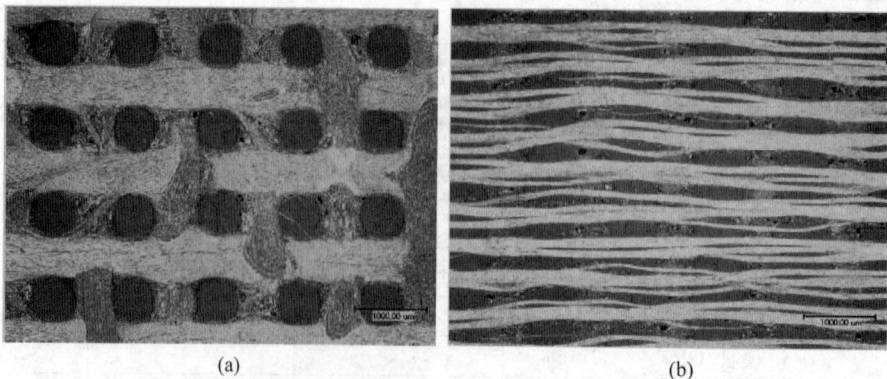

(a)　　　　　　　　　　　　　(b)

图 6-17　碳/碳复合材料的显微组织形貌

(a) x、y 向；(b) z 向

十字形试样的加载分枝根部,主要表现为基体开裂、纤维断裂和层间脱黏,碳布及其层间界面剪切强度的强弱直接影响材料的压缩强度。

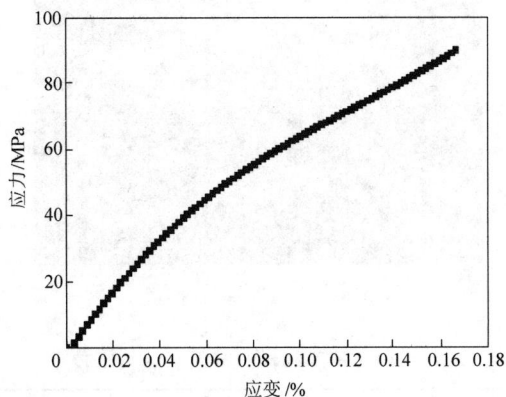

图 6-18 碳/碳复合材料的单轴拉伸应力-应变曲线

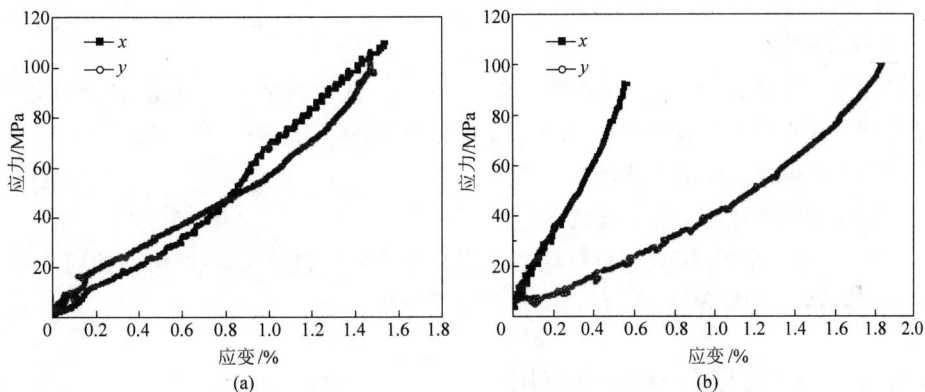

图 6-19 碳/碳复合材料的双轴压缩应力-应变曲线

(a) $x:y=1:1$; (b) $x:y=1:2$

2. 物理性能

(1) 热膨胀系数小,为金属的 $1/10\sim1/5$,高温时的热应力小。

(2) 导热系数高,室温时为 $159\sim188\mathrm{W}/(\mathrm{m\cdot K})$,$1650℃$ 时降为 $43\mathrm{W}/(\mathrm{m\cdot K})$;控制沉积和加工工艺可得密度梯变的复合材料,密度大,导热性好,抗烧蚀能力强。

(3) 比热容高,且随温度的升高而增加,即储能增加。

(4) 抗热震因子高,为各类石墨制品的 $1\sim40$ 倍。

3. 烧蚀性能

碳/碳复合材料在高温下,表面升华和可能的热化学氧化会使表面烧蚀,但烧蚀表面凹陷浅、能良好保留外形,烧蚀均匀对称可用于防热材料,如返回舱(图 6-20)。不同材料的有效烧蚀热比较见表 6-19。

图 6-20　"神舟"返回舱

表 6-19　不同材料的有效烧蚀热比较

材　　料	碳/碳	聚丙乙烯	尼龙/酚醛	高硅氧/酚醛
有效烧蚀热/(kcal/kg)	11000～14000	1730	2490	4180

4. 化学稳定性

具有与碳一样的化学稳定性,尽管含有少量的氢、氮和微量的金属元素,但其化学稳定性优异。最大缺点是耐氧化性差。为此可采取以下措施。

(1) 浸渍树脂时加入抗氧化物质。

(2) 气相沉积碳时加入抗氧化元素。

(3) SiC 涂层:将碳/碳复合材料预制品埋在混合好的硅、SiC 和氧化铝的粉末中,在氩气保护下加热到 1710℃保持 2h,可得完整的 SiC 涂层。

6.6.4　碳/碳复合材料的应用

碳/碳复合材料具有高比模量、高比强度、耐腐蚀、耐疲劳、耐磨损、密度小等一系列优异性能。在航空、航天、机械、化工、生物器材等领域得到了长足的发展,其中最重要的用途是用于制造导弹的弹头部件。由于其耐高温、摩擦性好,目前已广泛用于固体火箭发动机喷管、航天飞机结构部件、飞机及赛车的刹车装置、热元件和机械紧固件、热交换器、航空发动机的热端部件等。

1. 固体火箭发动机喷管

碳/碳复合材料自 20 世纪 70 年代首次作为固体火箭发动机(SRM)喉衬飞行成功以来,极大地推动了 SRM 喷管材料的发展。采用碳/碳复合材料的喉衬、扩张段、延伸出口锥,具有极低的烧蚀率和良好的烧蚀轮廓,提高喷管效率 1%～3%,即可大大提高 SRM 的比冲。喉衬部一般采用多维编织的高密度沥青基碳/碳复合材料,增强体多为整体针刺碳毡、多向编织等,并在表面涂覆 SiC 以提高抗氧化性和抗冲蚀能力。美国的"民兵 3 型"导弹发动机第三级的喷管喉衬、"北极星"A27 发动机喷管的收敛段、MX 导弹第三级发动机的可延伸出口锥等均采用了碳/碳复合材料(三维编织薄壁碳/碳复合材料制品)。俄罗斯用在潜地导弹发动机的喷管延伸锥也是采用三维编织薄壁碳/碳复合材料制品。

2. 刹车领域

碳/碳复合材料刹车盘的实验性研究于 1973 年第一次用于飞机刹车。目前,一半以上的碳/碳复合材料用作飞机刹车装置。高性能刹车材料要求高比热容、高熔点以及高温下的强度,碳/碳复合材料正好适应了这一要求,制作的飞机刹车盘质量小、耐温高、比热容是钢的 2.5 倍。同金属刹车材料相比,可节省 40% 的结构质量。碳刹车盘的使用寿命是金属基的 5～7 倍,刹车力矩平稳,刹车时噪声小,因此碳刹车盘的问世被认为是刹车材料发展史上一次重大的技术进步。目前法国欧洲动力、碳工业等公司已批量生产碳/碳复合材料刹车片,英国邓禄普公司也已大量生产碳/碳复合材料刹车片,用于赛车、火车和战斗机的刹车装置。图 6-21 为 A320 系列飞机碳/碳刹车盘成品。碳/碳复合材料刹车盘在我国的研究状况以黄伯云院士为首的研究团队最为突出。碳/碳复合材料在其他领域也得到广泛应用,图 6-22 为碳/碳复合材料在汽车上的应用分布。

图 6-21 A320 系列飞机碳/碳刹车盘成品

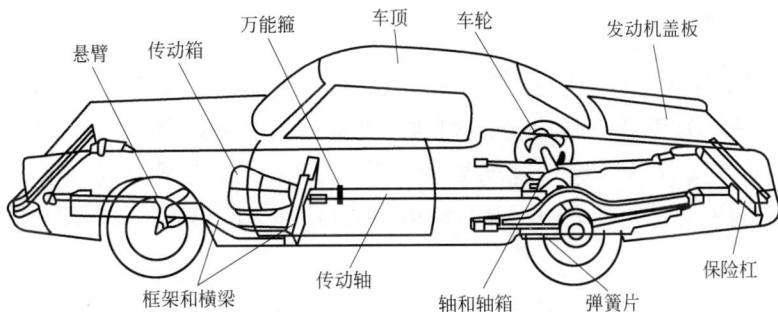

图 6-22 碳/碳复合材料在汽车上的应用分布

目前我国碳纤维复合材料发展迅速,在"神舟"飞船所用材料中,复合材料的比例已达到 65% 左右,在我国的大飞机中也将达到 25%。但由于技术原因,我国碳纤维复合材料还依赖进口,在碳纤维的低成本和复合材料成型技术上我们要迎头赶上。

6.7 陶瓷基复合材料的界面

界面是各种复合材料的核心之一,直接影响增强体与基体间的载荷传递。陶瓷基复合材料的界面结合好坏对其韧性影响较大。界面反应相及其演变是陶瓷基复合材料界面研究的重要组成部分,研究手段一般采用拉曼光谱。

图 6-23 为 $SiC/3Al_2O_3 \cdot 2SiO_2$ 复合材料线扫描的系列拉曼光谱图,扫描是从一纤维的边界逐点经界面、莫来石到达另一纤维,每隔 $2\mu m$ 扫描一次。$SiC/3Al_2O_3 \cdot 2SiO_2$($SiC$ 增强莫来石基)复合材料由溶胶凝胶法制得,产生了包含二氧化锆、锗和硅酸铝的界面区。莫来石:$3Al_2O_3 - 2SiO_2$ 界面区存在用于保护纤维的锗膜,可以用 $302cm^{-1}$ 处的峰和来自

纤维中的自由碳位于 $1300 \sim 1600 \mathrm{cm}^{-1}$ 处的双峰（G 峰和 D 峰）的缺失界定界面区。位于 $180 \sim 700 \mathrm{cm}^{-1}$ 处的诸峰归属于单斜二氧化锆晶体增强的硅酸铝相，而 $1007 \mathrm{cm}^{-1}$ 处的孤立峰表明二氧化锆与莫来石之间反应形成了 $ZrSO_4$ 第二相。界面处可观察到双峰，但强度很弱，这是纳米碳沉积而成的。

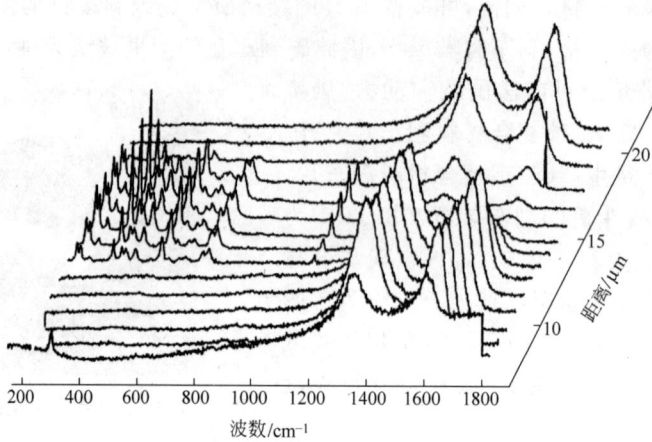

图 6-23　$SiC/3Al_2O_3 \cdot 2SiO_2$ 复合材料线扫描的系列拉曼光谱图

图 6-24 为单晶 Al_2O_3/Al_2O_3 复合材料线扫描的系列拉曼光谱图。从纤维中央开始垂直界面延伸至 Al_2O_3 基体，间隔 $2\mu m$。纤维与基体间存在 ZrO_2 中间相。$750 \mathrm{cm}^{-1}$ 处的峰源于 Al_2O_3，界面处各峰强度的改变表明在纤维与基体的界面单晶 Al_2O_3 的消失，而 $200 \mathrm{cm}^{-1}$ 处附近双峰的出现表明在界面区单斜 ZrO_2 晶体的形成。

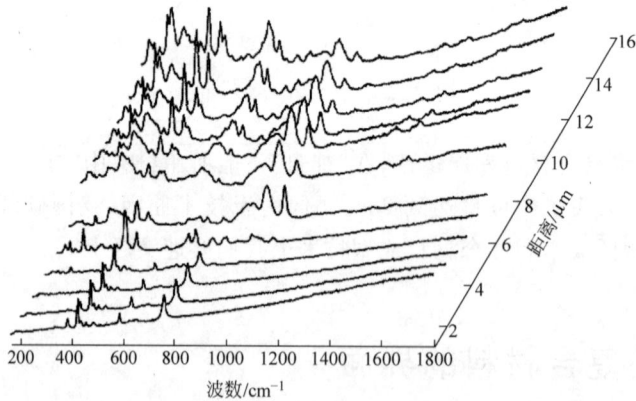

图 6-24　单晶 Al_2O_3/Al_2O_3 复合材料线扫描的系列拉曼光谱图

Al-ZrO$_2$ 体系在一定条件下发生热爆反应产生复合材料 $\alpha\text{-}Al_2O_3/Al_3Zr$，图 6-25 为其 SEM 照片、EDS 能谱及 XRD 谱图。由图 6-25(a) 可知，Al-ZrO$_2$ 体系反应产物由两种形态的相组成，分别为连成片的基体和弥散分布在基体中的颗粒。颗粒与基体间干净无附属产物产生。从其对应的 XRD 谱图（图 6-25(c)）可知，反应产物组成相为 $\alpha\text{-}Al_2O_3$ 和 Al_3Zr。从其对应的 EDS 能谱（图 6-25(b)）可知，基体为 Al_3Zr，由此可推得颗粒为 $\alpha\text{-}Al_2O_3$。注意，此时的界面由反应产物形成,热力学最为稳定,故界面干净。

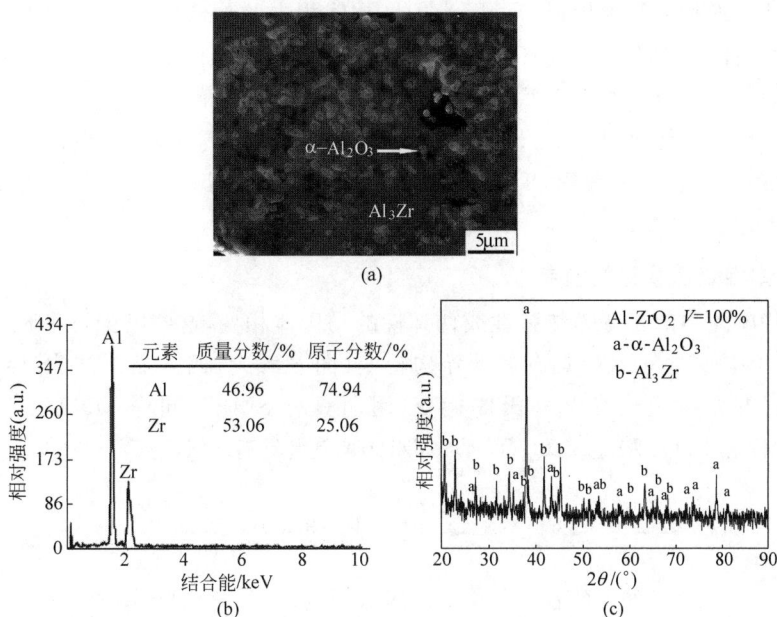

(a)

(b)　　　　　　　　　　　　　　(c)

图 6-25　复合材料 $\alpha\text{-Al}_2\text{O}_3/\text{Al}_3\text{Zr}$ 的 SEM 照片(a)、EDS 能谱(b)及 XRD 谱图(c)

6.8　形状记忆陶瓷复合材料

具有形状记忆效应的陶瓷可作为增强体或基体制备具有记忆功能的复合材料,即形状记忆陶瓷复合材料。

6.8.1　记忆机制

形状记忆陶瓷复合材料是靠热弹性马氏体或伪弹性马氏体相变及其逆变实现形状记忆的。主要有三种记忆机制:黏弹性形状记忆机制,马氏体相变形状记忆机制和铁电形状记忆陶瓷-电场诱发的记忆机制。

1. 黏弹性形状记忆机制

黏弹性(viscoelasticity)是指流体的黏滞性及弹性的综合性质,弹性和黏性共存,不会呈现纯弹性或纯黏性。形变经过一系列的中间状态过渡到与外力相适应的平衡态为一个松弛过程,所需时间称为松弛时间。由于松弛过程的存在,材料的应变必然落后于应力的变化,这种滞后现象称为滞后效应或弹性滞后,又称黏弹性。

将部分云母作为晶体相掺杂在连续玻璃相(非晶相)中形成的云母玻璃陶瓷复合材料呈现出形状记忆效应(SME),晶体相与非晶体相的体积比为 0.4～0.6。加热至一定温度时,进行预变形,然后在带载下冷却,低温下卸载后保留一定的残余变形,通过加热,可恢复到预变形之前的形状。预变形温度越高,恢复率就越高,但恢复应力略有下降。

在云母玻璃陶瓷复合材料中存在两种相:云母晶体相和玻璃非晶体相。驱动力为预变形的弹性能。温度高于573K时,云母晶体相由于滑移发生塑性应变,该塑性应变由包围它的非晶体刚性玻璃相进行弹性调节。因为云母晶体相中的位错滑移不可能出现在低温,所以材料在高温时的形状在冷却到环境温度除去载荷后也能保持不变。因此,储存在玻璃相中的弹性应变可为恢复到原来形状提供驱动力。如将形变后的云母玻璃重新加热到高温,这时储存的弹性应变能足以激活云母中的位错滑移,使其恢复原来的形状。黏弹性形状记忆效应不仅限于云母玻璃陶瓷,β-锂辉石、$2ZnO-B_2O_3$、云母($KMg_3AlSi_3O_{10}F_2$)、Si_3N_4、ZrO_2、Al_2O_3也呈现SME。

2. 马氏体相变形状记忆机制

如果某些陶瓷中的相变是热弹性或伪弹性的马氏体相变,这些陶瓷可呈现SME。如某些含有ZrO_2的陶瓷中,ZrO_2具有多种异构转变(图6-26)。四方晶体结构(t)和单斜晶体结构(m)之间的变换是热弹性马氏体相变,因而具有SME。同样MgO部分稳定ZrO_2(Mg-PSZ)陶瓷和CeO_2稳定ZrO_2(CeO_2-TZP)陶瓷也具有SME。

$$液相（L）\xrightarrow{2680℃} 立方相（c）\xrightarrow{2370℃} 四方（t）\underset{1100\sim1200℃}{\overset{950\sim1000℃}{\rightleftharpoons}} 单斜相（m）$$

图6-26　ZrO_2从高温液态到室温固态经历的多种结构转变

纯ZrO_2的高温相为立方结构(c-ZrO_2),中温相为四方结构(t-ZrO_2),低温相为单斜结构(m-ZrO_2)(图6-27)。三者的密度分别为单斜ZrO_2为5.56,四方ZrO_2为6.10,立方ZrO_2为6.27。从高温相向低温相转变时体积膨胀,反之则体积收缩。冷却时发生四方相(t)向单斜相(m)转变,由于该转变具有无扩散、变温转变、热滞、表面浮突及可逆等特征,故称马氏体相变。该马氏体转变伴随有3%～5%的体积膨胀。

图6-27　(a) m-ZrO_2单斜晶体结构；(b) t-ZrO_2四方晶体结构；(c) c-ZrO_2立方晶体结构

如果某些陶瓷中的相变是热弹性或伪弹性的马氏体相变,这些陶瓷可呈现SME。如某些含有ZrO_2的陶瓷中,ZrO_2的四方晶体结构(t)和单斜晶体结构(m)之间的变换是热弹性的马氏体相变,因而具有SME。通过掺杂碱土氧化物(如MgO和CaO)或稀土氧化物(如Y_2O_3和CeO_2),可以使中温下才能稳定存在的四方晶和高温下才能稳定存在的立方晶能够在室温下稳定存在。MgO部分稳定ZrO_2(Mg-PSZ)和CeO_2稳定四方ZrO_2(Ce-TZP)也具有SME。t-m相变是在冷却至一定温度时发生的,并且该温度与晶粒大小有关。在t-m相变温度以上,施加应力亦可诱发相变,同时产生类似"塑性"的变形。随后再加热时,因发生m-t可逆相变,使应变恢复。

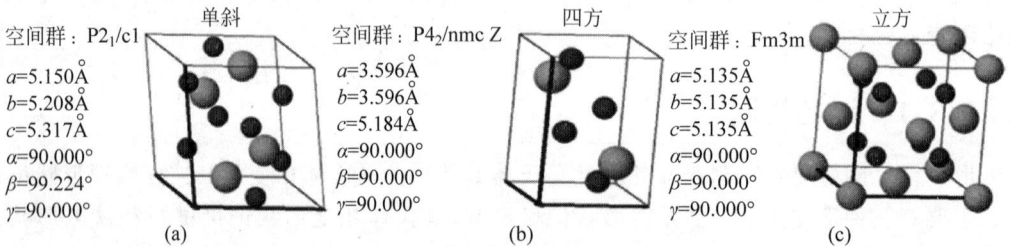

3. 铁电形状记忆陶瓷-电场诱发的记忆机制

钙钛矿型氧化物陶瓷的晶体结构有立方系、四方系、菱形系和正交晶系。根据材料实际成分和外加条件(温度、应力和电场)的不同,它们可能处于顺电态、铁电态或逆铁电态。在顺电、铁电和逆铁电的氧化物陶瓷中,不同结构间的相变(如顺电-铁电(PE-FE)相变、逆铁电-铁电(AFE-FE)相变)伴随有显著的应变,最大总应变可达 0.6%,这是由相转变时的自发应变和铁电畴转向或再取向所产生的应变两部分构成。除去外加场后电子陶瓷又恢复到它原来的状态,即典型的铁电行为。但有些陶瓷在零电场时,无论是铁电态或逆铁电态都是亚稳的,当除去电场后,它们将恢复到铁电态。如将电场极性快速反向,或者缓慢加热使铁电态可逆转变为逆铁电态,就可恢复到原来的状态,从而产生类似于 SMA 的 SME。

锆钛酸铅[Pb(Zr,Ti)O₃,TZP]陶瓷逆铁电材料,是典型的钙钛矿结构,点阵结构为 E_2 型,空间群为 O_h,分子式一般为 ABO_3,其中 A 是 Pb^{2+},B 是 Zr^{+4}、Ti^{4+}。$PbZrO_3$ 和 $PbTiO_3$ 在所有的比例范围内均可形成连续固溶体,这种固溶体在高温时是立方晶系结构,当冷却到居里温度时发生相变。通过调整温度和 A、B 的组成,钙钛矿晶体的形状会发生改变,其中四面体结构和六面体结构均为铁电相,而八面体结构为逆铁电相。锆钛酸铅陶瓷具有顺电-逆铁电-铁电相变,在外加电场下,出现电场诱发的形状记忆效应。如图 6-28 所示,初始相为逆铁电(AFE)相,当施加外加电场时,使其转变为铁电(FE)相并发生变形(膨胀),外场除去后,仍保持变形。加反向电场后,FE 相逆变为 AFE 相,相应地变形恢复;或加热使 FE 相转变为顺电(PE)相,冷却后又逆变为 AFE 相。

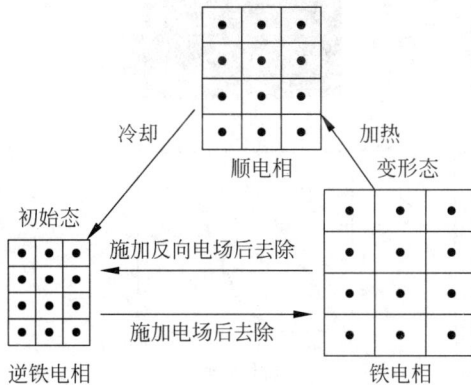

图 6-28　电场诱发形状记忆效应示意图

逆铁电形状记忆陶瓷与马氏体相变形状记忆机制相比,具有形变反应速度快(毫秒级),可控性好,不产生热,能耗低(仅为合金的 1/100 左右),预变形的空间小等优点。这种形状记忆陶瓷可用作能量储存的执行元件。

6.8.2　常用形状记忆陶瓷复合材料

1. 8%CeO₂-0.5%Y₂O₃-ZrO₂ 形状记忆复合材料

8%CeO_2-0.5%Y_2O_3-ZrO_2 在室温下由 96.3wt%四方相(奥氏体)和 3.7wt%单斜相

（马氏体）组成，平均粒径为 $1.7\mu m$，M_s 接近室温（略高于），M_f 低于室温。采用差示扫描量热法测量出其 $A_s = 403℃$，$A_f = 430℃$。使用聚焦离子束（FIB）铣削从大块陶瓷中加工出直径分别为 $0.7\mu m$、$1.7\mu m$ 和 $2.8\mu m$ 的三个微柱，如图 6-29(a)、(b)和(c)所示。

1 号柱：直径 $0.7\mu m$，小于平均粒径 $1.7\mu m$，高度 $4.1\mu m$，大于平均粒径，柱内含 $2\sim3$ 个晶粒，形成竹子结构，如图 6-29(a)所示。对其施加 0.5mN 的载荷，发生弯曲，如图 6-29(d)的扫描电子显微镜（SEM）图像所示，载荷-位移曲线如图 6-29(g)所示。曲线出现两个较大的平台，卸载后存在大量的残余位移。根据图 6-29(g)得支柱的压缩应变约为 7%、马氏体相变的临界压应力 σ_c 为 0.5GPa。柱身未见裂纹，在一侧的表面出现因马氏体相变而产生的条纹图案。

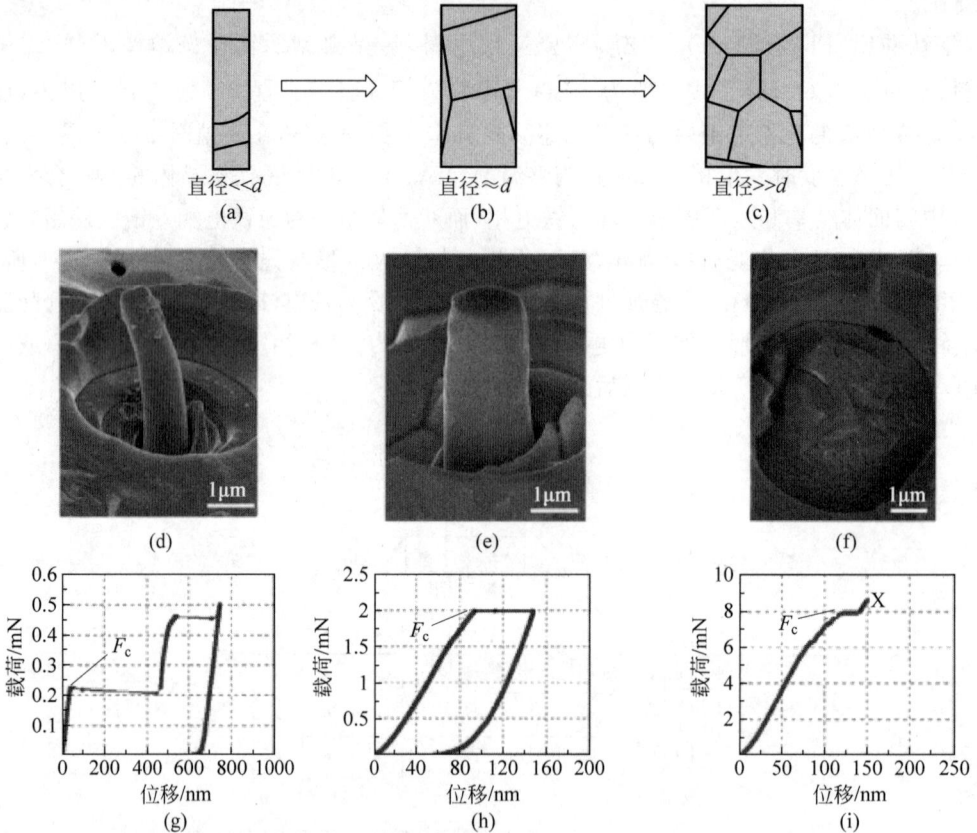

图 6-29　三种不同直径的柱的形貌示意图(a)～(c)；荷载后形状(d)～(f)及其对应的位移曲线(g)～(i)

2 号柱：直径 $1.7\mu m$，等同于平均粒径，高度 $4.4\mu m$。柱内包含 $3\sim6$ 个晶粒，如图 6-29(b)所示。对柱施加 2mN 的轴向压缩载荷，载荷-位移曲线如图 6-29(h)所示。曲线开始有一个 54nm 的大位移，卸载后，同样出现数量相当的残余位移 58nm。图 6-29(e)显示柱身变形仍保持直立。最大位移为 147nm，有 3.4% 的压缩应变。根据载荷-位移曲线，马氏体相变的临界压应力 σ_c 为 0.90GPa。

3 号柱：直径 $2.8\mu m$，高度 $5.4\mu m$。柱内具有许多晶粒、晶界和三叉晶结构，如图 6-29(c) 所示。施加轴向载荷 9mN，得到如图 6-29(i) 所示的载荷-位移曲线。在 8mN 时出现了一个小的应变平台，表明有马氏体相变，进一步加载至 9mN(1.4GPa) 时断裂，如图 6-29(f) 的 SEM 图像所示。

显然，随着柱身中晶粒数的增加，其断裂的倾向性提高，这归因于这些柱身中晶界和三叉晶的增加。

1 号柱被加热到 600℃、2h 后触发马氏体逆变，如图 6-30(a) 所示；柱子几乎已经恢复了原来的形状，图 6-30(b) 为柱的横断面透射电子显微镜(TEM)图像，进一步证明柱身内无裂纹存在。图 6-30(c)～(e) 所示的 TEM 图像进一步证实了为四方氧化锆结构。图 6-30(d) 中的高分辨率 TEM 图像，取自图 6-30(c) 中装饰有条纹的区域(用正方形标记)，显示了加热后由马氏体相反转而形成的四方相域。

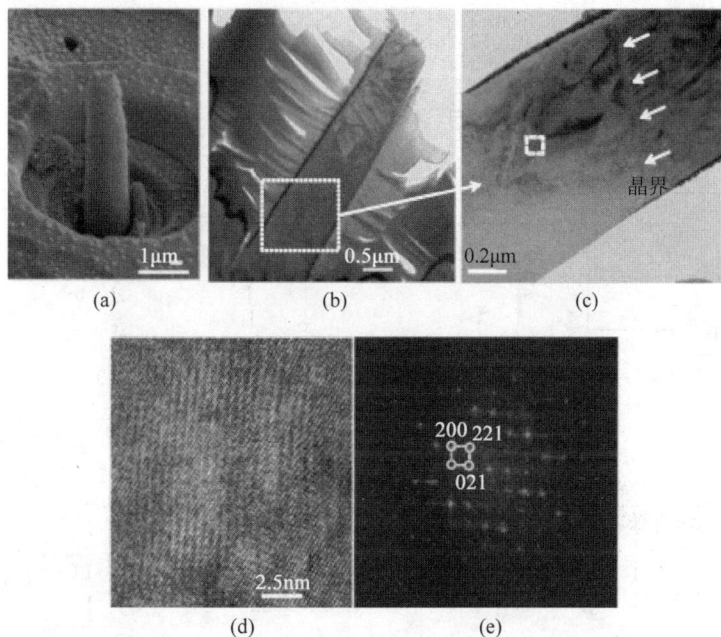

图 6-30　1 号柱变形 SEM 图像(a)和截面 TEM 图像(b)、(c)，
及其对应的高分辨(d)和傅里叶变换的斑点花样(e)

对于直径为 $0.7\sim1.7\mu m$ 的 $8\%CeO_2\text{-}0.5\%Y_2O_3\text{-}ZrO_2$ 陶瓷柱子，无开裂时获得的最大轴向压缩应变范围为 $3\%\sim8\%$。这种应变是可恢复的，即具有形状记忆效应。在有效直径为 $0.7\mu m$ 的微柱中，在 600℃时，7% 的应变可以完全恢复。

2. 三元组合 $ZrO_2\text{-}TiO_2\text{-}AlO_{1.5}$ 低滞后形状记忆陶瓷复合材料

为了克服形状记忆陶瓷复合材料的脆性，麻省理工学院 Christopher A. Schuh 教授团队采用计算热力学、相变物理、结晶学计算、机器学习等现代科学工具成功设计并制备出一种低热滞后氧化锆多晶马氏体新型形状记忆材料，热滞后仅为 15K，达到形状记忆合金的数量级。可用于高温环境，例如喷气发动机或深钻孔内的制动器等。

1）设计准则

为实现氧化锆陶瓷的低滞后，提出了四个设计准则：①相变拉伸张量的中间特征值 $\lambda_2=1$，使相界面应变量最小；②相变体积变化（$\Delta V/V$）低；③保证合金元素的溶入，1773K 下进行固溶；④高的相变温度（$M_s>773\mathrm{K}$），以降低相变时的晶格摩擦，减小热滞后。

2）建立结构模型

图 6-31 为建模的工作流程。首先通过计算热力学（CALPHAD）模型输入化学成分，以预测溶解度和相变温度（图 6-31(a)、(b)），然后通过机器学习（ML）模型计算相变温度下四方和单斜二氧化锆（ZrO_2）的晶格参数（图 6-31(c)），然后将晶格参数输入晶体运动相容性模型，计算相变结晶学（图 6-31(d)）。最后结合各模型的输出结果，精准预测形状记忆特性。

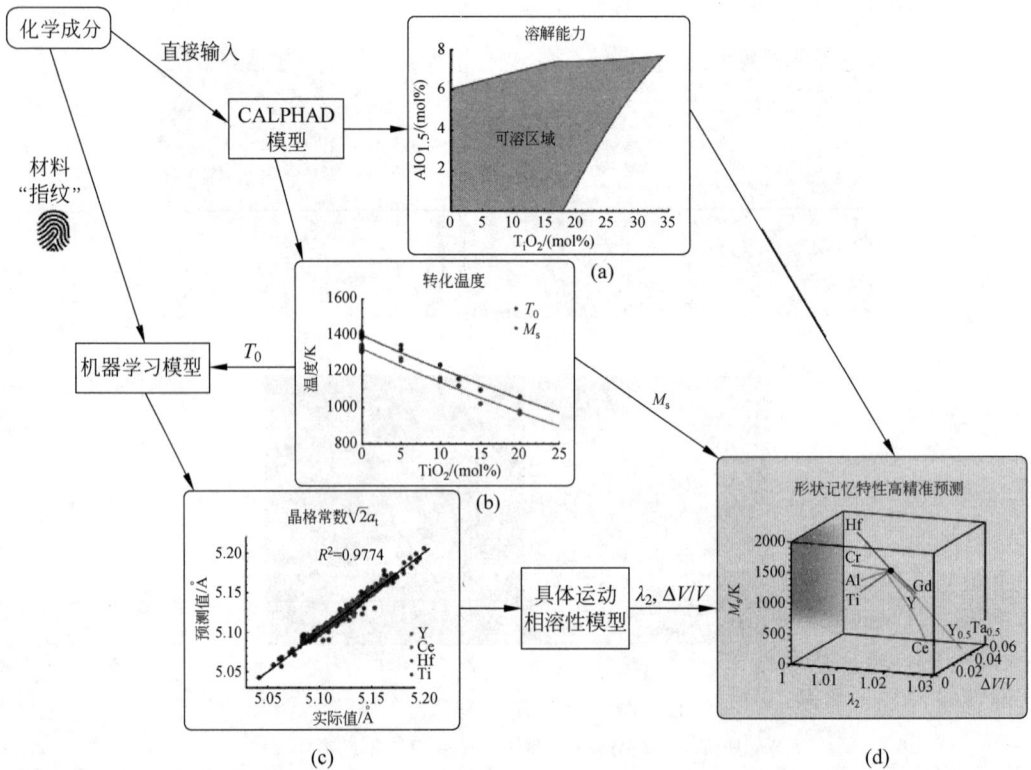

图 6-31 结合机器学习、计算热力学和晶格工程多方面建模方法
预测 ZrO_2 陶瓷复合材料的形状记忆特性流程图

3）优选最佳成分组合

为了确定理想的掺杂剂，首先模拟了各种掺杂剂对二元系统中 M_s、λ_2 和 $\Delta V/V$ 的影响（图 6-32），从中筛选出最理想的掺杂剂。在图 6-32 的基础上，再将筛选出的掺杂剂协同组合，发现 CeO_2，$Y_{0.5}Ta_{0.5}O_2$，$YO_{1.5}$ 和 $GdO_{1.5}$ 可使 λ_2 增加，并能快速降低 M_s 和抑制 $\Delta V/V$ 的值，添加 HfO_2、$CrO_{1.5}$、$AlO_{1.5}$ 和 TiO_2 时将使 λ_2 向 1 移动，同时保持一个合理的 M_s，TiO_2 和氧化铪能强烈降低 $\Delta V/V$。最终获得最佳的三元组合是 $ZrO_2\text{-}TiO_2\text{-}AlO_{1.5}$

（图 6-33(a)）。由于 TiO_2 和 $AlO_{1.5}$ 可协同溶解，同时添加将使 λ_2 向 1 下降，$\Delta V/V$ 也随之变小；模型预测：$\lambda_2 = 1$，$\Delta V/V = 2.3\% \sim 2.9\%$，$M_s = 676 \sim 703K$。为此，设计一组 TiO_2 与 $AlO_{1.5}$ 固定比率的 ZrO_2-$xTiO_2$-$0.25xAlO_{1.5}$，分别简写为 5Ti-1.25Al、10Ti-2.5Al、15Ti-3.75Al、20Ti-5Al 和 25Ti-6.25Al。这些成分在图 6-33(a)中用黑点表示。结果表明掺杂浓度较高时会出现一些深色颗粒 β-$ZrTiO_4$ 和黑色棒状物 Al_2TiO_5，如图 6-33(b)所示，测得的 M_s 温度（图 6-33(c)）、λ_2 和 $\Delta V/V$（图 6-33(d)）与模型预测高度吻合。表明随着 TiO_2 和 $AlO_{1.5}$ 添加量的增加，热滞后现象明显减弱（图 6-33(c)），在这些三元合金中，20Ti-5Al 组分的 $\lambda_2 = 1.0097$、$\Delta V/V = 3.21\%$、热滞=29K，较纯二氧化锆（$\lambda_2 = 1.0146$、$\Delta V/V = 3.82\%$、热滞=130~250K）均有减小。

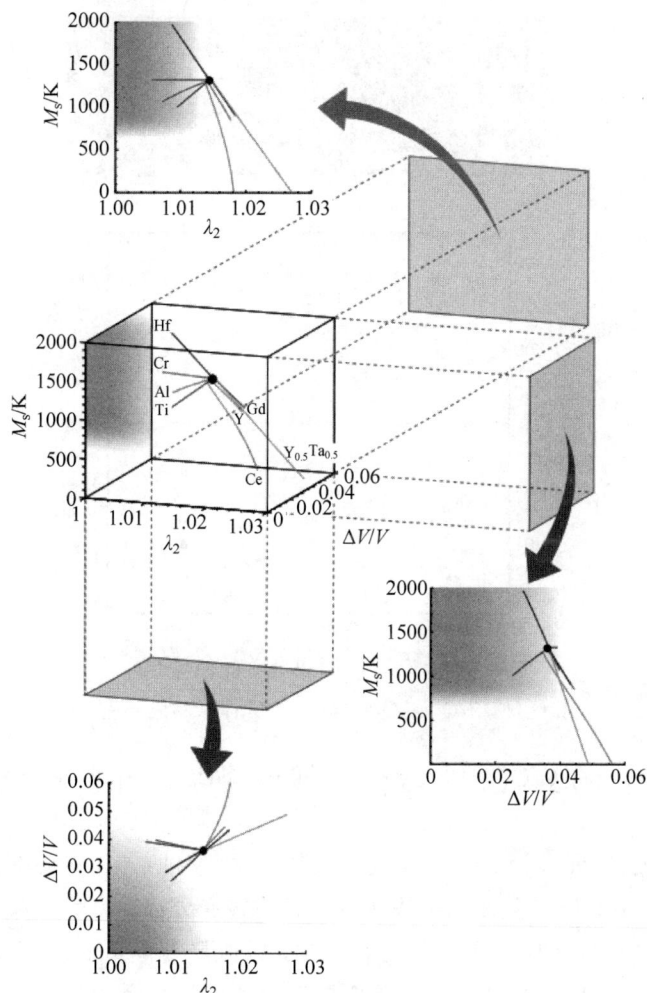

图 6-32　掺杂对 ZrO_2 陶瓷二元体系的 M_s、$\Delta V/V$ 和 λ_2 的影响

在三元体系已取得良好结果的基础上进行第四元掺杂，如 HfO_2 和 $CrO_{1.5}$ 等。由于 HfO_2 会抑制 TiO_2 和 $AlO_{1.5}$ 的能力，因此被排除在外。另外，由于 TiO_2 和 $CrO_{1.5}$ 之间存

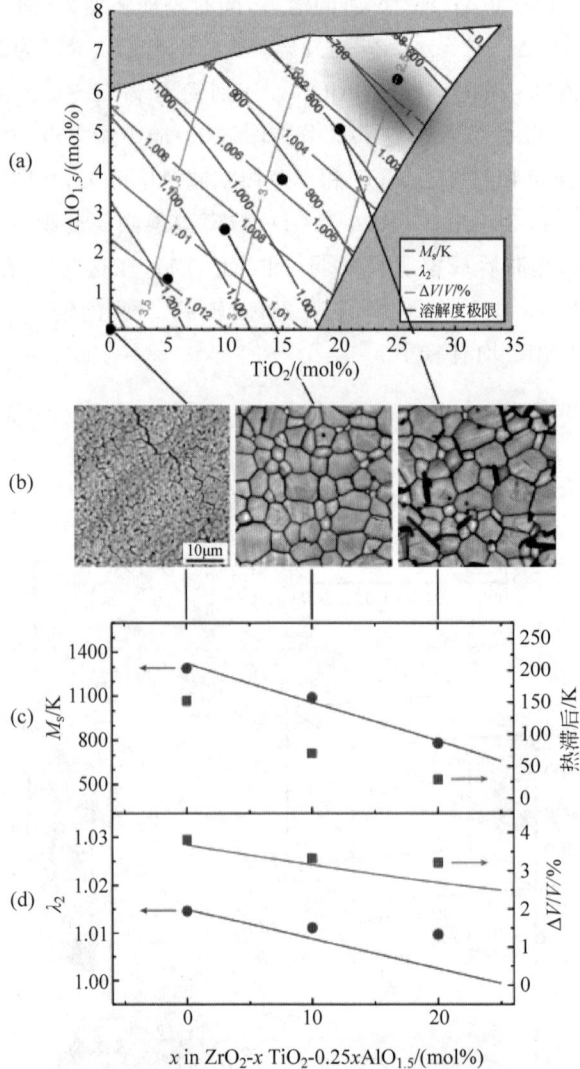

图 6-33　ZrO_2-TiO_2-$AlO_{1.5}$ 三元体系的成分优选

在热力学协同作用，若将 $CrO_{1.5}$ 加入 ZrO_2-$17TiO_2$-$3AlO_{1.5}$ 体系中，可达 $6mol\%$ $CrO_{1.5}$ 的完全溶解度。

图 6-34 为二元、三元、四元 ZrO_2 陶瓷加热冷却循环时四方相转化率曲线及其与 SMA 的热滞后的比较。用原位 X 射线衍射法测定单斜相转变分数。二元样品显示出超过 150K 的宽热滞（图 6-34(a)），相比之下，三元合金热滞后值显著降低。最值得注意的是，四元 ZrO_2 陶瓷的热滞后值极低，仅为 15K。该值接近形状记忆合金的量级，且该材料具有超过 10% 的相变应变（图 6-34(b)）。改善的热滞后不是通过减小相变应变实现的，而是通过提高它们的相溶性实现的。

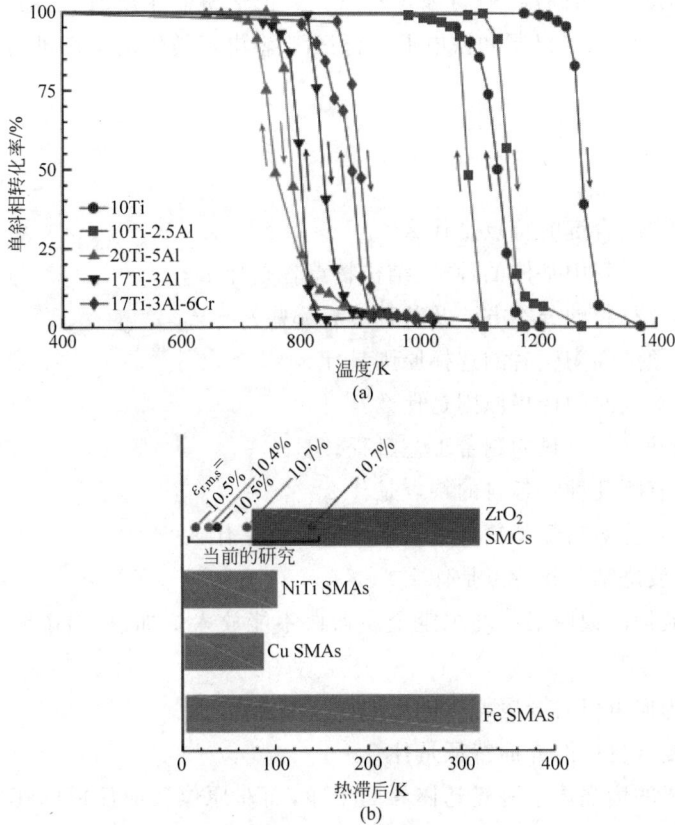

图 6-34 二元、三元、四元 ZrO_2 陶瓷加热冷却热滞后循环曲线及其与 SMA 的热滞后比较

本章小结

陶瓷材料具有高硬度、耐高温、耐磨损、耐腐蚀及密度轻等许多优良性能,脆性是其致命弱点,增韧是陶瓷研究的重点。陶瓷材料中的化学键一般为介于共价键和离子键间的混合键。脆化的根本原因在于其共价键。陶瓷材料的典型结构有闪锌矿结构、金红石结构、铅锌矿结构、萤石结构、NaCl 结构、赤铜矿结构、CsCl 结构、刚玉结构、方石英结构及其他结构。陶瓷材料中的硅酸盐结构较为复杂,其普遍特点是存在 $[SiO_4]^{4-}$ 结构单元,硅酸盐晶体根据 $[SiO_4]^{4-}$ 的连接方式,可分为岛状、层状、链状、组群状和架状等 5 种结构。

陶瓷基复合材料的增强体通常也称为增韧体,一般有纤维(长、短)、晶须和颗粒三种。陶瓷基复合材料强韧化的途径有:颗粒弥散增韧、纤维(晶须)补强增韧、层状复合增韧、金属复合增韧及相变增韧(指 ZrO_2)。陶瓷基复合材料按材料功用分为结构型与功能型两类;若按增强材料形态可分为颗粒、纤维(晶须)与片材增强陶瓷基复合材料。

碳/碳复合材料除能保持碳(石墨)的优良性能外,还克服了自身的缺点,具有密度小、比强度和比弹性模量高、烧蚀热大、烧蚀率低、耐磨性能优、生物相容性好等特点。

具有形状记忆效应的陶瓷可作为增强体或基体制备具有形状记忆功能的复合材料。它具有记忆性强、强度高、耐高温、耐腐蚀等特点。其记忆机制主要有三种：黏弹性形状记忆机制，马氏体相变形状记忆机制和铁电形状记忆陶瓷-电场诱发的记忆机制。

思考题

1. 陶瓷材料中结合键的特点是什么？
2. 陶瓷基复合材料中基体的种类、结构特点各是什么？
3. 陶瓷基复合材料的分类方法及其种类有哪些？
4. 纤维或晶须增强陶瓷时的选择原则是什么？
5. 片材增强陶瓷时的选择原则是什么？
6. 简述陶瓷基复合材料的制备工艺过程。
7. 成型工艺有哪几种？各自的特点是什么？
8. 不同烧结工艺对陶瓷基复合材料性能的影响是什么？
9. 什么是微波烧结？其特点是什么？
10. 一般微波炉的说明书中均规定金属器皿不能放入炉加热，但微波炉的壁均为金属材料，为什么？
11. 微波炉为何可以对金属粉体进行加热甚至烧结？
12. 陶瓷基复合材料的界面特征是什么？
13. 原位合成的增强体与陶瓷基体界面干净，而非原位反应而成的在界面处易产生析出相，为什么？
14. 碳/碳复合材料的制备工艺是什么？
15. 碳/碳复合材料的力学性能特点是什么？
16. 简述陶瓷基复合材料在航空、航天领域中的应用前景。

选择题和答案

第7章

金属基复合材料

金属基复合材料(metal matrix compisites,MMCs)是指以金属及其合金为基体,以一种或几种金属或非金属为增强相,人工合成的复合材料。组成复合材料的各种材料称为组分材料,组分材料间一般不发生作用,均保持各自的特性独立存在。与传统金属材料相比,金属基复合材料具有较高的比强度和比刚度;与聚合物基复合材料相比,它具有优良的导电性和导热性;与陶瓷材料相比,它具有较高的韧性和抗冲击性能。因此,金属基复合材料具有一般材料不具有的独特性能,克服了单一的金属、陶瓷、高分子材料在性能上的局限性,充分发挥各组分材料的优良特性,取长补短,可使金属基复合材料满足各种特殊和综合性能的要求,也可实现经济利益最大化,因而,在航空、航天、电子、汽车等领域,金属基复合材料的应用正不断扩大。

7.1 金属基复合材料与合金的区别和联系

复合材料不同于合金,合金是指一种金属与另一种金属或非金属(或多种)混合形成以金属键为主的物质,仍保持金属特性。此时,组成合金的金属或非金属称为组元,合金至少为二元合金,一般为多元合金。二元合金中的典型代表为铁-碳二元合金。合金中的组元将发生物理或化学作用,形成合金的组成相。物理作用时形成溶质溶于溶剂并保持溶剂结构的固溶体。化学作用时则形成不同于任一组元结构的新物质即化合物。合金中的组元在合金中不复存在,而是以固溶体或化合物的形式存在。固溶体与化合物即构成了合金的两个基本相。基本相是组元在合金中的存在方式。以铁-碳二元合金为例,组元为铁和碳,组元在合金中发生作用形成基本相,如图 7-1 所示。

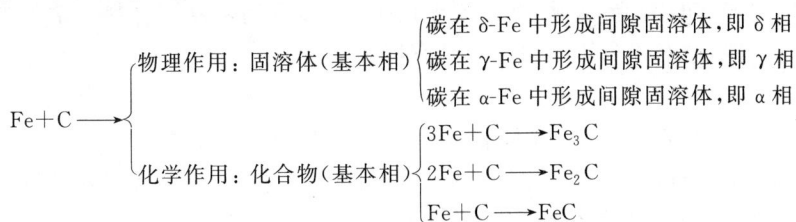

$$
\text{Fe}+\text{C} \longrightarrow
\begin{cases}
\text{物理作用：固溶体(基本相)}
\begin{cases}
\text{碳在 }\delta\text{-Fe 中形成间隙固溶体,即 }\delta\text{ 相}\\
\text{碳在 }\gamma\text{-Fe 中形成间隙固溶体,即 }\gamma\text{ 相}\\
\text{碳在 }\alpha\text{-Fe 中形成间隙固溶体,即 }\alpha\text{ 相}
\end{cases}\\
\text{化学作用：化合物(基本相)}
\begin{cases}
3\text{Fe}+\text{C} \longrightarrow \text{Fe}_3\text{C}\\
2\text{Fe}+\text{C} \longrightarrow \text{Fe}_2\text{C}\\
\text{Fe}+\text{C} \longrightarrow \text{FeC}
\end{cases}
\end{cases}
$$

图 7-1 铁-碳二元合金组元间的相互作用

由图 7-1 可知,组元在合金中以基本相即固溶体和化合物的形式存在,相与相间存在界面,合金的性能主要取决于基本相的大小、形貌及其在合金中的分布即组织。从合金组成相的角度看,合金也可看成不同相的复合,即合金可以看成更高层次上的复合材料。

7.2　金属基复合材料的分类

金属基复合材料的分类方式较多,一般可归为以下三种。

1. 按基体分

主要有铝基、镍基、钛基、铜基、铁基、镁基、锌基、金属间化合物基等复合材料。目前主要以铝基、镁基、镍基、钛基的研究较为深入,已在航空、航天、电子、汽车等领域得到应用。

1) 铝基复合材料

以纯铝或其合金为基体材料的复合材料,是金属基复合材料中研究最为深入、应用最为广泛的一种复合材料。由于基体合金为面心结构,因而具有良好的塑性和韧性,还具有较好的可加工性、工程可靠性及价格低廉等优点。实际应用中基体金属一般均采用铝合金,它比纯铝具有更好的综合性能。

2) 镍基复合材料

以纯镍或其合金为基体材料的复合材料。由于镍的高温性能优异,该种复合材料主要用于高温部件。

3) 钛基复合材料

随着飞行速度的提高,对飞机结构材料的刚度提出了更高的要求,当飞机速度从亚声速提高到超声速时,钛合金比铝合金显示出了更大的优越性。随着飞行速度的进一步提高,需要改进飞机的结构设计,采用更长的机翼和其他翼形,需要更高刚度的材料,而纤维增强的钛合金恰好满足这种对材料的要求。钛基复合材料中最常用的增强体为硼纤维,这是由于钛与硼的热膨胀系数相近。

4) 铜基复合材料

一般采用颗粒增强铜或其合金,铜基复合材料的主要目的是提高铜基体的耐磨性能。在船用机械中,如绞缆机中的涡轮蜗杆等部件均采用铜合金,其耐磨性能仍难以满足使用要求,若采用陶瓷颗粒增强铜基体形成铜基复合材料,可显著提高其耐磨性能。

5) 铁基复合材料

铁基复合材料发展历史较短,是在铁基体(或钢基体)中加入第二相增强体,一般为陶瓷颗粒。所加颗粒一般为原位反应产生的陶瓷颗粒,如在钢水中加入 Ti＋C 的混合粉体,使之发生化学反应原位生成 TiC 颗粒,并弥散分布于钢水中,形成钢基复合材料。增强颗粒可显著提高钢的耐磨性能,这对工具钢如刀具等具有现实意义。

6) 镁基复合材料

以陶瓷、纤维或晶须为增强体,使之在镁基体中均匀分布制成镁基复合材料。它集超轻、高比强度、高比刚度于一身,该类材料比铝基复合材料更轻,将是航空航天领域的优选材料。如斯坦福大学用箔冶金扩散焊接方法制备了 B_4C_p/Mg-Li 复合材料,其比强度、比刚度较工业铁合金高 22%,屈服强度也有所提高,并具有良好的延展性。目前,关于 SiC 增强的镁基复合材料研究较为成熟,这是由于 SiC 与镁基体的界面润湿性较好。

7）金属间化合物基复合材料

金属间化合物具有低密度、高强度、较强的热传导性及良好的耐热性能,其冷却效率较高而热应力较小,被用作高温结构材料,尤其是用于航空发动机的高温部件如叶片等。由于晶体结构中存在共价键,金属间化合物存在脆性,为提高其韧性,人们采用合金化、晶粒细化、复合强化以及定向凝固技术、单晶技术、电热爆炸技术等对其进行改性。其中复合强化是一种有效手段,特别是颗粒增强金属间化合物基复合材料由于制造工艺相对简单、各向同性、基体与增强体之间热膨胀系数的匹配不太敏感而备受关注。郭建亭等合成了内生颗粒增强的 NiAl 基耐高温复合材料,与 NiAl 比较,NiAl 基复合材料的高温强度是 NiAl 的 3～5 倍,塑性和韧性也同时得到改善。增强体与基体在多数情况下形成一个光滑、平直、无中间相的界面,而且一般以非共格或半共格的界面结合形式存在。界面两侧为直接的原子结合,结合强度高。

2. 按增强体分

1）颗粒增强复合材料

增强相为弥散分布的颗粒体,颗粒直径和颗粒间距较大,一般大于 $1\mu m$。增强相为主要的承载相,而基体的作用主要是传递载荷。颗粒增强复合材料的强度通常取决于增强颗粒的直径和体积分数,同时还与基体性质、颗粒与基体的界面以及颗粒排列的几何形状等密切相关。

2）纤维（长、短）及晶须增强复合材料

根据纤维长径比的不同可分为长纤维、短纤维和晶须三种,长纤维的增强方式可以一维即单向纤维、二维织布和三维织物存在。一维增强时复合材料呈现出明显的各向异性特征;二维织布增强时在该平面方向的力学性能与垂直于该平面方向的不同;三维织物增强时基本上呈各向同性。纤维增强金属基复合材料时,纤维是承受载荷的主要载体,纤维与基体的界面对力学性能影响较大,纤维的加入不仅增强了材料的力学性能,还提高了材料的耐热性能。

短纤维和晶须在基体中为随机分布,因而性能在宏观上呈现出各向同性;特殊情况下,短纤维也可实现定向排列,如对复合材料进行挤压二次加工,实现晶须的定向排布,将使材料性能各向异性。

3）层状增强复合材料

层状增强复合材料即在韧性和成型性较好的金属基材料中含有重复排列的高强度、高模量层状增强物的复合材料。片层的间距是微观的,故在正常比例下,材料按其结构组元看,可以认为是各向异性和均匀的。

层状增强复合材料的性能与大尺寸增强物的性能相近,而与晶须或纤维等小尺寸增强物的性能相差较大。由于薄片增强的强度不如纤维增强的高,因此层状结构复合材料的强度受到限制,但在增强平面的各个方向上,薄片增强物对强度和模量均有增强作用,这明显优于纤维增强复合材料。

3. 按特性分

1）结构复合材料

结构复合材料主要用于承力结构,具有高的比强度、比刚度和比模量,尺寸稳定,耐热等特点。主要用于航空、航天、汽车、先进武器系统等高性能构件。

2）功能复合材料

除力学性能外，还有其他如物理性能和化学性能也可通过复合实现增强。物理性能主要包括电、磁、热、声、阻尼、摩擦等性能，化学性能主要包括抗氧化性能、耐蚀性能等。功能复合材料的应用十分广泛，可用于汽车、电子、仪器、航空、航天、武器等领域。

7.3　金属基复合材料的性能

7.3.1　比强度和比模量

在金属基体中加入适量的高强度、高模量、低密度的纤维、晶须、颗粒等增强体，显著提高了复合材料的比强度、比刚度和比模量，特别是高性能的连续纤维（硼纤维、碳纤维、石墨纤维等）增强体，具有很高的强度和模量。密度只有 $1.85g/cm^3$ 的碳纤维最高强度可达 7000MPa，比铝合金强度高出 10 倍以上，碳纤维的最高模量可达 91GPa；硼纤维、碳化硅纤维的密度为 $2.4\sim3.4g/cm^3$，强度为 $3500\sim4500$MPa，模量为 $350\sim450$GPa。在金属中加入高性能、低密度的增强体，可使复合材料的比强度、比模量成倍增加。采用高比强度、高比模量的金属基复合材料制成的构件相对密度轻、强度高、刚性好，是航空、航天领域中的理想材料。

7.3.2　疲劳性能和断裂韧性

金属基复合材料的疲劳性能和断裂韧性取决于纤维、晶须及颗粒等增强体与基体的界面结合状态，增强体在基体中的分布，以及增强体自身的特性等因素，这些因素中最关键的是增强体与基体的界面结合状态，适中的界面结合强度可有效传递载荷，阻止位错运动和裂纹的形成与扩展，提高材料的断裂韧性。

7.3.3　耐高温性能

由于增强体(纤维、晶须、颗粒等)一般为无机物，在高温下具有高强度和高模量，与基体复合后，可使复合材料的耐热性能明显提高。如无机纤维与金属基体复合后，纤维在复合材料中起主要的承载作用，高温时纤维的强度几乎不下降，纤维增强金属基复合材料的高温性能可保持到接近金属熔点，其耐热性能与金属基体相比显著提高。如石墨纤维增强铝基复合材料在500℃时，仍具有600MPa的高温强度。而铝基体在300℃时强度已低于100MPa。特别是一些摩擦副，如铝合金在高温时耐磨性能显著降低，甚至会发生咬合现象，而SiC颗粒增强的铝基复合材料可在300℃仍保持正常工作。

7.3.4　导电与导热性能

虽然有的增强体如陶瓷颗粒等为绝缘体，不导电，但在复合材料中仅占小于40%的份额，故基体的导电性、导热性并未被完全阻断，金属基复合材料仍具有良好的导电性和导热性。良好的导热性可有效传热，减少构件受热后产生的温度梯度和热应力，可使构件保持良好的尺寸稳定性,这对高集成度的电子器件尤为重要。良好的导电性可以防止飞行器构件产生静电聚集甚至放电现象。

若采用高导热性的增强体,还可进一步提高金属基复合材料的热导率,使复合材料的热导率比纯基体还高。采用超高模量石墨纤维、金刚石纤维、金刚石颗粒增强铝基、铜基复合材料的热导率比纯铝、纯铜的还高,用它们制成的集成电路底板和封装件可有效迅速散热,提高集成电路的可靠性。

7.3.5　耐磨性能

在金属基体中加入增强体,尤其是陶瓷纤维、晶须、颗粒等,陶瓷材料具有硬度高、耐磨、化学性稳定等优点,它们不仅可提高复合材料的强度、刚度,还可显著提高复合材料的耐磨性能。如 SiC 颗粒增强铝基复合材料可使其耐磨性相比基体提高 2 倍以上,甚至比铸铁还好。SiC_p/Al 复合材料的高耐磨性在汽车、机械工业具有重要的应用前景,可用于汽车刹车片、活塞等重要零件。

7.3.6　热膨胀性能

碳纤维、碳化硅纤维、晶须、硼纤维等增强体的膨胀系数相比金属基体的要小得多。由复合理论可知,复合材料的膨胀系数将随增强体体积分数的提高而降低,特别是石墨纤维具有负的热膨胀系数,控制加入量可调整复合材料的热膨胀系数,甚至实现复合材料的零膨胀,以满足各种不同的需求。如石墨纤维增强镁基复合材料,当石墨纤维含量达 48% 时,复合材料的热膨胀系数为零,即在温度变化的环境中,复合材料无变形,尺寸稳定。

7.3.7　吸潮、老化及气密性

金属基复合材料相比聚合基复合材料与聚合物,不吸潮、不老化且气密性好,在太空中使用不会分解出低分子物质污染仪器和环境,具有明显的优越性。但金属基复合材料的切削加工性相对较差,加工表面质量相对较差。

总之,金属基复合材料具有高的比强度、比刚度、比模量,良好的导电性、导热性、耐热性,低的膨胀系数,优异的尺寸稳定性等优点,在航空、航天、电子、汽车、轮船、军工等领域均具有十分诱人的应用前景。

7.4　金属基复合材料的制备工艺

金属基复合材料的制备工艺种类繁多,主要根据基体与增强体的性质决定,基体的选用一般有三条原则。

(1) 复合材料的使用要求。

这是选择基体材料的主要依据,航空航天领域需选用比强度高、比模量高、耐高温和线膨胀系数低的材料;汽车发动机领域则选用耐热、耐磨、膨胀系数低、成本低、易工业化的材料;电子工业领域选用导电、导热性能优异的材料。

（2）复合材料的组成特点。

不同的增强体对基体的选择影响较大。当增强体为长纤维时，要求基体的塑性好，能与增强体有良好的相容性，并不要求基体具有很高的强度和模量，此时，纤维是主承载体。当增强体为短纤维或晶须时，基体成了主承载体，此时应选高强度的基体。

（3）复合材料的界面相容性。

复合材料的界面相容性包括增强体与基体间的物理相容性和化学相容性。物理相容性包括增强体与基体间的良好润湿性和热胀的匹配性；化学相容性则表示增强体与基体界面处的化学稳定性或反应的可能性，界面处应避免发生有害的化学反应。通过在基体中添加合金元素可调节金属基复合材料的界面相容性。如在碳纤维增强的铝基复合材料中，添加少量的 Ti、Zr 等元素，可明显改善复合材料的界面结构和性质，大幅提高复合材料的性能。

此外，还要依据其工作的温度和环境。如当工作温度在 450℃ 以下时，选 Al、Mg 及其合金；当工作温度在 450～1000℃ 时，选 Ti、Fe 及其合金；当工作温度在 1000 ℃ 以上时，选 Ni 金属及其合金（600～1100℃）、NiAl 金属间化合物基、Nb 金属及其合金。金属间化合物基复合材料使用温度可达 1600℃。

金属基复合材料的制备方法根据增强体产生的方式不同可分为内生型和外生型两种，内生型是指增强体通过组分材料间的放热反应在基体中产生，增强体的表面无污染、与基体的界面干净、结合强度高、化学稳定性好，且反应放热还可使挥发性杂质离开基体，起到净化基体的作用。内生型法又称原位反应法，包括自蔓延燃烧反应法、放热弥散法、接触反应法、气液固反应法、直接熔体氧化法、球磨合成法、浸渗反应法、混合盐反应法、微波合成法等。而外生型法包括固态法、液态法等。

7.4.1　内生型法

1. 自蔓延燃烧反应（self-propagating high temperature synthesis，SHS）法

基本原理如图 7-2 所示，是将增强相的组分原料 A 与金属粉末 B 充分混合，挤压成型，在真空或惰性气氛中预热或室温下点火引燃，使 A、B 之间发生放热化学反应，放出的热量引起未反应的邻近部分相继反应生成 AB，直至反应全部完成。反应生成的增强相弥散分布于基体中。

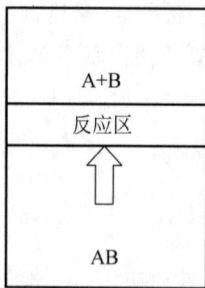

图 7-2　自蔓延燃烧反应法原理示意图

SHS 法需要一定的条件：①组分之间化学反应的热效应可达 167kJ/mol；②反应过程中的热损失（对流、导热、辐射）应小于反应系统的放热量，以保证反应不中断；③在反应过程中应能生成液态或气态反应物，便于生成物的扩散传质，使反应迅速进行。SHS 法的主要影响因素：预热温度、预热速率、引燃方式、反应物的粒度和致密度等。表征 SHS 法工艺的主要参数有燃烧波的形态、燃烧波的速度、绝热燃烧温度等。

运用 SHS 法可制备 TiC、TiB_2、Al_2O_3、SiC_p、Ta_xSi_y、$MoSi_2$、HfB_2 等陶瓷颗粒或以其为增强相的铝基复合材料，以及在金属表面进行陶瓷粒子或金属间化合物的涂覆。为了提高反应产物的致密度，可采用致密化技术，如 SHS＋HIP、SHS＋HP、SHS＋HE、SHS＋Casting 等。蔡（Choi）等利用

SHS法制备 Al-Ti-C系复合材料,未采用致密化技术时,反应产物的密度仅达理论密度的78%,而采用热等静压致密后,密度高达理论密度的92%。

该法的优点是生产工艺简单,反应迅速,能耗少,成本低;反应热可熔化、蒸发挥发性杂质,提高反应产物的纯度;能制备单相陶瓷、复相陶瓷或金属陶瓷等高熔点物质。不足是需引燃装置,反应产物的空隙率高,激烈的反应过程难以控制,反应产物中易出现缺陷集中和非平衡过渡相,有的反应需在保护气氛中进行。

2. 放热弥散(exothermic dispersion,XD)法

XD法是美国 Martin Arietta Laboratory 在 SHS 法的基础上改进而来的,其基本原理是将增强相组分物料与金属基粉末按一定的比例均匀混合,冷压或热压成坯,置于真空炉中,如图 7-3 所示。以一定的加热速度预热试样至一定温度时(通常高于基体的熔点而低于增强相的熔点),增强相各组分物料之间进行放热化学反应生成增强相,并在基体中呈弥散分布。

XD法已被用来合成复相陶瓷、金属陶瓷、金属基复合材料以及陶瓷基复合材料。常用于热爆合成的反应体系有 $Al-TiO_2-B$(B_2O_3、C、B_4C)、$Al-ZrO_2-B$(C、B_2O_3、B_4C)、$Al-N_2O_3$、$Ti-B_4C$、$Al-SiO_2-C(Mg)$等。与SHS法相比,该法无引燃装置,设备简单;反应产物空隙少,密度高;预热温度低,能耗少;反应过程便于控制;

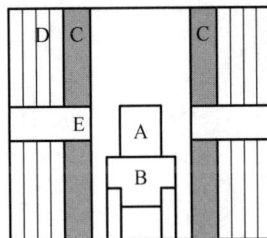

A-试样;B-样品架;
C-加热炉膛;D-隔热钼板;E-监视窗口
图 7-3　XD 法合成示意图

可进行一些 SHS 法难以进行的反应。该法的缺点是工艺流程长,反应过程的影响因素多,能反应的体系相对较少。

3. 接触反应(contact reaction,CR)法

CR法是在 SHS 法、XD 法的基础上发展而来的,其基本原理如图 7-4 所示。含增强相的组分元素或化合物均匀混合后挤压成坯,直接或预热后置入高温基体合金液中,使之接触发生化学反应,反应热一方面使压坯碎裂,增加反应接触面积,促使反应进一步进行;另一方面可使反应产物向基体中扩散,在机械搅拌或超声波的作用下使增强相在基体中弥散分布,然后静置浇注成试样。

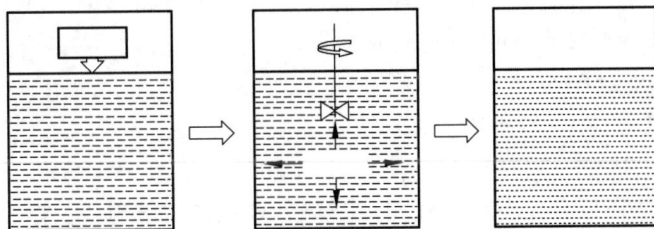

图 7-4　CR 法合成示意图

常用的元素粉末有 Ti、C、B 等,化合物粉末有 Al_2O_3、TiO_2、B_2O_3 等,基体金属常见的是 Al、Cu、Fe 等。该法可制备不同基体的复合材料。该法虽然工艺简单、成本低,但反应不均匀,甚至不完全,易造成成分偏析;反应过程难以控制,有气体析出,污染工作环境;熔体

温度高、能耗大，表面易氧化，反应需在保护气氛下进行。

4. 气液反应（vapor liquid synthesis，VLS）法

在 VLS 法中有气相参与反应，原理如图 7-5 所示。含有增强相某一组分元素的气体 A 以惰性气体为载体通入液态合金 B 中，气体直接与合金液发生反应，或气体在合金液中分解出增强相的某一组分元素，再与基体合金中的某一元素结合生成增强相，并在基体中扩散分布。该法适合要求增强相尺寸小（$0.1\sim0.3\mu m$）和体积分数较低（$<15\%$）的复合材料制备。

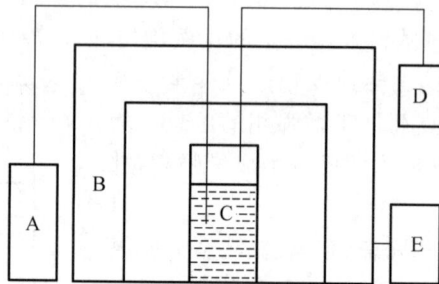

A-气体源；B-加热炉；C-合金液；D-保护气体；E-真空泵

图 7-5　VLS 法合成示意图

常见的反应有

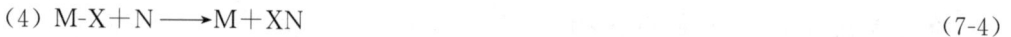

$$（1）\ CH_4 \longrightarrow C+2H_2 \tag{7-1}$$

$$（2）\ M\text{-}X+CM \longrightarrow 2M+XC \tag{7-2}$$

$$（3）\ 2NH_3 \longrightarrow 2N+3H_2 \tag{7-3}$$

$$（4）\ M\text{-}X+N \longrightarrow M+XN \tag{7-4}$$

式中，M 为金属元素，X 为合金元素，M-X 为基体合金。

如在 Al-Ti 合金液中通入甲烷（CH_4）气体，制备 TiC 颗粒增强 Al-Ti 合金基复合材料。需指出的是，CH_4 通入液态基体中，发生分解反应：$CH_4 \longrightarrow C+2H_2$，分解出的碳有两种不同的形态，一种是细颗粒状的炭黑，另一种是球状或纤维状的石墨，这主要取决于分解温度和背底条件，在一定的条件下 CH_4 气体还可分解出金刚石状的碳粒子，分解后的碳在液态金属液中沉积扩散并与合金元素 Ti 结合生成 TiC 及中间相 Al_4C_3、$TiAl_3C$，反应时间足够时中间相将转变为稳定相 TiC，反应过程如下：

$$（1）\ 4Al+3C \longrightarrow Al_4C_3 \tag{7-5}$$

$$（2）\ Al_4C_3+12Ti+C \longrightarrow 4Ti_3AlC \tag{7-6}$$

$$（3）\ Ti_3AlC+2C \longrightarrow 3TiC+Al \tag{7-7}$$

目前，运用该法还可合成多种陶瓷相，如粒状 AlN、柱状 $\beta\text{-}Si_3N_4$ 等。该法的优点是工艺相对简单，操作方便。缺点是设备复杂，反应过程及增强相的产生量难以控制；增强相的分布不均匀，凝固结晶时易造成质量偏析；有些气体分解困难或不完全，反应产物也不易控制。

5. 直接熔体氧化（direct melt oxidation，DIMOX）法

其原理如图 7-6 所示，增强相靠熔体的直接氧化而来，即将熔体直接暴露在空气中，空

气中的氧与基体合金液直接接触,熔体表面被氧化(如 Al_2O_3、TiO_2 等)构成熔体的表面膜,氧化层由于温度梯度而产生裂纹,里层金属液通过氧化层微小裂缝向上毛细扩散,与氧继续反应,随着氧化层的厚度增加,金属液的毛细扩散阻力增大,到某一时刻扩散停止,氧化反应也就结束,生成的氧化物即增强相。

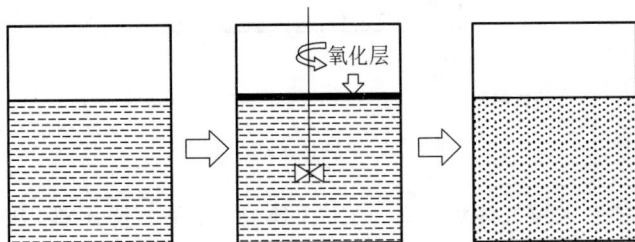

图 7-6　DIMOX 法合成示意图

运用该法制成了 Al_2O_3/Al-Mg-Si、Al_2O_3/Al-Mg、Al_2O_3/Al-Zn 等复合材料。

该法具有工艺简单,无需气氛保护,反应过程时间短,成本低,可直接铸造成型,易于产业化的优点。但增强相的生成量和形态不易控制,分布的均匀性也不高。

6. 球磨合成(milling synthesis,MS)法

MS 法是多种粉末直接形成合金的一种工艺,首先将各种所需的粉末置于球磨罐中球磨,使粉末变形、粉碎,局部高温反应生成弥散分布的增强体,再将球磨后的粉末脱气、热压或冷处理固化成型,该法也称为机械合金化法。

MS 法适合制造陶瓷或金属间化合物作为弥散相的合金,如采用 CuO 粉和 Al 粉 MS 法制备粒径分别为 $50\sim100$nm 的 $CuAl_2$ 和 $10\sim50$nm 的 Al_2O_3、Al_4C_3 增强的铝基复合材料。在球磨 Al 粉和 Ti 粉的过程中通入可控气氛 N_2,从而直接制成 TiN、(Ti,Al)N 复相陶瓷增强的铝基复合材料。

该法的优点是增强相是在常温或较低温度下在真空罐中通过化学反应产生的,尺寸细小,分散比较均匀;在机械合金化过程中形成的过饱和固溶体在随后的热加工过程中会脱溶分解,生成呈弥散分布的细小的金属化合物粒子;粉末系统的储能高,有利于降低其致密化的温度;制成的材料不受相率的支配,可比较自由地选择金属和构成相。缺点是粉末要求严格,制造成本高,表面易氧化、污染,球磨易使粉末非晶化或产生过渡相。

7. 混合盐反应(London Scandinavian Metallurgical,LSM)法

该法是英国 London Scandinavian Metallurgical 公司发明的专利技术。其基本原理(图 7-7)是将含有增强相组元的盐混合,预热后再加入金属基体的熔体中,高温下盐中增强相的组元被金属还原并在基体熔体中结合生成增强相,去掉熔渣即可浇铸成型。

利用 K_2TiF_6 盐和 C 粉混合预热后置入 Al 熔体中,经反应、充分搅拌后可制得 TiC 颗粒增强的铝基复合材料。若运用 TiO_2-H_3BO_3-Na_3AlF_6 混合后置入 Al-4.5Cu 合金溶液中,950℃左右发生化学反应,通过调整混合盐的计量比,可制得增强相仅为 TiB_2 颗粒,Al-4.5Cu 为基体的复合材料。

该法优点是工艺简单,无需气氛保护,也无需球磨混合以及冷挤压成坯等工序;反应后可直接浇注成型,盐原料成本低。缺点是增强相与基体的结合界面有盐膜阻隔,降低了界面

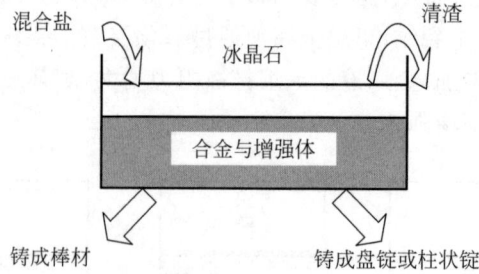

图 7-7　LSM 法原理示意图

结合强度；反应过程有大量气体溢出，污染工作环境；熔渣去除困难，且有腐蚀性；增强相的体积分数不高等。

8. 浸渗反应（pressureless metal infiltration，PRIMEX）法

PRIMEX 法是将增强相预制块置入基体液中，基体液一方面在可控气氛的作用下渗入预制块；另一方面又与可控气氛发生化学反应，生成新的增强相，并弥散分布于基体中。该法与 VLS 法和 DIMOX 法均不同，VLS 法是可控气氛直接或经分解后与基体液反应产生增强相，DIMOX 法是基体液暴露于大气中与空气中的氧结合生成增强相，而 PRIMEX 法则是基体液在可控气氛的作用下进入增强相预制块的同时还与之发生反应产生新的增强相，形成复相增强的复合材料。

在 Al-Mg 合金液中置入增强相 Al_2O_3 压坯，并通入可控气氛 N_2，合金液在 N_2 的作用下渗入增强相的压坯中，同时还与 N_2 作用生成新增强相 AlN，制成 Al_2O_3 和 AlN 复相增强的铝基复合材料。此外，该法还可制备如 B_4C/Al、SiC、AlN/Al 等复合材料。

但增强相预制块的孔隙率较难控制，基体液与可控气氛的反应以及基体液在预制块中的浸渗程度难以精确控制。

9. 微波合成（microwave synthesis，MS）法

微波是一种频率在 $0.3\sim300GHz$，即波长在 $1mm\sim1m$ 的电磁波。物质在微波作用下发生电子极化、原子极化、界面极化、偶极转向极化，将微波的电磁能转化为热能，微波加热具有整体性、瞬时性、选择性、环境友好性等特点。用于微波合成的频率一般为 $2.45GHz$，也有采用 $28GHz$、$60GHz$ 甚至更高的频率。

根据物质与微波的作用特性，可将物质分为三大类：①透明型，可使微波部分反射及部分穿透，很少吸收微波，主要为电绝缘性材料，如四氟乙烯等；②全反射型，对微波几乎全反射，仅极少量的入射微波能透入，主要为导电性好的金属材料；③吸收型，主要是一些介于金属与绝缘体之间的电介质材料，包括纺织纤维材料、纸张、木材、陶瓷、水、石蜡、金属粉末材料等。

虽然金属材料为导体，反射微波，仅能使其表面微米数量级的范围内吸波升温，而内部无法升温，但对于金属粉体，可实现微波整体加热。这是因为：①粉末粒度与微波透入金属的深度相当，粉末的比表面积大，缺陷密度高，活性强，对微波的反射降低，吸收能量增加；②粉末间的界面电阻大，限制了粉末内自由电荷的流动；③颗粒表面存在大量的悬挂键，束缚空间电荷，形成电偶极子，可在微波作用下取向极化；④压坯为多相材料时，相界面会产生界面极化。实验表明，微波可以加热金属粉体压坯，实现微波烧结。如运用微波加热可烧结制备 WC/Co、Mg/Cu、Al/Ti、Ti+SiC/Al 等金属基复合材料。也可运用吸波剂微波合成金属基复合材料。

微波合成技术的特点：①可显著降低反应温度，最大降幅可达 500℃；②大幅降低能耗，节能高达 70%～90%；③缩短反应时间，可达 50%以上；④显著提高组织致密度、细化晶粒、改善材料性能；⑤显著减小内应力。

7.4.2　外生型法

1. 固态法

固态法是指基体和增强体均处于固态下制备金属基复合材料的方法，即将金属粉末或金属箔与增强体(纤维、晶须、颗粒等)按设计要求以一定的含量、分布、方向或排布混合在一起，再经加热、加压，金属基体与增强体复合在一起，形成复合材料。整个工艺过程处于较低的温度，金属基体与增强体均处于固态。尽量避免基体与增强体之间发生不良的界面反应。固态法包括粉末冶金法、热压扩散结合法、热等静压法、轧制法、拉拔法、爆炸焊接法等。

1) 粉末冶金法

该法是将金属粉末或预合金粉与增强材料均匀混合，制得复合坯料，再经不同的固化技术制成锭块，通过挤压、轧制、锻造等二次加工制成型材，常见的固化技术有以下几种。

(1) 热压。将复合坯料装入模具中经冷压、除气后加热至固相线温度以下，或固液两相区加压致密化制成复合材料。根据需要热压可在大气、真空或某种气氛下进行。

(2) 热等静压与准热等静压。热等静压是将复合坯料采用冷等静压工艺加压到一定密度后，再置入热等压机压力腔中，在真空或一定气氛下加热烧结固化至最终密度。热等静压与准热等静压的区别在于热等静压工艺用流体作为压力传递介质，而准热等静压工艺采用固相陶瓷颗粒作为传递介质。

(3) 粉末热挤压与喷雾沉积。粉末热挤压工艺是将复合坯料密封于抽真空的罐中，经热挤压制成金属基复合材料。喷雾沉积法是在液态金属的急冷凝固过程中，喷入碳化硅颗粒等增强体，制成共沉积复合材料锭块，再经热挤压二次成型。

(4) 烧结。将复合坯料经冷压或冷等静压工艺加压到一定密度后，在真空或一定气氛下加热烧结固化成型。

(5) 注模成型。将一定化学配比的金属粉末和增强体与黏结剂混合后在黏结剂软化温度下，将复合坯料挤压注模成型，除去黏结剂后加热固化。

(6) 机械合金化。机械合金化是由延性粉末与陶瓷颗粒组成的复合粉料经高能球磨形成极细的合金粉末，封装后挤压成复合坯料，再在真空或一定气氛下加热使之固化。

(7) 粉末布轧制法。该法是将金属粉末与黏结剂混合加热轧制成粉末布，纤维在粉末布上铺排后交替叠合，于真空下加热抽除黏结剂后热压成型。

2) 热压扩散结合法

热压扩散结合法是一种在加压状态下通过固态焊接工艺，使同类或不同类的金属基体在高温条件下相互扩散黏结在一起，并使增强体分布其中的方法。该法是连续纤维增强金属基复合材料最具代表性的固态复合工艺。工艺过程如图 7-8 所示，主要分三个阶段：①黏结表面的最初接触，金属基体在加热、热压条件下发生变形、移动、表面膜破坏；②接触界面发生扩散渗透，使接触面形成黏结状态；③扩散结合界面最终消失，黏结过程完成。热

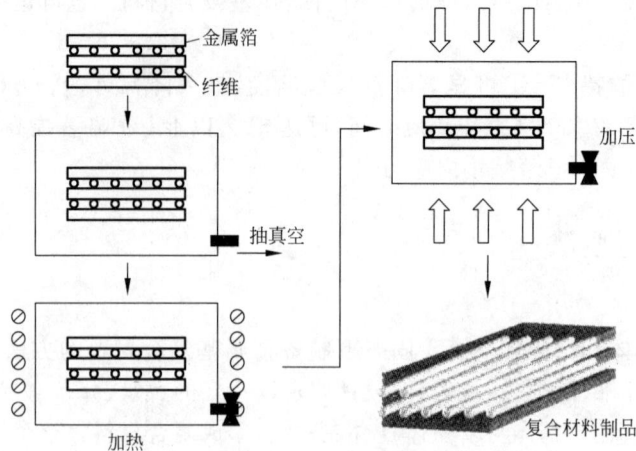

图 7-8　热压扩散结合法工艺过程示意图

压扩散结合通常将纤维与金属基体(金属箔)制成复合材料预制片,然后将复合材料预制片按设计要求切割成型,叠层排布置入模具内,加热、加压使其成型,冷却脱模获得所需产品。为提高产品质量,加热、加压过程可在一定气氛中进行。热压扩散结合法也可采用增强纤维表面包裹金属粉末,然后排列进行热压成型。

热压扩散结合法具有过程控制简单,纤维位置、排列方向、体积分数等可按实际性能要求精确控制、充分实现等优点,因而制件质量高。

2. 液态法

1) 挤压铸造法

挤压铸造成型是液态或半液态的颗粒增强金属基复合材料在压力作用下充满铸型并凝固的方法。当增强体为纤维时,还可根据性能要求编制纤维成一定结构的织物,经预热、装入铸型、基体熔炼浇铸,在一定压力下液态基体克服毛细作用摩擦阻力,浸入增强体编织物,再冷却、凝固成型,具体的工艺过程如图 7-9 所示。

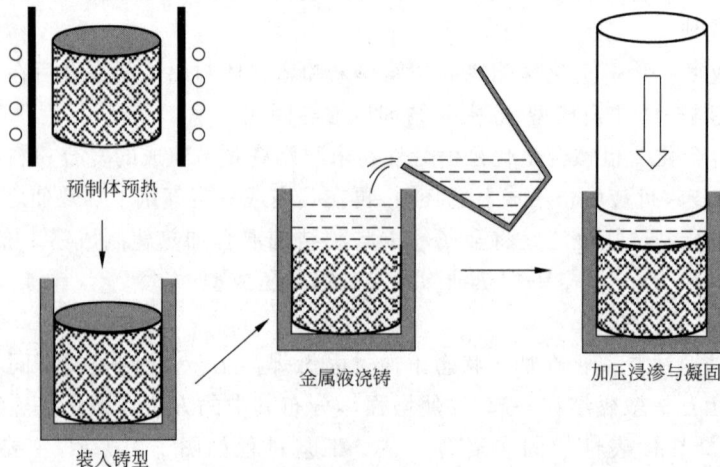

图 7-9　挤压铸造法工艺过程示意图

　　该法的应用在很大程度上受零件尺寸和设备条件的限制,主要用于制造形状简单而性能要求质量高的复合铸件。

　　2) 真空吸铸成型法

　　真空吸铸成型是先在铸型内形成一定的真空,使液态基体金属自下而上吸入型腔,浸入由增强体形成的预制体空隙,然后凝固成型制备金属基复合材料,工艺过程如图 7-10 所示。真空吸铸成型法可提高复合材料的铸造性,满足复杂薄壁零件的成型要求,并减少金属流动充型过程形成的气孔夹杂缺陷。该法主要用于形状简单的板、管、棒等复合材料型材的制备。

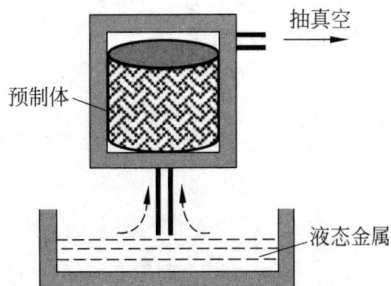

图 7-10　真空吸铸成型法工艺过程示意图

　　3) 真空压力浸渍成型

　　真空压力浸渍成型是在真空和惰性气体的共同作用下,使熔体金属渗入预制件中制成金属基复合材料的方法。工艺过程如图 7-11 所示,首先将增强体的预制件置入模具,基体金属置入坩埚;其次将模具和坩埚分别放入熔化炉和浸渍炉,密封、抽真空,当熔化炉和浸渍炉内达到预定的真空度后,通电加热,分别熔化金属和加热预制件,控制加热过程使熔融金属和预制件分别达到预定的温度,保温一定时间;最后通过高压惰性气体,在真空和高压惰性气体的共同作用下,液态金属浸入预制件中形成复合材料。

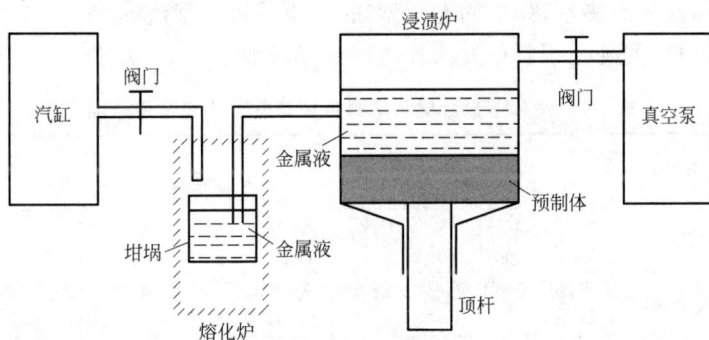

图 7-11　真空压力浸渍成型工艺过程示意图

　　该法适用性强,可制备纤维、晶须、颗粒及混杂增强的金属基复合材料,增强材料的形状、尺寸等不受限制,可以制造形状复杂、尺寸精确的复合材料制件,浸渍在真空中进行,而凝固在压力下进行,制件组织致密,无气孔、缩孔等缺陷。但该法的设备复杂,工艺周期长。

　　4) 共喷沉积法

　　共喷沉积法工艺原理如图 7-12 所示,将液态金属熔体在惰性气体的作用下雾化成细小的液态金属流,同时将增强体在惰性气体的作用下喷射混入液态金属流,两者共喷射,混合后同时沉积在基板上形成金属基复合材料。大颗粒、纤维、晶须等增强体易堵塞喷口,故该法特别适用于细小颗粒增强金属基复合材料的制备。虽然大颗粒和纤维、晶须等增强体在喷射过程中易被高压气体击碎、折断。共喷沉积法制备的金属基复合材料的增强体一般不大。共喷沉积法具有粉末冶金和快速凝固的优点,可保证增强颗粒在基体中分布的均匀性,同时由于冷却速度快,避免了增强体与基体间的化学反应,对界面的润湿性要求不高,并且生产工艺简单,效率高。该法可用于制备铝、铜、镁及金属间化合物等多种基体和 SiC、Al_2O_3、TiC 等多种陶瓷颗粒的金属基复合材料。该法的不足是气孔率较高（2%～5%),此时可采用挤压工艺消除。

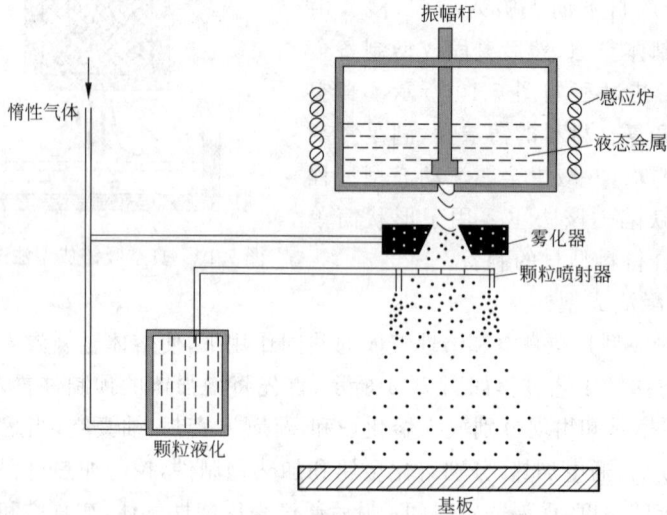

图 7-12 共喷沉积法工艺原理示意图

此外,外生型法还有多种,如半固态成型法、熔模精铸成型法等。

金属基复合材料的外生型制备方法和适用范围归纳于表 7-1 中。

表 7-1 金属基复合材料的外生型制备方法和适用范围

类别	制造方法	适用体系		应用举例
		增强体	金属基体	
固态法	粉末冶金法	SiC_p、Al_2O_3、$SiC_w B_4 C_p$ 等颗粒、晶须及短纤维	Al、Cu、Ti 等及其合金	SiC_p/Al、Al_2O_3/Al、SiC_w/Al、TiB_2/Ti 等
	热压扩散结合法	B、SiC、C、W 等连续或短纤维	Al、Cu、Ti 等及其合金、耐热合金	SiC_p/Ti、C/Al、B/Al、C/Mg 等零件、管、板等
	热等静压法	B、SiC、W 等连续或短纤维、晶须	Al、Ti 等及其合金、超合金	B/Al、SiC/Ti 管
	热轧法、热拉法	C、Al_2O_3 等纤维，SiC_p、Al_2O_{3p} 等颗粒	Al 及其合金	C/Al、Al_2O_3/Al 棒、管
液态法	挤压铸造法	纤维、晶须、短纤维	Al、Cu、Zn、Mg 等及其合金	SiC_p/Al、SiCAl、C/Mg 等零件、板、锭等
	真空压力浸渍法	纤维、晶须、短纤维	Al、Cu、Mg、Ni 等及其合金	C/Al、C/Mg、C/Cu、管、棒、锭坯等
	搅拌铸造法	SiC_p、Al_2O_3、短纤维	Al、Zn、Mg 等及其合金	铸件、锭、坯
	共喷沉积法	SiC、Al_2O_3、B_4C、TiC	Al、Ni、Fe 等金属	SiC/Al、Al_2O_3/Al 等板坯、锭坯、管坯零件
	真空吸铸成型法	Al_2O_3、C 连续纤维	Mg、Al	零件
	电镀及化学法	SiC、B_4C、Al_2O_3、C_f	Ni、Cu	表面复合层
	热喷涂法	颗粒增强材料、SiC_p、TiC	Ni、Fe	管、棒等

7.5　铝基复合材料

7.5.1　增强体与基体

铝基复合材料的增强体主要有三种：纤维（长、短）、晶须和颗粒，基体主要有纯铝及其合金。基体合金的种类较多，主要有两大类，即形变铝合金与铸造铝合金。形变铝合金根据其合金元素的不同又分多种，其牌号采用国际标准，由四位数字组成：

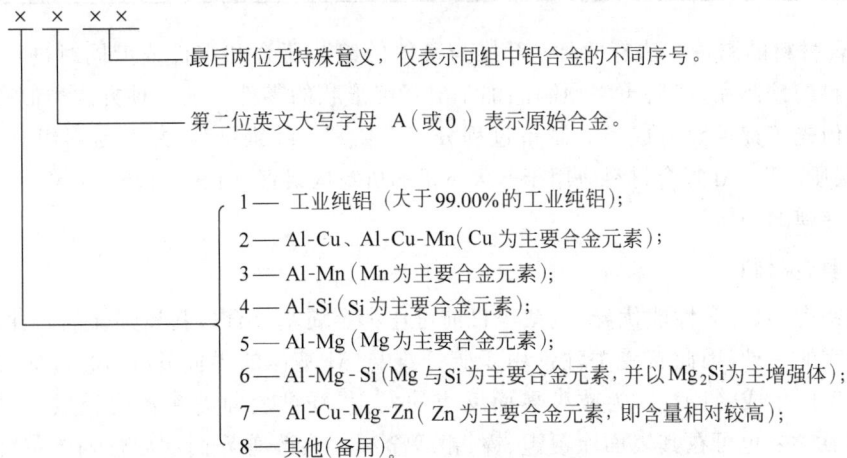

×　×　×　×

———— 最后两位无特殊意义，仅表示同组中铝合金的不同序号。

———— 第二位英文大写字母　A（或 0 ）表示原始合金。

1—— 工业纯铝（大于99.00%的工业纯铝）；
2—— Al-Cu、Al-Cu-Mn（Cu 为主要合金元素）；
3—— Al-Mn（Mn 为主要合金元素）；
4—— Al-Si（Si 为主要合金元素）；
5—— Al-Mg（Mg 为主要合金元素）；
6—— Al-Mg-Si（Mg 与 Si 为主要合金元素，并以 Mg_2Si 为主增强体）；
7—— Al-Cu-Mg-Zn（Zn 为主要合金元素，即含量相对较高）；
8—— 其他（备用）。

例如，5A06 表示 6 号 Al-Mg 原始合金，2A14 表示 14 号 Al-Cu 原始合金，5083 表示 83 号 Al-Mg 原始合金。铸造铝合金仍用国标 ZL××× 表征。

7.5.2　长纤维增强铝基复合材料

长纤维对铝基体的增强方式有单向纤维、二维织物和三维织物三种，常见的有以下几种：B_f/Al、C_f/Al、SiC_f/Al、Al_2O_{3f}/Al 及不锈钢丝/Al 等。

1. B_f/Al 复合材料

硼纤维的比模量约为钢、铝、钼、铜和镁的任何一种标准工程材料的 5～6 倍，这是由于硼纤维的共价键强度比金属键更强，而金属键的结合力又比有机树脂的结合力强得多。B_f/Al 是铝基复合材料中最有前途的一种，具有以下特点：

（1）综合了硼纤维优越的强度、刚度和低密度及铝合金基体的易加工性和工程可靠性等优点；

（2）弹性各向同性；

（3）横向抗拉强度和剪切强度与铝基体合金基体的强度相当；

（4）高的导电性、导热性、塑性、韧性、耐磨性、连接性、可热处理性、不可燃性等。

其力学性能见表 7-2。

表 7-2　B_f/Al 复合材料室温纵向拉伸性能

基体	硼纤维体积分数/%	纵向拉伸强度/MPa	弹性模量/GPa	纵向断裂应变/%
2024	47	1421	222	0.795
	64	1528	276	0.72
2024(T6)	46	1459	229	0.81
	64	1924	276	0.775
6061	48	1490	—	—
	50	1343	217	0.695
6061(T6)	51	1417	232	0.735

　　B_f/Al 复合材料的制备方法有两种：纤维与基体的组装压合和零件成型同时进行；先加工成复合材料的预制品，然后再将预制品加工成最终形状的零件。前一种方法类似铸件，后一种方法类似先铸锭再锻造成型。制备过程分三个阶段：纤维排列，复合材料组分的组装压合，零件层压。B_f/Al 复合材料应用于航天飞机的机身构架管，如 F-111、S-3A 等，此外还有"阿特拉斯"导弹的壳体。

　　2. C_f/Al 复合材料

　　碳纤维的密度小，力学性能优异，是截至目前可作为金属基复合材料增强体的高性能纤维中价格最便宜的一种，因此备受关注。由于碳纤维与 Al 基体的界面处在 400～500℃时会发生明显的反应生成 Al_4C_3。为减少界面反应的发生，纤维表面需涂覆陶瓷层，一般为 SiC 最佳，TiN 次之；也可在其表面涂覆钽、镍、银等金属。为改善界面润湿性，在 SiC 涂层外再涂一层铬。C_f/Al 复合材料的力学性能见表 7-3。

表 7-3　C_f/Al 复合材料的力学性能

基体合金	体积分数/%	热压温度/℃	延伸率/%	拉伸模量/GPa	拉伸强度/MPa	抗弯模量/GPa	抗弯强度/MPa
Al(纯铝)	36.8	—	1.20	179	686	160	682
	36.9	—	0.68	155	488	169	750
	37.1	645	1.03	163	537	166	886
	42.8	—	0.73	189	543	162	670
6061(LD2)	26.7	675	1.03	142	447	—	—
	30.0	685	0.93	154	525	157	574
	42.5	670	0.83	215	641	169	760

　　C_f/Al 复合材料的制备方法有三种：扩散结合，挤压铸造，液态金属浸渍法。其中挤压铸造因工艺简单、成本低、通用增强，最具应用潜力。碳纤维对复合材料力学性能的影响很大，不同来源的碳纤维，其性能有所不同，表 7-4 为液态金属浸渍法制备的碳纤维增强铝基复合材料的拉伸强度，最后一项是碳与铝反应产物的量。前四种纤维均为石墨纤维，反应产物 Al_4C_3 量较少，拉伸强度较高，最后一种为碳纤维，未经石墨化处理，反应产物 Al_4C_3 量较多，拉伸强度大大降低。因此，未经石墨化处理的碳纤维不宜做铝基体的增强体，除非碳纤维经过表面处理。

表 7-4　液态金属浸渍法制备的碳纤维增强铝基复合材料的拉伸强度

纤 维 类 型	纤维体积分数/%	拉伸强度/MPa	Al_4C_3 量/ppm
人造丝基 Thornel-50	32	798	250
人造丝基 Thornel-75	27	812	—
沥青基	35	406	100
聚丙烯氰基 I	43	805	123
聚丙烯氰基 II（未石墨化）	29	245	>6000

注：1ppm＝10^{-6}。

C_f/Al 复合材料具有很高的比强度和比模量，已应用于直升机、导弹、坦克和突出浮桥等。如 CH47 直升机的传动机构，采用 C_f/Al 复合材料，大大减小了振动噪声，此外 C_f/Al 复合材料还被用于人造卫星和大型空间结构上，如卫星支撑架、平面天线体、可折式抛物面天线肋等。

3. SiC_f/Al 复合材料

碳化硅具有优异的室温和高温力学性能，与铝基体的界面结合状态良好。由于有芯碳化硅纤维单丝的性能突出，复合材料的性能较好。有芯 SCS-2 碳化硅纤维增强 6061 铝合金基复合材料，在碳化硅纤维体积分数为 34％时，室温抗拉强度为 1034MPa；拉伸弹性模量为 172GPa，接近理论值；抗压强度高达 1896MPa，压缩模量为 186GPa。

无芯尼卡纶碳化硅纤维增强 6061 铝合金基复合材料，在碳化硅体积分数为 35％时，室温抗拉强度为 800～900MPa，拉伸弹性模量为 100～110GPa，抗弯强度为 1000～1100MPa。在室温至 400℃之间能保持很高的强度。SiC_f/Al 复合材料主要用于飞机、导弹结构件、发动机构件等。

4. Al_2O_{3f}/Al 复合材料

Al_2O_{3f}/Al 复合材料具有高刚度、高强度、高蠕变抗力和高疲劳抗力。氧化铝纤维的结构主要有 $\alpha\text{-}Al_2O_3$ 和 $\gamma\text{-}Al_2O_3$ 两种。不同结构的氧化铝纤维具有的力学性能不同，同一体积分数的 $\alpha\text{-}Al_2O_3$、$\gamma\text{-}Al_2O_3$ 纤维增强的铝基复合材料性能比较见表 7-5。由于氧化铝与铝基体的润湿性差，故影响界面结合强度，为此在基体中添加 Li 元素，可显著改善界面润湿性，同时还可抑制界面发生化学反应。氧化铝纤维增强铝基复合材料在室温到 450℃之间能保持很高的稳定性。如 50％的 $\gamma\text{-}Al_2O_3$/Al 在 450℃时抗拉强度仍能保持在 860MPa。

表 7-5　50％氧化铝纤维（$\alpha\text{-}Al_2O_3$、$\gamma\text{-}Al_2O_3$）增强铝基复合材料的力学性能

纤维种类	体积分数/%	密度/(g/cm³)	抗拉强度/MPa	弹性模量/GPa	抗弯强度/MPa	剪切模量/GPa	抗压强度/MPa
$\alpha\text{-}Al_2O_3$	50	3.25	585	220	1030	262	2800
$\gamma\text{-}Al_2O_3$	50	2.9	860	150	1100	135	1400

7.5.3　短纤维增强铝基复合材料

短纤维增强体主要有氧化铝和硅酸铝两种。氧化铝纤维增强铝基复合材料的室温强度并不比基体高，但其高温性能较好，特别是其弹性模量提高较大，膨胀系数有所降低，耐磨性

能改善，导热性良好，主要用于发动机的活塞、缸体等。特别是当氧化铝短纤维制成预制件，挤压铸造置入活塞的火力岸时，如图 7-13 所示，可显著提高活塞第一道环的高温耐磨性，延长活塞的使用寿命；若活塞裙部也分布短纤维增强体时，活塞的耐热性、耐磨性均将得到明显提高，使用寿命可成倍增长。

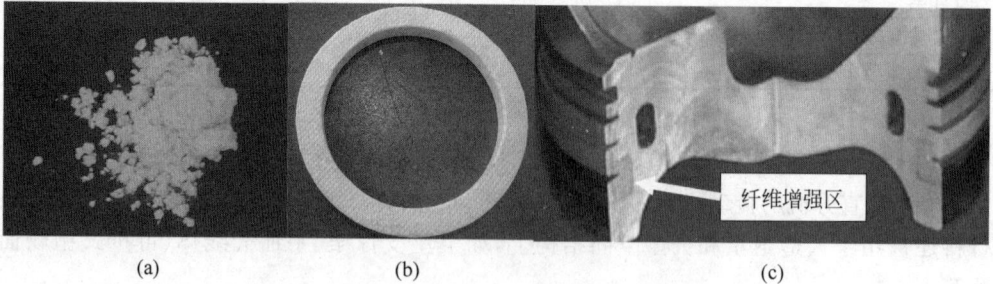

图 7-13　氧化铝短纤维增强铝基复合材料的活塞
（a）氧化铝短纤维；（b）预制件；（c）活塞

　　表 7-6 列出了粉末冶金法、粉末冶金挤压法和压力铸造法制造的 Al_2O_3/Al 短纤维复合材料的室温性能。内燃机的气缸体也可采用 Al_2O_3 短纤维增强铝基复合材料，有时还可与其他纤维混合使用，效果更佳。如采用 12% Al_2O_3 短纤维和 9% 碳纤维混合增强过共晶铝基复合材料制备内燃机缸体，发动机效能大大提升。

表 7-6　粉末冶金法、粉末冶金挤压法和压力铸造法制造的 Al_2O_3/Al 短纤维复合材料的室温性能

制造方法	纤维取向	体积分数/%	弹性模量/GPa	屈服强度/MPa	抗弯强度/MPa	断裂应变/%
粉末冶金	二向随机	20	89.3	349	392	0.9
		30	97.1	390	417	0.8
粉末冶金挤压	轴向	20	93.5	383	475	1.9
	横向	30	91.2	378	434	1.5
压力铸造	二向随机	20	90.2	321	425	1.2

7.5.4　晶须、颗粒增强铝基复合材料

　　晶须和颗粒增强铝基复合材料具有优异的性能，且制备工艺简单，成本低廉，应用越来越广。目前应用的晶须和颗粒主要有氧化铝和碳化硅。

　　SiC 晶须增强 Al-Cu-Mg-Mn 系的 2124 铝合金基复合材料，抗拉强度、弹性模量随着SiC 晶须体积分数的增加而显著增加。主要应用于导弹、航天器构件和发动机部件，汽车的气缸、活塞、连杆，飞机尾翼平衡器等。SiC 颗粒增强铝合金基复合材料具有高的比强度、比刚度。如 25%SiC_p/6061Al，可用于制备飞机上放置电气设备的机架，刚性比 7075 铝合金高65%。复合材料 20%～65%SiC/Al 由于热膨胀匹配、热导率高、密度低、尺寸稳定性好，适用于钎焊，并应用于支撑微电子器件的底座。

　　Al_2O_3 颗粒增强的铝基复合材料具有密度低、比刚度高、韧性好的优点。20%Al_2O_3/6061Al 可用于制造飞机的驱动轴等。

　　近年来,内生型颗粒增强铝基复合材料的研究越来越受到重视,有的已形成系列,并制定了国标。

　　图 7-14 为 Al 粉、ZrO_2 粉、B 粉以一定的物质的量比 B/ZrO_2 球磨混合、冷挤成块,在真空炉中以一定的升温速率预热至 800℃ 左右,预制块发生热爆反应,不同物质的量比 B/ZrO_2 时分别发生如下反应。

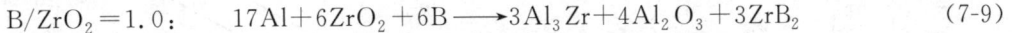

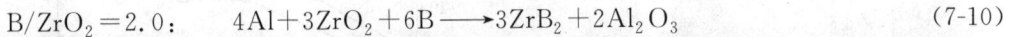

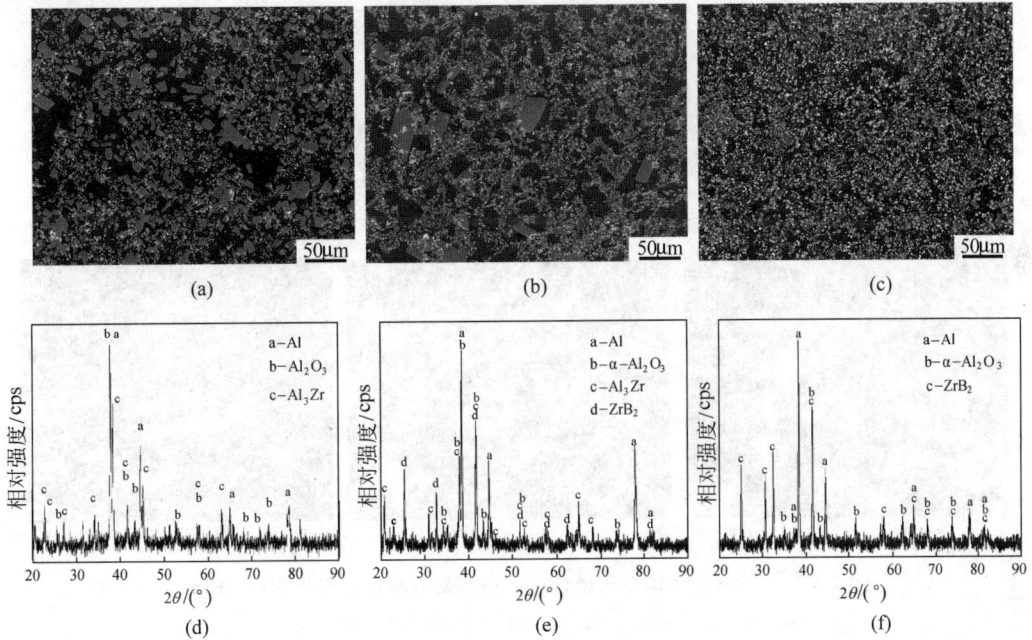

$$B/ZrO_2 = 0: \qquad 13Al + 3ZrO_2 \longrightarrow 3Al_3Zr + 2Al_2O_3 \tag{7-8}$$

$$B/ZrO_2 = 1.0: \qquad 17Al + 6ZrO_2 + 6B \longrightarrow 3Al_3Zr + 4Al_2O_3 + 3ZrB_2 \tag{7-9}$$

$$B/ZrO_2 = 2.0: \qquad 4Al + 3ZrO_2 + 6B \longrightarrow 3ZrB_2 + 2Al_2O_3 \tag{7-10}$$

图 7-14　Al-ZrO_2-B 体系热爆合成铝基复合材料组织 SEM 图及其对应的 XRD 图

(a)、(d) $B/ZrO_2 = 0$; (b)、(e) $B/ZrO_2 = 1.0$; (c)、(f) $B/ZrO_2 = 2.0$

　　反应结果及其对应的 XRD 图如图 7-14 所示。由图可见,在 $B/ZrO_2 = 0$ 时,反应产物由块状和颗粒组成,如图 7-14(a)所示,由其对应的 XRD 图(图 7-14(d))可知组成相为 Al_3Zr 和 $\alpha\text{-}Al_2O_3$,由块状物的能谱(图 7-15)可知其为 Al_3Zr,则颗粒为 $\alpha\text{-}Al_2O_3$。随着 B/ZrO_2 的增加,块状物 Al_3Zr 逐渐减少,如图 7-14(b)所示,由其对应的 XRD 图(图 7-14(e))可知出现新相 ZrB_2;在 B/ZrO_2 增至 2.0 时,块状 Al_3Zr 基本消失,如图 7-14(c)所示,由其对应的 XRD 图(图 7-14(f))可知全为颗粒状的 ZrB_2 和 $\alpha\text{-}Al_2O_3$,且颗粒增强体弥散均匀分布,力学性能显著提高,拉伸强度由 190MPa 升至 250MPa,其延伸率同步提高,由 4.0% 提高到 12.2%,如图 7-16 所示。断口形貌如图 7-17 所示,由该图可见在 $B/ZrO_2 = 0$ 时,块状 Al_3Zr 自身断裂,表明 Al_3Zr 的增强作用有限,颗粒 $\alpha\text{-}Al_2O_3$ 处在韧窝中,随着 B/ZrO_2 的增加,块状 Al_3Zr 逐渐减少,韧窝明显增加;在 B/ZrO_2 增至 2.0 时,块状 Al_3Zr 基本消失,全为细小韧窝,此时延伸率显著改善。室温和高温耐磨性能也同步提高,如图 7-18 所示。

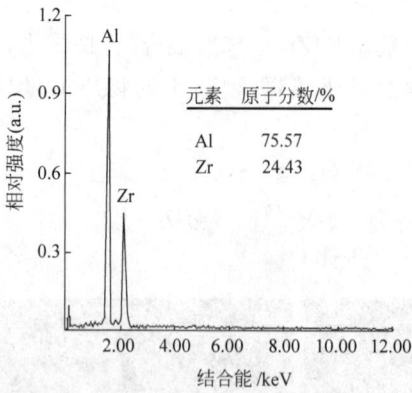

图 7-15　块状物能谱

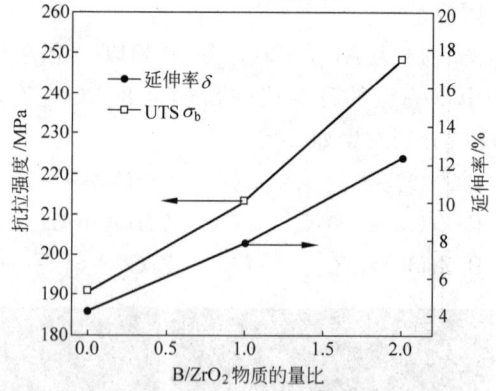

图 7-16　Al-ZrO₂-B 体系热爆合成的
铝基复合材料的力学性能

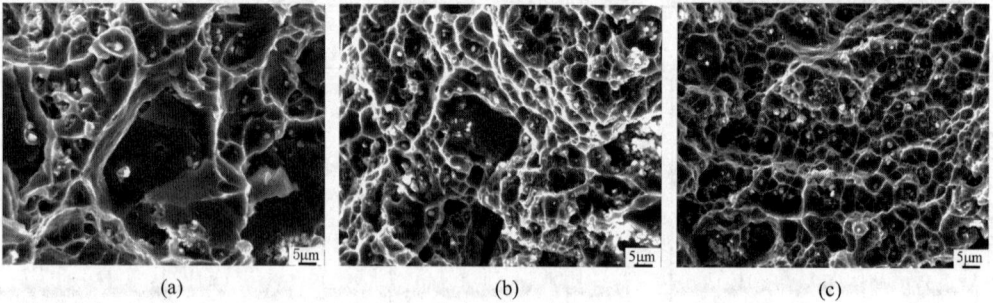

(a)　　　　　　　　　(b)　　　　　　　　　(c)

图 7-17　Al-ZrO₂-B 体系热爆合成的铝基复合材料断口形貌的 SEM 图

(a) B/ZrO₂=0；(b) B/ZrO₂=1.0；(c) B/ZrO₂=2.0

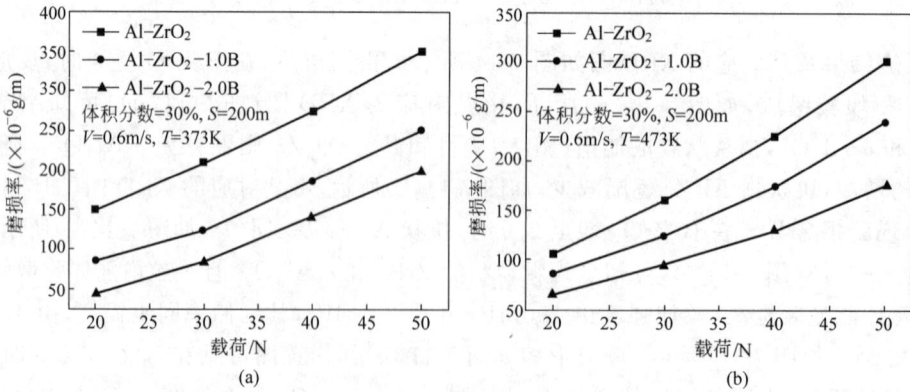

(a)　　　　　　　　　　　　　　(b)

图 7-18　Al-ZrO₂-B 体系复合材料在不同温度下的耐磨性

(a) 373K；(b) 473K

图 7-19 为 Al 粉、TiO$_2$ 粉、C 粉以一定的物质的量比 C/TiO$_2$ 球磨混合、冷挤成块,在真空炉中以一定的升温速率预热至一定温度,预制块发生热爆反应,不同物质的量比 C/TiO$_2$ 时分别发生如下反应。

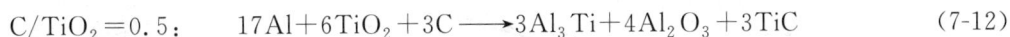

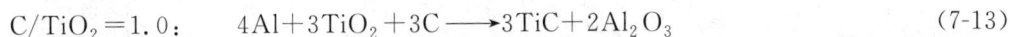

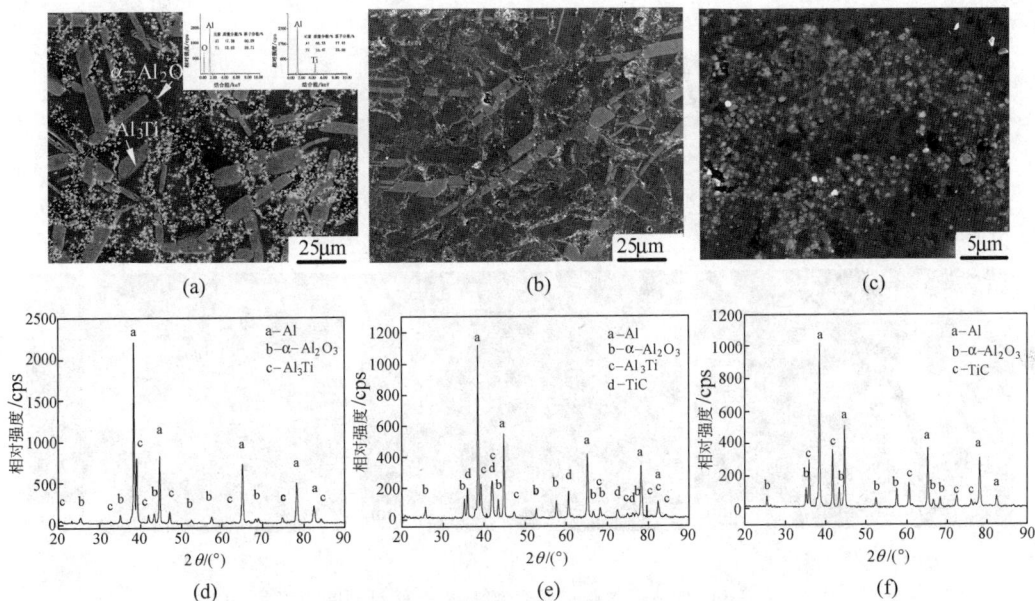

$$C/TiO_2=0: \qquad 13Al+3TiO_2 \longrightarrow 3Al_3Ti+2Al_2O_3 \qquad (7\text{-}11)$$

$$C/TiO_2=0.5: \qquad 17Al+6TiO_2+3C \longrightarrow 3Al_3Ti+4Al_2O_3+3TiC \qquad (7\text{-}12)$$

$$C/TiO_2=1.0: \qquad 4Al+3TiO_2+3C \longrightarrow 3TiC+2Al_2O_3 \qquad (7\text{-}13)$$

图 7-19　Al-TiO$_2$-C 体系热爆合成的铝基复合材料组织 SEM 图及其对应的 XRD 图

(a)、(d) C/TiO$_2$=0;　(b)、(e) C/TiO$_2$=0.5;　(c)、(f) C/TiO$_2$=1.0

反应结果及其对应的 XRD 图如图 7-19 所示。由图可知,在 C/TiO$_2$=0 时,反应产物为棒状和颗粒状两种组成相,由 XRD 图(图 7-19(d))可知为 Al$_3$Ti 和 α-Al$_2$O$_3$,由能谱分析(图 7-19(a)右上角)得棒状物为 Al$_3$Ti,颗粒为 α-Al$_2$O$_3$。随着 C/TiO$_2$ 的增加,棒状 Al$_3$Ti 减少,同时产生新相 TiC(图 7-19(b)、(e));在 C/TiO$_2$ 增至 1.0 时,棒状 Al$_3$Ti 基本消失,全为颗粒 TiC 和 α-Al$_2$O$_3$,且颗粒增强体弥散分布,如图 7-19(c)、(f)所示。力学性能显著提高,拉伸强度由 239.2MPa 升至 351.8MPa,延伸率也同步提高,由 4.1% 提高到 5.6%,如图 7-20 所示。断口形貌如图 7-21 所示,可见在 C/TiO$_2$=0 时,棒状 Al$_3$Ti 自身开裂,表明 Al$_3$Ti 的增强作用有限,颗粒 α-Al$_2$O$_3$ 处在韧窝中,如图 7-21(a)所示。随着 C/TiO$_2$ 的增加,棒状 Al$_3$Ti 逐渐减少,韧窝明显增加(图 7-21(b));在物质的量比 C/TiO$_2$ 增至 1.0 时,块状 Al$_3$Ti 基本消失,全为细小韧窝(图 7-21(c)),此时延伸率显著改善。室温和高温耐磨性能也同步提高,如图 7-22 所示。

图 7-23 表示不同物质的量比 C/TiO$_2$ 的复合材料,在常温下以载荷为 30N、滑动速度为 0.6m/s 滑动 300m 时干摩擦磨面的 SEM 图。在 C/TiO$_2$ 为 0 时(图 7-23(a)),磨面上存有大量成团的磨屑和犁沟,表现为明显的磨粒磨损。磨面上的磨粒随着 C/TiO$_2$ 的增加而减少(图 7-23(b)),表明磨粒磨损相对减弱;在 C/TiO$_2$ 为 1 时,磨面上的磨粒很少

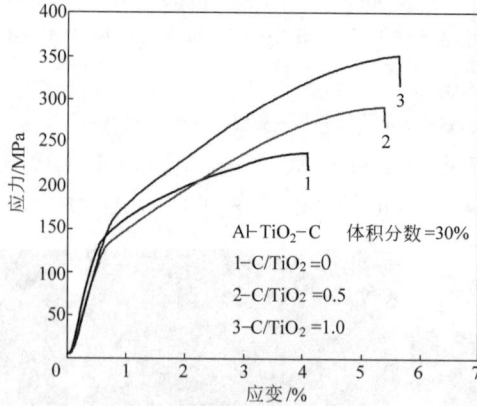

图 7-20　Al-TiO₂-C 体系热爆合成铝基复合材料的力学性能

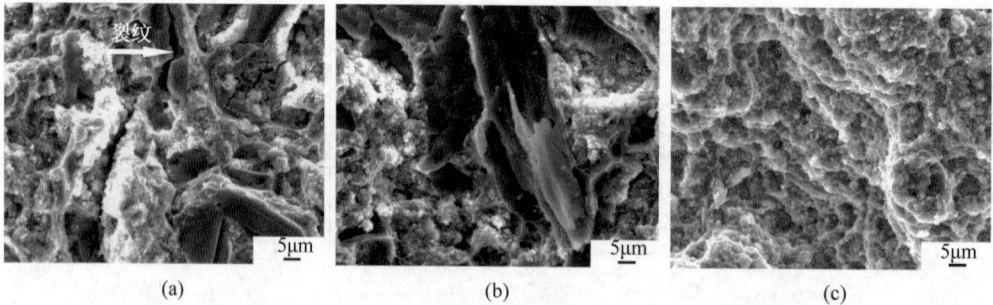

图 7-21　Al-TiO₂-C 体系热爆合成的铝基复合材料的断口形貌 SEM 图

(a) $C/TiO_2=0$；(b) $C/TiO_2=0.5$；(c) $C/TiO_2=1.0$

且较为平整(图 7-23(c))，这是由于随着 C/TiO_2 增至 1 时，脆性相 Al_3Ti 逐渐减少直至基本消失，增强体 $\alpha\text{-}Al_2O_3$ 和 TiC 颗粒强度大，硬度高，弥散分布在基体中，且它们均为反应生成，与基体的结合强度高，不易从基体中脱落形成磨粒。即使颗粒周围的基体磨损流失，裸露于表面，在对磨件的挤压作用下，部分颗粒因尺寸细小又被再次挤入磨面，因此磨面相对平整和干净。图 7-24 为各磨面沿滑动方向纵剖面的金相组织照片。从图中可以看出 C/TiO_2 为 0 时，显微组织中有大量的棒状或块状 Al_3Ti。由于 Al_3Ti(弹性模量为 166GPa、硬度为 700HV)在摩擦过程中受挤压、剪切，特别是在干磨时，磨面的表层铝基体先磨损，致使增强体 $\alpha\text{-}Al_2O_3$ 和 Al_3Ti 裸露。由于增强体均是原位反应产生，与基体的界面结合强度高，均不易脱落。但 Al_3Ti 硬度高，脆性大，易在剪切力和法向应力的作用下断裂形成磨粒，对磨面产生明显的犁沟作用。同时在亚表层处的 Al_3Ti，因亚表层的塑性变形而在 Al_3Ti 与基体的界面处产生位错塞积，引起应力集中，使脆性相 Al_3Ti 脆断形成裂纹核，并在水平方向扩展，逐渐形成与基体分离的薄层(图 7-24(a))。它在正应力的作用下剥落，对磨后形成磨屑，因此磨面的磨屑较多。当 C/TiO_2 增加时，Al_3Ti 的体积分数逐渐减少，复合材料的强度和塑性同步提高，磨面下的塑性流变区增厚(图 7-24(b))。当 C/TiO_2 增至 1 时，棒状物基本消失，此时增强体为 $\alpha\text{-}Al_2O_3$ 和 TiC，均为细小颗粒，与基体结合强度高，能较好地承受和传递载荷，使复合材料的强度显著提高。塑性也因脆性相

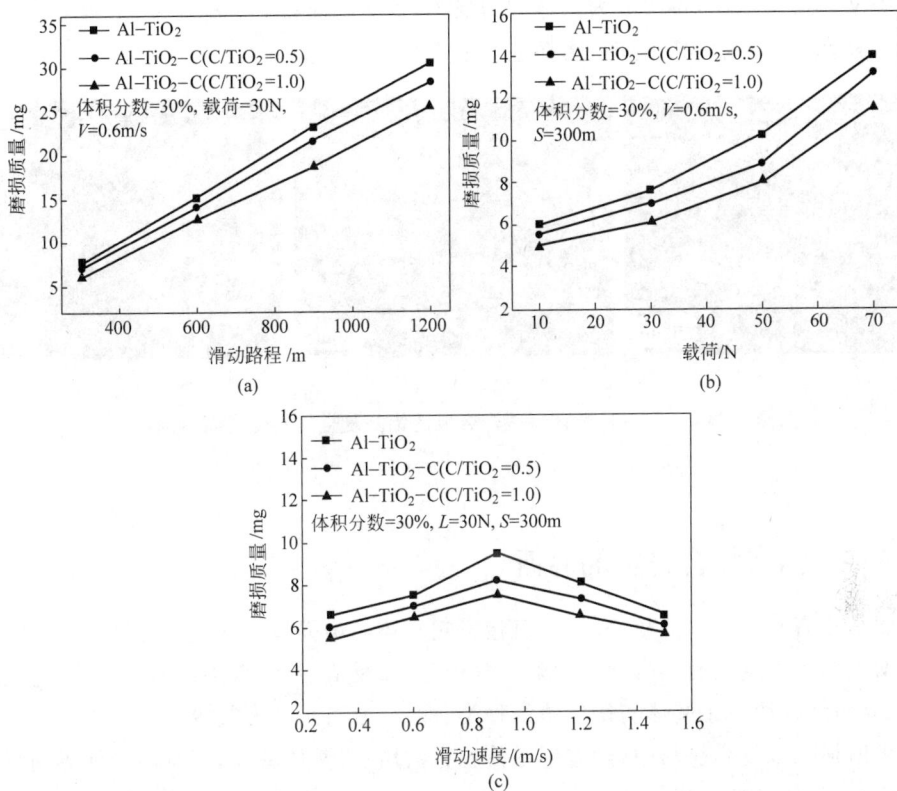

图 7-22　Al-TiO$_2$-C 体系热爆合成的铝基复合材料的耐磨性能

（a）磨损质量-滑动路程；（b）磨损质量-载荷；（c）磨损质量-滑动速度

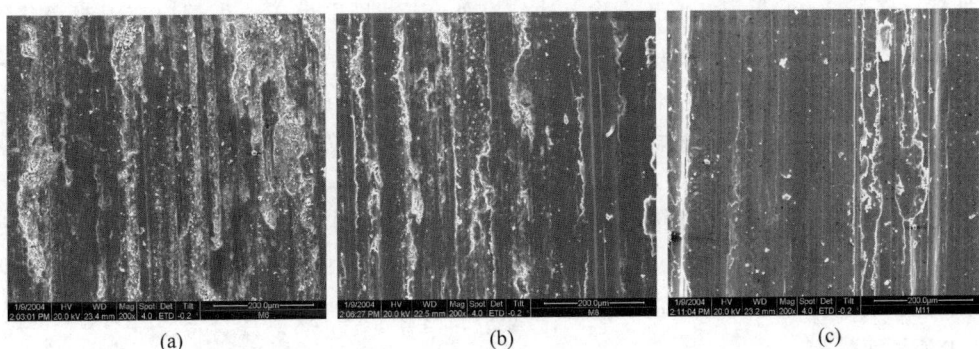

图 7-23　不同物质的量比 C/TiO$_2$ 的复合材料在干摩擦条件下的磨面 SEM 照片

（a）C/TiO$_2$=0；（b）C/TiO$_2$=0.5；（c）C/TiO$_2$=1.0

Al$_3$Ti 的减少而有所改善，亚表层发生均匀的塑性变形，且厚度相对增加（图 7-24（c））。由于 Al$_3$Ti 的消失，此时的室温拉伸性能明显提高，这样亚表层中不会因 Al$_3$Ti 的断裂引发裂纹核，因此不会产生如图 7-24（a）所示的剥层。此时基体磨损流失后，增强体颗粒 α-Al$_2$O$_3$ 和 TiC 裸露，由于高的界面结合强度仍能较好地承受和传递载荷，即使发生脱落，由于干磨产生的热能使磨面的形变硬化发生回复和再结晶，硬度降低，部分脱落的硬颗粒在随后的对磨过程中又被挤入基体,再次成为基体的增强体,致使磨面相对平整光滑,磨粒显著减少,犁沟作用减轻,耐磨性能提高,此时,磨损主要表现为黏着磨损。

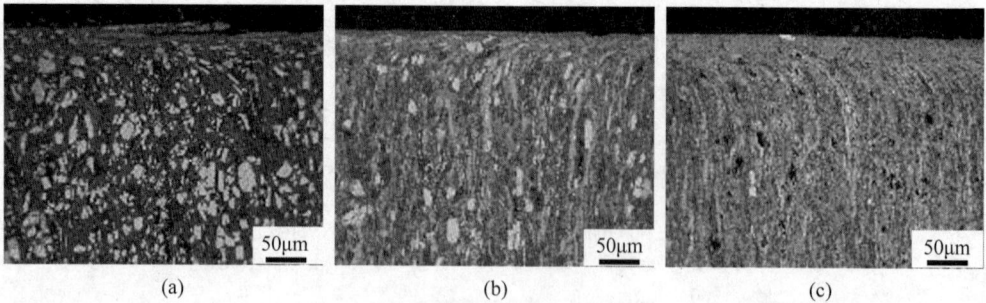

图 7-24　Al-TiO_2-C 体系热爆合成的铝基复合材料的磨面纵剖图

(a) C/TiO_2=0；(b) C/TiO_2=0.5；(c) C/TiO_2=1.0

7.5.5　铝基复合材料的界面

界面是所有复合材料的核心之一,直接影响基体与增强体间的载荷传递、界面的结合强度。当增强体为内生型时,界面干净、热力学稳定、无反应层、结合强度高。而在外生型复合材料中,界面结构取决于基体与增强体的种类、性质、制备工艺参数等。

纤维增强铝基复合材料中,随着纤维体积分数增加,基体减少,纤维与基体界面增加,位错密度增加,基体晶粒细化。在 C_f/ZL101 复合材料中,C_f 与基体界面局部区域呈针状或条状的 Al_4C_3 向基体生长；SiC_p/LD_2、SiC_p/LC_4 复合材料中,经 T6 处理后,SiC_p 与基体之间只有过渡层,其析出相比基体析出相细小,呈弥散分布,部分 SiC_p 附近位错密度高于基体；T6 处理后又经 800℃保温 30min。除上述信息外,SiC_p 周围由于热失配应变引起滑移线,部分 SiC_p 与基体过渡层中也有不规则形状的 Al_4C_3,其结构与上述相同,即六方结构：a_0=0.3331nm,c_0=2.499nm。Al_2O_3/ZL109 复合材料中,部分 Al_2O_3 纤维与基体界面结合平滑,其他 Al_2O_3 与基体结合处大约有 16nm 的过渡层,为 $Mg_3Al_2(SiO_4)_3$,体心立方结构：a_0=1.144nm。

采用溶胶-凝胶氧化铝涂覆硼酸铝晶须的方法可改善挤压铸造晶须增强 6061Al 复合材料的界面性能。界面观察表明,α-Al_2O_3 和 γ-Al_2O_3 涂层均可抑制尖晶石界面反应,涂层厚时效果更加明显。界面反应越轻微,复合材料的弹性模量越大,峰时效过程由于基体中 Mg 的较少消耗而推迟。

SiC_p 镀铜后能明显改善陶瓷颗粒与金属基体之间的浸润性,提高界面的结合强度,使复合材料的强度明显增加。

7.6　镁基复合材料

7.6.1　增强体与基体

镁基复合材料的增强体一般有颗粒、纤维、晶须等。增强体有助于提高基体合金的硬度及屈服强度,其中弹性模量数值大小依次为碳纤维＞碳化硅＞氧化铝＞复合材料＞基体合金。因此,一般说来,随着增强体含量增加,由于增强体的强化作用,复合材料的拉伸强度上升,延伸率下降。增强体的选择要求类似于铝基复合材料,即要求物理、化学相容性好,润湿性良好,载荷承受能力强,尽量避免增强相与基体合金之间的界面反应等。常用的增强体主要有 C 纤维、Ti 纤维、B 纤维、Al_2O_3 短纤维、SiC 晶须、B_4C 颗粒、SiC 颗粒和 Al_2O_3 颗粒等。长纤维增强时镁基复合材料的性能好,但造价贵,不利于向民用工业发展。另外,其各向异性也是阻碍因素之一。颗粒或晶须等非连续物增强金属复合材料各向同性,有利于进行结构设计,可以二次加工成型,进一步时效强化,具有高的强度、模量、硬度、尺寸稳定性及优良的耐磨、耐蚀、减振性能和高温性能等。

镁基复合材料的基体一般为镁合金,常用的有三类:室温铸造镁合金、高温铸造镁合金及锻造镁合金。镁基体的选择主要根据镁基复合材料的使用性能,对侧重铸造性能的镁基复合材料可选择不含 Zr 的铸造镁合金为基体,侧重挤压性能的则一般选用变形镁合金。这些基体镁合金主要有镁铝锌系(A731、AZ61、AZ91)、镁锌锆系、镁锂系、镁锌铜系(ZC71)、镁锰系、镁稀土锆系、镁钍锆系和镁钕银系等。纯镁的强度较低,不适合作为基体,一般需要添加合金元素以合金化。主要合金元素有 Al、Mn、Zn、Li、As、Zr、Th、Ni 和稀土元素等。合金元素在镁合金中起固溶强化、沉淀强化和细晶强化等作用。添加少量 Al、Mn、Zn、Zr、Be 等可以提高强度;Mn 可提高耐蚀性;Zr 可细化晶粒和提高抗热裂倾向;稀土元素除具有类似 Zr 的作用外,还可以改善铸造性能、焊接性能、耐热性以及消除应力腐蚀倾向;Li 除了可在很大程度上降低复合材料的密度外,还可以大大改善基体镁合金的塑性。

7.6.2　长纤维增强镁基复合材料

硼纤维、碳纤维增强镁基复合材料的力学性能分别见表 7-7 和表 7-8。石墨纤维增强镁基复合材料在金属基复合材料中具有最高的比强度、比模量和最好的抗热阻变形能力,是理想的航天材料,应用于直径为 10m 卫星的抛物面天线及其机架。具有零膨胀的石墨/镁基复合材料可用于航天飞机的蒙皮材料、空间动力回收系统的构件、民用飞机的天线机架、转子发动机的机箱等。

表 7-7　硼纤维增强镁基复合材料的力学性能（液态浸渍工艺制造,$V_f=70\%$）

性　能	B/Mg	B/AZ318	B/ZK	B/HZK
纵向拉伸强度/MPa	1055	—	1084	1089
纵向弹性模量/GPa	276～296	285	275～296	269～300
纵向抗弯强度/MPa	2324	2255	1758	1784
纵向剪切强度/MPa	121	165	131	160
纵向剪切模量/GPa	49	62	51	60
横向抗弯强度/MPa	167	254	—	283
横向弹性模量/GPa	121	124	—	143

表 7-8　碳纤维增强镁基复合材料的力学性能

纤维	纤维体积分数及取向	铸锭形态	纤维预成型法	抗拉强度/MPa		弹性模量/GPa		线膨胀系数/($\times 10^{-6} K^{-1}$)
				纵向	横向	纵向	横向	
P55	40%/0°	棒	缠绕	720	—	172	—	—
P100	35%/0°	棒	缠绕	720	—	248		
P75	40%/±16°+9%/90°	空心柱	缠绕	450	61	179	86	1.3
P100	40%/±16°	空心柱	缠绕	560	380	228	30	−0.07
P55	40%/0°	板	预浸处理	480	20	159	21	3.3
P55	30%/0°+10%/90°	板	预浸处理	280	100	83	34	4.5
P55	20%/0°+20%/90°	板	预浸处理	450	240	90	90	—

7.6.3　晶须、颗粒增强镁基复合材料

除了纤维增强体外，近年来晶须、颗粒增强镁基复合材料也有研究。表 7-9 为压铸 SiC 颗粒增强不同体积分数时镁基复合材料的室温拉伸性能。表明随着颗粒体积分数的增加，其弹性模量、屈服强度、拉伸强度均提高，而断裂伸长率降低。但在同一增强体体积分数时，随着温度的提高，其弹性模量、屈服强度、拉伸强度均降低，而断裂伸长率增加，温度对材料的性能影响较大。此外，对铸态复合材料进行压延，可使力学性能大幅提高。这是由于压延可改善颗粒在基体中的分布，消除气孔、缩孔等铸造缺陷。

表 7-9　压铸 SiC 颗粒增强不同体积分数时镁基复合材料的室温拉伸性能

SiC_p 含量/%	弹性模量/GPa	屈服强度/MPa	抗拉强度/MPa	断裂伸长率/%
0	37.8	157.5	198.8	3.0
6.7	46.2	186.9	231	2.7
9.4	47.6	191.1	231	2.3
11.5	47.6	196	228.9	1.6
15.1	53.9	207.9	235.9	1.1
19.6	57.4	212.1	231	0.7
25.4	65.1	231.7	245	0.7

表 7-10 为采用不同黏结剂的压铸态 SiC_p/AZ91 镁基复合材料的力学性能。与基体合金 AZ91 相比，弹性模量、屈服强度和拉伸强度均显著提高，但其伸长率大幅降低。黏结剂对复合材料的性能有明显影响。当采用酸性磷酸铝黏结剂时，材料具有较高的力学性能。不采用黏结剂时，其力学性能相对较低。

表 7-10　不同黏结剂的压铸态 SiC_p/AZ91 镁基复合材料的力学性能

材　料	体积分数/%	屈服强度/MPa	拉伸强度/MPa	断裂伸长率/%	弹性模量/GPa
AZ91	0	102	205	6	46
SiC_w/AZ91（酸性磷酸铝黏结剂）	21	240	370	1.12	86
SiC_w/AZ91（硅胶黏结剂）	21	236	332	0.82	80
SiC_w/AZ91	22	223	325	1.08	81

注：AZ 表示 Mg-Al-Zn 合金。

目前,内生型镁基复合材料研究越来越受到重视,制备工艺类似于内生型铝基复合材料。由于增强体是通过反应生成的,与基体之间的界面是干净,并具有良好的化学稳定性和热稳定性,更适合于高化学活性的镁基复合材料。

用 5%-Mg-TiO$_2$-B$_2$O$_3$ 体系制备的镁基复合材料的抗拉强度和布氏硬度分别相对于基体提高了约 26% 和 32%。采用等径角挤压技术(ECAE)可制得原位准晶相 Mg$_3$YZn$_6$ 增强的镁基复合材料,拉伸强度达到 287MPa,伸长率提高了 26%。先低温球磨原位制备尺寸约为 300nm 的 TiC$_p$ 与铝的复合颗粒,再搅拌铸造将复合颗粒与镁合金复合,获得 TiC$_p$/AZ91 复合材料,其室温拉伸强度达 287.7MPa,弹性模量达 69.2GPa。

在原位反应合成制备颗粒增强镁基复合材料的基础上,有人提出了内生纳米颗粒增强镁基复合材料的新思路。此方法是将原位化学反应与快速凝固法结合,在镁基体内部均匀自生纳米颗粒增强体。研究表明,大块金属玻璃材料经过控制析出纳米晶相,可以产生极大的强化作用。因此,通过非晶晶化或部分晶化,在非晶镁合金基体中得到自生纳米颗粒,显著提高镁基合金的强韧性。

在 Mg-Al-N 体系中原位反应生成 AlN 颗粒,随着 Mg$_3$N$_2$ 质量分数的增加,生成的 AlN 颗粒增多,基体组织变得细小,复合材料的耐磨性能显著提高,磨损机制由 AZ91 基体的黏着磨损逐渐转变为 AlN/AZ91 复合材料的磨粒磨损。

7.6.4　镁基复合材料的界面

镁基复合材料的界面对其力学性能影响较大。以碳纤维增强镁基复合材料为例,由于碳纤维直径很小,界面面积占有很大比例,界面起着重要的作用,而且碳纤维和基体形成的体系一般处于热力学不平衡状态。在 600℃ 左右可能有 MgC$_2$、Mg$_2$C$_3$ 存在,但它们极其不稳定,易分解,可以认为碳、镁之间是化学惰性。但是,基体中的添加元素会使界面结构变得复杂。一方面添加元素和碳纤维在界面处发生一定的物理化学反应;另一方面添加元素会在基体内部发生反应,而这些反应产物又易在界面析出。由于碳纤维的石墨化程度不同,其在镁基复合材料中存在着两种不同类型的界面结构。石墨化程度较低的碳纤维,其 C$_f$/Mg 界面处有一层比基体晶粒小得多的细小晶粒层。当石墨化程度较高时,界面处不存在细小晶粒层,而是结合良好的平直光滑界面。

对于真空压力浸渗制备的 Cr/ZM-5 复合材料,发现界面存在明显的铝元素富集,并有析出相 Mg$_{17}$Al$_{12}$,但界面没有化学反应的迹象;对纤维施以 SiO$_2$ 涂层后,界面上有 MgO 生成。纤维的表面处理可以提高界面剪切强度,但会显著降低拉伸强度;界面析出相受界面残余应力的影响。不同的制备工艺、涂层处理以及碳纤维的表面处理会产生不同的界面相,改变碳/镁的界面结合状况,最终影响复合材料的性能。

要使镁基复合材料达到最佳界面结合,一般采取以下措施:

(1) 在镁基复合材料中添加合适的化合物或元素。

有利的化学反应可以提高界面的结合强度,使复合材料得到强化。挤压铸造法制备的 SiC 晶须增强 AZ91 复合材料的界面,发现添加了 Al(PO$_3$)$_3$ 黏结剂时,黏结剂和镁在界面处发生一定的化学反应生成 MgO,MgO 在界面处半共格析出在一定程度上降低了界面能,提高了界面结合强度。

（2）选择适合镁基复合材料的制备工艺。

制备温度降低和凝固时间的缩短可在一定程度上抑制镁基复合材料界面反应,改善界面结构。例如,在制备 SiC 纤维增强 ZM_5 镁基合金的工艺中,复合材料界面的形貌、$Mg_{17}Al_{12}$ 相的形状和大小与纤维的预制温度有关,随着预制温度的升高,$Mg_{17}Al_{12}$ 相析出量增加且形状由细针状转为粗针状或块状,同时界面的结合强度降低。

（3）对增强体进行表面涂层。

表面涂层可优化增强体和镁的界面结合状态,以达到提高界面性能的目的。氧化的 SiC 晶须增强镁基复合材料中,由于晶须表面的 SiO_2 与镁反应,在界面析出 MgO 细晶过渡层,改善了 SiC 晶须与镁基体之间的结合状态。

需指出的是,添加元素一方面可改善浸渗性能,但另一方面会在界面区发生一定的物理化学反应,使得界面区域的结构变得复杂、难以控制。

7.7　钛基复合材料

7.7.1　增强体与基体

钛基复合材料中增强体一般要求高熔点、高硬度,与基体的热膨胀系数差异小,界面化学相容性好,热力学稳定。常见的增强体有纤维、晶须、颗粒等。增强体中 SiC、Al_2O_3、Si_3N_4 在一定条件下极易与 Ti 发生较严重的界面反应,不是理想的增强体；B_4C、TiB_2、ZrB_2 在钛基体中均不稳定,在制备过程中将生成 TiC 和 TiB。TiC 和 TiB 的熔点高,在钛基体中稳定,与钛的相容性好,不发生界面反应,泊松比相近,密度差不大,热膨胀系数差控制在 50% 以下（钛的热膨胀系数为 $(9\sim10.8)\times10^{-6}K^{-1}$）,可以显著降低材料制备过程中产生的残余热应力。此外,TiB 和 TiC 的弹性模量为 Ti 的 $4\sim5$ 倍,对材料性能的提高效率很高,因而是较为理想的增强体。

除上述增强体外,稀土氧化物被视为钛合金中极有希望的增强体,可添加稀土元素 La、Nd、Y、Ce、Er、Gd 等。因稀土氧化物熔点高而稳定,加入钛基体后,主要起内部氧化作用。稀土氧化物在钛基体内呈弥散分布,可以进一步强化基体,所以稀土元素的加入能显著提高基体的高温瞬时强度和持久强度。此外,稀土元素还有利于基体晶粒的细化、热稳定性的提高等。

钛基复合材料中的基体一般有 Ti-6Al-4V 合金、Ti-24Al-23Nb 合金、工业纯钛和 Ti-32Mo 耐蚀合金等。其中 Ti-6Al-4V 合金用量最大、综合性能最好,被广泛用作研究非连续增强钛基复合材料的基体合金。而在航空、航天领域中,要求钛合金具有良好的高温强度和抗蠕变性能,因此常选用近 α（如 Ti6264）、$\alpha+\beta$ 型合金作为基体材料。

7.7.2　纤维增强钛基复合材料

硼纤维增强钛基复合材料由于界面反应严重,起初未能成功。随着人们对界面反应认识的提高,以及对界面反应控制手段的增加,硼纤维增强钛基复合材料的制备获得成功。另一种是碳化硅纤维增强钛基复合材料,典型的基体钛合金为 Ti-6Al-4V,其力学性能见表 7-11。由表可知,用 SCS-6SiC 纤维增强钛基复合材料的室温性能和高温性能均明显高于基体合金。近年来,SCS-6SiC/Ti-24Al-23Nb 复合材料成了研究热点。该种复合材料在增强的同时,还使微观组织得到优化,热疲劳响应增强,抗氧化能力提高,并优于近α合金。可应用于航空发动机的叶轮、叶片、驱动轴及火箭发动机机箱等。

表 7-11　SCS-6SiC 纤维增强钛基复合材料的力学性能

材　料	拉伸强度/MPa	弹性模量/GPa	断裂伸长率/%
SiC/Ti-6Al-4V(35%)室温	1690	186.2	0.96
SiC/Ti-6Al-4V(35%)905℃,7h 热处理	1434	190.3	0.86
SiC/Ti-15V-3Sn-3Cr-3Al(38%~41%)室温	1572	197.9	—
SiC/Ti-15V-3Sn-3Cr-3Al(38%~41%)480℃,16h 热处理	1951	213.0	—

7.7.3　晶须、颗粒增强钛基复合材料

与纤维增强钛基复合材料相比,晶须、颗粒增强钛基复合材料取得了更快的发展。增强颗粒主要有 TiC、TiB 与 TiAl 等。颗粒增强钛基复合材料各向同性,其硬度和耐磨性、刚度得到很大提高,塑性、断裂韧性和疲劳性能有所降低,室温抗拉强度与基体接近,高温强度比基体高。表 7-12 为钛合金和颗粒增强钛基复合材料的室温力学性能。由表可以看出,颗粒增强钛基复合材料的性能优势十分明显,尤其是高温性能比钛合金提高很多。目前,美国已生产出 TiC 颗粒增强的 Ti-6Al-4V 导弹壳体、导弹尾翼和发动机部件的原型件。研究表明,选用新的陶瓷增强体或改进铝合金的成分,有可能进一步提高钛合金的高温强度。

表 7-12　钛合金和颗粒增强钛基复合材料的室温力学性能

材　料	体积分数/%	制备工艺	弹性模量/GPa	屈服强度/MPa	抗拉强度/MPa	断裂伸长率/%
Ti	0	熔铸	108	367	474	8.3
TiC/Ti	37	熔铸	140	444	573	1.9
TiB$_2$/Ti62222	4.2	熔铸	129	1200	1282	3.2
TiC-TiB$_2$/Ti	15	SHS熔铸	137	690	757	2.0
Ti-6Al-4V	0	热压	—	868	950	9.4
Ti-6Al-4V	0	真空热压	120	—	890	—
Ti-6Al-4V	0	快速凝固	110	930	986	1.1
TiC/Ti-6Al-4V	10	热压	—	944	999	2.0
TiC/Ti-6Al-4V	20	冷压、热压	139	943	959	0.3
TiB$_2$/TiAl	7.5	XD	—	793	862	0.5
TiB$_2$/Ti-6Al-4V	3.1	快速凝固	121	1000	1107	7.0
TiB$_2$/Ti-6Al-4V	10	粉末冶金	133.5	1004	1124	1.97
(TiB+TiC)/Ti6264 (TiB:TiC=4:1)	8	原位合成	130.5	1160.6	1234	1.35
(TiB+TiC)/Ti6264 (TiB:TiC=1:1)	8	原位合成	131.2	1243.7	1329.8	2.74

　　传统法制备钛基复合材料时的界面反应很难控制，从而影响界面结合强度，而原位反应法可克服传统法的不足，界面干净无反应，结合强度高，且热力学性能稳定，因而成了金属基复合材料的研究热点。采用 Ti 粉、TiB_2 粉球磨混合，冷挤成块，升温至不同温度，两者发生原位反应，在温度升至 1250℃时，$Ti+TiB_2 \longrightarrow 2TiB$，即可形成 TiB 增强的钛基复合材料。其组成相及组织随温度的演变过程分别如图 7-25 和图 7-26 所示。

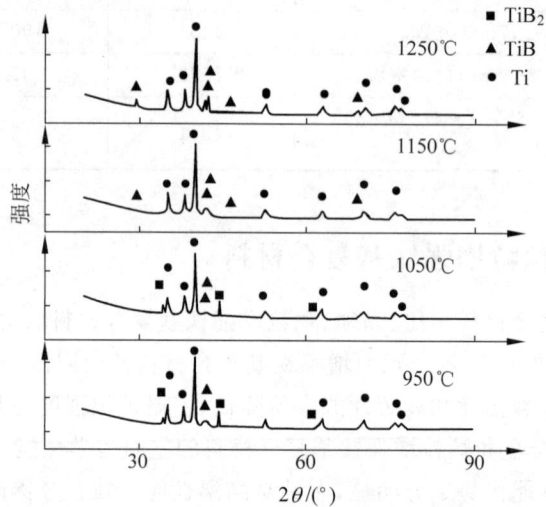

图 7-25　不同温度时 $Ti+TiB_2$ 反应结果的 XRD 图

图 7-26　不同温度时 $Ti+TiB_2$ 反应结果的 SEM 图

(a) 950℃；(b) 1050℃；(c) 1150℃；(d) 1250℃

7.7.4　钛基复合材料的界面

原位合成的钛基复合材料具有干净的界面,颗粒与基体间结合良好。用透射电子显微镜观察反应热压法合成的 30%(体积分数)TiB/Ti 复合材料的界面(图 7-27),可观察到 TiB 晶须,一种是粗短棒状,另一种是细针状,TiB 为 B27 有序斜方结构。粗短棒状 TiB 的直径为 $2\mu m$,长径比约为 10。细针状 TiB 的直径为 $0.3\mu m$,长径比约为 20。细针状 TiB 中可见有大量的层错,贯穿整个截面,层错面平行于 TiB 的 (100) 晶面,TiB 沿 TiB [010]方向生长,横截面通常为(100)、(101)、(101)晶面上的六边形结构。粗短棒状 TiB 晶须中层错密度较细针状晶须大幅度降低,可见有少量位错以及面缺陷,它们是伴随着层错的形成过程产生的。

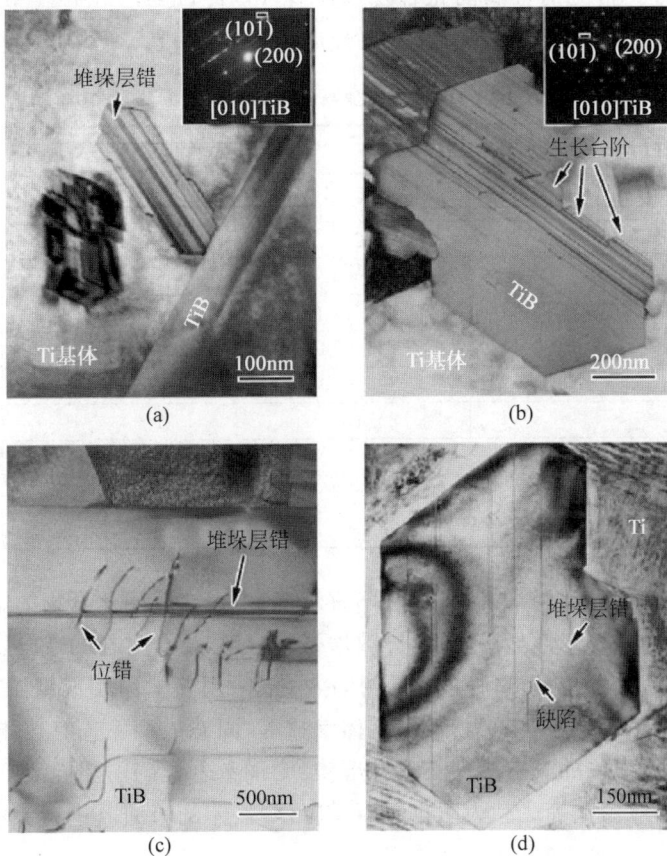

图 7-27　30%(体积分数)TiB/Ti 复合材料中 TiB 晶须的 TEM 照片
(a) 针状晶须中的高密度层错;(b) 棒状晶须中的缺陷;(c) 棒状晶须中的位错;(d) 棒状晶须中面缺陷

在自生 TiC 颗粒增强钛基复合材料中,界面干净,结合良好,界面反应仅为 TiC 的降解反应,其结果是在 TiC 颗粒周围形成非化学计量表面层,同时,该界面反应具有可逆性,即高温加热使界面反应加速,缓慢冷却又使 C 原子重新沉淀,界面变薄。TiC 的这种特性对复合材料十分有利,不仅可以利用缓冷时的再沉淀效应有效控制界面反应层厚度,而且在应力作用下,TiC 粒子断裂后其裂纹并不迅速扩展到钛基体中,而是在该非化学计量比的 TiC 过渡层中形成裂纹,使 TiC 粒子与基体合金脱黏,发生钝化现象,使复合材料的断裂韧性提高。

7.8　金属间化合物基复合材料

7.8.1　增强体与基体

金属间化合物基复合材料由于其强度高,抗氧化、抗硫化腐蚀能力优于钴基、镍基合金等传统高温合金,其韧性又高于普通的陶瓷材料,是公认的航空材料和高温结构领域具有重要应用价值的新材料。

常用的增强体有 Al_2O_3、SiC、TiB_2 等陶瓷颗粒,或 W、Mo、Nb 等难熔金属的长纤维、短纤维、颗粒、晶须等。常见的金属间化合物基体有 TiAl、Ti_3Al、$TiAl_3$、NiAl、TiNi、Fe_2Al、Fe_3Al 等,其中 Ti-Al 系列研究较多,其主要性能见表 7-13。

表 7-13　Ti-Al 系列金属间化合物的主要性能

主要性能	金属间化合物类型		
	Ti_3Al	TiAl	$TiAl_3$
熔点(化学计量成分)/℃	1680	1480	1350
密度/(g/cm^3)	4.1~4.7	3.8~4.0	3.4~4.0
热膨胀系数(23~1000℃)/$(\times10^{-6}℃^{-1})$	12	11	12~15
杨氏模量/GPa	120~145	160~175	215
室温拉伸强度/MPa	700~990	400~775	120~445
室温延伸率/%	2~10	1~4	0.1~0.5
室温断裂韧性/$(MPa \cdot m^{1/2})$	13~30	12~35	—
最大可能应用温度/℃	600~700	600~850	<1000
氧化/燃烧抗力	差	差	良好

金属间化合物基复合材料的制备一般不宜熔炼,由于金属间化合物的熔点高,一旦基体处于液态时,增强相的稳定性显著降低,导致增强相溶解,复合材料的成分发生变化。此外,液态时的黏度高,流动性差,铸造性能也不好,故一般采用粉末固相成型工艺较多。长纤维增强体的液态成型工艺主要有压力铸造、液体渗透等,固态成型工艺有热压、箔-纤维-箔(箔叠)法等。非连续增强体的液态成型工艺有熔铸、无压渗透等;固态成型工艺有粉末共混成型、机械合金化、反应固化等法。为防止界面反应,增强体的表面需进行涂覆(Al_2O_3、Y_2O_3 等)处理。

7.8.2　纤维增强金属间化合物基复合材料

增韧是金属间化合物的核心目标。人们通过各种方法使金属间化合物的室温韧性低、高温强度差的弱点得到了一定改善,但存在局限性。采用长纤维增强、增韧是较为理想的选择。长纤维至少能通过以下机理来增加韧性,即基体的塑性变形、纤维的拔出、弱界面/纤维的分离和裂纹的偏转。

连续纤维增强的金属间化合物基复合材料中,纤维是主要的承载体,与颗粒、晶须或短纤维相比,此种增强方式使其同时具有高的强度和韧性,因此在力学性能方面显示出独特的优势,在高性能飞机上有着广阔的应用前景。通常,复合材料中纤维体积分数在 25% ~ 45%,比较理想的是 35% 左右。表 7-14 为纤维增强 TiAl 基复合材料的抗弯性能,由表可知,采用钛纤维增强时的抗弯强度几乎没有增加,但在其表面涂覆 2.5μm 厚的 Y_2O_3 或 Al_2O_3 时,抗弯强度明显提高,而抗弯挠度变化不大。

表 7-14 TiAl 及连续钛纤维增强 TiAl 基复合材料的弯曲性能

材 料	抗弯强度/MPa	抗弯挠度/mm
TiAl	450	0.40
$Ti_f/TiAl$	449	—
$Ti(Y_2O_3)_f/TiAl$(涂覆 Y_2O_3)	526	0.35
$Ti(Al_2O_3)_f/TiAl$(涂覆 Al_2O_3)	573	0.36

7.8.3 颗粒增强金属间化合物基复合材料

目前自生颗粒增强金属间化合物基复合材料的研究备受重视。中国科学院研究员郭建亭课题组反应合成了内生颗粒 TiC、TiB_2 增强的 NiAl 基耐高温复合材料,与 NiAl 比较,这些 NiAl 基复合材料的高温强度提高 3~5 倍,塑性和韧性也同时得到改善。郭建亭等还发现制备工艺对复合强化效果的影响较大。用热压放热反应合成(HPES)法制备的 NiAl-20%TiC 综合性能优于用反应热等静压(RHIP)法制备的 NiAl-20%TiB_2;在 HPES+HIP 制备时,二者的压缩性能相差不大;在 HPES+HT(高温退火)制备时,NiAl-20%TiC 的压缩强度及塑性反而明显比 NiAl-20%TiB_2 的低。

图 7-28 为 Al-TiO_2 系热爆反应产物的 SEM、XRD 和 EDS 图。图 7-28(a)表明 Al-TiO_2 系热爆反应产物为网状基体与细小颗粒,其对应的 XRD 图(图 7-28(b))表明反应产物由 α-Al_2O_3 和 Al_3Ti 两相组成,网状基体与细小颗粒的能谱分析(图 7-28(c)、(d))进一步表明基体为 Al_3Ti,细小颗粒为 α-Al_2O_3。

采用熔铸法制造了增强体分别是 SiC、Al_2O_3、TiB_2 颗粒(物质的量分数为 5%)的三种 Fe-28Al-5Cr 基复合材料。Al_2O_3 颗粒在 Fe_3Al 中有良好的化学稳定性,TiB_2 颗粒与基体发生部分反应,而 SiC 颗粒与基体反应严重。复合材料的强度与基体相比有较大提高,600℃屈服强度提高 30%~60%,700℃屈服强度提高 20%~30%,三种复合材料的室温强度以 SiC、TiB_2 颗粒增强复合材料的增幅最大(屈服强度比基体提高近 60%),但延伸率比基体略有降低。

微波也可制备自生陶瓷颗粒增强金属间化合物基复合材料,且制备工艺简单,节能降耗,是一种非常有前途的制备方法。图 7-29 为 Al-Ni_2O_3-TiO_2-C 系微波合成复合材料 (α-Al_2O_3+TiC)/NiAl 的 SEM 图,传统法制备时需预热至近 600℃方可反应(图 7-30),而微波作用时仅在近 300℃可发生热爆反应,且仅需数分钟即可完成(图 7-31)。

7.8.4 金属间化合物基复合材料的界面

原位反应合成的增强体与基体的界面干净、无反应物。郭建亭研究发现,金属间化合物

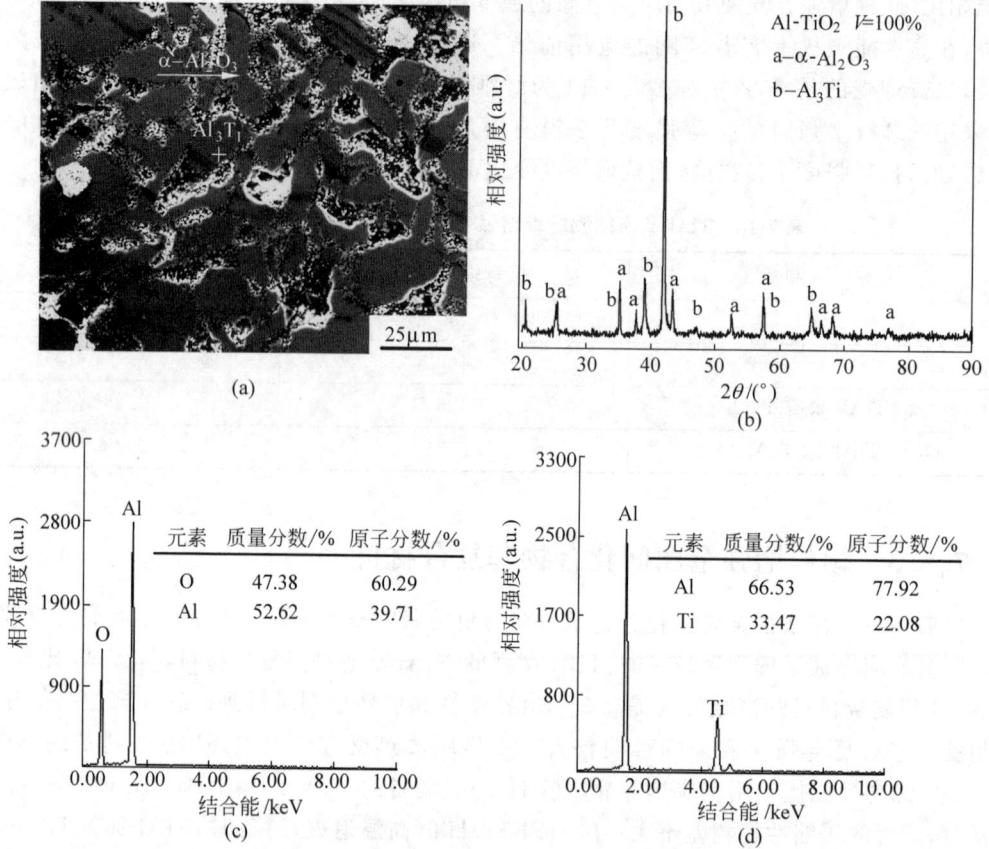

图 7-28　Al-TiO$_2$ 系热爆反应产物（α-Al$_2$O$_3$/Al$_3$Ti）的 SEM(a)、XRD(b) 和 EDS(c)、(d) 图

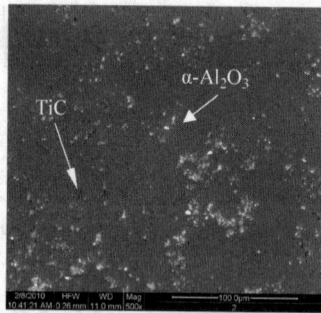

图 7-29　Al-Ni$_2$O$_3$-TiO$_2$-C 系微波合成复合材料（α-Al$_2$O$_3$＋TiC）/NiAl 的 SEM 图

基复合材料中的增强体与基体在多数情况下形成一个光滑、平直、无中间相的界面，而且一般以非共格或半共格的界面结合形式存在。界面两侧为直接的原子结合，结合强度高。运用 HPES 法制备了 TiB$_2$ 颗粒增强的 NiAl 基复合材料中，除了增强体 TiB$_2$ 外，还有少量的 M$_{23}$C$_6$ 型的硼化物 Ni$_{20}$Al$_3$B$_6$ 存在，但 TiB$_2$ 与基体 NiAl 的界面干净，未发现有界面反应。

运用金属 Ti 箔-SiC 纤维-金属 Al 箔经过自蔓延燃烧反应和扩散反应（图 7-32）制备连续 SiC 纤维增强 Ti-Al 金属间化合物基复合材料。研究表明，该复合材料基体是层状分布

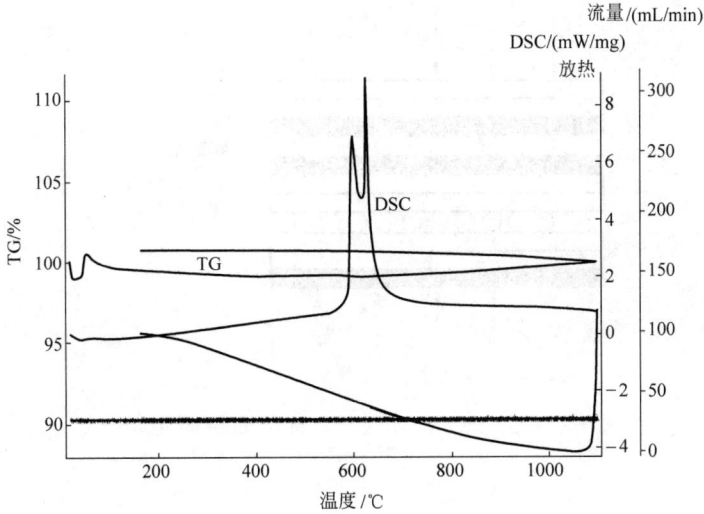

图 7-30 传统加热时 $Al\text{-}Ni_2O_3\text{-}TiO_2\text{-}C$ 系的差式扫描量热法曲线(STA449C 热分析仪)

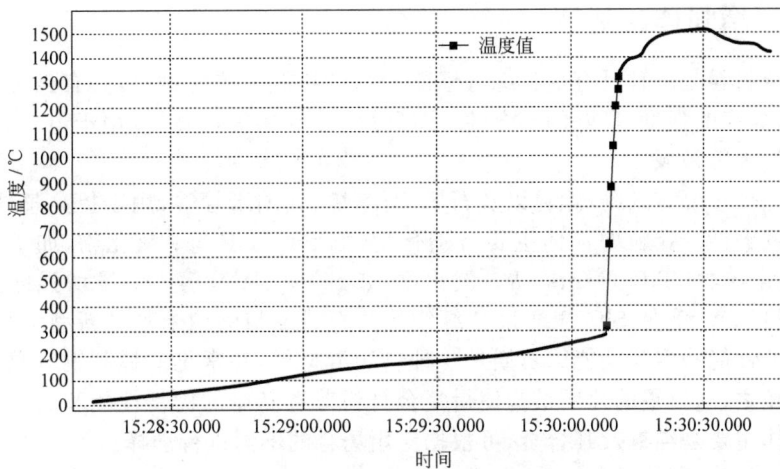

图 7-31 微波作用时 $Al\text{-}Ni_2O_3\text{-}TiO_2\text{-}C$ 系压块中心温度与时间的关系曲线

的 Al_3Ti、Al_2Ti、$AlTi$、$AlTi_3$、$\alpha\text{-}Ti$ 和少量的 Ti 相,SiC/基体的界面反应与 Ti/Al 反应同时发生,界面处的反应产物主要是 Ti、Si、C 的化合物,反应层中 Al 元素含量少;在富 Ti 的 $\alpha\text{-}$ Ti 及 $AlTi_3$ 层中的 SiC 与基体界面反应层厚度大于富 Al 的 Al_3Ti、Al_2Ti 层中的 SiC 与基体界面反应层厚度;$AlTi_3$ 中的 SiC/基体界面层分为两层,反应产物包括 TiC、$Ti_5Si_3C_x$、$Al_4C_3Si_x$、Ti_3AlC、Ti_2AlC 等。

对于大多数钛铝金属间化合物基复合材料来说,由于纤维与基体之间化学相容性不好,在复合材料的制备和服役过程中,存在较为严重的化学反应,产生多层反应产物。电镜分析 SCS-6SiC/Ti_2AlNb 复合材料的界面表明,在反应初期形成晶粒非常细小的 TiC、Ti_5Si_3,其次为扩散反应形成等轴晶粒较大的 TiC 层,靠近基体 Ti_2AlNb 则为 Ti_3Si 层。

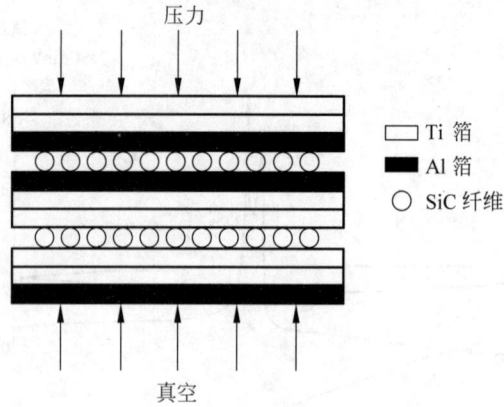

图 7-32　SiC/Ti-Al 复合材料制备过程示意图

7.9　铜基复合材料

7.9.1　增强体与基体

　　铜基复合材料是一种具有优良综合性能的结构功能一体化材料，具有良好的机械性能和物理性能，如高的强度，良好的导电性、耐磨性和热导率等，广泛应用于电气、电子、汽车、制造和航空航天等领域。

　　常用增强体主要有纤维、颗粒以及石墨、石墨烯、碳纳米管等，用于提高整体强度，同时还可以提高耐磨性。颗粒增强体主要有碳化物，如 SiC、TiC 等；氧化物，如 Al_2O_3、SiO_2、ZrO_2 等；硼化物，如 TiB_2、MgB_2 等；氮化物，如 Si_3N_4、AlN 等。纤维增强体主要有碳纤维、Al_2O_3 纤维、W 纤维、SiC 纤维和 B 纤维等。石墨烯与碳纳米管是新型增强体，主要用于提高其导电性能和耐磨性能。石墨是一种自润滑材料，是常见的提高铜基复合材料的耐磨性的增强相之一，石墨的片层结构使得复合材料兼有基体的优良性能和其本身优异的耐磨性能。基体主要是纯铜及其合金，可根据应用场合的不同进行选择。

　　铜基复合材料的制备一般有内氧化法、粉末冶金法、复合铸造法、机械合金化法、浸渍法、燃烧合成法、溅射成型法等，各有优缺点。若根据增强体产生方式的不同，制备方法通常可分为内生型和外生型两大类。外生型法即传统法，增强体通过外界直接加入铜基体中，使其在基体中均匀分布而形成，但增强体表面易污染，与基体的界面在一定条件下会发生界面反应，产生新相，影响界面结合强度。与之对应的内生型法，增强体是通过基体中原位化学反应产生的，其热力学稳定，界面无反应产物，有良好的界面相容性。增强体表面干净无污染，与基体的界面结合强度高，基本克服了传统法制备时的不足。内生型法无需进行增强相的预合成，这样大大降低了生产成本，简化了生产工艺，在开发新型复合材料制备途径上潜力巨大，已成了制备铜基复合材料的重要方法之一。

7.9.2　纤维增强铜基复合材料

　　纤维是常用的增强相，最常见的是碳纤维，碳纤维具有高导电性和导热性，同时具有高比强度和比模量，并且热膨胀系数较低。此外，碳纤维本身也是一种自润滑材料，结构致密，纤维缺陷少,比表面积大,已经被广泛用于生产电子元件,在航空航天、建筑、运动器材、汽车等众多领域发挥着巨大的作用。采用碳纤维作为增强相制备铜基复合材料时,碳纤维的作用主要是承载载荷,减少对基体的磨损,基体只是承担部分载荷,主要把载荷传递给碳纤维。摩擦发生时,较软的基体先期磨损,逐渐露出硬质的碳纤维,此时碳纤维承受了大部分载荷,由于碳纤维的耐磨性能好,因此在磨损过程中很好地保护了基体不受损伤。随着摩擦的进行,碳纤维逐渐被磨损形成颗粒,这些颗粒就充当了润滑剂,涂覆在磨面上,保护基体不再被磨损。

图 7-33 为不锈钢纤维增强铜基复合材料在不同取向上的显微结构,不锈钢纤维在基体中定向均匀分布,此时热变形抗力与纯铜相比显著提高,如图 7-34 所示。同一变形温度下,随着应变速率的提高,复合材料的热变形抗力进一步提高,在低变形温度下提高得更加显著。

(a)　　　　　　　　　　(b)

图 7-33　不锈钢纤维增强铜基复合材料在不同取向上的显微结构

（a）纤维垂直方向；（b）纤维平行方向

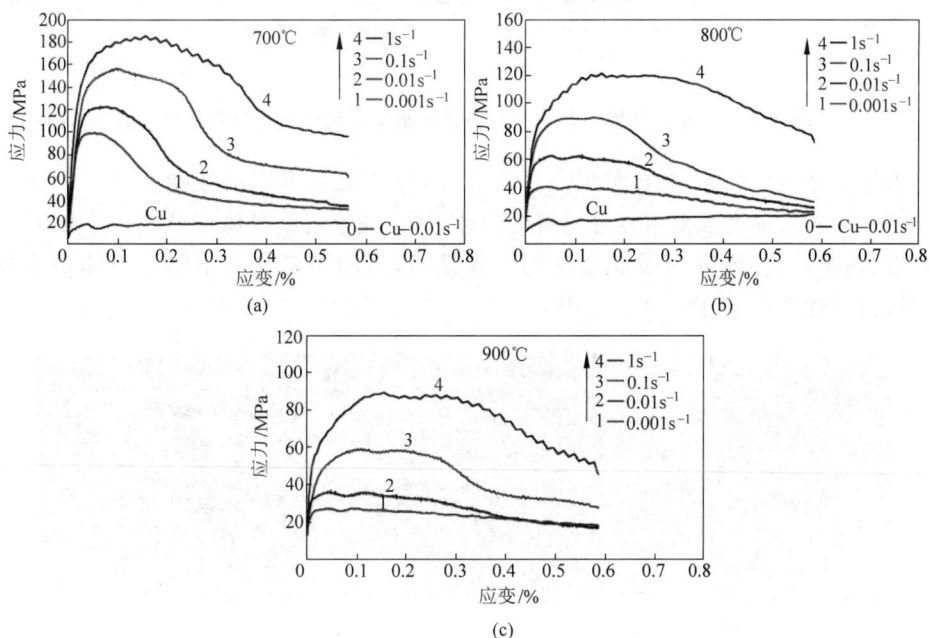

图 7-34　不同应变速率和温度下,纯铜及不锈钢纤维增强铜基复合材料的应力-应变曲线

（a）700℃；（b）800℃；（c）900℃

　　碳纳米管与碳纤维一样，减磨耐磨性优良，强度高，弹性模量大，并且具有高的导电导热性，吸波能力强，同时也是自润滑材料，综合性能优异。与碳纤维相比，碳纳米管的性能还具有更独特的优点，可能是目前比刚度和比强度最高的材料。图 7-35 为体积分数分别为 5％、15％、20％的碳纳米管增强铜基复合材料的显微组织形貌，随着增强体体积分数的增加，其耐磨性能显著提高（图 7-36）。

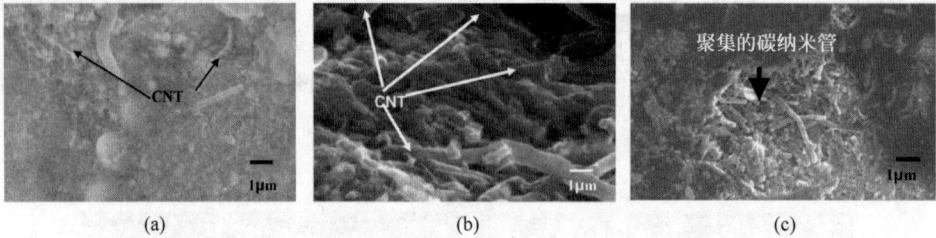

图 7-35　不同体积分数的碳纳米管增强铜基复合材料的 SEM 照片

(a) 5％；(b) 15％；(c) 20％

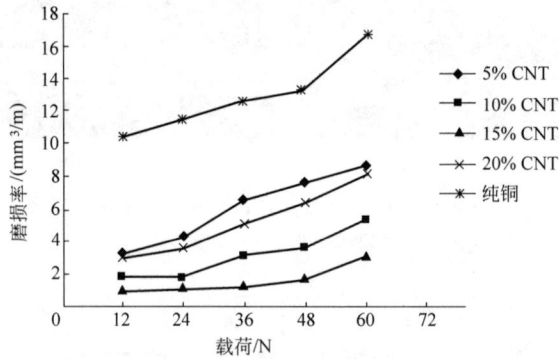

图 7-36　纯铜和不同体积分数的碳纳米管增强铜基复合材料的磨损率与载荷的关系曲线

　　石墨烯是新型增强体，能显著提高复合材料的力学性能和耐磨性能。图 7-37 为纯铜及不同体积分数石墨烯增强铜基复合材料的拉伸断口，随着石墨烯体积分数从零增至 0.6％，拉伸强度、屈服强度、硬度和弹性模量均显著提高，但断裂延伸率下降。当体积分数高于 0.6％时，力学性能变差（图 7-38）。

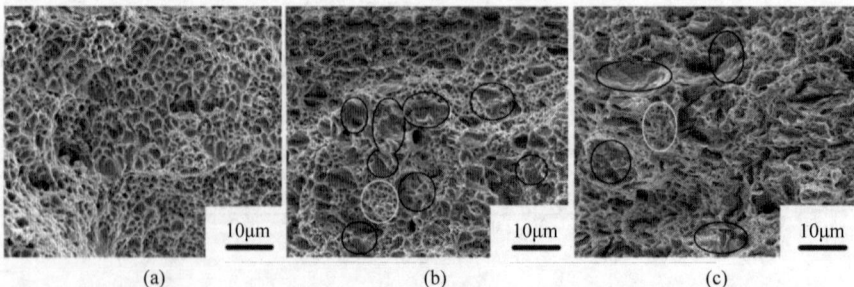

图 7-37　纯铜及不同体积分数石墨烯增强铜基复合材料拉伸断口 SEM 照片

(a) 纯铜；(b) 0.2％GNP/Cu；(c) 0.8％GNP/Cu

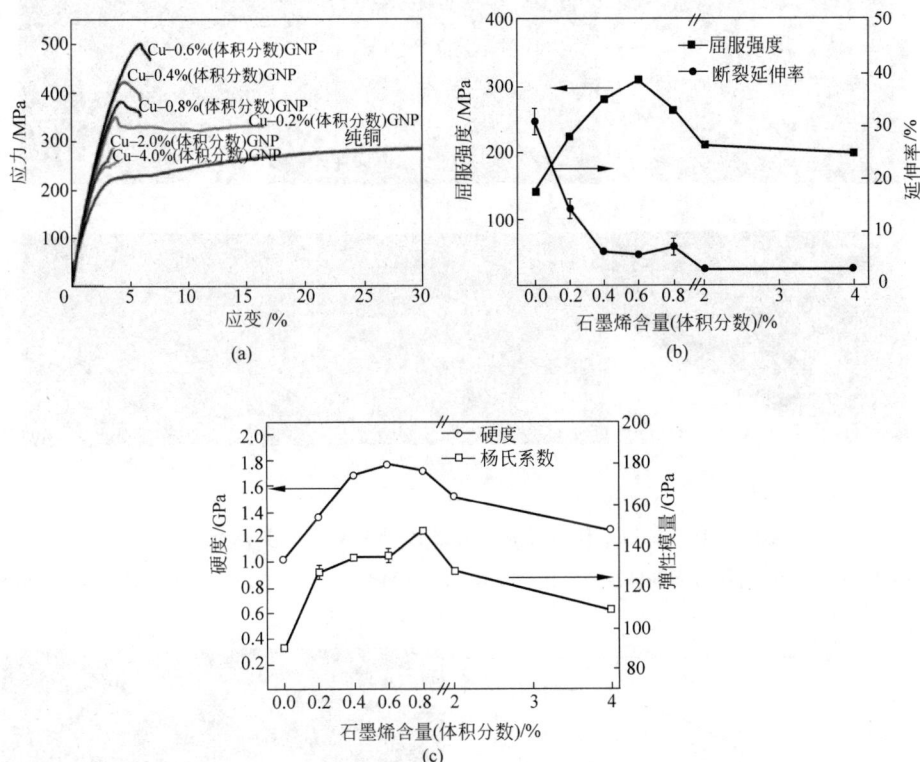

图 7-38　纯铜及复合材料 GNP/Cu 的力学性能曲线

7.9.3　颗粒增强铜基复合材料

颗粒增强即在软韧的铜基体中分布弥散的硬质颗粒,既能改善基体的室温和高温性能,又能维持基体的导电性,达到兼具高强度、高导电性和耐磨性能的综合效果。由于这种材料制造成本低、性能优越,现在对颗粒增强的铜基复合材料的研究已日趋广泛。

TiB_2 颗粒具有硬度高、耐腐蚀性强、热稳定性优和耐磨性好等特点。TiB_2 与铜还具有良好的润湿性,不易发生反应形成复杂界面。TiB_2 颗粒增强的铜基复合材料在一定温度范围内可保持良好的性能。图 7-39 为 Ti-B-Cu 体系反应合成 TiB_2 颗粒增强铜基复合材料,TiB_2 颗粒尺寸细小($100 \sim 500nm$),分布均匀,力学性能显著提高。在增强体体积分数为 20%时,复合材料烧结态的拉伸强度为 318MPa,比基体提高 45%,断口存有大量韧窝(图 7-40),断裂延伸率略有降低。

TiC 颗粒硬度高,是常用的耐磨材料,用作增强体时可显著提高复合材料的耐磨性能。图 7-41 为 Ti-C-Cu 体系反应合成 TiC 颗粒增强铜基复合材料的 SEM 照片及 TiC 颗粒的 EDS 谱图,TiC 颗粒尺寸细小,达纳米级。

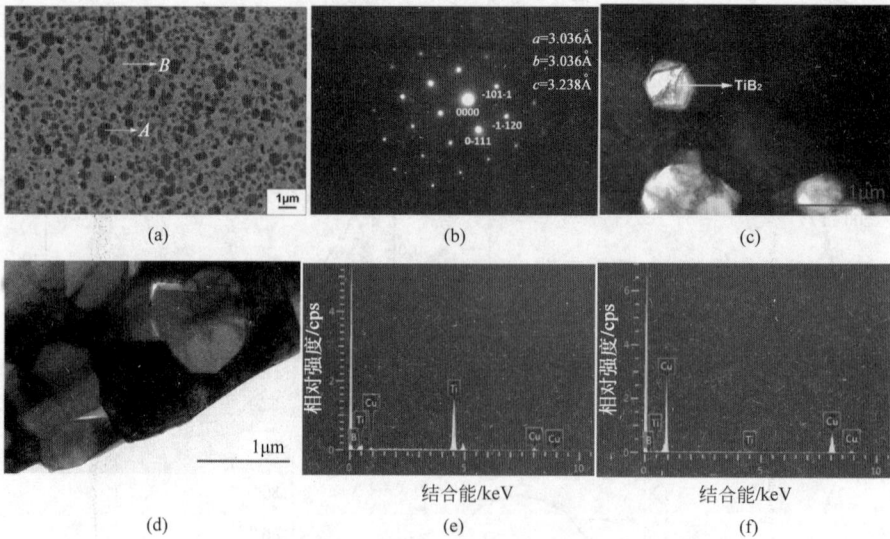

图 7-39　Ti-B-Cu 体系反应合成 TiB$_2$ 颗粒增强铜基复合材料

（a) SEM 照片；(b) TiB$_2$ 颗粒的衍射花样；(c)、(d) TiB$_2$ 颗粒的 TEM 照片；(e)、(f) 分别为 A、B 两个区域的 EDS 图谱

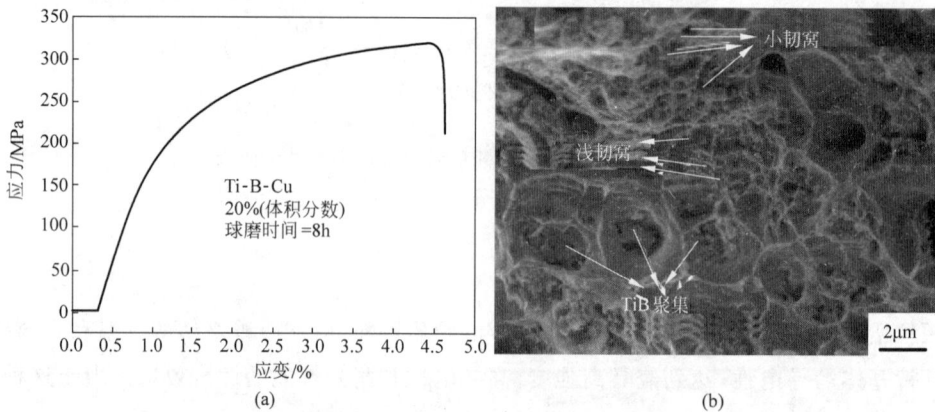

图 7-40　TiB$_2$/Cu 复合材料的应力-应变曲线(a)及拉伸断口 SEM 照片(b)

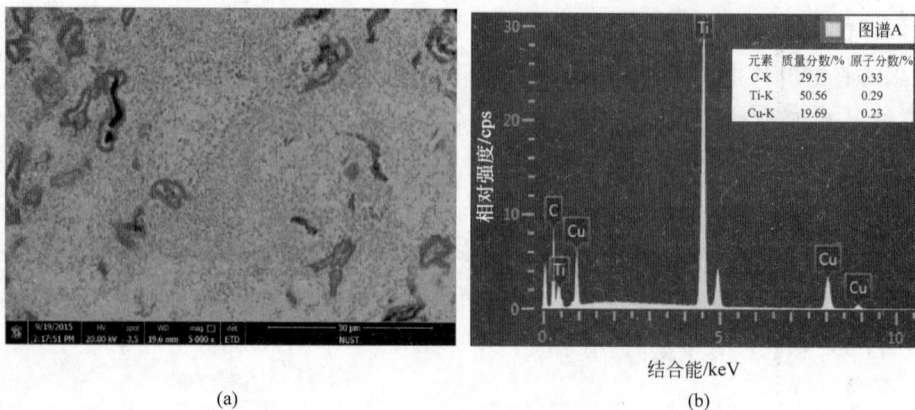

图 7-41　TiC/Cu 复合材料的 SEM(a)及 TiC 颗粒 EDS 谱图(b)

7.9.4 铜基复合材料的界面

内生型铜基复合材料的界面干净无反应产物,界面结合好,外生型铜基复合材料的界面取决于制备工艺,界面处易发生反应产生第二相,影响界面结合强度。

图 7-42 为碳纳米管表面涂层铜以及未涂层处理直接与铜基体复合的界面透射电镜照片。可以看出,碳纳米管与铜的结合界面存在反应层,这是由于碳纳米管表面易污染被氧化,结合时界面产生扩散层。界面处原子分布可通过能谱线性分析来表征,图 7-43 为 CNT/Cu 复合材料的界面元素原子的扩散示意图。

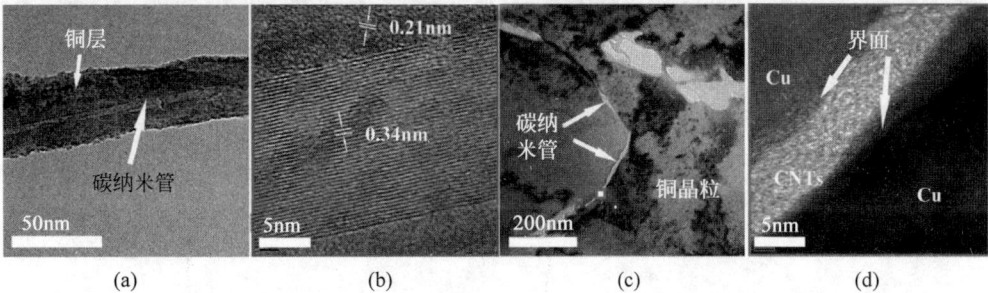

图 7-42 碳纳米管表面涂层铜以及未涂层处理直接与铜基体复合的界面透射电镜照片
(a) 铜涂层碳纳米管-铜基体;(b) 界面(a)的放大;(c) 纯碳纳米管-铜基体;(d) 界面(c)的放大

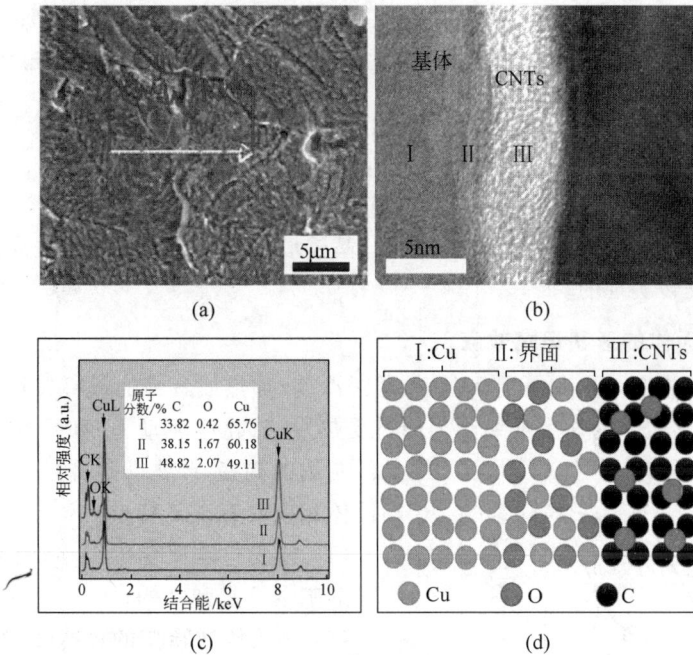

图 7-43 CNT/Cu 复合材料的界面元素原子的扩散示意图
(a) SEM 照片和相应的 C、O、Cu 元素 EDX 线扫描;(b) 界面 TEM 照片;
(c) TEM 照片中 Ⅰ、Ⅱ 和 Ⅲ 区域的 EDX 能谱图;(d) 界面处 C、O 和 Cu 原子排列示意图

　　当增强体是通过基体中的原位反应产生，界面干净、无扩散。图 7-44 和图 7-45 分别为 Ti-B-Cu 和 Ti-C-Cu 体系反应产生 TiB_2 和 TiC 颗粒增强铜基复合材料的 TEM 照片，增强体颗粒 TiB_2 和 TiC 与基体 Cu 的界面无过渡层存在，界面干净无反应物形成。

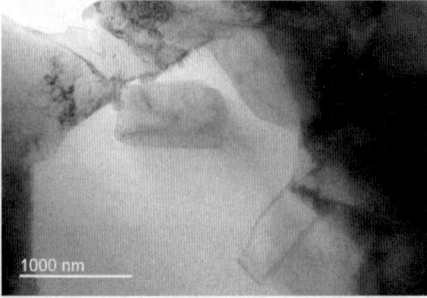

图 7-44　原位 TiB_2/Cu 复合材料

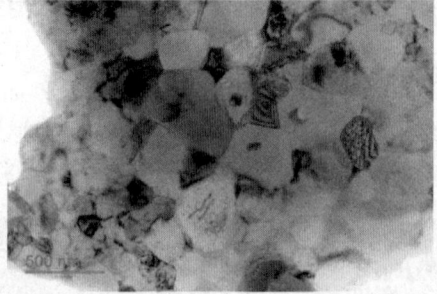

图 7-45　原位 TiC/Cu 复合材料

　　有关镍基、铁基等复合材料及混杂增强金属基复合材料，本书不再一一介绍，请参考相关文献。

7.10　形状记忆合金复合材料

　　形状记忆合金既可作为增强体也可作为基体与其他组分材料复合制成具有形状记忆功能的新型复合材料。形状记忆合金复合材料具有加工成型容易、集感知与驱动于一体以及适于微型化作业等优点，使其在航空航天、生物医学、数字自控、机器人、机械工程、汽车等领域都得到了广泛应用。

7.10.1　记忆机制

　　形状记忆合金复合材料的记忆机制是通过基体形状记忆合金的热弹性马氏体或超弹性马氏体相变及其反转实现的。

1. 热弹性马氏体的形状记忆效应

　　热弹性马氏体相变是指在一定状态下，通过冷却、加热或者施加或释放外力可使马氏体长大或者缩小，即马氏体的长大或缩小为同时受热效应（化学驱动力）和弹性效应两个平衡条件制约的相变，产物即热弹性马氏体。热弹性马氏体相变具有以下特点：

　　（1）相变时体积变化很小，因而相变所产生的变形基本上是弹性的；

　　（2）马氏体逆转变的过冷度（热滞）很小，有的只有几摄氏度或十几摄氏度；

　　（3）相变时伴随有形状记忆效应和反常弹性行为的发生。

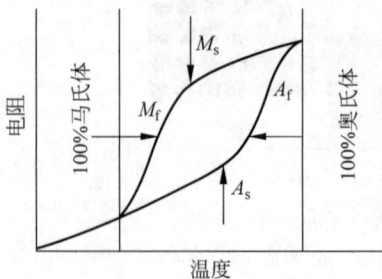

图 7-46　热弹性马氏体相变时电阻与温度之间的变化关系示意图（热滞回线）

　　如图 7-46 所示，当温度下降到 M_s 点时，合金的电阻随温度的变化呈偏移线性下降的直线,表明马氏体开始形成,温度降低到 M_f 点以下时,合金的电阻随温度的变化又呈线性下降的直线,表明母相完全转变为马氏体。类似地,将合金从 M_f 点以下的温度加热到 A_s 点时,开始逆转变为母相(奥氏体相或高温相),加热至 A_f 点时完全转变为母相奥氏体。热滞后即温度差 $T_{A_s} - T_{M_s}$ 很小,只有十几摄氏度甚至几摄氏度。

2. 超弹性马氏体(伪弹性马氏体)的形状记忆效应

热弹性马氏体相变是温度变化导致的,如对具有热弹性马氏体相变的合金,在高温阶段,即当 $T_d > T_{Af}$ 时(图7-47),高温相(母相)在单轴拉伸或者压缩的条件下,AB 段发生纯弹性变形,B 点开始发生马氏体转变,该点对应的应力 σ_B 为诱导马氏体转变的最小应力 $(\sigma_{B=A\to M} = \sigma_{M_s})$。$C$ 点相变结束 $(\sigma_C = \sigma_{M_f})$,$BC$ 段斜率远小于 AB 段,表明相变容易进行,CD 段为纯马氏体弹性变形阶段,D 点开始屈服,DE 段为马氏体屈服进入塑性变形阶段 $(\sigma_D = \sigma_y)$,E 点时断裂。如果在 D 点之前取消施加的应力,如在 C' 点,对应的应变 $\varepsilon_{C'}$ 可通过以下几步得到恢复。首先发生纯马氏体弹性恢复即 $C'F$ 阶段,F 点对应的应力是在卸载过程中诱发马氏体能够存在的最大应力 $(\sigma_F = \sigma_{A_s})$。从该点开始,马氏体将向母相奥氏体逆转变,即 $\sigma_{F=M\to A}$。随后马氏体量逐渐减少,直至母相奥氏体完全恢复(G 点,$\sigma_G = \sigma_{A_f}$),GH 段表示纯奥氏体的弹性恢复。BC、FG 为双相弹性变形阶段,其他均为单相变形阶段。注意:DE 屈服为纯马氏体的屈服,不同于 BC 弹性变形阶段,不断产生马氏体,共格切变,孪生变形。

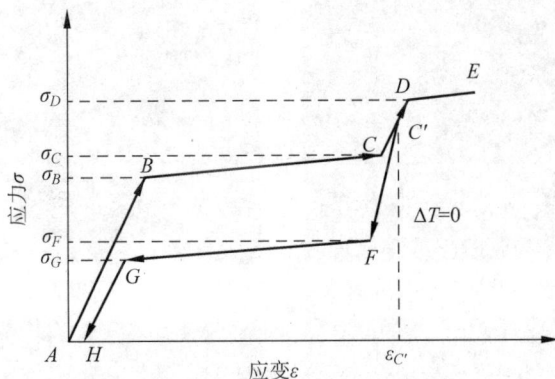

图 7-47　超弹性应力应变示意图

如果 H 点与 A 点重复,即弹性变形完全恢复,且总的弹性变形量非常大,远超出通常意义上的弹性变形,故称超弹性马氏体相变。由于应力-应变之间并非线性关系,不符合一般材料的弹性变形规律,其实质与弹性变形不同,故又称为伪弹性。如果 H 点与 A 点不重复,需通过适当的升温才能重合,则称部分弹性马氏体相变。注意:①整个应力-应变循环过程中的温度保持不变,即 $\Delta T = 0$,如果变形温度 T_d 不同,则其对应的应力-应变回线(热滞回线)也不同,其对应的 σ_{M_s}、σ_{M_f}、σ_{A_s}、σ_{A_f} 均会变化;②超弹性与伪弹性不加区分;③所施加的应力不能超过滑移临界应力,如果超出会发生塑性变形,形状记忆效应和超弹性均会被破坏;④如果形状完全恢复需具备以下条件,马氏体相变为热弹性的、母相奥氏体与马氏体呈现有序的点阵结构、马氏体的亚结构为孪晶或层错、马氏体相变在晶体学上是可逆的。

7.10.2　常见形状记忆合金复合材料

形状记忆合金既可作为基体，加入其他增强体制成形状记忆合金复合材料，也可被制成颗粒或纤维作为增强体加入选定的基体中构筑形状记忆合金复合材料。

1. (TiC＋TiB)/Ti-V-Al 形状记忆合金复合材料

1）制备

选用纯钛、钒、铝、碳化硼（B_4C）粉，纯度分别为 99.95％、99.99％、99.999％和 99.9％。采用真空电弧熔炼法，制备（TiC＋TiB）/Ti-V-Al 形状记忆合金复合材料。Ti-V-Al 形状记忆合金复合材料锭至少重复熔炼 6 次。然后在 900℃下均质处理 6h 后在冰水中快速冷却。

2）显微组织

图 7-48 为在 Ti-V-Al 形状记忆合金中加入不同体积分数 B_4C 时复合材料的 SEM 照片。如图 7-48(a)和(b)所示，在 Ti-V-Al 形状记忆合金基体中形成了一种典型的针状马氏体结构，并在基体中随机分布了 TiB 晶须和 TiC 颗粒两种增强体。随着加入 B_4C 的体积分数的增加，TiC 颗粒和 TiB 晶须的数量逐渐增加。TiC 颗粒主要沿晶界分布，如图 7-48(c)和(d)所示。在 B_4C 含量增至 2.0vol％和 5.0vol％时，TiC 沿晶界形成网络结构。TiB 晶须为 B_{27} 结构，而 TiC 颗粒为 NaCl 结构。

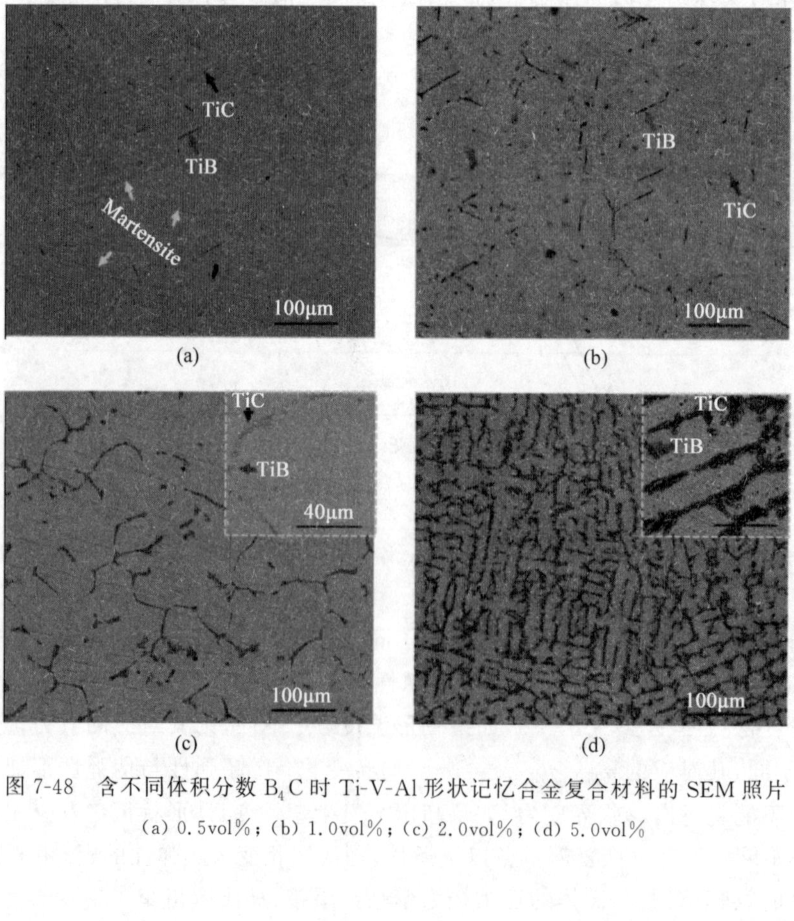

图 7-48　含不同体积分数 B_4C 时 Ti-V-Al 形状记忆合金复合材料的 SEM 照片

(a) 0.5vol％；(b) 1.0vol％；(c) 2.0vol％；(d) 5.0vol％

3）应变恢复性能

图 7-49 为 B_4C 不同体积分数时 Ti-V-Al 形状记忆合金复合材料在加载-卸载时的应变恢复特性,结果表明,B_4C 陶瓷颗粒的体积分数对应变恢复特性有重要影响。在施加 3% 的预应变后,无论 B_4C 陶瓷颗粒的体积分数如何,在所有的 Ti-V-Al 形状记忆合金复合材料中都可以观察到残余应变,这意味着即使施加了 3% 的预应变,塑性变形也会开始发生。然而,通过改变 B_4C 陶瓷颗粒的体积分数,可以调整 Ti-V-Al 形状记忆合金复合材料的应变恢复特性。随着 B_4C 陶瓷颗粒体积分数的增加,Ti-V-Al 形状记忆合金复合材料的残余应变先减小后增大。B_4C 陶瓷颗粒体积分数为 1.0vol% 时,应变恢复性能优越,可恢复应变为 2.89%。虽然增强体的引入可以增强基体强度,但其应变恢复特性与界面的运动密切相关。随着 B_4C 陶瓷颗粒体积分数的增加,在界面处高密度聚集的原位增强体阻碍了界面或孪晶界面的运动,进一步阻碍了可恢复应变。因此,在 Ti-V-Al 形状记忆合金复合材料中调整 B_4C 陶瓷颗粒的体积分数,不仅增加了塑性变形的临界应力,而且实现了各种界面的良好运动。最后,高性能的 Ti-V-Al 形状记忆合金复合材料具有马氏体转变温度提高、热循环稳定性增强及强度和弹性模量增大的优点。

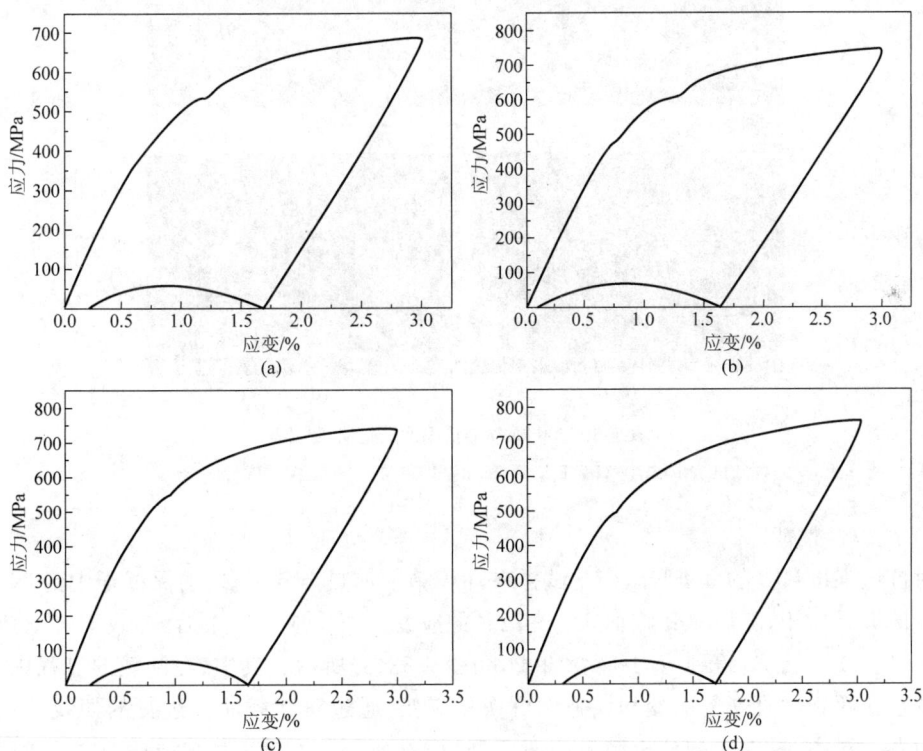

图 7-49 B_4C 不同体积分数时 Ti-V-Al 形状记忆合金复合材料的加载-卸载时的应变恢复特性
(a) 0.5vol%;(b) 1.0vol%;(c) 2.0vol%;(d) 5.0vol%

2. $Ti_5Si_3/NiTi$ 形状记忆合金复合材料

1）制备

采用硅粒、镍粒和海绵钛,粒径分别为 1～6mm、3～5mm、2～10mm,纯度分别为 99.90%、99.90%、99.70%,除去表面氧化层和污渍,按照不同的合金成分进行称量配比。

先利用电弧熔炼制备母合金铸锭，并对母合金铸锭重熔炼 6～8 次，再采用压力熔渗的方法将陶瓷空心球（经过预处理和筛分）引入母合金基体中获得三种不同成分的 $Ti_5Si_3/TiNi$（$Ti_{53}Ni_{37}Si_{10}$、$Ti_{53}Ni_{39}Si_8$、$Ti_{52}Ni_{42}Si_6$）形状记忆合金复合材料。

2）显微组织

图 7-50 为 $Ti_{53}Ni_{37}Si_{10}$、$Ti_{53}Ni_{39}Si_8$、$Ti_{52}Ni_{42}Si_6$ 及 $Ti_{53}Ni_{37}Si_{10}$ 的 $20000\times SEM$ 照片。$Ti_{53}Ni_{37}Si_{10}$ 属于完全共晶组织，图 7-51 为其 TEM 照片。由图 7-51（a）和（c）可以明显看出层片状的 NiTi 相和 Ti_5Si_3 相交错存在；图 7-51（b）为两相的衍射花样，NiTi 相以马氏体相存在，晶体结构为单斜结构，Ti_5Si_3 相的晶体结构为六方结构；图 7-51（d）为两种物相的 HRTEM 照片，可以清晰地看出两相界面原子排布，NiTi 相与界面的夹角为 62°，Ti_5Si_3 相与界面的夹角为 57°，两相的错配度为 4.28%，NiTi 相和 Ti_5Si_3 相在相界面上趋于较好的共格特征。

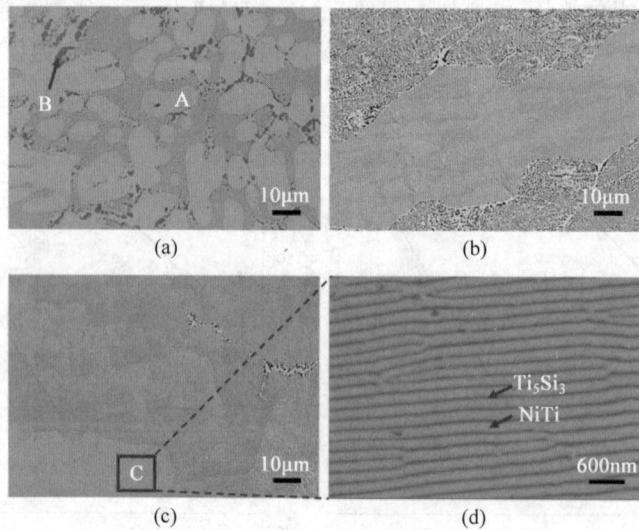

图 7-50　不同合金成分的 SEM 照片

(a) $Ti_{53}Ni_{37}Si_{10}$；(b) $Ti_{53}Ni_{39}Si_8$；(c) $Ti_{52}Ni_{42}Si_6$；(d) $Ti_{53}Ni_{37}Si_{10}$

3）超弹性性能

对抗压强度最高的 $Ti_{53}Ni_{37}Si_{10}$ 试样在环境箱中加热至 180℃，确保试样中的 NiTi 相为完全的奥氏体相，随后对其施加 1%～12% 的应变。每次应变结束后，卸载至 0N，应变速率为 $3.33\times10^{-4}s^{-1}$，得到应力-应变曲线，如图 7-52（a）所示。其中，在卸载的过程中，可恢复应变包括超弹性可恢复应变和线弹性可恢复应变，通过对卸载曲线进行的切线分析即可区分两者。对图 7-52（a）的分析结果如图 7-52（b）所示，恢复应变率在循环至 8% 之后稳定在 86%，超弹性恢复应变稍有波动，当应变达到 12% 时，超弹性应变为 2.2%，由此可以说明在高温条件下，$Ti_{53}Ni_{37}Si_{10}$ 试样表现出良好的超弹性，并发生了应力诱发马氏体相变行为，这与高温下的压缩断裂曲线的解释一致。残余应变和可恢复应变随着预加载应变的增大而增大，当应变达到 12%，可恢复应变达到了 5.43%，残余应变为 0.86%，残余应变较小，说明该材料经过多次循环使用后产生的塑性变形较小，可以很好地保留原有的超弹性。

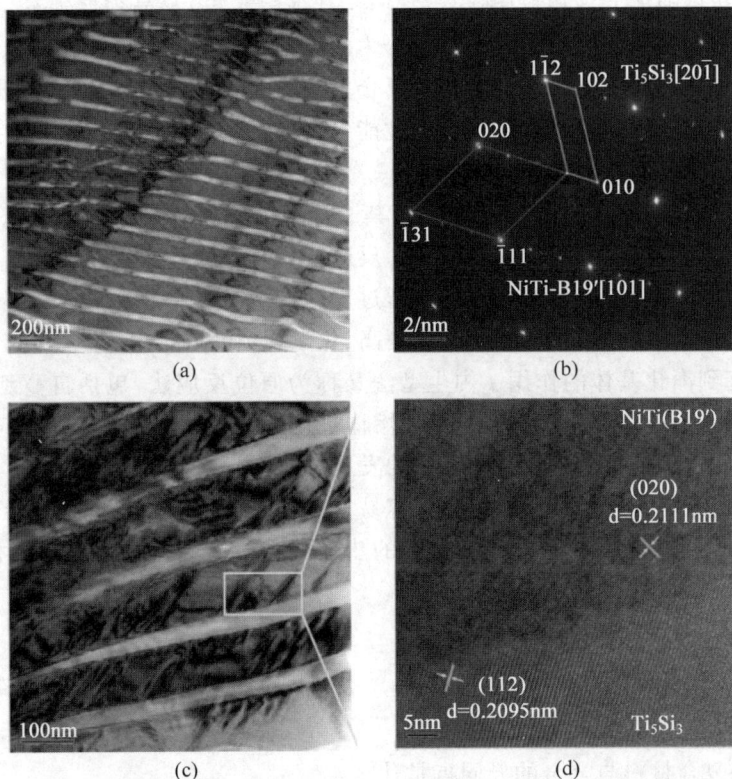

图 7-51　$Ti_5Si_3/TiNi(Ti_{53}Ni_{37}Si_{10})$ 的 TEM 照片

（a），（c）层片共晶结构；（b）NiTi 和 Ti_5Si_3 相的 SAED；（d）HRTEM 照片

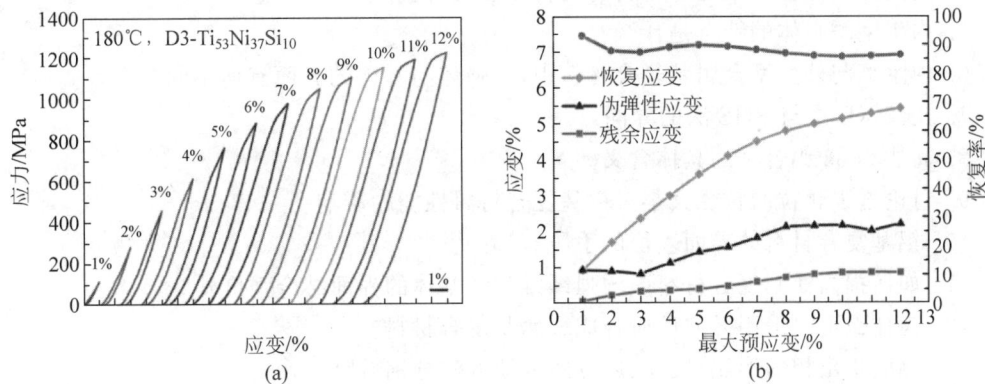

图 7-52　$Ti_{53}Ni_{37}Si_{10}$ 试样在 180℃下的超弹性

（a）1%～12%循环压缩曲线；（b）可恢复应变、残余应变、超弹性应变以及恢复应变率的变化曲线

本章小结

　　金属基复合材料是指以金属及其合金为基体，与一种或几种金属或非金属为增强相，人工合成的复合材料。按基体分有铝基、镍基、钛基、铜基、铁基、镁基、锌基、金属间化合物基

等复合材料。按增强体分为颗粒增强复合材料、纤维（长、短）及晶须增强复合材料、层状增强复合材料。按增强体产生的方式不同可分为内生型和外生型两种。若按复合材料的应用特性可分为结构型和功能型两类。金属基复合材料具有高的比强度和比模量，优良的疲劳性能和断裂韧性，良好的耐高温性能、导电性能、导热性能、耐磨性能、热膨胀性能，以及不吸潮、不老化、气密性好等特点。

外生型的增强体是通过外界直接加入，其表面易被污染，增强体与基体的界面稳定性差，在一定条件下会发生界面反应，产生界面反应层，或析出新相，从而影响界面结合强度和复合材料的力学性能。内生型的增强体是通过反应组分在基体中的化学反应产生，增强体的表面无污染、与基体的界面干净、结合强度高、化学稳定性好，且反应放热还可使挥发性杂质离开基体，起到净化基体的作用。内生型法又称为原位反应法，包括自蔓延燃烧反应法、放热弥散法、接触反应法、气液反应法、直接熔体氧化法、球磨合成法、浸渗反应法、混合盐反应法、微波合成法等，是复合材料制备工艺的发展方向。

形状记忆合金复合材料具有加工成型容易、集感知与驱动于一体以及适于微型化作业等优点，记忆机制是通过基体形状记忆合金的热弹性马氏体或超弹性马氏体相变及其反转实现的。

思考题

1. 金属基复合材料与合金的异同点是什么？
2. 金属基复合材料的性能特点有哪些？
3. 金属基体的选用原则是什么？
4. 内生型增强金属基复合材料的制备方法有哪些？
5. 内生型增强体的特点是什么？
6. 内生型与外生型金属基复合材料中，增强体与基体的界面有何不同？
7. 比较 XD 法与 SHS 法的异同点。
8. 简述 5083 铝合金的具体含义。
9. 讨论增强颗粒的粒径大小对铝基复合材料性能的影响。
10. 铝基复合材料的界面表征的手段有哪些？
11. 如何提高镁基复合材料中增强纤维与镁基体的界面结合强度？
12. 为什么可以采用微波反应合成金属基复合材料？
13. 界面析出相的形貌、尺寸、成分的表征方法分别有哪些？
14. 简述镁基复合材料的性能特点及其用途。
15. 简述钛基复合材料的性能特点及其用途。
16. 金属间化合物基复合材料增强增韧的途径有哪些？

选择题和答案

第8章

纳米复合材料

纳米复合材料(nanocomposites)的概念最初是在 20 世纪 80 年代由德国学者 Gleitert 提出,是指分散相尺寸至少在一维方向上小于 100nm 的复合材料。组成复合材料的基体可以是金属、聚合物、陶瓷等。由于纳米粒子具有小尺寸效应、表面效应、界面效应、量子尺寸效应等基本特征,因此与基体复合后可使材料表现出优异的性能,在航空航天、机械、交通、化工等领域得到广泛应用。本章主要介绍金属基、陶瓷基、聚合物基及半导体基纳米复合材料的特点、性能与应用。

8.1 纳米复合材料的分类

纳米复合材料分类方法有多种。根据基体的特性和成分可分为聚合物基纳米复合材料、陶瓷基纳米复合材料、金属基纳米复合材料及半导体基纳米复合材料四种。若根据材料使用特性,纳米复合材料可分为纳米结构复合材料和纳米功能复合材料。若按复合形式则可分为四种类型。

(1) 0-0 复合,即不同成分、不同相或不同种类的纳米粒子复合而成的纳米固体。这种复合体的纳米粒子可以由金属与金属、金属与陶瓷、金属与高分子、陶瓷与陶瓷、陶瓷与高分子等构成。

(2) 0-2 复合,即把纳米粒子分散到二维的薄膜材料中。它又可分为均匀弥散和非均匀弥散两类,称为纳米复合薄膜材料。均匀弥散是指纳米粒子在薄膜中均匀分布,人们可以根据需要控制纳米粒子的粒径及粒间距;非均匀弥散是指纳米粒子随机分布于薄膜基体中。

(3) 0-3 复合,即纳米粒子分散在常规三维固体中。另外,介质固体也可以作为复合母体通过物理或化学方法将粒子填充在介孔中,形成介孔复合的纳米复合材料。

(4) 纳米插层复合,即由不同材质交替形成的组分或结构交替变化的多层膜,各层膜的厚度均为纳米级。纳米插层复合材料与 0-2 复合统称为纳米薄膜材料。

8.2 金属基纳米复合材料

金属基纳米复合材料是以金属及合金为基体,与一种或几种金属或非金属纳米级增强相相结合的复合材料。金属基纳米复合材料具有力学性能好、剪切强度高、工作温度较高、耐磨损、导电导热好、不吸湿、不吸气、尺寸稳定、不老化等优点,故以其优异的性能应用于自动化、航空、航天等高技术领域。各种复合新工艺,如压铸、半固态复合铸造、喷射沉积和直接氧化法、反应生成法等的应用,促进了纳米颗粒、纳米晶片、纳米晶须增强金属基复合材料的快速发展,使成本不断降低,从而使金属基纳米复合材料的应用由自动化、航空、航天工业扩展到汽车工业。

8.2.1　金属基纳米复合材料的制备方法

1. 高能球磨法

高能球磨法是利用球磨机的转动或振动,使研磨介质对原料进行强烈的撞击、研磨和搅拌,将其粉碎为纳米级微粒的方法。采用高能球磨法,适当控制球磨条件可以制备出纯元素、合金或纳米复合粉末。如再采用热挤压、热等静压等技术加压可制成各种块体纳米材料制品。实验研究表明,在球磨阶段,元素粉末晶粒度达到 $20\sim50$nm,甚至几纳米,球磨温升在 $30\sim40℃$。该法可使互不相溶的 W、Cu 等合金元素或溶解度较低的合金粉末如 W、Ni、Fe 等发生互扩散,形成具有一定溶解度或较大溶解度的 W_2Cu、W_2Ni_2Fe 超饱和固溶体和 Ni 非晶相。

该法具有成本低、产量高、工艺简单易行等特点,并能制备出常规方法难以获得的高熔点金属或合金的纳米微粒及纳米复合材料。缺点是能耗大、粒度不够细、粒径分布宽、杂质易混入等。运用高能球磨法可制备各种金属-金属纳米复合材料、金属-陶瓷纳米复合材料及陶瓷-陶瓷纳米复合材料,如 CeO_2/Al、CeO_2/Zn、NiO/Al、NiO/Zn、$CeO_2/Al-Ni$、$CeO_2/Zn-Ni$ 等多种功能复合材料,分析表明纳米颗粒在金属(或合金)基体中呈单分散状态。

2. 原位复合技术

原位复合技术是指根据材料设计的要求选择适当的反应剂(气相、液相或固相),在适当的温度下借助于基材之间的物理化学反应,原位生成分布均匀的第二相(或称增强相),制备复合材料的技术。由于原位复合技术基本上能克服其他工艺通常出现的一系列问题,如克服基体与第二相或与增强体浸润不良、界面反应产生脆性层、第二相或增强相分布不均匀,特别是微小的(亚微米级和纳米级)第二相或增强相极难进行复合等问题,因而在开发新型金属基纳米复合材料方面具有巨大的潜力。

该法可制备 TiC/Ti_5Si_3、$Cu-2.65Al_2O_3$ 等多种纳米复合材料。以 Ni、Al、Ti、C 粉末为原料进行球磨,球磨过程中发生两个独立的放热反应:$Ni+Al\longrightarrow NiAl$、$Ti+C\longrightarrow TiC$,合成出 TiC/NiAl 纳米复合材料,这种材料不仅保持了 NiAl 的性能优点,而且还能改善其室温塑性,并大大提高其蠕变抗力。

该法过程简单、不需要复杂的设备、产品纯度高、能获得复杂的相和亚稳定相。不足是不易获得高密度产品,反应过程和产品性能难以严格控制。

3. 大塑性变形法

大塑性变形法是指材料处于较低的温度(通常低于 $0.4T_m$)环境中,在大的外部压力作用下发生严重塑性变形,从而将材料的晶粒尺寸细化到亚微米或纳米量级的方法。该法细化晶粒的原因在于这种工艺能大大促进大角度晶界的形成。该法分为两种:大扭转塑性应变法和等槽角压法。大扭转塑性应变法最突出的优点在于粉末压实的同时晶粒显著细化,为直接从微米量级金属粉末得到块体金属基纳米复合材料提供了可能性。利用该工艺可以制备出无残留空洞和杂质且粒度可控性好的块体金属基纳米复合材料。利用该技术对纳米-微米混合粉末进行压实可以制备出高强度、高热稳定性的金属-陶瓷纳米复合材料。如该法制备的 98%理论密度的 $5\%SiO_2/Cu$ 和 $5\%Al_2O_3/Al$ 两种金属基纳米复合材料，具有高强度、高热稳定性特点，并发现 Al_2O_3/Al 纳米复合材料有超塑性现象，在 400℃、应变率为 $10^{-4}s^{-1}$ 拉伸时，失效前的延伸率几乎达 200%，塑性应变率灵敏度为 0.35。

4. 快速凝固工艺

快速凝固工艺是利用快速凝固能显著细化晶粒的原理，制备纳米复合材料的工艺。快速凝固技术直接制备各种高性能块体金属基纳米复合材料。如制备铝-过渡金属-稀土纳米复合材料，纳米级的面心立方 Al 晶体均匀地分布在非晶的基体中。这种材料具有极高的强度和良好的塑性，室温强度高达 1.6GPa，相当于相同成分完全非晶铝合金的 1.5 倍和传统时效强化铝合金的 3 倍；其高温强度更加优越，300℃时达 1GPa，是传统铝合金的 20 倍。将快速凝固与热挤成型技术相结合制备的 TiC/Al 自生铝复合材料，与常规熔铸工艺相比，其室温拉伸强度增加了 100MPa 左右，并表现出良好的高温力学性能。

5. 溅射法

溅射法是采用高能粒子撞击靶材的表面，与靶材表面的原子或分子交换能量或动量，使得靶材表面的原子或分子从靶材表面飞出后沉积到基片上形成金属基纳米复合材料。与惰性气体凝聚法相比，由于溅射法中靶材无相变，化合物的成分不易发生变化；由于溅射沉积到基片上的粒子能量比蒸发沉积高出几十倍，所形成的纳米复合薄膜附着力大。溅射法镀制薄膜理论上可溅射任何物质，是应用较广的物理沉积纳米复合薄膜的方法。

利用非平衡直流反应磁控溅射技术将 Zr-Cu(62at.%*/38at.%)靶材沉积到钢基板上，得到一种新型的超硬光学纳米复合薄膜 ZrN/Cu。研究表明，这种超硬纳米复合薄膜的显微组织由坚硬并具有强烈择优取向的纳米 ZrN 柱状晶和软相基体 Cu(1at%～2at%，原子分数)构成，其显微硬度高达 55GPa，弹性恢复接近 82%，在近红外区域($\lambda > 600nm$)的反射率达到最大值。

6. 纳米复合镀法

纳米复合镀法是运用电镀或化学镀原理，将悬浮在镀液中的不溶性纳米微粒，共沉积到单一金属或合金上，经过二次热处理而形成金属基纳米复合涂层。运用电化学沉积工艺在镀锌液中分别加入纳米 CeO_2 粉末(平均粒径为 30nm)和微米 CeO_2 粉末进行共沉积，在基片上分别获得 CeO_2/Zn 纳米复合镀层和 CeO_2/Zn 微米复合镀层。分析表明：CeO_2/Zn 纳米复合镀层的耐蚀性较纯锌镀层有明显改善，而 CeO_2/Zn 微米复合镀层的耐蚀性与纯锌镀层相比变化不大；尽管实验条件相同，但 CeO_2/Zn 纳米复合镀层中的 Ce 含量是 CeO_2/Zn 微米复合镀层的 9 倍；另外还发现 CeO_2/Zn 纳米复合镀层中由于纳米 CeO_2 的存在，基体 Zn 晶核生长具有择优取向⟨101⟩现象。化学复合镀 Ni-P-纳米 TiO_2 粒子复合涂层与 Ni-P 合金涂层相比，具有更高的硬度和高温抗氧化性能。镀层热处理后，纳米复合涂层的硬化峰值比化学镀 Ni-P 合金涂层推迟 100℃左右，其高温性能更好。纳米复合镀技术广泛用来制

----

* at.%指原子分数。

备金属基纳米复合涂层,以提高涂层的耐磨、耐热和耐蚀等性能。

此外,尚有非晶晶化法、惰性气体凝聚法、反应性等离子体法、等离子热喷镀法、氨循环法、微乳液法、高压高温固相淬火法和粉末冶金等,请查阅相关书籍。金属基纳米复合材料的主要制备方法的特点和适用范围简要地归纳于表 8-1 中。

表 8-1　金属基纳米复合材料的主要制备方法的特点和适用范围

制备方法	复合方式	特　　　点	适用范围
高能球磨法	0-0 0-3	成本低、产量高、工艺简单,但易混入杂质	纳米金属/金属,纳米陶瓷/金属
原位复合技术	0-3	增强体与基体界面无污染、理想原位匹配、一次合成、工艺简单、成本低	纳米陶瓷/金属
大塑性变形法	0-0	产品高致密、界面洁净,且粒度可控性好	纳米陶瓷/金属
快速凝固工艺	0-3 1-3	技术成熟、工艺简单且易于控制、成本低、产量高	纳米金属/非晶,碳纳米管增强合金
纳米复合镀法	0-2	纳米微粒有效抑制基体组织晶粒长大、工艺简单,且易于控制、成本低	各种高耐磨、耐热、耐蚀镀层
溅射法	0-2	靶材无限制、薄膜组织致密、粒度小、表面清洁、附着力大、适于实验室制备	各种功能纳米复合薄膜
非晶晶化法	0-3	成本低、产量高、界面清洁致密、无微孔隙、粒度可控	非晶形成能力较强的合金系
惰性气体凝聚法	0-0 0-3	表面清洁、粒度小、设备要求高、产量低	Cu/Fe、Ag/Fe、SiO_2/BiSb
反应性等离子体法	0-3	沉积速度快、粒度小、表面洁净,但能耗大	氮、氧、碳化物增强体系
微乳液法	0-0	核-壳结构纳米晶复合、粒度分布窄且可控	各种纳米金属复合体系

8.2.2　金属基纳米复合材料的结构与性能

金属基纳米复合材料具有强度和韧性高、比强度和比模量大、抗蠕变和抗疲劳性好、高温性能优、断裂安全性高等特点。

1. 微观结构

用超声波气态原子化法和热挤压锻造制备 $Al_{88}Ni_9Ce_2Fe_1$ 纳米复合材料,研究发现:原子化粉末的微观结构受基体中溶质过饱和度、隐含微应力、溶质大小、分布状态和沉积纳米相的体积分数等因素影响;在热的结晶过程中,$Al_3(Ni,Fe)$纳米相的生长优于 $Al_{11}Ce_3$;材料金属丝强度高达 1.6GPa。

在研究(TiB_2+Al_3Ti)/Al 复合材料的成核机制时发现:在铸造铝合金的过程中,初生Al 晶粒必须小于 $100\mu m$,以确保其各向同性;TiB_2 和 Al_3Ti 的加入,可细化基体合金的晶粒;纳米尺寸的铝化物(Al_3Ti)第二相的形成受铝合金中 10^{-6} 级杂质的影响;纳米级铝化物可改善材料的表面修饰、浸蚀和强度等特性。用摩擦搅动焊接技术制备的纳米相铝合金

（如 Al_2Ti_2Cu 和 Al_2Ti_2Ni 合金）具有极高的强度和良好的延展性,材料的非均相微观结构得到改善。在热等压条件下,复合材料的微结构中,细的金属间化合物（Al_3Ti）分散在铝基体中。Al_2Ti_2Cu 合金的挤压过程有与热等压过程相同的微结构特征,但在富铝区域出现了延长的暗线。而经摩擦搅动过程的复合材料均一性则大大增加,这种铝合金在 650MPa 下延展性可提高 10%。

2. 强度、塑性和断裂韧性

用 TiO_2 颗粒与铝合金液原位反应制备 $Al_3Ti/LY12$ 复合材料,发现 TiO_2 与 LY12 铝合金液反应后生成约 40nm 的 Al_3Ti 颗粒,弥散分布在 LY12 基体合金中,$Al_3Ti/LY12$ 界面结合良好,使复合材料的强度、塑性、冲击韧度均比 LY12 铝合金有显著的提高。用气液原位反应合成法制备的 AlN/Al-7%Si 纳米复合材料,其增强相 AlN 粒径约 80nm,颗粒均匀分布于 Al 基体晶粒内,Al-7%Si 中的共晶硅主要以棒状形态分布于 α-Al 基体的晶界上。由于面内生长所形成的细小增强体能阻碍位错滑移,使材料的强度提高,伸长率降低。AlN 的异质晶核作用细化了 Al-7%Si 的初生 α-Al 和共晶硅,使材料在断裂前可承受较大的变形。

用机械合金化方法获得 NiAl(Co)纳米晶粉末,经过热压,制备出 NiAl(Co)块体纳米晶材料,其晶粒尺寸在 300～480nm,致密度可达到 91%以上,室温压缩屈服强度达到 1250～1400MPa,是铸态 NiAl 合金的 3.1～3.5 倍,室温有大约 13%的压缩塑性,其中 $Ni_{50}Al_{40}Co_{10}$ 纳米晶块体材料压缩率可达 30%而无裂纹产生;$Ni_{50}Al_{40}Co_{10}$ 在 980℃高温压缩至 19.5%时无裂纹产生,变形均匀,还发现含 Co 相的 NiAl(Co)的双相纳米晶块体材料压缩性能优于单相 NiAl(Co)纳米晶块体材料。

用热压法制备的 Y-TZP/Mo 纳米复合材料的断裂韧性不受加载速度的影响,复合材料含体积分数 70%的 Mo,微结构显示了一个连续的钼相,表明有高的断裂韧性。XRD 分析断裂面发现在断裂过程中 ZrO_2 没有从四方晶相向单斜晶相的转变,说明材料断裂韧性的改善是由于第二相的掺入和微观结构形态的变化。

对 Al_2Ti_2Cu 纳米复合材料塑性流动和断裂行为的研究表明:纳米微粒可在液氮保护下球磨制备,材料的形变由位错增加和动力恢复来控制,纳米相 Al_2Ti_2Cu 合金展示了从脆性到延展性的转变行为。制备的纳米相粉末经挤压强化产生了一种包含两相（富铝相和 Al_3Ti 微粒相）区域和少量单相铝固溶体的复合结构。脆性行为通过初始化微粒基体界面,然后在名义上的两相区域和单相微结构之间传播。

纳米颗粒增强金属基复合材料的主要强化机制为奥罗万强化、热错配强化和霍尔-佩奇强化,纳米颗粒在基体中的分布状态对何种机制起主导作用具有重要影响。以纳米 SiC 颗粒增强 AZ91D 复合材料,发现颗粒完全分布于晶内时,颗粒难以阻碍晶粒的长大,因此细晶强化作用微小。而颗粒与基体结合良好,增强效果最好,主要增强机制为奥罗万强化;颗粒完全分布于晶界上时,有效地阻碍了晶粒的长大,细晶强化成为主要的强化机制,增强效果最差,主要增强机制为霍尔-佩奇强化。颗粒在晶内、晶界上均有分布时,多种强化机制共同发挥作用,增强效果随着晶内与晶界上颗粒比例的减小而逐渐减小。

3. 耐磨性

添加 TiC 硬质颗粒增强相可大大增加 TiNi 合金的耐磨性,这种高的耐磨性可能主要受益于合金的拟塑性,而添加纳米 TiN 粉末去增强 TiC/TiNi 基体,发现纳米 TiN/TiC/TiNi 复合材料的耐磨损性优于 TiC/TiNi 复合材料和硬质颗粒覆盖表面的 WC/NiCrBSi 材料。用碳纳米管作为增强相制备镍基复合镀层,碳纳米管可均匀地嵌镶于基体中,且端头露出,覆盖于基体表面,镍基复合镀层具有优良的耐磨性和自润滑性,可以显著改善金属表面的耐磨和减磨性能。用真空熔烧方法在 45 号钢表面制备纳米金刚石粉和镍基自熔合金组成的复合涂层,用扫描电镜分析涂层发现:涂层主要由镍固溶体和分布于其间的碳化物、合金渗碳体、合金碳化物和硼化物组成;复合涂层的硬度和耐磨性随着纳米金刚石粉加入量的增多而提高,当复合涂层中添加的纳米金刚石粉的质量分数在 $0.8\%\sim10\%$ 时,其耐磨性能最好,摩擦因数可减小 60%。

用碳纳米管增强的金属基纳米复合材料具有极好的力学性能。利用销盘式磨损试验机研究粉末冶金法制备的多壁碳纳米管增强铜基复合材料的稳态摩擦磨损行为,发现 $10\%\sim14\%$ 碳纳米管的铜基复合材料具有较好的摩擦性能。在低载荷和中等载荷作用下,随着碳纳米管质量分数的增加,复合材料的磨损率减小;而在高载荷作用下,由于表面开裂和片状层剥落,碳纳米管质量分数高的复合材料的磨损率增高。

4. 磁化性能

金属基纳米复合材料的一些磁学性能如磁化强度、磁化率等与材料的晶粒大小、形状、第二相分布及缺陷密切相关,而另一些磁学性能如饱和磁化强度、居里温度等与材料中的相及其数量有关。磁化由两个因素控制:一是晶粒的各向异性,每个晶粒的磁化都趋向于排列在自己易磁化的方向;二是相邻晶粒间的磁交互作用,这种交互作用使得相邻晶粒朝共同磁化方向磁化。因此,纳米级磁性材料具有高的矫顽力、低的居里温度,颗粒尺寸小于某临界值时,具有超顺磁性。

5. 巨磁电阻效应

20 世纪 90 年代,人们在 Fe/Cu、Fe/Ag、Fe/Al、Fe/Au、Co/Cu、Co/Ag 等纳米结构的多层膜中观察到了显著的巨磁电阻效应。1992 年美国率先报道了 Co_2Ag、Co_2Cu 颗粒膜中存在巨磁电阻效应,其效应在液氮温度下可达 55%,室温下可达 20%,但颗粒膜的饱和磁场较高,而隧道结的饱和磁场远低于多层膜、颗粒膜以及钙钛矿化合物。在通常由铁磁薄膜、非磁性绝缘膜所构成的三明治结构,如 $Fe/Al_2O_3/Fe$ 中,Al_2O_3 绝缘层厚度小于 10nm。

6. 超顺磁性

用共蒸发和惰性气体凝聚、原位氧化、原位压实技术合成由铁的氧化物和银组成的磁性纳米复合材料,调节氩气压强为 133.322Pa,可得到 10nm 的复合颗粒。TEM 和 EDS 发现几纳米尺寸的铁纳米团簇被银晶粒包围,实验发现作为单畴的单个晶粒表现出超顺磁性。而在包含 $10\sim30$nm 铁的氧化物和铁的氮化物纳米颗粒弥散于银基体里的纳米复合材料,具有超顺磁性,并发现磁矩的对数分布降低了磁热效应,作为单畴的纳米颗粒的磁性晶体各向异性能比热能小,使超顺磁性可能发生在相对高的温度。

7. 矫顽力

对 Al_2O_3/Ni_2Co 纳米复合材料的微观结构、力学性能和磁性质的研究发现:减小分散颗粒的尺寸可以提高材料的矫顽力。金属基纳米复合材料的制备是在高温下完成的,活性的金属基体与纳米增强相之间的界面会不稳定,金属基体在冷却、凝固、热处理过程中还会发生元素偏聚、扩散、固溶、相变等,使金属基复合材料界面区的结构十分复杂。界面区的组成、结构明显不同于基体和增强体,并受金属基体成分、增强体类型、复合工艺参数等各种因素的影响。

8.2.3 金属基纳米复合材料的烧结行为

纳米 W_2Cu 合金粉采用常规烧结,可在较低的温度下得到近全致密(致密度为 $98\%\sim99\%$)且晶粒为 $1\mu m$ 的合金。若采用球磨制备的 $Ag_{50}Ni_{50}$(物质的量比)合金粉末,在 $620℃$ 热压后,合金相的颗粒长大至 $40\sim60nm$。热压块体化的 $Ag_{50}Ni_{50}$ 合金密度很高,经 $600℃$、$24h$ 退火处理后,其 α-Ag 和 β-Ni 相颗粒长大至 $100\sim110nm$。若将纳米结构 WC-Co 复合粉末在 $1400℃$ 保温 $30s$ 可获得高致密合金结构,其 WC 晶粒尺寸为 $200nm$,但若将保温时间延长 1 倍即保温 $60s$,则晶粒迅速增大到 $2.0\mu m$。

8.2.4 金属基纳米复合材料的应用与展望

金属基纳米复合材料具有优异的力学性能,并继续向高硬度、高弹性模量、高屈服强度和低温超塑性等高性能的方向发展。金属基纳米复合材料具有优异的磁特性,因此在工业上有广阔的应用前景。利用稀土永磁材料优异的磁性能,将软磁相与永磁相在纳米尺度范围内进行复合,获得兼备高饱和磁化强度、高矫顽力二者优点的新型永磁材料成为新的发展方向。由于界面结构和性能对金属基纳米复合材料应力、应变的分布,导热、导电及热膨胀性能、载荷传递,断裂过程起决定性作用,故用先进的分析技术和手段深入研究界面的反应规律,界面微结构对复合材料各种性能的影响,界面结构和性能的优化与控制途径,以及界面结构性能的稳定性成为金属基纳米复合材料研究的重要方向。通过碳纳米管的表面修饰,可制备空腔微结构材料;也可以先打开碳纳米管,借助碳纳米管的优良合成模板特性,将相应的金属材料填充到碳纳米管的内孔,从而制备高性能的金属基纳米复合材料。碳纳米管增强金属基纳米复合材料是金属基纳米复合材料的一个新兴发展方向。虽然目前一些金属基纳米复合材料的制备工艺仍停留在实验阶段,但随着分析方法的不断进步、制备工艺的不断成熟和制备成本的不断降低,金属基纳米复合材料必将以其优良的特性在新材料、冶金、自动化和航空航天等领域发挥更加巨大的作用。

8.3 陶瓷基纳米复合材料

8.3.1 陶瓷基纳米复合材料的制备方法

1. 机械混合法

机械混合法是最早出现的一种陶瓷基纳米复合材料制备技术。制备方法是将纳米粉末和基质粉末混合,球磨后烧结成型。其优点是工艺简单,但由于球磨本身不能完全破坏纳米颗粒之间的团聚,不能保证纳米相和基质相的分散均匀,同时由于球磨介质的磨损,会带入一些杂质,给纳米复合材料性能带来不利影响。为此在机械混合的基础上使用大功率超声振荡以破坏团聚,并使用适量分散剂,提高分散均匀性。球磨介质采用与基质相同的材料,可减少因球磨带来的杂质,如制备纳米 SiC 粉末增强 Si_3N_4 基陶瓷复合材料采用 Si_3N_4 磨球。

2. 复合粉末法

复合粉末法是目前最常用的一种方法,制备过程是先经化学、物理过程制备含有基质和弥散相分散均匀的混合粉末,然后烧结成型,得到陶瓷基纳米复合材料。该法多用于制备 Si_3N_4/SiC 纳米陶瓷复合材料,其技术关键在于复合粉末的制备。制备复合粉末通常采用的方法有化学气相沉积法、先驱体转化法、激光合成法等。采用高纯硅烷($10\%SiH_4$,90% H_2)、高纯乙烯(99.99%)和高纯氨气(99.9%)通过气相反应可制备 Si_3N_4/SiC 复合粉末。或采用 $[Si(CH_3)]_2NH+NH_3+N_2$ 在 $1000\sim1300℃$,先通过气相反应获得 Si-C-N 混合粉末,Si-C-N 混合粉末中含有 Si_3N_4 和 SiC 及少量 C,再加入烧结助剂 Y_2O_3,采用 Si_3N_4 磨球,分散剂乙醇中球磨 10h,干燥后在 N_2 气氛中 $1800℃$ 热压烧结,制得 Si_3N_4/SiC 纳米陶瓷复合材料。此时,复合材料中 Si_3N_4 基体平均粒径 $0.5\mu m$,SiC 相的含量约 25%(质量分数),粒径小于 100 nm 的 SiC 晶粒存在于基体 Si_3N_4 晶粒内,粒径在 $100\sim200nm$ 的 SiC 晶粒存在于基体 Si_3N_4 晶界。

3. 原位反应法

原位反应法是将基体粉末分散于可生成纳米颗粒的先驱体溶液中,经干燥、预成型、热处理生成含纳米颗粒的复合粉末,最后热压成型。该法特点是可保证两相均匀分散,且热处理过程中生成的纳米颗粒不发生团聚。通过热解有机先驱体聚六甲基环四烷,得到含 SiC 和 Si_3N_4 的复合粉末,经烧结成型可制得 Si_3N_4/SiC 陶瓷基纳米复合材料。以 Ti 和 B_4C 为原料,通过高能球磨能原位反应生成纳米 TiB_2/TiC 材料粉体,由于 C 原子的扩散首先生成 TiC 粒子。球磨 30h 后,Ti 和 B_4C 完全反应生成 TiC 和 TiB_2 两相。其反应机制为减慢的自蔓延反应。长时间球磨后,形成 TiB_2 颗粒内部嵌有纳米 TiC 粒子的复合纳米粉体。

4. 湿化学法

湿化学合成粉料是通过液相进行。由于在液相中配制,各组分的含量可精确控制,并可实现在分子或原子水平上的均匀混合。通过工艺条件的正确控制,可使所生成的固相颗粒尺寸远小于 $1\mu m$,并且可获得粒度分布窄、形状为球体的粒子。因此,湿化学法特别适用于制备多组分、超细粉料。湿化学法制造纳米陶瓷复合粉体的方法主要有均匀共沉淀法、醇盐水解法、溶胶-凝胶法、非均相凝固法、包裹法等。运用最广泛的是溶胶-凝胶法,该法一般分四个步骤:①先把基体粉末和溶剂配成溶液,然后加入纳米粉末,采用超声波、分散剂及调节溶液 pH 等方法实现均匀分散,破坏原有的团聚结构;②通过调节工艺参数,在不发生析晶、团聚、沉降的情况下,使体系凝胶聚合;③经热处理制得复合粉末;④复合粉末烧结成型制成纳米复合材料。由于基体粉末均匀分散在纳米颗粒周围,在热处理过程中成核、长大,容易生成"晶内型"结构。

此外,还有如等离子相合成法、离子溅射等方法。

8.3.2 陶瓷基纳米复合材料的性能

加入一定量的纳米粉末制成陶瓷基纳米复合材料,不仅可大幅度提高单相陶瓷材料的强度、韧性和使用温度,而且可提高抗蠕变性能和高温强度保留率,使高温蠕变性能提高一个数量级。表 8-2 为多种陶瓷基纳米复合材料性能的改善结果。

表 8-2 多种陶瓷基纳米复合材料性能的改善结果

复合材料	断裂韧性/(MPa·m$^{1/2}$)	抗弯强度/MPa	最高使用温度/℃
Al_2O_3/纳米 SiC	3.5→4.8	350→1520	800→1300
Al_2O_3/纳米 Si_3N_4	3.5→4.7	350→850	800→1300
MgO/纳米 SiC	1.2→4.5	340→700	600→1400
Si_3N_4/纳米 SiC	4.5→7.5	850→1550	1200→1400

纳米颗粒含量显著影响复合材料的性能,表 8-3 为不同质量分数的纳米 SiC 增强 Si_3N_4 基复合材料的性能。8%Y_2O_3(质量分数)、不含纳米 SiC 的 Si_3N_4 陶瓷的强度最高(约 1GPa);5%Y_2O_3(质量分数)、不含纳米 SiC 的 Si_3N_4 陶瓷的断裂韧性最高(8.3MPa·m$^{1/2}$)。纳米 SiC 的种类对断裂韧性有影响,加入量对韧性的影响不大。纳米 SiC 可提高材料抗蠕变性能,最多可使蠕变速率减小三个数量级(从 10^{-6}s^{-1} 减小到 10^{-9}s^{-1})。

表 8-3 纳米填料用量对纳米 SiC 增强 Si_3N_4 基复合材料性能的影响

材料[①]	Y_2O_3 助剂/%[②]	纳米 SiC[③]	成型工艺	断裂韧性/(MPa·m$^{1/2}$)	抗弯强度/MPa 室温	抗弯强度/MPa 1400℃
8Y	8		热压	—	1050	1077
5Y	5		热压	8.3	966	767
5Y30SC$_p$	5	30%SC80	热压	7.8	950	750
7Y30SC$_p$	7	30%SC80	热压	7.5	925	700
8Y30SC$_p$	8	30%SC80	烧结	6.3	894	600
8Y30SC$_p$	8	30%SC80	热压	7.6	835	860
8Y30SC$_p$(t)	8	30%SC80	热压	7.6	805	795
8Y25SC$_p$	8	25%SC80	热压	7.6	855	680
8Y25SC$_p$(t)	8	25%SC80	热压	7.8	795	650
8Y25SC$_p$	8	15%SC80	热压	7.6	905	865
8Y30SC$_b$(t)	8	30%B20	热压	6.8	718	—
8Y30SC$_b$(T)	8	30%B20	热压	4.4	594	540
8Y20SC$_b$	8	20%B20	热压	6.3	837	560
8Y20SC$_b$(T)	8	20%B20	热压	5.2	630	565
8Y30SC$_{PR}$	8	30%PR	热压	4.9	460	—

注:①t 为经 1800℃、2h 处理,T 为经 1900℃、1.5h 处理;②%为质量分数;③SC80、B20 和 PR 分别表示不同种类纳米 SiC 粉。

对溶胶-凝胶法制备的 Al_2O_3-SiC 复合粉末进行真空热压烧结,X 射线衍射分析表明,纳米 SiC 的加入能抑制 Al_2O_3 晶粒的生长;在 SiC 物质的量含量为 10% 的复合陶瓷发生了沿晶-穿晶混合型断裂,此时最有利于提高材料的力学性能;当 SiC 的含量过多时,会过分

"弱化"晶内，呈现完全的穿晶断裂；SiC 含量过多，会导致材料整体烧结性能的下降。对陶瓷断口的 SEM 分析发现，断裂方式为穿晶、沿晶混合型，但以穿晶断裂为主，断裂方式与 SiC 的含量有关。

在 Al_2O_3-ZrO_2 纳米陶瓷的基础上，以原位合成的 Al_2O_3 和 Al_2O_3-ZrO_2(3Y) 纳米粉体为原料，采用干压成型及热压烧结的方法制备 Al_2O_3/Al_2O_3-ZrO_2(3Y) 层状纳米陶瓷复合材料，研究表明：复合材料由纳米/微米晶复合结构组成，层状结构明显，层间界面清晰，这种结构使材料具有非常高的抗弯强度。层状复合材料的抗弯强度均高于单层 Al_2O_3 陶瓷，且随 ZrO_2(3Y) 含量的增大而先增大后减小，当 ZrO_2(3Y) 的质量分数为 10% 时，Al_2O_3/Al_2O_3-ZrO_2(3Y) 层状复合材料的抗弯强度达到最大，可达 591MPa，是单层 Al_2O_3 陶瓷的 1.8 倍。

以 $TiCl_4$ 为前驱体，铁黄(α-FeOOH)为载体，采用水解沉淀法在不同温度下制备了系列 TiO_2/α-FeOOH 纳米复合材料。分析表明：随着反应温度的升高(30℃→90℃)，两相形成的包覆结构逐渐变得连续，然后再逐渐失去连续性，其中 45℃ 反应合成 TiO_2/α-FeOOH 包覆结构连续致密；包覆外层由晶粒细小的金红石相 TiO_2 组成，内层由晶粒较大的针铁矿相(α-FeOOH)组成，金红石连续致密地包覆在 α-FeOOH 外面；TiO_2 与 α-FeOOH 之间形成了稳定的共格结构，有部分 TiO_2 生长到 α-FeOOH 外层，晶格畸变变大，复合结构良好，包覆结构良好的复合材料吸收峰红移最大，大大拓宽了光谱响应范围，从而有效提高了对太阳光的利用率。

8.3.3　陶瓷基纳米复合材料的烧结

经典的陶瓷材料烧结理论已不再适用于纳米陶瓷粉体的烧结行为，在烧结中纳米晶粒可通过阻止晶粒边界的迁移来实现，如在纳米材料中增加第二相物质来降低驱动粒子生长的热驱动力，减少边界的可动性，从而降低粒子边界的迁移能力。同时纳米材料压实后粒子之间的微孔同样具有限制粒子在烧结过程中迁移的作用。在纳米材料中，单晶纳米粒子表面张力使纳米晶粒相互吸附在一起，形成了比较大的团聚颗粒，烧结后，这些团聚颗粒不再是纳米尺寸的粒子组合，同时它们也会使烧结温度提高，晶粒生长加快。

纳米粉体烧结动力学的研究表明：在烧结初期晶界扩散起主导作用。粉体中团聚体的存在严重影响其烧结行为，使得烧结体密度降低。团聚体内粉末优先烧结，这并不干扰坯体的正常烧结过程，但对随后进行的团聚体之间的烧结致密化产生严重的影响。在平均粒径为 20nm 的 Al_2O_3 粉体中，加入适量的、平均粒径为 $0.5\mu m$ 的 Y-PSZ 微粉进行烧结，发现 Y-PSZ 可促进致密化，降低烧结温度，而且能有效抑制 Al_2O_3 晶粒长大，在 1600℃ 烧结时，即可达到理论密度的 99%。陶瓷基纳米复合材料的烧结一般有以下四种。

1. 无压烧结

无压烧结是指在常压(0.1MPa)下，具有一定形状的素坯在高温下烧结为致密、坚硬、体积稳定、具有一定性能的烧结体的方法。此工艺简单、成本低，但性能不及热压烧结制品。通过调节添加剂及无压烧结工艺，可制备 Si_3N_4/SiC、Al_2O_3/SiC 等陶瓷基纳米复合材料。

2. 反应烧结

反应烧结又称为活化烧结，指可以降低烧结活化能，使体系的烧结可以在较低的温度下以较快速度进行,并且使得烧结体性能提高的烧结方法。如用反应烧结设备制备 Si_3N_4-$3Al_2O_3 \cdot 2H_2O$-Al_2O_3 纳米复合材料,其过程为:在 Si_3N_4 表面进行部分氧化产生 SiO_2,然后表面氧化物与 Al_2O_3 反应产生 $3Al_2O_3 \cdot 2H_2O$。反应烧结可减少杂质相,反应烧结时体积增加而使收缩变小,在低温下进行致密化。

3. 热压烧结

热压烧结是指在烧结过程中使用压力,可以阻止纳米陶瓷在致密化之前发生晶粒生长,制备纳米陶瓷复合材料的方法。如热压烧结法制备 Si_3N_4/SiC 纳米复合材料。无压烧结与热等静压的组合使用可结合两者的优点,使材料致密性进一步提高,甚至实现完全致密化,但要求在无压烧结时使气孔均变为闭孔,这些闭孔在热等静压时被完全挤出。

4. 等离子放电烧结

利用脉冲能放电,脉冲压力和焦耳热产生瞬时高温场,实现烧结过程。其主要特点是通过瞬时产生的放电等离子使烧结体内部各个颗粒均匀地自身发热和表面活化,因而具有非常高的热效率,样品内的传热过程可瞬间完成。因此,通过采用适当的烧结工艺可以实现陶瓷烧结的超快速致密化。与热压烧结及热等静压烧结相比,工艺简单、设备费用低,且能制备别的方法难以制作的材料。如该法制备的 TiB_2/TiN 块体材料,达理论密度的 97.2%,TiB_2 与 TiN 颗粒尺寸分别为 31.2~58.8nm 和 38.5~62.5nm。运用该法可实现超快速烧结,升温速率可达 600℃/min。超快速烧结的 Al_2O_3/SiC 纳米复相陶瓷材料,烧结温度为1450℃,比热压烧结降 200℃,抗弯强度高达 1000GPa,维氏硬度为 19GPa,断裂韧性比单相 Al_2O_3 陶瓷有明显提高。

8.3.4　陶瓷基纳米复合材料的应用与展望

陶瓷基纳米复合材料的强度比传统单相陶瓷材料提高 3~5 倍,抗蠕变性能显著改善,使陶瓷基纳米复合材料的应用更加广泛。

纳米复合化能使结构陶瓷具有压电特性,分散颗粒若具有强介电、压电性,与结构陶瓷复合得到的纳米复合材料也具有压电性,这种结构与功能的复合将具有更广泛的应用。如 $MgO/BaTiO_3$ 和 MgO/PZT 纳米陶瓷复合材料均含有强介电相,在电场中进行处理后,使材料具有压电性,力学性能随纳米介电性颗粒的增加而提高。

在结构陶瓷中若添加纳米级磁性金属颗粒,不仅可提高其力学性能,还可使其具有良好的磁性能。磁性陶瓷基纳米复合材料具有电阻率高、损耗低、磁性范围广等特性,通过成分控制,可制出软磁材料、硬磁材料和巨磁材料。

在无机玻璃、陶瓷薄膜等宽的波长范围内,透明的基体内分散有纳米金属、半导体、磁性体、荧光体等晶体时,纳米晶体可抑制入射光的散乱,使材料保持透明。

采用纳米尺度的碳化物、氧化物、氮化物等弥散到陶瓷基体中可以大幅度改善陶瓷材料的韧性和强度。Si_3N_4/SiC 纳米复合材料具有高强、高韧和优良的热稳定性及化学稳定性。将纳米 SiC 弥散到莫来石基体中,可大大提高材料的力学性能,使材料断裂强度高达1.5GPa,断裂韧性达 7.5MPa $\cdot$ m$^{1/2}$。纳米陶瓷颗粒增强的 Si_3N_4 陶瓷基复合材料具有优异的力学性能,可制作陶瓷刀具。

需指出的是,虽然纳米强化效果十分显著,但纳米增韧效果并不十分显著,为此,纳米技术与传统补强增韧技术并用将是提高陶瓷材料韧性的一个重要方向。

8.4　聚合物基纳米复合材料

8.4.1　聚合物基纳米复合材料的分类

聚合物基纳米复合材料是由各种纳米单元与有机高分子材料以各种方式复合成型的一种新型复合材料,所用的纳米单元可分为金属、无机物和高分子等。根据组分的不同,聚合物基纳米复合材料可以分为三类。

1. 聚合物/聚合物纳米复合材料

聚合物/聚合物纳米复合材料是指两种或两种以上的聚合物混合在一起,其中一种聚合物以纳米级的尺度分散在其他聚合物之中的复合材料。如第三代环氧树脂黏结剂即将预聚合的球状交联橡胶粒子分散在环氧树脂中固化而成的聚合物/聚合物纳米复合材料。

2. 层状纳米无机物/聚合物复合材料

层状纳米无机物/聚合物复合材料是将层状的无机物以纳米尺度分散于聚合物中而形成的复合材料。其制备通常采用插层法。目前应用最多的是蒙脱土,蒙脱土是由片状晶体构成的,晶片厚度约为1nm,片层间的距离也大约为1nm,长约为100nm。

3. 无机纳米粒子/聚合物复合材料

无机纳米粒子/聚合物复合材料是以纳米级无机粒子填充到聚合物当中的复合材料。由于小尺寸等效应使材料具有光、电、磁、声、热和化学活性等功能,并赋予复合材料良好的综合性能。

8.4.2　聚合物基纳米复合材料的制备方法

聚合物基纳米复合材料的常见制备方法有以下四种。

1. 插层复合法

插层复合法是目前制备聚合物基纳米复合材料的主要方法。自然界中的许多化合物都具有典型的层状结构,可以嵌入有机物,通过合适的方法将聚合物插入其中,便可获得有机纳米复合物。最常用的层状无机物为硅酸盐类黏土、石墨等。根据复合过程,插层复合法可分为两类:①插层聚合法。其原理是先将聚合物单体分散,插层进入层状硅酸盐片层中,然后再原位聚合,利用聚合时放出大量的热量克服硅酸盐片层间的库仑力,使其剥离,从而使硅酸盐片层与聚合物基体以纳米尺度相复合。②熔体插层法。它是将层状无机物与高聚物混合,再将混合物加热到软化点以上,实现高聚物插入层状无机的层间。该方法的优点是不需要其他介质、不污染环境、操作简单、适用面广。插层复合法主要适用于有机聚合物/无机物混杂物一类。该法具有填充体系质量小、成本低、热稳定性好及尺寸稳定性好等优点,可应用于航空、电子、汽车等领域。现在已有很多的高分子聚合物应用这种方法制得聚合物纳米材料。

2. 原位聚合法

原位聚合法是应用原位填充,使纳米粒子在单体中均匀分散,然后进行聚合反应,既实现了填充粒子的均匀分散,又保证了粒子的纳米特性。此外,在原位填充过程中,基体只经一次聚合成型,不需热加工,避免了由此产生的降解,从而可以保证基体各种性能的稳定。

3. 溶胶-凝胶法

溶胶-凝胶法不仅可用于制备陶瓷基纳米复合材料,还可用于制备聚合物基纳米复合材料。它是将硅氧烷金属氧化物等前驱物溶于水或有机溶剂中,溶质经水解生成纳米级粒子并形成溶胶,再经蒸发干燥而成凝胶。该方法的特点在于其可在温和的反应条件下进行,两相分散均匀,甚至可以达到分子复合水平。存在的最大问题在于凝胶干燥过程中,由于溶剂、小分子和水分的挥发,材料内部会产生收缩应力,可能导致材料脆裂。尽管如此,溶胶-凝胶法仍是目前应用较多,也是较完善的方法之一。

4. 共混法

共混法是将各种无机纳米粒子(包括纤维管)与聚合物直接进行分散、混合得到复合材料的方法。该法的特点是过程简单,容易实现工业化。其缺点是要纳米粒子呈原生态纳米级的均匀分散较困难,因而给产品的稳定性带来了新问题。为此又发展了其他一些工艺,如溶液共混法、乳液共混法和熔融共混法等。

8.4.3 聚合物基纳米复合材料的性能

由于纳米粒子具有比表面积大、表面活性原子多、与聚合物的相互作用强等性质,因此将纳米粒子填充到聚合物中,是提高聚合物基纳米复合材料力学性能的有效手段。填充型纳米复合材料,能够改善材料的力学性能。无机纳米微粒和橡胶弹性微粒可同时大幅度提高塑料聚丙烯(PP)的韧性、强度和模量。PP/纳米 SiO_2/三元乙丙橡胶(EPDM)复合材料的综合性能已接近或达到工程塑料的性能,并随着纳米 TiO_2 粒子含量的增加,PP 的强度和韧性都有不同程度的增加。

插层复合材料具有高强度、高模量、高韧性和高热变形温度等优点。表 8-4 为尼龙 6/蒙脱土(ne-PA6)纳米复合材料与尼龙 6 的力学性能比较。从表中可以看出:纳米蒙脱土对 ne-PA6 的拉伸强度及模量都有较大的提高,聚合物插层纳米复合材料还可以转化为纳米复合陶瓷材料。丙烯腈嵌入层状硅酸盐中,在其夹层间聚合得聚丙烯腈,高温下聚丙烯腈经燃烧可转化为碳纤维,从而得到分子水平分散的碳纤维增韧陶瓷,是一种既增强又增韧的复合材料。

表 8-4 尼龙 6/蒙脱土(ne-PA6)纳米复合材料与尼龙 6 的力学性能比较

性 能	尼龙 6	ne-PA6
拉伸强度/MPa	75~85	95~105
断裂伸长率/%	30	10~20
抗弯强度/MPa	115	130~160
抗弯模量/GPa	3.0	3.5~4.5
缺口冲击强度	40	35~60
吸水率(23℃,1 天)/%	0.51	0.87

采用熔融共混法制备凹凸棒石（ATT）质量分数分别为 1%、3% 和 5% 的 ATT/聚乳酸（PLA）纳米复合材料，分析表明：当 ATT 含量低于 5% 时，可均匀分散在 PLA 基体中；达到 5% 时，则会发生部分团聚。添加 ATT 后，PLA 基体从脆性材料变为韧性材料，ATT 起到增韧作用，并显著提高了复合材料的力学性能。当 ATT 含量为 3% 时，断裂伸长率达到 26.36%，比纯 PLA 增加了 297.6%，并且复合材料的冲击强度也比纯 PLA 增加了 19.7%。ATT/PLA 纳米复合材料的复数黏度、储能模量和损耗模量随 ATT 含量的增加呈先增大后减小的趋势。ATT 与 PLA 之间有良好的结合力，ATT 的加入增大了复合材料的弹性和黏性，且低频区的变化明显高于高频区的变化。

运用溶胶-凝胶法制备的聚合物基纳米复合材料 Ag/聚乙烯醇（polyvinyl alcohol，PVA）中，纳米银均匀分散在水溶性的 PVA 聚合物中，并且这种复合材料在合适的纳米银含量时，表现出高于其基体的电阻率和击穿场强，并且低温下这种现象更加显著。

用溶液混合法将酸化的碳纳米管（CNT）加入聚氨酯（PU）中可以提高材料的拉伸强度和拉伸模量。表 8-5 为 CNT/PU 复合材料的力学性能，可见，将 CNT 加入 PU 中可以大幅提高材料的拉伸强度和拉伸模量。

表 8-5　CNT/PU 复合材料的力学性能

CNT 类型	CNT 添加量/%	制备方法	拉伸模量增幅/%	拉伸强度增幅/%
SWCNT(1)	1	溶液混合	25	50
炔基改性 MWCNT(2)	1	溶液混合	140	20
PU 改性 MWCNT	1	溶液混合	—	63
PU 改性 SWCNT	1	静电纺丝	250	104
MWCNT	1	加成聚合	561	397
MWCNT	1	原位聚合	35	114
酸化改性 MWCNT	1	原位聚合	45	25
酸化改性 MWCNT	—	溶液混合	12	6
MWCNT	6	原位聚合	90	90
酸化改性 MWCNT	1	原位聚合	40	7

注：(1)SWCNT——单壁碳纳米管；(2)MWCNT——多壁碳纳米管。

聚酰亚胺（PI）由于其良好的介电性质、柔韧性，较高的 T_g，优异的热稳定性和辐射电阻特性而具有多种用途，如封装材料、电路板和层间介质等。CNT 增强 PI 聚合物基纳米复合材料的力学性能见表 8-6，显然，添加 CNT 可显著提高 PI 的力学性能。

表 8-6　PI/CNT 纳米复合材料的力学性能

CNT 类型	样品类型	CNT 含量/%	拉伸模量增幅/%	拉伸强度增幅/%
改性 SWCNT	片材	1	89	9
酸化改性 MWCNT	片材	5	33	7
酸化改性 MWCNT	片材	5	—	40
等离子改性 MWCNT	片材	0.5	110	100
聚乙烯基三乙氧基硅烷改性 MWCNT	片材	0.5	60	61

续表

CNT 类型	样品类型	CNT 含量/%	拉伸模量增幅/%	拉伸强度增幅/%
混酸和氨基改性 MWCNT	片材	6.98	61	31
SWCNT	片材	1	10	10
	棒材	1	0	11
	纤维	1	45	0
聚酰亚胺接枝改性 MWCNT	片材	7.5	52	21

8.4.4　聚合物基纳米复合材料的应用与展望

1. 热塑性纳米复合材料

分子水平的复合赋予纳米复合材料比常规复合材料更优异的性能,可以作为聚合物基超韧高强的结构材料应用。热塑性纳米复合材料的成型工艺基本上是纳米填充物与热塑性树脂混合、挤出、成型。

1) 聚乙烯(PE)基纳米复合材料

利用无机纳米粉体填充法制造聚乙烯纳米复合材料。用二甲基硅烷处理的 SiO_2 加入量为4%时,采用浇注成模的方法制备 SiO_2/PE 复合材料,该复合材料的拉伸强度约为基体的2倍。用共混法制备 SiC/Si_3N_4/低密度聚乙烯(LDPE)复合材料,纳米级 SiC/Si_3N_4 粒子用钛酸酯处理,粒子加入对 LDPE 有较大的增强增韧作用,在质量分数为5%时冲击强度出现最大值,达到 $55.7kJ/m^2$,为纯 LDPE 的203%,伸长率达到625%时仍未断裂。

2) 聚丙烯(PP)基纳米复合材料

在聚丙烯中引入纳米微粒,可以在力学性质改进的同时,赋予复合材料其他的功能特性。采用插层法制备黏土/聚丙烯基纳米复合材料,其力学性能有明显的提高。在添加0.5%~4%的改性蒙脱土后,其抗冲击性能大幅度提高,同时拉伸模量和强度也有明显提高。通过熔融共混法制备 TiO_2/PP、ZnO/PP 纳米复合材料,在 TiO_2 含量为1%、ZnO 含量为1.5%,所得纳米复合材料不仅有很好的力学性能,同时还具有良好的抗菌性能,其抗菌率都在95%以上。纳米 $CaCO_3$ 填充聚丙烯,在纳米粒子含量为3%~5%时,材料的冲击强度提高了20%。利用纳米 ZnO 所具有的强烈的抗紫外线和抗菌除臭功能,将其与 PP 进行熔融纺丝得到纳米功能纤维,可广泛应用于抗菌除臭面料、防辐射面料和抗静电面料等。

3) 聚对苯二甲酸乙二酯(PET)基纳米复合材料

通过熔融插层制造的 PET/黏土纳米复合材料,其性能稳定可靠,完全克服了其作为工程塑料的各种制约因素,可广泛应用于航天航空和通信业等领域。

2. 热固性纳米复合材料

1) 环氧树脂纳米复合材料

环氧树脂具有强度高、耐水耐碱性好、固化收缩率低,以及优良的机械、电气、化学和黏接性能。由于环氧树脂双苯环作用,大分子链刚性强、柔韧性弱,实际生产应用中对环氧树脂的要求越来越高,要求在提高韧性的同时,其机械性能和耐热性能也能得到提高。通过熔融共混法,用超声分散纳米 SiO_2,以甲基四氢邻苯二甲酸酐（METHPA）为固化剂,制备 SiO_2/E-44 环氧树脂纳米复合材料,当纳米 SiO_2 含量为 3％时,所得纳米复合材料比纯 E-44 环氧树脂的冲击强度提高 124％,拉伸强度提高 30％,断裂伸长率提高 18％。纳米 ZnO 粒子是一种非常有发展前途的新型军用雷达波吸收材料。由于纳米 ZnO 具有质量小、厚度薄、颜色浅和吸波能力强等特点,ZnO/环氧树脂纳米复合材料在飞行器隐身方面具有重要的应用前景。

　　2）不饱和树脂纳米复合材料

　　不饱和树脂纳米复合材料可分为填充型纳米复合材料和插层型纳米复合材料两大类。填充型纳米复合材料最明显的特征是热固性不饱和树脂的力学性能得到提高。硅烷偶联剂处理的纳米 SiO_2,对不饱和聚酯树脂有较强的增韧效果,3％的纳米 SiO_2 对不同型号的两种不饱和聚酯树脂的增韧强度高者提高 70％,低者提高 60％,拉伸强度提高 20％左右,拉伸模量提高 40％左右,断裂伸长率基本不变,抗弯强度和抗弯模量各提高 10％左右。

　　目前,石墨烯和碳纳米管（CNT）增强的聚合物基纳米复合材料的研究是一个开始不久的研究领域。尽管石墨烯/聚合物纳米复合材料的研究已经取得了较大的进展,但是仍存在着许多问题亟待解决:复合材料在制备方法上存在局限性;石墨烯与复合材料性能之间的关系还不能科学的阐述;界面结合存有缺陷;石墨烯和聚合物的作用机理还没有成熟的理论体系等。最近几年,CNT 增强聚合物基纳米复合材料研究也取得了长足进展,大量的新型材料问世,这些材料都有着出色的力学性能。在这些材料中,共价键改性的 CNT 对于增强聚合物来说是一种极好的添加剂,它可以在 CNT 与聚合物之间达到优良的应力应变传递。在提高 CNT 在聚合物中的分散度及改善界面性能方面仍有许多挑战,即如何达到 CNT 的最优改性,使 CNT 与聚合物基体之间的界面性质达到最佳,并同时提升 CNT 的分散度,是研发出高性能聚合物基复合材料的关键。

　　此外,聚合物基纳米复合材料具有的其他功能特性及应用如生物性能、阻燃性能、抗菌性能、隐身性能、发光性能、催化性能等及其应用,本书不再一一介绍,请读者查阅相关文献。

8.5　半导体基纳米复合材料

　　半导体是介于导体和绝缘体之间的物质,其电导率在 $10^{-10}\sim10^4\Omega^{-1}\cdot cm^{-1}$,应用范围极其广泛。半导体基纳米复合材料,简言之即基于半导体纳米材料主体的复合材料。由于纳米材料特有的表面效应、量子尺寸效应等,其在光学、电学等方面具有不同于半导体材料的特殊性质和功能。

8.5.1　半导体基纳米复合材料的分类

　　按照组成的不同成分可以将半导体基纳米复合材料分为金属/半导体基纳米复合材料、半导体/半导体基纳米复合材料、多组分/半导体基纳米复合材料以及分子/半导体基纳米复合材料四种。

1. 金属/半导体基纳米复合材料

将金属纳米粒子与半导体纳米材料结合起来,可制备出金属/半导体基纳米复合材料。

由于半导体与金属的物理化学性质差异明显,在复合材料体系组分间可产生相互耦合作用,既可增强各自的本征特性,还可展现出新的特性。其在新能源的有效利用、环境保护、生化医药等重要领域创造了许多机会。尤其以贵金属-半导体材料的组合为突出代表,如 Au/CdSe 复合纳米材料表现出显著的光催化活性,Ag/ZnO 复合纳米结构在表面增强拉曼光谱领域的应用中表现不俗。

2. 半导体/半导体基纳米复合材料

通过将两种半导体纳米材料有效结合起来,多种半导体会由于能带结构不同形成异质结,并引发新性质的出现,此即半导体/半导体基纳米复合材料。其常见的模型结构有偶合型、核壳型等。偶合型主要由宽带隙、低能导带和窄带隙、高能导带的半导体纳米材料复合而成。此时,在半导体之间存在载流子的注入过程,有效降低了电子-空穴的复合通路,在光电转换和光催化等方面有较好的应用前景。典型复合体系如 CdS/TiO_2、AgI/TiO_2 等。核壳型是指一种半导体纳米材料包覆另一种的结构,两者分别为壳、核,常见于纳米颗粒的钝化处理、改善半导体纳米材料的表面缺陷等,比如典型的镉基量子点材料 CdSe/CdS、CdSe/ZnS、CdS/PbS 等。

3. 多组分/半导体基纳米复合材料

多组分/半导体基纳米复合材料是在上述材料基础上发展起来的,为了进一步优化半导体基纳米复合材料的各项性能,如光催化活性、光电性能等,或实现功能材料的高效、多功能性,对半导体基纳米复合材料进行多组分复合是有效的途径。例如,多层次半导体材料复合形成分级能带结构,如 CdS/HgS/CdS 量子点;抑或多组分异质结的光催化材料,如 Ag/ZnO/rGO、Au/rGO/TiO$_2$ 等。

4. 分子/半导体基纳米复合材料

除了金属、半导体等材料,一些分子也可与半导体纳米材料进行复合,从而实现对半导体基纳米材料的性能改善。比如将聚合物 PANI 包覆在 TiO_2 表面形成纳米复合粒子,对其热稳定性和光学特性产生影响;通过将共轭高分子聚糖醛(PFD)与 Fe_2O_3 纳米材料结合形成纳米复合材料,可大幅提升其催化活性等。

8.5.2 半导体基纳米复合材料的制备方法

半导体基纳米复合材料常常通过一些实验条件温和的化学反应合成,该类制备方法操作相对简便,适用于实验室制备。本节将简要介绍几种常见的制备方法及其原理。

1. 微乳液法

微乳液法是在两相不同组分的溶液中,在水和油之间通过表面活性剂的力学作用,在界面处形成水或油的微反应容器,离子在其中接触形核并生长的方法。由于界面液泡的体积限制,抑制纳米晶生长并调控晶体粒径。微乳液法制备出的纳米材料粒径相对均一、形貌可控,适用于对纳米材料的包覆和修饰等操作,例如核壳结构复合材料的合成。其缺点在于其中表面活性剂和有机相易使复合材料的发光效应受影响,后续需要多次洗涤离心等后处理等。

2. 水热法

水热法是指一种在密封的压力容器中,以水作为溶剂、粉体溶解和再结晶的制备方法。

借助高温高压的水溶液条件,促使难溶物质或常温常压下不易发生反应的物质进行反应。通过对温度和气压的控制在反应釜内产生对流,离子反应物充分接触,过饱和并析出新相。其反应温度常高于 $100℃$,在此过程中,反应物化学性质、蒸气压、表面张力、密度等均发生了变化,促进化学反应的进行。水热法制备的纳米材料纯度高、分散性好,操作简便,但其晶体生长的可控性较差,粒径分布均一性差,对合成设备的要求较高,不利于工业化应用。

3. 溶剂热法

在水热法的基础上发展起来的溶剂热法,采用的溶剂不是水,而是乙醇等有机溶剂。更换溶剂后,反应釜内的蒸气压、溶液密度以及表面张力等随之变化,与水热法相比,制备同一种纳米复合材料所需要的反应温度和时间也因此不同。相较而言,溶剂热法制备的纳米材料粒径比水热法更小,粒径分布相对均一。

4. 高温固相法

固相反应即固相物质参与的化学反应,由于固相状态下质点间作用力较大,要通过原子或离子扩散、运输实现,组分在相互接触位点发生反应,再逐步扩散至固相物质内部,因此需要在高温下进行。鉴于反应温度较高,只限于制备热力学稳定的材料。高温固相法制备方法简便,首先配制一定计量比的前驱体,配合适量助溶剂,均匀混合后放入反应容器,在高温下灼烧一定时间,随后进行研磨、洗涤等后处理。对于稀土纳米材料制备而言,高温固相法利于充分反应,使稀土离子更易进入晶格,有助于提升其发光效率。但采用高温固相法制备的纳米材料相貌控制较难,晶体缺陷较多,需要仔细摸索反应条件,充分混合前驱体,增大接触面积,使反应过程传质更容易。

5. 溶胶-凝胶法

溶胶-凝胶法在制备纳米材料中是十分常用的方法,即将具有高化学活性的化合物作为前驱体,在溶液状态下均匀混合原料,在其相互接触过程中发生水解和缩合反应,释放出活性单体并逐渐聚合,形成稳定透明的胶体体系。胶体粒子缓慢凝固(陈化),胶粒间发生聚合,并形成空间网络状结构的凝胶,经过干燥和烧结后,胶体固化形成纳米级结构的材料。通过溶胶、凝胶两个步骤可在常温常压下制备出粒径分布均匀的半导体纳米材料。此方法对设备的要求相对低,且结合反应是分子水平,复合材料的分布均匀。缺点是反应时间长,凝胶过程中微孔会发生收缩。

6. 共沉淀法

共沉淀法是指前驱体离子在溶液中加入共沉淀剂后,其离子积过饱和而随之沉淀的过程,通过干燥和煅烧,最终可得到纳米粉体材料。例如,用水作为反应溶剂,多聚磷酸钠作为稳定剂,在惰性气体保护下,制备 HgS/CdS、$CdS/CdSe$ 等半导体复合纳米材料。优点是可直接得到化学成分均一、粒径小、分布均匀的纳米材料,且工艺简单,成本低廉。

7. 微波法

微波是指频率为 $300MHz \sim 300GHz$ 的电磁波,即波长在 $0.1mm \sim 1m$ 的电磁波。利用微波可对大多数化学反应进行内部加热,大大减少反应时间。采用微波法合成纳米材料,加热的均匀性利于纳米粒子的反应和传质,晶粒间偏析度小,利于形成致密的纳米材料,而烧结时间缩短,可避免晶粒的异常长大和二次结晶,也是制备半导体纳米复合材料的有效手段之一。

8.5.3 半导体基纳米复合材料的性能

纳米材料具备尺寸效应、表面效应等特性,将其与半导体材料相结合后,使得半导体基纳米复合材料在光学、电学、光催化及光电转换方面表现出一系列特性。

1. 光学特性

半导体基纳米复合材料常展现出特别的光化学、光物理特性,量子尺寸,以及表面效应。其基本特性会随粒径尺寸变化,通常其吸收和荧光光谱会随粒径减小而向短波长方向移动(蓝移)。例如,CdTe/CdS 四面体纳米晶通过调节 CdS 壳层厚度,可实现荧光光谱从可见光到近红外区域的连续调控。而通过对其组分进行调控,也可实现半导体基纳米复合材料吸收及荧光光谱的蓝移或红移。如在 InP/ZnS 纳米晶体系中,通过改变 InP 与 ZnS 的比例,吸收光谱及荧光光谱随着 InP 比例升高而发生明显的红移现象,如图 8-1 所示。此外,半导体纳米材料还具有较宽的激发波长范围、较窄的发射峰、较大的斯托克斯位移等特点。

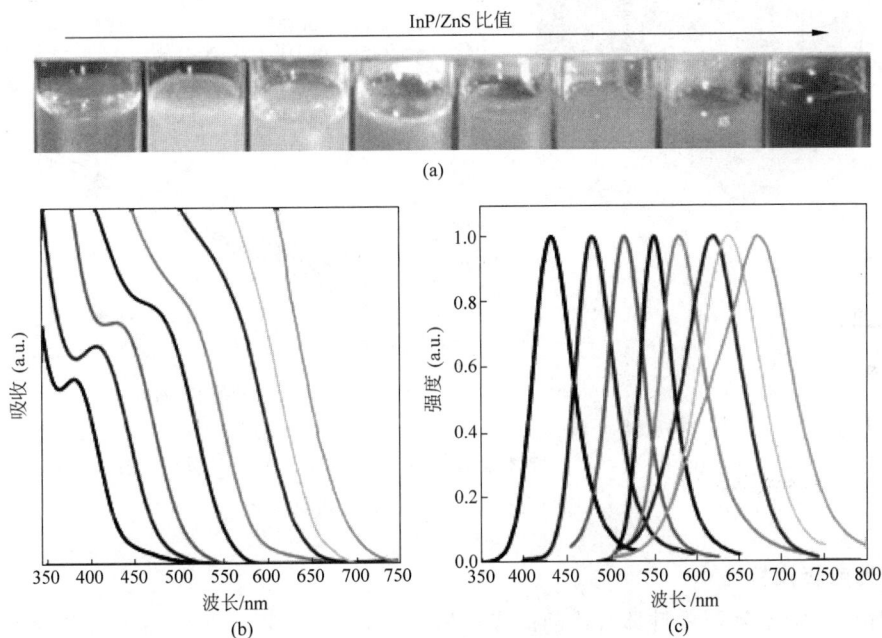

图 8-1 不同 InP 比值的 InP/ZnS 纳米晶样品

(a) 在紫外光激发下的照片;(b) 吸收光谱;(c) PL 光谱(从左到右 InP/ZnS 比值增加)

2. 电学特性

半导体纳米材料的介电和压电特性与其体材料有很大差别。介电行为主要有两方面差别:半导体纳米材料的介电常数会随测量频率的降低而上升;此外,在低频范围,其介电常数具有明显的尺寸效应,介电常数伴随粒径的增大先增大后减小。在压电特性方面,半导体纳米材料往往可以产生较强的压电效应。其表界面存在的大量悬挂键,会改变其界面的电荷分布情况,形成局部的电偶极矩。当外加电压时,偶极矩取向分布随之变化,产生电荷积累,从而表现出较强的压电效应。

3. 光催化特性

光催化原理是基于光催化剂在光照的条件下具有的氧化还原能力，从而达到净化污染物、物质合成和转化等目的。半导体常作为关键的催化剂材料，在光激发后产生电子-空穴对，电子从价带跃迁到导带，而空穴留在价带上，从而引发光催化反应。半导体纳米材料的光催化活性明显区别于其体材料，例如，半导体纳米材料能够催化体相半导体材料所不能进行的反应。其中尤其引起广泛关注的是金属/半导体复合纳米材料，这得益于两方面的优势：一方面，金属/半导体界面处的电荷分离因界面处的电荷转移得到了改善；另一方面，由于金属纳米颗粒引起的表面等离子体共振增加了对可见光的吸收。例如，将 Au/TiO_2-gC_3N_4 纳米复合材料用于高效的可见光活化产氢反应，其微结构及产氢效果如图 8-2 所示，随着材料组分的调控，组分为 $0.5\%Au/(TiO_2$-$gC_3N_4)(95/5)$ 时产氢效率最高，在太阳光连续照射 5h 后累积氢气产物达到 $740\mu mol$。

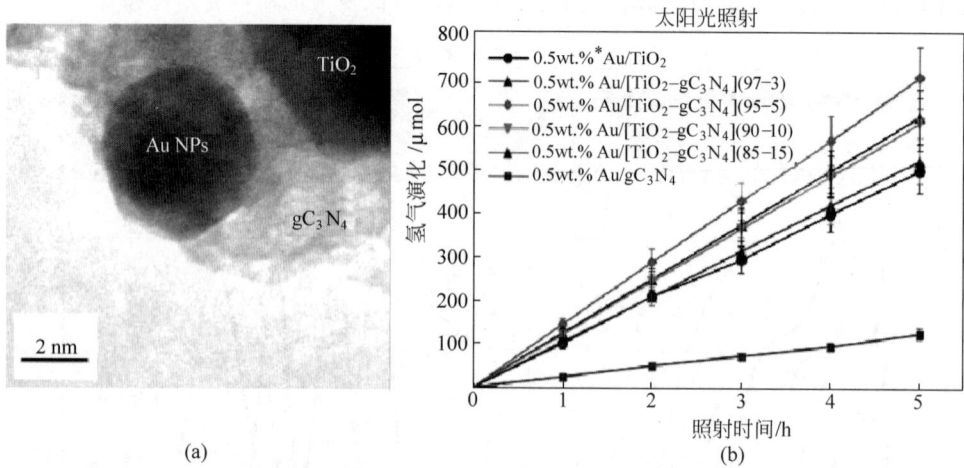

图 8-2　(a) Au/TiO_2-gC_3N_4 纳米复合材料 TEM 图；(b) 在太阳光照射下不同组分（质量分数）催化剂的氢气累积演化

4. 光电转换特性

半导体基纳米复合材料具有优越的光电转换特性，其原理是光子将能量传递给电子使其运动从而形成电流，在多种光电子器件中有着广泛的应用，尤其在太阳能电池、光电探测器中备受关注。包含 TiO_2、ZnO、SnO_2、CdS 基纳米晶等在内的多种复合半导体材料均在纳米晶光伏电池中展现出优异的光电转换性能。此外，鉴于纳米材料常可与溶液工艺兼容的优点，可用于构筑柔性光电子器件。一种基于石墨烯-CdSe 量子点复合材料的柔性太阳能电池，实现了 17% 的入射光子-电流转换效率。

8.5.4　半导体基纳米复合材料的应用与展望

半导体基纳米复合材料主要应用在以下几个方面：①基于其较好的光电转换特性，可用于纳米晶太阳能电池、光电探测器等；②半导体纳米粒子的高比表面积、高活性的特性使

---

*　wt.% 指质量分数。

之成为各类传感器应用中最有前途的材料；③光催化特性可应用于环境和能源问题的解决；④诸如生物成像、非线性光学等其他应用。

1. 太阳能电池

半导体基纳米复合材料因其出色的光电转换性能在太阳能电池中应用广泛,可用于关键的光吸收转换层,也可在电子/空穴传输层中发挥作用。TiO_2 基纳米复合材料常见于太阳能电池的电子传输层,如采用 TiO_2/ZnO 纳米线异质结构作为电子传输层,有利于电子传输,降低了光生电子-空穴的复合,从而提升了光电转换效率。在光吸收层方面,半导体基复合纳米材料也表现出色,例如将 $CuInS_2$ 量子点和聚合物 MEH-PPV 复合材料作为光吸收涂层,得到了宽光谱响应的太阳能电池。可见,半导体基纳米复合材料在太阳能电池器件中的应用前景巨大。

2. 发光二极管

发光二极管(LED)是照明及显示领域的核心组成部分,主要分为两类：一类是将其与蓝光芯片结合,利用芯片的蓝光激发其发光(光致发光)用于白光照明；另一类则为直接利用其电致发光作为照明或显示应用。其中最受研究者关注的是半导体量子点复合材料,传统稀土荧光粉性能低劣、供给有限,半导体量子点因其出色的发光性能被认为是理想的替代品,如经典的镉基量子点、Ⅰ-Ⅲ-Ⅵ族量子点复合材料均表现出色,可实现高显色指数和色温可调的白光 LED。而在电致发光 LED 应用中,半导体量子点的高色纯度、高量子效率、可溶液加工等特色,有助于实现高清显示的应用需求。当前基于镉基量子点的 LED 显示器研发已取得巨大进展,同时兼具成本低、色彩调谐性好等优点。

3. 光电探测器

光电探测器是能将入射光信号转换为电信号的一种光电子器件,作为常用电子器件的重要组成部分,可用于成像、光通信、环境检测以及化学传感等领域。半导体基纳米复合材料常作为其中的光电转换活性层,是光电探测器中的核心组成部分。如石墨包裹 ZnO 纳米颗粒、P3HT:CdTe、ZnO-CdS 核壳纳米线等均为常见的活性层材料。除此之外,半导体基纳米复合材料还可作为光电探测器的传输层材料,促进器件的光生载流子分离,从而提升探测性能。

4. 光催化

半导体基纳米复合材料具有的光电催化特性,使其在光催化领域的应用广泛,这些应用包括但不限于光分解水、有机污染物降解以及空气净化等。例如,采用 Ag/CdS 纳米复合材料作为催化剂,可大幅提升催化产氢速率；通过制备 Ag-ZnO 纳米复合材料,在可见光照射下用于降解甲基橙、亚甲基蓝等有机污染物；利用 Pt/TiO_2 纳米复合催化剂,在室温条件下展现出良好的催化甲醛分解能力和稳定性等。

5. 生物成像

半导体基纳米复合材料,尤其是半导体量子点具有激发光谱宽、发光峰窄且可调、量子效率高的特点,出色的光学特性使其成为生物成像应用中的优选材料。例如 $CuInS_2/ZnS$、$AgInS_2/ZnS$ 等量子点均已成功用于生物成像,显示出了高的生物相容性,兼具组织穿透性和肿瘤靶向性,且近红外量子点可避免生物自体荧光及光散射等问题。其他如 CdTe/CdSe 量子点以及有机物/半导体量子点复合材料等均在生物成像领域崭露头角。

6. 生物医学应用

光动力疗法是目前被广泛关注的一种癌症临床治疗方法,将光敏药物作用于肿瘤后,通过光辐射作用光敏药物能产生活性氧消除癌细胞。目前许多半导体基纳米复合材料,尤其是量子点,已被应用于光动力治疗中,借以改善光敏药物的光学性质。除了光动力疗法,半导体基纳米复合材料在免疫检测、疾病初筛等领域也多有研究报道。如利用其出色的光学特性,将其作为荧光标记物,可进行许多免疫分子的定量检测。表面增强拉曼光谱(SERS)也已成为一个活跃的领域,在半导体基纳米复合材料中,尤其是金属/半导体结构在该领域应用的发展迅猛。该方法通过对其拉曼光谱的表征,与标准光谱进行对比,即可获得添加物的信息,在食品安全领域应用广泛,如食品中添加色素含量、牛奶中添加物检测等。

7. 气敏传感器

气敏传感器的反应原理是,气体在电极吸附,并发生氧化-还原反应,导致材料电导率发生规律性的变化。它在包括火灾报警、环境监测、食品安全、航天器等多个领域获得广泛应用。金属氧化物半导体复合材料在气敏传感器中是非常重要的一类,最常用的包括 SnO_2、ZnO、WO_3、Fe_2O_3、TiO_2、In_2O_3 和铁酸盐(MFe_2O_4)等基体的复合纳米材料。例如,将 CuO/ZnO、CuO/SnO_2 复合纳米纤维作为气敏材料对 H_2S 气体进行检测,将 $ZnO\text{-}Cr_2O_3$ 纳米棒用于三甲胺检测等。

8. 其他应用

除了以上应用,半导体基纳米复合材料的特殊材料结构还会引起三阶非线性光学响应,在光纤通信方面具有应用潜力。其光敏特性还可应用于光电化学传感器,以光信号为激发源,检测其电化学信号,在细胞相关分析、环境分析等领域具有重要应用。

8.6 纳米复合材料的发展前景

纳米合成为发展新型材料提供了途径和思路。纳米尺度的合成为人们设计新型材料,特别是为人类按照自己的意愿设计和探索所需要的新型材料打开了新的大门。例如,在传统相图中根本不共溶的两种元素或化合物,在纳米态下可形成固溶体,制造出新型材料。铁铝合金、银铁合金和铜铁合金等纳米材料已在实验室获得成功。利用纳米微粒的特性,人们可以合成原子排列状态完全不同的两种或多种物质的复合材料。人们还可以把过去难以实现的有序相或无序相、晶态相和金属玻璃铁磁相和反铁磁相、铁电相和顺电相复合在一起,制备出有特殊性能的新材料。

此外,纳米材料的诞生也为常规的复合材料研究增添了新的内容,把金属纳米颗粒放入常规陶瓷中可以大大改善材料的力学性质。如纳米氧化铝粒子放入橡胶中,可以提高橡胶的介电性和耐磨性,放入金属或合金中可以使晶粒细化,大大改善力学性质;纳米氧化铝弥散到透明的玻璃中既不影响透明度又提高了高温冲击韧性;半导体纳米微粒(砷化镓、锗、硅)放入玻璃中或有机高聚物中,提高了三阶非线性系数;极性的钛酸铅粒子放在环氧树脂中出现了双折射效应;纳米磁性氧化物粒子与高聚物或其他材料复合形成新型制冷材料,制冷温度可达 20℃。

综上所述,纳米复合材料同时综合了纳米材料和复合材料的优点,特别是纳米粒子与纳米粒子的复合研究,受到世界各国的极大重视,展现了极广阔的研究、发展与应用前景。

本章小结

纳米复合材料由德国学者 Gleitert 提出,是指分散相尺寸至少在一维方向上小于 100nm 的复合材料。根据基体的特性和成分可分为聚合物基纳米复合材料、陶瓷基纳米复合材料、金属基纳米复合材料及半导体基纳米复合材料四种。若根据材料使用特性,纳米复合材料可分为纳米结构复合材料和纳米功能复合材料;而纳米功能复合材料又可分为磁性纳米复合材料、催化纳米复合材料、半导体纳米复合材料等。若按复合形式则可分为 0-0 复合、0-2 复合、0-3 复合、纳米插层复合等四种类型。

金属基纳米复合材料的制备方法有高能球磨法、原位复合技术、大塑性变形法、快速凝固工艺、溅射法、纳米复合镀法等;陶瓷基纳米复合材料的制备方法有机械混合法、复合粉末法、原位反应法、湿化学法、等离子相合成法及离子溅射等方法。聚合物基纳米复合材料又分为聚合物/聚合物纳米复合材料、聚合物/层状纳米无机物复合材料;其制备方法有插层复合法、原位聚合法、溶胶-凝胶(sol-gel)法、共混法及其他一些工艺如溶液共混法、乳液共混法和熔融共混法等。半导体纳米复合材料按照组分可分为金属/半导体纳米复合材料、半导体/半导体纳米复合材料、多组分纳米复合材料以及分子/半导体纳米复合材料;其制备方法有微乳液法、水热法、溶剂热法、高温固相法、溶胶-凝胶法、共沉淀法、微波法等。

思考题

1. 什么是纳米材料、纳米物质和纳米科技?
2. 比较纳米材料与纳米物质的异同点。
3. 纳米材料的纳米粒子效应有哪些?
4. 简述 H-P 关系在纳米材料中的应用。
5. 纳米粒子效应在纳米复合材料中是否存在?为什么?
6. 纳米金属块体材料的制备方法有哪些?
7. 金属基纳米复合材料的制备方法有哪些?
8. 陶瓷基纳米复合材料的烧结特点是什么?
9. 聚合物基纳米复合材料的制备方法有哪些?
10. 半导体基纳米复合材料的制备方法有哪些?
11. 简述半导体基纳米复合材料的应用。

选择题和答案

第9章

遗态复合材料

在材料及其结构设计的过程中,自然界的生物给予了人们很多启示。科学家发现生物在长期进化和演变的发展过程中,形成了各种独特的结构组态,这种结构是难以通过人工手段获得的。材料研究者通过对生物的广泛研究,利用木材、木质材料等生物的天然结构,通过工艺控制与复合,研制了保留植物结构的新型复合材料——遗态复合材料(bio-inspired hierarchical composites,BHCs)。遗态复合材料是借用自然界经亿万年优化的生物自身多层次、多维的结构和形貌作为模板,通过生物结构和形态的遗传、化学组分的变异处理,制备保持自然界生物精细形貌和结构的新型复合材料。

遗态复合材料的分类方法有多种。按模板可分为基于木材、叶片、稻壳、椰壳、木质材料、秸秆、麻纤维、叶绿素、酵母菌、硅藻土、螺旋藻为模板的复合材料。按所得材料的功能可分为光催化、吸附、过滤、消光、吸振、电磁屏蔽、电极、导电、摩擦磨损遗态复合材料。按基体可分为陶瓷基遗态复合材料、金属基遗态复合材料、聚合物基遗态复合材料。本章将按照模板分类进行介绍。

9.1 植物的基本特征

植物系统复杂多样,千差万别,但就植物体的构造来说,植物有机体都是由基本单元——细胞构成的。这些植物体细胞,由于长期适应不同的环境条件,引起了细胞功能和形态结构的分化,形成了各种不同的组织,并进一步经不同的排列复合而构成了具有多样形貌特征的植物本体。

从植物体的物理组织结构来看,植物结构一般由独特的胞管、筛管以及纤维状组织等构成,经自然界亿万年的遗传、进化和演变,不同植物结构形成了独特的多层次、多尺度管状、胞状或纤维状结构形貌。如图 9-1 所示为木材横截面微观形貌和其组成细胞的构造示意图。而从植物体的化学组成来看,植物材料主要是由纤维素、半纤维素、木质素和少量无机成分(如 Si、Ca 质等)构成。自然界中的植物材料几乎都是复合物质,其优良的性能靠其简单组分的复合来保证。

天然植物结构本体呈现出一种天然固有的分级结构,其分级结构具有多层次、多维、多组元的有序性优化结构和形貌组态等特点。天然植物材料,例如木材、剑麻、棕榈、椰壳等,

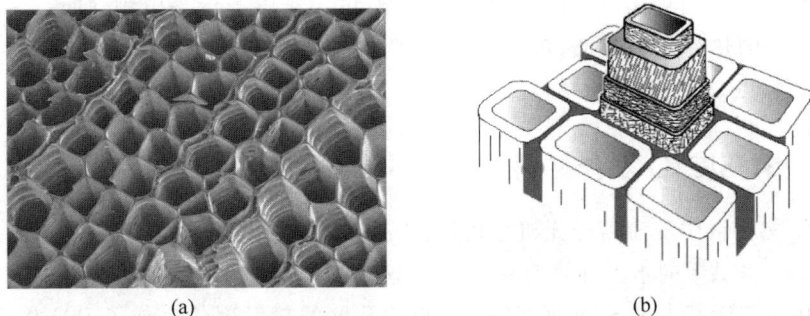

图 9-1 木材横截面微观组织(a)和木材细胞(b)的结构示意图

从其物理结构上来看,是具有复杂形状和形态的天然复合物质,同时,它们又是微观尺度(细胞)和宏观尺度(骨架)的有机结合体。其结构和性能取决于植物结构中的开孔胞状组织和结构框架,不同的植物或者植物纤维都具有其独特的结构与性能关系,迥异的弹性、变形以及断裂行为等各种力学和功能特性行为。

不论是从形态学还是力学的角度,动植物部件的构造都是复杂的,这种复杂性是长期自然选择的结果,是由功能适应性决定的,其结构是难以通过人为手段获得的。

9.2 基于木材模板的复合材料

木材是人类利用最为广泛的一种植物材料。木材经过亿万年的进化演变,已成为一种具有精美优化组织结构的多孔材料,其微观结构如图 9-1 所示。从古至今,木材经历了从作为燃烧物、建筑用材等初级应用至复合材料化等高级应用阶段的过程。目前已利用其开发了具有木材结构的 C/C、$Si/SiC/C$、SiO_2/C、$SiOC/C$、硅化物/木质、Fe_2O_3-Fe_3O_4/C、$CoO/Co/C$ 等复合材料。

9.2.1 C/C 复合材料

木材经热固性树脂特别是酚醛树脂浸渍后,在真空条件下经高温焙烧可制得保持有木材结构的多孔 C/C 复合材料。

制备原理:在真空或加压的情况下将热固性树脂压入木材的孔隙,树脂固化后进行真空焙烧。焙烧过程中,对于木材成分而言,在 150～240℃因纤维素发生脱水而使 C—C 链发生断裂;300℃ 时,分子内和分子间除氢,开始形成桥式结构;400℃时,由于脱甲烷作用和除氢作用(解聚作用),多环芳香结构开始形成,而后逐渐分解为软质无定形碳。对于树脂而言,500℃ 以上分解为石墨多环,而后形成硬质玻璃碳。这两种不同性质的碳构成 C/C 复合材料。

性能与用途:基于木材模板的 C/C 复合材料很好地保留了木材的细胞结构,这明显区别于传统结构由人为控制的 C/C 复合材料,因而具有很多优异的性能。如它具有高的电屏蔽和磁屏蔽效率,可作为吸波材料用于军事和航天工业;具有优良的远红外辐射特性,可用于远红外食品烤箱和家用取暖器;它的吸附性能和耐腐蚀性能较强,可作为催化剂的载体。

此外,它作为一种碳材料,还具有优异的耐磨性能,可用于电力设备电刷、轴承、轴瓦及列车滑板等部件;碳的热膨胀系数低,热稳定性能好,有望用作电子封装材料;它的多孔性使之具有低密度的特点,是一种轻质材料。

9.2.2　Si/SiC/C复合材料

在木材结构材料中浸渍熔融无机硅可制得 Si/SiC/C 复合材料。

制备原理:将烘干的木材在真空密闭高温炉中高温热解为多孔碳,然后渗入熔融无机硅;多孔碳孔隙结构基本被 Si 相所填充,并与碳孔壁的接触部位生成了 SiC 相,由此制得 Si/SiC/C 的复合材料。如图 9-2 所示为制备工艺流程。如图 9-3 所示为 Si 与 C 反应生成 SiC 的示意图,显示了木材结构中某个孔隙内反应的情况,这种复合材料基本保留了原木材的结构。

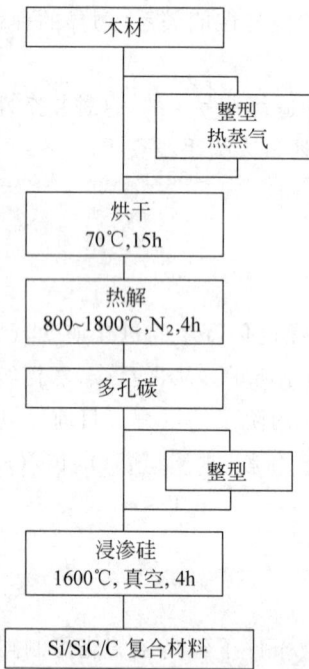

图 9-2　遗态 Si/SiC/C 复合材料制备工艺　　图 9-3　木材结构中 Si 与 C 反应生成 SiC 示意图

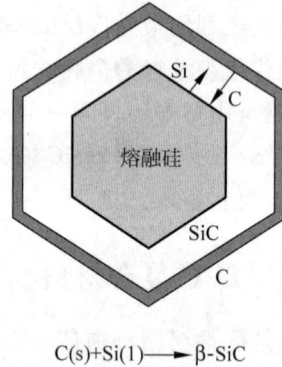

性能与用途:由于生成的碳化硅是耐高温高强度陶瓷,因此它将木材的力学性能和陶瓷的耐高温性能结合起来。该复合材料已在医学上进入实用化,并有望作为耐高温放热结构材料应用于航空航天领域。

9.2.3　SiO₂/C复合材料

在木材中加压注入正硅酸乙酯(TEOS),经真空焙烧,木材转变为无定形碳,正硅酸乙酯转变为二氧化硅,从而制得 SiO_2/C 复合材料。形成的二氧化硅填充了内部孔隙,增加了复合材料制品的密度,同时二氧化硅与纤维素之间键合交联或包裹,达到了提高复合材料强度、增加硬度的目的。

9.2.4 SiOC/C 复合材料

将浸渍有含氢硅油(PMHS)的木材经高温烧结可制得 SiOC/C 复合材料。未经抽提工序的 SiOC/C 复合材料中,木材的原始骨架结构仍然保持,但多数孔隙结构已被 SiOC 所填充。因此,为了能保持木材结构的多孔性,浸渍有 PMHS 的木材通常要经过抽提工序,以去除未反应的 PMHS 溶剂,再经高温烧结制备多孔的 SiOC/C 复合材料。如图 9-4 所示为松木经 PMHS 浸渍并养护后,未经抽提工序和经抽提工序制得的 SiOC/C 复合材料的微观组织结构。经抽提工序后制得的复合材料中,孔结构较多,提高了该类材料在作为催化剂载体、过滤等领域的应用性能。

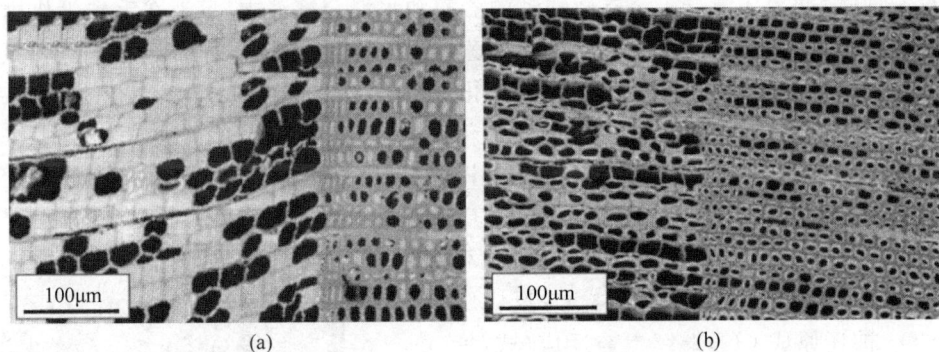

图 9-4 松木遗态 SiOC/C 复合材料微观结构组织

(a) 经 PMHS 浸渍后未抽提;(b) 经 PMHS 浸渍后抽提

9.2.5 硅化物/木质复合材料

硅化物/木质复合材料是一种坚硬的木材复合材料。制备工艺为:先将木材浸在一种含有硅化物的溶液中,溶液注满木材的孔隙,然后将这种木材放到温度大约 80℃ 的烤炉中烘烤固化,得到硅化物/木质复合材料。

性能与用途:这种复合材料硬度比木材高 20%～120%,且没有陶瓷易碎的缺点,很适合用于建筑材料和更坚固的耐用家具、地板或仿陶瓷的器皿等。这种材料不仅体轻,还具有抗霉菌虫蛀和盐碱腐蚀的能力。

9.2.6 Fe_2O_3-Fe_3O_4/C 复合材料

以桉树作为植物模板,将桉树木材浸泡于硝酸铁溶液中一段时间,干燥后在马弗炉中高温煅烧,获得桉树遗态 Fe_2O_3-Fe_3O_4/C 复合材料。图 9-5 为制得的 Fe_2O_3-Fe_3O_4/C 复合材料微观结构照片,它保留了桉树天然多孔分级遗态特征,具有 $50～120\mu m$ 的导管孔,形状大多为圆形或椭圆形,在大孔之间分布有 $4.1～6.4\mu m$ 的纤维孔,形状各不相同,大孔并不十分规则地镶嵌在小孔阵列中。

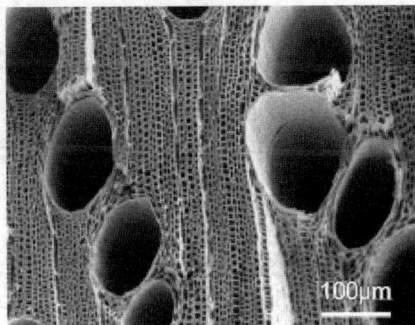

图 9-5 Fe_2O_3-Fe_3O_4/C 复合材料微观结构照片

性能与用途：由于多孔结构，该复合材料具有良好的吸附水中 Sb(Ⅲ) 的性能。低含量的 Sb 即可对人体的肝脏、心血管系统等产生致命的破坏。Sb 是人类社会经济发展的重要战略资源，对 Sb 矿产资源的大规模开采导致水体受 Sb 污染严重，从而对水环境生态系统、饮用水以及作物乃至人类健康安全造成威胁。而桉木遗态 Fe_2O_3-Fe_3O_4/C 复合材料对于降低水中 Sb 污染可发挥重要作用。

9.2.7 CoO/Co/C 复合材料

基于木材模板的 CoO/Co/C 复合材料是一种高性能生物形态三元复合材料，可作为超级电容器的电极材料。

制备原理：将松木浸渍于溶有硝酸钴的乙醇和水混合溶液中，溶液在毛细管作用力下经木材的微管渗入生物模板中，同时硝酸钴逐渐水解形成氢氧化钴；取出干燥后在氮气中高温煅烧，高温下氢氧化钴热解形成四氧化三钴（式(9-1)），同时木材在高温碳化过程中经碳化裂解和结构重整形成非晶碳，碳化过程中释放出 CO、CO_2 等小分子物质，四氧化三钴和碳或 CO 反应先形成 CoO（式(9-2)），随着反应温度的升高，不断有单质钴被还原出来（式(9-3)、式(9-4)）。反应形成的部分 CO_2 被还原成 CO，继续参与反应（式(9-5)），最终制得生物形态 CoO/Co/C 复合材料。该复合材料不仅保留了木材的宏观形貌（图 9-6），而且能够遗传木材的分级多孔结构（图 9-7）。

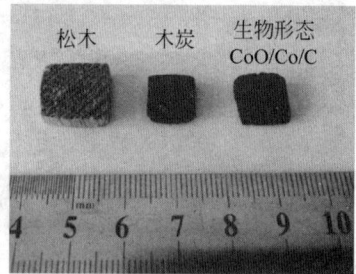

图 9-6 松木、木炭和生物形态 CoO/Co/C 复合电极的实物照片

$$6Co(OH)_2 + O_2 =\!=\!= 2Co_3O_4 + 6H_2O \qquad (9\text{-}1)$$

$$2Co_3O_4 + C =\!=\!= 6CoO + CO_2(g) \qquad (9\text{-}2)$$

$$CoO + C =\!=\!= Co + CO(g) \qquad (9\text{-}3)$$

$$CoO + CO =\!=\!= Co + CO_2(g) \qquad (9\text{-}4)$$

$$C + CO_2 =\!=\!= 2CO \qquad (9\text{-}5)$$

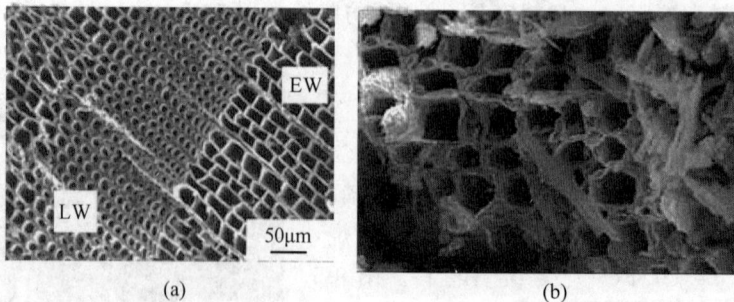

图 9-7 松木木炭(a)和遗态 CoO/Co/C 复合电极材料(b)SEM 照片

性能特点及机理：木材形态 CoO/Co/C 复合材料的比电容高，充放电曲线电压随时间变化表现出较好的线性关系，倍率特性优异，材料的稳定性高，导电性好。图 9-8 是松木木炭和遗态 CoO/Co/C 电极的循环伏安特性、恒流充放电性能、电流密度与比电容关系、循环

寿命特性。相对于单一的氧化物电极,遗态 CoO/Co/C 比电容更高,高速充放电速率和循环稳定性更好,适合作为超级电容器的电极材料。原因有两方面:一方面,微孔-介孔-宏孔的分级孔道的形成增加了电极的比表面积和孔容,使电解质能充分浸润电极表面和孔道内部,提高离子在电极和电解质界面上的传质速率;另一方面,三元复合 CoO/Co/C 电极材料具有优异的电子传导性,通过三种材料之间的协同效应,充分发挥了 CoO 优异的电化学活性和金属/碳骨架的导电性,有效降低了电极材料电压降(IR drop)。

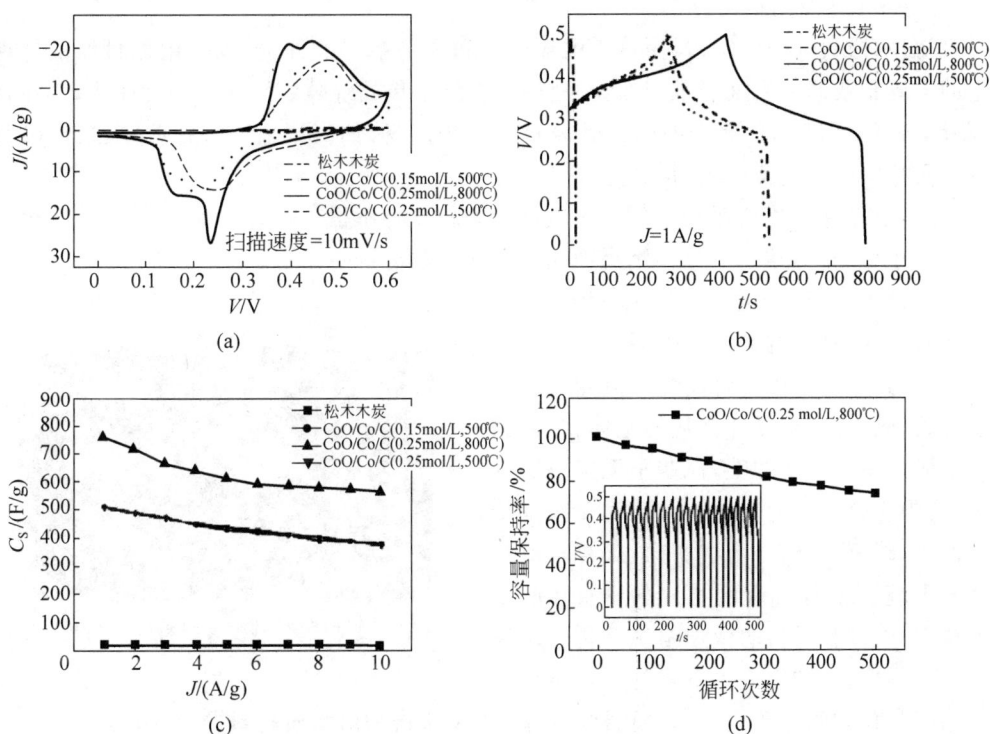

图 9-8 松木木炭和遗态 CoO/Co/C 电极的循环伏安图(a)、
恒流充放电图(b)、电流密度与比电容关系图(c)、循环寿命图(d),
内嵌图为遗态 CoO/Co/C 电极在 5A/g 电流密度下的恒流充放电图

用途:木材形态 CoO/Co/C 复合材料可用于超级电容器的电极材料。超级电容器因其功率密度高、可快速充放电以及循环寿命长等优点赢得了广泛关注,但较低能量密度和较高成本仍是制约其发展的瓶颈。钴基氧化物(Co_3O_4、CoO 和 $Co(OH)_2$)由于其稳定的化学性质和优异的电化学性能成为潜在的电极材料。CoO 的导电性较差,限制其在赝电容电容器中的应用。为了解决这个问题,需要将其和导电性较好的金属或碳材料复合形成复合材料,改善其导电性,充分发挥其高理论容量的优越性。而木材形态 CoO/Co/C 复合材料是理想的材料。

9.3 基于木质材料模板的复合材料

基于木质材料模板的复合材料是以农业秸秆、木屑、果渣、纸屑、麻类纤维等废弃物为原材料和模板,制备具有植物结构特征的遗态陶瓷,并进一步利用遗态陶瓷的有序多孔特点,与聚合物或金属复合制备遗态陶瓷基、金属基网络互穿复合材料,这种材料又称为木质遗态复合材料。随着现代社会和工业的快速发展,资源和能源的消耗急剧增加,大量废弃物及有害物的排出,使人类生活的周围环境和地球环境日益恶化。开展木质材料遗态复合材料的研究与开发,有利于发展零废弃的新材料技术。

9.3.1　木质碳/碳复合材料

1) 制备工艺及结构特点

最初,木质碳/碳复合材料由日本冈部敏弘和斋腾幸司等开发,多采用木材加工过程中产生的木屑制成的中密度纤维板作为原材料,在纤维板的缝隙中浸入热固性树脂,并在真空和高温下碳化得到。随着研究的深入,取材也变得广泛,如报纸、竹类、甘蔗渣、果渣以及稻壳等木质材料。目前常采用的工艺流程如下:

(1) 木屑:中密度纤维板的制备→浸渍酚醛树脂→干燥→焙烧;

(2) 竹屑:原料成型→浸渍酚醛树脂→碳化→热处理→焙烧;

(3) 纸屑:粉碎→混合→热压→浸渍→焙烧。

木质碳/碳复合材料是一种新型多孔碳素复合材料,其中的木质材料在烧结后变成软质无定形碳,成为碳/碳复合材料的基体相,而树脂转变成硬质玻璃状的碳,存在于无定形碳缝隙中,成为复合材料的强化相。这明显区别于传统的碳/碳复合材料,传统的碳/碳复合材料是在石墨基体上复合碳纤维。如图9-9所示为木质碳/碳复合材料的微观组织结构。木质碳/碳复合材料从结构上讲主要是由木质材料

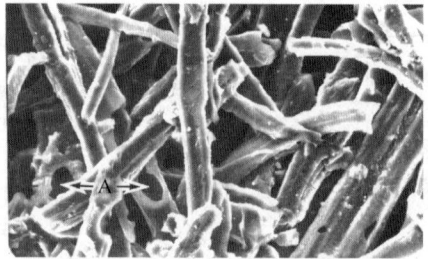

图9-9　木质碳/碳复合材料的微观孔形貌

原有的细胞孔和间隙孔构成的多孔材料。图中A所指为由木质材料遗留的孔隙。

2) 性能

摩擦性能:木质碳/碳复合材料具有优良的摩擦性能。它的多孔性为浸入各种润滑剂提供了便利。随着木质碳/碳复合材料碳化温度的提高(400℃→800℃),干摩擦条件下的摩擦系数会由0.45下降到0.15,在摩擦磨损领域具有实用性。

电磁屏蔽性能:木质碳/碳复合材料具有优异的电磁屏蔽性能。木质碳/碳复合材料的多孔结构可引起介电常数的虚部增大,从而引起较大的介电损失。碳化温度对碳/碳复合材料的电磁屏蔽性有较大程度的影响,随着碳化温度的升高,吸收性降低。图9-10为木质碳/碳复合材料对波的吸收性能。碳/碳复合材料因电屏蔽和磁屏蔽效率高的特点而被用于电磁屏蔽材料。

电学性能:木质碳/碳复合材料在电学和热学方面也具有优良的性能。①这种复合材料的电阻率随温度的升高而线性下降,显示出与半导体相同的负温度系数,这与金属或准金属的情况相反。木质碳/碳复合材料电阻-温度效应如图9-11所示。②电阻率随相对湿度的增加也呈线性降低(10%～70%),这种线性关系的出现主要是在于特殊的材料表面结构。这种碳/碳复合材料也因此被用于湿度传感器。

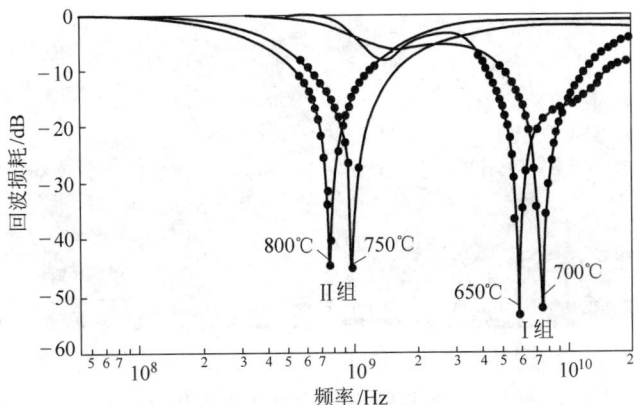

图 9-10　木质碳/碳复合材料对波的吸收性能

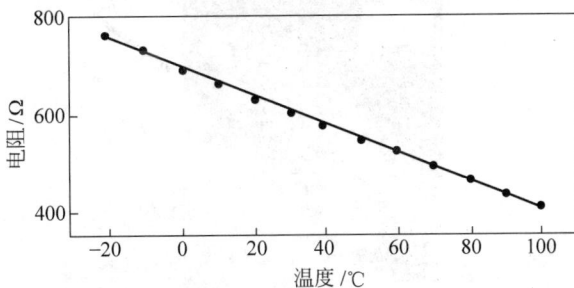

图 9-11　木质碳/碳复合材料电阻-温度效应

　　此外,由于该种复合材料具有多孔性、耐磨、耐高温以及耐腐蚀特点,它在生物过滤工艺、医学移植体、催化剂载体以及高温轻型结构等领域具有广阔的应用前景。

9.3.2　木质碳/金属复合材料

1) 制备工艺及结构特点

　　工艺:木质废弃物经过压制成型、热固性树脂浸渍、真空烧结,先形成海绵状多孔碳预制件。再利用多孔碳独特的三维开孔结构特征,采用真空压力浸渍工艺,往其中浸渍入导热、导电、塑性好的铝、镁等金属及其合金,制备出网络互穿结构的木质碳/金属复合材料。目前利用这类工艺技术已制备出碳/铝、碳/铝硅合金、碳/镁合金三种复合材料。

　　结构:木质遗态碳/金属复合材料的组织均匀致密且网络互穿结构明显。如图 9-12 所示为木质碳/铝复合材料的组织形貌图,图中白色相为金属 Al,呈连续分布状态,灰色相为碳,呈短纤维搭接状。复合材料的结构秉承了木质材料的特征,组织在水平方向上(x-y plane)表现出随机分布性,而在垂直方向上(z direction)表现出层状挤压特征。如图 9-13 所示为木质碳/铝复合材料的 TEM 形貌图。复合材料界面结合良好,绝大部分界面干净,没有反应物产生。另外,复合材料界面附近基体中存在大量的位错,这是由于在冷却过程中金属相与非金属相的收缩程度不同,相界面处形成较大热应力造成的。

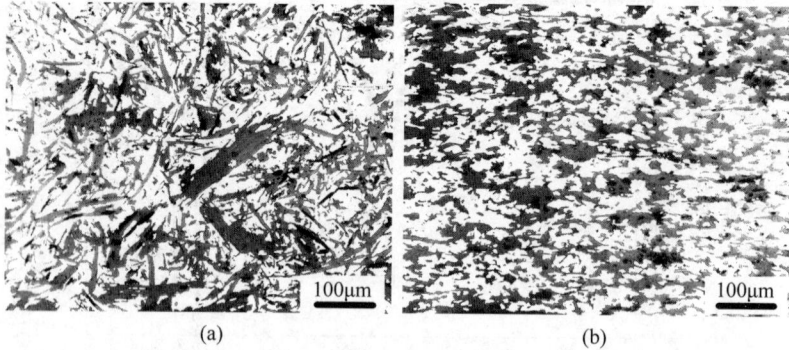

图 9-12　木质碳/铝复合材料的组织形貌图

（a）x-y 平面；（b）z 方向

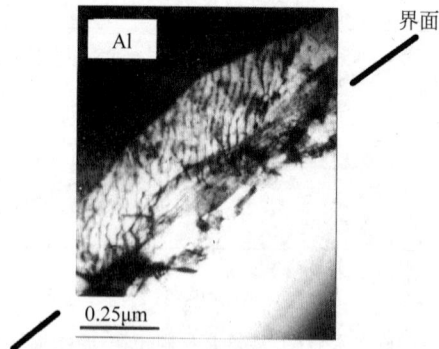

图 9-13　木质碳/铝复合材料的 TEM 形貌图

2）性能

这类复合材料同时具有木质多孔碳和金属材料的优良性能,互为增强。

力学性能：与多孔碳相比,木质碳/金属复合材料的抗弯强度和压缩强度成倍增加,弹性模量和布氏硬度显著提高。多孔碳的断口具有典型的脆性断裂特征,而碳/金属复合材料具有混合断口特征,包括多孔碳的脆性断裂和金属的韧性断裂。此外,网络互穿复合材料中组织互通性的最大优点在于增强了材料抵抗各种破坏的能力。纤维增强的复合材料在平行于纤维方向具有很高的强度,但在垂直于纤维方向的性能却不尽如人意。而碳/金属复合材料组织具有宏观均匀性,因而在三维方向上都具有较高的强度。

摩擦磨损性能：与金属基体相比,碳/金属复合材料的摩擦系数减小,摩擦稳定性增加,磨损率明显下降,达到稳定磨损阶段快,磨面粗糙度、波度和形状偏差均降低,摩擦表面塑性变形减小,没有脱落和物质聚集现象。复合材料体现出更好的摩擦磨损性能。

尺寸稳定性：由于多孔碳具有低的热膨胀系数和稳定的热循环性能,因此碳/金属复合材料的尺寸稳定性较金属基体大为提高,且大于混合法则理论的计算值。

3）应用前景

由于这类复合材料具有优异的力学性能和摩擦磨损性能,因此可用于汽车、机车、起重设备、传动机构等交通运输领域中的制动盘材料,在汽车、高速列车、起重设备、传动机构等交通工业领域有着良好的应用前景。

(1) 高速列车制动装置。高速列车的最高速度应大于 300km/h,紧急制动距离应小于 3700m,这对车辆制动装置(盘式制动器)的性能提出苛刻的要求。传统碳/碳复合材料具有卓越的高温摩阻性能,但是价格昂贵。传统的铸铁制动器易产生热龟裂,且密度大,不利于车辆的轻量化。而木质材料遗态碳/金属复合材料作为性能优良、质量小、价格适中的制动材料可以发挥其应有的作用。

(2) 汽车轻量化。当今世界汽车工业材料技术的发展主题是轻量化、高性能、安全、环保节能。因此,汽车轻量化已作为一个世界性课题被提出。汽车质量减轻 25%,燃油消耗将减少 13%。另外,减轻发动机中运动部件的质量,省油的效果更加明显。而汽车轻量化的关键之一就是轻质高强复合材料的应用,木质材料遗态碳/金属复合材料正满足这一要求。

9.4 基于叶片模板的复合材料

利用植物叶片模板开发的复合材料有 Fe_x/TiO_2 光催化复合材料、C/Fe_2O_3 吸光复合材料、Cu/C 消光复合材料等。

9.4.1 梧桐叶片遗态 Fe_x/TiO_2 光催化复合材料

利用梧桐树叶为模板,通过溶液浸渍、烧结,可获得梧桐叶片遗态 Fe_x/TiO_2 复合光催化材料。

制备原理:将梧桐树叶浸渍入钛酸丁酯与硝酸铁的混合溶液中,叶片的维管束可将溶液中的钛酸丁酯及硝酸铁输送进树叶中。再将该树叶放入马弗炉中在 $600\sim800$℃煅烧以除去模板,保温数小时,自然降温后,得到网状 Fe_x/TiO_2。

结构特点:遗态 Fe_x/TiO_2 光催化复合材料具有叶片的微观形貌。图 9-14 为 Fe_x/TiO_2 的 SEM 照片。Fe_x/TiO_2 具有网状结构,如图 9-14(a)所示,且网线的直径不同,主叶脉形成的网线较粗,侧叶脉形成的网线较细。网状 Fe_x/TiO_2 能保留树叶内部原有的结构,如图 9-14(b)所示,这可能是由于维管束的输送作用使钛酸丁酯进入树叶的叶肉和表皮组织中,因此煅烧后树叶内部的结构被保留。Fe_x/TiO_2 网线由不规则的 TiO_2 颗粒堆砌而成,如图 9-14(c)所示。

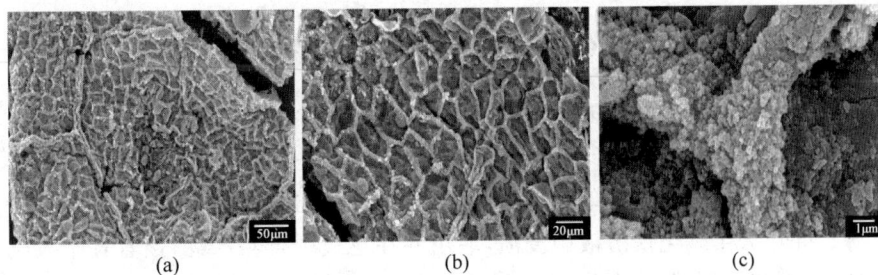

(a)   (b)   (c)

图 9-14 梧桐叶片遗态 Fe_x/TiO_2 复合材料的 SEM 图

性能：①梧桐叶片遗态 Fe_x/TiO_2 复合材料具有好的光催化性能。图 9-15 分别为德固赛(Degussa)P25 和遗态 Fe_x/TiO_2 在紫外光(360nm)激发下,光催化降解孔雀石绿的脱色率和矿化率。Fe_x/TiO_2 的光催化活性大于德固赛 P25,表现出更佳的光催化性能。②具有好的自然沉降效果。图 9-16 为遗态 Fe_x/TiO_2 和德固赛 P25 静置 10min 后,自然沉降效果的比较。光催化反应后,静置 5min,Fe_x/TiO_2 的水溶液即开始分层,10min 后基本分开成澄清的溶液;而德固赛 P25 的水溶液在静置 30min 甚至几小时后仍然为悬浊液,基本上没有分层现象的发生。该复合材料的光催化性能优异,可用于污水处理、空气净化、太阳能利用、抗菌等领域。

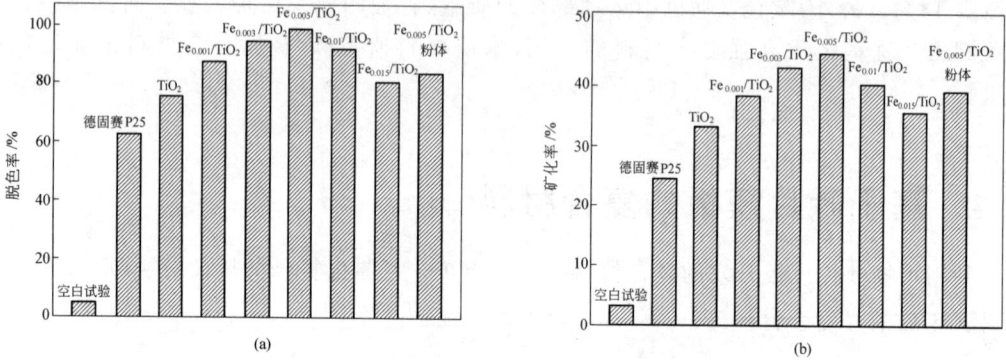

图 9-15　德固赛 P25 和遗态 Fe_x/TiO_2 光催化降解孔雀石绿的脱色率(a)和矿化率(b)

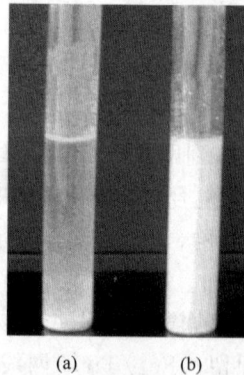

图 9-16　遗态 Fe_x/TiO_2(a)和德固赛 P25(b)静置 10min 后的分层情况

9.4.2　桂花叶脉遗态 C/Fe_2O_3 吸光复合材料

以桂花叶脉为模板,通过特定的工艺,采用浸渍处理的方法,碳化后煅烧合成遗态 C/Fe_2O_3 复合吸光材料。

制备工艺：将桂花树叶置于氢氧化钠溶液中煮沸 10min,取出并刷掉叶片两面的叶肉,只留下叶脉;将叶脉在氯化铁溶液中浸渍,取出并在空气中自然水解,接着置于氮气气氛中以 700℃ 煅烧,再移入马弗炉中以 700℃ 煅烧,最终可以得到铁锈色的具有叶脉结构的 C/Fe_2O_3 复合材料。复合材料很好地保持了叶脉的形貌。图 9-17(a)、(b)分别为桂花叶脉

和所得 C/Fe_2O_3 复合材料的微观结构。

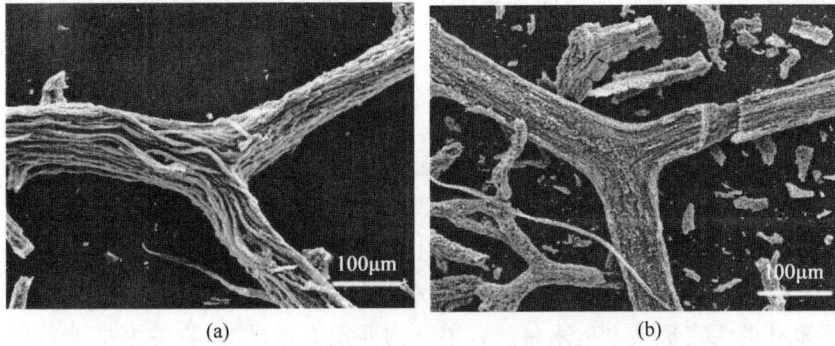

图 9-17　桂花叶脉(a)及遗态 C/Fe_2O_3 复合材料(b)微观结构

性能：$\alpha\text{-}Fe_2O_3$ 具有极佳的化学稳定性和水热稳定性，能吸收波长 600nm 以下的紫外-可见光，该段波长内光能约占太阳能的 43%，实现这部分光能的吸收利用有助于提高人工光合作用的转化效率。遗态 C/Fe_2O_3 具有的纤维管束结构有利于增加材料的表面结构，可以吸收更多的可见光。遗态 C/Fe_2O_3 材料光解水制氢效率高，光照 360min 后产氢量达到 $436\mu mol/g$。

9.4.3　茭白叶片遗态 Cu/C 消光复合材料

以茭白叶为模板，制备具有天然多维度微孔结构的 Cu/C 消光复合材料。

制备工艺：粉碎并筛选茭白叶，清洗干燥，650℃ 预碳化，活化处理使茭白叶上的孔径更加疏松；酸洗，采用浸渍的方法引入过渡金属先驱体。将茭白叶与一定比例的硝酸铜均匀混合，加水搅拌至硝酸铜完全溶解。将混合液超声分散，浸渍 24h。搅拌混合物并同时加热至溶剂完全挥发，将得到的混合物干燥，在 1000℃ 真空烧结炉中高温处理，最终可得遗态 Cu/C 复合材料。该复合材料秉承自然界亿万年进化的结果，具有精细的微米、纳米分级多孔结构。

性能：遗态 Cu/C 复合材料具有好的消光性能，其多孔结构具有大的内表面积或界面积，可以让电磁波在材料内表面或界面反射引起能量损耗，孔结构越复杂，多重反射损耗的电磁波能量就越多，而选择的金属颗粒则对电磁波有很强的散射、反射能力，这样 Cu/C 遗态材料具有干扰多波段和良好的烟幕消光性能。

9.5　基于稻壳、椰壳模板的复合材料

利用稻壳、椰壳模板开发的复合材料包括 C/Fe 电磁屏蔽复合材料、TiO_2/SiO_2 和 ZnO/SiO_2 光催化复合材料等。

9.5.1　稻壳、椰壳遗态 C/Fe 电磁屏蔽复合材料

日益增多的各种电气、电子设备和系统的功率成倍增加，电磁辐射日益增强，成为一种

新的污染源。为了有效降低电磁辐射的污染,发展电磁屏蔽材料成为趋势。能够有效衰减甚至隔断电磁波传播,保持电子设备和系统正常工作的材料称为电磁屏蔽材料。以椰壳、稻壳等为模板,利用化学物理耦合处理方法,遗传了植物材料原有的精细形貌和多孔结构,并通过调控工艺,控制并组装碳/金属纳米结构,从而制备具有分级多孔结构和碳/金属纳米结构特征的遗态电磁屏蔽复合材料。

制备原理:将植物模板与一定比例的金属硝酸盐(硝酸铁等)溶液混合,并置于真空中浸渍数小时;取出混合物进行干燥,并置于真空中高温加热;在真空环境中,随着温度的升高,植物纤维木质成分会发生一系列的反应,如脱水、降解、脱氢、碳化等,有机分子逐渐解聚成为小分子;一些气体挥发物,如 CO、CO_2、水蒸气、CH_4 等逐渐产生且大部分释放出来,最后只留下多孔的无定形碳。但木材的管道结构并没有被破坏,它完好地遗留于所得的复合材料中。同时在真空升温过程中,在低于 $600℃$ 时,硝酸铁分解并被非晶碳还原反应生成金属铁。新生成的铁颗粒尺寸为纳米级,与周围的非晶碳形成碳/金属纳米复合结构。

结构特点:该遗态复合材料具有分级多孔的结构特点,遗传保留了植物材料天然的微米、纳米级的多孔结构特征;图 9-18(a)为椰壳遗态材料微观结构,它呈现"蜂窝"状,由孔径为数微米到数十微米的管道并排构成,管道的"管壁"均匀分布着小孔,孔径为 $1\sim3\mu m$,如图 9-18(b)所示。碳/金属纳米复合结构分布在这种多孔碳基体中。图 9-19 为稻壳遗态材料的结构,其表面具有大量的开孔和白色凸起物。两者相间均匀分布,尺寸均小于 $10\mu m$,其中分布着碳/金属纳米复合结构。

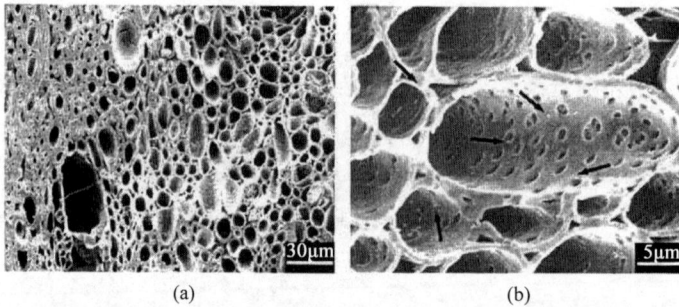

(a)　　　　　　　　　　(b)

图 9-18　650℃制备的椰壳遗态材料的 SEM 照片

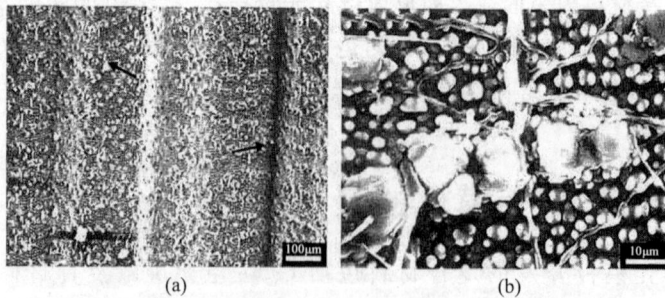

(a)　　　　　　　　　　(b)

图 9-19　650℃制备的稻壳遗态材料的 SEM 照片

性能特点:这种遗态碳/金属复合材料具有好的电磁屏蔽效能。在 X 射线波段的电磁屏蔽效能随着频率的变化基本保持稳定,具有"宽频"的特征。

电磁屏蔽机理：遗态碳/铁复合材料的结构及相关屏蔽机理如图 9-20 所示。一方面，多孔碳导电性好，可形成导电网络结构，提供足够的载流子，当电磁波入射时，材料良好的导电性对电磁波具有反射损耗和吸收损耗作用。另一方面，该复合材料为多孔结构，具有大的内表面积或界面积，可引起入射的电磁波在多孔壁间发生多重反射，增强电磁波的吸收损耗。

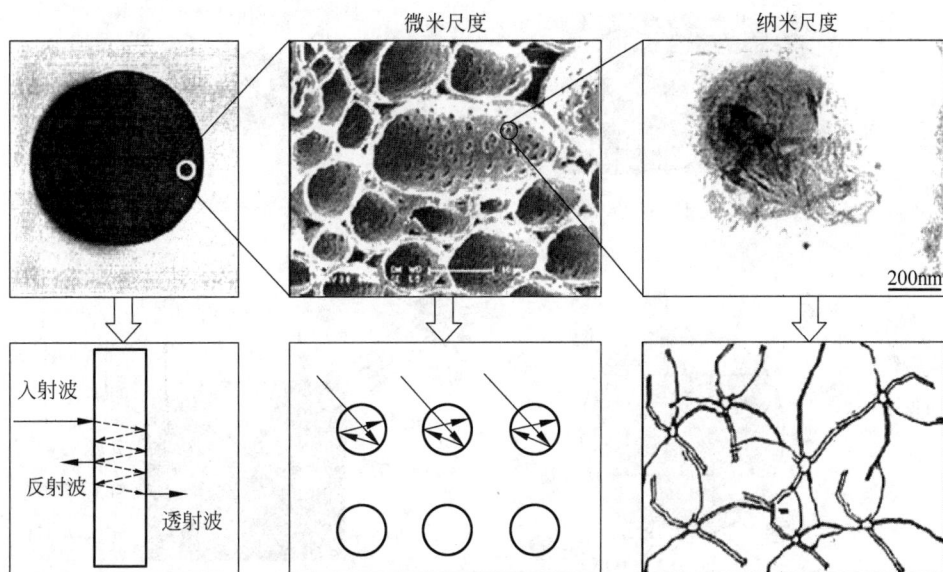

图 9-20　遗态复合材料的电磁屏蔽机理示意图

9.5.2　稻壳遗态光催化复合材料

稻壳遗态光催化复合材料有 TiO_2/SiO_2、ZnO/SiO_2 等。

制备工艺：稻壳主要成分是二氧化硅和有机质，经处理后其遗态材料是一种具有多层次、多级孔的精细结构二氧化硅。若以稻壳为模板，采用浸渍法同时引入 Zn^{2+} 和 TiO_2，可得到锌掺杂 TiO_2/SiO_2 复合材料。图 9-21 为掺杂 TiO_2/SiO_2 复合材料的制备流程示意图。制备的复合材料具备了稻壳所具有的遗态结构，二氧化钛以纳米颗粒的形式覆着在其孔壁上。若只浸渍氯化锌溶液，通过两步热处理，可得到 ZnO/SiO_2 复合材料。

性能特点：掺杂 TiO_2/SiO_2 复合材料在可见光下具有良好的光催化性能，在可见光作用下 80min 后即可将 $40\mu m$ RhB 光催化降解 98%（催化剂使用量为 1g/L）。主要原因为：一方面，多级孔结构提供了较大的比表面积；另一方面，Zn^{2+} 的引入，可以活化稻壳中的碳质成分，增加试样的比表面积，并且可以对二氧化钛进行有效掺杂。图 9-22 为掺杂 TiO_2/SiO_2 复合材料可见光催化降解机理示意图。而 ZnO/SiO_2 复合材料在紫外光下具有一定的光催化性能，120min 后可将 $10\mu m$ RhB 光催化降解 90%（催化剂使用量为 1g/L）。稻壳遗态光催化复合材料在汽车尾气净化、有机废水降解等相关领域有着广阔的应用前景。

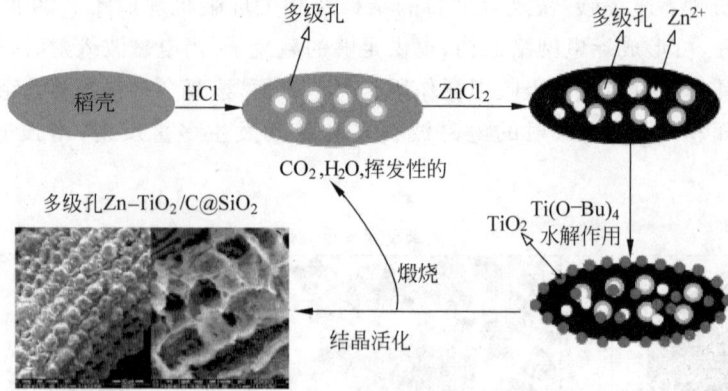

图 9-21　掺杂 TiO_2/SiO_2 复合材料的制备流程示意图

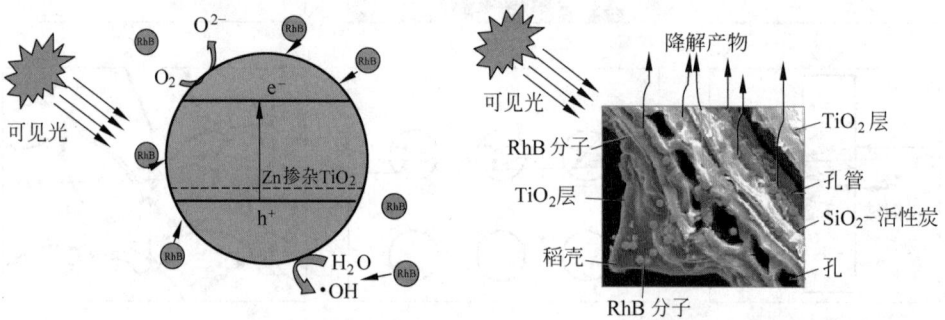

图 9-22　掺杂 TiO_2/SiO_2 复合材料可见光催化降解机理示意图

9.6　基于硅藻土、螺旋藻模板的复合材料

利用硅藻土、螺旋藻模板开发的复合材料包括 Cu/Ag 导电复合微粒、吸附和过滤复合材料等。

9.6.1　硅藻土、螺旋藻遗态 Cu/Ag 导电复合微粒

螺旋藻是一种典型的有机生物模板，它具有天然螺旋结构；硅藻土是一种典型的无机生物模板，主要构成材质为二氧化硅，不仅具有丰富多样的形体（球形、片形、环形、圆筒形、舟形等），而且具有复杂的亚结构（多孔、表面刺突等）。采用螺旋藻和硅藻土作为模板，通过化学镀工艺在其表面包覆 Cu/Ag 复合镀层，可获得轻质的生物遗态 Cu/Ag 导电复合微粒。

制备工艺：首先进行生物模板电化学活性处理，采用胶态钯活化方法对螺旋藻和硅藻土进行电化学处理，再解胶，完成预处理工作；采用化学镀法在解胶后的生物微粒表面预镀一层铜膜，再在铜膜上进行化学镀银，得到 Cu/Ag 复合镀层。图 9-23 和图 9-24 分别为硅藻土和螺旋藻表面包覆 Cu/Ag 的微观照片，生物的形态保持良好。

与纯金属粉的密度（银粉：$10.53g/cm^3$，铜粉：$8.92g/cm^3$）相比，化学镀 Cu/Ag 后微粒的密度（硅藻土：$4.35g/cm^3$，螺旋藻：$1.65g/cm^3$）大幅度下降，且导电性能优异（化学镀 Cu/Ag

的螺旋藻的体积添加比为 25％即可形成完全导电网络），表明其是一种轻质导电微粒。

(a)

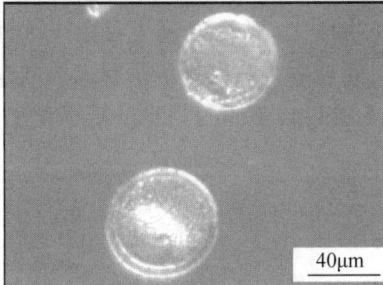

(b)

图 9-23　硅藻土表面包覆 Cu/Ag 的微观照片
(a) 整体形态；(b) 放大图像

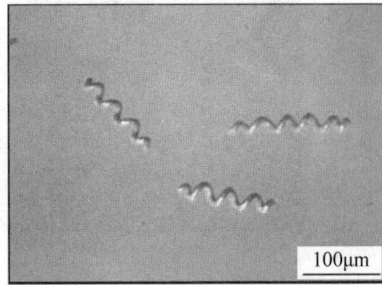

(a)

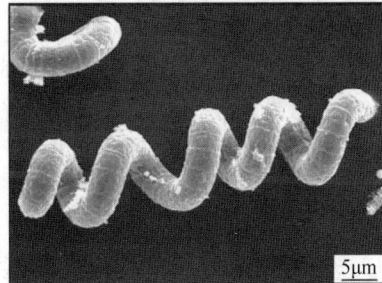

(b)

图 9-24　螺旋藻表面包覆 Cu/Ag 的微观照片
(a) 光学照片；(b) SEM 照片

9.6.2　硅藻土遗态吸附、过滤复合材料

硅藻是生长在海洋或湖泊中的单细胞藻类。它个体微小，种类繁多，不同种类的硅藻在纹饰或构造上存在差异。但硅藻都具有孔体积大、比表面积大的特点，并且硅藻中的孔隙都为纳米级。硅藻死亡后其残骸在水底沉积，经自然环境作用而逐渐形成一种非金属矿物——硅藻土。硅藻土保留了硅藻的高孔隙度、大比表面积以及纳米孔的特征。它的孔隙率高达 90％，能吸收其自重 1.4～4 倍的水；比表面积达 19～65m²/g；硅藻土最为突出的性能是具有大量纳米级的管状孔，这类孔分为两类，一类是较大的管状孔，另一类则是分布在细管上更为细小的微孔，孔径主要分布在 50～800nm。这些大量存在的细孔为硅藻土的应用提供了有力保证，其中最为广泛的应用就是制备多孔复合材料，通过低温烧结或其他方法保留其原有结构，从而制备出孔隙率大、分布均匀、孔径微小的多孔复合材料，可广泛用于助滤剂、吸附剂和载体。图 9-25(a)、(b)分别为硅藻土及利用硅藻土制得的多孔复合材料的形貌。

20 世纪 90 年代中期，世界上硅藻土总开采量中的 62％～65％用于加工过滤材料，其中绝大部分用于制备硅藻土助滤剂。硅藻土助滤剂按生产工艺分为干燥品、煅烧品和熔剂煅烧品；按用途则分为食品用和工业用两大类。食品用助滤剂用于啤酒、饮水、食油、饮料、糖汁、液体食品添加剂等的过滤。工业用硅藻土助滤剂用于各种无机溶剂、有机溶剂、有机化工中间体、药品、无机盐的过滤，如过滤游泳池水、硫酸盐、彩色显像管荧光粉、三聚氰胺、压延机油以及化妆品、杀虫剂、润滑油等。硅藻土吸附剂具有优异的吸附性能，主要用于矿物

图 9-25　硅藻土(a)及其多孔复合材料(b)的形貌

油、动植物油的脱色精炼及各种粗制油、重油和污染油的净化；改性硅藻土可用于不同元素的吸附提纯；以硅藻土为主要原料制成的废水处理剂处理效果良好；新研制成的硅藻土空气除臭剂也已投入使用。此外，涂料、农药、无毒杀虫剂等以硅藻土为填料的精细化工产品，也往往利用了硅藻土的吸附特性。

9.7　基于其他模板的复合材料

除木材、木质材料、叶片、硅藻土、螺旋藻外，其他一些生物模板，如叶绿素、酵母菌等，也被用以开发功能复合材料或结构复合材料，如 TiO_2/SiO_2 光催化复合材料、Ti-W-Si 光催化复合空心微球等。

9.7.1　叶绿素遗态 TiO_2/SiO_2 光催化复合材料

叶绿素本身为光敏化物质，是利用太阳光进行光合作用的物质，其结构在太阳光吸收、能量转化和传输中发挥着重要作用。以叶绿素为模板，先利用叶绿素制备 SiO_2 材料，再在其外面包裹一层 TiO_2，可得到 TiO_2/SiO_2 光催化复合材料。该复合材料呈小球形，复制了叶绿素的形貌。这种复合材料光催化性能好。如图 9-26 所示为几种光催化剂在太阳光下催化降解 20ppm 罗丹明 B 的效果对比，TiO_2/SiO_2 复合材料的降解效果最好，3h 可完全降解罗丹明 B，大幅提高材料的光催化活性，在污水处理、光捕获、能量存储方面有广阔的应用前景。

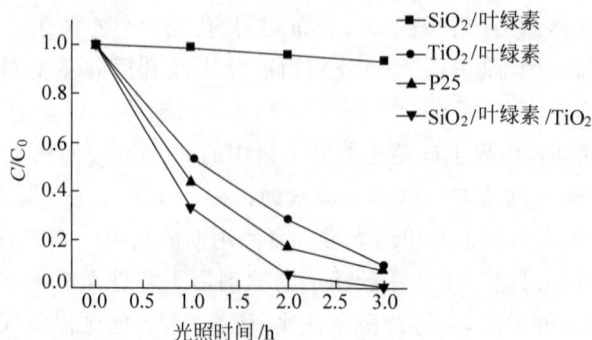

图 9-26　叶绿素模板光催化剂在太阳光下催化降解 20ppm 罗丹明 B 的效果对比

9.7.2 酵母菌遗态 Ti-W-Si 光催化复合空心微球

利用酵母菌模板可组装 Ti-W-Si 光催化复合空心微球。

制备工艺及原理：将酵母菌与钛酸正丁酯和硅钨酸的乙醇溶液混合，在 80℃ 下陈化 12h，反应产物用离心机分离，并用蒸馏水和无水乙醇反复清洗，干燥后在 500℃ 灼烧，即得到 Ti-W-Si 空心球。其形成可以描述为两步包裹和模板脱除机理，如图 9-27 所示。酵母菌表面有丰富的—COOH、=NH、=POH 等功能团，在化学键连作用、离子交换作用和吸附作用下，溶液中的阳离子 Ti^{4+} 可吸附在酵母菌表面。此外，杂多酸(HPAs)硅钨酸也可与酵母菌表面的羟基结合而稳定存在。空心球形成的第 2 步是在碱性条件下，酵母菌表面的 Cr^{3+} 和 Ti^{4+} 水解成氢氧化物包裹层，较长时间的陈化过程有利于包裹层的增厚，其主要原因在于颗粒之间的团聚链接。随后，空心球的完全形成还要进行酵母菌模板的脱除，形成的 Ti-HPA/酵母前驱物可在高温煅烧下脱除酵母模板。在 Ti-W-Si 复合空心球的形成过程中，酵母菌由于表面功能团既作为反应主体参与了 HPA 和 Ti^{4+} 的吸附、陈化过程，又提供了制备球体所需的支撑起到了球形结构的硬模板作用。

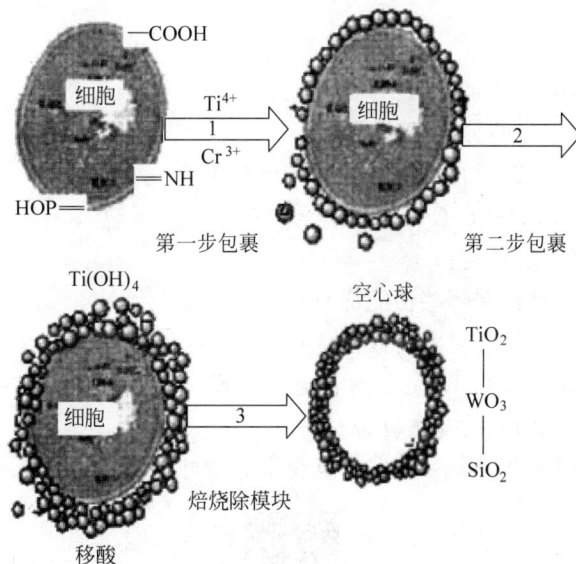

图 9-27 Ti-W-Si 三元复合型空心微球形成过程示意图

性能特点：该复合微球保留了酵母菌的球形结构，直径为 $3.5\sim4.0\mu m$，外壳壁厚为 $300\sim500nm$。相比其他方法，酵母菌模板获得的 Ti-W-Si 复合空心球有较高的壳强度，表面光滑，分散性良好，对可见光的响应得到加强，表现出较高的光催化活性。

本章小结

作为近年来材料科学研究的热点之一，利用植物研制遗态复合材料的研究已越来越引起人们的兴趣。人们正探索利用各种植物原料经不同的遗传和化学组分变异的工艺研制多种复合材料。从原料上讲,植物模板不再局限于木材、木质材料、椰壳、稻壳、叶片等,自然界其他生物都已成为被研究的对象。从制得的遗态复合材料上讲,组成也不只限于 C、SiC、Si、SiOC、TiO_2、ZrO_2、TiC 等组分的组合,其他物质也都成为研制的目标,这些物质可以通过向植物中浸渍不同的浸渍物及相应的化学反应过程得到。此外,遗态复合材料除了以陶瓷为基体外,遗态金属基复合材料也越来越多地被研究,一般由金属基体与植物遗态陶瓷结合而成。在这种复合材料中,陶瓷相完全继承和复制了植物结构特点,植物结构的多样性极大地拓宽了复合材料中增强相的选择范围和选择的自由度。同时,植物陶瓷相和金属基体相之间是一种网络互穿结构,陶瓷相和金属相在空间是一种三维贯穿、相互耦合、相互制约的结合方式,并且其独特的陶瓷相和金属相的界面耦合和制约结构有助于大大提高这种复合材料的综合性能。

今后遗态复合材料的研究将不断超越当前的研究范围,它不仅会在浸渍溶剂的选配、原材料结构模板的设计等方面有所发展,更重要的是它为复合材料学的发展提供了一种新的研究理念。

思考题

1. 遗态复合材料的概念是什么?
2. 简述遗态复合材料的分类方法。
3. 简述木材遗态碳/碳复合材料的性能特点和用途。
4. 简述木材遗态 CoO/Co/C 复合材料的制备原理及反应式。
5. 什么是木质遗态复合材料?
6. 木质碳/碳复合材料有哪些性能优点?
7. 简述木质碳/金属复合材料的性能优点。
8. 简述稻壳、椰壳遗态 C/Fe 复合材料电磁屏蔽的机理。
9. 列举具有光催化功能的遗态复合材料。
10. 简述酵母菌遗态 Ti-W-Si 光催化复合空心微球的形成机理。

选择题和答案

第10章

超高性能水泥基复合材料

超高性能水泥基复合材料（ultra high performance cementitious composite，UHPCCs）是一种超高强（抗压强度 150MPa 以上）、高韧性、高耐久性的新型水泥基复合材料。采用超高性能水泥基复合材料制备的防护工程结构，具有优异的抗侵彻、抗爆炸能力，大幅度提高了我军国防工程在信息化条件下的战场生存能力，达到与强敌高技术精确制导钻地武器相抗衡的目标，并大力促进了国防工程材料的生态化、绿色化与高科技化。超高性能水泥基复合材料的耐久性极佳，具有抵抗战场严酷环境与气候条件的高耐久性与长寿命。本章主要介绍超高性能水泥基复合材料的制备、性能及其应用与展望。

10.1 超高性能水泥基复合材料的制备方法

10.1.1 原材料

1）优质水泥

P·II52.5 硅酸盐水泥，其矿物组成、化学成分、物理力学性能分别见表 10-1～表 10-3。

表 10-1 水泥熟料矿物组成

矿物组成	C_3S	C_2S	C_3A	C_4AF	f-CaO	烧失量
含量/%	60.74	16.80	6.66	13.79	0.95	1.06

表 10-2 水泥熟料化学成分

化学组成	SiO_2	Al_2O_3	CaO	MgO	SO_3	Fe_2O_3
含量/%	20.6	5.03	64.11	1.20	2.24	4.38

表 10-3 水泥熟料物理力学性能

性能	比表面积/ (cm^2/g)	密度/ (g/cm^3)	初凝时间	终凝时间	28d 抗压强度/ MPa	28d 抗弯强度/ MPa
数值	3920	3.0	1h48min	2h30min	58	8.7

2）超细混合材

选取超细混合材时主要基于两个方面，其一是面广量大、来源丰富，其二是有利于粒径填充和化学成分互补与功效互补。最终目的是最大限度取代水泥用量，减少因水泥用量大而引起的水化热提高，收缩率大对土木建筑工程和国防防护工程带来的负面效应。为解决这些问题，选用硅灰、超细粉煤灰和超细矿渣微粉，通过这些粉末材料的互补效应进一步提高 UHPCC 材料的各项性能，并达到节能、节资、保护生态环境的目的。超细混合材的主要化学成分、物理性能分别见表 10-4、表 10-5。

表 10-4　超细混合材主要化学成分

混合材名称	化学成分含量/%								
	CaO	Al_2O_3	SiO_2	MgO	SO_3	K_2O	Na_2O	Fe_2O_3	烧失量
磨细矿渣微粉	41.7	14.2	34.2	6.7	1.0	1.07	0.30	0.43	0.4
超细粉煤灰	4.77	28.84	53.98	1.31	1.16	1.61	1.03	6.49	0.72
硅灰	0.54	0.27	94.48	0.97	0.80	—		0.83	1.04

表 10-5　超细混合材的物理性能

混合材名称	密度/(g/cm^3)	需水量比/%	比表面积/(m^2/kg)
磨细矿渣微粉	2.80	—	850
超细粉煤灰	2.39	81	719
硅灰	2.20	—	22000

3）优质纤维

金属纤维：超细钢纤维，圆截面，表面镀铜，直径 0.2mm，长度 13mm，弹性模量 210GPa，抗拉强度 1800MPa（图 10-1(a)）。

有机纤维：聚乙烯醇纤维（PVA fiber），长 12mm，直径 39μm，弹性模量 43GPa，抗拉强度 1600MPa（图 10-1(b)）。

无机非金属纤维：超细玄武岩纤维（basalt fiber），长 6mm，直径 9~17μm，弹性模量 80GPa，抗拉强度 3000MPa，延伸率 3.1%（图 10-1(c)）。

10.1.2　制备工艺

为了制备出超高性能水泥基复合材料，除了优化材料组成，还要保证各组分在体系中的均匀分布，因此制备工艺非常重要。其关键技术在于复合超细混合材、水泥的均匀分布和纤维在 UHPCC 基体中的均匀分布。纤维在 UHPCC 基体中均匀分布主要有两种方法，其一是"先干后湿"拌和工艺（图 10-2），其二是在 UHPCC 湿拌的同时，将钢纤维均匀撒入（图 10-3）。前一种制备工艺易于达到均匀分布的目的，后一种制备工艺如无专用设备，大量生产靠人工操作则难以实现。养护方式为标准养护，即在温度（20±2）℃，湿度大于 90% 的标准养护室中养护到规定龄期。

在大量试验基础上优选出三个系列的超高性能水泥基复合材料，进行各项力学性能的研究。三个系列的基体配合比见表 10-6。UPC1 和 UPC2 使用的是普通黄砂，UPC3 使用

图 10-1　纤维形貌

（a）超细钢纤维；（b）聚乙烯醇纤维；（c）超细玄武岩纤维

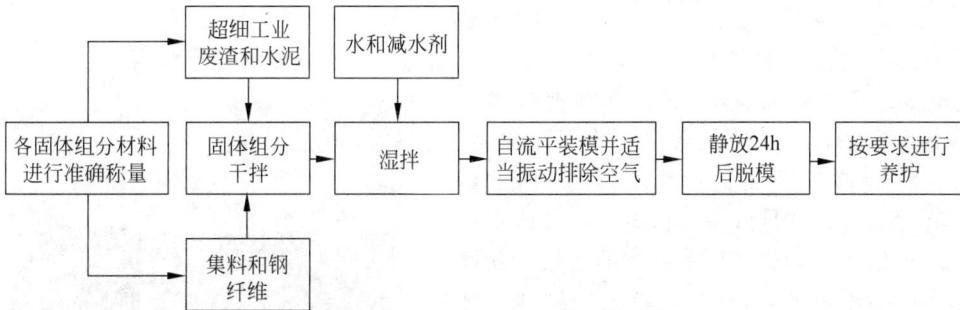

图 10-2　"先干后湿"拌和工艺

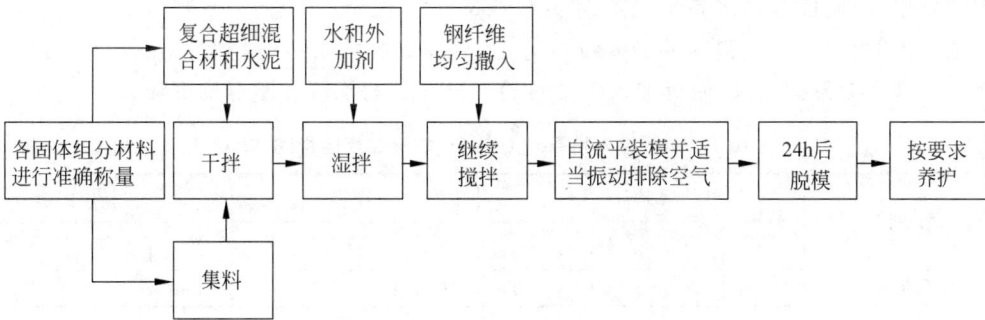

图 10-3　湿拌与加纤维同步拌和工艺

的是铁矿尾砂，UPC2 在 UPC1 的基础上加入了玄武岩粗集料。

表 10-6　超高性能水泥基复合材料的基体配合比

代号	水泥/%	硅灰/%	超细粉煤灰/%	磨细矿粉/%	水胶比	胶砂比	砂石比	外加剂/%
UPC1	40	10	25	25	0.15	1∶1.2	—	2
UPC2	40	10	25	25	0.16	1∶1.2	1∶1	2
UPC3	50	10	40	—	0.15	1∶1.2	—	2

为提高材料的强度和韧性,在基体中加入不同品种和体积率的纤维。为叙述方便,用字母 V、P、B 分别代表钢纤维、聚乙烯醇纤维和玄武岩纤维,并在字母前用数字下标表示纤维体积率,如 V_0、P_1、B_2 分别表示相关纤维的体积率为 0、1%、2%。

10.2 超高性能水泥基复合材料的性能

10.2.1 三点弯曲性能

抗弯试验采用 40mm×40mm×160mm 的棱柱体,加载方式为三点弯曲,跨距 100mm(图 10-4),试验设备为电子万能试验机,加载速度为 1mm/s,试验记录下试件的弯曲荷载-挠度曲线。三点抗弯强度的计算公式为

$$f_f = \frac{3P_{max}L}{2bh^2} \tag{10-1}$$

式中,P_{max} 为最大弯曲荷载,L 为跨距,b 和 h 分别为试件横截面的宽度和高度。

从表 10-7 中可以看出,随着钢纤维掺量的增大,各系列 UHPCC 的抗弯强度均相应提高。表 10-8 是按纤维间距理论计算出的钢纤维数量和平均间距。从表中可以看出,随着纤维体积率的增加,单位体积 UHPCC 中纤维的数量不断增加,纤维间距不断缩小,充分发挥出纤维的阻裂和增强作用,从而使 UHPCC 的抗弯强度得以不断提高。UPC1 基体中加入了活性比粉煤灰高的磨细矿粉,因此抗弯强度高于同龄期的 UPC3

图 10-4 三点弯曲试验加载方式

的结果;UPC2 中所掺粗集料的最大粒径为 10mm,而钢纤维的长度为 13mm,因此纤维的增韧作用未完全发挥出来,使得加入粗集料的 UHPCC 的抗弯强度有所下降。

表 10-7 钢纤维体积率对 UHPCC 抗弯强度的影响(90d) 单位：MPa

系列	UPC1				UPC2			UPC3		
	V_0	V_2	V_3	V_4	V_0	V_2	V_3	V_0	V_2	V_3
抗弯强度	20.1	38.1	49	55.3	19.4	24	37.7	18.8	32.2	38.9

表 10-8 钢纤维数量和平均间距计算结果

钢纤维体积率/%		2	3	4
纤维根数/($×10^7$ N/m³)		6.40	9.60	12.8
平均纤维间距/mm	$\eta_\theta=0.41$	1.71	1.39	1.21
	$\eta_\theta=0.50$	1.55	1.26	1.09

注：η_θ 为三维随机分布系数。

表 10-9 反映了纤维混杂对抗弯强度的影响。在纤维体积率均为 3% 的情况下,PVA 纤维与钢纤维混杂的抗弯强度较单掺钢纤维的情况有所下降。玄武岩纤维的弹模和抗拉强度较高,在保持钢纤维体积率不变的情况下加入玄武岩纤维使抗弯强度有所提高。

表 10-9　纤维混杂对抗弯强度的影响（90d）　　　　单位：MPa

系　　列	UPC1V$_3$	UPC1V$_1$P$_2$	UPC1V$_2$P$_1$	UPC1V$_3$B$_2$
抗弯强度	49	35.4	40.5	54.5

采用美国材料与试验协会 ASTM1018-98 韧性指数法来衡量纤维增强 UHPCC 的弯曲韧性。此法是利用理想弹塑性体作为材料韧性的参考标准，选用弯曲荷载-挠度曲线的初裂点挠度 δ 的倍数作为终点挠度，即 3 倍（3δ）、5.5 倍（5.5δ）、10.5 倍（10.5δ），如图 10-5 所示。弯曲韧性指数用 I_5、I_{10}、I_{30} 表示，即

$$I_5 = OACD \text{ 面积} / OAB \text{ 面积}$$

$$I_{10} = OAEF \text{ 面积} / OAB \text{ 面积}$$

$$I_{30} = OAGH \text{ 面积} / OAB \text{ 面积}$$

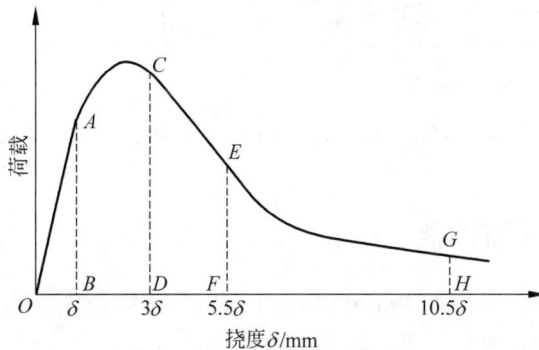

图 10-5　ASTM1018-98 韧性指数法

不同系列 UHPCC 的弯曲韧性指数示于表 10-10。从表中可以看出，在相同养护龄期内，未掺纤维的混凝土韧性指数最低，相同纤维掺量（3%）的情况下，钢纤维增强 UHPCC 的韧性指数最高，在其中加入粗骨料后三个韧性指数均有所下降。对于纤维混杂的情况，2%钢纤维和 1%PVA 纤维增韧效果最好，韧性指数 I_{30} 与 3%钢纤维的结果比较接近。

表 10-10　纤维增强 UHPCC 的三点弯曲韧性

系　列	韧性指数			抗弯韧性/ （N·mm）	增韧效率/ （N·mm）
	I_5	I_{10}	I_{30}		
UPC1V$_0$	1	1	1	669	—
UPC1V$_1$	5.88	8.74	10.99	25840	25840
UPC1V$_2$	6.27	9.85	12.86	32658	16329
UPC1V$_4$	7.01	12.18	20.19	46191	11548
UPC1V$_3$	6.49	11.78	16.48	36892	12297
UPC2V$_3$	3.60	4.89	5.92	19053	6351
UPC1V$_2$P$_1$	5.31	10.74	15.88	36171	12057
UPC1V$_1$P$_2$	4.85	7.83	10.88	24650	8216

从宏观角度，韧性可以定义为材料或结构从荷载作用到失效为止吸收的能量，即可以用能量法，用荷载-挠度曲线下包围的面积表示韧性。通过计算图 10-6 中弯曲荷载-挠度曲线下的

面积得到 UHPCC 的抗弯韧性,结果示于表 10-10 中。从表中可以看出,随着钢纤维体积率的增加,UHPCC 的抗弯韧性不断提高。钢纤维的增韧效率在掺量为 1% 时最大,随着纤维掺量的提高,增韧效率下降。从经济性和安全性两方面考虑,在满足强度要求的情况下宜采用较低的钢纤维掺量。在相同体积掺量的情况下,纤维混杂增强混凝土的抗弯韧性和纤维增韧效率有所下降,加入粗集料的混凝土抗弯韧性最低,这与采用弯曲韧性指数得到的规律一致。

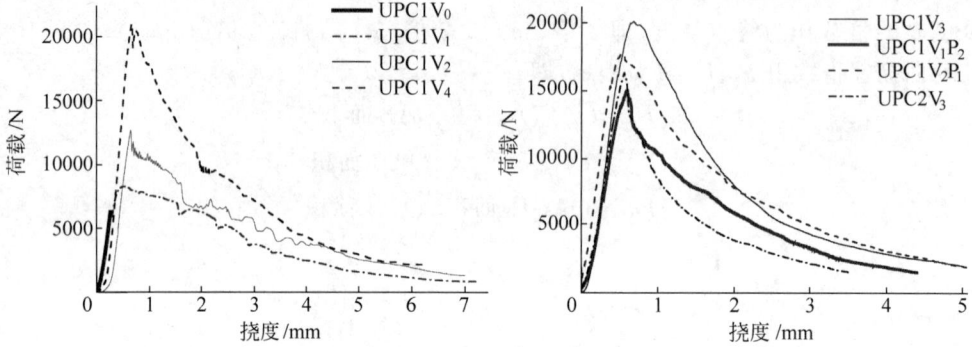

图 10-6　纤维增强 UHPCC 的三点弯曲荷载-挠度曲线

10.2.2　单轴压缩性能

准静态单轴压缩试验采用 $\phi 70\text{mm} \times 140\text{mm}$ 的圆柱体,应变率为 10^{-4}s^{-1},试验设备为微机控制电液伺服万能试验机。轴心抗压强度按下式计算:

$$f_c = \frac{F_c}{A}\qquad(10\text{-}2)$$

式中,F_c 和 A 分别为破坏荷载和受压面积。

压缩试验过程中记录了试件的应力-应变全曲线,由曲线可以计算材料的压缩韧性指数 η_{c5}、η_{c10} 和 η_{c30},参照图 10-7,该三个韧性指数计算方法如下:

$$\eta_{c5} = OACD\ \text{面积}\ /OAB\ \text{面积}$$

$$\eta_{c10} = OAEF\ \text{面积}\ /OAB\ \text{面积}$$

$$\eta_{c30} = OAGH\ \text{面积}\ /OAB\ \text{面积}$$

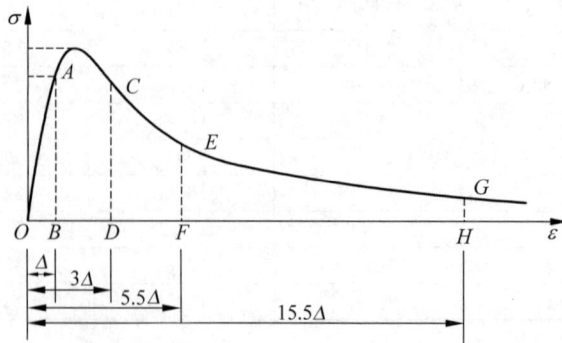

图 10-7　压缩韧性指数计算方法

典型的 UHPCC 单轴受压应力-应变曲线如图 10-8 所示,不同纤维掺量 UHPCC 的试验结果见表 10-11,破坏形态如图 10-9 所示。

表 10-11　单轴压缩试验结果

系列	轴心抗压强度/MPa	曲线峰值应变/（×10⁻³）	弹性模量/GPa	韧性指数		
				η_{c5}	η_{c10}	η_{c30}
UPC1V$_0$	143	2.817	54.7	2.43	2.43	2.43
UPC1V$_3$	186	3.857	57.3	3.59	5.08	5.57
UPC1V$_4$	204	4.165	57.9	4.57	6.32	7.39
UPC2V$_0$	151	3.138	56.3	2.23	2.23	2.23
UPC2V$_2$	190	3.593	57.1	3.56	4.04	4.42
UPC2V$_3$	211	4.163	58.4	4.39	6.14	6.20
UPC3V$_0$	149	2.998	55.2	1.96	1.96	1.96
UPC3V$_3$	193	3.761	57.5	3.67	4.93	5.22

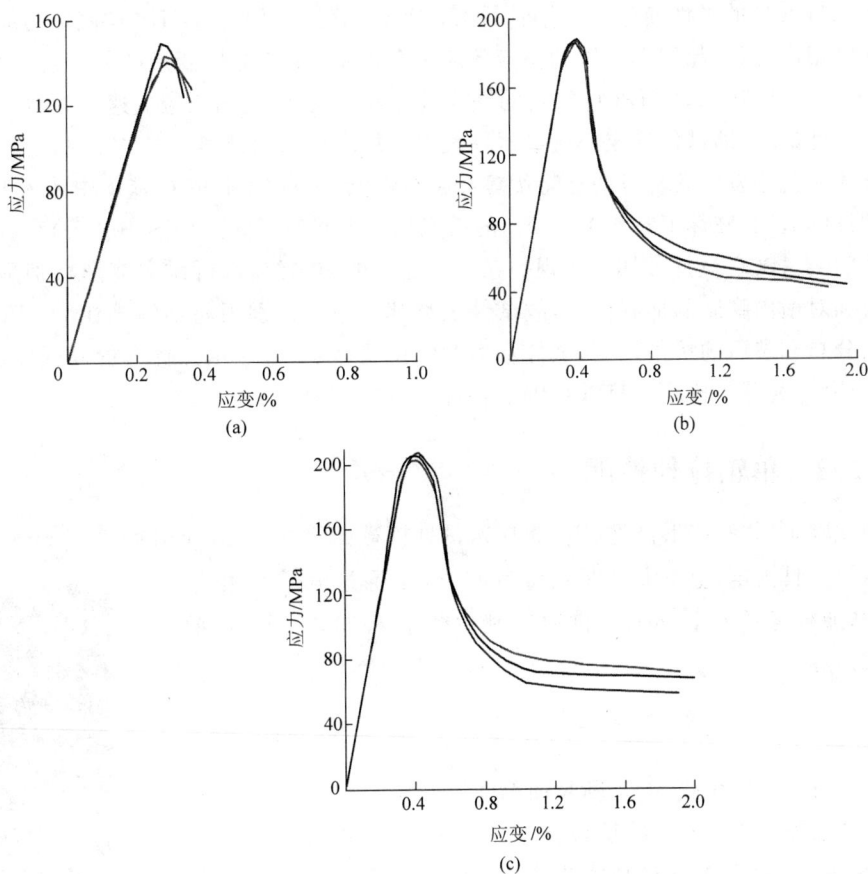

图 10-8　UPC1 单轴压缩应力-应变曲线
(a) UPC1V$_0$; (b) UPC1V$_3$; (c) UPC1V$_4$

图 10-9　UHPCC 的破坏形态

(a) UPC3V$_0$；(b) UPC2V$_0$；(c) UPC3V$_3$；(d) UPC2V$_3$；(e) UPC1V$_3$

　　研究结果表明，随着纤维掺量的提高，UHPCC 的轴心抗压强度、曲线峰值应变、韧性指数均有明显提高。钢纤维的弹性模量高于混凝土基体的弹性模量，在 UHPCC 基体中加入纤维后，根据复合材料力学的理论，纤维混凝土的弹性模量有所提高。试验结果表明，加入粗骨料的 UHPCC 的弹性模量高于细骨料 UHPCC 的弹性模量。UHPCC 基体与纤维间界面黏结强度很高，因此超细钢纤维的桥接效应十分明显，使其抵抗变形的能力也明显增大。如图 10-9(a)和(b)所示，UHPCC 材料的基体具有典型脆性特性，当应变速率为 $10^{-4} s^{-1}$ 时呈分离式脆性破坏，即试件碎成小块或试件表面大块剥离。因此，UHPCC 材料必须与超细纤维复合才能充分发挥其自身的独特优势和超高性能。当在 UHPCC 基体中掺入 $V_f = 3\%$ 的超细钢纤维后，其破坏形态与 $V_f = 0\%$ 的情况相比则截然不同。如图 10-9(c)~(e)所示，纤维增强的 UHPCC 试件破坏时出现一条自上而下的斜裂缝，因纤维对变形特别是横向变形的约束和对横向膨胀的抑制作用，故试件虽裂却不散。特别因超细纤维在 UHPCC 基体中的均匀分布和裂后的桥接效应，试件基本上保持整体状态，显示出优异的高强度、高韧性和高阻裂特性，充分发挥了 UHPCC 的独特优势。

10.2.3　单轴拉伸性能

　　拉伸试验采用"8"字形试件(图 10-10)，试件横截面尺寸为 25.4mm×25.4mm，试件两端使用专门夹具固定，上下夹具间距离为 154mm，通过电子万能试验机加载，加载速度为 1mm/s。同时绘制荷载-位移曲线。拉伸强度按下式计算：

$$f_t = \frac{P_t}{A} \tag{10-3}$$

式中，P_t 是最大拉伸荷载，A 是断裂面的横截面积。

　　不同纤维增强 UHPCC 的抗拉强度见表 10-12。从表中可以看出，超高性能水泥基复合材料基体的抗拉强度约为 5MPa，随着钢纤维体积掺量的增加，UHPCC 的抗拉强度也不断提高，纤维掺量为 3% 的 UHPCC 的抗拉强度是 UHPCC 基体抗拉强度的 1.92 倍。对钢纤维增强 UHPCC 的抗拉强度 f_t 和纤维体积率 V_f 进行线性回归得 $f_t =$

图 10-10　单轴拉伸
试验加载方式

$4.437+1.577V_f$，相关系数 $R=0.948$。通过纤维混杂的方式可以降低钢纤维的用量，同时 UHPCC 抗拉强度提高到基体的 $1.66\sim1.76$ 倍。玄武岩纤维具有高强度和高弹模的优势，通过 3% 的钢纤维和 2% 的玄武岩纤维混杂，UHPCC 的抗拉强度提高到基体拉伸强度的 2 倍。

韧性是材料延性和强度的综合，从宏观角度，韧性可以定义为材料或结构从荷载作用到失效为止吸收的能量，即可以用荷载-位移曲线下包围的面积表示韧性。通过计算图 10-11 单轴拉伸荷载-位移曲线下的面积来衡量 UHPCC 的抗拉韧性，结果示于表 10-12。

表 10-12 UHPCC 的拉伸强度和抗拉韧性

系 列	拉伸强度/MPa	抗拉韧性/(N·mm)
$UPC1V_0$	5.06	2472
$UPC1V_1$	5.31	8351
$UPC1V_2$	7.13	9583
$UPC1V_3$	9.71	16311
$UPC1P_2$	5.31	3197
$UPC1V_2P_1$	8.39	15276
$UPC1V_2B_2$	8.91	16283
$UPC1V_3B_2$	10.2	17862

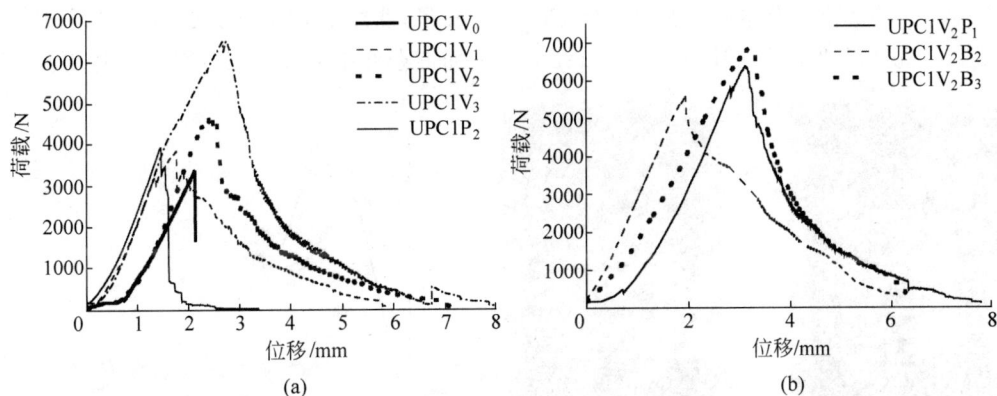

图 10-11 UHPCC 的单轴拉伸荷载-位移曲线
(a) 纤维掺量对曲线的影响；(b) 纤维混杂对曲线的影响

从表 10-12 可以看出，随着钢纤维掺量的增加，UHPCC 的抗拉韧性大幅度提高，提高的程度大于抗拉强度提高的倍数，3% 钢纤维增强的 UHPCC 抗拉韧性是基体材料的 6.6 倍。通过 PVA 纤维和钢纤维混杂的方式可以将抗拉韧性提高到基体材料的 6.2 倍，增韧的效果与同体积钢纤维相近。而玄武岩纤维和钢纤维混杂更将抗拉韧性提高到了基体材料的 7.2 倍。钢纤维增强的水泥基复合材料在最大荷载后，纤维逐渐拔出，通过纤维和基体界面的摩擦力做功，消耗了大量的能量，从而极大地提高了 UHPCC 的韧性。玄武岩纤维具有高弹模和高强度的特点，通过与钢纤维的混合，共同抑制了 UHPCC 中裂缝的引发和扩展，进一步提高了 UHPCC 的抗拉韧性。

水泥基材料在拉伸、压缩荷载作用下的开裂方向不同，拉伸时的开裂方向与荷载作用方向垂直，而压缩时的开裂方向与荷载作用方向平行。UHPCC 基体的脆性很大，其破坏形式呈无征兆的爆炸性破坏,这就增加了结构的不安全性,UHPCC采用了较小的水胶比并使用了高效减水剂,大幅度降低了孔隙率,提高了弹性模量和抗压强度,但对抗拉强度的贡献有限,因而导致拉压比的下降。另外,UHPCC中水泥浆体和界面过渡区的强度因水胶比的减小而显著提高。通过试件拉伸破坏后的断面形貌分析可以发现(图10-12),UHPCC基体的断面平整,大量的细集料剪断或拉断,在宏观力学行为上呈现剧烈的脆性破坏特征。在UHPCC中掺入纤维后,由于纤维的阻裂作用,材料的韧性显著提高。由于纤维的强度和延性都远高于基体材料,因此当基体中的微小裂纹在外载作用下发生扩展时,纤维横跨在裂纹之间起桥接作用,缓解了裂缝尖端的应力集中,增加了裂缝的扩展阻力,提高了材料的断裂能,在宏观力学行为上表现为材料强度和韧性的提高。

　　UHPCC的拉伸荷载-位移曲线可以采用图10-13的模型表示。OA段是弹性阶段,试样呈线性变形特征,A点是材料的比例极限点和初裂点。A点基本出现在极限荷载的$75\%\sim85\%$,且随着钢纤维体积率的提高,初裂荷载与极限荷载的比值有所增加。对于混杂纤维,该比值为$90\%\sim95\%$,由此可见,混杂纤维阻止了初始裂纹的产生。初裂点A后裂纹开始萌生并逐渐扩展,在应力峰值点B达到最大荷载,AB段试样呈非线性强化特征。此后曲线进入应变软化阶段BD,相应于试样的拉伸解体过程。软化阶段有一个拐点C,C点以前下降较快,C点后下降段较平缓。在BD段纤维逐渐脱黏并拔出,在拔出过程中克服界面摩擦力做功。随着钢纤维体积率的提高,C点荷载与极限荷载的比值也在提高,比值范围为$55\%\sim74\%$,即纤维体积率的增加使CD段延长了,曲线下降段BD更加平缓,材料的韧性提高。混杂纤维的这一比值为$70\%\sim80\%$,因而混杂纤维增强UHPCC的韧性更高。

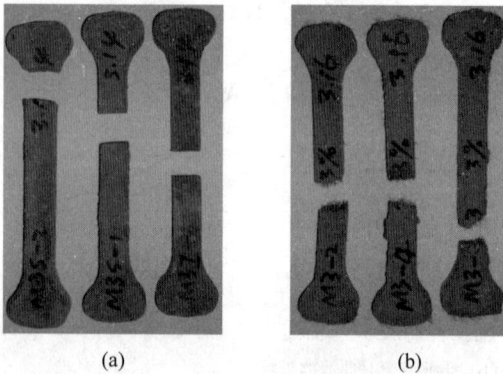

图10-12　UHPCC的拉伸破坏形态
(a) UPC1V$_0$；(b) UPC1V$_3$

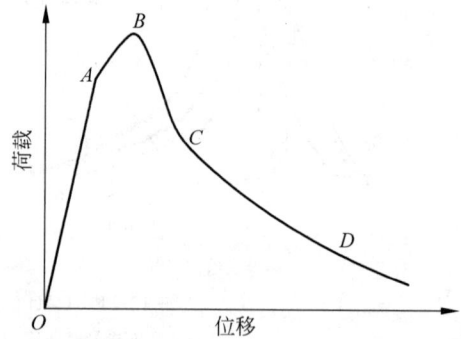

图10-13　UHPCC拉伸荷载-位移曲线模型

10.2.4　断裂性能

　　采用三点弯曲法测试UHPCC的断裂能,加载方式如图10-14所示。图中P为荷载(kN),l为跨度(mm),a为切口深度(mm),b为试件宽度(mm),h为试件高度(mm)。对于本节的试验,$l=150$mm,$a=20$mm,$b=h=40$mm。试验设备为电子万能试验机,加载速度为1mm/s。

　　切口采用预制法制作,成型时在试件侧面中部垂直插入刀片,拆模后将刀片取出。切高比为0.5,裂缝尖端宽度约0.1mm。用三点弯曲法测量材料的断裂能需绘制荷载-挠度全曲线,断裂能G的计算公式如下:

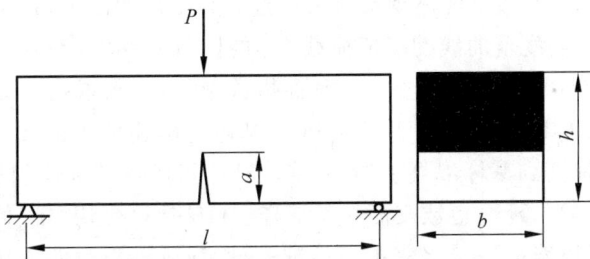

图 10-14 断裂能试件尺寸及加载方式

$$G = \frac{\int_0^{\delta_{\max}} P \mathrm{d}\delta + \frac{1}{2} mg\delta_{\max}}{(h-a)b} \tag{10-4}$$

式中：$\int_0^{\delta_{\max}} P \mathrm{d}\delta$ 为荷载 P 所做的功；δ 为变形；$\frac{1}{2} mg\delta_{\max}$ 为试件自重所做的功；m 为试件质量。

表 10-13 显示了纤维体积率和养护制度对 UHPCC 断裂能和延性指数的影响。随着纤维体积率和养护龄期的延长，断裂能不断提高。UHPCC 基体是一种脆性材料，基体的断裂能较低，加入钢纤维后，断裂能按三个数量级提高，即由 $10 \mathrm{J/m^2}$ 提高到 $10^4 \mathrm{J/m^2}$。以标准养护 90d 为例，$V_f = 2\%$ 时 UHPCC 的断裂能是 $V_f = 0\%$ 时断裂能的 100 多倍；相应地，$V_f = 4\%$ 时 UHPCC 的断裂能是 $V_f = 2\%$ 时断裂能的 1.8 倍。钢纤维对 UHPCC 断裂能的增强效果在 $V_f = 2\%$ 时已较为显著。当 V_f 小于 2% 时，提高纤维体积掺量，断裂能的增幅水平不十分显著。通过断裂能的研究，可以确切地说明 UHPCC 的超高性能经基体与微细钢纤维复合之后才能充分显现。随着养护龄期的延长，超细工业废渣活性充分发挥，纤维与基体的界面黏结力增强，断裂能又进一步提高。

表 10-13 纤维体积率和养护制度对 UHPCC 断裂能和延性指数的影响

系列	断裂能/$(\mathrm{J/m^2})$				延性指数		
	28d	90d	热水养护	蒸压养护	90d	热水养护	蒸压养护
UPC1V$_0$	85	134	—	—	0.13	—	—
UPC1V$_2$	21978	18127	—	—	7.9	—	—
UPC1V$_3$	25793	26947	27362	24450	7.60	6.9	6.14
UPC1V$_4$	29386	31879	36752	36481	7.36	7.78	7.32

在同一纤维掺量下，热水养护的 UHPCC 的断裂能最大，标准养护和蒸压养护次之。热水养护的温度为 90℃，时间 48h；蒸压养护是在 60℃ 热水中养护 24h 后，在温度 200℃、1.7MPa 的蒸压釜中养护 8h。UHPCC 材料中掺入了 $50\% \sim 60\%$ 的超细工业废渣，在标准养护 28d 的条件下，它们的活性没有充分发挥出来，通过 90℃ 的热处理大大激发了工业废渣的活性，改善了材料的微结构，提高了断裂能。200℃ 的蒸压养护虽然可以提高 UHPCC 的极限断裂强度，但由于材料的脆性增加，断裂能曲线下降段的形状变陡，曲线下的面积变小，断裂能反而下降了。值得注意的是，标准养护 90d 时，因随龄期的增长，超细工业废渣活性效应充分发挥，其断裂能已接近热水养护和蒸压养护的数值。

断裂能 G 的大小并不能全面体现出材料抵抗开裂变形的能力，定义 UHPCC 的断裂能 G 与其断裂过程荷载-挠度全曲线的峰值荷载 P_u 的比值 $D_u(D_u=G/P_u)$ 为延性指数，以此来衡量 UHPCC 的抵抗开裂变形的能力。延性指数越大，材料抵抗开裂的能力越强。从表 10-13 中可以看出，在标准养护条件下，UHPCC 基体的延性指数很低，加入纤维后，延性指数大幅度提高，最高提高到基体混凝土的 76 倍。延性指数在纤维体积率为 2% 处达到最大值，此后纤维体积率提高，延性指数反而有所下降。UHPCC 带切口试件抗弯强度随养护制度的变化规律是：蒸压养护＞热水养护＞标准养护，而延性指数的变化规律完全相反。延性指数是曲线下面积与曲线峰值荷载的比值，通过提高养护温度虽然可以显著提高峰值荷载，但由于材料脆性的增加，曲线下降段的形状变陡，曲线面积的提高幅度小于曲线峰值的提高幅度，从而表现出蒸压养护下延性指数下降。

如图 10-15 所示为 UHPCC 切口试件弯曲荷载-挠度曲线。在试件开裂之前，荷载-挠度曲线处于线弹性阶段，此后曲线上有一个明显突变点，表明 UHPCC 中部分基体开始失去作用，由横跨裂缝的钢纤维来承受拉应力。峰值荷载之后纤维逐渐拔出，而拔出 UHPCC 内部的钢纤维需要消耗大量的能量，钢纤维与基体间的强界面黏结力、钢纤维的高弹模和高延性等因素大大提高了 UHPCC 的断裂能，从而使 UHPCC 在弯曲破坏过程中体现出很好的延性，跨中挠度可达 10mm 以上。

从图 10-15(a) 中可以看出，随着纤维体积率的增加，曲线的最大荷载和曲线下的面积都在提高。初裂荷载占峰值荷载的 87%～92%，初裂挠度占峰值挠度的 50%～60%，且随着纤维体积率的增加，两个比例都在提高。因此通过提高纤维体积率可以推迟试件中裂缝的引发和扩展。图 10-15(b) 中显示通过热养护可以提高曲线的峰值荷载，但初裂荷载占峰值荷载的比例为 70%～80%，初裂挠度占峰值挠度的 30%($V_f=3$%)和 49%($V_f=4$%)，均低于标准养护时的比值。

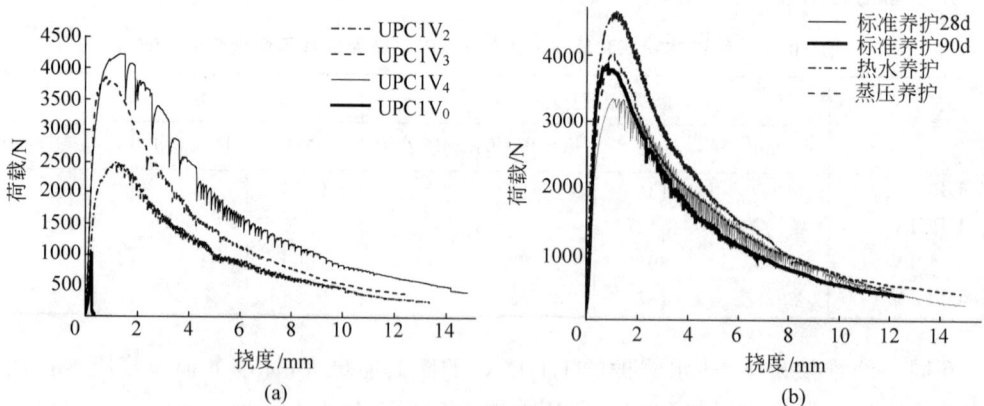

图 10-15　UHPCC 切口试件弯曲荷载-挠度曲线
(a) 纤维掺量对曲线的影响(标准养护 90d)；(b) 养护制度对曲线的影响(UPC1V₃)

材料中裂缝的产生与扩展、纤维的脱黏和摩擦拔出过程均是吸收能量的过程，材料内部的损伤变形和吸收能量密切相关，从吸收能量的角度出发，定义损伤变量 D_J 为

$$D_J = J/J_{tot} \tag{10-5}$$

式中，J 为某一应力水平下试件吸收的能量，J_{tot} 为试件完全断裂时吸收的能量。

　　图 10-16 是材料断裂过程中 D_J 随荷载的变化曲线。从图 10-16(a)中可以看出,未掺纤维的材料损伤发展很快,几乎和应力水平呈线性增长关系。加入纤维后,由于纤维的阻裂作用,损伤发展规律发生明显变化。UHPCC 的损伤发展可分为三个阶段:第一个阶段为初始损伤期,$P/P_{max} \leqslant 75\%$,材料基本处于弹性阶段,损伤变形微小,吸收的能量值也较小;第二个阶段为损伤演化的稳定发展期,$75\% \leqslant P/P_{max} \leqslant 100\%$,材料吸收的能量主要用于裂缝的稳定扩展和纤维的脱黏;最后是卸载阶段,材料中裂缝发生不稳定扩展并出现一条主裂缝,随着裂缝的快速扩展,纤维逐渐被拔出,试件变形迅速加大,这一过程吸收能量的速度比较快。图 10-16(b)反映了养护制度对损伤发展规律的影响。在相同纤维体积率下,不同养护制度的 UHPCC 试件在初始损伤期的发展规律非常一致;在损伤的稳定发展期,标准养护 90d 的试件损伤发展速度要低于其他养护制度下的情况;进入卸载阶段后,养护制度对损伤发展规律的影响已不明显,各类试件的损伤速度均大大加快,损伤程度随着卸载程度的增加而线性增长。

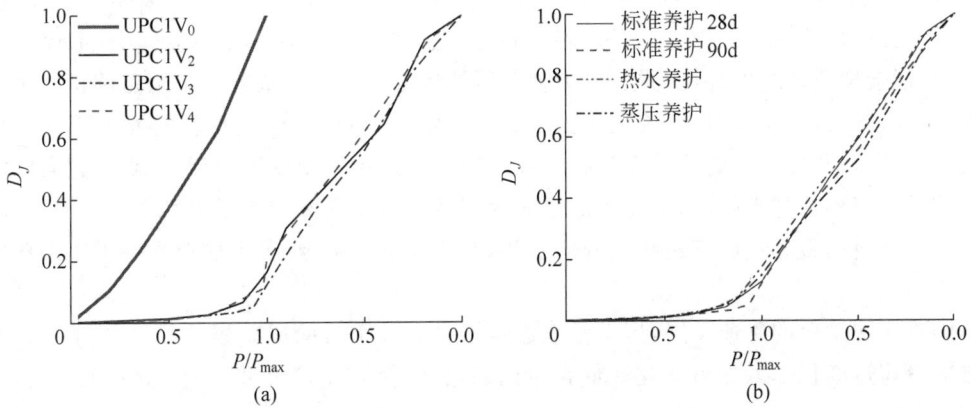

图 10-16　UHPCC 断裂过程中损伤变量随荷载的变化曲线
(a) 纤维对损伤发展的影响(标准养护 90d);(b) 养护制度对损伤发展的影响(UPC1V₃)

10.3　超高性能水泥基复合材料的应用与展望

　　我国的混凝土用量居世界首位,但混凝土应用的强度等级偏低。2003 年 C40 及其以下混凝土用量达 89%,C45～C60 混凝土占 9.3%,C70～C100 混凝土虽已有应用,但用量甚微,C110 以上的超高性能水泥基复合材料尚处于研究阶段。我国在水泥以及其他原材料行业中,淘汰落后产能,优化产能结构,最直观的便是全国和地区的水泥混凝土行业协会响应国家战略,逐步削减甚至淘汰 C30 及其以下混凝土。所以无论从政策上、经济上还是技术上,超高性能水泥基复合材料(UHPCC)具有广阔的应用前景。

　　UHPCC 具有比强度高、负荷能力大、节省资源和能源、耐久性优异的特点,能满足土木工程轻量化、高层化、大跨化和高耐久化的要求,是混凝土科技发展的主要方向之一。UHPCC 以其优异的力学性能和耐久性能,可广泛应用于以下各个方面:工业和民用建筑的大跨或薄壁结构;国防和人防工程的防护材料;多功能高抗裂轻型复合墙体材料;市政工程材料(压力管、窨井盖、桌椅围栏、雕塑、高速公路标牌和吸音板);有害废料的固封材料。

国际上超高性能水泥基复合材料的制备多使用磨细石英砂取代普通骨料，最大粒径只有 $600\mu m$，粉磨过程的能耗大；所掺活性混合材品种单一，硅灰掺量大，价格昂贵；微细金属纤维用量大，价格高。高昂的价格为超高性能水泥基复合材料的工程应用带来困难。当今混凝土科学与工程界已充分认识到粉煤灰、硅灰和磨细矿渣是制备高性能混凝土不可缺少的组分，又是节能、节省水泥和保护生态环境的重要举措。因此全国的用量逐年提升，尤其在重要和重大工程建造中用它来取代水泥熟料已为大众所公认。目前优质粉煤灰和磨细矿渣微粉，尽管年产量有增加，但都满足不了工程的需求，从而在大城市供不应求的局面时有出现，甚至用Ⅱ级灰来充实用量。因此，如何开拓新的废渣资源，又对粉煤灰、硅灰和磨细矿渣微粉实现高效利用，制备超高性能水泥基复合材料，增加高科技含量，已是当今科学研究的重要方向。

我国是水泥大国，水泥产量居世界之首。水泥生产排放大量 CO_2，生产 1t 水泥要排放 $1t\ CO_2$，发展生态型建筑材料已成为社会可持续发展的必由之路。其他主要工业废渣有：煤矸石、钢渣、磷渣、铜渣、镍渣、矿渣、尾矿砂等。这些工业废渣积存在大气中，不仅占用农田，特别还会造成严重的环境污染，成为社会可持续发展的严重威胁。我国目前正处于大兴土木、基本建设高速发展时期，为促进土木工程的结构改革，对建筑材料的要求不仅数量巨大，而且在质量和性能上的要求也日益增高。为适应这一蓬勃发展的要求，高与超高性能混凝土的开发应用也越来越多，工业废渣已成为制备高与超高性能混凝土必不可少的组分，其节省水泥熟料的百分数已有逐年上升的趋势，发挥了节省资源、节省能源和保护生态环境的重要作用。

随着我国工业的飞速发展，尾矿量也逐年增多。我国目前尾矿累计量已超过 200 亿 t，年排放量超过 9 亿 t，其中铁矿尾矿储存量已超过 20 亿 t，年排放量为 1.2 亿～1.5 亿 t。仅南京梅山铁矿而言，年产尾矿 60 万～80 万 t，现积存量达十几万吨。这种尾矿不仅有坚硬的颗粒，而且有诸多与活性掺和料相似的成分，具有用来制备超高性能水泥基复合材料的潜力。虽然近年来人们注意到了这个问题的研究，但研究开发的力度依然微弱，而且也没有充分认识到尾矿本身的物理与化学优势。同时，大量尾矿存在，不仅污染环境，每年还要占用大量土地。国家每年要对尾矿库存的基建费和运输费投入 10 亿元以上，且大量占用农田、污染了生态环境。如果将尾矿细粒部分来取代砂，制备不同层次的生态型超高性能水泥基复合材料，而且经过自身物理与化学效应，来提高与改善水泥基材料的性能，则具有重大意义。这个方面国内外报道极少，研究工作也处于初始阶段，因此研究工作意义重大。

本章小结

本章介绍了超高性能水泥基复合材料，它是一种超高强、高韧性、高耐久性的新型水泥基复合材料。在原材料和制备工艺上同普通的混凝土相比，有着诸多的改进。因此其各项力学性能有着显著的增强，在新形势下许多特殊领域有着广泛的应用前景。

思考题

1. 什么是超高性能水泥基复合材料？有什么特点和优势？
2. 超高性能水泥基复合材料的原料和制备方法有哪些？
3. 怎样定量评价材料的韧性？如何提高水泥基材料的韧性？
4. 超高性能水泥基复合材料拉伸破坏过程分成几个阶段？分别有什么特征？
5. 养护制度对超高性能水泥基复合材料的断裂性能有什么影响？

选择题和答案

第11章

高熵合金基复合材料

高熵合金基复合材料(high entropy alloy matrix composites,HEAMCs)是一类以高熵合金为基体,通过引入增强相如陶瓷颗粒、晶须、纤维、碳纳米管等形成的复合材料。这类材料兼具高熵合金的独特性能,如高强度、耐腐蚀、抗辐照、高温稳定性,以及增强相的强化作用,进一步提升了复合材料的力学性能和功能特性,通过多元协同设计,有望突破传统材料的性能极限,未来在极端环境和高技术领域具有广阔的应用前景,已成为材料科学领域的研究热点。本章主要介绍高熵合金的基本特性,高熵合金基复合材料的制备、界面、性能及其影响因素。

11.1 高熵合金概述

11.1.1 高熵合金

传统合金通常以一种或者两种金属元素为主,添加少量的其他金属或非金属元素来改善合金的性能,常见的有以铁为主的铁合金、以铝为主的铝合金、以镁为主的镁合金、以钛为主的钛合金等。但是这些少量的合金元素存在于合金中会促进金属间化合物的形成,影响合金的性能。它们均采用传统合金的设计理念,通过添加特定的少量合金元素来改善性能,而合金元素种类过多会生成很多化合物尤其是脆性金属间化合物,引起合金脆性增加,使合金向多元方向发展受限。因而合金元素种类越少越好,但元素少难以达到所需性能,合金元素种类及比例设计与合金性能的良好兼容就显得特别重要。1995年,叶均蔚等突破传统合金的设计理念,研究了高混合熵与合金组元及相组成之间的关系,并提出了高熵合金的概念。2003年,张勇在其发表的论文中也提出了高熵的概念。高熵合金一般由5~13种合金元素以近等物质的量比的方式组成,每种元素的原子分数在5%~35%之间。这些不同种类的原子混合排布,随机占据合金晶体点阵位置,形成了溶质与溶剂无区别的固溶体。传统合金中的自由度(F)与其相数(P)和组元数(C)密切相关,由吉布斯相律 $P=C-F+1$ 可知,随着合金组元数增加,合金相的个数增加,而高熵合金并没有形成复杂相,其组成相少、结构简单,一般仅为单相或双相固溶体,结构为BCC、FCC及HCP等(图11-1),这是由于高混合熵稳定。

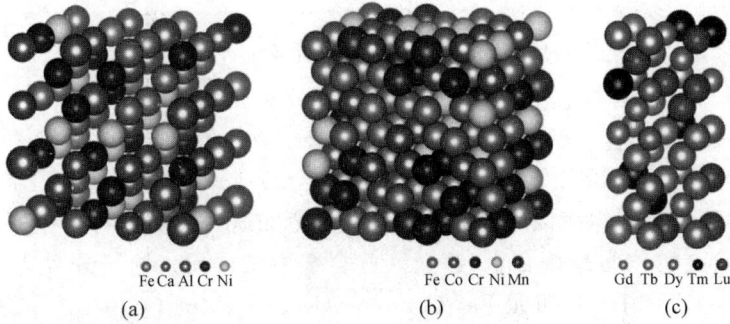

图 11-1　高熵合金三种结构示意图
(a) BCC; (b) FCC; (c) HCP

从热力学角度分析,熵是状态函数,表征系统混乱度的大小。高熵合金系统的组元越多,构型越复杂,混乱度就越高,系统的熵就越大。根据玻尔兹曼统计热力学原理,一个系统的熵可以表示为

$$S = k \cdot \ln W \tag{11-1}$$

式中:k 是玻尔兹曼常数($k = 1.38 \times 10^{13} \text{J/K}$);$W$ 是热力学概率,表示宏观态中可能存在的微观状态数。可以看出,k 是常数,系统的熵只与微观状态数有关,微观状态数越大,系统的熵越高。

固体的熵和晶格振动引起的各种量子态有关。一个合金系统的熵通常除了包含配置熵(混合熵、组态熵)外,还包含磁矩组态、电子组态和原子振动引起的熵。在高熵合金系统中,组成元素种类较多,不同合金元素的原子互相混合形成的配置熵较高,以至于其他组态形成的熵可以忽略不计。因此在研究高熵合金的熵时,通常将混合熵看作体系总的熵值。根据玻尔兹曼对熵变与系统混乱度关系的假设,n 种元素混合形成固溶体时的混合熵为

$$\Delta S_{mix} = -R \sum_{i=1}^{n} n_i \ln n_i \tag{11-2}$$

式中:R 为摩尔气体常数,$R = 8.314 \text{J/(mol·K)}$;$n$ 为合金体系的元素种类数目;n_i 为第 i 个元素的原子分数。由极值定理可知,当各元素的原子分数相同时,合金体系的混合熵达到最大。

根据热力学公式,吉布斯自由能公式为

$$G = H - TS \tag{11-3}$$

式中:H 是系统的焓;S 是系统的熵;T 是热力学温度。高熵合金中,混合焓表示多种原子间相互结合的能量,混合熵表示合金体系的混乱度。可以看出,混合焓越低,混合熵越高,系统的吉布斯自由能则越低,系统越稳定。这表明在合金系统中熵达到一定值后,熵的作用可以抵消掉焓的作用,从而在凝固过程中使液态原子混乱排布的状态保存下来,形成无序的固溶体。叶均蔚等认为,当合金的混合熵为 $1.61R$,即主元数为 5 且原子分数相等时,混合熵的作用将较为明显,此时合金系统的能量将维持在较低的范围内,从而促进固溶体相的形成,抑制金属间化合物的析出。当混合熵达到 $1.5R$ 时,熵的作用已经足够削弱混合焓的作用,从而维持固溶体相的稳定性,因此 $1.5R$ 可以作为高熵与中熵的界限。当混合熵低于 $1R$ 时,熵的作用较低,难以抵消键合能的作用,故将 $1R$ 作为中熵与低熵的界限。按照这样

的界限标准,合金可以分为三类:

(1) 低熵合金($\Delta S_{mix}<1R$),1～2种主要组成元素;

(2) 中熵合金($1R\leqslant\Delta S_{mix}\leqslant1.5R$),2～4种主要组成元素;

(3) 高熵合金($\Delta S_{mix}>1.5R$),5种及以上主要组成元素。

近年来,不再将熵值和主元数作为判定高熵合金的唯一标准,而是在追求更高性能的要求下,将更多具有简单组织结构的合金纳入高熵合金的研究范畴。将一些等物质的量比的三元与四元的合金也作为高熵合金,甚至一些合金中某一元素原子分数达到了50%。例如,三元 FeCoNi、ZrNbHf 和四元 $Fe_{20}Co_{20}Ni_{41}Al_{19}$、$Fe_{50}Mn_{30}Co_{10}Cr_{10}$ 等均系高熵合金,其中熵值较低的 FeCoNi 合金为单一 FCC 结构,ZrNbHf 合金为单一 BCC 结构,可见三元等物质的量比合金和四元合金已经具有明显高于传统合金的混合熵,可以形成简单的无序固溶体结构。

11.1.2　高熵合金的五大效应

高熵合金具有热力学上的高熵效应、结构上的晶格畸变效应、动力学上的迟滞扩散效应、性能上的"鸡尾酒"效应、组织上的高稳定性,容易获得热稳定性高的固溶体相和纳米结构甚至非晶结构,高熵合金具有高强度、高硬度、高耐磨性、高抗氧化性、高耐腐蚀性等传统合金所不能同时具备的优异性能。

1. 高熵效应

高熵合金基本为固溶体相,组织简单,平衡相的数目远低于计算所得相数值。当然,也不是多种合金元素加在一起就能形成固溶体相,还必须满足形成高熵合金的条件。根据吉布斯自由能公式(11-3)可知,在合金中混合熵越大系统的自由能越低,系统就越稳定。高熵合金中固溶体的混合熵比金属间化合物的混合熵大得多,这也意味着高熵效应扩大了系统的固溶极限,增大了组元间的相容性,提高了固溶体相的稳定性,即高熵效应促进固溶体的形成。高熵效应同样有效地简化了合金的显微组织,抑制金属间化合物的生成,但这并不意味着所有高熵合金均是由简单固溶体组成,有的高熵合金中还是会有细小的金属间化合物生成,有时还能起到很好的强化作用。

2. 晶格畸变效应

传统合金的晶格点阵主要由主要元素原子占据。对于高熵合金,如果忽略化学有序性,则每种元素的原子都有相同的占据晶格点阵位置的可能性。由于组成高熵合金的不同元素原子的尺寸不同,有时相差较大,因此必然产生晶格畸变,使其 X 射线衍射峰发生变化。当从纯元素 Cu 开始逐渐添加新元素,直到七种元素都添加到合金系中,形成系列等物质的量比的合金体系,其对应的 X 射线衍射花样如图 11-2(a)所示,该图表明合金衍射峰强度逐渐降低。图 11-2(b)显示了纯金属理想晶体结构的示意图,图 11-2(c)显示了因晶格畸变引起的 X 射线散射,散射会导致衍射峰强度降低。合金系统的 XRD 峰强度的变化与热效应引起的变化相似,但是随着组元数的增加,强度进一步下降,超过了热效应。由添加具有不同原子尺寸的多组元素引起的晶格畸变效应造成了 XRD 峰异常降低,如图 11-2(d)所示。

高熵合金中晶格畸变的程度与原子尺寸差 δ 有关,通常 δ 越大,晶格畸变越大,合金的

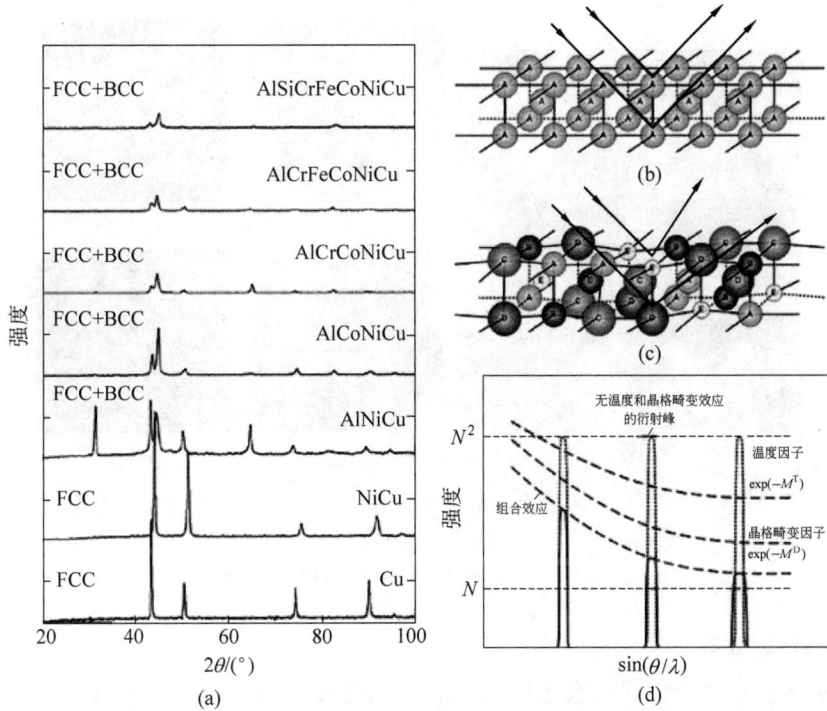

图 11-2　晶格畸变对 XRD 强度的影响

（a）高熵合金 XRD 峰强度随组元数增加的变化情况；（b）纯金属的完美晶体结构示意图；
（c）具有不同尺寸原子的高熵合金晶体结构示意图；（d）温度和晶格畸变对 XRD 峰强度的影响

硬度和强度也较高。当晶格畸变程度过大时,可能会超过原有晶格所能承受的最大限度而发生晶格坍塌,形成非晶和纳米晶。此外,一些单一 FCC 结构的高熵合金中晶格畸变达到一定的程度,还有可能向 BCC、HCP 等单相结构,或 FCC＋BCC、BCC＋HCP、FCC＋HCP 等双相结构转变。

3. 迟滞扩散效应

高熵合金中含有多种元素,这些不同种类的原子尺寸各不相同,彼此的结合力也不相同,在这种原子随机占据合金晶体结构点阵位置、引发晶格畸变的高度复杂的系统中,原子扩散相对比较困难,从而降低了高熵合金的扩散速率,这种特殊现象称为迟滞扩散效应。

低的扩散速率会导致较小的位错形核能、堆垛层错能和孪晶界能,从而改变变形行为。原子、空位、位错和孪晶在变形过程中的运动会随不同的组成元素和晶格畸变而变化,扩散系数随合金中熵值的增加而减小。

迟滞扩散效应是某些高熵合金具有优异的高温强度、良好的高温结构稳定性以及组织中纳米相稳定形成的根本原因。新相的产生需要组元间的协同扩散方可实现。$Fe_{34}Cr_{34}Ni_{14}Al_{14}Co_4$ 高熵合金的微观组织中存在不同尺寸级别的纳米析出相,如图 11-3 所示,合金冷却凝固过程中缓慢的扩散速率能够有效延迟析出物的形成与长大,从而促进这些纳米析出相的形成。

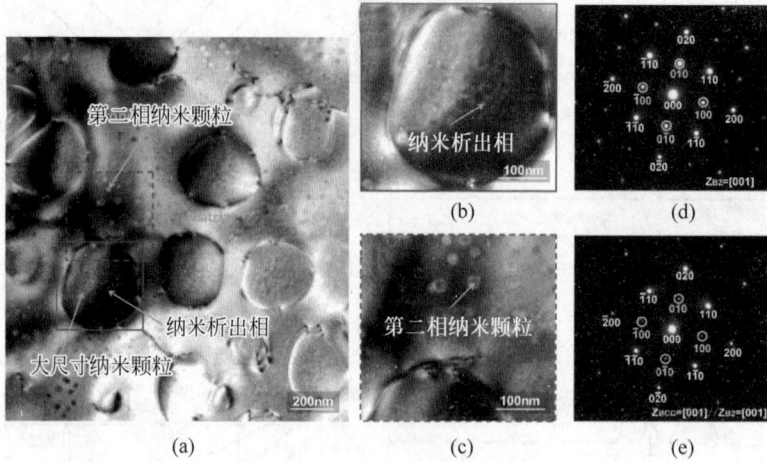

图 11-3　$Fe_{34}Cr_{34}Ni_{14}Al_{14}Co_4$ 高熵合金的明场 TEM 图像和衍射花样

(a) 低倍图像；(b)、(c) 图(a)中实线框和虚线框的相应高倍率图像；

(d)、(e) 大尺寸纳米析出相和基体的衍射花样

4. "鸡尾酒"效应

每一种合金元素的性质均有不同，例如 Al 的密度小、质量轻，具有良好的导热性和导电性，并且抗氧化性强；Ni 具有较高的抗腐蚀性能，合金中加入 Ni 元素可以较大程度地提高合金的机械强度；Co 质硬而脆，具有较强的抗氧化性；Fe 质软，具有良好的可塑性、延展性、导热性和导电性，Fe 合金或合金中掺杂 Fe 后，合金的硬度会增加；Cr 的延展性和抗腐蚀性好，但掺有杂质的铬金属却硬而脆；Cu 具有较好的韧性和延展性，耐磨损，具有良好的导热性和导电性，合金中加入 Cu 会提高合金的耐腐蚀性能。向高熵合金系统中加入具有某一性质的金属元素时，往往会使该合金系统也得到类似的性质。"鸡尾酒"效应使得高熵合金的性能有无限的可能，也使得其成分设计具有广阔的空间。

5. 热稳定性

由吉布斯自由能与焓和熵之间的关系可知，随着熵的增加，系统中的吉布斯自由能降低，其稳定性提高，高温时体系混乱度更高，高熵效应更明显，自由能更低，高温性能更加稳定，即高熵合金具有优异的热稳定性。纯钨的高温性能不如含钨高熵合金 NbMoTiW。绝大多数高熵合金具有比组元元素更高的熔点，而且在高温时仍具有极高的强度和硬度。$Al_{0.3}CoCrFeNiC_{0.1}$ 高熵合金经 $700\sim1000℃$、72h 时效热处理后，其硬度不但没有下降，反而大幅提升，而传统合金则会显著软化。

11.1.3　高熵合金的相组成规律

高熵合金结构比较简单，一般为简单的固溶体相（如 FCC、BCC、HCP）或组合相（如 FCC＋BCC、BCC＋HCP）等，不同的相与组织使得高熵合金性能各异。影响高熵合金组织结构的因素除了混合熵外，还有混合焓、原子半径、价电子浓度等，一般由以下参数进行合金成相与结构预测。

1. 熵焓效应比 Ω、原子半径均方差 δ

Ω 和 δ 的计算公式分别如下：

$$\Omega = \frac{T_{\mathrm{m}} \cdot \Delta S_{\mathrm{mix}}}{|\Delta H_{\mathrm{mix}}|} \tag{11-4}$$

$$\delta = \sqrt{\sum_{i=1}^{n} n_i \left(1 - \frac{r_i}{\bar{r}}\right)^2}, \quad \bar{r} = \sum_{i=1}^{n} c_i r_i \tag{11-5}$$

式中：T_{m} 为合金熔点，计算公式见式(11-6)；ΔS_{mix} 为合金混合熵；ΔH_{mix} 为合金混合焓，计算公式见式(11-7)；c_i 为合金中第 i 个元素的原子分数；r_i 为合金中第 i 个元素的原子半径，$\bar{r}$ 为合金的平均原子半径。

$$T_{\mathrm{m}} = \sum_{i=1}^{n} c_i (T_{\mathrm{m}})_i \tag{11-6}$$

$$\Delta H_{\mathrm{mix}} = \sum_{i=1, i \neq j}^{n} \Omega_{ij} n_i n_j, \quad \Omega_{ij} = 4 \Delta H_{ij}^{\mathrm{mix}} \tag{11-7}$$

式中：$(T_{\mathrm{m}})_i$ 为第 i 个元素的熔点；$\Delta H_{ij}^{\mathrm{mix}}$ 是第 i 个元素和第 j 个元素的二元混合焓。

当 $\Omega \geqslant 1.1$ 且 $\delta \leqslant 6.6\%$ 时，能够形成简单固溶体相组成的高熵合金，如图 11-4 所示。该判据综合考虑了混合熵、混合焓和原子半径差等因素的共同作用，具有较广泛的适用性和很大的参考价值。

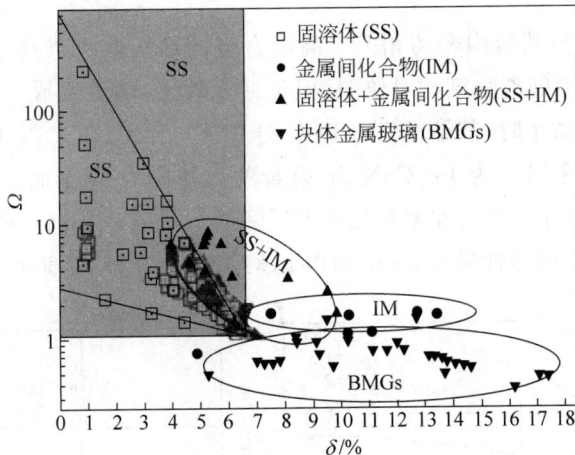

图 11-4　高熵合金相组成与参数 Ω 和 δ 的关系

2. 价电子浓度

价电子浓度(VEC)的计算公式为

$$\mathrm{VEC} = \sum_{i=1}^{n} n_i \mathrm{VEC}_i \tag{11-8}$$

价电子浓度同样可以预测高熵合金的晶体结构。当合金的 VEC 小于 6.87 时，合金是单一 BCC 结构的固溶体；当 VEC 大于或等于 8 时，合金仅由 FCC 结构构成；当 VEC 介于两者之间时，合金为 FCC 和 BCC 组成的双相结构。

除了使用参数 δ 来表示合金中原子尺寸差异对合金组织结构的影响外，还可采用参数 γ

表示晶格中最大原子、最小原子与各自周围原子关系对固溶体形成的影响程度，当 $\gamma \leqslant 1.175$ 时，合金主要由固溶体相组成。参数 γ 具有较高的准确性，是预测高熵合金相形成的重要依据。$\gamma(\gamma = \omega_L / \omega_S)$ 是原子堆垛时原子间最大立体角度与最小立体角度的比值，其中 ω_L 和 ω_S 的计算方式分别为

$$\omega_L = 1 - \sqrt{\frac{(r_S + \bar{r})^2 - \bar{r}^2}{(r_S + \bar{r})^2}} \tag{11-9}$$

$$\omega_S = 1 - \sqrt{\frac{(r_L + \bar{r})^2 - \bar{r}^2}{(r_L + \bar{r})^2}} \tag{11-10}$$

式中，r_S、$\bar{r}$ 和 r_L 分别表示最小原子半径、平均原子半径和最大原子半径。

以固溶体混合熵 ΔS_{mix} 和有序化合物形成焓 ΔH_f 之间的关系可得在 $T_{ann}\Delta S_{mix} < \Delta H_f < 37\,meV/atom$ 时，高熵合金能够形成单相固溶体组织，其中 T_{ann} 为退火处理温度。

高熵合金发展时间短，组成元素种类多，导致其成相的机理复杂，虽然目前用于高熵合金设计的理论较多，但大都是基于实验总结出来的经验，这些理论仍存在一定的局限性，有待进一步完善。

11.1.4　高熵合金的性能

1. 强度

高熵合金的性能与其结构密切相关。高熵合金的结构取决于其组成元素、相对量等。当结构为 FCC 时，拉伸断裂强度相对较弱，但延伸率较大，随着组成元素量的改变，结构发生变化。当系统熵值减小时，其结构将由 FCC 向 FCC+BCC、BCC 及 HCP 转变，拉伸强度提高，延伸率降低。图 11-5 为 $Fe_x CoNiCu$ 合金的拉伸应力-应变曲线，可以看出，随着 Fe 含量的增加，合金抗拉强度和延伸率是先增大后降低。其中，$Fe_{2.5}CoNiCu$ 合金的拉伸强度最高，$Fe_2 CoNiCu$ 合金的塑性最好，其结构由 FCC 向 FCC+BCC 演变。

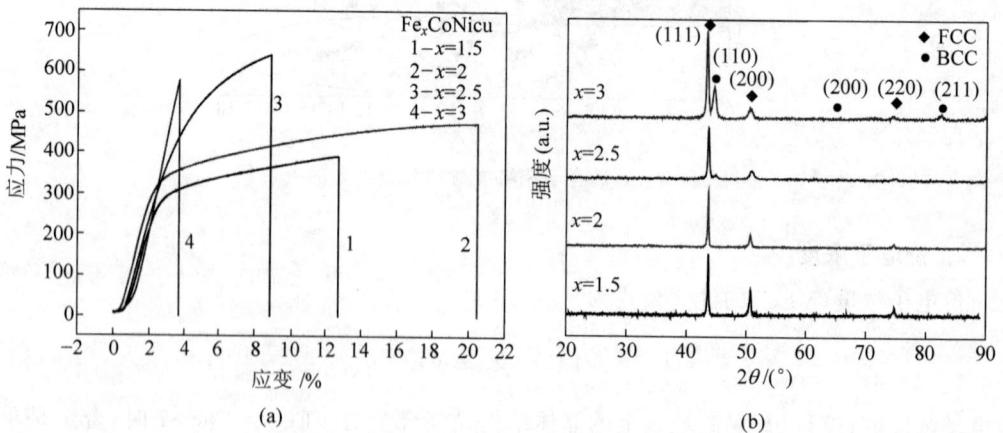

图 11-5　不同 x 时 $Fe_x CoNiCu$ 合金拉伸应力-应变曲线(a)及其对应的 XRD 图谱(b)

　　图 11-6 为 $Fe_x CoNiCu$ 合金的拉伸断口表面形貌图。图 11-6(a)中，$Fe_{1.5} CoNiCu$ 合金的断口表面几乎没有韧窝存在。图 11-6(b)中断口表面呈现数量较多的圆形韧窝，说明 $Fe_2 CoNiCu$ 合金具有更好的塑性，是由枝晶间的 Cu 含量高所致。偏析出的铜元素充当"润滑剂"，有助于晶粒彼此间的相对滑动，从而增加了合金的塑性。$Fe_{2.5} CoNiCu$ 和 $Fe_3 CoNiCu$ 合金的断口形貌图中韧窝变小，数量减少，如图 11-6(c)、(d)所示。当 $x=2$ 时，可以观察到合金断口中出现了少量析出相，在 $x=2.5$ 时的断口形貌中，析出相颗粒更细，数量更多，强度显著提高。但是，析出相的存在也阻碍了位错的运动，导致合金的塑性下降。当 x 继续增加到 3 时，BCC 相含量继续增加，合金呈现出脆性断裂的趋势。

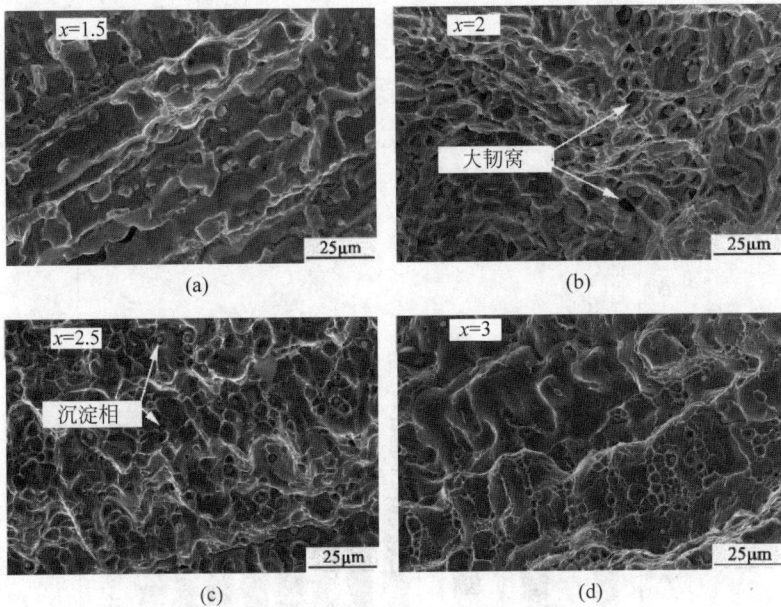

图 11-6　$Fe_x CoNiCu$ 合金的拉伸断口表面形貌

　　当高熵合金中添加少量的 Al 元素或组成元素含 Ti 时，其延伸率急速降低。$AlCoCrFeNiTi_x$ 高熵合金具有高屈服强度、大压缩塑性变形量、强加工硬化能力和高压缩断裂强度等特性，特别在 x 达到 0.5 时，合金屈服强度达到 2.26GPa。图 11-7 为该合金体系的真实压缩应力-应变曲线，合金所表现的高强度主要是由于加入大尺寸的 Ti 原子在高熵合金中占据晶体点阵位置，使得晶格发生畸变。

2. 硬度

　　高熵合金的硬度取决于其结构，一般来说，具有单一 FCC 结构的高熵合金的硬度较低，而具有 BCC 结构的高熵合金的硬度较高，当改变合金组成元素，即改变其熵值时，可使其结构发生转变，从而调整其硬度。如图 11-8 为 15 种高熵合金的硬度，从左到右硬度依次降低，可以看出高熵合金具有比较宽的硬度变化范围，最右侧 CoCrFeNiCu 高熵合金的硬度比较低，其显微维氏硬度在 180HV 左右，而最左侧 MoTiVFeNiZrCoCr 高熵合金的显微维氏硬度却超过了 800HV，可见高熵合金具有非常广泛的设计范围。

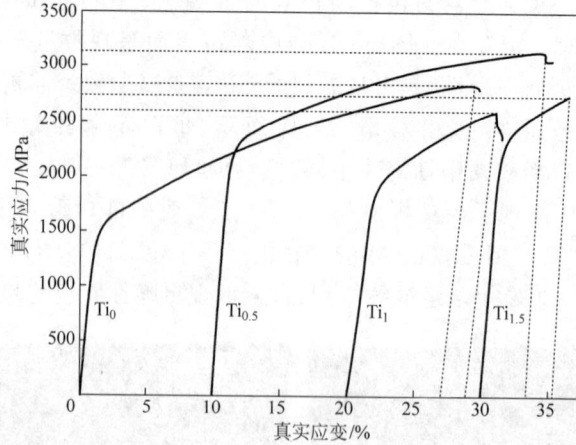

图 11-7　AlCoCrFeNiTi$_x$($x=0,0.5,1,1.5$)合金室温真实压缩应力-应变曲线

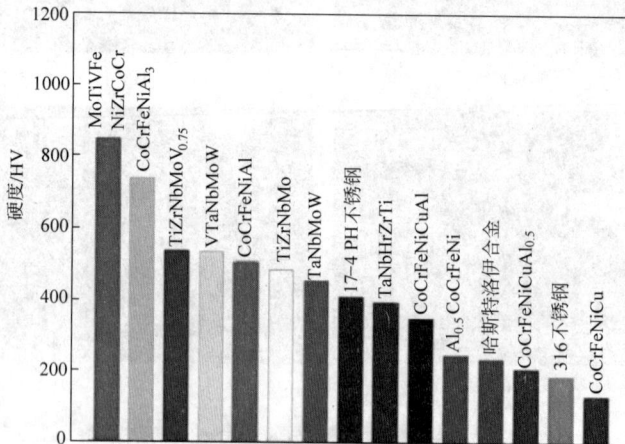

图 11-8　不同高熵合金的硬度对比

3. 耐磨性能

高熵合金的硬度越高,耐磨性能越好。通过向合金中添加不同含量的 Al 和 Ti 元素,合金的硬度显著提高,其耐磨性同步增强。高熵合金比其他合金具有更好的耐磨性能,这与其迟滞扩散效应有关,合金在磨损过程中抗高温软化能力较好,并且具有较强的抗氧化性能。如高熵合金 Al$_{3.2}$Ti$_{16.1}$Cr$_{16.1}$Fe$_{16.1}$Co$_{24.2}$Ni$_{24.2}$ 的耐磨性能要高于与其同等硬度的 SUJ2 钢,甚至比硬度更高的 SKH51 钢的还要好。

4. 热稳定性

高熵合金在高温下合金体系内的混合熵更大,导致其高熵效应更加明显,因此高熵合金具有更加优异的高温抗蠕变性能和高温抗氧化性能等。图 11-9 为 Nb$_{25}$Mo$_{25}$Ta$_{25}$W$_{25}$ 合金在高温下的压缩应力-应变曲线,显示出相当优异的高温稳定性。

绝大多数的高熵合金具有比组成元素更高的软化温度以及熔点,并且在经过高温处理时,具有优异的耐高温回火软化性能。Al$_{0.3}$CoCrFeNiC$_{0.1}$ 高熵合金在 973～1273K 时,经

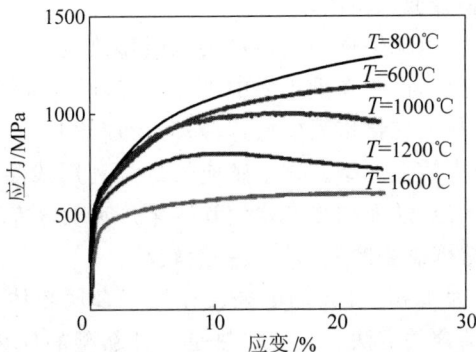

图 11-9 $Nb_{25}Mo_{25}Ta_{25}W_{25}$ 合金在高温下的压缩应力-应变曲线

过 72h 的退火处理后,其显微硬度非但没有下降,反而有较大程度的提升,而传统合金如高速钢,在 823K 左右即发生软化。

11.2 高熵合金基复合材料制备

高熵合金基复合材料的制备工艺取决于要求的形态,其形态主要有三维块体态、二维薄膜态、一维丝材态和零维粉体态四种。其常见的制备工艺有电弧熔炼法、感应熔炼法、激光涂覆法、磁控溅射法、热压烧结法、微波加热烧结法、熔体旋淬法、玻璃包裹纺丝法及球磨法等。其对应关系如图 11-10 所示。

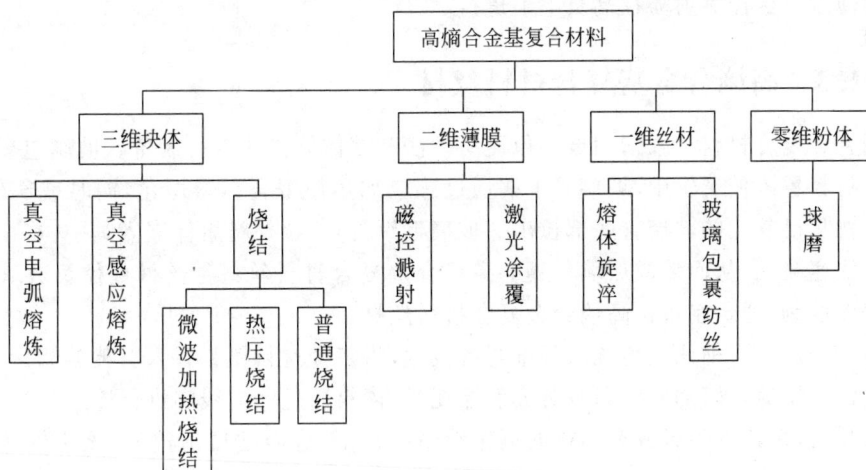

图 11-10 高熵合金基复合材料分类及制备工艺

11.2.1 高熵合金基复合材料块体

块体高熵合金基复合材料的制备主要靠熔炼法和烧结法。熔炼法一般在一定真空度（$\leqslant 10^{-3}$Pa）、惰性气氛下进行,常见的有电弧熔炼和感应熔炼两种。烧结法一般包括热压烧结法、微波加热烧结法和普通烧结法。

应用最广的是熔炼法。电弧熔炼利用钨极尖端引弧放电,22～65V、20～50mm弧长进行大电流、低电压的短弧操作,由于在铜坩埚中进行熔炼,坩埚接触部分快速凝固,因此每个试样需反复熔炼3～5次,一般在铜坩埚中快速冷却,形成纽扣状,也可在压差作用下,将熔体快速喷射注入水冷铜模中铸造成型。真空感应熔炼是利用线圈中通过强大电流,产生感应磁场,使金属产生感应涡流,从而加热试样使其熔化并实现熔炼的方法。真空感应熔炼可制较大块体试样,而电弧熔炼制备的块状试样一般较小。

微波加热是利用波长为1cm～1m的电磁波作用于金属粉体使其感应产生涡流,粉体接触电阻发热,使之扩散结合的方法。微波加热是一种新型的加热技术,具有整体性、瞬时性、选择性、环境友好性、安全性及高效节能等特点。微波可用于合金粉体及外生增强金属基复合材料的烧结。利用微波加热的选择性,可使增强体颗粒吸波升温,直至其周边基体液化,从而促进界面扩散,提高界面结合强度。微波烧结可降低烧结温度、节能降耗、缩短烧结时间、提高组织密度、细化晶粒、改善性能等。

11.2.2　高熵合金基复合材料薄膜

高熵合金基复合材料薄膜一般采用激光熔覆或磁控溅射法制备。激光熔覆即利用激光加热使涂层复合材料和背底材料同时熔化、快速凝固,涂层与背底冶金结合,熔覆过程可在一定保护气氛下进行。由于尺寸和成本的限制,激光熔覆一般不适用于大面积薄膜制备。磁控溅射是利用高能量的粒子轰击复合材料不同组元的靶材,使靶材表面的原子或粒子从表面脱离即溅射,再利用溅射效应,使分离出来的原子或粒子产生定向运动,最终在衬底上沉积形成薄膜。磁控溅射需在高真空下进行。

11.2.3　高熵合金基复合材料丝材

高熵合金复合材料一般采用玻璃包裹纺丝法和熔体旋淬法进行制备。玻璃包裹纺丝法即将复合材料置入玻璃管中,玻璃管下端通过感应加热使复合材料熔化,同时玻璃软化,通过拉力机构从已软化的玻璃管底部拉出一玻璃毛细管,复合材料熔体嵌入其中,再在冷却液的作用下快速凝固,从而形成玻璃包裹的高熵合金复合材料丝材。丝材直径及玻璃层厚度由拉伸速度控制,适合制备长高熵合金复合材料丝材。

熔体旋淬法是一种比较传统的纤维制备技术,将复合材料棒料置入石英玻璃管内,棒料下方分别依次用氮化硼陶瓷棒和石英玻璃棒托举,棒料通过感应线圈进行连续加热,熔化连续进给的棒料,由边缘尖锐或有凹槽的铜轮盘精确切削,进而抽拉出丝材,该法仅适用于短丝材制备。

11.2.4　高熵合金基复合材料粉体

高熵合金基复合材料粉体一般采用高能球磨法进行制备。块料经磨球的反复压延、压合、碾碎等过程形成粉态。为防粉体氧化,球磨可在一定的惰性气氛或在乙醇中进行,工艺简单、成本低廉。

11.3　内生型增强体的反应机制

内生型高熵合金基复合材料中增强体最常见的为 TiC 陶瓷颗粒,它是通过 Ti 与 C 在基体中化学反应产生,为了使反应产生的 TiC 能顺利进入基体并在基体中均匀分布,还需与基体中某一元素,如 Fe 元素组成 Fe-Ti-C 体系。设定增强体体积分数为 10%,即 Fe、Ti、C 的物质的量比为 1∶0.26∶0.26,测定其不同升温速率下的差式扫描量热法(DSC)曲线,计算反应活化能,结合 XRD 花样和 SEM 组织照片分析反应过程,揭示反应机制。

11.3.1　Fe-Ti-C 体系热力学分析

根据无机物热力学数据手册查询相关热力学数据,可知 Fe-Ti-C 系中可能生成的产物有 Fe_3C、$FeTi$、Fe_2Ti、TiC。其反应式及对应的吉布斯自由能变化与温度的函数关系式见表 11-1。

表 11-1　Fe-Ti-C 系可能的反应式及对应吉布斯自由能变化与温度的函数关系式

可能的反应式		吉布斯自由能变化与温度的函数关系式	
$Ti + C = TiC$	(11-11)	$\Delta G_{T,(11\text{-}11)} = -184765 + 12.55T$	(11-12)
$2Fe + Ti = Fe_2Ti$	(11-13)	$\Delta G_{T,(11\text{-}13)} = -87446 + 11.05T$	(11-14)
$Fe + Ti = FeTi$	(11-15)	$\Delta G_{T,(11\text{-}15)} = -40585 + 5.37T$	(11-16)
$3Fe + C = Fe_3C$	(11-17)	$\Delta G_{T,(11\text{-}17)} = -22594 + 13.18T$	(11-18)

几种可能产物的吉布斯自由能变化与温度的函数关系曲线如图 11-11 所示。从图中可以看出,增强体 TiC 的生成吉布斯自由能最低,生成 TiC 的反应最有可能发生。

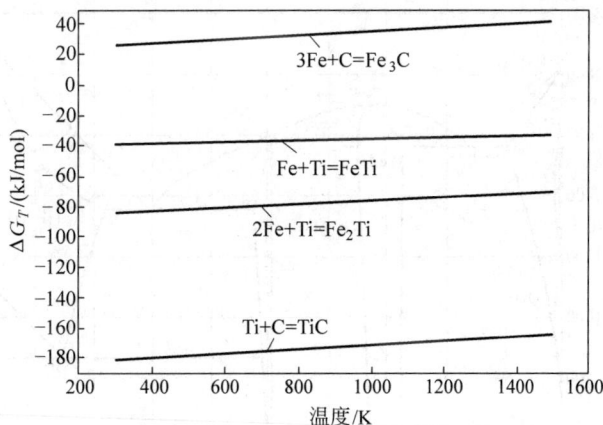

图 11-11　Fe-Ti-C 系可能反应产物的吉布斯自由能变化随温度的变化关系

11.3.2　Fe-Ti-C 体系反应过程分析

在 Fe-Ti-C 预制块中,Ti-C 分体系的 Ti 粉末周围有 C 粉末包围,其小区域内 C 含量大于 50%,在 Fe-Ti 分体系的 Fe 含量在 30%~80%,两体系的相图如图 11-12 所示,因此在此体系中,TiC、FeTi、Fe_2Ti 都可能生成。

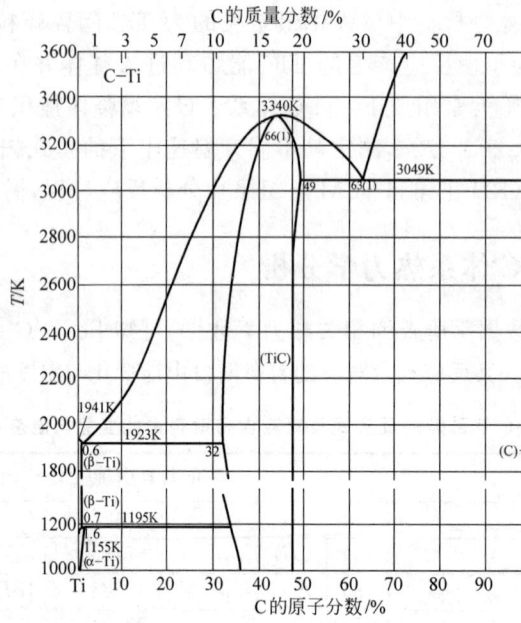

(a)

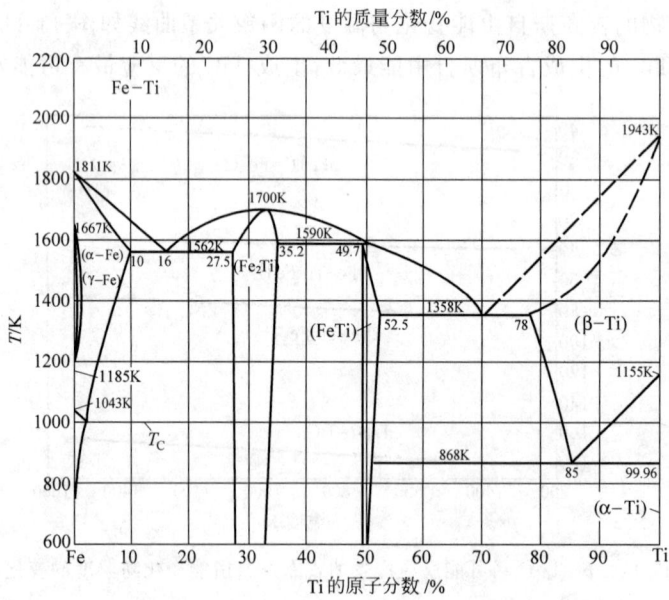

(b)

图 11-12　分体系的二元合金相图

通过 DSC 曲线进一步分析反应过程,如图 11-13 所示。图(a)~(f)分别为 Fe-Ti-C 体系的 DSC 分析、Fe-Ti 体系的 DSC 分析、Fe-Ti-C 体系加热到 1000K 经淬冷后的 XRD 分析、Fe-Ti-C 体系加热到 1000K 冷淬后 SEM 照片及 EDS 分析、Fe-Ti-C 体系加热到 1500K 再经淬冷后的 XRD 分析、Fe-Ti-C 体系加热到 1500K 淬冷后的 SEM 照片及 EDS 分析。由图 11-13(a)可知,在升温过程中有两个放热峰,对应的峰顶温度分别为 714K 和 1442K,另外还有一个吸热峰,峰顶温度为 1189K。在降温过程中,963K 处有一个尖锐的放热峰。由图 11-13(b)可见,在升温过程中,发生了与 Fe-Ti-C 系几乎相同温度的一个缓慢放热反应,峰顶温度为 720K,除此之外还有一个吸热反应,对应的峰顶温度为 1194K。据此原位反应机理分析如下。

(1) DSC 曲线分析:结合图 11-13(b)、图 11-11 和图 11-12(b),可推断 Fe-Ti-C 系 DSC 曲线中的第一个放热反应峰(714K 处)为升温过程发生的 $Fe+Ti\longrightarrow FeTi$ 与 $2Fe+Ti\longrightarrow Fe_2Ti$ 缓慢放热反应。由于 $FeTi$、Fe_2Ti 具有高温不稳定性,所以在 1189K 处的吸热峰为 $FeTi\longrightarrow Fe+Ti$ 与 $Fe_2Ti\longrightarrow 2Fe+Ti$ 分解反应导致。对比 Fe-Ti 系的 DSC 曲线的回程阶段,几乎相同的温度(1169K),在 Fe-Ti 系的冷却过程中 Fe 又与 Ti 结合共晶生成 $FeTi$、Fe_2Ti,所以在 Fe-Ti 系 DSC 曲线的降温过程中,在共晶线附近温度(1169K)处出现放热峰。而在 Fe-Ti-C 系中 FeTi 与 Fe_2Ti 分解后产生的活性 Ti 原子几乎全部与 C 结合生成 TiC,放出大量的热(图 11-13(a)中 1442K 处的放热峰),所以在 Fe-Ti-C 系的 DSC 曲线的降温回程阶段在相对应的位置(1189K 附近)没有出现 Fe 与 Ti 共晶反应的放热峰。在 Fe-Ti-C 系的降温过程中,963K 处的放热反应推断为 Fe 与剩余 C 在冷却时发生共析反应生成共析渗碳体 Fe_3C,放出热量。

(2) 中间产物定性分析:为了进一步分析反应过程,对 Fe-Ti-C 系预制块加热到 1000K,保温 5min 后冷淬至室温,经抛光后做 XRD、SEM、EDS 分析。如图 11-13(c)和(d)所示,XRD、SEM 与 EDS 证明体系中产生了均匀分布的 $FeTi$、Fe_2Ti 相,这与 DSC 分析相吻合,证明 720K 左右的第一个放热峰为 $Fe+Ti\longrightarrow FeTi$ 与 $2Fe+Ti\longrightarrow Fe_2Ti$ 的放热反应。再对另一 Fe-Ti-C 系试样经 1500K 保温 5min 后冷淬至室温,然后将试样进行 XRD 分析,如图 11-13(e)所示,表面经抛光处理后进行 SEM、EDS 分析。如图 11-13(f)所示,表明预制块中主要有 Fe、Fe_3C、TiC 三种相,Fe-Ti 化合物相消失,从而进一步证明了前面 DSC 曲线的分析过程:Fe-Ti-C 系 DSC 曲线升温过程中的吸热峰为 Fe-Ti 化合物的分解吸热峰,而第二个放热峰为反应 $Ti+C\longrightarrow TiC$ 的放热过程,而冷却过程中的放热过程为 Fe-C 的共析反应生成渗碳体 Fe_3C。

综合上述分析可知,Fe-Ti-C 系的反应过程为

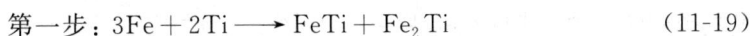

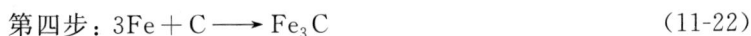

$$第一步:3Fe+2Ti\longrightarrow FeTi+Fe_2Ti \tag{11-19}$$

$$第二步:FeTi+Fe_2Ti\longrightarrow 3Fe+2Ti \tag{11-20}$$

$$第三步:Ti+C\longrightarrow TiC \tag{11-21}$$

$$第四步:3Fe+C\longrightarrow Fe_3C \tag{11-22}$$

其反应过程如图 11-14 所示。

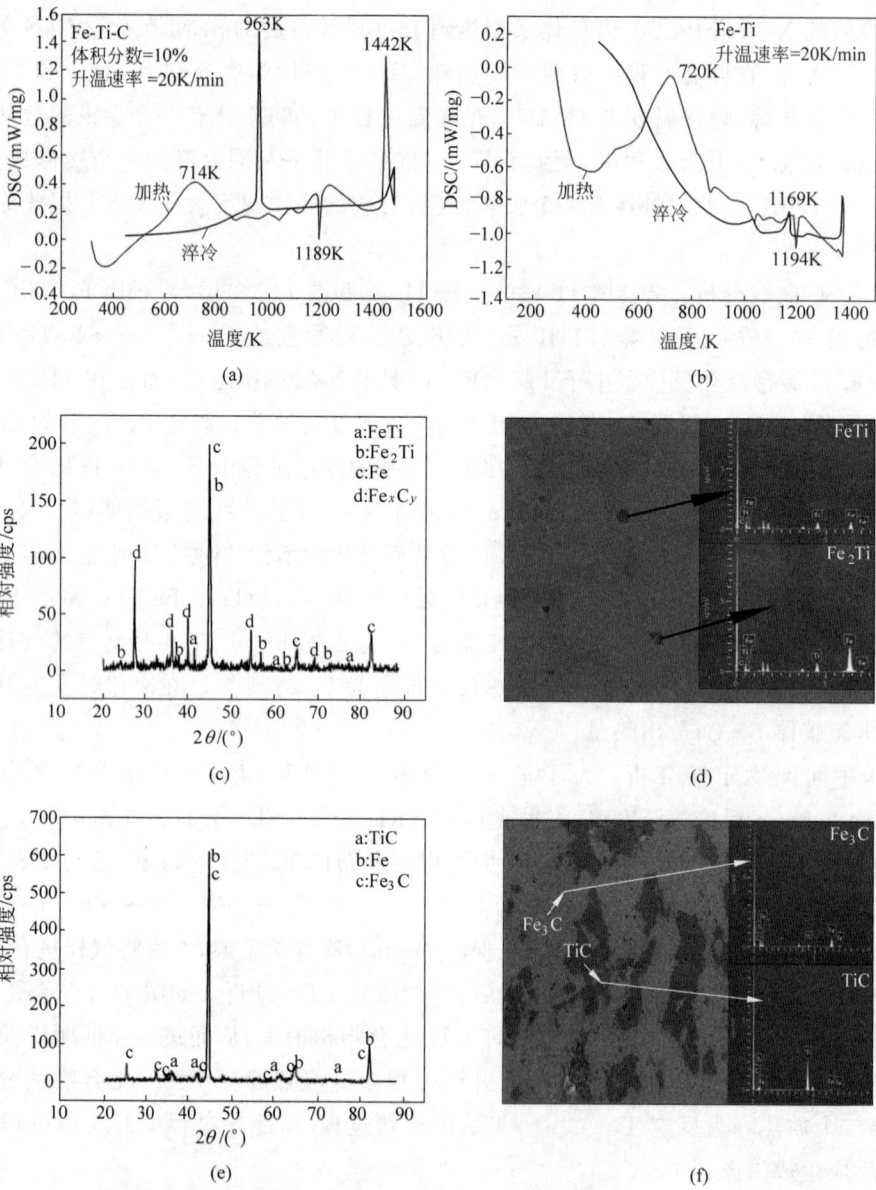

图 11-13　Fe-Ti-C 体系反应过程分析

（a）Fe-Ti-C 体系的 DSC 分析曲线；（b）Fe-Ti 体系的 DSC 分析曲线；（c）Fe-Ti-C 体系加热到 1000K 经淬冷后的 XRD 图谱；
（d）Fe-Ti-C 体系加热到 1000K 冷淬后 SEM 照片及 EDS 图谱；（e）Fe-Ti-C 体系加热到 1500K 再经淬冷后的 XRD 图谱；
（f）Fe-Ti-C 体系加热到 1500K 再经分析淬冷后的 SEM 照片及 EDS 图谱

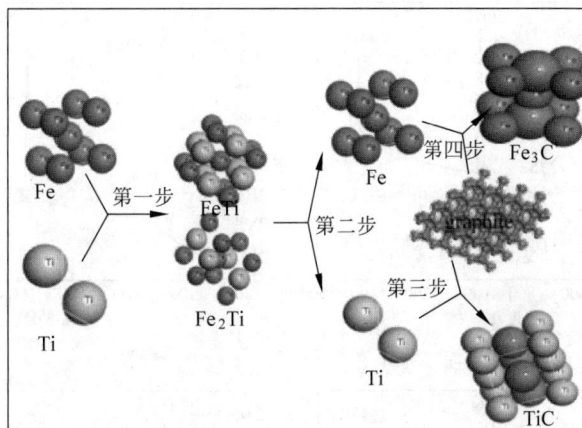

图 11-14　Fe-Ti-C 体系反应过程示意图

11.3.3　Fe-Ti-C 体系反应活化能计算

活化能有阿伦尼乌斯(Arrhenius)活化能、碰撞理论活化能和过渡态理论活化能,根据实验测定反应活化能往往比较困难,而通过阿伦尼乌斯提供的方法,采用差示扫描量热法计算相对容易,计算值也相对精确可靠。而阿伦尼乌斯活化能对于基元反应有很好的表述能力,而对于非基元反应或者复杂反应,阿伦尼乌斯活化能表述的是它们的表观活化能,即各基元反应的总和。通过对基辛格(Kissinger)与阿伦尼乌斯动力学方程的结合,可得反应活化能的基辛格方程:

$$\frac{\mathrm{d}\left(\ln\dfrac{\beta}{T_{\mathrm{m}}^2}\right)}{\mathrm{d}\left(\dfrac{1}{T_{\mathrm{m}}}\right)} = -\frac{E}{R} \tag{11-23}$$

式中: T_{m} 为峰值温度; β 为升温速率; R 为物质的量气体常量(8.314J/(mol·K)); E 为反应活化能。

图 11-15 是 Fe-Ti-C(体积分数 10%)体系在不同的升温速率(15K/min、20K/min、25K/min、30K/min)下得到的 DSC 曲线,由 DSC 曲线所得的各个升温速率对应的各原位反应的峰值温度见表 11-2。

表 11-2　Fe-Ti-C(体积分数 10%)体系在不同的升温速率下对应的峰值温度

升温速率 β/(K/min)		15	20	25	30
峰顶温度 T_{m}/K	第一步	680	714	731	780
	第二步	1188	1189	1190	1191
	第三步	1441	1442	1443	1445

在放热反应中,根据表格 11-2 中的数据,分别计算出 $1/T_{\mathrm{m}}$ 和 $\ln(\beta/T_{\mathrm{m}}^2)$,绘制出以 $\ln(\beta/T_{\mathrm{m}}^2)$ 为纵坐标、$1/T_{\mathrm{m}}$ 为横坐标的散点图,线性拟合,如图 11-16 所示,三个分步反应

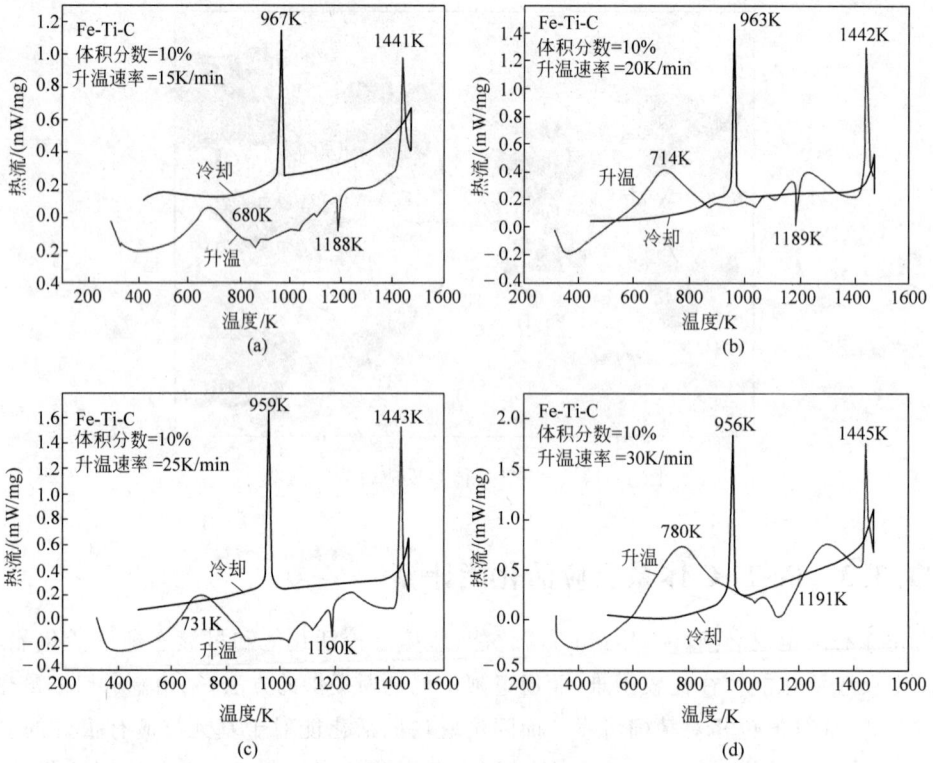

图 11-15　Fe-Ti-C（体积分数 10％）体系在不同温度下的 DSC 曲线

(a) 15K/min；(b) 20K/min；(c) 25K/min；(d) 30K/min

的反应活化能可由该直线的斜率（$-E/R$）与基辛格方程算出，分别为 25kJ/mol、1404kJ/mol 和 2709kJ/mol。

反应活化能可以较好地衡量一个反应的难易程度，与反应速率有着密切的关系，反应速率越高反应就越容易发生，三步反应中，Ti 与 C 的结合最为困难。

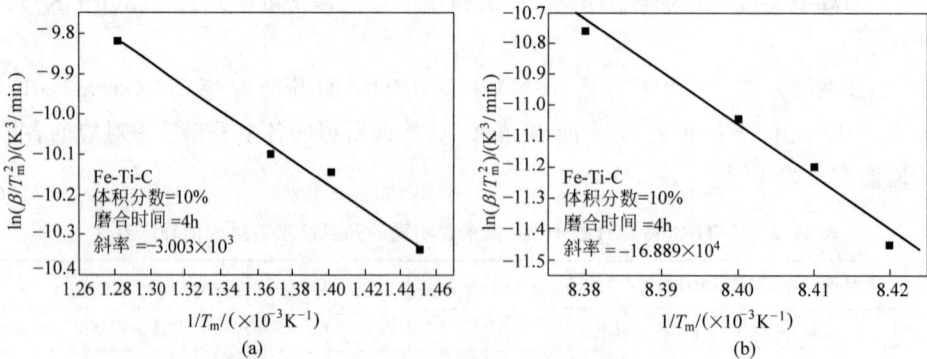

图 11-16　Fe-Ti-C 体系各分布反应的散点图

(a) 第一步；(b) 第二步；(c) 第三步

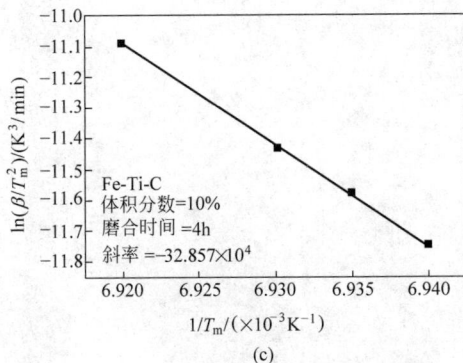

图 11-16 （续）

11.4 高熵合金基复合材料界面

高熵合金基复合材料主要分为内生型和外生型两类,外生型的增强体直接从外界加入,增强体表面难免受到污染,通常界面会有一定程度的反应层,且反应层与制备工艺、增强体的性质、尺寸大小等密切相关,界面特性直接影响复合材料的性能。内生型的增强体是由组分材料之间的化学反应产生的,由反应热力学可知,界面不会再有反应物,界面干净,结合强度高。

11.4.1 外生型高熵合金基复合材料

图 11-17 为激光熔炼制备的外生型纳米颗粒(平均粒径 50nm)TiN_p 增强的高熵合金基(CoCrFeMnNi)复合材料的显微组织 TEM 照片。图 11-17(a)～(c)表明 TiN 颗粒可分布于基体的晶内和晶界,晶内分布的 TiN 颗粒为纳米量级,晶界分布的 TiN 颗粒则为亚微米量级。晶内分布的纳米颗粒与基体取向相近,表现为小角晶界,如图 11-17(d)和(e)所示,但晶界分布的 TiN 颗粒与基体则为大角晶界,如图 11-17(f)和(g)所示。晶界处的 TiN 与基体的界面结构存在一定程度的晶面畸变,如图 11-17(h)～(j)所示;然而,HEA-TiN 界面过渡区的原子构型表明,高熵合金(HEA)与陶瓷 TiN 之间的界面结合机制为溶解与润湿结合,在原子尺度上实现了冶金结合。

图 11-18 为外生型纳米 TiC 颗粒增强 CoCrFeMnNi 高熵合金基复合材料的增强体与基体界面的 TEM 明场像,可以看出,外加的 TiC 颗粒与基体的界面相对干净,可能是由TiC 陶瓷颗粒的热力学稳定性高导致的,分布于基体的晶界,对位错起到钉轧作用,位错在界面处发生塞积和弯曲。

外生型高熵合金基复合材料增强体与基体在一定条件下会发生界面反应,形成界面反应层,层厚随工艺条件的变化而变化,一般与制备温度、保温时间及增强体与基体之间热力学条件等因素有关。FeCoCrNiMo 高熵合金粉体与金刚石粉球磨混合后,在压强为30MPa,温度分别为 850℃、900℃、950℃ 和 1000℃下进行等离子体烧结。金刚石体积分数为 8.93%,粒度为 200μm。随烧结温度的提高,金刚石与基体的界面结构发生系列变化,同

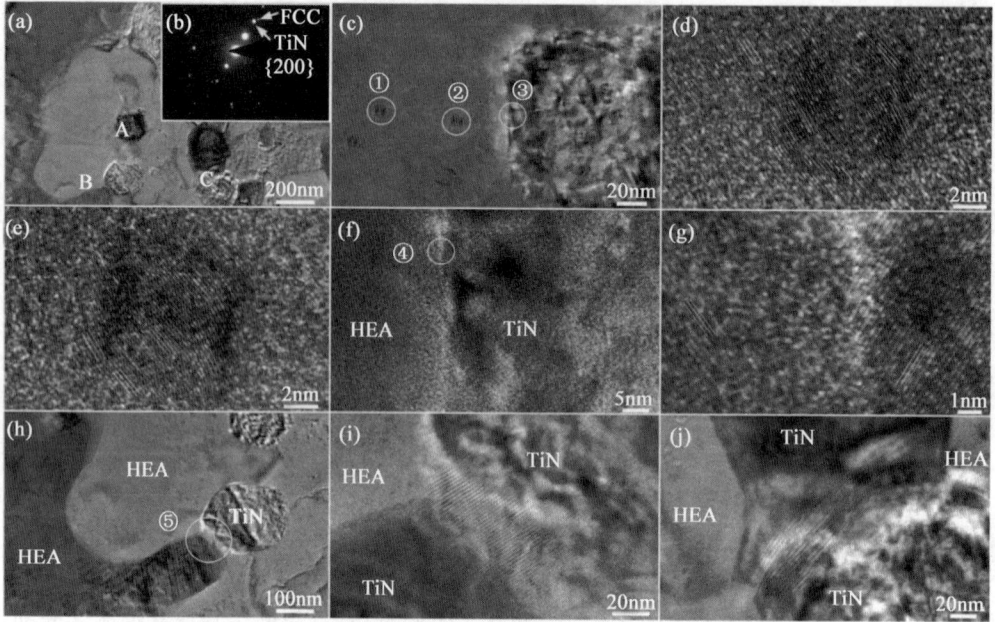

图 11-17　激光熔炼制备 TiN_p/HEA 复合材料显微组织的 TEM 照片

(a),(b) 微区及其选区衍射花样；(c) TiN 颗粒在晶内与晶界的分布；(d),(e) 晶内颗粒与基体界面的 HRTEM 图；
(f),(g) 基体晶界处颗粒及其 HRTEM 图；(h)～(j) 颗粒与基体界面处的 HRTEM 图

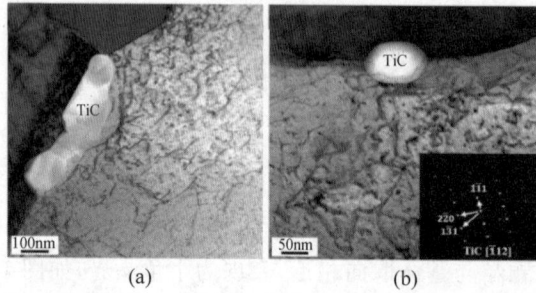

图 11-18　HEA-TiC 界面处 TEM 明场像

(a) 位错塞积于 HEA-TiC 的界面；(b) 位错弯曲于 HEA-TiC 的界面

时金刚石形貌也改变。850℃和900℃烧结时，金刚石颗粒形貌未发生明显变化，但900℃烧结时界面已有 $2\mu m$ 左右的扩散过渡层，达到冶金结合，如图 11-19(a) 和(b) 及其对应的界面图 11-19(e) 和(f) 所示。随着烧结温度的提高，颗粒形貌变化明显，950℃时颗粒与基体的界面不再平整，如图 11-19(c) 和(g) 所示，出现粗糙边界。在烧结温度进一步升至 1000℃ 时，颗粒尺寸进一步减小，界面过渡层进一步增厚，并发生一定程度的化学反应。颗粒形貌进一步向球形演变，如图 11-19(d) 及其对应的界面图 11-19(h) 所示。

在烧结温度为 1000℃ 时，金刚石颗粒与基体在界面发生化学反应，分别产生 Cr_7C_3 和 $Cr_{23}C_6$ 界面相，形成了复杂的界面结构，如图 11-20 所示。

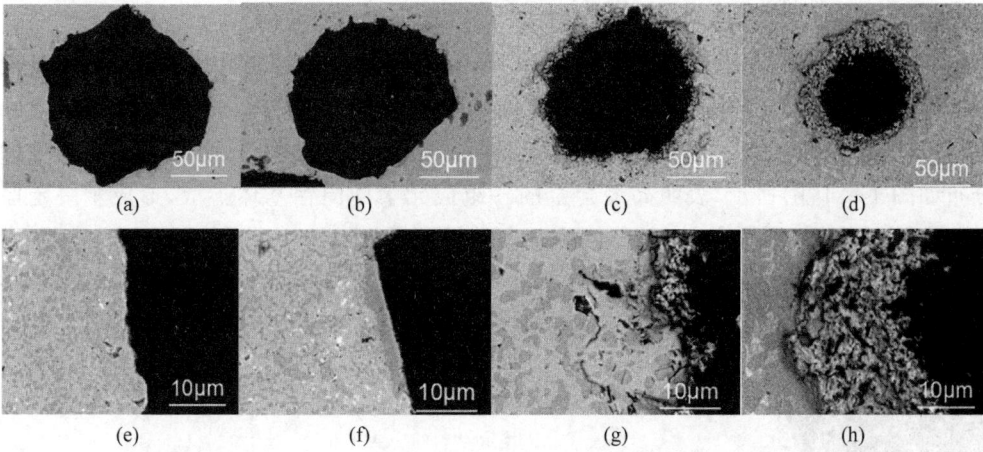

图 11-19　不同烧结温度、30MPa SPS 烧结 FeCoCrNiMo HEA/金刚石复合材料的界面结构 TEM 图

(a) 850℃；(b) 900℃；(c) 950 ℃；(d) 1000℃；对应的界面分别为(e)、(f)、(g)、(h)

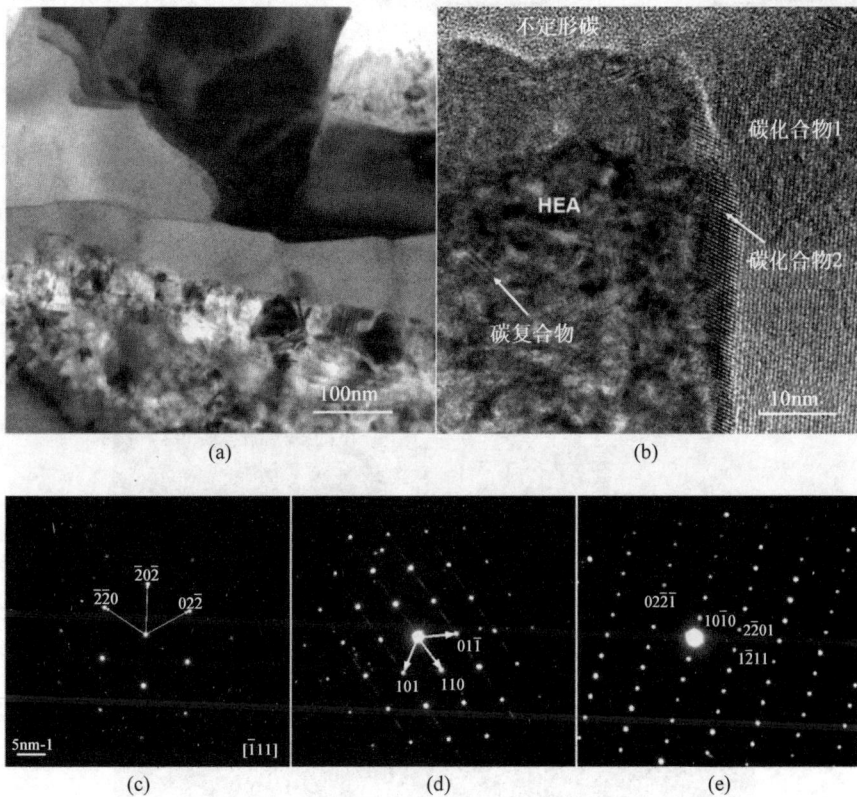

图　11-20

(a) 复合材料 TEM 明场像；(b) 1000℃烧结时金刚石-HEA 界面 HRTEM 照片；

(c) 基体的选区衍射花样；(d) $Cr_{23}C_6$ 立方结构衍射花样；(e) Cr_7C_3 六方结构衍射花样

当高熵合金作为增强体加入铝基或铜基中，其界面结构与外生型相似，界面存在反应过渡区。

图 11-21 为运用高熵合金粉体 $Al_{0.8}CoCrFeNi$ 与铝粉球磨混合后烧结制成的铝基复合材料界面形貌及其成分分析图。从图 11-21(a)可以看出界面层较薄、均匀，厚度约 200nm，HEA 颗粒保持了完整性，在界面处原子发生明显扩散，高熵合金中成分原子在界面处的浓度分布如图 11-21(b)所示，表明高熵合金的各组成元素均向铝基体扩散，形成了一定厚度的界面扩散区。

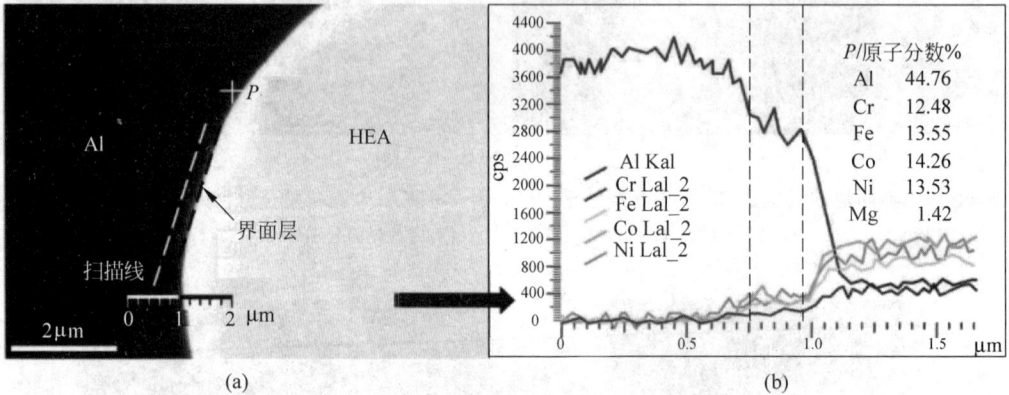

图 11-21　高熵合金颗粒与铝基体界面形貌(a)及其成分分析图(b)

运用高熵合金 AlCoCrFeNi 粉体通过搅拌摩擦方式制备 Al-Mg 合金基复合材料，图 11-22 为界面处 TEM 照片及其指定区域对应的高分辨率照片。由图 11-22(a)可知，界

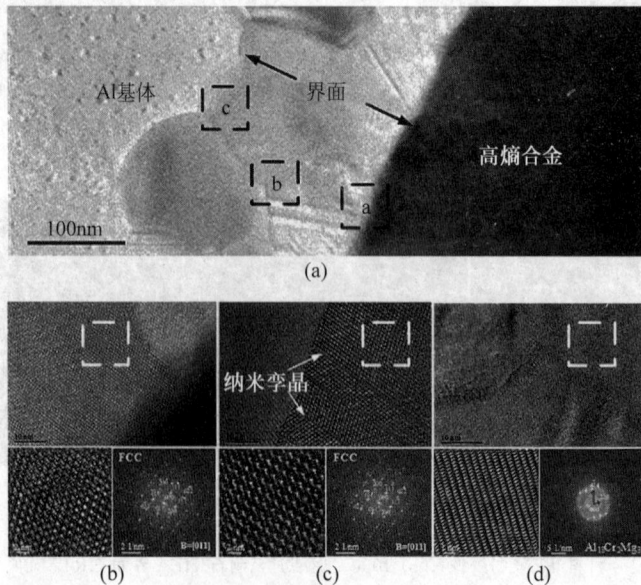

图 11-22　AlCoCrFeNi/Al-Mg 界面处 TEM 照片及指定区域的 HRTEM 照片和衍射花样

(a) TEM 照片；(b) a 区域；(c) b 区域；(d) c 区域

面厚度约 200nm，界面两侧的润湿性良好。界面接近 HEA 粒子侧为含 Cr 和 Mg 有序 FCC 结构固溶体，界面中部为纳米孪晶结构，界面接近基体 Al-Mg 合金侧存在纳米析出相 $Al_{18}Cr_2Mg_3$。

11.4.2　内生型高熵合金基复合材料

内生型高熵合金基复合材料的增强体是组分材料在基体中通过化学反应产生，反应需满足热力学和动力学条件，因此，在基体中反应产生增强体后，界面不会再随温度和保温时间等因素的变化而产生新相，因此界面干净，界面结合强度高。

图 11-23 为 $FeCoNiCu/10\%(TiC_p+G_w)$ 复合材料的显微组织照片，从图 11-23(a)中可观察到 TiC 颗粒的尺寸在亚微米级，且与基体之间紧密结合，没有反应层，浸润性良好，TiC 的形貌主要呈方形，这与 SEM 显微照片中所观察的形貌基本一致。从图 11-23(b)中可看出石墨晶须的直径在纳米级别。石墨晶须与高熵合金基体之间结合也非常紧密，没有反应层，对基体起增韧作用。图 11-23(c)和(d)分别为 TiC 颗粒和基体的衍射斑点，分析可知 TiC 颗粒与高熵合金基体均为面心立方结构。

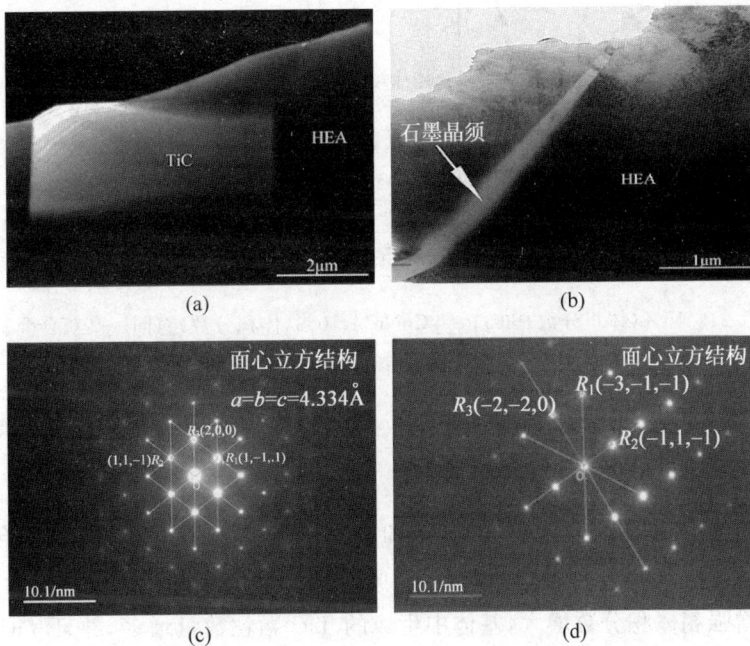

图 11-23　$FeCoNiCu/10\%(TiC_p+G_w)$ 高熵合金基复合材料的 TEM 形貌与衍射斑点

(a) TiC 颗粒的显微形貌；(b) 石墨晶须的显微形貌；(c) TiC 的衍射斑点；(d) 基体的衍射斑点

11.5　性能影响因素

高熵合金组织结构简单，在此基础上制备的原位颗粒增强复合材料的组织中不易出现其他复杂化合物，并且此类复合材料综合了增强体颗粒以及高熵合金基体的性能优势，性能方面更具潜力。与传统合金相比,高熵合金一般比传统合金具有更高的晶格畸变,增强相在基体中形核、长大,与基体金属原子相互作用,形成的增强相颗粒尺寸较小,高熵合金一般具有较高的强度、硬度、耐磨耐腐蚀性能,在高熵合金的基础上生成微纳米级别的陶瓷颗粒制备出复合材料,可进一步提高材料的性能。影响复合材料性能的主要因素有增强体种类、增强体体积分数、合金元素、热处理及形变等。

11.5.1 增强体种类

图 11-24 为相同体积分数的 SiC 和 TiC 对同一高熵合金基体 $Fe_{2.5}CoNiCu$ 增强的应力-应变曲线,两者对基体的增强效果相当,但 SiC 增强时的延伸率显著高于 TiC,这是由于不同种类的增强体因自身性能特点的不同,尤其是增强体与基体的结合界面、颗粒尺寸及其在基体中的分布等均影响着复合材料的性能。

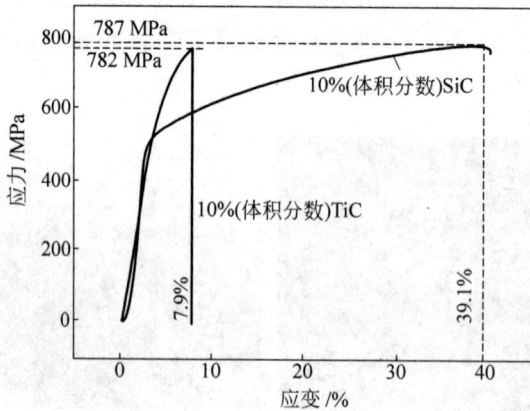

图 11-24 10%（体积分数）SiC/$Fe_{2.5}$CoNiCu、10%（体积分数）对同一高熵合金基体
TiC/$Fe_{2.5}$CoNiCu 增强的应力-应变曲线

11.5.2 增强体体积分数

图 11-25 为增强体体积分数分别为 5% 和 10% 的 TiC/$Fe_{2.5}$CoNiCu 高熵合金基复合材料的组织形貌 SEM 照片及其对应的应力-应变曲线。由图 11-25(a)与(b)可知,TiC 颗粒呈方块状,随着增强相体积分数增大,基体中生成的 TiC 颗粒数量增多,并且 TiC 颗粒尺寸增大。对应的抗拉强度从基体的 639MPa 上升到了 774MPa 和 782MPa,但塑性却有所下降,断裂延伸率则从基体的 8.8% 分别下降到 8.3% 和 7.9%。

图 11-26 为 5%（体积分数）TiC/$Fe_{2.5}$CoNiCu 和 10%（体积分数）TiC/$Fe_{2.5}$CoNiCu 复合材料的拉伸断口形貌 SEM 照片。由图 11-26(a)可以看出,复合材料断口中出现了很多细小的 TiC 颗粒,这些 TiC 颗粒镶嵌在基体韧窝中,起到提高材料强度的作用。TiC 的硬度较高,其存在会造成应力集中,导致位错塞积和晶界破坏,阻碍材料的变形过程,降低材料塑性。由图 11-26(b)可见,TiC 颗粒的数量增加不明显,韧窝的数量减少,断口光滑面逐渐增加,断裂方式为准解理断裂,并逐渐向脆性断裂转变,并能看到裂开的 TiC 颗

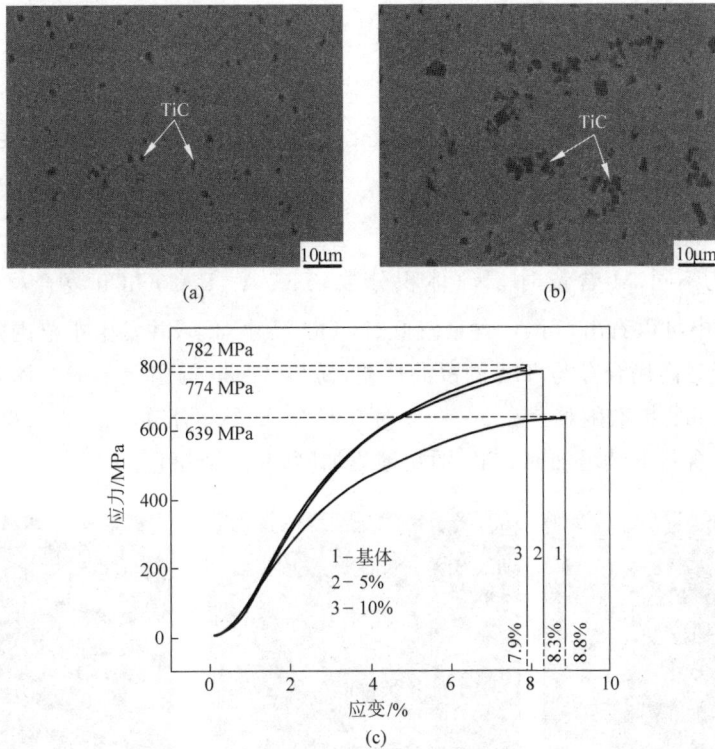

图 11-25　不同增强体体积分数的 $TiC/Fe_{2.5}CoNiCu$ 复合材料组织形貌 SEM 照片
及其应力-应变曲线
(a) 5%（体积分数）；(b) 10%（体积分数）；(c) 应力-应变曲线

粒。这是由于材料在轴向受载荷时，基体变形过程中会将部分载荷传递到增强体 TiC 颗粒上，由于 TiC 颗粒强度高，承受载荷能力大，故而能提高材料整体的承载能力，当载荷足够大时会造成 TiC 颗粒开裂而失效。进一步表明内生型 TiC 颗粒与基体的界面结合强度高。

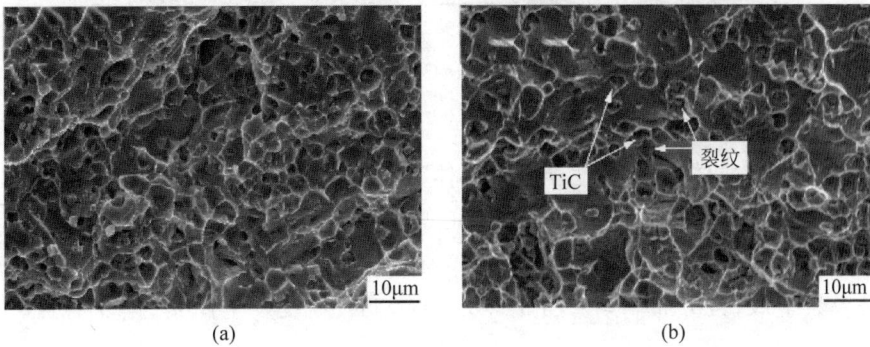

图 11-26　不同体积分数的 $TiC/Fe_{2.5}CoNiCu$ 复合材料的拉伸断口形貌 SEM 照片
(a) 5%（体积分数）；(b) 10%（体积分数）

11.5.3 合金元素

合金元素在一定条件下能与基体组元反应结合生成金属间化合物，弥散分布，也能直接进入基体形成固溶体，加大基体晶格畸变，强化基体，提高复合材料的力学性能。常用的合金元素有 Al、Ti、Nb、V 等。

1. Al 元素

图 11-27 为不同 Al 含量时 5%（体积分数）TiC/Al$_x$FeCoNiCu 复合材料的显微组织 SEM 图。从图中可以看出，当 Al 含量较低时，TiC 尺寸细小，并发生小范围的团聚，这说明在 Al 含量较低时高熵合金与 TiC 的浸润性差，易与 Ti、Ni 等组元形成金属间化合物，使金属流动性变差，TiC 扩散困难。在 $x=0.6$ 时 TiC 分布最为均匀，当 $x>0.6$ 时 TiC 发生团聚现象。当 Al 含量继续增加时，TiC 颗粒聚集加剧，并逐渐粗化。

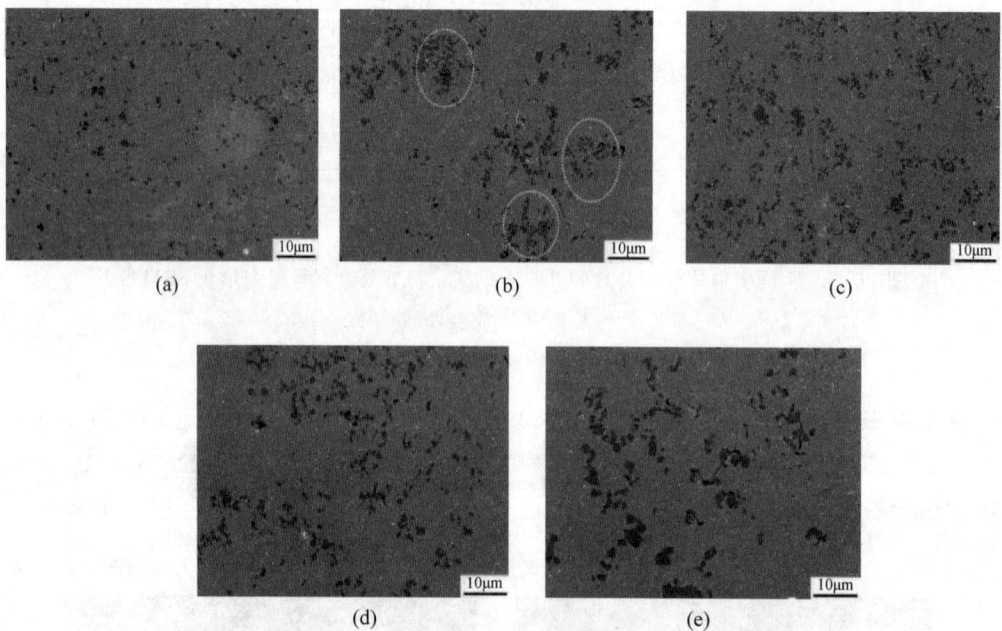

图 11-27　5%（体积分数）的 TiC/Al$_x$FeCoNiCu 复合材料的显微组织 SEM 照片
(a) $x=0.2$；(b) $x=0.4$；(c) $x=0.6$；(d) $x=0.8$；(e) $x=1.0$

当增强体 TiC 的体积分数增至 10%（体积分数）时，不同 Al 含量时的组织形貌如图 11-28 所示。Al 含量较低（$x=0.2$）时 TiC 颗粒的尺寸较大，如图 11-28(a)所示。随着 Al 含量的增加，TiC 颗粒的尺寸开始细化，仅有少量粗化。当 $x=0.6$ 时，TiC 颗粒的尺寸基本在一个数量级，且分布均匀；当 $x>0.6$ 时，TiC 颗粒发生团聚，当 $x=1.0$ 时，团聚加重。

Al 含量同样影响复合材料的结构。图 11-29(a) 为 TiC 体积分数为 5%、不同 Al 含量时 Al$_x$FeCoNiCu/TiC$_p$ 复合材料的 XRD 图谱。由图可知，在铝含量 $x=0.2$、0.4、0.6 时，高熵合金基体的结构均为单相结构（FCC），当 Al 含量增至 0.8 时，结构转为双相结构（FCC＋BCC），

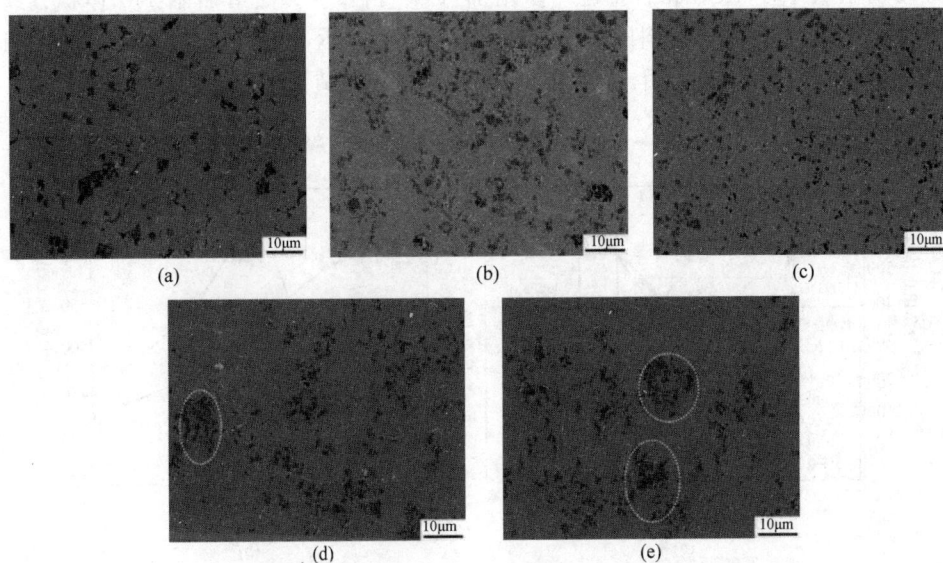

图 11-28　10％(体积分数)的 TiC/Al$_x$FeCoNiCu 复合材料 SEM 照片

(a) x=0.2；(b) x=0.4；(c) x=0.6；(d) x=0.8；(e) x=1.0

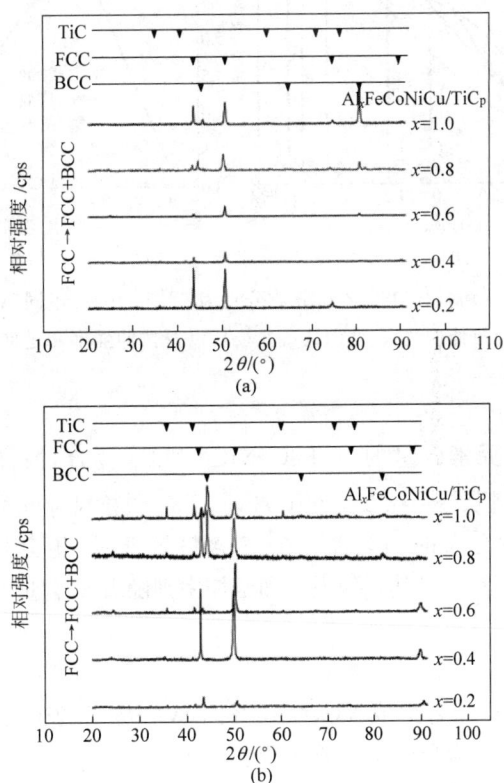

图 11-29　不同 Al 含量时 Al$_x$FeCoNiCu/TiC$_p$ 复合材料的 XRD 图谱

(a) 5％(体积分数)TiC；(b) 10％(体积分数)TiC

当 x 继续增至 1.0 时，BCC 相含量进一步增加，FCC 相减少。当增强体 TiC 体积分数增至
10% 时，不同 Al 含量时复合材料的结构见如图 11-29(b) 所示，可见当 $x \leqslant 0.4$ 时，为单相结构
FCC，当 $x > 0.4$ 时，出现 BCC 相，基体呈 FCC 与 BCC 双相结构。当 $x = 0.6$ 时，复合材料的
综合性能最优，如图 11-30 所示。

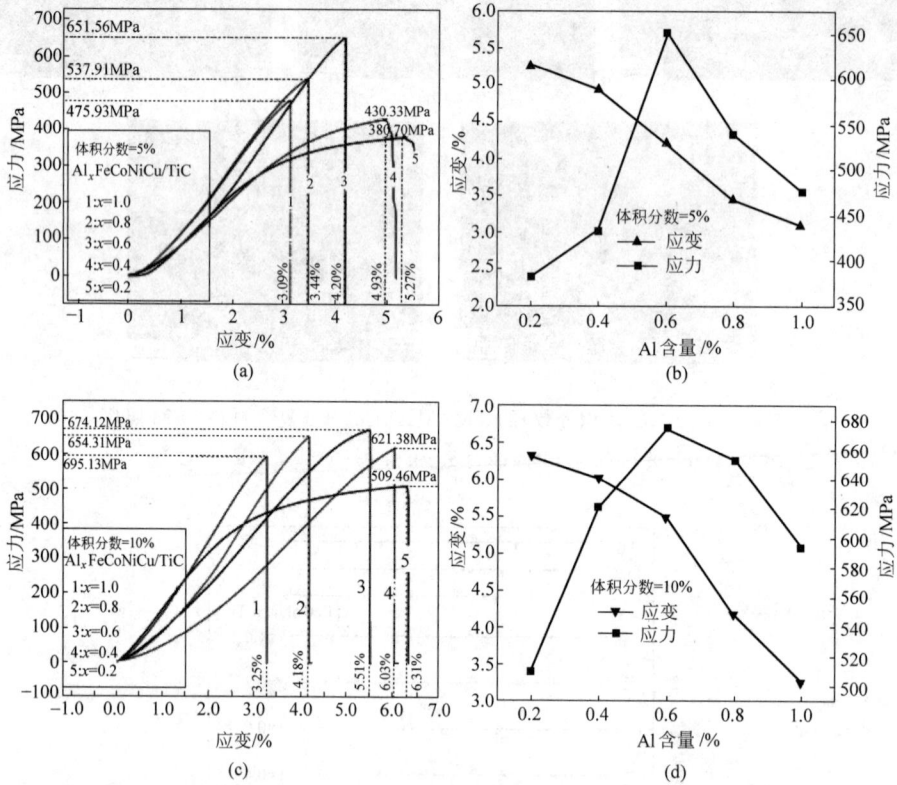

图 11-30　增强体 TiC 体积分数分别为 5% 和 10%，不同 Al 含量时
复合材料的拉伸应力-应变曲线(a)、(c)，以及拉伸强度和延伸率(b)、(d)

2. V 元素

图 11-31 为不同 V 元素含量的 $V_x FeCoNiCu/TiC_p$ 复合材料的 SEM 显微组织形貌。
由图可见，当 V 元素含量从 $x = 0.2$ 增至 0.6 时，TiC 颗粒尺寸从微米级降至纳米级，并提
高了 TiC 颗粒在基体中分布的均匀性。在 V 含量较低时，还会与 Fe、Co 等生成拉弗斯
(Laves) 相，如图 11-32 所示。但其拉伸强度和延伸率则随着 V 含量的增加而减小，如图 11-33
所示。可能原因是：

（1）V 在晶界偏析；

（2）晶界处的 V 与 C 结合生成 VC，继续升温，VC 与 Ti 发生置换反应，置换出的 TiC
颗粒也大量分布在晶界，从而导致晶界强度降低；

（3）V 的熔点高，"鸡尾酒"效应使合金熔点升高，液态金属流动性变差，冷却时产生缩
孔等铸造缺陷。

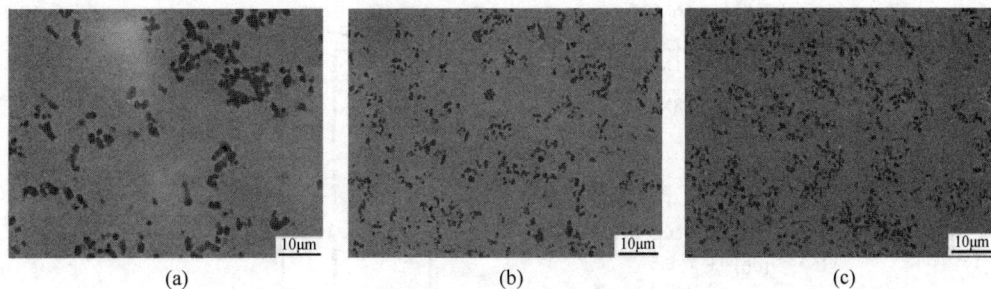

图 11-31 不同 V 含量的 V_xFeCoNiCu/TiC$_p$ 复合材料显微组织的 SEM 照片

(a)$x=0.2$；(b)$x=0.4$；(c)$x=0.6$

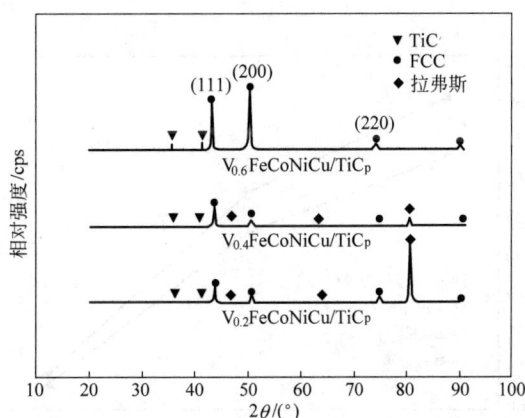

图 11-32 不同 V 含量的 V_xFeCoNiCu/TiC$_p$ 复合材料的 XRD 图谱

11.5.4 热处理

高熵合金基复合材料在经过不同温度和时间的退火处理后，基体组织会发生很大变化。CuCr$_2$Fe$_2$NiMn 高熵合金随着退火温度的增加，ρ(Cr$_5$Fe$_6$Mn$_8$)相从基体中析出，导致析出强化，当退火温度为 800℃时，ρ 相析出最多，硬度达到最大值，当温度继续升高时，基体中的 ρ 相和富铜相分解，导致硬度急剧下降。

图 11-34 为 10%(体积分数)TiB$_2$/FeCoNiCu 高熵合金基复合材料在铸态和退火态的硬度分布柱状图及热处理前后 XRD 图谱。从图 11-34(a)中可以看出，10%(体积分数) TiB$_2$ 增强体使基体硬度从 118.9HV 增加到 208.9HV。分别 800℃退火、保温 5h 热处理后，硬度分别提升到 173.6HV 和 263.5 HV。退火处理后，高熵合金基体中析出了拉弗斯相，如图 11-34(b)和(c)所示。退火处理后，传统合金的晶粒会长大，晶界减少从而硬度下降，而高熵合金具有极高的构型熵，在退火处理后会析出一些细小的拉弗斯相，增加高熵合金的退火硬度。这些析出相会弥散分布并阻止位错的运动，从而提高材料的力学性能。

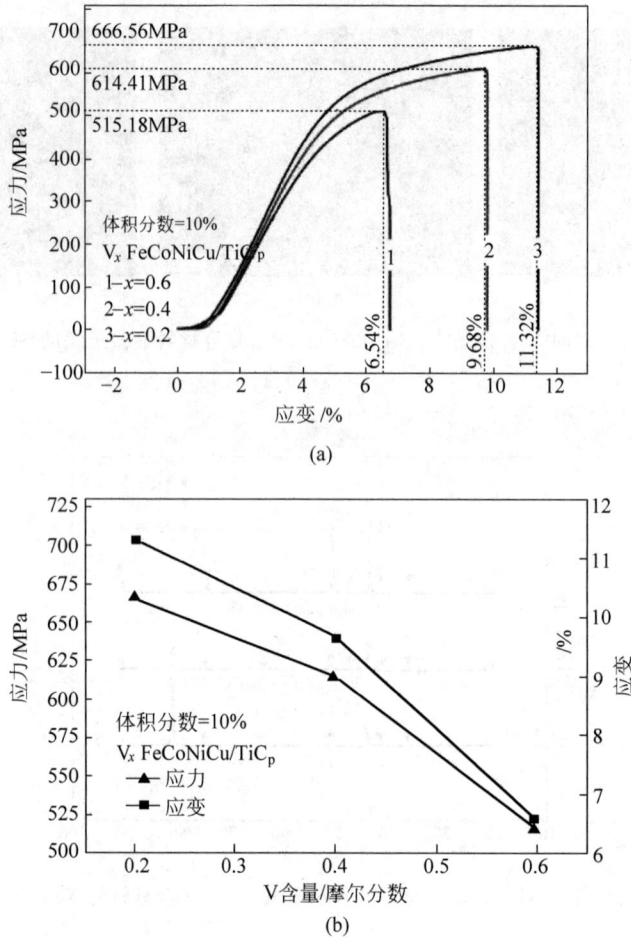

图 11-33　不同 V 含量时 $V_x FeCoNiCu/TiC_p$ 复合材料应力-应变曲线（a）及拉伸强度和延伸率（b）

11.5.5　形变

　　高熵合金基体的位错滑移特点和孪晶变形特点都不同于传统合金。高熵合金的派-纳（Peierls-Nabarro）力不能再像传统合金中那样被忽略，位错的伯格斯矢量可能不再是一个定值，而是处在一个分布区间内。通常高熵合金具有较低的层错能，而且温度对于层错能有着十分显著的影响。低层错能的面心立方结构合金具有出色的加工硬化能力，是原因变形过程中的机械孪晶可为位错运动提供障碍，从而导致位错运动路径的减少并使孪晶内部位错密度增加。

　　对于高熵合金基复合材料，形变除了会使材料出现加工硬化从而提升性能外，还会对材料的组织产生影响。由于高熵合金组织简单，成分较为均匀，形变对合金组织的影响并不大，但是内生型增强体颗粒在基体内形核长大时具有方向性，微裂纹会优先在这些陶瓷相颗粒的尖锐处产生，从而使材料的性能不能充分发挥。形变可以减小增强体颗粒尺寸，促使其在基体中弥散分布，从而可以起到提高复合材料力学性能的作用。

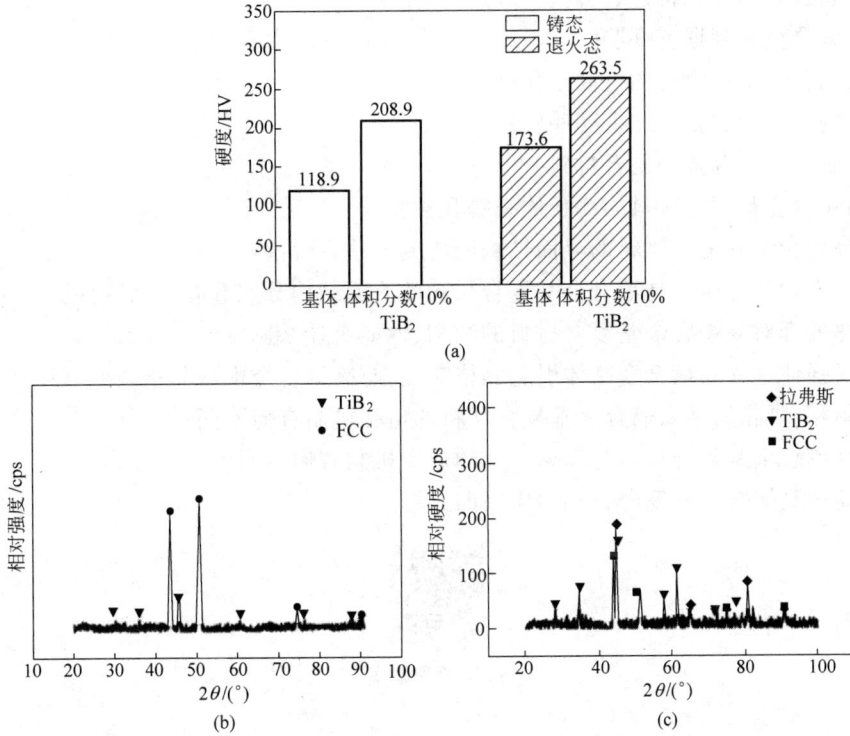

图 11-34　铸态 $TiB_2/FeCoNiCu$ 复合材料退火前后的硬度(a)与 XRD 图谱(b)、(c)

本章小结

高熵合金组织结构简单,性能优异,成分设计具有广阔的空间,在此基础上制备高熵合金基复合材料能够综合增强体和高熵合金基体的性能优势,在保持组织结构简单的同时获得传统合金材料不具备的性能,研究与应用具有巨大的潜力。原位高熵合金基复合材料中增强体颗粒通过原位反应生成,与合金基体结合良好,界面干净,性能优异。对高熵合金基复合材料进行适当的热处理可以促进拉弗斯相等析出,进一步改善其性能。对高熵合金基复合材料进行形变不仅可以达到加工硬化效果,还可有效细化增强体尺寸并使其弥散分布,显著提高复合材料的性能。

此外,高熵合金还可作为增强体与其他基体如铜、铝等复合形成多种新型复合材料,总之高熵合金及其复合材料理论尚在进一步探索和完善中。

思考题

1. 什么是高熵合金?
2. 高熵合金的常见结构有哪几种?
3. 高熵合金的效应有哪些?

4. 高熵合金的性能特性有哪些？

5. 高熵合金的判据有哪些？

6. 高熵合金结构演变的机制是什么？

7. 高熵合金的制备工艺有哪些？

8. 什么是高熵合金基复合材料？

9. 高熵合金基复合材料的增强体有哪几种？

10. 高熵合金基复合材料的界面结构的研究方法有哪些？

11. 内生型和外生型高熵合金基复合材料的界面结构分别具有什么特性？

12. 热处理对高熵合金基复合材料的结构、性能有什么影响？

13. 增强体进入高熵合金基体引起晶格畸变，与高熵合金本身晶格畸变有何区别？

14. 单相、复相增强高熵合金基复合材料的增强机制有何不同？

15. 高熵合金基复合材料与高熵合金的形变机制有何不同？

16. 简述高熵合金基复合材料的应用前景。

选择题和答案

第12章

生物复合材料

生物材料是用于人体组织和器官的诊断、修复或增进其功能的一类材料。传统医用金属材料和高分子材料不具生物活性，与组织不易牢固结合，在生理环境中或植入体内后受生理环境的影响，导致金属离子或单体释放，造成对机体的不良影响；生物陶瓷材料虽然具有良好的化学稳定性和相容性，高的强度和耐磨、耐腐蚀性，但材料的抗弯强度低、脆性大，在生理环境中的疲劳与破坏强度不高，在没有补强措施的条件下，只能应用于不承受负荷或仅承受纯压应力负荷的情况。因此，单一材料不能很好地满足临床应用的要求。利用不同性质的材料复合而成的生物复合材料（biomedical composites，BCs），不仅兼具组分材料的性能，而且可以得到单组分材料不具备的新性能，为获得结构和性质类似于人体组织的生物医学材料开辟了一条广阔的途径。

生物复合材料是由两种或两种以上不同的生物相容性优良的材料复合而成的生物医学材料，用于医疗上能够种植生物体或与生物组织相结合的材料，用于诊断、治疗以及替换生物机体中的组织、器官或增进其功能。生物复合材料通过具有不同性能材料的复合，可以达到"取长补短"的效果，可以有效地解决材料的强度、韧性及生物相容性问题，是生物材料新品种开发的有效手段。生物复合材料不仅保持了原组分的优点，还能使得原组分在性能上产生"协同效应"，获得原本不具备的特性。

植入体内的材料在人体复杂的生理环境中，长期受物理、化学、生物电等因素的影响，同时各组织以及器官间普遍存在着许多动态的相互作用，因此，生物复合材料必须满足下面几项要求：①具有良好的生物相容性和物理相容性，保证材料复合后不出现有损生物学性能的现象；②具有良好的生物稳定性，材料的结构不因体液作用而有变化，同时材料组成不引起生物体的生物反应；③具有足够的强度和韧性，能够承受人体的机械作用力，所用材料与组织的弹性模量、硬度、耐磨性能相适应，增强体材料还必须具有高的刚度、弹性模量和抗冲击性能；④具有良好的灭菌性能，保证生物材料在临床上的顺利应用。此外，生物材料要有良好的成型、加工性能，不因成型加工困难而使其应用受到限制。

生物复合材料根据应用的需求进行设计，由基体材料与增强材料或功能材料组成，复合材料的性质取决于组分材料的性质、含量和它们之间的界面。常用的基体材料有医用高分子、医用碳素材料、生物玻璃、玻璃陶瓷、磷酸钙基或其他生物陶瓷、医用不锈钢、钴基合金等医用金属材料；增强体材料有碳纤维、不锈钢和钛基合金纤维、生物玻璃陶瓷纤维、陶瓷纤维等纤维增强体。另外，还有氧化锆、磷酸钙基生物陶瓷、生物玻璃陶瓷等颗粒增强体。根据增强体形态的不同，可分为颗粒增强型、纤维增强型和编织结构增强型生物复合材料；根据基体材料的不同，可分为金属基、陶瓷基和高分子基生物复合材料；根据材料植入体内后引起的组织反应类型和程度，可分为生物惰性、生物活性、可生物降解和吸收的生物复合材料。本章主要按照基体材料的不同对生物复合材料进行分类阐述，侧重于生物惰性和生物活性复合材料。

12.1　金属基生物复合材料

作为生物医用材料，金属材料占有极其重要的地位，它具有较好的综合力学性能和优良的加工性能，是国内外较早将其作为人体硬组织修复和植入的一类材料，但金属材料与机体的亲和性、生物相容性较差，在体液中存在材料腐蚀等问题。生物活性陶瓷能与骨形成直接的骨键合，因此将生物活性陶瓷与金属复合制备生物复合材料是改善金属材料与机体相容性的有效方法。该部分主要介绍羟基磷灰石（HA）颗粒增强金属基生物复合材料和钛合金表面涂覆 HA 涂层两种类型的材料。

12.1.1　HA 增强金属基生物复合材料

目前，在生物医学领域常用的金属基生物材料主要包括 Ti 和 Mg 及其合金。这些金属具有与骨相近的密度和良好的力学性能，但是这些材料都是生物惰性材料，与骨组织之间只能形成一种机械嵌连结合，植入人体后容易发生脱落。具有良好生物相容性和骨传导性的 HA 可以有效地防止金属植入体引起的致毒和导致突变的危险，还能提高金属植入体抗腐蚀能力、传导新生骨组织的生长、形成牢固的骨键合，表现出优异的生物相容性和生物活性。采用真空热压烧结工艺制备的有较高致密度的 TiAl 金属间化合物/HA 复合材料，既具有较高的力学性能又具有一定的生物活性。采用粉末冶金法制备的不同钛含量的 Ti/HA 生物复合材料，其抗弯强度完全可以满足人体硬组织的需要，其断裂韧性与致密骨相当，浸入模拟体液后，表面有类骨磷灰石层生成，具有良好的生物活性。微波烧结粉末冶金方法制备的 Mg/HA 复合材料，压缩弹性模量明显高于纯镁试样，可有效避免应力屏蔽效应，适于作为人骨替代材料，同时复合材料的抗弯强度也能满足对材料力学性能的要求。

12.1.2　钛合金表面涂覆 HA 涂层

早在 20 世纪 70 年代亨奇（Hench）就提出以金属材料为基体，表面涂覆生物活性陶瓷，使其既具有金属材料的优良力学性能，又具有生物活性陶瓷的表面生物活性特征。生物医用材料表面涂覆 HA 涂层的常用方法主要包括等离子喷涂、电化学沉积、激光熔覆、溶胶-凝胶、仿生合成等。将生物活性陶瓷、生物玻璃和生物玻璃陶瓷用等离子喷涂法喷涂于钛合金表面，生物玻璃涂层能与骨组织发生化学结合，结合界面处含有明显的 Ca、P 成分过渡区，用该法制备的钛合金人工骨、人工齿根已成功地应用于临床（图 12-1 为钛合金表面等离子喷涂羟基磷灰石陶瓷涂层）。近年来，随着涂层技术的不断发展，电化学沉积法、浸渍-热解法、水热处理法不断出现，已成为金属基生物复合材料研究的一个重要方向，涂层材料的研究已从生物惰性涂层发展到生物活性材料以及非氧化物涂层材料。

金属基质与羟基磷灰石牢固结合是涂层假体成功的关键。因此,目前的研究多集中在提高金属基质与羟基磷灰石涂层的结合强度及涂层本身强度上。采用两步烧结法,以膨胀系数与表面涂层和基体相匹配的材料作为中间层,分别将中间层材料及表面处理烧结在基体表面形成复合涂层,有效地解决了涂层与基体之间的界面结合性能。在钛合金表面等离子喷涂生物活性梯度涂层,如图12-2所示,在基体与羟基磷灰石涂层之间形成化学组成梯度变化的过渡区域,大大降低了界面处的应力梯度,涂层与过渡层及基体间发生复杂的化学反应,形成化学键结合,大大提高涂层与基体的结合强度,增强涂层的抗侵蚀能力。

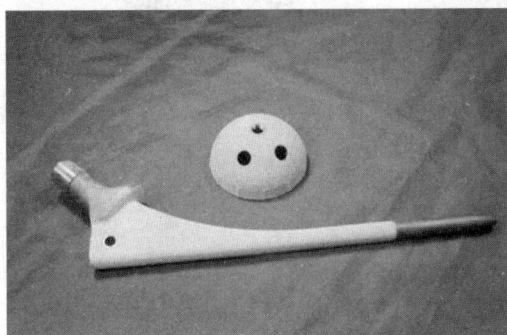

图 12-1　钛合金表面等离子喷涂羟基
磷灰石陶瓷涂层人工髋关节

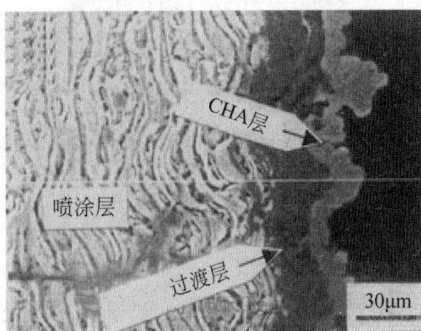

图 12-2　生物活性涂层形貌

非氧化物陶瓷涂层材料主要有氮化物、碳化物、硼化物和硅化物等,用作植入体抗磨损和腐蚀保护。钛合金表面经氮化处理,形成氮化钛,在常温模拟体液中浸泡,其抗腐蚀性能明显改善。采用离子注入法,在金属材料表面注入 C、N、B 等元素,有效地提高了金属人工骨和人工齿根的耐腐蚀和耐磨性。此外,生物相容性也有较大的改善。

12.2　陶瓷基生物复合材料

陶瓷基复合材料是以陶瓷、玻璃或玻璃陶瓷基体,通过不同方式引入颗粒、晶片、晶须或纤维等形状的增强体材料而获得的一类复合材料。目前,生物陶瓷基复合材料已成为生物陶瓷研究中最为活跃的领域,主要集中于生物材料的活性和骨结合性能以及材料增强研究等。陶瓷植入材料本身存在着脆性大、缺乏骨诱导性等缺点,其力学可靠性(尤其在湿生理环境中)较差,材料固有的脆性特征尚未完全解决。因此生物陶瓷的增强方式主要有颗粒增强、晶须或纤维增强以及相变增韧和层状复合增强等。本节主要介绍生物惰性陶瓷复合材料、生物活性陶瓷复合材料以及晶须/纤维增强陶瓷复合材料等。

12.2.1　生物惰性陶瓷复合材料

Al_2O_3、ZrO_2 等生物惰性材料自 20 世纪 70 年代初就开始了临床应用研究,但它与生物硬组织的结合为一种机械的锁合(图12-3和图12-4)。以高强度氧化物陶瓷为基材,掺入少量生物活性材料,可在使材料保持氧化物陶瓷优良力学性能的基础上赋予其一定的生物活性和骨结合能力。将具有不同膨胀系数的生物玻璃用高温熔烧或等离子喷涂的方法,在

致密 Al_2O_3 陶瓷髋关节植入物表面制备生物玻璃涂层,试样经高温处理,大量的 Al_2O_3 进入玻璃层中,有效地增强了生物玻璃与 Al_2O_3 陶瓷的界面结合,复合材料在缓冲溶液中反应数十分钟即可有羟基磷灰石形成。

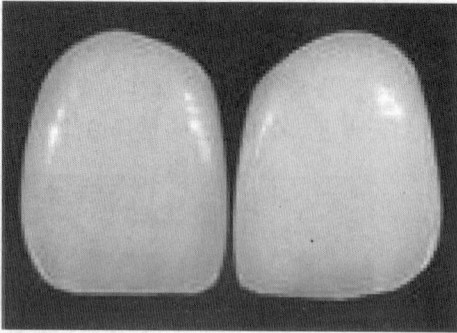

图 12-3　Al_2O_3 陶瓷假牙

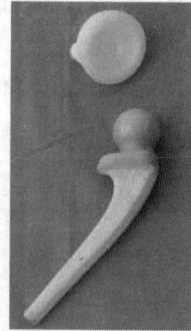

图 12-4　Al_2O_3 陶瓷人工关节

12.2.2　生物活性陶瓷复合材料

HA 材料已用于骨缺损的修复与填充颌面骨畸形修复的硬组织替代材料。HA 植入人体后,对人体无毒,与机体的亲和性好,与机体骨组织能形成紧密的化学结合,具有极好的生物相容性和生物活性。β-磷酸三钙(β-TCP)是目前广泛应用的生物降解陶瓷。β-磷酸三钙属三方晶系,钙磷原子比为 1.5,是磷酸钙的一种高温相。β-TCP 的最大优势就是生物相容性好,植入机体后与骨直接融合,无任何局部炎性反应及全身毒副作用。钙磷比在决定体内溶解性和吸收趋势上起着重要作用,所以和 HA 相比,β-TCP 更易于在体内溶解,其溶解度是 HA 的 10～20 倍。常用的 β-TCP 植入体内可逐渐降解,降解速率因其表面构造、结晶构型、含孔率及植入动物的不同而异,其强度常随降解而减弱。已证实改变孔径和材料纯度能减缓降解速度,提高生物强度。与其他陶瓷相比,β-TCP 陶瓷更类似于人骨和天然牙的性质和结构(图 12-5)。在生物体内,HA 的溶解是无害的,并且依靠从体液中补充钙和磷酸根离子等形成新骨,可在骨骼接合界面产生分解、吸收和析出等反应,实现牢固结合。

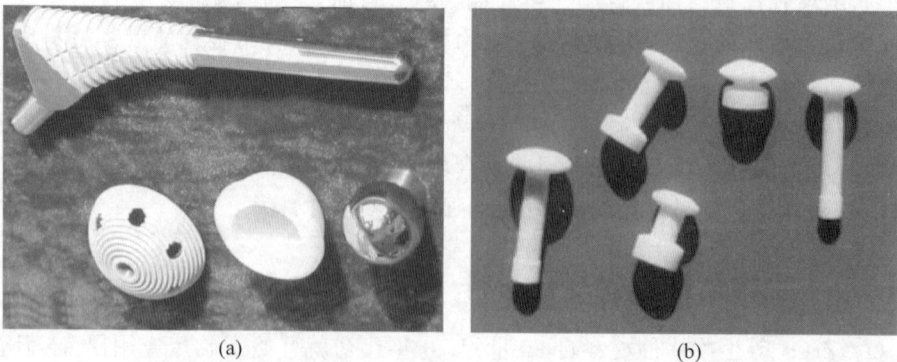

(a)

(b)

图 12-5　磷酸钙涂层人工髋关节(a)和其他生物医学器件(b)

β-TCP 陶瓷的缺点是机械强度偏低,经不起力的冲击。将 β-TCP 与其他材料混合,制成双相或多相陶瓷(图 12-6),是提高其力学强度的方法之一。通常认为双相钙磷陶瓷(BCP)的骨传导效应优于单一 HA 或 TCP 的,可以结合 HA 强度高和 TCP 生物降解性能好的优点,而且化学成分与骨相似。具有恰当比例的 HA/TCP 双相陶瓷在体内早期成骨明显,甚至在某些生物体的软组织中也可诱导成骨,具有良好的生物相容性、骨诱导性和骨传导性。

图 12-6　HA/TCP 双相陶瓷的 SEM 照片
(a) 低倍照片;(b) 高倍照片

HA/TCP 双相陶瓷的制备包括制粉、热处理和烧结等几个步骤。在氨性介质中,硝酸钙与磷酸氢二氨可按下式反应:

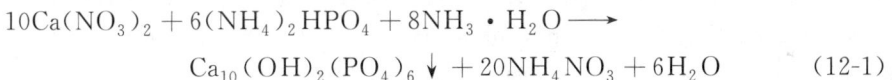

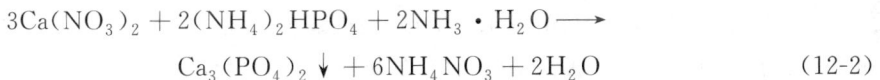

$$10Ca(NO_3)_2 + 6(NH_4)_2HPO_4 + 8NH_3 \cdot H_2O \longrightarrow$$
$$Ca_{10}(OH)_2(PO_4)_6 \downarrow + 20NH_4NO_3 + 6H_2O \tag{12-1}$$
$$3Ca(NO_3)_2 + 2(NH_4)_2HPO_4 + 2NH_3 \cdot H_2O \longrightarrow$$
$$Ca_3(PO_4)_2 \downarrow + 6NH_4NO_3 + 2H_2O \tag{12-2}$$

在相应的 pH 条件下,当钙磷原子比为 1.667 时,在一定的条件下,硝酸钙与磷酸氢二氨反应生成 HA;当钙磷原子比为 1.5 时,硝酸钙与磷酸氢二氨反应生成 TCP;当钙磷原子比在 1.5～1.667 时,随反应条件不同,可生成双相或三相磷灰石沉淀。

30%HA 与 70%TCP 在 1150℃烧结,其平均抗弯强度达 155MPa,优于纯 HA 和 TCP 陶瓷。HA/TCP 致密复合材料的断裂主要为穿晶断裂,其沿晶断裂的程度也大于纯单相陶瓷材料。HA/TCP 多孔复合材料植入动物体内,其性能起初类似于 β-TCP,而后具有 HA 的特性,通过调整 HA 与 TCP 的比例,达到满足不同临床需求的目的。

12.2.3　颗粒增韧陶瓷生物复合材料

HA 陶瓷材料中有选择地加入第二相颗粒可显著提高材料的断裂韧性。用 ZrO_2 作为第二相颗粒加入 HA 陶瓷材料中,是强化增韧的首选材料。ZrO_2 良好的力学性能和高的断裂韧性指标主要来自于它的多晶形转变。氧化锆有立方氧化锆(c-ZrO_2)、四方氧化锆(t-ZrO_2)及单斜氧化锆(m-ZrO_2)。三种不同晶形的氧化锆存在于不同的温度范围。t-ZrO_2 向 m-ZrO_2 马氏体相变是氧化锆具有增韧机制的重要条件。

氧化锆特别是含钇的四方氧化锆（Y-TZP）是一种具备优良室温力学性能的结构陶瓷，在复相材料受到破坏时，氧化锆可以更多地承担负荷，从而使 HA 的抗弯强度得以提高。Y-TZP 的粉体非常细小，细小粉体的存在有效地阻碍了 HA 在预烧过程中的生长和团聚，使 HA 粒子得以细小化及趋于球形化。因此，含 Y-TZP 的 HA，基体晶粒较细，减小了初始裂纹的尺寸，从而改善了材料的力学性能。同时，Y-TZP 的存在更有利于上皮细胞的生长。含 Y-TZP 的 HA 陶瓷有望成为良好生物相容性的复相陶瓷。

当 HA 粉末中添加 10%～50% 的 ZrO_2 粉末时，材料经 1350～1400℃ 热压烧结，其强度和韧性随烧结温度的提高而增加，添加 50% Y-TZP 的复合材料，抗折强度达 400MPa，断裂韧性为 $2.8～3.0MPa \cdot m^{1/2}$。ZrO_2 增韧 β-TCP 复合材料，其抗弯强度和断裂韧性也随 ZrO_2 含量的增加而得到增强。纳米 SiC 增强 HA 复合材料比纯 HA 陶瓷的抗弯强度提高 1.6 倍，断裂韧性提高 2 倍，抗压强度提高 1.4 倍，与生物硬组织的性能相当。

12.2.4　晶须/纤维增强陶瓷复合材料

晶须和纤维为陶瓷基复合材料的有效增韧补强材料，目前用于补强生物复合材料的主要有 SiC、Si_3N_4、Al_2O_3、ZrO_2、HA 纤维或晶须以及 C 纤维等。SiC 晶须增强生物活性玻璃陶瓷材料，复合材料的抗弯强度可达 460MPa，断裂韧性达 $4.3MPa \cdot m^{1/2}$，其韦布尔系数高达 24.7，成为可靠性最高的生物陶瓷基复合材料。磷酸钙系生物陶瓷晶须或纤维同其他增强材料相比，不仅不影响材料的增强效果，而且由于具有良好的生物相容性，与基体材料组分相同或相近，不会影响生物材料的性能。HA 晶须增韧 HA 复合材料的增韧补强效果同复合材料的气孔率有关，当复合材料相对密度达 92%～95% 时，复合材料的断裂韧性可提高 40%。磷酸钙骨水泥（calcium phosphate cement，CPC）是一种新型的人工骨材料，可用于人体骨缺损的修复，具有良好的生物相容性、骨传导性和骨替代性。然而，磷酸钙骨水泥的抗压强度较低，脆性较大，限制了其应用，因而需要提高 CPC 抗压强度并减小其脆性。普遍采用添加纤维的方法来提高 CPC 材料的抗压强度和韧性。

12.3　高分子基生物复合材料

几乎所有的生物体组织都是由两种或两种以上的材料构成的，比如人体的骨骼、牙齿就可看作由胶原蛋白、多糖基质等天然高分子构成的连续相和弥散于基质中的羟基磷灰石复合而成的材料。高分子基生物复合材料，尤其是生物活性陶瓷颗粒增强高分子生物复合材料，为人工器官和人工修复材料、骨填充材料开发与应用奠定了坚实的基础。本节主要介绍与骨组织生物复合材料、生物活性陶瓷增强聚合物复合材料、纤维增强聚合物生物复合材料，并介绍了 HA/聚合物生物复合材料的界面改性方法，概述了 3D 打印技术在高分子生物复合材料方面的应用。

12.3.1　骨组织生物复合材料

从材料学角度来看，自然骨可认为是取向分布在胶原纤维表面或间隙的纳米磷灰石微晶增强高分子聚合物的材料，也是一种弹性的高分子聚合物增韧磷灰石的复合材料，又可以认为是一种纤维自增强的纳米复合材料。这为设计骨及其他硬组织替代材料提供了非常重要的启发,促进了骨修复替代材料的研究和发展。随着人们对骨结构以及复合材料结构的进一步认识,利用分子生物学的技术、原理、方法来对材料进行仿生设计和合成,可望设计出真正具有智能化的"生命"材料,以满足临床对骨损伤修复日益增加的需求。

天然骨基质由矿化的胶原纤维构成,磷灰石矿晶在胶原纤维中紧密排布的纳米结构和精密的三维空间结构为生物体提供了坚强的支撑,胶原纤维的高张力强度与抗压的纳米矿晶巧妙地结合决定了骨骼独特的负载性质。磷灰石矿晶因为胶原层与层的重叠,构成了骨盐的框架结构。这一取向结构的结合力强,不易产生位错及层错,有利于提高机体的稳定性和性能。从骨的结构分析来看,存在两个不同结构层次的复合,即羟基磷灰石增强胶原纤维构成 3～7 层的同轴层环状结构和在毫米到微米尺度上骨小管增强间隙骨。骨基质这种微妙的结构与排列方式,既能满足结构的稳定,又能满足正常的生物吸收与交换。骨内部组成和结构的任何变化都影响其外在的生理功能和机械强度,这一定律不仅奠定了骨科疾病的临床研究基石,也指导着骨修复材料设计。

模拟自然骨的基本组成,设计用于骨组织修复重建的生物材料,关键在于以生物活性纳米磷灰石晶体复合有机基质构建功能性生物活性材料。复合材料中纳米磷灰石晶体具有优异的生物活性,有利于骨组织细胞的良好生物学响应。有机基质的高张力强度与抗压的纳米无机磷灰石晶体巧妙结合,决定了纳米复合材料高强韧的力学负载性质。与分子成分同样重要的是结构因素,包括不同尺寸的架构组织和可控取向。

天然复合材料中的硬质矿化成分至少有一维为纳米尺寸,表现出一种各向异性的几何学特征,并被柔软的有机基质所包裹。如牙釉质主要由长约 $100\mu m$、宽 $15\sim20\mu m$ 的磷灰石晶体组成,其间有少量的蛋白基质。牙本质中无机质和骨晶则由长 $40\sim60\mu m$、宽 $3\sim20\mu m$ 的针状或片状磷灰石弱结晶体组成,无机质含量约为有机蛋白基质的 2 倍;真珠质由宽 $200\sim500\mu m$ 的板状碳酸钙晶体构成,仅含极少的软性有机质。纳米尺度的晶体是这些生物系统超强力学性能的主要原因,纳米矿晶的断裂可阻止裂缝的进一步扩张,使断裂停留在晶体的极限长度附近,天然骨复合材料中各向异性的矿晶有效促进了骨强度的增加。

12.3.2　生物活性陶瓷颗粒增强聚合物复合材料

生物陶瓷增强聚合物复合材料于 1981 年由邦菲尔德(Bonfield)提出,主要包括 HA、AW 玻璃陶瓷、生物玻璃等增强高密度聚乙烯(HDPE)和聚乳酸(PLA)等高分子化合物。生物陶瓷与高分子复合材料一方面利用高弹性模量的生物无机材料增强高分子材料的刚性,并赋予其生物活性,另一方面又利用高分子材料的可塑性改善陶瓷材料的韧性。

HA 分子中的 Ca^{2+} 可与含有羧基的氨基酸、蛋白质、有机酸等发生交换反应,具有良好的骨传导性能和生物活性,能与骨组织形成牢固的骨性结合促进骨骼生长,并且相态比较稳定,无毒性、发炎性,是公认的性能良好的骨修复替代材料。HA/聚合物复合材料兼具 HA优良的生物性能和高分子材料良好的力学性能、加工性能。

目前,研究较多的 HA 增强聚合物包括人工合成的聚合物(如聚乙烯、聚乙烯醇、聚乳酸)和天然聚合物(如明胶、壳聚糖、胶原等)。HA 的加入既改善了聚合物的力学性能,又可以提高聚合物的生物活性。这些复合材料与正常骨的结构、孔隙率及孔径接近,又具有一定的生物力学强度,有利于成骨细胞黏附、增殖并发挥成骨作用。

在 HDPE 中掺入 HA 填料成功制备具有生物活性的复合材料，目前临床广泛应用于人体承重比较小的部位的修复。HA/HDPE 复合材料随 HA 掺量的增加，其密度也增加，弹性模量可从 1GPa 提高到 9GPa，但材料从柔性向脆性转变，其断裂形变可从大于 90% 下降至 3%，因此可通过控制 HA 的含量调整和改变复合材料的性能。HA 增强 HDPE 复合材料的最佳抗拉强度可达 22～26MPa，断裂韧性达 (2.9 ± 0.3) MPa·m$^{1/2}$。由于该复合材料的弹性模量处于自然骨杨氏模量范围之内，具有极好的力学相容性，并且具有引导新骨形成的功能。为了使 PEEK 表面具有生物活性，通过熔融共混的方法将平均粒径为 $25～30\mu m$ 的 HA 加入 PEEK 中制备出具有一定生物活性的复合材料，HA/PEEK 复合材料作为骨移植材料具有巨大的实际应用潜力。

PLA 有良好的生物相容性、生物降解性，较好的韧性及热成型性，已被用作内固定材料，但其强度衰减速度不均衡，且降解产物呈酸性，易在体内引起炎症反应。此外，材料还缺乏骨结合能力，对 X 射线具有穿透性，不便于临床上显影观察。将 n-HA 与 PLA 复合，不仅可调控材料的初始力学强度及强度衰减速度，以满足骨折内固定时的力学强度要求，而且 PLA 酸性降解产物可被 n-HA 缓冲，n-HA 的骨诱导性及多孔结构则为细胞生长、组织再生及血管化提供有利条件，从而更符合骨组织工程材料结构和功能要求。随着 PLA 的降解吸收，HA 在体内逐渐转化为自然骨组织，从而提高材料的骨结合能力和生物相容性。此外，还可提高材料对 X 射线的阻遏作用，便于临床显影观察。

乳酸有两种旋光异构体，即左旋乳酸（LLA）和右旋乳酸（DLA），其均聚物有 3 种基本立体构型：聚右旋乳酸（PDLA）、聚左旋乳酸（PLLA）、聚消旋乳酸（PDLLA）。常用是 PDLLA 和 PLLA，分别由乳酸或丙交酯的消旋体、左旋体制得。国外采用一种新的共混及精加工工艺将 HA 均匀分散于 PLLA 基体中，制备了超高强度生物可吸收 PLLA-HA 复合材料，随 HA 在 PLLA 基体中含量增加，材料的抗弯强度和抗弯模量也增加，其最高抗弯强度可达 280MPa，它既有高分子的弹性又具有类皮质骨的刚度。将该材料浸入模拟体液中 3 天后即有大量 HA 晶体在表面沉积，具有骨结合能力，12 周后材料具有 210MPa 的抗弯强度，高于皮质骨内固定材料抗弯强度 200MPa 的最低要求。因此该复合材料可望作为骨折内固定材料，广泛应用于临床。PDLLA-HA 复合内固定棒治疗兔子髁部骨折的实验研究表明，术后动物自由活动，不用任何外固定，所有动物伤口 I 期愈合，无关节积液和窦道形成。

骨胶原是皮肤、骨、腱、软骨、血管和牙齿的主要纤维成分，细胞骨架的重要成分也是胶原，因此，胶原不同程度地存在于一切器官中。皮质骨本身为脆性 HA 晶粒和柔性胶原纤维的复合材料，将模量较高的陶瓷如 HA 与柔性的人工细胞外基质如聚乳酸、胶原、明胶等复合，可使合成材料的力学性能与骨相互匹配。胶原对溶液中 Ca^{2+} 有良好的亲和性，在 HA 结晶过程中起晶核和矿化模板作用，具有诱导 HA 成核，引起 HA 颗粒沿胶原纤维表面分布的功能，使得纳米 HA 与 I 型胶原分子的自组装结构与天然骨的微结构类似，其显微硬度可以达到骨皮质显微硬度的下限。此外，纳米 HA/胶原材料还具有良好的生物相容性，成骨细胞可在框架材料上正常地贴附铺展、生长繁殖，并分泌纤维状细胞外基质与材料成为一体。含有 HA 和胶原的骨替代材料，具有 HA 的骨传导作用和胶原的骨诱导作用，是人体成骨细胞良好的附着和生长基体，这类材料包括生物骨载体（BBC）、表面脱钙骨基质胶原（pDBM）、HA/胶原复合材料。

与胶原相比，明胶在成本上具有优势，在医药工业、临床医学和临床治疗中有着广泛的应用,因此 HA/明胶复合材料应运而生。该材料在组成上与人骨组织相似,具有良好的生物相容性、骨传导性等生物学特性。仿松质骨的胶原-纳米 HA 人工骨能有效地替代坏死的骨细胞,抑制股骨头坏死的进程。胶原与纳米碳酸磷灰石、纳米 HA 复合多孔骨修复材料结构和力学性能与骨小梁十分相似,具有很好的生物相容性和生物活性,并且已成功进行大尺寸的动物骨修复实验。把 HA/胶原复合材料切割成薄片,培养 11 天后细胞迅速增殖,覆盖了复合材料的部分表面,并牢固地附着在 HA 颗粒(图 12-7)和胶原纤维上。

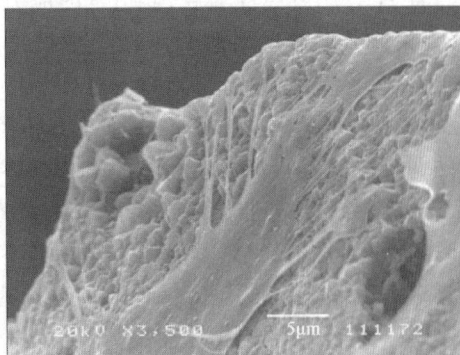

图 12-7 培养 11 天后成骨细胞
紧紧附着于 HA 颗粒上

HA/明胶复合材料大多是以纳米颗粒状的 HA 作为增强体。由于 HA 纳米颗粒具有很高的表面能,在制备过程中极易发生团聚,所以很难控制 HA 在复合材料基体中的分散并得到纳米尺寸的 HA 复合材料。采用自组装仿生矿化方法制备 HA/胶原复合材料,在胶原纤维周围形成了一层纳米尺度的 HA 晶体,而且这种复合材料具有类似于天然骨的多级结构(图 12-8)。采用模板法制备层状有序纳米结构的 HA,然后采用纳米插层技术制备羟基磷灰石/聚合物纳米层状复合材料,所获得的插层复合材料包括层状 HA_p/明胶复合材料(图 12-9(a))、层状 HA_p/壳聚糖复合材料(图 12-9(b))和 HA_p/PMMA 插层复合材料。

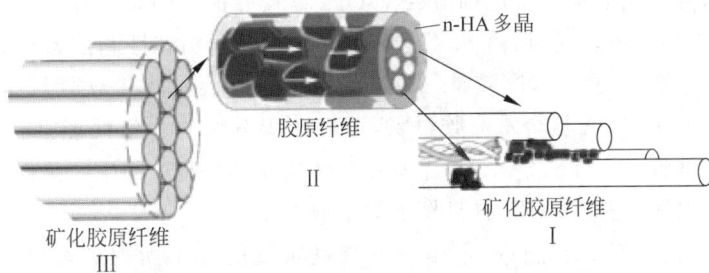

图 12-8 HA/胶原复合材料分级结构示意图

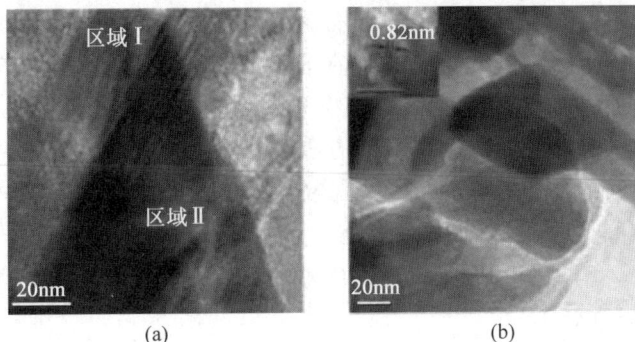

图 12-9 插层复合材料
(a) 层状 HA_p/明胶;(b) 层状 HA_p/壳聚糖

将 HA/明胶膜浸泡后,在恒定的应力下干燥可使明胶分子沿应力方向取向形成层状结构,原来嵌入明胶层内的 HA 粒子被挤出到层间的空隙中,并沿所设定的方向排布。因此在 HA/明胶膜材料中,一方面无机粒子增强了明胶膜,另一方面明胶分子对应力的分配促进了 HA 粒子的定向排列。这种方法可制备各向异性的复合材料,通过对其组成和机械变形的调节可制备特殊力学性能的生物材料。

改进的溶胶-凝胶法制备的注射式骨替代 HA/胶原复合材料可以在无菌的液体媒介中长时间保存,且不聚合、不沉淀。通过离心分离得到泥浆,作为注射式的骨替代材料进行应用。以水为致孔剂采用冷冻干燥法制备的 HA/壳聚糖-明胶网络复合支架和 β-TCP/壳聚糖-明胶复合支架生物相容性良好,可以作为骨修复或骨取代材料。

HA 人工骨是一种较为理想的修复颌骨缺损和牙病所致的骨缺损的材料,HA 材料中加入适量壳聚糖,一是增加了 HA 颗粒的赋形性,二是降低了复合材料的刚性,特别是壳聚糖在机体内吸收后留下的空隙,可为新生骨组织和纤维组织的生长提供场所,在功能上更符合力学性能的要求。采用仿生学原理,制成一种塑形简便并且具有良好骨传导、骨诱导性的纳米 HA/壳聚糖复合骨修复材料,与骨髓间充质干细胞具有良好的生物相容性。

关节软骨是一种多相组织,包含小于 5% 的软骨细胞,60%～85% 的间隙流体,15%～22% 的 II 型胶原纤维,4%～7% 的蛋白多糖,以及其他蛋白质大分子组成的固体细胞外基质(ECM)。关节软骨的固体基质有非常特殊的超微结构排列,由自关节面随深度变化的不同区域组成,形成分层结构,通常可以分为三层：浅表层(表面至厚度的 10%～20%)、中间层(厚度的 20%～70%)和深层(厚度的 70%～100%),每一层都有不同的 ECM 构成和排列、细胞形态以及新陈代谢活动。聚乙烯醇(PVA)水凝胶有很强的亲水性,可用于制备人工软骨、人工喉及人工玻璃体。同时,由于水凝胶有良好的组织相容性和通透性,还可以应用于药物释放。n-HA/PVA 复合水凝胶是一种新型的性能优良的人工软骨材料。通过制备微观结构均匀的 n-HA/PVA 复合水凝胶材料,可以改善其生物力学性能,同时赋予 PVA 水凝胶良好的生物活性。n-HA/PVA 复合水凝胶材料兼具 n-HA 的生物活性和 PVA 的高弹性、高含水性,同时制备技术简捷,材料易于加工成型。

HA 与 PVA 复合时分散困难,采用一般物理共混的方法所得的复合水凝胶中,一般 HA 易团聚,影响了复合材料的均匀性和力学性能。原位复合技术是在 PVA 水溶液中合成晶相的 HA 活性陶瓷颗粒,PVA 分子链在 HA 结晶过程中起晶核和矿化模板作用。图 12-10 是 n-HA/PVA 复合水凝胶的制备过程。PVA 溶液中的负电性 OH^- 基团给 Ca^{2+} 提供了选择性吸附的结合位点,Ca^{2+} 在表面聚集形成正电荷,与溶液中的 PO_4^{3-} 结合,促进 HA 结晶过程的形成,在有机聚合物上原位形核生成纳米级 HA 颗粒。

图 12-11(a)为化学沉淀法制备的 HA 的透射电镜图。化学沉淀法合成的 HA 具有规则的形状,为短棒状晶体,出现一定的团聚现象。原位合成复合水凝胶材料中的 HA 为针状的弱结晶的晶体,平均尺寸大约为 80nm×40nm,具有与自然骨中 HA 类似的纳米结构,HA 以聚乙烯醇大分子的侧羟基为形核点,在聚乙烯醇基体中分散良好,未见团聚的 HA 大颗粒,如图 12-11(b)所示。

图 12-12 所示为 n-HA/PVA 复合水凝胶材料的拉伸应力-应变曲线。由图可以看出,复合水凝胶材料的单轴拉伸应力-应变响应符合多项式变化规律,呈现出典型的非线性关系。图 12-13 是 HA/PVA 水凝胶仿生关节窝。PVA 与 HA 复合后可在软骨连接部位产生

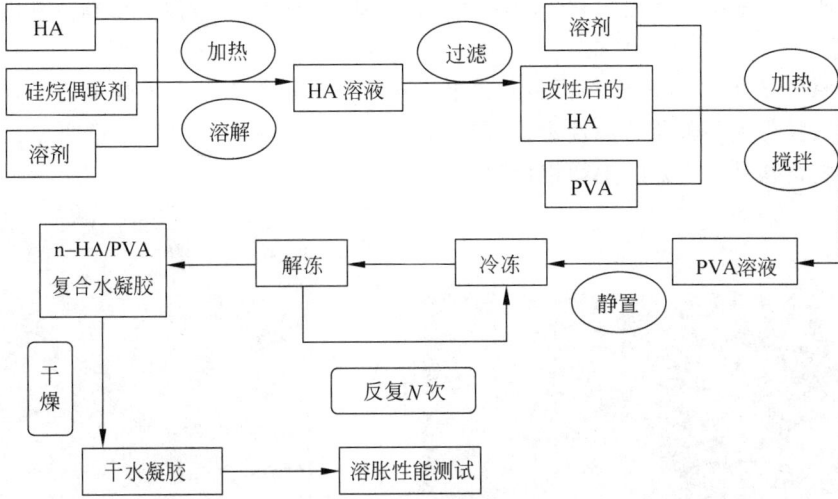

图 12-10　n-HA/PVA 复合水凝胶的制备过程

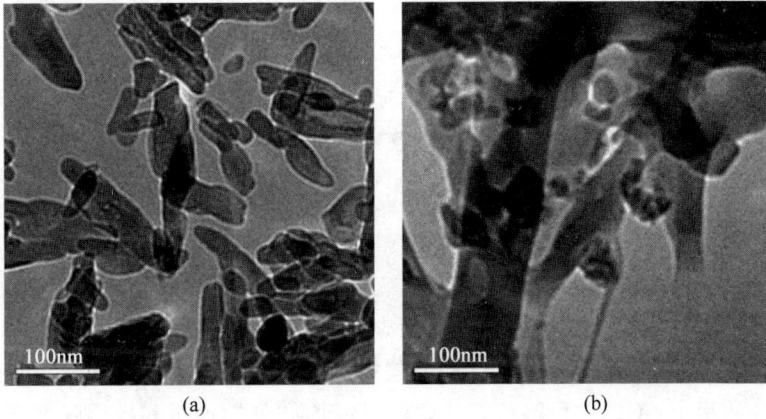

(a)　　　　　　　　　　　　　(b)

图 12-11　HA 和 n-HA/PVA 复合水凝胶的透射电镜图

(a) HA；(b) n-HA/PVA

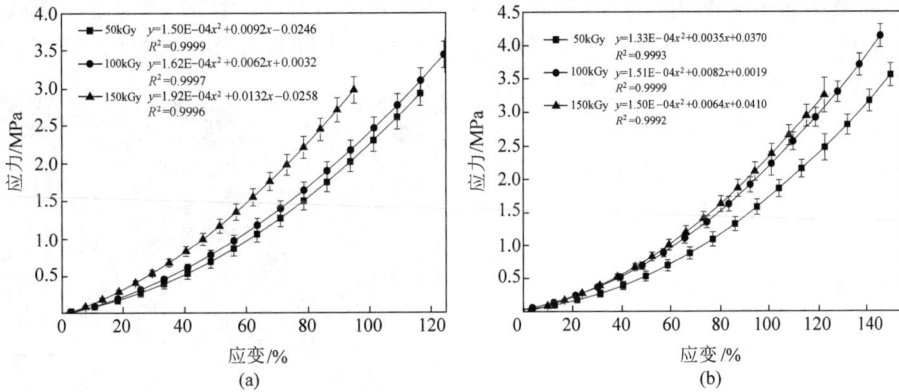

(a)　　　　　　　　　　　　　(b)

图 12-12　n-HA/PVA 复合水凝胶材料的拉伸应力-应变曲线

(a) 2%(质量分数)n-HA；(b) 6%(质量分数)n-HA

生物活性而使骨细胞生长进入软骨底层，形成牢固的生物连接，提高软骨植入体的生物活性和稳定性。

采用原位复合、冷冻解冻和辐照交联相结合的方式制备的 HA 增强聚乙烯醇水凝胶未引起肝、肾、脾等重要脏器的慢性毒性反应（图 12-14），这在一定程度上说明原位复合法制备的水凝胶材料具有良好的生物相容性。

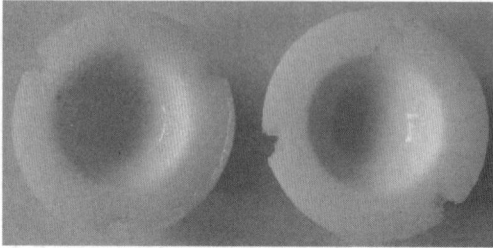

图 12-13　HA/PVA 水凝胶仿生关节窝

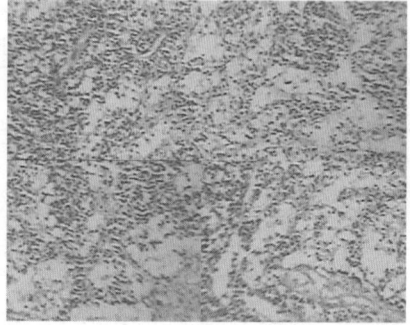

图 12-14　n-HA/PVA 植入 12 周后脾的
组织切片观察（100×）

12.3.3　碳纤维增强高分子生物复合材料

碳纤维增强高分子生物复合材料是发展最早的一类医用复合材料，主要用作人工关节、骨水泥和接骨板等。用于骨折内固定板的碳纤维增强聚合物复合材料有两类：第一类是基体为可吸收的聚合物，如碳纤维/聚乳酸等；第二类是基体为不可吸收的聚合物，如碳纤维/聚砜、碳纤维/环氧树脂等。目前已开发了用碳纤维、聚酰胺纤维增强的聚砜（PSF）、聚醚醚酮（PEEK）、聚乙烯（PE）等高分子材料人工髋关节假体。就临床效果来看，碳纤维增强的复合材料化学性质稳定，不释放可溶性产物，疲劳强度高，弹性模量和抗压强度与人骨相近，生物相容性好。

碳纤维增强 HDPE 复合材料的强度、刚性、抗疲劳和抗磨损性能均显著高于 HDPE 材料的，因此常用于承受复杂应力和摩擦作用的髋关节和膝关节。石墨、炭黑填充超高分子量聚乙烯（UHMWPE）复合材料的硬度并不高，且会使其脆性增大，但其耐磨性较好；微珠粉和玻璃纤维虽然也能提高 UHMWPE 的硬度，但其填充复合材料的耐磨性能较差。在 UHMWPE 基体中加入 UHMWPE 纤维，由于基体和纤维具有相同的化学特征，因此化学相容性好，两组分的界面结合力强，从而可获得机械性能优良的复合材料，形成 UHMWPE 的自增强。UHMWPE 纤维的加入可使 UHMWPE 的拉伸强度和模量、冲击强度、耐蠕变性大大提高，适用于人工关节置换（图 12-15）。

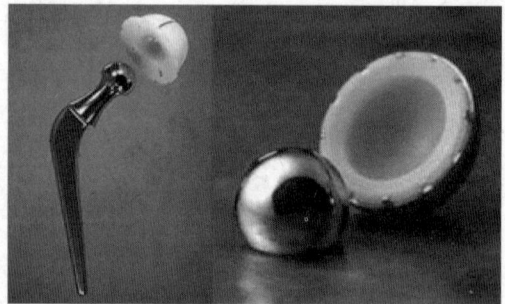

图 12-15　人工关节材料 UHMWPE

碳纤维增强聚醚醚酮(CF/PEEK)作为一种理想的人工关节替代材料,以超强的力学性能、优良的耐磨损性能,以及良好的生物相容性和力学相容性逐渐受到科学家们的青睐。碳纤维与 PEEK 具有很好的亲和性,它们可以增强改性 PEEK 复合材料,提高其复合材料的强度、摩擦学性能和热学性能等,30%CF 增强的 PEEK 复合材料的拉伸强度超过 100MPa。CF/PEEK 复合材料克服了普通热塑性材料的一些缺点(如软化温度低、弹性模量低、纤维/树脂黏结强度低等),同时保留了 PEEK 优良的生物相容性和力学相容性,另外增强了PEEK 基体的机械性能、耐摩擦磨损性能和耐热性能等。短切碳纤维增强复合材料的应力传递机理:复合材料在受到应力作用时,载荷通常是直接作用到基体上,并以一定方式传递到碳纤维上,这样碳纤维会作为应力承受点分担应力作用。与连续长碳纤维相比,短纤维存在末端效应,纤维各部分受到的力大小不一,从而导致复合材料的变形不均匀。从微观上看,碳纤维之所以能够增强基体的性能,是因为碳纤维可由界面沿纤维轴向的剪切力传递载荷,受到的拉应力比在基体中更大。碳纤维和基体的弹性模量相差很多,当复合材料受到与纤维方向一致的力时,碳纤维和基体将共同承担应力作用。一般来讲,基体的变形量将大于碳纤维的变形量,但是由于碳纤维与基体间的界面部分会产生剪应变和剪切力。常温下,纯PEEK 的拉伸强度为 97MPa,30%CF/PEEK 的拉伸强度可增加 1 倍,150℃时其为纯PEEK 的 3 倍,弹性模量、冲击和抗弯强度也会有很大提高。CF/PEEK 复合材料具有良好的力学相容性是由于:①它的弹性模量与骨组织相近,这样在受力时能够减小应力遮挡现象,从而增加了界面的结合强度;②CF/PEEK 复合材料与骨组织在受力时应变基本一致,因此减少了剪切应力,确保了假体的初始固定。CF/PEEK 复合材料的体积磨损率约为UHMWPE 的 1/2。CF/PEEK 复合材料具有良好的生物相容性,主要表现在:一是它对假体周围的细胞无细胞毒性作用,不影响其增殖,也不产生免疫反应;二是它有利于成骨细胞的蛋白合成、成骨及乳附性能,从而起生物学固定的作用。CF/PEEK 复合材料比通常使用的聚合物、金属、陶瓷材料更适合制作人工关节。

聚甲基丙烯酸甲酯(PMMA)具有生物相容性好、强度高、成本低和易成型等优点,在国内外大量应用于临床领域。但作为骨组织支撑材料,PMMA 脆性较大,抗冲击性能差;在骨水泥界面易形成纤维,既不能被吸收,也不利于骨骼生长,而碳纤维具有密度低,比强度、比模量高的特点,同时它又是一种生物惰性材料,在人体中的化学稳定性好,无毒性,与人体肌肉、韧带组织的生物相容性也较好。碳纤维增强 PMMA 复合材料在 20 世纪 90 年代初就成功地用于颅骨缺损修复,其抗弯强度、断裂模量及其抗冲击性能均优于人体颅骨材料,对患者实施颅骨缺损修复后起到重要的防护作用。用四氟乙烯纤维与碳纤维复合制备成多孔复合材料,有利于生物组织的长入,它已用于牙槽骨、下颌骨、关节软骨的修复。

用短碳纤维增强 PMMA 骨水泥,与 PMMA 骨水泥相比,其抗拉强度和弹性模量可分别提高 50% 和 40%,抗疲劳和蠕变性能也大大提高,同时可使 PMMA 骨水泥的聚合温度降低近 10℃。用蒸汽消毒、热塑型以及盐水浸泡等方式处理的短 CF/PEEK 复合材料,具有优良的耐湿性能。此外,CF/PEEK 复合材料已开始用于制作腰椎融合器、髋假体、牙套等。用 CF/PEEK 与成骨细胞及成纤维细胞共同培养后未发现明显的细胞毒性。除此之外,碳纤维增强聚乳酸生物复合材料、碳纤维增强尼龙生物复合材料、碳纤维增强明胶生物复合材料等也有很好的生物相容性。

玻璃纤维增强复合材料由于其低密度、高强度、高模量以及耐腐蚀的优点,可用于增强义齿基托的机械性能,制造牙周夹板、全冠和固定桥、桩核修复等。玻璃纤维复合材料的根管桩的弹性模量(29.2GPa)与天然牙接近,有利于应力向牙根表面传导从而减少根内应力集中,降低根折发生率。玻璃纤维增强 PMMA/HA 复合材料性能稳定,机械强度高,用作人工颅骨复合材料,其力学性能基本满足临床要求。

金属纤维增强生物复合材料在生物医用领域主要应用于骨修复材料和齿科的基托材料。用铜基合金纤维和不锈钢纤维增强 PMMA,并将其应用到齿科的基托材料中,取得了很好的增强效果。

12.3.4　HA/聚合物生物复合材料的界面改性方法

HA/聚合物复合材料的制备方法主要有热压成型法、原位聚合法、共沉淀法、溶液共混法、直接喷涂法等。热压成型法制备的 HA/聚 β-羟丁酸(PHB)复合材料的力学性能较高,达到了新鲜人体骨的力学性能。熔融共混法中由于聚合物基体的高黏度限制了 HA 在基体中的分散,从而降低了 HA 提高复合材料的机械性能,尤其是生物活性的能力。

无机粉体的分散状况和两相间的界面结合情况会显著影响复合材料的各项性能。HA 与聚合物的界面性质不同、相容性差,在聚合物基料中难以均匀分散。如果分散不均或粉体发生团聚,会造成基体结构不均一,不仅影响其功能的发挥,而且降低材料的强度和韧性;如果界面结合差则不利于应力的传导,使材料的力学性能大大下降。作为填充体的 HA 粉体与聚合物两者的界面结合力较弱,在应用时其复合界面处首先遭到破坏,从而导致材料机械强度丧失过快。因此,提高 HA 与聚合物之间的界面相容性和分散性,可改善材料的力学性能和加工性能,赋予材料以生物活性。

目前,改进共混复合材料相容性的方法通常有两种:一是引入第三相,减少界面能量,促进扩散,提高两相间的黏合力;二是反应共混,即引入带有功能团或催化剂的第三种成分,在熔融状态下促进两相的化学反应。此外,颗粒表面改性方法包括表面包覆法和接枝法。

接枝共聚物改性是一种有效的方法,可以很好地改善相间的界面黏合。采用具有双性(亲水性和疏水性)基团的偶联剂在聚合物和 HA 之间形成"分子桥"以改善 HA/高聚物两相的界面结合性和分散性成为制备性能优异的骨修复复合人工骨材料的关键。经表面改性后的 HA 纳米晶表面富含卵磷脂的特征基团,不仅有效阻止了 HA 的团聚,而且改善了 HA 纳米晶与 PMMA 基体的界面结合性。用丙二酸酐对 PLA 进行接枝改性,接枝共聚物改进了 PLA/淀粉共混复合材料的相间混溶性,增强了相间的作用力,它与淀粉的共混物界面黏合力增强,机械性能也随之提高,其性能优于简单的机械共混材料。

原位聚合(ISP)法中 HA 分散于黏度较小的单体和低聚合介质中,可大大提高 HA 的分散均匀性;通过原位聚合法制备了 HA/PEEK 复合材料和 HA/PVA 复合材料。

12.3.5　3D打印高分子生物复合材料

选择性激光烧结(selective laser sintering,SLS)是基于粉末床的激光 3D 打印技术,其中高分子基粉末是应用最早,也是目前应用最多、最成功的 SLS 材料。SLS 技术的突出优点是可用于制造结构复杂、个性化的产品,这与生物医学领域的需求非常契合。因此,SLS

技术可用于制造一些具有生物活性或生物相容性的高分子复合材料。这些复合材料通常是由具有生物活性的生物陶瓷(如 HA)和具有生物相容性的热塑性高分子材料(如聚乙烯醇(PVA)、聚丙交酯-乙交酯(PLAGA)、左旋聚乳酸(PLLA)、聚醚醚酮(PEEK)、聚乙烯(PE)等)组成。高分子的 SLS 成型件中存在一定孔隙,造成其力学性能较低。因此,后处理浸渗法在 SLS 初始形坯中渗入另外一种材料,形成复合材料,固化后成型件致密度和力学性能得到提高。

SLS 技术成型了 PVA/HA 生物复合材料的生物组织工程支架以及具有生物活性的PLAGA/HA 及 PLAGA/β-TCP 复合材料,并烧结得到用于骨骼移植的三维支架。以上这几种高分子基体都是水溶性的,是可生物降解的。另外,SLS 非常适合用来成型具有生物活性的、结构复杂的 HA/HDPE 人造骨骼及组织工程支架。通过机械混合的方法制备不同HA 含量的 PEEK/HA 纳米复合材料,并且利用 SLS 技术成型具有可控结构的多孔生物支架。上述几种半结晶性高分子材料虽然不是水溶性的,但都具有良好的生物相容性。其中生物陶瓷具有以下两个作用:一个是使生物支架具有骨诱导性;另一个就是增强支架的强度。

生物组织工程支架、人造骨骼等都具有非常复杂的个性化结构,这些复杂的个性化生物结构往往很难通过传统的制造方法来获得。利用 SLS 技术制备生物医用材料,不仅能够实现各种复杂结构的快速制造,而且能够通过选择材料、调节工艺参数和后处理方法灵活控制医用材料的微观结构和力学性能。使用微量纳米级填料来增强高分子的 SLS 成型件,可以使其冲击强度保持不变或略有上升的同时,其他性能如拉伸强度、硬度、模量、耐热性等得到大幅提升。

12.4 生物复合材料的总结与展望

12.4.1 先进生物复合材料设计

对生物材料来说,生物相容性、力学适应性和抗血栓性,都是不可缺少的条件。单一结构的生物材料由于其本身的结构所限制,很难满足人体环境的要求。而单纯的几种材料复合,虽然比单一生物材料在使用性能上有所提高,但其界面是一个薄弱环节,一系列性能在此发生突变而导致失效。因此,研究植入体在人体骨骼系统的各种受力状态下的力学行为,从生物力学方面指导材料的结构设计与加工处理。研究材料多相结构与多孔性机体组织的力学相容性、疲劳过程以及损伤的影响因素,调整其结构及有关相的组成,使得整体材料性能按梯度规律变化,从而研制出生物相容性和力学适应性、生物活性和生物惰性、抗血栓性等一系列生物材料。

12.4.2 生物复合材料的生理活化

材料生理活化研究是生物医用复合材料发展的一个重要方向,它利用现代生物工程技术,将生物活性组元引入生物材料,加速材料与机体组织的结合,并参与正常的生命活动,最终成为机体的一部分。目前,该项研究已在国内外引起关注。胶原与多孔 HA 陶瓷复合,其强度是 HA 陶瓷的 2~3 倍,胶原膜还有利于孔隙内新生骨的长入,植入狗的股骨后仅 4周,新骨即已充满大的孔隙。胶原与颗粒状的 HA 复合也已成为克服牙槽嵴萎缩的理想材料。具有诱导成骨作用的骨形态蛋白同磷酸钙生物陶瓷复合，可赋予仅具有传导骨生长作用的磷酸钙生物陶瓷以诱导成骨能力，从而为具有长寿命的新一代人工骨材料的研制展现良好的前景。探索各种复合材料性能优化的方法和途径以及制备工艺的优化，提高复合材料的生物相容性以及改善其加工、机械性能，在保证复合材料良好的生物相容性和活性的前提下，使复合材料的降解速率与机体组织生长相匹配，提高复合材料界面之间结合强度及综合性能，将是 HA 复合材料发展的重要方向之一。

12.4.3　仿生复合材料

生物体自身的组织就是最为理想的生物材料，天然生物材料经过亿万年的演变进化，形成具有结构复杂精巧、效能奇妙多彩的功能原理和作用机制。因此，遵循自然规律，从材料科学的观点对其进行观察、测试、分析、计算、归纳和抽象，找出有用的规律来指导复合材料的设计与研究，制备成分、结构与天然骨组织相接近的复合替代材料，获得生物相容性好、具有良好生理效应和力学性能的人工骨替代材料。

12.4.4　组织工程复合材料

生物材料的研究目前已从植入材料与生物组织的界面相容性、植入材料的力学相容性研究转移到组织工程复合材料研究。它通过建立适当的组织再生环境，调动生物组织的主动修复能力，诱导组织再生。组织工程复合材料的研究为利用细胞培养制造生物材料和人造器官开辟了光明前景。

本章小结

本章介绍了生物复合材料的概念和材料设计所需要的性能要求，并按照复合材料基体属性对生物复合材料分类，分别介绍了金属基生物复合材料、陶瓷基生物复合材料、高分子基生物复合材料。在金属基生物复合材料中，以面向骨组织修复和固定应用的钛合金与 HA 的复合为主，介绍了 HA 增强钛合金复合材料以及钛合金表面熔覆涂层两种类型的复合材料。在陶瓷基生物复合材料中介绍了生物惰性陶瓷复合材料、生物活性陶瓷复合材料以及晶须/纤维增强陶瓷生物复合材料等，重点在于面向人体骨组织的 HA 和磷酸钙的改性及其应用。在高分子生物复合材料中，介绍了骨组织生物复合材料、生物活性陶瓷颗粒增强聚合物复合材料、纤维增强高分子生物复合材料，以 HA 颗粒增强高分子复合材料为主，介绍了 HA/胶原、HA/水凝胶等在人工骨和软骨修复与替代等方面的潜在应用，并概述了 HA/高分子基体界面改性方法和 3D 打印技术在高分子生物复合材料制备方面的应用。最后展望了生物复合材料的发展趋势。

思考题

1. 生物复合材料必须满足哪几项要求？
2. 列举几种 HA 与高分子材料复合的界面改性方法。

3. 阐述天然骨组织的结构形态及其与 HA/胶原复合材料结构之间的区别与联系。

4. 阐述 HA/PVA 水凝胶仿生软骨复合材料体系。

5. 生物复合材料的未来发展趋势如何？

6. 3D 打印技术用于生物复合材料制备有哪些优缺点？

选择题和答案

第13章

新型复合材料

随着科学技术的迅猛发展,各种新型复合材料将不断出现,目前最新产生的有分级结构复合材料、剪切增稠液复合材料、层状异构金属复合材料等,本章对此作简单介绍。

13.1 分级结构复合材料

复合材料的性能不仅取决于基体、增强体和它们形成的界面,还与复合材料的组织结构密切相关,在以往的复合材料研究中尚未涉及这一点,随着科技进步、研究手段的改进和对大自然认识的进一步深入,人们发现大自然中存在着一些独特的结构,如蜂窝结构、木质结构、骨结构等,它们不是简单的复合结构,而是一种分级结构。分级结构(hierarchical structure)尚无统一的确切定义,一般是指不同尺度或不同形态的多相物质相对有序排列所形成的结构。该结构常用于生物材料、高分子材料和陶瓷材料中,在金属材料中应用很少。

图 13-1 为筋的分级结构及分级过程示意图。由图可以看出,筋之所以具有超高的强度和韧性,与其独特的分级结构密不可分。由胶原蛋白微丝组成胶原蛋白纤维形成第一级纤维束,再由纤维束和筋内膜构成第二级、第三级纤维束,最后由筋膜包裹。当然,分级结构可

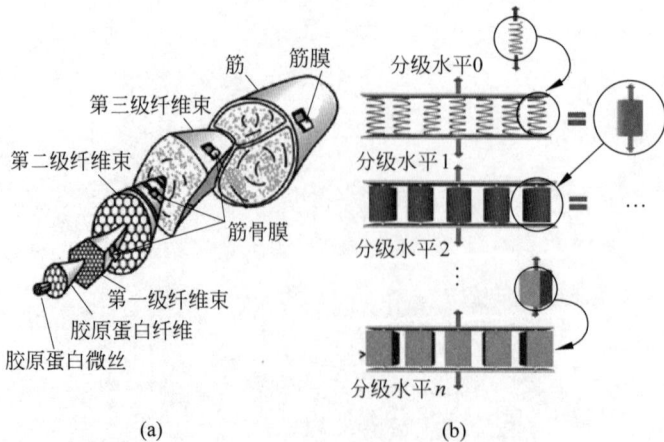

图 13-1 筋的分级结构(a)及分级过程示意图(b)

能有更多的级。此外,骨头中应力分布越大的部位,孔越小和越少,骨密度越大;骨中受力小的部位则孔越大而多,且互为连通,骨密度也越小。而木头则由沿轴向和径向呈一定取向且尺度不同的孔组成,该种独特结构使骨头和木头强而韧。

13.1.1　分级结构陶瓷复合材料

众所周知,陶瓷材料具有较高脆性,因而限制了其应用范围,设想如能在陶瓷材料中构建分级结构,其韧性将显著提高。图 13-2 为采用双阴极辉光放电技术在钛背底表面制成 $MoSi_2/Mo_5Si_3$ 分级结构涂层的显微组织图及其断裂过程示意图。涂层的纵向结构:外层为 $1\mu m$ 厚 C40 结构的 $MoSi_2$;里层为晶粒呈双峰分布的梯度纳米复合材料 $MoSi_2/Mo_5Si_3$,Mo 元素为上坡扩散分布。研究表明,该结构的陶瓷涂层可通过不同尺度显微组织的韧化,即细小颗粒中的剪切滑移和粗颗粒中的位错复合增韧,使陶瓷复合材料的韧性显著提高。该种结构还可在其他脆性材料中拓展应用。

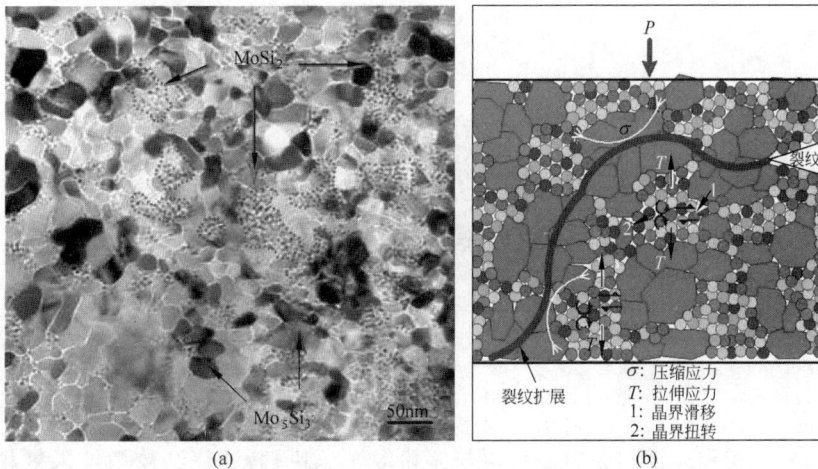

图 13-2　$MoSi_2/Mo_5Si_3$ 分级结构涂层显微组织图(a)与断裂过程示意图(b)

13.1.2　分级结构铝合金

利迪科特(Liddicoat)等于 2010 年在《自然》(Nature)杂志上报道了他们组建铝合金分级结构的研究成果,通过对固溶处理后的 7075 铝合金高压进行扭转变形处理,合金晶粒纳米化,溶质原子在晶内以纳米簇出现,在晶界则以两种不同几何形态的纳米节和纳米线分布,形成了纳米尺度的铝合金分级结构(图 13-3),力学性能几乎倍增(图 13-4),并指出该种结构是材料强化的重要途径。认为此时强化的主因有四个方面:①合金晶粒中高密度的位错;②晶内亚纳米量级的溶质原子簇;③晶界两种不同几何形态的溶质纳米节和纳米线;④合金晶粒自身的纳米化。

13.1.3　分级结构镁基复合材料

美沙姗(Meisam)等运用球磨的方法,将外加的纳米颗粒 Al_2O_3 球磨镶入微米颗粒 Al

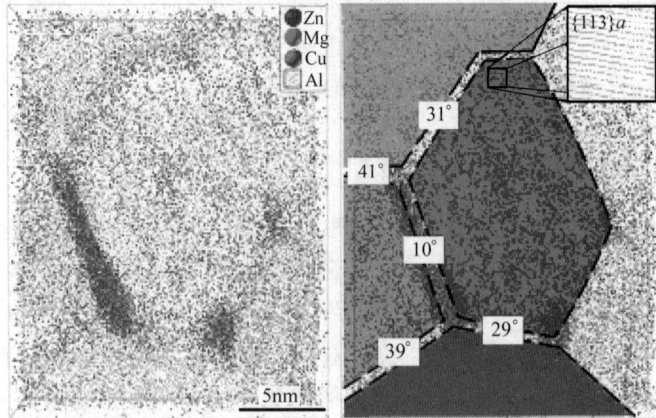

图 13-3　7075 铝合金的分级结构

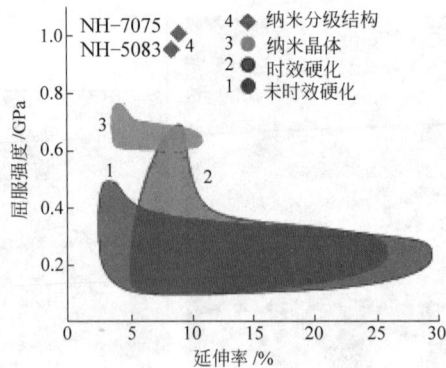

图 13-4　铝合金的力学性能

中制成微纳米复相颗粒（图 13-5(a)），再与镁粉混合压块，微波烧结使微纳米复相颗粒分布在镁基体的晶界，组建镁基复合材料的分级结构（图 13-5(b)），发现其屈服强度、拉伸强度和失效应变分别提高了 96%、80% 和 147%。但该复相颗粒不是原位反应产生，表面易被污染，在基体晶界分布不均匀、极易出现团簇现象（图 13-5(c)），分级结构也不够完整，若能使复相颗粒免受污染，并在基体晶界均匀分布，组建出理想的分级结构，其增强效果将更佳。

13.1.4　分级结构铝基复合材料

铝基复合材料中的分级结构，一般由三种尺度相组建而成，增强体均采用 B_4C。李(Li)等将微米陶瓷颗粒 B_4C 与超细铝粉在液氮中球磨混合形成复合材料，再与粗颗粒 Al 5083粉经混合、去气、冷等静压成型和热挤压等工艺，形成由三种不同尺度相（超细晶粒相(UFG)：100~200nm；粗晶粒相(CG)：1~2μm；B_4C 相：~0.7μm）组建而成的分级结构（图 13-6）。

UFG/CG 界面微观结构如图 13-7 所示。由图 13-7(a)可知，每个粗晶均由多个细晶相连，界面干净。对其进一步放大（图 13-7(b)）后，对图中 C、D 两微区进行高分辨分析，如图 13-7(c)、(d)所示。由图 13-7(c)可知，C 微区的 UFG/CG 界面晶格直接接触，而在 D 微区却有一微小的非晶区存在，如图 13-7(d)所示。该非晶区是由 Al 5083 表面氧化所致。

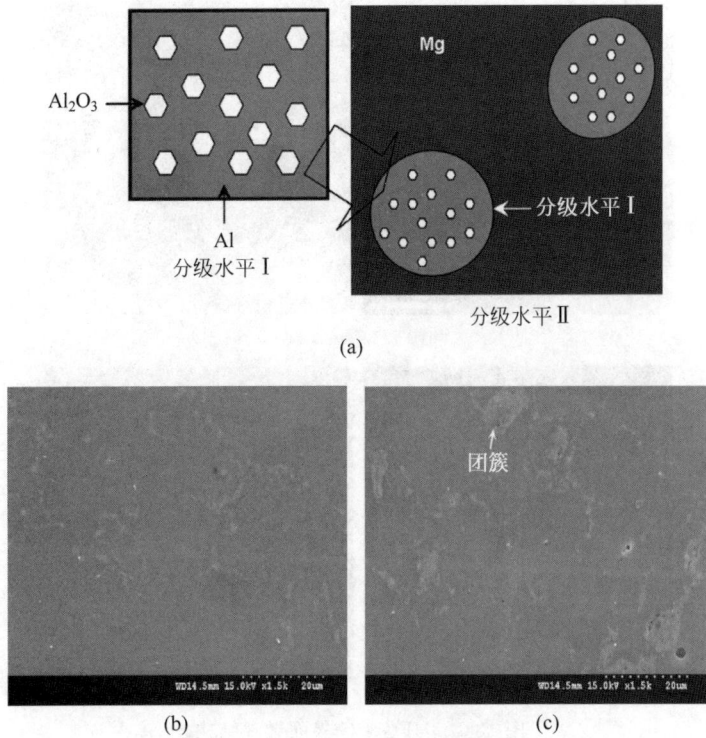

图 13-5　复相颗粒组建示意图(a)及分级结构组织
Mg/0.97Al-0.66Al$_2$O$_3$(b),Mg/1.95Al-0.66Al$_2$O$_3$(c)

分级水平Ⅰ=纳米颗粒 Al$_2$O$_3$+微米颗粒 Al;分级结构 Mg 基复合材料(分级水平Ⅱ)=分级水平Ⅰ+Mg

　　UFG/B$_4$C 界面微观结构如图 13-8 所示。图 13-8(a)、(b)分别为 UFG/B$_4$C 界面在低倍下的 TEM 和 HRTEM 图,表明界面比较清晰,由于 Al 5083 晶粒与 B$_4$C 不在同一晶带轴上,故未能与 B$_4$C 同显清晰的 HRTEM 照片。图 13-8(c)、(d)表明 B$_4$C 与多个 UFG Al 5083 晶粒相连,界面有晶格直接相连区和非晶区过渡的相连区。非晶区的产生原因同于 UFG/CG 界面,仍是 Al 5083 表面氧化所致。

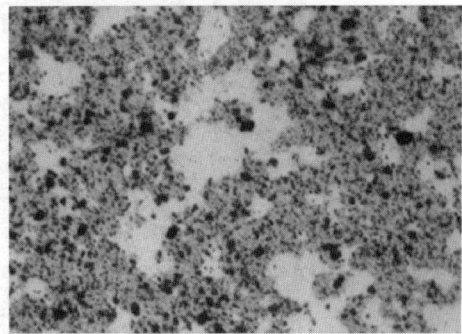

图 13-6　分级结构铝基复合材料的金相组织图
白色为粗晶粒相(CG)颗粒区;灰色为超
细晶粒相(UFG)区;灰色中黑点为 B$_4$C

　　分级结构铝基复合材料的屈服强度可达 1145MPa,其超强的原因有四个方面:①纳米分散体 Al$_2$O$_3$ 颗粒,晶相和非晶相 AlN 与 Al$_4$C$_3$;②纳米晶和粗晶 Al 中存在的高密度位错;③基体中的各种结合界面;④氮原子及其均匀分布等。此外,研究发现其强度与拉伸时的应变速率密切相关。

　　由此可见,分级结构可显著提高铝合金及镁基、铝基复合材料的力学性能。但制备工艺复杂,超细 Al 粉极易氧化、团聚,热成型时极易长大,故组建难度大,条件苛刻,成本高,其形成机制及应用研究尚在进行中,目前是复合材料领域的研究热点之一。

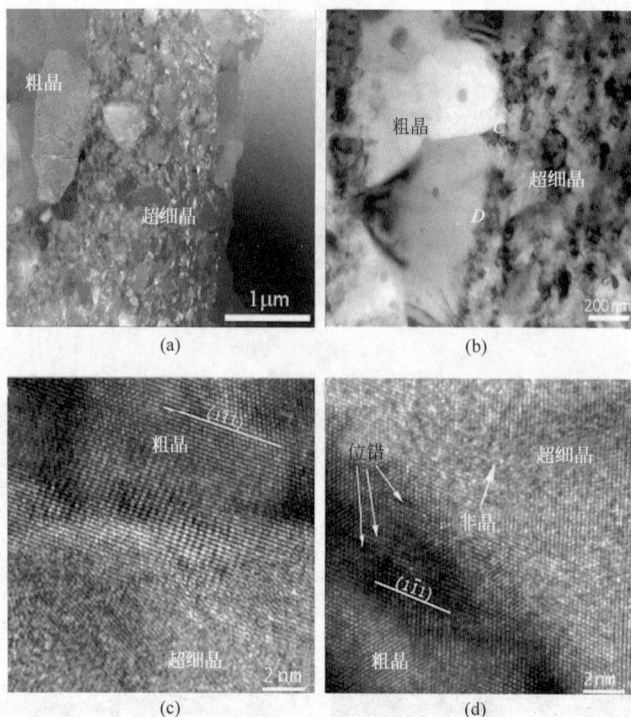

图 13-7　UFG/CG 界面微观结构

(a) UFG/CG 界面的 STEM 图；(b) UFG/CG 界面的 TEM 图；(c) 图(b)中 C 点的 HRTEM 图；(d)图(b)中 D 点的 HRTEM 图

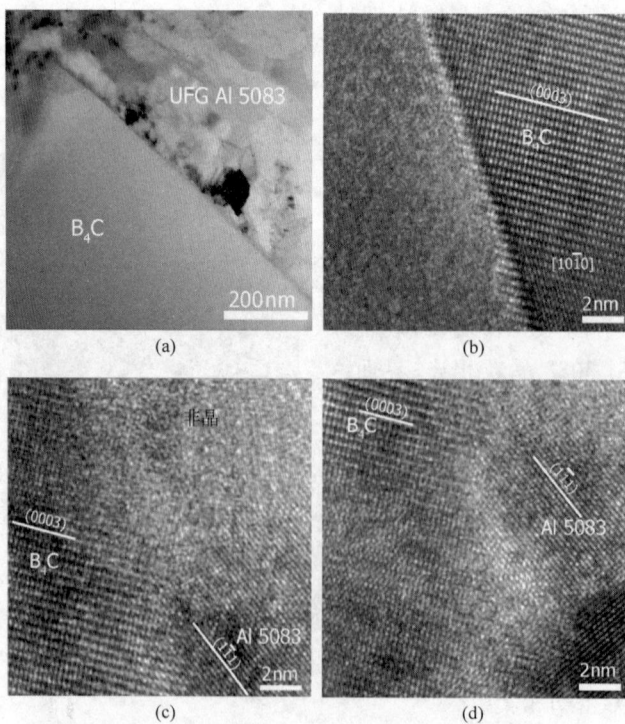

图 13-8　UFG/B$_4$C 界面微观结构

(a) UFG/B$_4$C 界面的 TEM 图；(b) UFG/B$_4$C 界面的 HRTEM 图；

(c) UFG/B$_4$C 界面非晶区的 HRTEM 图；(d) B$_4$C 与 UFG Al 5083 晶格直接连结区的 HRTEM 图

13.2 剪切增稠液复合材料

剪切增稠液(shear thickening fluid,STF)是指分散体系的黏度随着应变或应力升高出现连续或非连续升高的一种流体。STF 对应变率高度敏感,在高速冲击下,STF 的表观黏度发生巨大变化,甚至由液相转变为固相。在冲击撤销后,又能从固相转变为液相,为可逆过程。

从 2000 年开始,美国特拉华州立大学合成物质研究中心将 STF 用于个体防护装甲,拟通过 STF 浸渗高性能纤维材料增加个体防护装甲的柔软性并就此减轻装甲质量。科学家首先将 Kevlar 等织物浸渍 STF 来制备 STF/Kevlar 复合材料作为防护装甲,称为"液体装甲"。

剪切增稠液主要由两部分组成:分散相粒子和分散剂。

13.2.1 分散相粒子

分散相粒子的变化因素包括种类、颗粒形状、粒径、表面官能团、体积分数等。常见的分散相粒子有 SiO_2、$CaCO_3$、PMMA 等。纳米颗粒时最好为球形,原因在于:①球形粒子的悬浮体流动性好,增稠后软化速度快,保证下一次冲击时流体已恢复原状,准备好下一次增稠;②非球形粒子的悬浮体剪切增稠临界点过低,不是制液体防护设施的理想材料;③球形粒子容易渗透到纤维中,增大纤维间的摩擦力。图 13-9 为用溶胶-凝胶法制备的直径在 400nm 左右的分散相 SiO_2 的粉体、SEM 照片、分子式、表层带有的功能团示意图等。SEM 图片显示,颗粒为规则球形、无团聚。

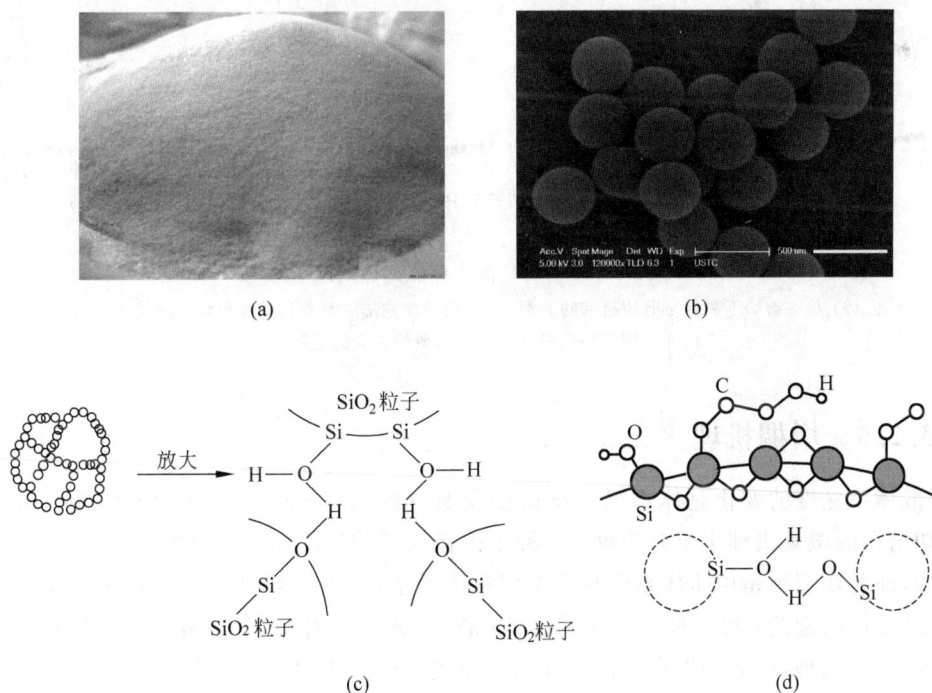

(a)

(b)

(c)

(d)

图 13-9 分散相粒子 SiO_2

(a)粉体;(b)颗粒 SEM 形貌;(c)分子式;(d)表层带有的功能团

李(Lee)等的研究证明 $SiO_2/PEG200$ 体系在体积分数为 57% 和 62% 时的临界剪切速率分别为 $300s^{-1}$ 和 $10s^{-1}$。在高剪切速率下,体积分数为 62% 的体系黏度增加更快更大。更多研究也表明,随着体系体积分数的增加,增稠现象越来越明显,增稠后的最高黏度增加,临界剪切速率减小。

13.2.2 分散剂

分散剂的选择要考虑其毒性、稳定不易变质、适用温度范围、黏度等因素。由于水在 0℃ 以下结冰而限制了其适用范围。而 PEG200 无毒、无刺激性、熔点为 $-65℃$、沸点为 250℃,符合分散剂的要求。

13.2.3 剪切增稠液的制备

在超声的作用下,使用机械搅拌法将微纳米 SiO_2 加入 PEG200 中,制成剪切增稠液体。

13.2.4 剪切增稠液流变特性

利用流变仪测量了 STF 的稳态和动态特性,STF 的黏度特性曲线(图 13-10)明显地分成三个区域:①低剪切速率时的轻微剪切变稀区域;②达到临界剪切速率时的剪切增稠区域;③高剪切速率时黏度再次减小的区域。

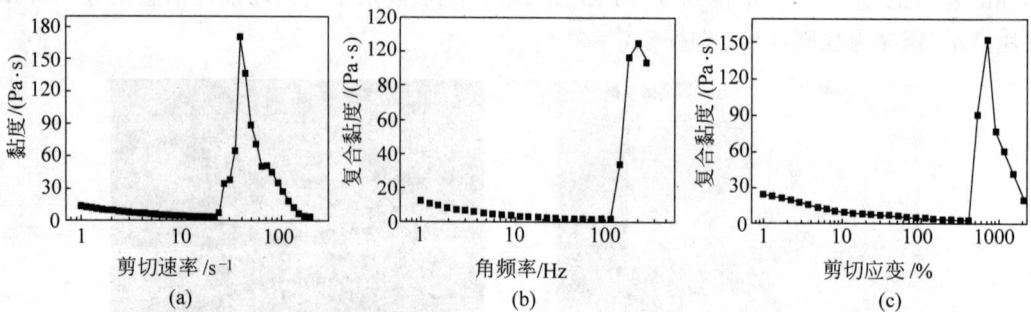

图 13-10 STF 流变性能测试曲线

(a) 稳态剪切下黏度与剪切速率的关系;(b) 角频率扫描时复合黏度与角频率的关系;
(c) 应变扫描时复合黏度与剪切应变的关系

13.2.5 增稠机理

分散体系黏度的变化是体系微观结构变化及其内部粒子间相互作用的宏观体现。目前,剪切增稠的微观机理主要有两种:一种是由霍夫曼(Hoffman)提出的 ODT 机理(有序到无序),即剪切变稀是由于体系中粒子有序程度的提高,剪切增稠是由体系中粒子的有序结构受到破坏引起的;另一种则是布雷迪(Brady)等通过斯托克斯(Stoke)动态模拟提出的"粒子簇"生成机理,即剪切增稠是由于体系中流体作用力成为主要作用力,导致粒子簇的生成使体系的黏度增加。目前,大多数人认为"粒子簇"机理是更精确和通用的模型,但真正的内在机理并没有搞清楚。

13.2.6　剪切增稠液复合材料的制备

由于剪切增稠液常温下黏度较大,扩散性能相对较差,因此使得直接将剪切增稠液与 UHMWPE 织物复合很困难。为了使剪切增稠液充分地在 UHMWPE 织物中分散,进行复合前需要先将剪切增稠液按一定的比例加入乙醇进行稀释,然后将 UHMWPE 织物浸渍在稀释后的溶液中,最后把浸渍后的织物放入真空烘箱中在一定温度下干燥得到 STF/UHMWPE 复合材料。

13.2.7　剪切增稠液复合材料的性能

1. 防刺性能

蒋玲玲等研究了 STF 增强前后 UHMWPE 的防刺效果,如图 13-11 所示。图 13-11(a)和(b)表明:STF 的增强效果明显,未增强的 UHMWPE 纤维编织物受到明显的破坏,而增强后的 UHMWPE 纤维编织物保护较为完好。图 13-11(c)和(d)分别为纯 UHMWPE 和 STF 增强后 STF/UHMWPE 复合材料的 SEM 图。由 SEM 图可知,微纳米颗粒悬浮在纤维附近,在纤维受穿刺时,STF 可以即时作出变形响应,从而微纳米颗粒大量聚集在穿刺位置,形成坚硬的保护模块,所以纤维的破坏较小。

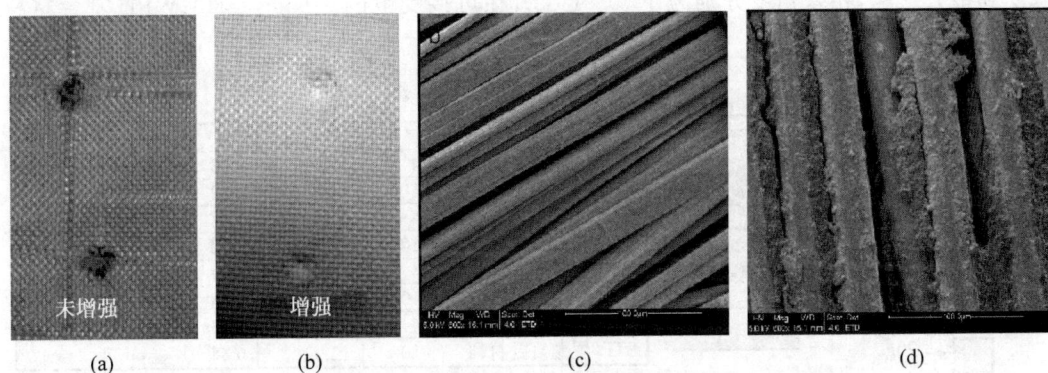

图 13-11　STF 增强前后 UHMWPE 的防刺效果图
(a) 未 STF 增强;(b) STF 增强;(c) UHMWPE;(d) STF/UHMWPE

增稠液体在变形时的防护机理需要进一步研究,STF 与纤维复合后的流变性受到很大影响。微纳米 SiO_2 颗粒的运动是否与原液态 PEG200 中一样也不能确定。但增稠液的加入将使纤维织物的整体性更强,即一旦一处受力,整个纤维编织物都将作为一个整体去响应,使穿刺应力在瞬间被分散到更大的范围。

2. 防弹性能

韦策尔(Wetzel)等研究了 STF 增强 Kevlar 的实弹防护效果,如图 13-12 所示。STF 增强后的复合材料防弹效果显著提高,未出现明显的破裂。STF/UHMWPE 复合材料的防弹性能尚在研究之中。

研究表明:若采用相同质量的微纳米 SiO_2 和 PEG200 分别替代 STF 混入 Kevlar 纤维,发现防弹性能并没有提高。说明只有 STF 体系才具有增强作用,而非 STF 中的组成物。

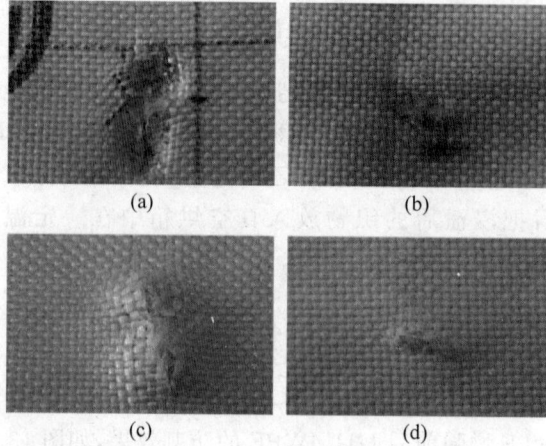

图 13-12　防弹效果图

(a) Kevlar，前；(b) STF/Kevlar，前；(c) Kevlar，后；(d) STF/Kevlar，后

3. 柔软性

滦格（Rangar）等测试了不同纤维织物的柔软性，如图 13-13 所示。结果显示，柔软性并未受到很大影响，相差角度分别为 1°、0°、1°、2°，在可接受范围。STF/UHMWPE 复合材料的柔软性仍在研究中。

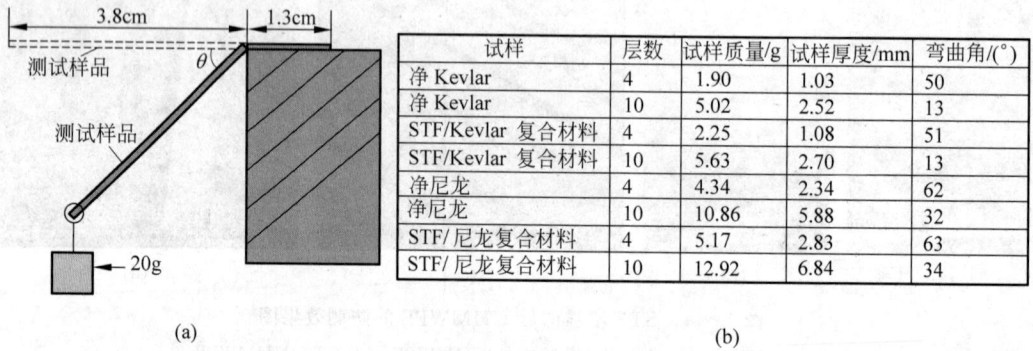

试样	层数	试样质量/g	试样厚度/mm	弯曲角/(°)
净 Kevlar	4	1.90	1.03	50
净 Kevlar	10	5.02	2.52	13
STF/Kevlar 复合材料	4	2.25	1.08	51
STF/Kevlar 复合材料	10	5.63	2.70	13
净尼龙	4	4.34	2.34	62
净尼龙	10	10.86	5.88	32
STF/尼龙复合材料	4	5.17	2.83	63
STF/尼龙复合材料	10	12.92	6.84	34

(a)　　　　　　　　　　　　　　　　(b)

图 13-13　柔软性测试结果

(a) 测试装置；(b) 测试结果

综上分析表明：采用 STF 与纤维复合后，复合材料的防刺、防弹性能都得到一定的提升，但柔软性基本保持不变，这为该种复合材料能真正穿到士兵身上提供了可能。

人类战争历史伴随着防护材料的发展，从藤蔓盾牌到钢铁盔甲，从陶瓷片到高性能纤维，但一直不能解决个体防护材料坚硬与柔软的矛盾。将坚硬的固体变换为微纳米颗粒，分散于液体中，然后再与柔软的纤维复合，当变形时固体颗粒聚集变得坚硬，而正常状况则呈现出液体的流动性，STF 从原理上解决了软与硬的结合。

纤维编织物复合 STF 后，防护性能可以得到提高而不影响其柔软性。其中 STF/UHMWPE 复合材料是一种很有应用前景的新型液固复合材料，需做进一步的深入研究。

13.3　层状异构金属复合材料

层状异构金属复合材料是一种新型复合材料,具有层状、异构、软硬相、复合等特征,是当前材料研究领域的热点之一。异构是指通过人类设计、加工,在材料内部形成非均匀的微观或宏观结构,也称为异质性,具体表现为梯度结构、非均质薄片结构、双峰结构、谐波结构、层状结构、双相结构等。它是 2015 年由朱运田教授和武晓雷教授率先提出。当异构引入金属材料时称为异构金属材料,它具有独特的结构特点和变形机理,兼具高强度和高延展性,是常规均质金属材料无法获得的。当将异构引入复合材料则称为异构复合材料,它是一种特殊类型的复合材料,强调复合材料内部存在异质性,具有多尺度、多维度的非均匀结构。

注意:复合材料由基体和增强体组成,显然两者具有异质性,属于异构材料。但异构材料不一定是复合材料,如双相合金具有异质性,它是一种异构合金材料,但不属于复合材料范畴。同样,组织中不同区域的晶粒尺寸呈双峰分布的合金为异构材料,而非复合材料。有的合金可通过优化设计,并借助熔炼和成型工艺调控合金的成分、晶粒尺寸、晶体结构,使其具有微观结构差异的单元,形成异构金属材料。

层状异构金属复合材料具有强韧性协同提高的显著特征,除了传统的强化机制,还有一种因异构组织在受力变形过程中产生的新型强化机制,即异质变形诱导(heterostructured deformation induction,HDI)应力强化机制。

13.3.1　异质变形诱导应力强化机制

1. 背应力

金属材料的塑性变形通常涉及两种类型的位错:统计存储位错和几何必要位错。统计存储位错是材料在塑性变形过程中随机产生的位错,其伯格斯矢量的取向和分布是随机的,相互抵消后净余的位错密度为零;位错运动或增殖过程中无特定方向性,如弗兰克-瑞德(Frank-Read)源产生的位错;在晶体内部分布较均匀,不直接关联宏观应变梯度;通过位错缠结、增殖增加材料强度(如加工硬化)。几何必要位错是协调非均匀塑性变形(如应变梯度、晶界约束或弯曲变形)而必须存在的位错,其伯格斯矢量具有净余量,导致局部晶格畸变;位错分布与几何约束相关(如弯曲变形时一侧多余半原子面)。几何必要位错密度随样品尺寸减小而增加,导致"越小越强"现象,在纳米材料、晶界附近或微压痕等局部变形区域显著。晶体弯曲时,一侧需插入额外半原子面,形成几何必要位错阵列。

金属材料塑性变形中的流动应力是关于位错密度的函数,即

$$\tau = \alpha \mu b \sqrt{\rho_{\mathrm{T}}} = \alpha \mu b \sqrt{\rho_{\mathrm{S}} + \rho_{\mathrm{G}}} \tag{13-1}$$

式中:τ 为流动应力;ρ_{T} 为总位错密度,mm^{-2};ρ_{S} 为统计存储位错密度;ρ_{G} 为几何必要位错密度;μ 为剪切模量;b 为伯格斯矢量的大小;α 为经验常数,通常取 0.2~0.5。

图 13-14(a)为几何必要位错示意图。设在点 X 处有一个位错源,该位错源向滑移面上的边界发射具有相同伯格斯矢量的几何必要位错。在施加切应力 τ_{a} 下,七个位错堆积,系

统达到平衡。这些几何必要位错向位错源共同产生一个长程应力即背应力 τ_b，抵消了施加的切应力。位错源处的有效应力 τ_e 可以表示为 $\tau_e = \tau_a - \tau_b$。位错源开动的临界应力为 τ_c，只有 τ_e 高于 τ_c，才能使位错源产生更多的位错。施加应力越高，堆积的位错越多。拉伸试验中测量的背应力是样品的整体背应力，背应力与塑性应变梯度有关。塑性应变是由位错的滑动产生的，每个位错在其尾部都留下一个伯格斯矢量的位移。因此，在图 13-14(a)中，应变在界面处为零，并且应变在位错源处增加到七个伯格斯矢量。

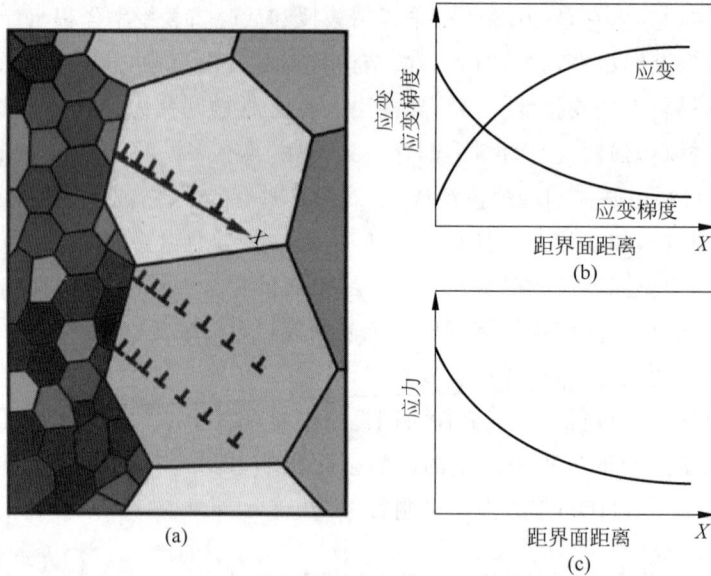

图 13-14　(a) 几何必要位错示意图；(b) 应变梯度和应变与距界面距离的关系；
(c) 应力与距界面距离的关系

图 13-14(b) 为相应的应变曲线和应变梯度曲线，它们均为界面距离的函数。因此，几何必要位错的堆积会产生如图 13-14(c) 所示的应力梯度。当位错从边界或晶粒边界上发出时，它们在边界附近的滑移面上堆积，产生相同的反应力，以抵消位错源处的应力，致使位错源处产生最大的塑性应变。在梯度可塑性理论中，人们认为需要几何必要位错来调节应变梯度。几何必要位错会根据其几何排列方式产生晶格弯曲或取向错配。图 13-15 为几何必要位错的分布类型示意图。图 13-15(a) 表示在滑移面上的几何必要位错平行于晶界，称为Ⅰ型几何必要位错。这些几何必要位错具有相同的伯格斯矢量，并且可以由弗兰克-瑞德位错源发出的位错产生。几何必要位错堆积在边界处产生应力集中 $n\tau_a$，其中 n 是堆积中几何必要位错的数量，τ_a 是在滑移系统上施加的切应力。这样的几何必要位错堆积会使滑动面弯曲并产生与施加应力方向相反的长程内应力，即背应力。它的作用是抑制弗兰克-瑞德位错源发射更多的位错，这使得软区在异构材料中显得更强。几何必要位错的另一种基本分布类型如图 13-15(b) 所示，实质上是一个倾斜的小角度晶界，被称为Ⅱ型几何必要位错，它不会产生背应力。但是，内部应力在靠近倾斜小角度晶界的近范围内存在。在实际情况中，如晶体受力弯曲，可能存在混合类型几何必要位错，如图 13-15(c) 所示，它也会产生背应力，但不如Ⅰ型几何必要位错强。

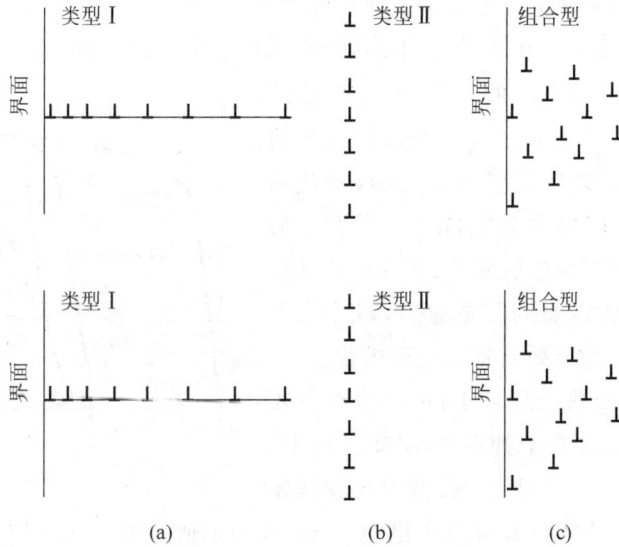

图 13-15　几何必要位错的分布类型

（a）Ⅰ型，几何必要位错堆积在滑移平面上；（b）Ⅱ型，几何必要位错垂直向上排列以形成小角度晶界；
（c）混合类型几何必要位错

2. 异质变形诱导应力

异质变形诱导（HDI）应力理论模型如图 13-16 所示，在异构材料中存在硬相和软相，在软相和硬相的交界处会存在一个界面，该界面对异构材料的变形行为和力学性能具有重要的影响。在弹塑性变形阶段，软相首先屈服，由于硬相还处于弹性变形状态，在界面的软相一侧堆积几何必需位错以形成应变梯度，从而保持应变的连续性；当两相都进入塑性变形后，由于软相承受了比硬相更大的塑性变形，在界面附近必须存在应变梯度以适应应变分区，而应变梯度就需要几何必需位错来调节，从而产生异变诱导的硬化效果，有助于保持其塑性。几何必需位错堆积形成应变梯度的同时会带来另一个效应：在软相内产生长程背应力，而在硬相内产生前应力，且两者方向相反、大小不等，两者综合应力即被称为异质变形诱导应力。

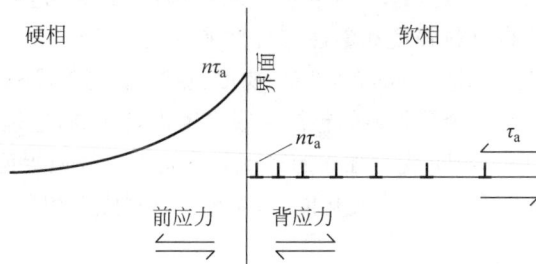

图 13-16　异质变形诱导强化和加工硬化的理论模型图

HDI 应力可以通过拉伸加-卸载实验测得，在卸载过程中，背应力和前应力都将受到影响，因为它们是耦合的。卸载和再加载曲线受背应力和前应力相互作用的影响，而不是仅受背应力的影响。无法通过机械力测试来测量背应力，并且从物理意义上讲，所测量的"背应力"不是真正的背应力。由于前应力是由背应力引起的，可以合理地将异构材料的独特力学行为理解为由背应力引起的，但这不意味着前应力不发挥作用。图 13-17 为加-卸载滞回曲线的一部分，其中 σ_u 为卸载屈服应力，σ_r 为再加载屈服应力，σ_b 为背应力（现改为 HDI 应力，表示为 σ_H），σ_f 为摩擦应力（克服溶质原子、第二相和林位错等位错动态钉扎所需要的其他应力），E_u 为有效卸载杨氏模量，E_r 为有效再加载杨氏模量。

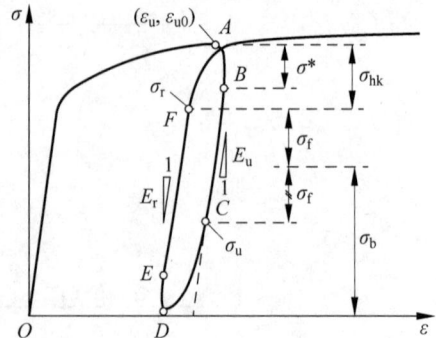

图 13-17　加-卸载滞回曲线

根据加-卸载滞回曲线计算 HDI 应力时需要有两点假设：①假设在整个卸载-再加载过程中，波动的摩擦应力 σ_f 是一个常数；②假设在卸载屈服点 C 之前，HDI 应力不随卸载而变化，使 HDI 应力近似恒定。HDI 应力是促使位错滑移方向发生逆转而产生卸载屈服的应力，在卸载屈服点 C 之后，外加应力开始变得较小，此时 HDI 应力达到外加应力与摩擦应力之和，使位错开始反向滑移，即

$$\sigma_H = \sigma_u + \sigma_f \tag{13-2}$$

而在再加载过程中，施加的应力需要克服 HDI 应力和摩擦应力，以推动位错在再加载屈服点 F 后向前移动，即

$$\sigma_r = \sigma_H + \sigma_f \tag{13-3}$$

因为在卸载-再加载过程中，位错移动可以认为是可逆的，所以假设再加载时的 HDI 应力与卸载时的 HDI 应力是相同的。因此，由式(13-2)和式(13-3)解方程得

$$\sigma_H = \frac{\sigma_u + \sigma_r}{2} \tag{13-4}$$

HDI 应力强化为一种新型强韧化机制，充分发挥了异构材料中软相和硬相各自的优势，在材料承载变形过程中，硬相和软相各自分工协同发挥作用，软相承担主要的应变，硬相承担主要的应力，在材料内部形成应变和应力不均匀分布的状态，从而使材料获得优异的强度和塑性综合性能。HDI 应力强化需要通过异质界面处储存额外的几何必要位错来发挥作用，因此，如何在微观组织上进行设计，构筑异质界面，从而充分发挥 HDI 应力强化和硬化作用，是进一步提升异构材料强度和塑性综合性能的关键。

应变梯度越大，作用在位错源处的有效应力梯度也越大；同时堆积的几何必要位错越多，产生的 HDI 应力也越大，异构金属材料的整体屈服强度也就越高，这是 HDI 应力强化的内在原因。与其他强化机制不同，HDI 应力强化的物理起源是由于异质界面上能够堆积几何必要位错，从而使得材料增加了额外的加工硬化能力，实现了材料强度和塑性的同步提升。

13.3.2　制备方法

目前层状异构金属复合材料的制备方法主要有以下三种。

1. 累积叠轧＋退火处理工艺

累积叠轧是一种大变形手段，其示意图如图 13-18 所示，主要分四个步骤：①准备金属板材并清洗打磨表面；②将准备好的板材累积叠放；③对叠放的板材进行轧制（热轧或冷轧）；④将轧制后的板材从中间部分裁开并重复步骤①～③。累积叠轧形成的结合界面一般为冶金结合界面，未被污染的结合界面具有很好的结合强度。多种材料进行累积叠轧处理后形成层状异构金属复合材料，由于异种变形金属的再结晶温度一般有所差异，所以选择合适的退火温度和退火时间可以调控层状异构金属复合材料的力学性能。

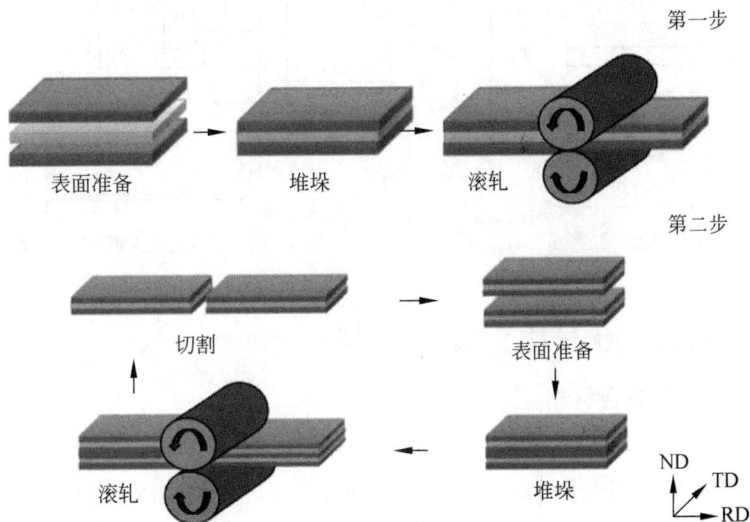

图 13-18　累积叠轧过程原理示意图

　　注意：一般要求每道次的轧制应变量为 50%，50% 的变形量可以使得异种材料之间因剧烈的塑性变形热而自动焊合形成紧密结合的块体材料。一道次轧制完成后将材料从中间剪断，重复上述的步骤反复堆叠、轧制、焊接，从而使材料组织不断细化，最终获得层片状的细化组织，原则上可以实现纳米晶层片状组织。该方法操作简单、对设备要求不高、成本低、易于实现性能调控和工业化生产等优点。

2. 高压扭转变形＋轧制＋退火处理工艺

　　高压扭转装置加工示意图如图 13-19 所示，操作系统能在变形体高度方向施加压力的同时通过主动摩擦作用在其横截面上施加一扭矩，促使变形体产生轴向压缩和切向剪切变形的特殊塑性变形。由于高压扭转轴向施加的压力一般很高（约 1^{-10} GPa），当多种异种金属薄片堆叠被进行扭转挤压时，材料界面处会发生剧烈的塑性变形，异种材料之间相互耦合，形成紧密结合的连接界面。高压扭转相较于累积叠轧具有更好的压力变形焊接效果。

3. 扩散焊＋轧制＋退火处理工艺

　　扩散焊（diffusion welding，DW）技术原理如图 13-20 所示。在一定的压力和温度条件下（一般压力为 $0.5\sim50$ MPa，焊接温度为 $0.5\sim0.8T_{m}$），两种待焊接金属件表面在施加压力的条件下互相挤压、相互接触，接触面在高压下发生微观塑性变形或在高温下产生瞬间液相，原子相互渗透和扩散形成冶金结合的过渡连接界面，达到焊接的目的。结合传统的冷轧＋退火工艺可以实现调控获得层状异构金属复合材料的最终目的。

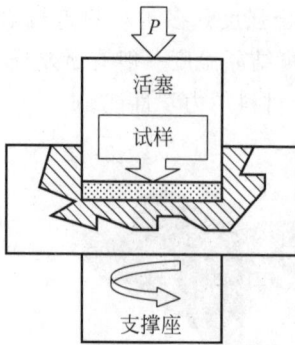

图 13-19　高压扭转装置加工示意图

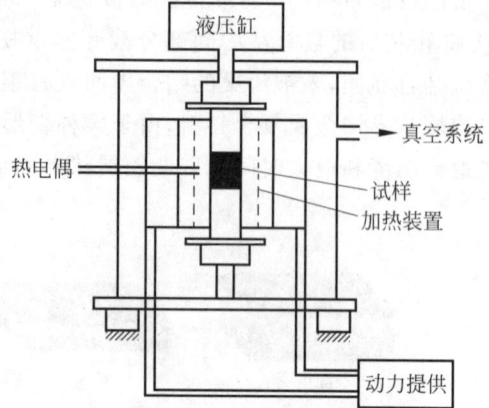

图 13-20　扩散焊装置加工示意图

13.3.3　常见层状异构金属复合材料

1. 层状异构铝基复合材料

以 Al-$(TiB_2+TiC)_p$ 和 6063 铝合金为原材料，在 530℃下以 50％下压量对其进行累积叠轧制成层状异构铝基复合材料 Al-$(TiB_2+TiC)_p$/6063Al（图 13-21(a)）研究发现，在经过不同叠轧次数后 Al-$(TiB_2+TiC)_p$ 层中颗粒分布趋于均匀（图 13-21(c)和(d)），当叠轧次数较多时，基体晶粒能被进一步细化（图 13-22(a)和(b)），界面结合更加紧密（图 13-22(c)和(d)）。

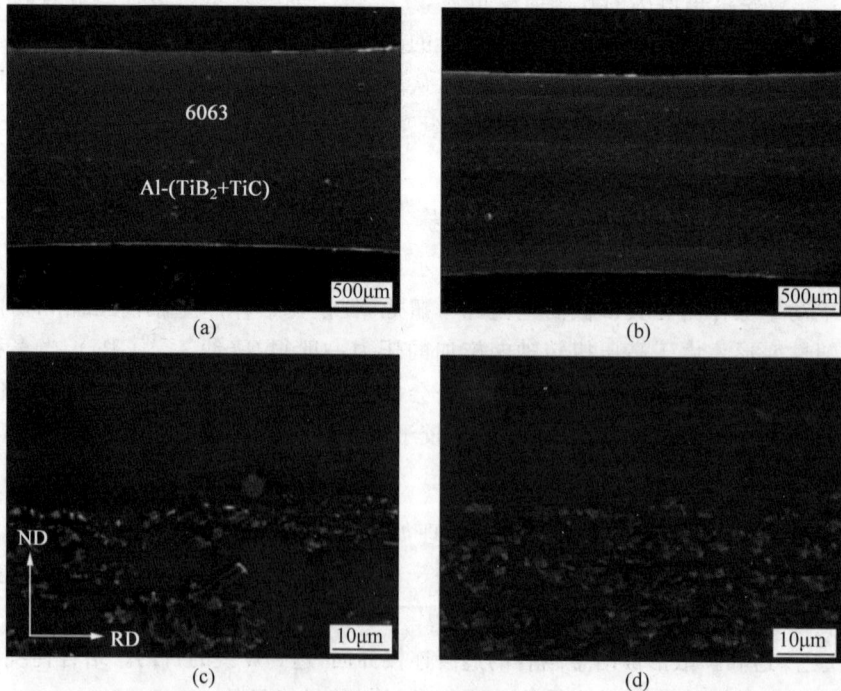

图 13-21　不同叠轧次数下复合材料中 TiB_2 与 TiC 的晶粒尺寸及界面形貌

(a),(b) 叠轧次数为 1 和 3 时的低倍图像；(c),(d) 叠轧次数为 1 和 3 时的高倍图像晶界成分改变明显,大角度晶界比例由 26% 提高到 43%,且平均取向差由 13° 提高到 19°。随着累积叠轧次数的增加,复合材料的抗拉强度和塑性同时提高。与叠轧 1 次后相比,叠轧 3 次后复合材料的抗拉强度、屈服强度和均匀伸长率分别提高 21.9%、22.4% 和 17.2%,如图 13-23 所示。

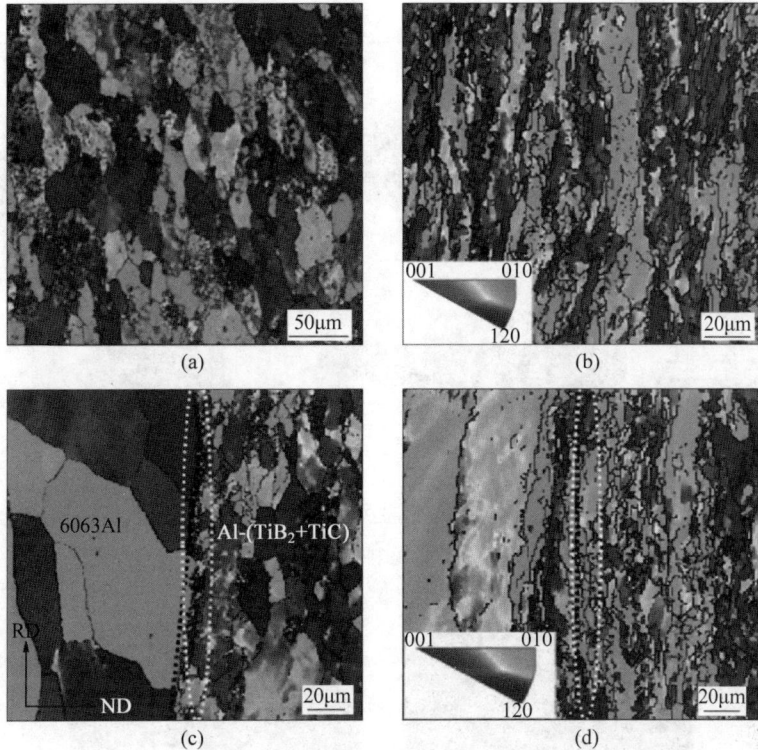

图 13-22 不同叠轧次数下复合材料中 TiB_2 和 TiC 颗粒的分布

(a)、(b) 叠轧次数为 1 和 3 时的低倍图像;(c)、(d) 叠轧次数为 1 和 3 时的高倍图像

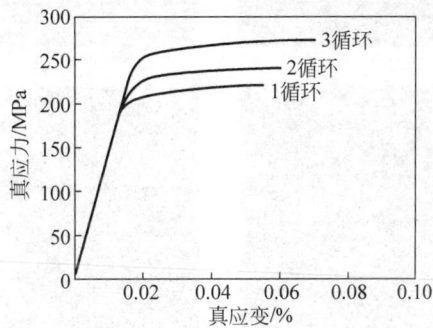

图 13-23 不同叠轧次数下复合材料真应力-真应变曲线

2. 层状异构镁基复合材料

运用累积叠轧技术制备了微纳米叠层结构复合材料 CNTs/Mg,制作工艺如图 13-24 所示。阴极采用 Mg 箔,阳极采用不锈钢箔。沉积电压为 30V,碳纳米管含量随沉积时间而调整。这些用碳纳米管沉积的 Mg 箔被逐层堆叠。将堆叠的 Mg 箔在 50MPa 的压力下真空

烧结 2h。最后，将复合材料在 400℃下进行轧制。每通过一次，厚度减少 10%，直到总共减少 60%。在每次通过过程中，复合材料在 400℃下退火 10min，其微观组织形貌如图 13-25 所示。该结构中将 Mg 基体作为微米层，这种层状结构的引入大幅改善了 CNTs/Mg 复合材料的强度以及韧性，如图 13-26 所示。与均匀复合材料相比，在保证强度低损失的同时，其断裂伸长率得到了大幅度的提升。

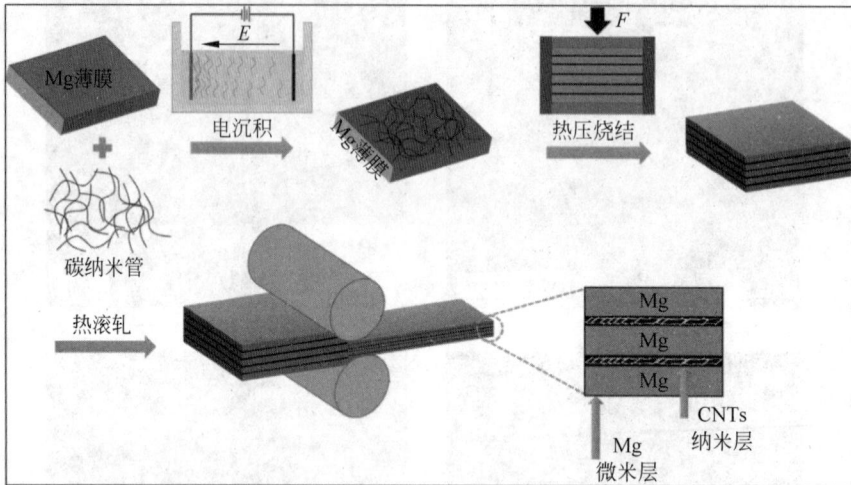

图 13-24 层状异构镁基复合材料 CNTs/Mg 的制备过程示意图

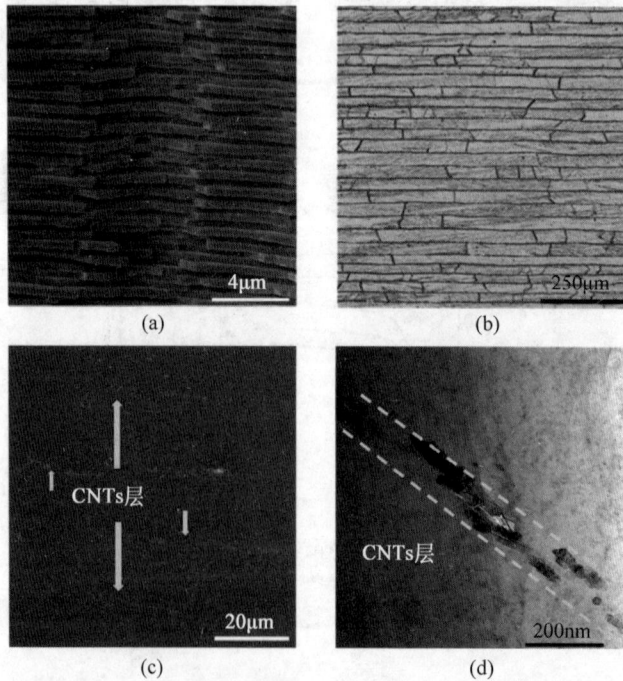

图 13-25 层状异构镁基复合材料 CNTs/Mg 的微观结构

(a) 珍珠层断裂面的 SEM 图像；(b) 重复层间距约 50μm 的 CNTs/Mg 复合材料的 OM 图像；

(c) 轧制 CNTs/Mg 复合材料的 SEM 图像，箭头表示 CNTs 图层；

(d) CNTs/Mg 复合材料和 CNTs 的 TEM 图像，CNTs 呈线分散

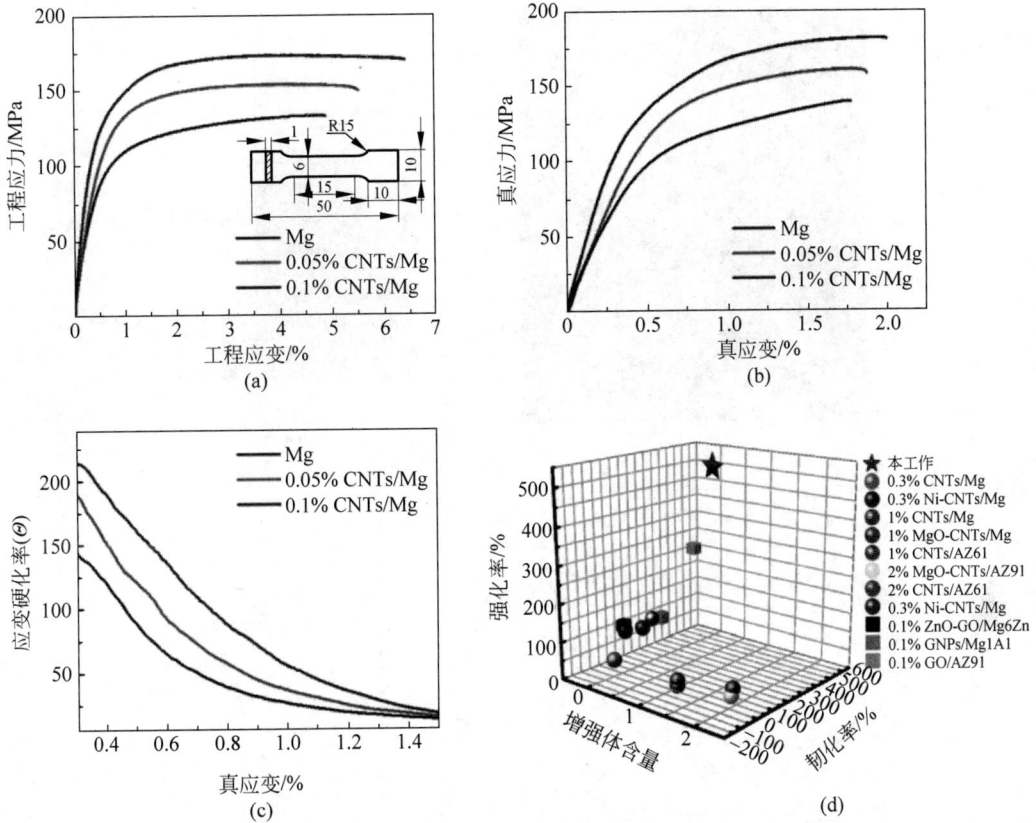

图 13-26 层状异构镁基复合材料 CNTs/Mg 的力学性能

（a）Mg 和 CNTs/Mg 复合材料的工程应力-应变曲线；（b）真应力-真应变曲线；

（c）应变硬化率-真应变曲线；（d）总体性能比较

3. 层状异构钛基复合材料

采用商用铝片（纯度 99.95％）、5vol％ TiB$_w$/Ti 复合材料（Ti 和 TiB$_2$ 经球磨混合、25MPa、1100℃下真空热压 1h 制成）为原料，将其线切割加工成尺寸为 30mm×50mm 的小薄片，然后用稀释的氢氧化钠和氢氟酸化学蚀刻至厚度分别为 100μm 和 760μm，用乙醇超声清洗、吹干，交替堆叠，为实现冶金结合，在 515℃、70MPa 下热压 1.5h，制成层状 TiB$_w$/Ti-Ti(Al)异构复合材料，先在 700℃下退火 1h，然后提高退火温度至 1100℃，在 30MPa 压力下热压 4.5h。

图 13-27 为层状异构钛基复合材料的微观组织，该复合材料由 TiB 晶须增强 Ti 层（TiB$_w$/Ti）和固溶 Al 元素的 Ti 层（Ti(Al)）交替堆叠而成，其室温和高温下的力学性能及其与相近材料的比较如图 13-28 所示。

层状异构对裂纹尖端扩展驱动力与阻力的影响如图 13-29 所示，图中 J_{hom} 为均匀金属裂纹扩展驱动力；J_{het} 为层状异构金属裂纹扩展驱动力；R_{het} 为层状异构金属裂纹扩展抵抗力，a_{hom} 为均匀金属裂纹临界长度之半，a_{het} 为层状异构金属裂纹临界长度之半；r 为异构界面影响区域的尺寸。表明微裂纹的形核和扩展与局域应力密切相关。图 13-29（a）和（b）中考虑了层状结构对裂纹尖端的驱动力（J_{het}）和对裂纹扩展的抵抗力（R_{het}）的影响，相

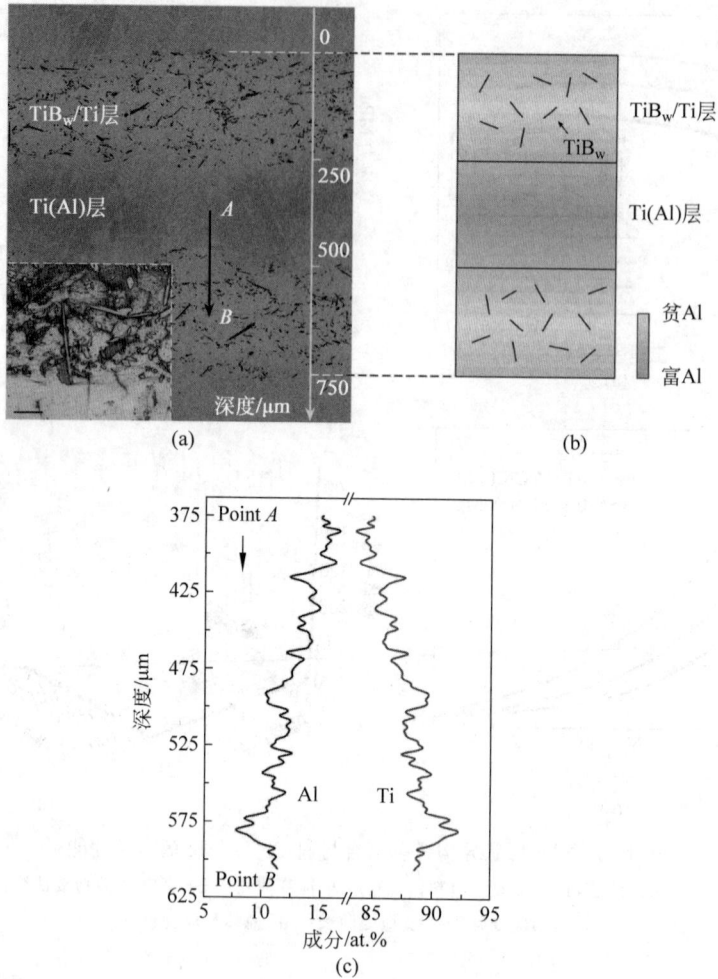

图 13-27　层状异构钛基复合材料的显微组织与成分分布

（a）TiB$_w$/Ti-Ti(Al)层状异构钛基复合材料的背散射电子像；

（b）TiB$_w$ 的层状分布及其随深度变化的成分梯度示意图；

（c）图（a）中从点 A 到点 B 沿着黑色箭头剖面 Al、Ti 元素的分布梯度

比于均匀金属材料的裂纹驱动力（J_{hom}），层状结构使 Ti(Al)层中形核的微裂纹在 TiB$_w$/Ti 层中的裂纹驱动力（J_{het}）明显降低。

　　微裂纹扩展过程如图 13-30 所示。当 Ti(Al)层中微裂纹尖端前的塑性区到达 TiB$_w$/Ti 层时，虽然裂纹还没进入相邻层，但较软的 TiB$_w$/Ti 层具有更低的裂纹驱动力和更高的裂纹抵抗力，抑制了微裂纹的进一步扩展。此外，裂纹尖端区域往往存在更加复杂的多向局域应力状态，有利于促进裂纹尖端的塑性区内开动不常见的位错机制。位错的交互作用使得塑性区快速硬化，起到钝化裂纹的作用。与此同时，异构层状金属复合材料内部大量容纳的微裂纹同样贡献了局域拉伸应变，使得异质结构层状金属复合材料表现出极高的断裂伸长率。

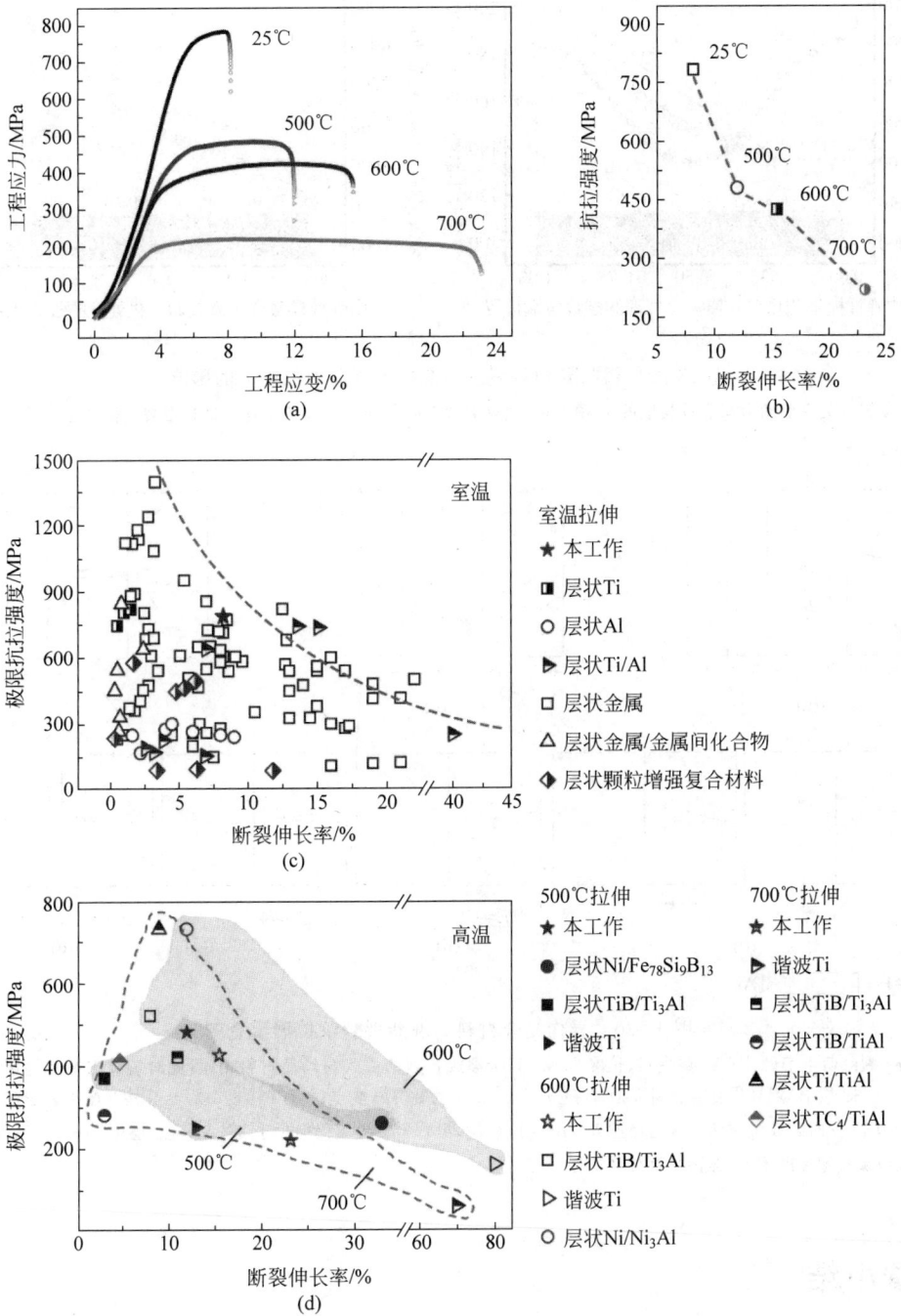

图 13-28 TiB$_w$/Ti-Ti(Al)多层异构复合材料在不同温度下的拉伸性能及其与相近材料的比较

(a) 工程应力-应变曲线;(b) 断裂伸长率与极限强度的关系;

(c) 与相近材料室温力学性能的比较;(d) 与相近材料高温力学性能的比较

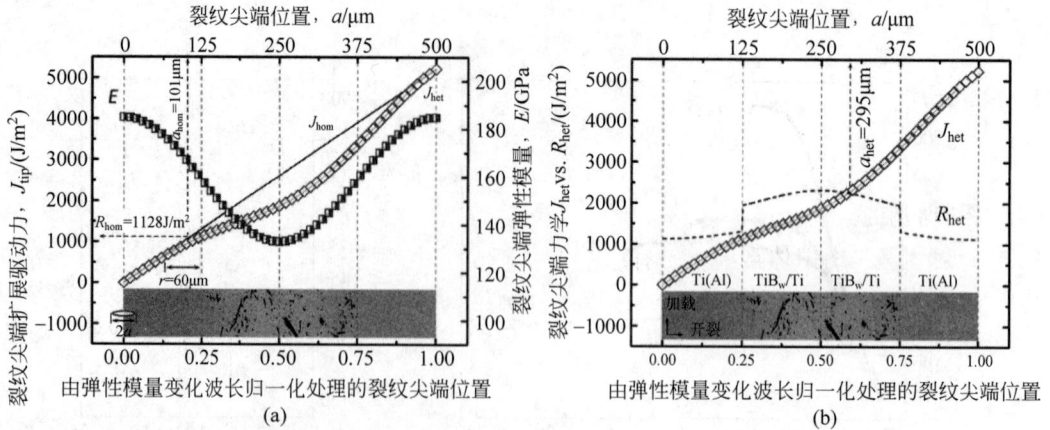

图 13-29　层状异构对裂纹尖端扩展驱动力与阻力的影响

（a）裂纹尖端驱动力与裂纹长度的关系；（b）裂纹尖端扩展驱动力与非均相复合材料中裂纹扩展阻力的关系

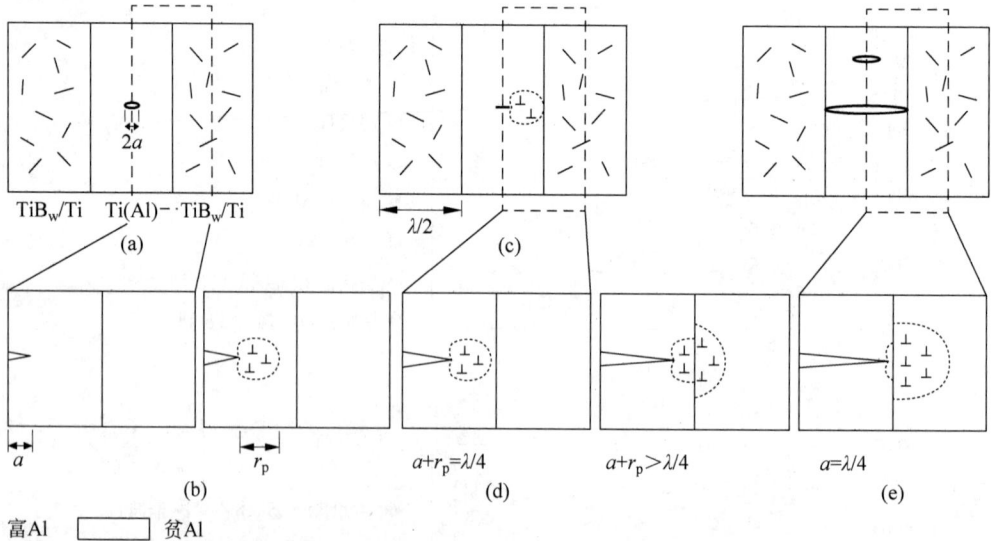

图 13-30　异构复合材料室温断裂裂纹扩展示意图

（a）裂纹萌生于硬 Ti(Al) 层中间，长度为 $2a$；（b）裂纹扩展的方式与均质材料相同，此时裂纹尖端塑性区大小 r_p 未"接触"到异构复合材料界面；（c）$a+r_p=\lambda/4$ 为临界转变点；（d）$a+r_p>\lambda/4$，异构开始影响裂纹尖端力学，此时裂纹尖端塑性区已经进入 TiB$_w$/Ti 层域，尽管裂纹尖端仍然位于 Ti(Al) 合金层中；（e）$a=\lambda/4$，裂纹尖端塑性区增大，异构导致裂纹钝化

本章小结

　　随着科学技术的迅猛发展，基体和增强体均会有大的发展，各种新型复合材料不断涌现，如分级结构复合材料、剪切增稠液复合材料、层状异构金属复合材料、聚乳酸类复合材料、木塑复合材料等，本章主要介绍了前三类新型复合材料的合成原理和性能特点。

　　分级结构陶瓷复合材料中，细小颗粒中的剪切滑移和粗颗粒中的位错复合增韧，可使陶瓷复合材料的韧性显著提高。分级结构金属基复合材料是通过纳米颗粒增强体先进入微米颗粒形成复相颗粒,复相颗粒再与金属基体粉体均匀混合,快速烧结而成。

剪切增稠液复合材料由固体分散相和液体分散介质复合而成,分散介质的黏度随着应变或应力升高出现连续或非连续的增加,对应变率高度敏感。在高速冲击下,表观黏度发生巨大变化,甚至由液相转变为固相。而在冲击撤销后,又能从固相转变为液相,过程可逆。

剪切增稠的微观机理主要有两种:一种是由霍夫曼(Hoffman)提出的有序到无序机制,即剪切变稀是由于体系中粒子有序程度的提高,剪切增稠是由于体系中粒子的有序结构受到破坏引起的;另一种则是 Brady 等通过斯托克斯动态模拟提出的"粒子簇"生成机理,即剪切增稠是由于体系中流体作用力成为主要作用力,导致粒子簇的生成使体系的黏度增加。

层状异构金属复合材料是一种新型复合材料,具有层状、异构、软硬相、复合等特征。异构是通过人类设计、加工,在材料内部形成非均匀的微观或宏观结构,也称为异质性,具体表现为梯度结构、非均质薄片结构、双峰结构、谐波结构、层状结构、双相结构等。层状异构金属复合材料具有强韧性协同提高的显著特征,除了传统的强化机制,还有一种因异构组织在受力变形过程中产生的新型强化机制,即异质变形诱导应力强化机制。

思考题

1. 什么是分级结构? 请列举两例大自然中的分级结构物质。
2. 简述分级结构铝合金的增强机理。
3. 分级结构铝基复合材料的性能特点是什么?
4. 简述分级结构镁基复合材料的增强机理。
5. 试述剪切增稠液柔性防护复合材料的增稠机理。
6. 简要分析细菌纤维素的性能特点。
7. 简述细菌纤维素复合材料的性能特点。
8. 浅谈新型复合材料的发展前景。

选择题和答案

参 考 文 献

[1] 朱和国,王天驰,李建亮,等.复合材料原理[M].3 版.北京:清华大出版社,2021.

[2] 朱和国,王恒志.材料科学研究与测试方法[M].5 版.南京:东南大学出版社,2022.

[3] EMMANUEL K D C,JEEWANTHA L H J,HERATH H M C M,et al. Shape memory polymer composite circular and square hollow members for deployable structures[J]. Composites: Part A, 2023,171: 107559.

[4] EMMANUEL K D C,HERATH H M C M,JEEWANTHA L H J,et al. Thermomechanical and fire performance of DGEBA based shape memory polymer composites for constructions[J]. Construction and Building Materials,2021,303: 124442.

[5] GU T,BI H,SUN H,et al. Design and development of 4D-printed cellulose nanofibers reinforced shape memory polymer composites: Application for self-deforming plant bionic soft grippers[J]. Additive Manufacturing,2023,70: 103544.

[6] SHI S,SHEN D,XU T,et al. Thermal, optical, interfacial and mechanical properties of titanium dioxide/shape memory polyurethane nanocomposites[J]. Compos. Sci. Technol. ,2018,164: 17-23.

[7] WANG X,LAN J,WU P,et al. Liquid metal based electrical driven shape memory polymers[J]. Polymer,2021,212: 123174.

[8] WAN T,WANG B,HAN Q,et al. A review of superhydrophobic shape-memory polymers: Preparation,activation,and applications[J]. Applied Materials Today,2022,29: 101665.

[9] KOERNER H,WHITE T J,TABIRYAN N V,et al. Photogenerating work from polymers[J]. Mater Today,2008,11(7/8): 34.

[10] 吴杨龙,董余兵,傅雅琴.光驱动型聚多巴胺/水性环氧形状记忆复合材料[J].浙江理工大学学报, 2020,43(2): 173-181.

[11] SAHOO N,JUNG Y,YOO H,et al. Influence of carbon nanotubes and polypyrrole on the thermal, mechanical and electroactive shape-memory properties of polyurethane nanocomposites[J]. Compos. Sci. Technol. ,2007,67(9): 1920.

[12] LAN X,LIU L,ZHANG F,et al. World's first spaceflight on-orbit demonstration of a flexible solar array system based on shape memory polymer composites[J]. Science China Technological Sciences, 2020,63(8): 1436-1451.

[13] HE Z W,SATARKAR N,XIE T,et al. Remote controlled multishape polymer nanocomposites with selective radiofrequency actuations[J]. Adv. Mater. ,2011,23(28): 3192.

[14] 荣启光.陶瓷形状记忆效应的研究进展[J].功能材料,1996,27(6): 487-489,505.

[15] 李楠,谢志鹏,易中周,等.CeO$_2$ 稳定 ZrO$_2$ 陶瓷材料的研究进展[J].硅酸盐学报,2020,48(6): 835-848.

[16] SWAIN M V. Shape memory behaviour in partially stabilized zirconia ceramics[J]. Nature,1986, 322: 234-236.

[17] REYES-MOREL P E,CHERNG J S,CHEN I W. Transformation plasticity of CeO$_2$-stabilized tetragonal zirconia polycrystals: Ⅱ. Pseudoelasticity and shape memory effect[J]. Journal of the American Ceramic Society,1988,71(8): 648-657.

[18] DU Z,ZENG X M,LIU Q,et al. Size effects and shape memory properties in ZrO$_2$ ceramic micro- and nano-pillars[J]. Scripta Materialia,2015,101: 40-43.

[19] PANG E L, OLSON G B, SCHUH C A. Low-hysteresis shape-memory ceramics designed by multimode modelling[J]. Nature,2022,610：491-495.

[20] GANGIL N, SIDDIQUEE A N, MAHESHWARI S. Towards applications, processing and advancements in shape memory alloy and its composites[J]. Journal of Manufacturing Processes, 2020,59：205-222.

[21] WANG H,FU G,SHENG L,et al. Microstructure,martensitic transformation,mechanical properties and shape memory effect of (TiB$_w$ + TiC$_p$)/Ti-V-Al shape memory alloy composites[J]. Materials Research Bulletin,2022,152：111868.

[22] 毕子珺. 原位 Ti$_5$Si$_3$ 相增强轻质多孔 NiTi 基复合材料的制备及阻尼性能研究[D]. 广州：华南理工大学,2022.

[23] ZHAO L,DING L,SOETE J,et al. Fostering crack deviation via local internal stresses in Al/NiTi composites and its correlation with fracture toughness[J]. Composites Part A,2019,126：105617.

[24] DIXIT M,NEWKIRK J W,MISHRA R S. Properties of friction stir-processed Al 1100-NiTi composite[J]. Scripta Materialia,2007,56：541-544.

[25] 尹洪峰,贺格平,孙可为,等. 功能复合材料[M]. 北京：冶金工业出版社,2013.

[26] ZHU Y,AMEYAMA K,ANDERSON P M,et al. Heterostructured materials：Superior properties from hetero-zone interaction[J]. Materials Research Letters,2021,9(1)：1-31.

[27] 聂金凤,范勇,赵磊,等. 颗粒增强铝基复合材料强韧化机制的研究新进展[J]. 材料导报,2021, 35(9)：09009-09015.

[28] 武晓雷,朱运田. 异构金属材料及其塑性变形与应变硬化[J]. 金属学报,2022,58(11)：1349-1359.

[29] 袁钰轩,马爱斌,吴浩然,等. 异构金属材料优异力学性能及其机理的研究进展[J]. 材料导报,2023, 37(18)：21080078.

[30] 李建生. 层状异构金属材料制备及力学性能研究[D]. 南京：南京理工大学,2020.

[31] CHEN Y Y,NIE J F,WANG F. Revealing heterodeformation induced (HDI) stress strengthening effect in laminated Al- (TiB$_2$ + TiC)$_p$/6063 composites prepared by accumulative roll bonding[J]. Journal of Alloys and Compounds,2020,815：152285.

[32] 郝肖杰,聂金凤,伍玉立,等. 累积叠轧制备层状铝基复合材料研究进展[J]. 中国有色金属学报, 2023,33(6)：1707-1719.

[33] CHEN Y,NIE J,FAN Y,et al. Enhancing strength—Ductility synergy of AlNp/Al composite by regulating heterostructure of matrix grain and particle distribution[J]. Trans. Nonferrous. Met. Soc. China,2024,34：1049-1064.

[34] XIANG Y,WANG X,HU X,et al. Achieving ultra-high strengthening and toughening efficiency in carbon nanotubes/magnesium composites via constructing micro-nano layered structure [J]. Composites Part A,2019,119：225-234.

[35] WU H,HUANG M,LI X,et al. Temperature-dependent reversed fracture behavior of multilayered TiB$_w$/Ti-Ti(Al) composites[J]. International Journal of Plasticity,2021,141：102998.